Umweltbewertung für Ingenieure

Martin Kaltschmitt · Liselotte Schebek
Herausgeber

Umweltbewertung für Ingenieure

Methoden und Verfahren

Springer Vieweg

Herausgeber

Prof. Dr.-Ing. Martin Kaltschmitt
Institut für Umwelttechnik und Energiewirtschaft (IUE)
Technische Universität Hamburg-Harburg (TUHH)
Hamburg, Deutschland

Prof. Dr. rer. nat. Liselotte Schebek
Fachgebiet Stoffstrommanagement und Ressourcenwirtschaft, Institut IWAR
Technische Universität Darmstadt (TUDa)
Darmstadt, Deutschland

ISBN 978-3-642-36988-9
ISBN 978-3-642-36989-6 (eBook)
DOI 10.1007/978-3-642-36989-6

Die Deutsche Nationalbibliothek verzeichnet diese Publikation in der Deutschen Nationalbibliografie; detaillierte bibliografische Daten sind im Internet über http://dnb.d-nb.de abrufbar.

Springer Vieweg

Gedruckt auf säurefreiem und chlorfrei gebleichtem Papier.

Springer Vieweg ist eine Marke von Springer DE. Springer DE ist Teil der Fachverlagsgruppe Springer Science+Business Media
www.springer-vieweg.de

Inhaltsverzeichnis

Autorenverzeichnis

PD Dr. Wolfgang Ahlf Technische Universität Hamburg-Harburg (TUHH), Institut für Umwelttechnik und Energiewirtschaft (IUE), Hamburg, Deutschland

Dipl.-Ing. Laura Ausberg Ökopol GmbH, Hamburg, Deutschland

Dipl.-Biol. Udo Bradersen Flughafen Hamburg GmbH, Zentralbereich Umwelt, Hamburg, Deutschland

Dr. Christiane Brockmann Technische Universität Darmstadt (TUDa), Fachgebiet Stoffstrommanagement und Ressourcenwirtschaft, Institut IWAR, Darmstadt, Deutschland

Dr.-Ing. Andreas Ciroth GreenDelta GmbH, Berlin, Deutschland

Prof. Dr. Michael Decker Karlsruher Institut für Technologie (KIT), Institut für Technikfolgenabschätzung und Systemanalyse (ITAS), Karlsruhe, Deutschland

Dipl.-Ing. (FH), MSc Silke Feifel Karlsruher Institut für Technologie (KIT), Institut für Technikfolgenabschätzung und Systemanalyse (ITAS), Karlsruhe, Deutschland

Dipl.-Ök. Juliane Franze GreenDelta GmbH, Berlin, Deutschland

Prof. Dr. Martin Führ Hochschule Darmstadt, Studienbereich Sozial- und Kulturwissenschaften, Sonderforschungsgruppe Institutionenanalyse (sofia), Darmstadt, Deutschland

Prof. Dr. Bernd Hansjürgens Helmholtz-Zentrum für Umweltforschung (UFZ), Department Ökonomie, Leipzig, Deutschland

Dipl.-Ing. Christian Hickel Technische Universität Darmstadt (TUDa), Fachgebiet Landmanagement, Geodätisches Institut, Darmstadt, Deutschland

Prof. Dr.-Ing. Martin Kaltschmitt Technische Universität Hamburg-Harburg (TUHH), Insitut für Umwelttechnik und Energiewirtschaft (IUE), Hamburg, Deutschland

Dr. Silke Kleihauer Hochschule Darmstadt, Sonderforschungsgruppe Institutionenanalyse (sofia), Darmstadt, Deutschland

MSc Inga Klemmayer Technische Universität Hamburg-Harburg (TUHH), Institut für Wasserressourcen und Wasserversorgung, Hamburg, Deutschland

Prof. Dr.-Ing. Kerstin Kuchta Technische Universität Hamburg-Harburg (TUHH), Institut für Umwelttechnik und Energiewirtschaft (IUE), Hamburg, Deutschland

Prof. Dr.-Ing. Wilfried Kühling Martin-Luther-Universität Halle-Wittenberg, Institut für Geowissenschaften und Geographie, Halle, Deutschland

Apl. Prof. Dr. habil. Uwe Lahl Technische Universität Darmstadt (TUDa), Fachgebiet Stoffstrommanagement und Ressourcenwirtschaft, Institut IWAR, Darmstadt, Deutschland

Prof. Dr.-Ing. Hans Joachim Linke Technische Universität Darmstadt (TUDa), Fachgebiet Landmanagement, Geodätisches Institut, Darmstadt, Deutschland

Dipl.-Wirtsch.-Inform. André Loske Technische Universität Darmstadt (TUDa), Fachgebiet Wirtschaftsinformatik, Darmstadt, Deutschland

Dipl.-Biol. Susanne Marczian Ford-Werke GmbH, Environmental Coordination, Köln, Deutschland

Dipl.-Ing. Kirsten Meyer Technische Universität Hamburg-Harburg (TUHH), Institut für Umwelttechnik und Energiewirtschaft (IUE), Hamburg, Deutschland

Prof. Dr. Alfred Nordmann Technische Universität Darmstadt (TUDa), Institut für Philosophie, Darmstadt, Deutschland

Dr. Peter Saling BASF SE, Ludwigshafen, Deutschland

PD Dr.-Ing. Rüdiger Schaldach Universität Kassel, Center for Environmental Systems Research, Kassel, Deutschland

Prof. Dr. Liselotte Schebek Technische Universität Darmstadt (TUDa), Fachgebiet Stoffstrommanagement und Ressourcenwirtschaft, Institut IWAR, Darmstadt, Deutschland

Dipl.-Geograph Alexander Scheffler Technische Universität Hamburg-Harburg (TUHH), Institut für Umwelttechnik und Energiewirtschaft (IUE), Hamburg, Deutschland

Dipl.-Geograph Jens Schippl Karlsruher Institut für Technologie (KIT), Institut für Technikfolgenabschätzung und Systemanalyse (ITAS), Karlsruhe, Deutschland

Prof. Dr. Anette von Ahsen Technische Universität Darmstadt (TUDa), Fachgebiet Rechnungswesen, Controlling und Wirtschaftsprüfung, Darmstadt, Deutschland

Dr.-Ing. Jana Weinberg Technische Universität Hamburg-Harburg (TUHH), Institut für Umwelttechnik und Energiewirtschaft (IUE), Hamburg, Deutschland

Dipl.-Ing. agr. Karoline Wowra Technische Universität Darmstadt (TUDa), Fachgebiet Stoffstrommanagement und Ressourcenwirtschaft, Institut IWAR, Darmstadt, Deutschland

Dipl.-Ing. Christina Wulf Technische Universität Hamburg-Harburg (TUHH), Institut für Umwelttechnik und Energiewirtschaft (IUE), Hamburg, Deutschland

1 Einleitung

Martin Kaltschmitt und Liselotte Schebek

Moderne Industriegesellschaften sind gekennzeichnet durch den Einsatz komplexer Technologien zur Bereitstellung von Gütern und Dienstleistungen. Auch in Zeiten des Internets und „virtueller Welten" benötigt die Erzeugung hochwertiger, weit entwickelter Produkte in erheblichem Ausmaß natürliche Ressourcen wie u. a. Erdöl, Eisenerz, Biomasse, aber auch zunehmend sogenannte kritische Rohstoffe wie Indium, die für spezifische Materialien und Güter insbesondere in der Informationstechnologie benötigt werden. Hergestellt werden solche hochwertigen Produkte wie Fahrzeuge oder Computer in aufwändigen industriellen Produktionsprozessen, die meist zahlreiche Stufen umfassen. In unserer globalisierten Wirtschaft sind diese Produktionsprozesse weltweit verteilt und eingebettet in international vernetzte Wertschöpfungsketten. Diese Wertschöpfungsketten werden auch als Produktlebensweg betrachtet, der mit dem mineralischen, biogenen oder fossilen Rohstoff beginnt und mit dem fertigen Produkt die Nachfrage der Kunden am Markt befriedigt.

Auch heute steigt die Nachfrage nach Konsumprodukten weltweit weiter. Dies ist zum einen dem Wachstum der Weltbevölkerung geschuldet, das sich nach aktuellen Prognosen bis mindestens 2050 fortsetzen wird. Die Nachfrage nach Produkten steigt aber auch durch die Angleichung des Lebensstandards und der Konsumgewohnheiten von Schwellenländern an diejenigen der Industriestaaten; ein Beispiel ist der steigende Konsum von Fleisch gerade in sogenannten Schwellenländern. Wirtschaftsprozesse sind auf nahezu jeder Produktionsstufe von der Rohstoffgewinnung bis zur Nutzung und Entsorgung des jeweiligen Produktes mit direkten oder indirekten Auswirkungen auf die natürliche Um-

Prof. Dr.-Ing. Martin Kaltschmitt
Technische Universität Hamburg-Harburg (TUHH), Institut für Umwelttechnik und Energiewirtschaft (IUE), Hamburg, Deutschland

Prof. Dr. Liselotte Schebek
Technische Universität Darmstadt (TUDa), Fachgebiet Stoffstrommanagement und Ressourcenwirtschaft, Institut IWAR, Darmstadt, Deutschland

M. Kaltschmitt und L. Schebek (Hrsg.), *Umweltbewertung für Ingenieure*,
DOI 10.1007/978-3-642-36989-6_1

gebung verbunden. Diese Auswirkungen sind heute global präsent; dies gilt beispielsweise im Bereich des Klimawandels und auch in der globalen Verteilung synthetisch hergestellter Stoffe (u. a. Pestizide) in der natürlichen Umwelt. Vor dem Hintergrund der globalen Vernetzung von Produktion, Verbrauch und Entsorgung wird jedoch der räumliche und zeitliche Zusammenhang zwischen Ursachen und Wirkungen von Umweltbelastungen immer komplexer und ist zunehmend schwieriger zu verstehen.

Die ungewollten Auswirkungen der Technologisierung auf den Menschen und die Umwelt wurden schon im Verlauf der Ausbreitung der industriellen Revolution im Europa des späten 19. Jahrhunderts sichtbar. Sie haben sich aber insbesondere in der zweiten Hälfte des 20. Jahrhunderts nochmals beschleunigt, wofür auch der Begriff der „Great Acceleration" geprägt wurde. Parallel dazu haben sich in der postmodernen Gesellschaft auch die Wahrnehmung und Wertschätzung der „natürlichen" Umwelt verändert; eine intakte, funktionierende und vielfältige Natur wird in den westlichen Industrieländern allgemein und in Deutschland im Besonderen heute als ein hoher Wert gesehen. Auswirkungen der industriellen Produktion auf Gesundheit und Umwelt werden daher gesellschaftlich immer weniger akzeptiert. Dies gilt nicht nur in den Industrienationen der westlichen Welt, sondern zunehmend auch in Schwellenländern wie China. Diese steigende Wertschätzung einer „natürlichen" Umwelt durch die Öffentlichkeit hat als Reaktion der Politik auf deutscher und europäischer Ebene eine Vielzahl von Umweltgesetzen initiiert, die zunehmende Bedeutung der „grünen" Parteien bzw. der „grünen" Ideen in der politischen Landschaft Deutschlands und Europas verankert und zur Entstehung von multinationalen NGO's (Non-Governmental Organisations) als „Interessenvertreter" der Umwelt geführt.

Dabei sind weder Umweltprobleme selbst noch Bemühungen zum Schutz der natürlichen Umwelt wirklich neu. So kam es immer wieder in der Geschichte der Menschheit zu lokalen Entwaldungen mit damit einhergehender Erosion des Bodens und anderen negativen Folgen auf die Umwelt. In der Antike wird dies u. a. als Folge des Flottenbaus im peloponnesischen Krieg berichtet. Im Europa des 17. Jahrhunderts hatte die wirtschaftliche Tätigkeit mit Erzgewinnung, Gerberei oder Textilherstellung in vielen Regionen Europas zur Rodung der Wälder und damit einhergehendem Holzmangel geführt. Um 1700 wurde der Holzmangel zu einer existenzbedrohenden Frage für den sächsischen Silberbergbau. Für die mit Holzkohle betriebenen Öfen waren ganze Wälder in der Umgebung der Bergstädte durch jahrhundertelange Übernutzung weitgehend kahl geschlagen worden [1.1]. In dieser historischen Situation wurde erstmals der Begriff der Nachhaltigkeit als Grundsatz der Forstwirtschaft geprägt. Der sächsische Oberberghauptmann Hans Carl von Carlowitz veröffentlichte 1713 seine Abhandlung „Sylvicultura oeconomica – oder Anweisung zur wilden Baum-Zucht", in dem er den Raubbau am Wald kritisierte und den Grundsatz formulierte, „wie eine sothane Conservation und Anbau des Holtzes anzustellen, daß es eine continuirliche, beständige und nachhaltende Nutzung gebe". Die Wirkungen dieses Buches, das Carlowitz auch mit einer starken volkswirtschaftlichen Motivation geschrieben hatte, auf die Forstwirtschaft waren enorm; das Prinzip der nachhaltigen Bewirtschaftung von Wäldern führte im 18. und 19. Jahrhundert zu einer Wiederherstellung der Wälder und zur Beseitigung des ökonomischen Problems des Holzmangels.

Aber auch in anderen Bereichen des Umweltschutzes gingen früh ökologische mit ökonomischen Interessen gemeinsam einher. Gegen Ende des 19. Jahrhunderts kamen erste Bemühungen zum Schutz der Gewässer auf, und bereits 1877 wurde eine „Internationale Vereinigung gegen die Verschmutzung von Flüssen" gegründet, die primär wirtschaftlich motiviert war. Insgesamt lässt sich jedoch bis zum Beginn des 20. Jahrhunderts feststellen, dass sowohl Umweltprobleme als auch Initiativen zu ihrer Bekämpfung weitgehend lokal und regional geprägt waren.

Dies änderte sich grundlegend im Verlauf des 20. Jahrhunderts – und das insbesondere in der Periode nach dem 2. Weltkrieg. Zwischen den 1950er und 1970er Jahren wurden die Folgen einer allzu sorglosen und unsensiblen, ausschließlich auf eine Maximierung des ökonomischen Gewinns zu Lasten der natürlichen Umwelt ausgerichteten Wirtschaftsweise immer deutlicher. Die direkt sichtbaren und fühlbaren Wirkungen – tote Flüsse, der „graue Himmel über der Ruhr", immer mehr nicht abbaubare Plastikmaterialien in der Landschaft – führten zu einer Sensibilisierung der Bevölkerung, die zusammen mit gesellschaftlichen Veränderungen in den 1960er Jahren (die „68er"-Generation) – zum Beginn der Umweltpolitik in Deutschland und international Anfang der 1970er Jahre führte.

Die Themen der Umweltpolitik waren zunächst die direkt unmittelbar sichtbaren und bedrohlichen Umweltprobleme; Staub- und Schwefeldioxidbelastung durch Kraftwerke, Schaum in den Flüssen durch Waschmittel und wilde Ablagerung von Müll sind nur einige Beispiele. Mit zunächst vor allem nachsorgendem („End-of-pipe") und ordnungsrechtlich verankertem Umweltschutz wurden in diesen Bereichen im Laufe der Zeit erhebliche Verbesserungen der Umweltqualität erzielt; der Himmel über der Ruhr wurde wieder blau und in den Flüssen konnte man wieder schwimmen. Ab etwa den 1980er Jahren sorgten jedoch neue Umweltprobleme für Aufmerksamkeit in der Öffentlichkeit, die nicht mehr von einer unmittelbaren lokalen oder regionalen „Nachbarschaft" von Ursache und Wirkung bestimmt waren; Stichworte hier sind das „Ozonloch" (die Verringerung der die UV-Strahlung absorbierenden stratosphärischen Ozonschicht insbesondere über der Antarktis) und das „Waldsterben" (Stresserscheinungen von Bäumen der mitteleuropäischen Bergwälder aufgrund säurehaltiger Niederschläge). Seit den 1990er Jahren brachte dann die Diskussion um den anthropogenen Treibhauseffekt endgültig das Bewusstsein dafür, dass Globalisierung nicht nur die Wirtschaft, sondern auch die Umweltprobleme und den Umweltschutz bestimmt. Dieses Bewusstsein wurde in einer nachrichtentechnisch globalisierten Welt auch befördert durch Schlagzeilen zu Havarien, Unglücksfällen und Katastrophen, die an sehr unterschiedlichen Stellen weltweit passieren können; der Chemieunfall in Seveso (1976), die Havarie des Öltankers Amoco Cadiz (1978), der Reaktorunfall in Harrisburg (1979), der Chemieunfall in Bhopal (1984), der Reaktorunfall in Tschernobyl (1986), das Stranden des Öltankers Exxon Valdez (1989), die Havarie der Ölbohrplattform Deep Water Horizon (2009) und der Reaktorunfall in Fukushima (2011) sind typische Beispiele. Die Namen dieser Ereignisse sind längst zu Synonymen einer nicht-nachhaltigen und umwelt-gefährdenden Wirtschaftsweise geworden. Sie haben den Umweltschutz und insbesondere den Gedanken der Vorsorge gegen Katastrophen und schleichende Veränderungen der Umwelt in immer weitere Teile der Gesellschaft und immer tiefer in das kollektive Bewusstsein getragen.

Damit verbunden ist auch die zunehmende Nachfrage der Gesellschaft nach naturwissenschaftlich untermauerten Analysen der Auswirkungen von bestimmten Tätigkeiten oder Maßnahmen auf die Umwelt und nach Prozeduren einer fairen Bewertung dieser Auswirkungen im Hinblick auf die Notwendigkeit von Gegenmaßnahmen.

1.1 Begriffsdefinitionen

Sowohl in der öffentlichen Diskussion als auch in der Umweltpolitik sind Begrifflichkeiten im Kontext von „Umwelt" und „Umweltproblemen" häufig unscharf und die gleiche Bezeichnung wird von unterschiedlichen gesellschaftlichen Gruppen verschieden gehandhabt bzw. unterschiedlich verstanden. Beispielsweise wird umgangssprachlich oft von Umwelteffekten gesprochen, wenn über die unerwünschten Auswirkungen des menschlichen Handelns diskutiert wird; es ist dabei aber oft nicht wirklich klar, ob damit der Verursacher (z. B. ein Schiff, das Partikelemissionen aus der Verbrennung von Dieselkraftstoff freisetzt) oder die potenzielle Wirkung (z. B. die toxische Wirkung dieser Partikel auf die menschliche Gesundheit oder die Lebenserwartung bestimmter Seevögel) gemeint ist. Für wissenschaftlich basierte Umweltbewertungsmethoden sind aber klare Begriffsdefinitionen unabdingbar.

Im Folgenden werden daher wichtige in diesem Buch verwendete Begriffe diskutiert, wohl wissend, dass auch in der wissenschaftlichen Literatur nicht immer eine durchgängig einheitliche Benennung oder Interpretation von Begriffen zu finden ist und daher oft im Einzelfall eine weitere Präzisierung vorgenommen werden muss. Die Ebenen, auf denen diese Begriffe unterschieden werden, orientieren sich an einem Konzept für Indikatoren im Umweltbereich, dem sogenannten „Drivers – Pressures – States – Impacts – Responses" (DPSIR)-Konzept. Obwohl dieses Konzept erst später im Einzelnen erläutert wird, sind seine Begriffe jedoch hilfreich für die klare Einordnung verschiedener Bezeichnungen.

Tabelle 1.1 zeigt zusammenfassend diese Begrifflichkeiten. Zusätzlich sind – ohne Anspruch auf Vollständigkeit – als deutsche Begriffe solche Bezeichnungen aufgeführt, die häufig vorkommen und z. T. synonym gebraucht werden.

Treiber/Ursachen von Umweltproblemen („Drivers"). Die grundlegendste Ursache für alle Handlungen, die am Ende zu einem Umweltproblem führen (können), sind die Bedürfnisse der menschlichen Gesellschaft. Dies umfasst existentielle Bedürfnisse wie Ernährung, Wohnung und Kleidung, aber auch viele kulturell geprägte Bedürfnisse wie die nach Freizeitaktivitäten oder Mobilität. Diese Bedürfnisse werden auch als Aktivitäten oder Treiber bezeichnet; sie setzen ursächlich die Kette von Handlungen in Gang, die als Nachfrage nach Produkten oder Dienstleistungen die mittelbare Ursache von Umweltproblemen darstellen. So ist das Bedürfnis nach Wohnung mit dem Bau von Gebäuden verbunden; es umfasst aber auch die Nachfrage nach Energie zur Bereitstellung von Wärme, Beleuchtung und den Betrieb von Geräten wie Waschmaschine oder Fernseher. Das Bedürfnis nach Ernährung führt zur Nachfrage nach Lebensmitteln, mittelbar verbunden

Tabelle 1.1 Begriffe und deren Zuordnung zum DPSIR-Konzept

DPSIR	Synonyme Begriffe	Beispiele
Driving forces	Bedürfnisse, Aktivitäten, Ursachen, Treiber	Bevölkerungswachstum, Nachfrage nach Energie
Pressures	Indirekte und direkte Eingriffe	Rodung von Wald, Emission von Substanzen
States	Zustand	Globale Durchschnittstemperatur, Anzahl existierender Arten
Impacts	Umweltwirkungen, Umwelteinwirkungen, Umweltauswirkungen	Abschmelzen von Gletschern, Aussterben von Arten
Responses	Maßnahmen	Abgasreinigung, Substitution fossiler Energieträger durch erneuerbare Energien

mit der Nachfrage z. B. nach Düngemitteln in der Landwirtschaft und nach Transporten von Lebensmitteln aus anderen Regionen, Ländern oder Kontinenten. Das Bedürfnis nach Freizeitaktivitäten treibt die Nachfrage nach Produkten (z. B. Fahrräder, Skier), aber ebenfalls die Nachfrage nach Transportleistungen, um einen Urlaubsort zu erreichen.

Umweltbeeinflussungen („Pressures“). Umweltbeeinflussungen umfassen potenzielle und tatsächliche Eingriffe in die natürliche Umwelt als Folge der oben genannten Bedürfnisse. Einflüsse menschlicher Handlungen können sehr vielschichtig sein und auf unterschiedlichen Stufen der Produktionskette erfolgen. Beispielsweise wird für die Stromerzeugung aus Braunkohle im Tagebau der kohlenstoffhaltige fossile Energieträger großtechnisch abgebaut; dabei wird der Grundwasserspiegel abgesenkt, das Deckgebirge abgetragen und der eigentliche Braukohleabbau vollmechanisiert über Zeiträume von Jahren bis Jahrzehnten durchgeführt. Diese menschlichen Aktivitäten verändern die lokale Umwelt massiv und sind deshalb immer wieder ein sehr kontrovers und hochemotional diskutiertes Thema bei den Anwohnern und in der Politik. Auch kommt es bei der Stromerzeugung aus Braunkohle im Kraftwerk zu Konsequenzen für die Umwelt durch Emissionen der Verbrennung, die lokal und regional (Stickstoffoxide, Feinstäube, Schwefeldioxid) und auch global wirksam sind (z. B. Kohlenstoffdioxid). Schließlich ist auch der Transport der elektrischen Energie vom Kraftwerk bis zum Endverbraucher mit potenziellen Einflüssen auf die Umwelt verbunden; die Bildung elektrischer Felder und die Barrierewirkung durch Hochspannungsleitungen für bestimmte Vogelarten sind hier zwei exemplarische Beispiele. Aber auch durch die Nutzung von Elektrizität kann die Umwelt beeinflusst werden; die Beschallung der Nachbarschaft durch laute Musik oder die grelle Beleuchtung brütender Vögel durch elektrische Lampen, die durch einen Bewegungsmelder gesteuert werden, sind mögliche Beispiele.

Insgesamt umfasst der Begriff Umweltbeeinflussungen daher eine Vielzahl direkter und indirekter Einflüsse auf die Umwelt, die kurzfristig wirksam werden oder sich über lange Zeiträume erstrecken können (z. B. Versiegelung der Landschaft durch Bauwerke, Nitrateintrag in Grund- und Oberflächengewässer, Kontamination der Meere mit Rohöl, Lärmemissionen einer Autobahn, Übertage-Uranabbau, Einleitung von Chemieabfällen in Oberflächengewässer, Havarie eines Öltankers).

Zustand der Umwelt („State"). Der Begriff des Zustands beschreibt die natürliche Umwelt, wie sie zu einem bestimmten Zeitpunkt existiert. Für diese Beschreibung werden naturwissenschaftliche Größen verwendet (z. B. Temperatur, pH-Wert oder Konzentration, biologische und ökologische Kriterien wie z. B. zur Artenvielfalt). Die Beschreibung eines Zustands sagt zunächst noch nichts darüber aus, ob eine Beeinflussung des Menschen vorliegt; diese Frage kann aber u. U. durch die Analyse von Zeitreihen beantwortet werden. Auch ist es durch die Beschreibung des Zustands der Umwelt zu einem bestimmten Zeitpunkt möglich, einen Referenzzustand zu definieren (z. B. „vor Beginn der industriellen Revolution"). Da solche Zeitreihen und Referenzzustände für die Analyse von Umweltproblemen, aber auch die Erfolgskontrolle von entsprechenden Schutzmaßnahmen, ganz wesentlich sind, existieren heute aufwändige Monitoringsysteme, in denen solche Messdaten erfasst werden. Die eigentlichen Größen, die für die Analyse von Umweltproblemen benötigt werden, sind jedoch häufig errechnete Größen; beispielsweise kann die globale Durchschnittstemperatur nicht an einem Ort gemessen werden, sondern sie wird aus den Messergebnissen vieler tausend Messstationen weltweit berechnet.

Umweltwirkungen („Impacts"). Die diskutierten Umweltbeeinflussungen können mit einer Vielzahl sehr unterschiedlicher lokaler, regionaler und globaler Wirkungen auf den Menschen sowie die lebende Natur und tote Materie verbunden sein. Wirkungen auf den Menschen können z. B. Atemwegserkrankungen, Hautausschläge, Übelkeit und schlechte Laune, aber auch Krebs- und andere Erkrankungen umfassen. Ebenso können in der Natur eine Vielzahl möglicher Wirkungen gegeben sein; dies betrifft u. a. den allmählichen Rückgang von Arten über die Umwandlung eines Ökosystems in ein anderes mit reduzierten Ökosystemfunktionen bis hin zum völligen Absterben sämtlichen natürlichen Lebens. Allgemein wird unterschieden in die Beeinflussungen der Umweltkompartimente Boden, Wasser und Luft. Aber auch die Unterscheidungen in kurzfristige und langfristige Wirkungen sind wichtig. Beispielsweise treten kurzfristige Wirkungen typischerweise bei Unfällen auf (z. B. bei einer Explosion in einem Chemiewerk) und langfristige Wirkungen können insbesondere durch die langjährige Emission von stabilen, schwer oder gar nicht abbaubaren Umweltchemikalien entstehen (sogenannte Perstistant Organic Pollutants („POP") wie beispielsweise polychlorierte Biphenyle (PCB)). Zu beachten ist zusätzlich, dass die Wirkung von Umweltbeeinflussungen auch von der Sensibilität des jeweiligen Ökosystems abhängt; so ist beispielsweise die Entnahme von Grundwasser mit sehr unterschiedlichen Wirkungen je nach den lokalen Gegebenheiten des jeweiligen Ökosystems verbunden. Insgesamt wird die Wirkung menschlichen Handelns auf

Umweltkompartimente daher von einer Vielzahl unterschiedlichster Rahmenbedingungen beeinflusst, die räumlich und zeitlich variieren können.

Maßnahmen („Responses"). Der Begriff der Maßnahmen umfasst alles, was die menschliche Gesellschaft in Reaktion auf Umwelteinwirkungen unternimmt. Voraussetzung ist zunächst, dass es einen gesellschaftlichen Willen gibt, dass also die Gesellschaft eine Veränderung der natürlichen Umwelt (z. B. Erhöhung der globalen Durchschnittstemperatur, Rückgang bestimmter Ökosysteme) überhaupt als ein Problem versteht. Wenn dem so ist, können Maßnahmen auf den unterschiedlichsten Ebenen ergriffen werden (z. B. auf der staatlichen Ebene, bei Unternehmen, in jedem Privathaushalt). Auch unterschiedliche Typen von Maßnahmen sind möglich. Dies gilt primär für technologische Maßnahmen (z. B. Abgasreinigung zur Rückhaltung von Luftschadstoffen, Einführung neuer effizienter Energietechnologien). Aber auch Maßnahmen, die auf das Verhalten wirken, gehören dazu (z. B. Förderung des öffentlichen Nahverkehrs, Nutzungsver- oder -gebote für bestimmte naturnahe Flächen).

1.2 Entstehung von Umweltproblemen

Der Zusammenhang zwischen einer menschlichen Handlung und ihrer Wirkung in der natürlichen Umwelt, die dann als Umweltproblem wahrgenommen wird, kann als Ursache-Wirkungs-Kette beschrieben werden. Solche Ursache-Wirkungs-Ketten können kurz sein; dies gilt beispielsweise für die Rodung eines Waldes, die direkt und unmittelbar auf das betroffene Ökosystem einwirkt. Häufig sind Ursache-Wirkungs-Ketten aber sehr lang; man spricht dann von indirekten Wirkungen. Beispielsweise können chemische Substanzen, die durch menschliche Aktivitäten in die Umwelt gelangen, in Futtermittelpflanzen (z. B. Gras, Mais) eingelagert werden, die dann von Nutztieren gefressen werden und über den Fleischkonsum letztlich vom Menschen am Ende der Nahrungskette aufgenommen werden. Eine daraus resultierende Wirkung im Menschen tritt aber vielleicht erst über längere Zeiträume auf, wenn die wiederholte Zufuhr zu einer Akkumulation dieser Substanzen führt und nach einer entsprechend langen Zeit eine humantoxische Wirkung entsteht. Zu berücksichtigen ist auch, dass manchmal die ursprünglich in die Umwelt freigesetzten Stoffe dort chemisch umgewandelt werden und dann die Reaktionsprodukte schädliche Wirkungen entfalten, wie es beispielsweise bei der Bildung von bodennahen Ozon der Fall ist.

Oft ist eine Ursache-Wirkungs-Kette damit sehr komplex und multikausal. Viele Mechanismen, nach denen Wirkungen in der natürlichen Umwelt zu Stande kommen, sind daher bisher nur teilweise bekannt und ihre wissenschaftliche Erforschung ist grundsätzlich mit einem sehr hohen Aufwand verbunden. Dies gilt vor allem dann, wenn Wirkungen erst langfristig oder räumlich weit entfernt vom auslösenden Eingriff auftreten. Darüber hinaus setzt die Beurteilung von Wirkungen voraus, dass diese mit einem „natürlichen" oder wünschenswerten Zustand der Umwelt verglichen werden. Auch dies ist eine komplexe Frage, die von der Wissenschaft bisher nicht immer eindeutig beantwortet werden kann. Diese Aspekte sollen im Folgenden an Hand einiger Beispiele diskutiert werden.

Räumlicher Bezug. Umwelteingriffe können ihre Wirkung direkt am Ort des Eingriffs entfalten. Dies ist beispielsweise bei der Havarie eines Tankschiffs in einem Binnengewässer der Fall, durch die in kurzer Zeit die Ökosysteme am Ort massiv geschädigt werden können. Gleichzeitig kann es durch den Transport des Öls durch Oberflächen- und ggf. auch Grundwässer an anderen Orten zu Schäden kommen, die möglicherweise sogar relevanter sind, wenn sie sensiblere Ökosysteme betreffen. Damit ist die Relevanz eines Effekts auf die Umwelt auch immer mit dem Ort verbunden, auf den sie einwirkt; z. B. hat die massive Lärmfreisetzung in einer Tropfsteinhöhle potenziell deutlich geringere Umweltwirkungen im Vergleich zu der gleichen Lärmfreisetzung in einem Korallenriff oder in einer Brutkolonie von Seevögeln; die Freisetzung von Dieselpartikeln aus Motoren hat innerstädtisch potenziell eine höhere Wirkung als in der Zentralsahara und auf hoher See im Nordatlantik. Nichtsdestotrotz gibt es auch Umweltbeeinflussungen, deren Wirkung nur eingeschränkt bzw. überhaupt nicht vom Ort abhängt; beispielsweise trägt die Freisetzung von Kohlenstoffdioxid in die Atmosphäre durch die Verbrennung fossiler Energieträger unabhängig von Ort der Freisetzung zum anthropogenen Treibhauseffekt bei.

Aufgrund der diskutierten Zusammenhänge wird i. Allg. unterschieden zwischen lokal und global wirksamen Umwelteffekten. Erstere zeigen – wie der Name sagt – nur in (unmittelbarer) Nähe zu dem Verursacher eine Wirkung (z. B. Lärmemissionen) und letztere wirken unabhängig vom Ort der Freisetzung (z. B. Klimagasemissionen). Für die Unterscheidung zwischen lokalen, regionalen und globalen Umwelteffekten ist die Beachtung von Transportprozessen maßgeblich. Beispielsweise können Schwefeldioxid-Emissionen aus Kraftwerken Tausende von Kilometern über die Atmosphäre transportiert werden. Sinngemäß gilt dies auch für die Freisetzung von Schadstoffen in Wasser und Boden: Wird beispielsweise das Erdreich mit Mineralöl kontaminiert, ist zunächst der Ort der Umweltbeeinflussung identisch mit dem der Wirkung (z. B. dem Absterben von im Boden lebenden Organismen). Wird das Öl über Oberflächen- und Grundwasser an einen anderen Ort verlagert, kann es zusätzlich an einer völlig anderen Stelle eine Wirkung entfalten.

Zeitlicher Bezug. Auch der zeitliche Zusammenhang zwischen Ursache und Wirkung kann weit auseinander liegen. Wird beispielsweise das Fundament einer Offshore-Windkraftanlage in den Meeresboden gerammt, können die Schweinswale unmittelbar durch die Lärmemissionen geschädigt werden; hier entfaltet das menschliche Handeln eine praktisch zeitgleiche Wirkung. Werden demgegenüber Giftstoffe unsachgemäß in den Untergrund eingebracht oder in Behältern im Meer verklappt, kann die Wirkung erst Jahre oder viele Jahrzehnte später zutage treten, wenn die Stoffe aufgrund der fortschreitenden Korrosion sukzessive freigesetzt und verteilt werden. Auch Anreicherungen von Stoffen in bestimmten Umweltmedien oder die Akkumulation über die Nahrungskette laufen üblicherweise über (sehr) lange Zeiträume ab. Nach Jahrzehnten können diese Vorgänge dann bei besonders sensiblen Organismen eine Wirkung auslösen oder Substanzen auf den Menschen übergehen; die Anreicherung von DDT in der menschlichen Muttermilch ist dafür ein typisches Beispiel. Noch länger können die Zeiträume sein, wenn radioaktive Stoffe aus undichten Zwischen- oder Endlagern im Verlauf von Jahrhunderten in die Biosphäre gelangen.

„Natürliche" Umwelt. Insbesondere die Frage, ob letztlich ein Umweltproblem als „gelöst" betrachtet werden kann, hängt auch mit der Unklarheit darüber zusammen, was in der natürlichen Umwelt oder welcher Zustand der Umwelt eigentlich geschützt werden soll. Überspitzt kann man die Frage formulieren, welche Referenz-Umwelt für die Bewertung einer bestimmten Umweltbeeinflussung jeweils herangezogen werden soll.

- Wie ist es beispielsweise zu bewerten, wenn eine „klassische" ausgeräumte Agrarlandschaft mit großtechnischem Anbau von Getreide und Zuckerrüben zunächst zur Braunkohlenförderung genutzt wird und dann nach Beendigung des Abbaus eine hochdiverse Seenlandschaft entsteht? Diese Seenlandschaft hat einen hohen Freizeitwert, ist aber für die jeweilige Gegend völlig fremd und – im Vergleich zum Ausgangszustand – durch völlig andere Ökosysteme (d. h. aquatische anstatt agrarische Ökosysteme) gekennzeichnet.
- Wie geht man damit um, wenn durch menschliches Handeln in der Vergangenheit eine „künstliche" degenerierte Landschaft geschaffen wurde (z. B. Heidelandschaft), die natürlicherweise nicht hätte entstehen können und die sich ohne dieses menschliche Handeln erneut dem davor gegebenen Zustand annähern würde, verbunden mit dem Verlust der Lebensräume für heute seltene Tiere und Pflanzen, die nur in einer derartigen „künstlichen" Landschaft überleben können?
- Wenn eine seit Jahrzehnten ungenutzte Industriebrache renaturiert werden soll (z. B. ein ehemaliges Stahlwerk, militärischer Übungsplatz), in welchen Zustand soll sie dann versetzt werden: in (a) die potenziell natürliche Vegetation (die es dort vor hunderten von Jahren einmal (potenziell) gegeben hat), (b) eine Agrarlandschaft, wie sie in der entsprechenden Gegend heute üblich ist, (c) einen Kulturwald, wie er lokal vorkommt, (d) eine Parklandschaft, die durch einen maximalen Erholungswert gekennzeichnet ist, oder (e) dem jetzigen Zustand belassen, da sich in dieser Industriebrache in der Zwischenzeit seltene Pflanzen und Tiere (z. B. Rote-Liste-Arten) angesiedelt haben, wie sie aber in der entsprechenden Gegend natürlicherweise nicht vorkommen können?

Solche Fragen können mit naturwissenschaftlichen Methoden alleine nicht beantwortet werden. Hier gibt es i. Allg. keine „endgültige" Wahrheit oder zweifelsfreie Definition; sie kann es letztlich auch nicht geben. Zur Festlegung des Schutzziels bzw. der Umweltdefinition in einem konkreten Fall ist daher immer ein gesellschaftlicher Meinungsbildungsprozesses erforderlich. Solche Meinungsbildungsprozesse sind nicht immer abschließend, sondern laufenden Veränderungen und Anpassungen – ggf. auch Stimmungen und Emotionen – unterworfen; deshalb werden einmal ausgehandelte und (weitgehend) akzeptierte Kompromisse üblicherweise immer wieder kritisch hinterfragt.

1.3 Herausforderungen für Umweltbewertungsmethoden

Vor dem Hintergrund der beschriebenen komplexen Zusammenhänge sind unterschiedliche Stufen der Ursache-Wirkungs-Kette durch Umweltbewertungsmethoden mit unterschiedlicher Verlässlichkeit erfassbar. Menschliche Beeinflussungen wie NO_x-Emissionen, Abwassereinleitungen etc. lassen sich beispielsweise durch Messungen relativ genau erfassen und quantifizieren. Die daraus resultierenden Folgen – die eigentlichen Umweltwirkungen – können aber nicht so einfach gemessen werden, da sie möglicherweise sehr vielschichtig sind und in mehreren Umweltkompartimenten – und das ggf. über sehr lange Zeiträume und räumlich sehr weit verteilt – auftreten. Darüber hinaus ist ihre Zuordnung zum konkreten Verursacher sehr schwierig; dies gilt insbesondere dann, wenn sie über lange Zeiträume und weit entfernt vom Verursacher auftreten.

Aufgrund der genannten prinzipiellen Schwierigkeiten konzentriert sich die Umweltpolitik i. Allg. auf die Reduzierung der unerwünschten und schädlichen Handlungen oder Freisetzungen von Stoffen beim potenziellen Verursacher; dies ist das sogenannte Vorsorgeprinzip beim Umweltschutz. Damit verbunden ist aber oft eine große Unsicherheit, ob und in welchem Umfang potenzielle Wirkungen beeinflusst werden und ob ein Umweltproblem tatsächlich „gelöst" wird.

Die diskutierte Vielschichtigkeit möglicher Umweltbeeinflussungen führt zu einigen charakteristischen Herausforderungen für Umweltbewertungsmethoden, die im Folgenden kurz dargestellt werden.

Systemgrenzen. Ob bestimmte Umweltwirkungen überhaupt erfasst werden, wird ganz entscheidend durch die Festsetzung der Systemgrenze einer Untersuchung bestimmt. Diese müssen immer zu Beginn einer entsprechenden Analyse eindeutig definiert werden. Dies kann beispielsweise eine betriebliche oder lokale/regionale/überregionale Betrachtung (z. B. Produktionsbetrieb) oder eine Lebensweganalyse (z. B. von der Wiege bis zur Bahre eines bestimmten Produktes) sein. Neben den räumlichen Betrachtungsgrenzen müssen auch die zeitlichen Systemgrenzen klar definiert werden, damit Gleiches mit Gleichem verglichen wird. Sollen beispielsweise die Umwelteffekte der Windelproduktion für ein bestimmtes Jahr untersucht werden, muss auch die Stromerzeugungsstruktur dieses Jahres den Untersuchungen zugrunde gelegt werden.

Da bei unterschiedlichen Systemgrenzen ggf. bestimmte Sachverhalte vollständig aus einer Untersuchung „ausgeblendet" werden können, ist eine solche Definition eindeutiger Betrachtungsgrenzen eine Grundvoraussetzung für eine faire und nachvollziehbare Umweltbewertung und damit eine wesentliche Komponente sämtlicher Bewertungsmethoden.

Referenzsysteme. Das Ergebnis einer Bewertung hängt auch davon ab, mit was verglichen wird (d. h. welches Referenzsystem betrachtet wird). So ist es beispielsweise bei der Bewertung der Einführung erneuerbarer Energien wichtig, welche vorhandene Energietechnologie substituiert wird: ein Kohlekraftwerk oder ein Mix, in dem bereits erneuerbare

Energien wie Wasserkraft vorhanden sind. Wie bestimmt man ein Referenzsystem aber beispielsweise dann, wenn durch das menschliche Handeln ein bestimmtes Ökosystem durch ein anderes abgelöst wird und beide in der entsprechenden Gegend fremd sind (z. B. Maisanbau als Biogassubstrat wird durch den Anbau von Zuckerhirse ersetzt, das ebenfalls als Biogassubstrat eingesetzt werden soll)? Teilweise werden derartige Herausforderungen auch dadurch umgangen, indem der Bezug auf die Vergangenheit gemacht wird und ein natürlicherweise an diesem Standort existierenden Ökosystem zu Grunde gelegt wird – das aber tatsächlich zum Zeitpunkt der Untersuchung gar nicht existiert. Alternativ dazu können die Ergebnisse der Umweltbewertung auch an bestimmten gesetzlichen Vorgaben bzw. Richtwerten gespiegelt werden, die ja letztlich im Rahmen eines gesellschaftlichen Meinungsbildungsprozesses erarbeitet wurden; dann dient der staatlich festgelegte Wert als Bezugsgröße.

Zielkonflikte. Ziel einer Umweltbewertung ist es i. Allg., zu einer belastbaren Einschätzung der Konsequenzen eines bestimmten Handelns auf die Umwelt in ihrer gesamten Breite zu kommen. Dies ist dann einfach, wenn nur ein Umwelteffekt betrachtet werden soll, der problemlos zu quantifizieren ist und der eindeutige Aussagen erlaubt (z. B. geringere Emissionen mit Klimawirksamkeit eines BHKW auf der Basis von Biomethan im Vergleich zu Erdgas, weniger Freisetzungen an schwefelhaltigen Emissionen bei der Verbrennung von Erdgas im Vergleich zu schwerem Heizöl). Auch behilft man sich häufig mit einfachen Indikatoren; ist z. B. ist in einem Produktionsbetrieb die zu entsorgende Menge einer bestimmten, klar beschriebenen Abfallfraktion infolge einer Veränderung der Produktionstechnik zurück gegangen, kann man ohne detaillierte Beurteilung der toxischen Wirkung dieses Abfalls beispielsweise auf die menschliche Gesundheit annehmen, dass es prinzipiell zu einer Verbesserung der Umweltsituation gekommen ist. Wie aber geht man mit Zielkonflikten um, wenn ein Braunkohlekraftwerk mit einem Kraftwerk auf der Basis von biogenen Festbrennstoffen verglichen werden soll und die Art der Wirkung der Emissionen unterschiedlich ist? Im einen Fall kann eine höhere Klimawirksamkeit durch fossile CO_2-Emissionen beim Braunkohlekraftwerk im Vergleich zur Biomasseanlage auftreten, in der Wirkung „Eutrophierung" sind aber geringere Emissionen beim Braunkohlekraftwerk und höhere Freisetzungen bei der Biomasseanlage gegeben. Hier muss dann eine Bewertung lokal wirksamer Freisetzungen gegen global wirksame Emissionen vorgenommen werden; d. h. es muss im Kern die Relevanz zweier unterschiedlicher Umweltprobleme gegeneinander abgewogen werden.

Datenverfügbarkeit und -verlässlichkeit. Die Belastbarkeit der Umweltbewertung eines bestimmten Produktes oder einer spezifischen Dienstleistung steht und fällt mit der Verfügbarkeit der entsprechenden Daten und Informationen u. a. bezüglich der Umweltbeeinflussungen innerhalb der definierten zeitlichen und räumlichen Betrachtungsgrenzen. Nach Möglichkeit sind die verwendeten Datengrundlagen umfassend messtechnisch zu verifizieren sind. Tatsächlich ist dies aus Zeit- und Arbeitsgründen, aber auch aufgrund einer mangelnden Zugänglichkeit, oft gar nicht möglich; in einer Umweltbewertungsuntersuchung sind daher oft – beispielsweise bei einer Bewertung der Veränderung der Umweltsituation der Herstellung eines bestimmten Produktes – die benötigten Daten nicht oder nur teilweise vorhanden, da diese nicht standardmäßig messtechnisch erfasst werden. Deshalb ergibt sich dann die Herausforderung, für eine bestimmte Umweltanalyse die benötigten Daten zu erheben oder abzuschätzen. Dies kann – je nach den fallspezifischen Gegebenheiten – mit einem z. T. erheblichen technischen, organisatorischen und ökonomischen Aufwand verbunden sein.

Transparenz/Nachvollziehbarkeit. Umweltbewertungsmethoden haben – neben dem generellen Ziel, wissenschaftliche Erkenntnisse bereitzustellen – oft auch spezifische Aufgaben, um Grundlagen für einen unternehmerischen, administrativen, bürokratischen und/oder politischen Entscheidungsprozess bereit zu stellen. Entscheidungsfindungsprozesse beinhalten in der Realität oft Diskussionen mit Interessengruppen, die einem Vorhaben (z. B. dem Bau einer Stromtrasse) nicht zwingend wohlwollend gegenüber stehen. In solchen kontroversen Situationen ist die allgemeine Anforderung der Transparenz und Nachvollziehbarkeit von Methoden besonders wichtig; das jeweilige Umweltbewertungsverfahren muss allen Beteiligten Sachverhalte, Bewertungsschritte und Ergebnisfindung transparent und nachvollziehbar zugänglich machen. Nur auf einer abgesicherten und von allen Beteiligten akzeptierten Informationsgrundlage kann eine kontroverse Diskussion zwischen unterschiedlichen Interessengruppen – den „Stakeholdern" – versachlicht werden. Dabei muss einschränkend beachtet werden, dass mit steigender Komplexität eines Problems auch die Bewertungsmethode komplexer wird und damit die Intransparenz zwingend zunimmt. Damit muss – und das ist eine wesentliche Herausforderung aller Umweltbewertungsinstrumente – ein fallweise auszuhandelnder Kompromiss zwischen einer realistischen Abbildung der Wirklichkeit und einer möglichst weitgehenden Abstraktion der tatsächlichen Gegebenheiten gefunden werden, damit überhaupt eine Bewertung realisiert und die Ergebnisse bzw. die Ergebnisfindung für Außenstehende nachvollziehbar werden.

1.4 Ziel

Vor dem beschriebenen Hintergrund ist es das Ziel dieses Buches, wesentliche Umweltbewertungsinstrumente dazustellen, ihr Vorgehen zu verdeutlichen und ihre Anwendungsgebiete zu diskutieren.

Dazu wird zunächst ein Abriss zu anthropogenen Umweltbelastungen gegeben. Dieser enthält einen kurzen Überblick über gegenwärtige relevante Umweltprobleme und beinhaltet Verweise auf grundlegende Informationsquellen, die auch in vielen Umweltbewertungsmethoden genutzt werden.

Umweltbewertungsmethoden beinhalten in vielen Fällen methodisch vergleichbare Komponenten, Datengrundlagen und Arbeitsschritte. Deshalb werden im dritten Kapitel wesentliche Elemente diskutiert, die sich in allen dargestellten Umweltbewertungsinstrumenten mehr oder weniger ausgeprägt wiederfinden; dies gilt beispielsweise für die verwendeten Indikatoren für Umweltbelastungen. Auch übergreifende Problematiken wie z. B. Datenverfügbarkeit und Validierung von Modellen, die unabhängig von der konkret einzusetzenden Umweltbewertungsmethode immer zu lösen sind, werden dargestellt.

Anschließend werden in jeweils einem Kapitel ausgewählte Umweltbewertungsinstrumente im Einzelnen umfassend behandelt. Dazu wird die jeweilige Methode hinsichtlich der grundlegenden Philosophie diskutiert und der methodische Ansatz ausführlich theoretisch dargestellt. Im Anschluss verdeutlichen ein oder mehrere Fallbeispiele die konkrete Anwendung dieser Methode in der Praxis.

Die nachfolgend vertieft dargestellten Umweltbewertungsmethoden sind an Hand ihrer Relevanz für die Praxis ausgewählt; Abwandlungen der gleichen grundlegenden Methodik werden im gleichen Kapitel zusammengefasst (z. B. Ökobilanz und Carbon Footprint sowie Water Footprint).

Im Einzelnen werden die folgenden Methoden vorgestellt:

- Risikoabschätzung; unter der Risikoabschätzung sind Ansätze zu verstehen, mit denen das Umweltrisiko eines bestimmten Stoffes (z. B. einer Chemikalie) erfasst werden kann;
- Ökobilanz/Lebenszyklusanalyse (Life Cycle Assessment oder Life Cycle Analysis (LCA)); bei der Ökobilanz handelt es sich um einen systematischen Vergleich der Umweltwirkungen von Produkten oder Dienstleistungen im Verlauf des gesamten Lebensweges („von der Wiege bis zur Bahre“);
- Umweltverträglichkeitsprüfung (UVP); die Umweltverträglichkeitsprüfung ist ein gesetzlich sehr weitgehend festgelegtes Verfahren, mit dem die Auswirkungen von (Infrastruktur-)Vorhaben auf die natürliche Umwelt im Vorfeld einer Entscheidung für oder gegen das Vorhaben festgestellt, beschrieben und bewertet werden;
- Umweltmanagementsysteme (UMS); unter einem Umweltmanagementsystem ist das systemare Management einer Organisation (z. B. Betrieb, Produktionsstätte, Behörde) zu verstehen, in dem die Zuständigkeiten, Verhaltensweisen, Abläufe und Vorgaben zur Umsetzung der betrieblichen Umweltpolitik der jeweiligen Organisation strukturiert definiert sind;
- Technikfolgenabschätzung (TA); die Technikfolgenabschätzung ist ein Sammelbegriff für eine Vielzahl von Bewertungsmethoden, die über die eigentliche Umweltbewertung z. T. deutlich hinausgehen können; sie analysiert heutige und insbesondere zukünftige technologische Lösungen und die damit zusammenhängenden (gesellschaftlichen) Entwicklungen.

Mit den folgenden Ausführungen soll dem Leser die Möglichkeit gegeben werden, sich mit grundlegenden Prinzipien unterschiedlicher Umweltbewertungsmethoden vertraut zu machen, sich über Randbedingungen der Anwendung klar zu werden und für eine bestimmte eigene Problemstellungen eine adäquate Methode zu identifizieren.

Literatur

[1.1] Grober, U.: Hans Carl von Carlowitz: Der Erfinder der Nachhaltigkeit; Carlowitz-Gesellschaft, online unter: http://www.carlowitz-gesellschaft.de/fileadmin/files/Der_Erfinder_der_Nachhaltigkeit_-text-grober.pdf; zuletzt abgerufen am 28.03.2014

Anthropogene Umweltwirkungen

2

Liselotte Schebek, Karoline Wowra, Wolfgang Ahlf und Alexander Scheffler

Jedes menschliche Handeln – und damit das menschliche Leben selbst – ist zwingend mit wie auch immer gearteten Auswirkungen auf die natürliche Umwelt verbunden. Dabei muss zwischen den menschlichen Aktivitäten (z. B. Stickstoffoxid-Emissionen aus Pkw), den Wirkungen (z. B. Eutrophierung terrestrischer und aquatischer Ökosysteme) und den daraus resultierenden Problemen (z. B. Veränderung der Ökosysteme) unterschieden werden; die entsprechenden Zusammenhänge werden nachfolgend zunächst diskutiert. Anschließend wird exemplarisch auf ausgewählte Umweltprobleme eingegangen.

2.1 Umweltwirkungen und Umweltprobleme

Menschliches Handeln löst Veränderungen auf verschiedenen Ebenen in unserer Umwelt aus, die in der Regel ungeplant sind (Abb. 2.1). Um sie als anthropogene Wirkungen zu bezeichnen, ist die Kausalität entscheidend: Wirkung ist eine Folge, die durch eine Ursache hervorgerufen wird.

Die ursächlich auf Eingriffe des Menschen zurückzuführenden Wirkungen werden unter dem Begriff der anthropogenen Umwelt(ein)wirkungen zusammengefasst. Dieser Begriff der Umweltwirkung ist dabei zunächst wertneutral; er bezeichnet mess- und beobachtbare Veränderungen in der natürlichen Umwelt (z. B. Veränderungen von chemisch-physikalischen Parametern wie Temperatur oder pH-Wert, Veränderungen in Ökosystemen wie das Verschwinden von Arten oder das Hinzukommen neuer Arten). Ob diese

Prof. Dr. Liselotte Schebek · Dipl.-Ing. agr. Karoline Wowra
Technische Universität Darmstadt (TUDa), Fachgebiet Stoffstrommanagement und Ressourcenwirtschaft, Institut IWAR, Darmstadt, Deutschland

PD Dr. Wolfgang Ahlf · Dipl.-Geograph Alexander Scheffler
Technische Universität Hamburg-Harburg (TUHH), Institut für Umwelttechnik und Energiewirtschaft (IUE), Hamburg, Deutschland

M. Kaltschmitt und L. Schebek (Hrsg.), *Umweltbewertung für Ingenieure*,
DOI 10.1007/978-3-642-36989-6_2

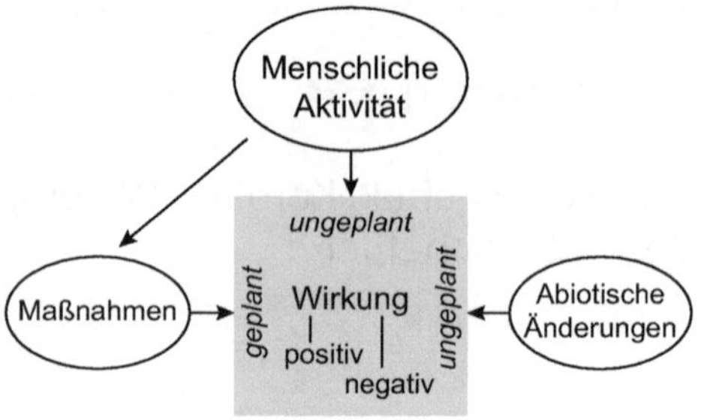

Abb. 2.1 Zusammenhang von Ursachen auf komplexe Umweltwirkungen

Veränderungen als Problem oder als Gewinn (d. h. positiv oder negativ) interpretiert werden, hängt von der anschließenden Bewertung ab und damit vom Standpunkt und den Werten des Individuums oder der gesellschaftlichen Gruppe, welche die Bewertung vornimmt. Dadurch kann beispielsweise der gleiche Sachverhalt sowohl positiv als auch negativ bewertet werden. Die Förderung von Kohle oder Erdöl ist zunächst positiv unter dem Aspekt der Sicherung der Energieversorgung der Gesellschaft bewertet; sie wird aber negativ eingeschätzt, wenn man die Freisetzung von CO_2 als Treibhausgas und dessen Beitrag zum Klimawandel und die potenziellen anderen Umweltauswirkungen (z. B. Tankerunglück) berücksichtigt.

Diese Definition von Umweltwirkungen umfasst die Effekte auf technische, ökonomische, soziokulturelle oder ökologische Veränderungen. Eine als negativ bewertete Umweltwirkung wird umgangssprachlich als Umweltproblem bezeichnet.

Wirkungen auf die Umwelt sind nicht zwangsläufig singuläre Ereignisse (z. B. das plötzliche Verschwinden der Vegetation nach einem Waldbrand). Im Regelfall sind es kontinuierliche, langfristige Prozesse, die auch in einem größeren Zeitabstand zur Ursache auftreten können. Beispielsweise wurde das Insektizid DDT (Dichlor-Biphenyl-Trichlorethan) ab 1942 in großen Mengen in der landwirtschaftlichen Produktion eingesetzt. Aber erst Jahrzehnte später wurden die Folgen dieses Einsatzes entdeckt, da sich durch seine chemische Stabilität und gute Fettlöslichkeit DDT im Gewebe von Menschen und Tieren anreicht; beispielsweise wurde u. a. bei Frauen ein sehr hoher Anteil von DDT in der Muttermilch nachgewiesen. Deshalb wurde die Nutzung von DDT in den 1970er Jahren in den meisten westlichen Industrieländern verboten.

Menschliche Aktivitäten auf die Umwelt können zu direkten und indirekten Umwelteingriffen führen.

- Das Abholzen von Wäldern zum Zweck der Holzgewinnung, die Versieglung von Böden zum Anlegen von Straßen oder auch die Übernutzung von natürlichen Fischbeständen (d. h. Überfischung etwa für die Nahrungsmittelproduktion) sind als direkte anthropogene Eingriffe in die Umwelt zu verstehen.
- Menschliche Einflüsse auf die Umwelt, die ihre Wirkung an einer anderen Stelle zeigen, werden als indirekte Eingriffe bezeichnet; beispielsweise resultiert aus einem übermäßigen Einsatz von Düngemitteln in der Landwirtschaft die Freisetzung

von Stickstoff, die zu einer verstärkten Anreicherung von Nährstoffen in Gewässern (Eutrophierung) beitragen kann.

Die aus solchen Eingriffen folgenden Umweltwirkungen sind in der Regel vom Menschen nicht geplant und im vorhinein von den lokalen Akteuren oft nur eingeschränkt abschätzbar.

Um die Vielzahl von Umweltwirkungen zu typisieren und ihre Relevanz bewerten zu können, wurden drei Kriterien festgelegt [2.1]:

- Zeitdauer und räumliches Ausmaß der Wirkung,
- Dringlichkeit,
- Grad der irreversiblen Schäden.

Auch am Beispiel dieser drei Kriterien wird deutlich, dass in der umweltpolitischen Diskussion der Übergang zwischen Umweltwirkungen und Umweltproblemen häufig fließend ist. Während die Zeitdauer und das räumliche Ausmaß eine Wirkung im Sinne einer Veränderung beschreiben, sind die Begriffe der Dringlichkeit und des Schadens untrennbar mit einer Bewertung der Auswirkungen auf die menschliche Gesellschaft und damit einer Einstufung als „Umweltproblem" verbunden. Die Aussage, ob und mit welcher Relevanz ein Umweltproblem besteht, ist daher nicht selbsterklärend. Es ist vielmehr ein Prozess, in dem messbare Veränderungen mit einer Einschätzung zu zukünftigen Trends dieser Änderung und ihrer Folgen sowie Wertmaßstäben zu diesen Folgen verbunden werden. Hinzu kommt, dass sich infolge eines laufenden gesellschaftlichen Wertewandels diese Einstufung auch im Zeitverlauf ändert; beispielsweise wurden die potenziellen Umweltfolgen der Kernenergie in den 1950er Jahren völlig anders wahrgenommen im Vergleich zu den 2010er Jahren.

Die zunehmende Erkenntnis der Vernetzung von Ursachen und Wirkungen von Umweltproblemen, aber auch die ansteigende Komplexität von angepassten Handlungsstrategien, lassen eine Strukturierung von Kriterien zur Beurteilung von Umweltwirkungen, Umweltproblemen und Handlungsstrategien immer notwendiger erscheinen.

- Einerseits sind hieraus sogenannte Indikatorensysteme entstanden, die heute als Grundlage für das Monitoring von Umweltveränderungen, aber auch der Entwicklung von Umweltproblemen und der Kontrolle des Erfolges von Handlungsstrategien und politischen Zielsetzungen dienen.
- Andererseits wurden auf internationaler und nationaler Ebene Organisationen und Berichtssysteme etabliert, die zusammenfassend eine Beschreibung und Bewertung wichtiger Umweltprobleme in Bezug auf Ursachen, Entwicklung und Handlungsstrategien als Informationsgrundlage für die Politik und die allgemeine Öffentlichkeit zur Verfügung stellen; auf derartige Quellen greifen viele Studien, Publikationen und auch Bewertungsansätze innerhalb von Umweltbewertungsmethoden zurück.

Nachfolgend werden deshalb sowohl exemplarisch Indikatorensysteme als auch Bestandsaufnahmen zur globalen Umwelt diskutiert.

2.1.1 Indikatorensysteme

Gesellschaftliche Zielsetzungen im Umweltschutz werden – wie auch in anderen Bereichen unserer Gesellschaft – in den üblicherweise ablaufenden gesellschaftlichen/politischen Meinungsbildungsprozesses häufig zunächst sehr allgemein formuliert (z. B. Verbesserung der Bildung, nachhaltige Entwicklung). Um solche Ziele dann tatsächlich in der Praxis umsetzen zu können, müssen sie zunehmend konkretisiert werden; d. h. es müssen quantitative Größen definiert werden, an Hand derer beurteilt werden kann, ob und wie gut die Ziele mit den vorhandenen Maßnahmen erreicht werden.

Indikatoren stellen dafür ein wichtiges Instrument dar. Sie sind messbare Kenngrößen, welche einen konkreten Zustand beschreiben. Ausgehend davon kann durch eine sinnvolle Auswahl an repräsentativen Schlüsselindikatoren eine bestimmte Entwicklung genau beobachtet werden. Der Grad der Zielerreichung ist quantifizierbar; ein Erfolg oder auch ein Misserfolg von Maßnahmen wird unmittelbar sichtbar.

Indikatoren stellen damit ein wichtiges Element der Umweltpolitik dar: „Aus dem Dreiergespann von Umweltzielen, Umweltindikatoren und Maßnahmen ergibt sich die Grundlage für ein umweltpolitisches Steuerungssystem, das unbedingt als integrierte Einheit betrachtet werden sollte: Ziele, Indikatoren und Maßnahmen sollten gemeinsam entwickelt und integrativ angewendet werden." [2.2]. Derartige einzelne Indikatoren sollten einfach zu interpretieren sein und Veränderungen deutlich wiedergeben können. Ihre Werte sollten zuverlässig und mit vertretbarem Aufwand zu ermitteln sein.

Indikatorensysteme sind Zusammenstellungen verschiedener Einzelindikatoren. Dazu werden letztere so ausgewählt, dass sie die jeweilige Gesamtsituation gemeinsam zutreffend charakterisieren und repräsentativ abbilden; sie können beispielsweise Themengebieten oder speziellen Merkmalen der jeweiligen Messgrößen zugeordnet sein. Indikatorensysteme können als Information für Politik und Gesellschaft dienen; sie können aber auch zur Entwicklung oder Anpassung von Umweltschutzmaßnahmen herangezogen werden.

Für die Erstellung sowie die praktische Handhabbarkeit von Indikatorensystemen ist es wichtig, die Zahl der Indikatoren nicht zu groß zu wählen, um die angestrebte Übersichtlichkeit nicht zu gefährden. Dies setzt aber voraus, dass die wenigen genutzten Indikatoren repräsentativ genug sein müssen, um dennoch alle notwendigen Informationen zur Verfügung zu stellen.

Mit diesen Zielsetzungen wurde und wird eine Vielzahl unterschiedlicher Indikatorensysteme national wie international entwickelt. Diese Indikatorensysteme orientieren sich im Bereich des Umweltschutzes jedoch in den meisten Fällen an übergreifenden Strukturen, die den Zusammenhang zwischen Ursachen, Wirkungen und Maßnahmen darstellen. Nachfolgend werden ausgewählte Systeme, die eine wesentliche Grundlage für Steuerungskonzepte im Umweltschutz bilden, kurz beschrieben.

PSR-Ansatz. Für die Differenzierung der Indikatoren im Bereich der Umweltpolitik kann ein vereinfachtes System einer Kausalkette eingesetzt werden [2.3]. Dieser so-

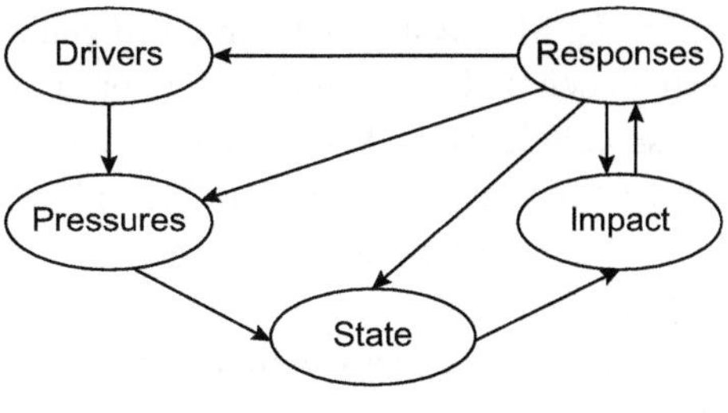

Abb. 2.2 Elemente des DPSIR-Ansatzes (zur Erklärung der Begriffe siehe Text; nach [2.4])

genannte Pressure, State, Response Ansatz (PSR-Ansatz) beinhaltet drei Gruppen von Indikatoren [2.3].

- Indikatoren für Umweltbelastungen bilden beispielsweise in Form von Frachten an Luftschadstoffen den „Druck“ (Pressure) auf die Umwelt ab.
- Zustandsindikatoren (State) beschreiben den Umweltzustand, der sich infolge der Belastungen verändert (z. B. erhöhte Konzentration an Immissionen).
- Weitere Indikatoren beinhalten die darauf folgenden Reaktionen (Response) von Gesellschaft, Politik und Wirtschaft (z. B. in Form von Maßnahmen zur Luftreinhaltung).

Das PSR-Indikatorensystem sollte verschiedene bereits verwendete Indikatorensysteme vereinheitlichen, um einen internationalen Vergleich zu ermöglichen.

Die Stärke des Systems ist die Verknüpfung zwischen den Umweltbelastungen, dem Zustand und den Reaktionen. Daraus kann der Eindruck entstehen, dass diese Beziehungen linear sind; dies ist aber nicht der Fall. Aus umweltwissenschaftlicher Sicht ist das PSR-Modell deshalb nur eine starke Vereinfachung von hochkomplexen Verknüpfungen. Gerade diese einfache Darstellung macht aber die transparente Darstellung von Ursache-Wirkungsbeziehungen möglich und ist der Grund, weshalb das PSR-Konzept als „Messlatte“ für die Politik eine große Verbreitung gefunden hat.

DPSIR-Ansatz. Der DPSIR-Ansatz ist eine Weiterentwicklung des PSR-Ansatzes mit einer differenzierteren Struktur in Driving forces, Pressures, States, Impacts und Responses (Abb. 2.2) [2.4]. Dieser Ansatz wird heute u. a. auch in der Berichterstattung der Vereinten Nationen genutzt [2.5].

Die treibenden Kräfte (Driving Forces) werden als Bedürfnisse der Gesellschaft oder der Wirtschaft interpretiert (z. B. Energienachfrage). Sie sind die eigentliche Ursache, welche die Belastungen (Pressures) der Umwelt auslösen. Diese Belastungen sind in gleicher Weise wie im PSR-System definiert (z. B. als Emissionen). Der Zustand (State) eines Umweltkompartiments (z. B. als Immissionskonzentration) erfährt schließlich die Auswirkungen (Impacts) der Belastung (z. B. den Klimawandel). Auf unerwünschte Umweltauswirkungen folgt schließlich eine Reaktion (Response) der Gesellschaft oder Politik, die sich beispielsweise durch das Erlassen gesetzlicher Vorgaben äußert. Die Reaktion beeinflusst wiederum die vorherigen Elemente des DPSIR-Systems.

Das DPSIR-System ist zurzeit in zehn verschiedene Bereiche gegliedert, die sich an verschiedenen Umweltproblemen orientieren (u. a. Klimawandel, Biodiversität, Siedlungsabfälle). Zu jedem Bereich werden Indikatoren für die jeweilige Kategorie des DPSIR-Modells ermittelt. Das Modell ist daher zugleich eine Systemanalyse und kann dazu herangezogen werden, Ursachen und Konsequenzen von Umweltproblemen zu beschreiben.

Beispielsweise werden zum Thema „Klimawandel" u. a. die folgende Indikatoren verwendet.

- Driving Forces: Produktion verschiedener treibhauswirksamer oder ozonzerstörender Substanzen (Einheit: t/a).
- Pressures: Treibhausgasemissionen (Einheit: t CO_2-eq/a).
- State: globale Treibhausgaskonzentrationen (Einheit: ppm CO_2-eq), Anstieg der globalen Durchschnittstemperatur (d. h. Anstieg in °C seit vorindustrieller Zeit).
- Impact: Sturm- und Flutereignisse (Einheit: Anzahl), Waldbrände (Einheit: ha/a), Mortalitätsrate infolge extremer Temperaturen (Einheit: Mortalitätsrate/°C).
- Responses: CO_2-Reduktionsziele (Einheit: % bezogen auf ein Basisjahr (z. B. 2000, 2010)).

2.1.2 Umwelt-Bestandsaufnahmen

Da globale Umweltprobleme in den letzten Jahrzehnten immer mehr in den Fokus von Gesellschaft und Politik getreten sind, nahm die Notwendigkeit zu, über das Monitoring einzelner Parameter hinaus Bestandsaufnahmen der Probleme selbst und des Erfolgs/des Misserfolgs der entsprechend ergriffenen Maßnahmen vorzunehmen. Dadurch hat sich das Ziel herauskristallisiert, Informationen zur Verfügung zu haben, die den augenblicklichen Zustand, Tendenzen sowie begründbare und erreichbare Umweltziele abbilden, die zum politischen Handeln auffordern. Da eine derartige Identifizierung und Quantifizierung – sowie ggf. Fortschreibung – von Umweltproblemen Sachwissen, aber auch eine Bewertung verlangt, sind daran neben wissenschaftlichen Experten auch die Öffentlichkeit und die Politik beteiligt.

Dies wurde insbesondere deutlich am komplexen Problem des globalen Klimawandels. Politische Entscheidungsträger benötigen eine objektive Informationsquelle über die Ursachen von Klimaänderungen, ihre potenziellen Folgen für Umwelt, Gesellschaft und Wirtschaft sowie über die Optionen zur Anpassung an und die Minderung des Klimawandels. Deshalb wurde 1988 vom Umweltprogramm der Vereinten Nationen (UNEP) und der Weltorganisation für Meteorologie (WMO) als zwischenstaatliche Institution der International Panel for Climate Change (IPCC) gegründet. Um Informationen für politische Entscheidungsträger bereitzustellen, trägt der IPCC Forschungsergebnisse verschiedener Fachdisziplinen in den Sachstandberichten (IPCC Assessment Reports) zusammen, beurteilt die Risiken der globalen Erwärmung und sammelt Strategien zur Vermeidung und Anpassung an den Klimawandel.

Die bereitgestellten Informationen der Sachstandsberichte beruhen auf wissenschaftlich abgesicherten Tatsachen und spiegeln die innerhalb der Wissenschaft vorhandenen Tendenzen und Meinungen wider. Die Bandbreite der wissenschaftlichen Inhalte wird durch Beiträge von Experten aus aller Welt und allen relevanten Fachrichtungen dokumentiert sowie in einem zweistufigen Begutachtungsprozess durch Experten und Regierungen sichergestellt [2.6].

An der Erstellung der Assessment Reports sind drei Arbeitsgruppen (Working groups) sowie die Task Force on National Greenhouse Gas Inventories beteiligt. Der erste Assessment Report wurde 1990 veröffentlicht. Die dort dokumentierten Erkenntnisse spielten eine entscheidende Rolle bei der Erstellung der Klimarahmenkonvention der Vereinten Nationen (UNFCCC), die auf dem Rio-Gipfel 1992 zur Unterzeichnung freigegeben wurde und 1994 in Kraft trat. Der zweite Bericht folgte 1995, der dritte 2001 und der vierte Assessment Report erschien 2007. Der fünfte und aktuellste Sachstandsbericht ist 2013 und 2014 erschienen [2.6].

Ein weiteres Instrument zur Umweltberichtserstattung ist das von UNEP ins Leben gerufene GEO-Projekt; GEO steht für Global Environment Outlook (Ausblick auf die globale Umwelt) und ist die Antwort auf die Forderung nach Umweltberichterstattung der Agenda 21 und eines Beschlusses des UNEP Governing Council vom Mai 1995, der die Erstellung eines umfassenden Berichts über den globalen Status der Umwelt forderte. Das GEO-Projekt ist ein globales Umweltbewertungsverfahren, das den gegenwärtigen Zustand der Umwelt auf regionaler und globaler Ebene analysiert sowie daraus Trends, Prognosen und Handlungsempfehlungen für politische Entscheidungsträger ableitet. Durch die intensive Zusammenarbeit zwischen Wissenschaft und Politik werden wichtige Handlungsorientierungen für die Umweltpolitik, Umweltaktionsplanung und Ressourcenallokation gegeben. Bisher wurden seit der ersten Veröffentlichung 1997 vier weitere Reports veröffentlicht; der aktuellste Report GEO-5 trägt den Titel „Environment for the future we want“ [2.7].

Im Gegensatz zum kontinuierlichen System der Berichterstattung des GEO-Projektes wurde als einmalige, umfassende Studie von den Vereinten Nationen das Millennium Ecosystem Assessment (MEA) veranlasst. Diese Studie gibt einen systematischen Überblick, wie es um 24 entscheidende Funktionen von Ökosystemen bestellt ist. An der Erstellung haben weltweit mehr als 1300 Fachleute mitgewirkt; die UNESCO war neben der World Health Organisation (WHO), der Food and Agriculture Organization (FAO), dem United Nation Development Programm (UNDP), der Weltbank, der Weltnaturschutzunion (IUCN), UNEP und vier Sekretariaten der UN-Naturschutzabkommen beteiligt.

Ziel des Millennium Ecosystem Assessment (MEA) war es, die Folgen der Veränderungen von Ökosystemen für das menschliche Wohlbefinden und die wissenschaftliche Grundlage für notwendige Maßnahmen zur Erhaltung und nachhaltigen Nutzung dieser Systeme und deren Beitrag zum menschlichen Wohlbefinden zu steigern und zu beurteilen. Ein Erfolg des Berichts ist z. B. die Etablierung des Begriffs der „Ökosystemdienstleistungen“ [2.8].

2.2 Ausgewählte Umweltprobleme

Globale und lokale Umweltprobleme bestimmen seit mehreren Dekaden die Umweltdiskussion auch und speziell in Deutschland. Dabei hat sich diese Diskussion zunächst sehr stark fokussiert auf den Klimawandel. In der Zwischenzeit sind aber auch eine Reihe weiterer Aspekte in den Fokus von Politik und Gesellschaft geraten; dies gilt u. a. für die Wasserverfügbarkeit, den Landnutzungswandel, die Biodiversität, die Freisetzung von Chemikalien in die Umwelt, die Freisetzung von Luftschadstoffen und den Nährstoffeintrag in die Umwelt. Diese Aspekte werden nachfolgend diskutiert.

2.2.1 Klimawandel

Der eigentliche Treibhauseffekt ist ein natürliches Phänomen und einer der Gründe dafür, dass auf der Erde eine Temperatur herrscht, bei der Leben in der heutigen Form überhaupt erst ermöglicht wird. Dieser Treibhauseffekt basiert auf dem atmosphärischen Strahlungs- und Wärmehaushalt (Abb. 2.3).

Demnach wird die auf die Erde einfallende, energiereiche Strahlung der Sonne durch vielfältige Prozesse in der Atmosphäre und an der Erdoberfläche reflektiert, gestreut und in energieärmere langwellige Wärmestrahlung überführt. Die Absorption dieser langwelligen Strahlung durch verschiedene, natürlicherweise in der Atmosphäre vorkommende Bestandteile (insbesondere Wasserdampf) führt zum natürlichen Treibhauseffekt, der dafür verantwortlich ist, dass die bodennahe Durchschnittstemperatur der Erde ca. 15 °C beträgt.

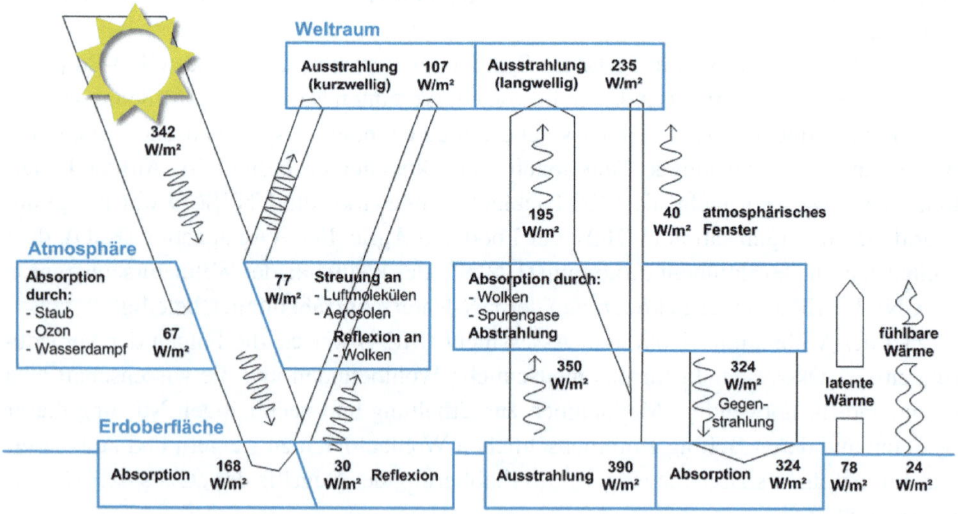

Abb. 2.3 Strahlungshaushalt der Erde (verändert nach [2.9])

Die weltweite Durchschnittstemperatur wird jeden Monat aus Temperaturmessungen an mehreren Tausend Messstationen über den Landflächen berechnet und mit weiteren Tausenden von Messungen der Meeresoberflächentemperatur durch Schiffe auf den Weltmeeren abgeglichen. Dabei werden hauptsächlich Abweichungen (d. h. Anomalien vom klimatologischen Mittel) an jedem Standort abgeschätzt, um Veränderungen im Laufe der Zeit zu erhalten.

Ausgedrückt als globaler Durchschnitt haben die Oberflächentemperaturen über die letzten hundert Jahre (zwischen 1906 und 2005) um etwa 0,74 °C zugenommen (Abb. 2.4 [2.10]). Dieser Wärmeeffekt steigt logarithmisch mit zunehmender CO_2-Konzentration in der Atmosphäre. Eine Verdopplung des CO_2-Gehaltes in der Atmosphäre bewirkt jeweils eine Erwärmung um ca. +1 K. In ihrem fünften Sachstandsbericht geht das IPCC bei einer Verdoppelung der CO_2-Konzentration der Atmosphäre von einer Erhöhung der globalen bodennahen Mitteltemperatur um etwa 1,5 bis 4,5 K aus [2.6].

Der beobachtete Anstieg der globalen Mitteltemperatur erlaubt noch keine Aussagen zu deren Ursachen. Ein solcher Anstieg kann durch natürliche Faktoren (z. B. Änderung der Sonnenaktivität) hervorgerufen werden. Aber auch ein anthropogener Ursprung (anthropogen: vom Menschen verursacht) könnte dafür verantwortlich sein.

So ist insbesondere bekannt, dass seit Beginn der Industrialisierung durch die Nutzung fossiler Energieträger (d. h. Kohle, Erdöl und Erdgas) große Mengen an Kohlenstoffdioxid in die Atmosphäre emittiert wurden. Damit stellt sich die Frage, wie ein Nachweis geführt werden kann, ob und in welchem Ausmaß die Klimaerwärmung auf diesen anthropogenen Einfluss zurückgeht. Um diese Frage zu beantworten, werden Klimamodelle verwendet. Diese werden „angetrieben“ durch bestimmte Eingangsgrößen, die natürliche und anthropogene Einflüsse beschreiben. Für den Nachweis eines möglichen anthropogenen Einflusses wird zunächst die beobachtete Klimaänderung der Vergangenheit mit Modellen simuliert (d. h. „nachgerechnet“). Dabei verwendet man entweder nur natürliche, nur anthropogene oder aber beide Gruppen von Einflussfaktoren. Die Übereinstimmung mit dem tatsächlich beobachteten Temperaturverlauf gibt dann Aufschluss darüber, mit welcher Wahrscheinlichkeit die reale Klimaänderung auf die jeweiligen Einflussfaktoren zurückzuführen ist.

Da das Klima sehr komplex entsteht und damit auch die Klimamodelle dieser Komplexität adäquat Rechnung tragen müssen, besteht die Gefahr, dass ein Modell bestimmte Dinge nicht berücksichtigt oder systematische Fehler enthält. Deshalb werden solche Berechnungen mit vielen verschiedenen Modellen durchgeführt und anschließend zusammengeführt.

Ausgehend davon ist es extrem unwahrscheinlich (< 5 %), dass der beobachtete Anstieg der globalen Durchschnittstemperaturen seit dem 20. Jahrhundert auf natürliche Schwankungen des Klimas zurückzuführen ist. Wetterphänomene wie El Niño können zwar zu einem Anstieg der globalen Durchschnittstemperatur führen; diese sind jedoch zeitlich stark begrenzt und können somit die anhaltende Erderwärmung nicht erklären. Mit den heute vorhandenen Klimamodellen konnte der seit 1300 Jahren einzigartige Anstieg der globalen Durchschnittstemperatur nur nachvollzogen werden, wenn neben den natürlichen auch anthropogene Einflüsse auf das Klima berücksichtigt wurden [2.11].

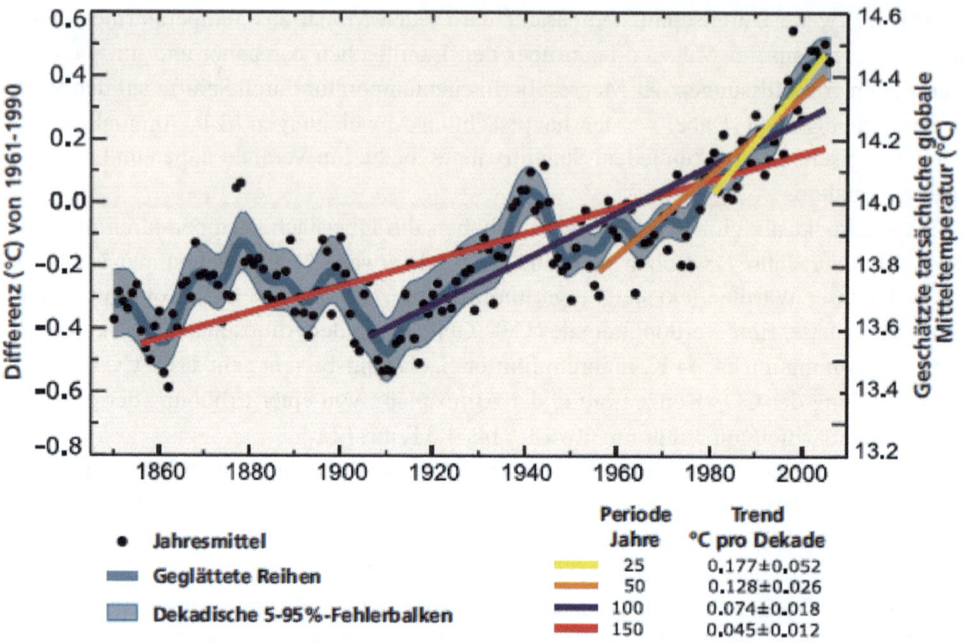

Abb. 2.4 Beobachtete Temperaturen im jährlichen globalen Mittel (*schwarze Punkte*) zusammen mit simplen Trendlinien (Auf der *linken Achse* sind Anomalien relativ zum Temperaturdurchschnitt von 1961 bis 1990 dargestellt und auf der *rechten Achse* die geschätzte tatsächliche Temperatur (°C)). Für die letzten 25 Jahre (1981 bis 2005; *gelb*), 50 Jahre (1956 bis 2005; *orange*), 100 Jahre (1906 bis 2005; *violett*) und 150 Jahre (1856 bis 2005; *rot*) sind Trendlinien dargestellt. Zu beachten ist, dass für kürzer zurückliegende Zeiträume der Temperaturanstieg größer ist, was auf eine beschleunigte Erwärmung hinweist. Die *blaue Kurve* ist eine geglättete Darstellung, um die dekadischen Schwankungen zu erfassen. Um eine Vorstellung davon zu bekommen, ob die Schwankungen aussagekräftig sind, wurde ein dekadischer 5 bis 95 %-Fehlerbereich (*hellblau*) über die Linie gelegt (dementsprechend überschreiten einige Einzeljahreswerte diese Fehlergrenze). Ergebnisse von Klimamodellen, die auf den abgeschätzten Strahlungsantrieben für das 20. Jahrhundert [2.11] beruhen, legen nahe, dass es vor 1915 wenig Änderungen gab und dass ein wesentlicher Anteil der Änderung im frühen 20. Jahrhundert auf natürliche Einflüsse (u. a. Änderung der Sonneneinstrahlung, Vulkanismus und natürliche Variabilität) zurückzuführen ist. Von etwa 1940 bis 1970 führte die zunehmende Industrialisierung nach dem 2. Weltkrieg zu einer erhöhten Luftverschmutzung auf der Nordhalbkugel, was zur Abkühlung beitrug. Erhöhte Kohlenstoffdioxid- und andere Treibhausgaskonzentrationen dominieren die beobachtete Erwärmung seit Mitte der 1970er Jahre. (nach [2.10])

Anthropogene Veränderungen des Strahlungshaushaltes innerhalb der Atmosphäre basieren vor allem darauf, dass der Gehalt von sogenannten Treibhausgasen in der Atmosphäre erhöht wird. Treibhausgase sind chemische Substanzen, die langwellige Infrarotstrahlung absorbieren und diese damit in thermische Energie umwandeln; sie tragen dadurch zur Erwärmung der Atmosphäre bei. Das wichtigste Treibhausgas ist Kohlenstoffdioxid. Aber auch andere Gase (u. a. Methan, Lachgas, Fluorkohlenwasserstoffe) unterstützen den anthropogenen Treibhauseffekt [2.11]. Die relative Stärke des Beitrags dieser unterschiedlichen luftgetragenen Substanzen zum anthropogenen Treibhauseffekt wird mit dem Konzept des sogenannten Strahlungsantriebs beschrieben. Der Strahlungsantrieb bezeichnet die Menge an Energie, die pro Sekunde und Quadratmeter durch die Tropopause in die Atmosphäre gelangt; sie wird in der Einheit $J/(sm^2)$ (Joule pro Sekunde und Quadratmeter) bzw. als W/m^2 (Watt pro Quadratmeter) angegeben. Ein positiver Strahlungsantrieb bedeutet eine Erwärmung der Troposphäre (d. h. der untersten Schicht der Erdatmosphäre), wodurch sich die Energiebilanz der Erde verändert. Er wird beeinflusst durch Faktoren wie die Konzentration der Treibhausgase oder Veränderungen der Bestrahlungsstärke der Sonne. Auch Änderungen der sogenannten Albedo können die Erderwärmung verstärken; die Albedo beschreibt das Rückstrahlungsvermögen von Oberflächen (z. B. Wolken, Vegetation, Wasserflächen). Eine besondere Rolle für die Strahlungsbilanz der Erde spielt die besonders große Albedo von schneebedeckten Oberflächen, die jedoch aufgrund der Klimaerwärmung schwinden.

Grundsätzlich führen alle diese Effekte dazu, dass mehr Infrarotstrahlung absorbiert wird und sich daher eine neue, höhere Temperatur der Atmosphäre einstellt. Das exakte Verständnis des Zusammenhangs der Konzentration von Treibhausgasen und resultierender Temperatur ist allerdings sehr schwierig. Große Unsicherheiten verursachen u. a. die Beteiligung von Aerosolen und Wolken. Ihr Einfluss auf den Strahlenhaushalt der Erde ist noch nicht vollständig aufgeklärt.

- Wolken können durch Reflexion von Sonnenlicht einen kühlenden Effekt auf das Klima haben; sie absorbieren aber auch Wärmestrahlung – und dies führt zu einer Erwärmung der Atmosphäre.
- Aerosole sind sehr inhomogen und unterscheiden sich in ihrer chemischen Zusammensetzung und Partikelgröße. Auch sie sind am Strahlenhaushalt der Erde beteiligt, indem sie Strahlung reflektieren und ein wichtiger Einflussfaktor bei der Wolkenbildung sind [2.12].

In der vorindustriellen Zeit um 1750 betrug der Anteil des Kohlenstoffdioxids der Atmosphäre etwa 280 ppm. Es ist wahrscheinlich, dass er bis dahin seit Beginn des jüngsten Zeitabschnittes der Erdgeschichte, dem Holozän, vor ca. 11 700 Jahren nach Ende der letzten Kaltzeit stabil war. Im Jahre 2008 war der Anteil jedoch auf 385 ppm ($\pm$ 0,65 ppm) CO_2 gestiegen. Die jährliche Rate des Anstiegs hat sich von 1,5 ppm/a in den 1990er Jahren auf 1,9 ppm/a für den Zeitraum 2000 bis 2008 erhöht [2.11].

Zusätzlich zu den CO_2-Emissionen werden weitere Spurengase anthropogener Herkunft emittiert, deren spezifische Wirkung hinsichtlich des Treibhauseffekts sehr unterschiedlich ist. Diese spezifische Wirksamkeit wird – im Vergleich zu CO_2 als Referenzsubstanz – als sogenannte CO_2-Äquivalente (CO_2-eq) bezeichnet. Beispielsweise ist Methan (CH_4) etwa 23-mal klimawirksamer als CO_2 (d. h. ein Molekül CH_4 entspricht 23 CO_2-eq). Lachgas (N_2O) weist ein klimawirksames Potenzial von mehr als 300 CO_2-eq auf.

Abbildung 2.5 zeigt die Hauptquellen der klimawirksamen Gase Kohlenstoffdioxid (CO_2), Methan (CH_4) und Lachgas (N_2O). CO_2 entsteht demnach hauptsächlich durch die Verbrennung fossiler Energieträger in der Industrie sowie im Verkehr. Die größten CH_4-Emissionen entstehen bei der Herstellung von Kraftstoffen und bei der Viehhaltung, während N_2O größtenteils bei der Pflanzenproduktion freigesetzt wird. Durch die Abholzung von Wäldern zur Nutzung als landwirtschaftliche Fläche kommt es ebenfalls zu signifikanten CO_2-Emissionen; nicht nur in der Biomasse der Bäume ist ein erheblicher Anteil an Kohlenstoff gespeichert, sondern auch in den Waldböden befindet sich viel Kohlenstoff, der bei einem Flächenumbruch in Form von Kohlenstoffdioxid freigesetzt wird [2.14].

Der globale Temperaturanstieg hat weitreichende Folgen für Ökosysteme. Bereits heute lässt sich eine Verschiebung der Klimazonen und damit auch ihrer spezifischen Tier- und Pflanzengesellschaften in polwärtiger Richtung und in höher gelegene Höhenstufen beobachten. Derzeit entfernen sich die Verbreitungsgebiete verschiedener Tier- und Pflanzenarten vom Äquator im Durchschnitt um rund 17 km pro Dekade, während die Verlagerung in höher über dem Meeresspiegel gelegene Gebiete etwa 11 m/a beträgt [2.15]. Damit gehen auch eine sich verändernde Artenzusammensetzung und eine Verringerung der Biodiversität einher, da angestammte Arten entweder verdrängt werden oder sich den neuen klimatischen Gegebenheiten nicht rechtzeitig evolutionär anpassen können.

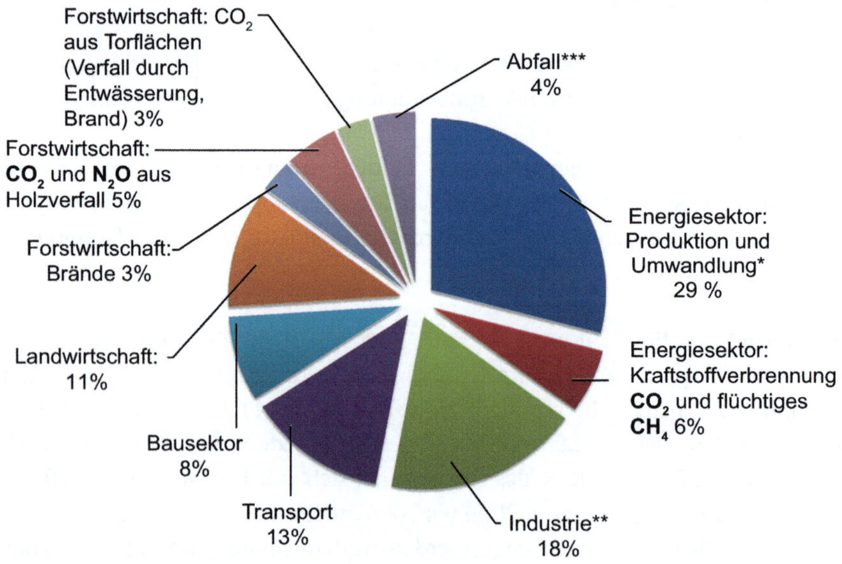

Abb. 2.5 Anteil der globalen Klimagasemissionen nach Sektoren (Bezugsjahr 2010; Angaben in CO_2-eq; verändert nach [2.13]; * Stromerzeugung, Raffinerien; ** einschließlich der Nichtverbrennung von CO_2 bei der Kalksteinproduktion, nicht-energetische Nutzung von Kraftstoffen und N_2O aus chemischer Produktion; *** einschließlich Abwasser)

Hinzu kommen die möglichen und ebenfalls sehr vielfältigen Auswirkungen des Klimawandels auf die menschliche Gesellschaft. Beispielsweise können gehäuft auftretende Hitzewellen zu einer Zunahme von Herzkreislauf- und Atemwegserkrankungen führen und besonders bei älteren oder geschwächten Menschen das Sterberisiko erhöhen. Extremereignisse wie Stürme oder Überschwemmungen können Tote oder Verletzte fordern sowie die Infrastruktur zerstören. Veränderungen des Ökosystems und des Artenspektrums können eine größere Verbreitung von Allergien oder durch Insekten übertragene Infektionskrankheiten zur Folge haben. Die hohe Abhängigkeit der landwirtschaftlichen Produktion von klimatischen Bedingungen (u. a. Temperatur, Niederschlag) macht diesen Sektor ebenfalls besonders anfällig für die Auswirkungen des Klimawandels – mit allen damit verbundenen Konsequenzen für die Ernährungssicherheit der Weltbevölkerung. Dabei werden der Landwirtschaft der Industrieländer, die zumeist in gemäßigten klimatischen Bedingungen angesiedelt ist, gute Anpassungsmöglichkeiten prognostiziert. Anders verhält es sich in Afrika, Südostasien und Lateinamerika. Durch die Zunahme von Extremwetterereignissen, Veränderungen der Niederschlagsmenge und -häufigkeit sowie einem Anstieg der Durchschnittstemperaturen sind diese Gegenden von einem ernst zu nehmenden Rückgang der Agrarproduktion bedroht. Aufgrund des Klimawandels ist auch mit einer steigenden Anzahl und Stärke von Extremwetterereignissen (u. a. Starkregen, Dürreperioden, schwere Stürmen) zu rechen [2.11].

Der vom globalen Klimawandel ausgelöste Meeresspiegelanstieg und die veränderten Meeresströmungen zeigen bereits heute einschneidende Folgen für die Bewohner von Küstenregionen und Inseln. Korallenriffe wie das vor der australischen Küste gelegene Great Barrier Reef und ihre Lebensgemeinschaften sind massiv von einem Meeresspiegelanstieg bedroht, da u. a. bei einer höheren überlagernden Wassersäule nur ein geringer Lichteinfall möglich ist.

Insgesamt ist auf Grund der heute vorliegenden wissenschaftlichen Erkenntnisse davon auszugehen, dass sich der Klimawandel fortsetzen und maßgebliche Veränderungen der natürlichen Umwelt und der menschlichen Gesellschaft mit sich bringen wird. Dabei wird es erhebliche regionale Unterschiede der Auswirkungen geben – einige „Gewinner", aber auch viele „Verlierer". Das Problem des Klimawandels wird daher in der absehbaren Zukunft ein zentrales Thema des Umweltschutzes, aber auch der nachhaltigen Entwicklung bleiben.

2.2.2 Wasser

Die Erde wird gemeinhin als „Blauer Planet" bezeichnet; d. h. die Erde ist der einzige bislang bekannte Ort im Sonnensystem, an dem Wasser in flüssiger Form vorliegt. Doch die gewaltigen Ausmaße der Ozeane täuschen darüber hinweg, dass Wasser auf der Erde ein knappes Gut ist: 97,5 % der Gesamtwassermenge des Planeten ist Salzwasser (d. h. es ist ohne vorherige Entsalzung für den menschlichen Gebrauch nicht geeignet). Von dem verbleibenden 2,5 % Süßwasseranteil sind mehr als zwei Drittel (68,7 %) gebunden

– und zwar als Gletschereis, permanente Schneedecke und Permafrost. Etwa 30 % des Süßwassers ist als Grundwasser vorhanden – und das mit einer Bodenfeuchte von unter 1 %. Weniger als 0,3 % des Süßwassers befindet sich in Flüssen und Seen [2.16]. Somit ist nur ein geringer Anteil des global vorhandenen Wassers für den menschlichen Gebrauch überhaupt geeignet und erschließbar.

Jeder einzelne Mensch benötigt rund 2 bis 3 l/d Trinkwasser sowie zwischen 20 und 300 l/d Wasser für seinen Haushalt. Für die Nahrung, die er verzehrt, sind zudem zwischen 2000 und 3000 l/d nötig. Hinzu kommen weitere Bedürfnisse nach beispielsweise Industrieprodukten, die ebenfalls mit einer Wassernutzung einher gehen. Insgesamt ergibt sich daraus ein Wasserbedarf von rund 1,7 Mio. l/(Person a) [2.17]. Bei einer hypothetischen gleichmäßigen Verteilung der vorhandenen Wasservorräte der Erde könnte jeder Mensch über 5 bis 6 Mio. l/a verfügen [2.17]. Doch die Wasservorräte sind ungleich verteilt. Die gemäßigten Breiten der Nordhalbkugel sowie die immerfeuchten Tropen zeichnen sich durch einen Wasserüberschuss aus, während weite Teile der Erde (u. a. Sub-Sahara-Afrika, Zentralbereiche Eurasiens) durch einen Mangel an Wasser gekennzeichnet sind. Die Begriffe Wassermangel und Wasserknappheit sind dabei aber nicht alleine mit natürlichen Gegebenheiten zu erklären, sondern beschreiben das Verhältnis zwischen natürlichem Wasserangebot und menschlichen Bedürfnissen. Sie werden daher auch durch sozioökonomische und politische Faktoren beeinflusst.

Um dies zu beschreiben, wurden in den letzten Jahren unterschiedliche Begriffsdefinition entwickelt. Beispielsweise werden die Begriffe ökonomische und physikalische Wasserknappheit folgendermaßen definiert.

- Ökonomische Wasserknappheit. Die Ursache für ökonomische Wasserknappheit sind mangelnde Investitionen oder Humankapital zum Aufbau oder zum Unterhalt der notwendigen Infrastruktur der Wasserversorgung. Oft entsteht eine ökonomische Wasserknappheit, da Institutionen die Bedürfnisse bestimmter Bevölkerungsgruppen nicht genug berücksichtigen. Eine bessere Entwicklung der Wasserversorgung könnte beispielsweise in Subsahara-Afrika dazu beitragen, mehr Menschen Zugang zu sauberem Wasser zu ermöglichen und damit auch Armut zu reduzieren.
- Physikalische Wasserknappheit. Wenn nicht genügend natürliche Wasserressourcen zur Verfügung stehen, um den Bedarf zu decken, spricht man von physikalischer Wasserknappheit. Die Ursache ist oft eine Übernutzung der vorhandenen Ressourcen (z. B. Bewässerung). In der Folge kann es passieren, dass nicht nur für menschliche Bedürfnisse zu wenig Wasser verfügbar ist, sondern dass es auch natürlichen Prozessen an Wasser mangelt. Entsprechende Symptome sind oft Bodendegradation, ein sinkender Grundwasserspiegel sowie auf sozioökonomischer Ebene eine ungerechte Verteilung der noch verfügbaren Wasserressourcen.

In anderen Kontexten wurden weitere Definitionen der Begriffe Wasserknappheit bzw. Wassermangel (engl. water scarcity) entwickelt. Eine der am häufigsten genutzten ist der sogenannte Falkenmark-Indikator bzw. „water stress index“ [2.18]. Steht in einem Land weniger als 1,7 Mio. l/(Person a) zur Verfügung, besteht in diesem Land Wasserstress (engl. water stress); unter 1 Mio. l/(Person a) spricht man von Wasserknappheit und unter 0,5 Mio. l/(Person a) von absoluter Wasserknappheit. Diese Definition nimmt jedoch einen identischen Wasserbedarf für jede Person auf der Erde an.

Eine alternative Methode ist die Messung des Verhältnisses des Wasserverbrauchs eines Landes zu dessen erneuerbaren Wasservorräten. Als Wasserknappheit gilt hier, wenn die Wasserentnahme zwischen 20 und 40 % der zur Verfügung stehenden Wassermenge beträgt. Schwerer Wassermangel liegt vor, wenn die 40 % überschritten werden.

Die Ursachen der zunehmenden Verknappung der Ressource Wasser sind vielfältig. Zunächst wächst der Wasserbedarf in den meisten Regionen der Erde i. Allg. infolge von Bevölkerungswachstum, ineffizienter wirtschaftlicher Nutzung oder steigender Lebensstandards [2.19]. Vielerorts findet daher eine Übernutzung der Ressourcen statt, wobei mehr Grund- oder Oberflächenwasser entnommen wird, als sich auf natürlichem Wege wieder regenerieren kann. Gleichzeitig verringert sich, auch infolge des Klimawandels, in vielen Regionen der Erde die natürliche Wasserverfügbarkeit; dies gilt vor allem in bereits sehr trockenen Regionen [2.19]. Deshalb sind klimawandelbedingte Wasserprobleme vor allem in den Trockengebieten der Erde zu erwarten, welche rund 41 % der Landfläche der Erde ausmachen und vor allem in Entwicklungsländern liegen.

Wasserknappheit kann auch entstehen, wenn die vorhandenen Ressourcen mit organischen und anorganischen Schadstoffen verunreinigt und daher nicht nutzbar sind. Eine Quelle für biologische Verunreinigungen ist in vielen Entwicklungs- und Schwellenländern eine mangelnde oder fehlende Behandlung der städtischen Abwässer; beispielsweise gelangt weltweit rund die Hälfte der städtischen Abwässer ungereinigt in die Ökosysteme [2.20]. Hinzu kommt, dass in vielen Ländern Industrieabwässer ebenfalls unzureichend oder gar nicht behandelt werden. Dadurch gelangen giftige und z. T. schwer abbaubare Chemikalien in die Gewässer; dies kann zu massivem Fischsterben und gesundheitlichen Risiken bei den anwohnenden Menschen führen. Auch aus der Landwirtschaft gelangen Pestizide, Herbizide und Fungizide als teilweise langlebige Gifte ins Grundwasser. Als Folge einer großzügigen Nutzung von Mineraldünger können auch die Nährstoffe Phosphor und Stickstoff in deutlich erhöhter Konzentration gegenüber den natürlichen Gegebenheiten in die Gewässer gelangen. Dort führen sie zur Eutrophie (d. h. zu einem sehr hohen Nährstoffgehalt, in dessen Folge Bakterien und Wasserpflanzen ohne Begrenzung wachsen können). Infolge eines derartigen Prozesses werden zunächst langsam wachsende Arten verdrängt. Sobald die gewachsenen Bakterien und Wasserpflanzen jedoch absterben, verzehrt ihre Zersetzung große Mengen an Sauerstoff, so dass ein Sauerstoffmangel entsteht und das Gewässer „kippen" kann.

Ein prominentes Beispiel für Folgen der Übernutzung und Pestizidrückstände ist der in Kasachstan und Usbekistan gelegene Aralsee. Um trockene Landflächen rund um den See für den Baumwollanbau zu erschließen, wurden zur Zeit der Sowjetunion große Wassermengen aus den beiden wichtigsten Zuflüssen des Sees entnommen [2.21]. Undichte Kanäle und ineffiziente Bewässerung führten zu zusätzlichen Wasserverlusten. Infolge dieser menschlichen Aktivitäten verringerte sich das Wasservolumen des Sees um 90 %

und seine Fläche um mehr als die Hälfte. Dadurch erhöhte sich auch der Salzgehalt des Sees auf eine Konzentration, die verursachte, dass 24 der ursprünglich 30 angesiedelten Fischarten ausstarben. Zwischen dem ehemaligen und dem heutigen Uferbereich hat sich eine mehr als 100 km breite Salzwüste ausgebildet. Gleichzeitig sank der Grundwasserspiegel stark ab und die Artenvielfalt der Flora und Fauna hat sich erheblich reduziert. Hohe Rückstände von Pestiziden und anderen Schadstoffen aus der Baumwollproduktion machen die Salzstürme in diesen Bereichen zudem sehr gesundheitsschädlich. Für die Menschen in der Umgebung besteht ein deutlich erhöhtes Risiko für Magen-, Darm- und Atemwegserkrankungen sowie Krebs.

Insgesamt geht man heute davon aus, dass derzeit rund ein Drittel der Weltbevölkerung unter Wassermangel leidet (Abb. 2.6). Insgesamt leben rund 1,2 Milliarden in Ländern, in welchen das natürliche Wasserangebot zu gering ist, um den Bedarf zu decken. Weitere 1,6 Milliarden leben in Ländern, in welchen eigentlich genug Wasser vorhanden wäre, jedoch aufgrund mangelhafter Infrastruktur und/oder durch politische Fehlentscheidungen

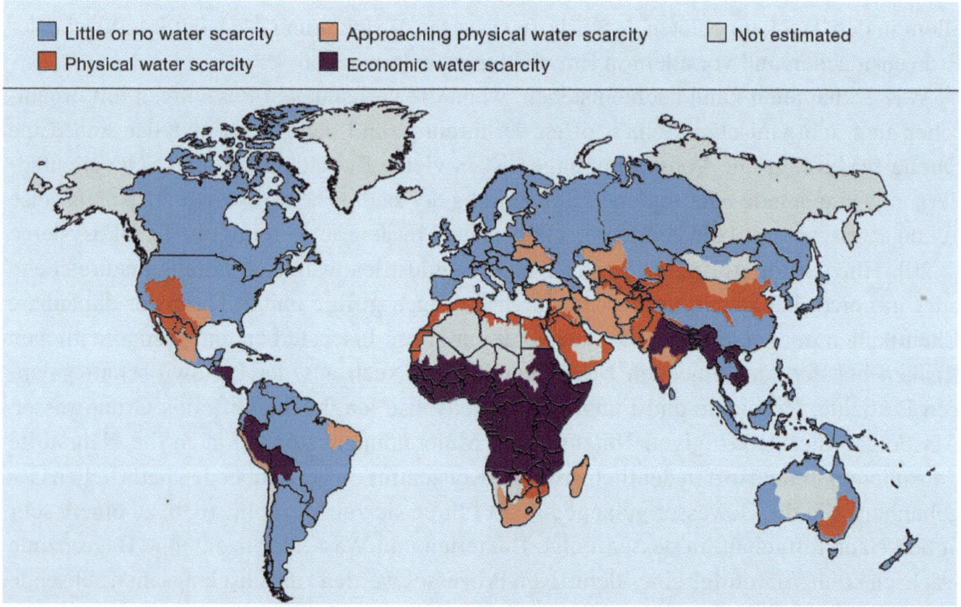

Abb. 2.6 Übersicht zum regionalen Wassermangel (nach [2.22]); little or no water scarcity (geringe oder keine Wasserknappheit; ergiebige Wasservorräte im Vergleich zum Wasserbedarf; weniger als 25 % des Wassers aus Flüssen wird für anthropogene Nutzung entnommen); physical water scarcity (physikalische Wasserknappheit; die Wasserressourcen erreichen oder überschreiten die nachhaltigen Grenzen; mehr als 75 % des Wassers von Flüssen wird entnommen); approaching physical water scarcity (bevorstehende physische Wasserknappheit; mehr als 60 % des Flusswassers wird entnommen; in der nahen Zukunft wird physischer Wassermangel auftreten); economic water scarcity (ökonomischer Wassermangel; die natürlichen Wasservorkommen sind ergiebig im Vergleich zum Wasserbedarf; weniger als 25 % des Wassers aus Flüssen wird entnommen; aufgrund institutioneller, finanzieller oder anderer Gründe besteht jedoch kein ausreichender Zugang zu Wasser.)

oder Konflikte nicht verfügbar gemacht wird [2.22]. Wassermangel und Wasserknappheit sind also nicht alleine mit natürlichen Gegebenheiten zu erklären; vielmehr werden sie auch durch sozioökonomische und politische Faktoren beeinflusst.

Die Konkurrenz um den Zugang zu sauberen Wasserressourcen bei steigender Wasserknappheit führt immer wieder zu Konflikten. Während globale Kriege um Wasser unwahrscheinlich sind, gibt es auf regionaler Ebene bereits zahlreiche, teilweise gewaltsame Konflikte [2.23]. Die Wasserressourcen werden dabei als Teil des Territoriums, über welches eine Gruppe verfügt, angesehen. Ihre Verteilung unterliegt daher nicht wirtschaftlichen oder rationalen, sondern politischen und ideologischen Überlegungen. Wasserknappheit kann jedoch auch zu Kooperationen führen (z. B. in Form von Wasserabkommen); eine derartige Zusammenarbeit ist in der Regel sehr belastbar und übersteht sogar militärische Konflikte [2.22]. Wasserknappheit kann also eine Katalysatorwirkung sowohl für Konfrontation als auch für Kooperation darstellen. In den Jahren 1948 bis 1999 waren etwa 67 % der Vorfälle mit Bezug zu Wasser Kooperationen und lediglich 28 % waren Konflikte. Zwischen 2000 und 2008 stieg der Anteil der Konflikte jedoch auf 33 % an, wobei die zugehörige Infrastruktur und die verfügbare Wassermenge die Hauptursachen waren [2.25].

In den letzten Jahren hat sich der Zugang zu Wasser verbessert und die darin befindlichen Schadstoffe konnten verringert werden. Dennoch ist die Wasserversorgungssituation insbesondere in einigen Entwicklungsländern weiterhin schlecht. Auch dürften die planetaren Grenzen für die Frischwassernutzung in den nächsten Dekaden erreicht werden. Eine wichtige Maßnahme zur Verbesserung der Situation sind grenzüberschreitende Kooperationen und Managementpläne sowie eine schnellere Implementierung von Techniken zur Effizienzsteigerung des genutzten Wassers. Ein Problem ist außerdem die Verringerung des für die Ökosysteme zur Verfügung stehenden Wassers. Um dies zu verhindern, ist eine genauere Beobachtung des ökologischen Wasserbedarfs notwendig, um Mindestmengen zu definieren und festzulegen.

2.2.3 Landnutzungswandel

Der Begriff Landnutzungswandel beziehungsweise Landschaftswandel (engl. land use change) beschreibt die Umwandlung einer natürlichen bzw. naturnahen Landschaft hin zu einer anthropogen genutzten, naturfernen Kultur- und Industrielandschaft. Zur Veränderung der Landnutzung gehören die Entwaldung und die Umwandlung in Weiden, landwirtschaftliche Flächen, Freizeitflächen, die Ausbreitung von Siedlungen und die Schaffung von Industriegebieten [2.24].

Bereits im antiken Griechenland fanden, nicht zuletzt im Zuge der Kolonisation des Mittelmeerraumes, umfangreiche Waldrodungen statt, die zu Erosionserscheinungen und Bodendegradation führten. Auch wurden zur Aufstellung der antiken römischen Kriegs- und Handelsflotte die einst dichten Wälder der italischen Halbinsel dezimiert; dies spiegelt sich noch heute, mehr als 1500 Jahre nach dem Untergang des Imperium Romanum, in der

Landschaft wider [2.25]. Im Heiligen Römischen Reich Deutscher Nation des beginnenden 14. Jahrhunderts waren von den „dichten, undurchdringlichen Wäldern Germaniens“, die der römische Geschichtsschreiber Tacitus beschrieb, etwa 15 % der Landesfläche verblieben, die zudem noch als Waldweide („Hudewälder“) genutzt wurden (zum Vergleich: der heutige Waldanteil in Deutschland beträgt nahezu 30 %). Als Folge dessen traten massive Bodenerosionserscheinungen auf, deren Ausmaß bis dahin unbekannt war [2.26]. Die spätmittelalterliche Wüstungsperiode, in der ganze Ortschaften infolge von Missernten aufgegeben wurden, steht potenziell mit diesen Erosionserscheinungen und der damit einhergehenden Bodendegradation in Verbindung.

Die heutigen Landnutzungsänderungen sind zurückzuführen auf u. a. eine wachsende Bevölkerung, Änderungen im gesellschaftlichen Bereich (z. B. Urbanisierung, Ausbau der Verkehrsinfrastruktur, Industrieflächen) und den steigenden Bedarf nach landwirtschaftlichen Flächen für die Nahrungsmittelerzeugung und den Biomasseanbau u. a. für eine stoffliche Nutzung (z. B. Baumwolle).

Beispielsweise ist ein Großteil der einstmals vorhandenen Feuchtgebiete Mitteleuropas infolge des steigenden Flächenbedarfes Landgewinnungsmaßnahmen zum Opfer gefallen und wurde zumeist in intensiv genutztes Ackerland umgewandelt [2.25]. Daher sind heute in Mitteleuropa nur noch wenige Hochmoore vorhanden. Wälder und Moore bilden jedoch wichtige Senken für die klimawirksamen Gase CO_2 und N_2O. Bei Brandrodung (Waldbrandwirtschaft) wird der im Holz gespeicherte Kohlenstoff innerhalb einer sehr kurzen Zeit direkt an die Atmosphäre gegeben und trägt zum anthropogenen Treibhauseffekt bei. Werden Moore und Feuchtgebiete trockengelegt, wandeln sie sich von einer Senke für Kohlenstoffdioxid und Methan hin zu einer Quelle, da diese durch mikrobielle Zersetzungsprozesse der trockenen Moorsubstanz freigesetzt werden.

Seit den 1980er Jahren richtet sich die Aufmerksamkeit der Weltöffentlichkeit auf Landnutzungsänderungen in den tropischen Regionen. Natürliche Regen- und Bergwälder werden zugunsten einer agrar- und forstwirtschaftlichen Nutzung gerodet. Auf den nährstoffarmen Böden tropischer Regionen (Ferralsols, Acrisols, Alisols und Plinthosols) hat ein intensiver Feldbau allerdings üblicherweise nur wenige Jahre Bestand. Nach durchschnittlich 2 bis 3 Jahresernten setzt ein rapider Rückgang des Ertrages, eine Verringerung des Bodenbedeckungsgrades und damit einhergehend Bodenerosionserscheinungen ein. Durch die flächenhafte Rodung des tropischen Regenwaldes droht damit ein irreversibler Verlust zahlreicher Tier- und Pflanzenarten. Beispielsweise wurde der weltweite jährliche Verlust an Waldflächen durch Rodung im Zeitraum von 2000 bis 2010 auf rund 13 Mio. ha abgeschätzt [2.27]; werden die laufenden Aufforstungsmaßnahmen einbezogen, bleibt immer noch eine Nettoentwaldung von etwa 5,2 Mio. ha/a. Allerdings stellen diese aufgeforsteten Wälder zumeist nur artenärmere Sekundärwälder dar [2.27].

Infolge von Landnutzungsänderungen (u. a. Abholzung, landwirtschaftliche Übernutzung) treten weltweit Degradationserscheinungen des Bodens auf. In den ariden und halbariden Gebieten der Erde führt dies zu Desertifikation (d. h. einer fortschreitenden Ausbreitung von Wüsten [2.28]). Eine derartige Desertifikation lässt sich aber nicht nur auf Schadwirkungen von Überweidung und Waldrodung zur Brennholzentnahme zurückfüh-

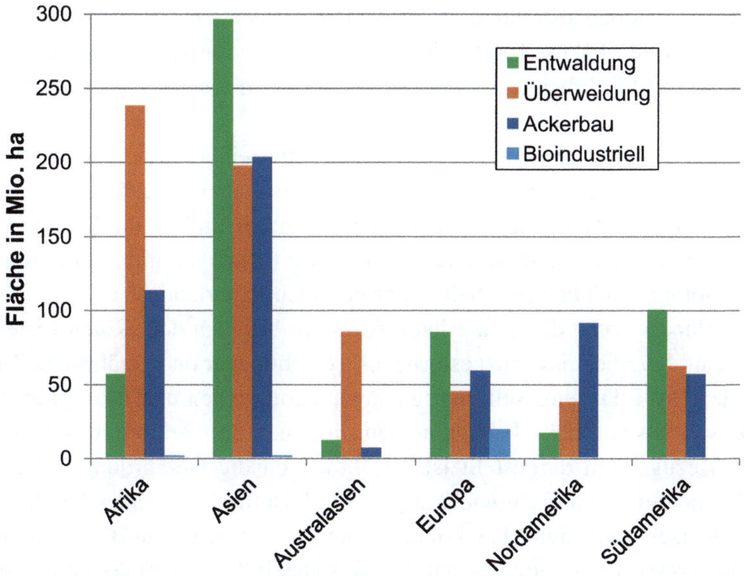

Abb. 2.7 Ursachen und Ausmaß von Desertifikation nach Regionen (verändert nach [2.29])

ren (Abb. 2.7), sondern wird zusätzlich auch durch eine Verringerung des Niederschlages aufgrund des globalen Klimawandels vorangetrieben.

Um Landflächen zu schützen sind Handlungsoptionen auf regionaler Ebene erforderlich. Eine Maßnahme zum Schutz kohlenstoffreicher Flächen ist beispielsweise das Programm REDD (Reducing Emissions from Deforestation and Degradation). Dieses Klimaschutzinstrument soll die Erhaltung großflächiger Wälder als Kohlenstoffspeicher finanziell attraktiv machen [2.25].

2.2.4 Biodiversität

Die Biodiversitätskonvention (Convention on Biological Diversity (CBD)) definiert die biologische Vielfalt (kurz Biodiversität) als die „Variabilität unter lebenden Organismen jeglicher Herkunft, darunter u. a. Land-, Meeres- und sonstige aquatische Ökosysteme, und die ökologischen Komplexe, zu denen sie gehören. Dies umfasst die Vielfalt innerhalb der Arten und zwischen den Arten und die Vielfalt der Ökosysteme". Die CBD ist ein völkerrechtlicher Vertrag zwischen souveränen Staaten, der bisher von 193 Vertragsparteien unterzeichnet und auch ratifiziert wurde (Stand: August 2012). Die Mitgliedsstaaten haben sich das Ziel gesetzt, die Vielfalt des Lebens auf der Erde zu schützen, zu erhalten und deren nachhaltige Nutzung so zu organisieren, dass möglichst viele Menschen heute und auch in Zukunft davon leben können [2.30].

Bisher lässt sich die Zahl der Tier- und Pflanzenarten auf der Erde nur grob schätzen; und fast täglich werden neue Arten entdeckt oder gezüchtet. Zahlen von mehreren

Millionen können jedoch als realistisch angesehen werden. Dennoch dürfte die derzeitige Aussterberate um den Faktor 1000 höher liegen als es unter rein natürlichen Bedingungen der Fall wäre [2.31]; beispielsweise ist ein Viertel der erfassten Säugetierarten vom Aussterben bedroht.

Aber nicht nur Wildtiere und -pflanzen leiden unter einem allgemeinen Rückgang an Biodiversität. Im Zuge der Umstellung der Landwirtschaft vom extensiven Landbau hin zu einer intensiven und technisierten Landbewirtschaftung im Verlauf der letzten Jahrhunderte wurden „alte“ Haus- und Nutztierrassen sowie (oftmals regionale) Obst-, Gemüse- und Getreidesorten zu einer Seltenheit in der heutigen Agrarlandschaft.

In Deutschland werden die gefährdeten Arten im Rahmen der „Roten Listen“ erfasst. Rote Listen sind Verzeichnisse ausgestorbener, verschollener und gefährdeter Tier-, Pflanzen- und Pilzarten, Pflanzengesellschaften sowie Biotoptypen und Biotopkomplexe. Ferner sind sie wissenschaftliche Fachgutachten, in denen der Gefährdungsstatus für einen bestimmten Bezugsraum dargestellt ist. Sie bewerten die Gefährdung anhand der Bestandsgröße und der Bestandsentwicklung [2.30]. Fast die Hälfte aller gefährdeten Farn- und Blütenpflanzen der Roten Liste kommt in landwirtschaftlichen Biotopen und weitere etwa 22 % in den von der Landwirtschaft teilweise beeinflussten Biotopen vor, sodass dieser Wirtschaftszweig mit zwei Dritteln aller gefährdeten Arten in Verbindung steht. Der Rest entfällt auf Wälder, Sonderbiotope und die alpine Vegetation [2.32].

Auf globaler Ebene ist ebenfalls ein Rückgang der Biodiversität zu verzeichnen; weltweit ist von einem Rückgang der Wirbeltierarten seit 1970 um etwa 30 % auszugehen. Gründe sind die Umwandlung und Degradation von Landflächen, die zu einem Verlust von 20 % der Ökosysteme geführt haben [2.26]. Damit einher geht der Verlust an Ökosystemdienstleistungen; sie sind definiert als Leistungen, die Menschen von Ökosystemen erhalten. Die Natur stellt somit Leistungen wie Nahrung, Wasser, Holz, Fasern und genetische Ressourcen kostenlos zur Verfügung, sie reguliert Klima, Überflutungen, Krankheiten, Wasserqualität und Abfallbeseitigung, sie bietet Erholung, ästhetisches Vergnügen und spirituelle Erfüllung und sie unterstützt die Bodenbildung und den Nährstoffkreislauf. Bereits 2005 befanden sich 15 dieser 24 Ökosystemdienstleistungen in einem Zustand fortgeschrittener oder anhaltender Zerstörung [2.8]. Und es ist von einem weiteren Rückgang der Biodiversität auszugehen, wenn nicht Gegenmaßnahmen wie die Steigerung von Schutzgebieten, die Renaturierung von Ökosystemen sowie die nachhaltige Nutzung von Landressourcen umgesetzt werden [2.8].

Auch die Einschleppung fremder Tier- und Pflanzenarten (Neophyten, Neozooen) wirkt sich direkt oder indirekt auf die lokale und globale Artenvielfalt aus; beispielsweise trugen aus Pelztierfarmen ausgebrochene amerikanische Nerze (Mink, Neovisonvison) maßgeblich zur nahezu vollständigen Verdrängung des europäischen Nerzes (Mustelalutreola) auf wenige Inseln bei, da sie die gleiche ökologische Nische für sich beanspruchen. Mittlerweile in Deutschland heimische Neophyten sind ebenso vielfältig; der giftige und ätzenden Pflanzensaft beinhaltende Riesenbärenklau, der Japan-Knöterich, verschiedene Springkrautarten sowie die allergieauslösende Ambrosia (aufrechtes Traubenkraut) sind nur wenige Beispiele [2.33, 2.34].

2.2.5 Umweltchemikalien

Die Aktivitäten des Menschen seit der industriellen Revolution haben zur Freisetzung großer Mengen an Stoffen über Abluft, Abwasser oder als Abfälle in die Umwelt geführt. Aber auch durch die beabsichtige Nutzung von Produkten werden Stoffe in die Umwelt freigesetzt; dies gilt beispielsweise für die Pestizide in der Landwirtschaft und Emissionen u. a. aus Kraftfahrzeugen. Dabei werden diese Stofffreisetzungen in zwei Gruppen unterschieden. Unter ersterer werden die natürlicherweise vorkommenden Stoffe zusammengefasst und unter letzterer Gruppe die synthetischen (d. h. künstlich hergestellten) Stoffe verstanden; diese werden häufig im engeren Sinne als Umweltchemikalien bezeichnet.

Synthetische Stoffe werden seit dem ausgehenden 19. Jahrhundert in größeren Mengen von der chemischen Industrie hergestellt und vermarktet. Eine Vielzahl heute alltäglicher Produkte, Dienstleistungen und Errungenschaften der Forschung wäre ohne Entwicklungen auf dem Gebiet der chemischen Industrie nicht denkbar. Sie nimmt daher eine Schlüsselrolle in der wirtschaftlichen und wissenschaftlichen Dynamik des 19. und 20. Jahrhunderts ein. Wichtige Produkte der chemischen Industrie sind beispielsweise Düngemittel und Pestizide für die Landwirtschaft, pharmazeutische Erzeugnisse sowie diverse Stoffe für Industrie (u. a. Textilien, Farbstoffe, Gelatine, Klebstoffe), Haushalt, Freizeit und Körperpflege (z. B. Seife, Putzmittel, Kosmetika). Nach dem 2. Weltkrieg verdrängten außerdem die Kunststoffe Polyethylen, Polypropylen und Polystyrol das vormals weit verbreitete Bakelit. Die Eigenschaften dieser neuen Werkstoffe und ihre kostengünstige Herstellung führten zu einer neuen Formensprache für Verpackungen sowie für Alltags- und Designgegenstände.

Derartige synthetische Stoffe werden damit heute für zahlreiche Verwendungen eingesetzt, bei denen sie bei oder nach Gebrauch der Produkte in die Umwelt gelangen können; dies gilt beispielsweise für Wasch- oder Reinigungsmittel und Kosmetika, für Medikamente, für Farben und Lacke sowie für Weichmacher in Kunststoffen. Synthetische Stoffe sind heute praktisch überall in der natürlichen Umwelt nachweisbar. Da viele dieser Substanzen durch natürliche Vorgänge nicht oder nur sehr langsam abgebaut werden können, sind sie selbst oder ihre Abbauprodukte noch lange nach ihrer Freisetzung in der Umwelt vorhanden. Man spricht in diesem Fall von langlebigen organischen Schadstoffen (engl. persistent organic pollutants bzw. POP). Gasförmig oder gebunden an Staubpartikel können sie über weite Entfernungen transportiert werden. Sie können sich im Fettgewebe anreichern und dadurch in der Nahrungskette akkumulieren. Als mögliche Folgen werden u. a. erhöhte Risiken für Krebserkrankungen, Unfruchtbarkeit oder Immundefekte angenommen [2.35].

Pestizide können derzeit in rund 90 % der Wasser- und Fischproben gefunden werden [2.5]. Weitere große Umweltrisiken bergen derzeit außerdem Kunststoffteilchen, welche meist toxische Weichmacher enthalten, radioaktive Materialien sowie Arzneimittelrückstände, für die der Einfluss auf den Menschen zwar als nicht besorgniserregend gilt, deren permanente Belastung von Ökosystemen jedoch bislang weitestgehend unerforscht ist

[2.36]. Als ebenfalls weitgehend unbekannt gelten die möglichen Folgen von synthetischen Nanopartikeln, welche derzeit in vielen verschiedenen Industrien eingesetzt werden. Ihr Einsatz ist daher umstritten [2.5]. Deshalb wird empfohlen, den Eintrag dieser Partikel in die Umwelt zu vermeiden, bis ihre möglichen Wirkungen auf den Menschen und/oder die Umwelt erforscht sind [2.37].

Im Hinblick auf ihre Wirkungen findet auch die Gruppe der sogenannten hormonaktiven Stoffe große Beachtung. Dies sind künstliche Stoffe (z. B. Duftstoffe), die eine sehr ähnliche Wirkung haben wie körpereigene Hormone und die schon in sehr geringen Konzentrationen wirksam sind. Solche Substanzen gelangen beispielsweise aus Weichmachern in Kunststoffen oder aus pharmazeutischen Erzeugnissen über Abwässer in den Wasserkreislauf, da sie von Kläranlagen nicht vollständig zurückgehalten werden können. Zurzeit kann das daraus entstehende Risiko wissenschaftlich noch nicht genau abgeschätzt bzw. die vermutete Wirkung noch nicht exakt nachgewiesen werden. Die Substanzen können aber durch das Eingreifen in den Hormonhaushalt von Organismen die Fortpflanzungsfähigkeit von Menschen und Tieren beeinflussen und bewirken eventuell auch ein erhöhtes Krebsrisiko beim Menschen [2.38].

2.2.6 Luftbelastung

Die Freisetzung von Schadstoffen aus Abgasen in die Atmosphäre gehört zu den am frühesten wahrgenommen Umweltproblemen der Industrialisierung. Die Nutzung von Kohle führte zur Emission von Staub, aber auch Schwefeldioxid, das insbesondere in den Großstädten zu einer wesentlichen Beeinträchtigung von Gesundheit und Umwelt führte. Das Kunstwort „Smog" entstand Anfang des 20. Jahrhunderts aus den Worten „smoke" (Rauch) und „fog" (Nebel), als er im London der Industrialisierung allgegenwärtig war und die Sichtweite auch am Tage stark einschränkte [2.39]. Smog bezeichnet heute stark erhöhte Luftschadstoffkonzentrationen in Ballungsräumen infolge von Verbrennungsvorgängen (z. B. Verbrennung von Kohle zur Hausheizung, Kraftstoffverbrennung im Individualverkehr). Er tritt vor allem bei besonderen meteorologischen Bedingungen auf (z. B. Windstille, ungünstige Kessellage des Ballungsraums). Infolge eines besonders starken Smog-Aufkommens in London über mehrere Tage im Dezember 1952 starben schließlich rund 12 000 Menschen aufgrund der extremen Schadstoff- und Staubbelastung der Luft [2.40]. Als Reaktion darauf wurde in Großbritannien 1956 der „Clean Air Act" erlassen, unter dem zahlreiche Maßnahmen zur Bekämpfung der Luftverschmutzung Londons zusammengefasst wurden (u. a. eine Reduzierung offener Kamine).

Als „klassische" Luftschadstoffe bezeichnet man Schwefeldioxid (SO_2), Kohlenstoffmonoxid (CO), Feinstaub sowie Stickstoffoxide (NO_x) und Ammoniak (NH_3). In den industrialisierten Ländern lag der Höhepunkt der Luftbelastung durch diese Stoffe in den 1950er und den 1960er Jahren. Danach wurden durch die Umweltpolitik wirksame Schritte eingeleitet und durch die dadurch vorgeschriebene verbesserte Abgasbehandlung und schwefelreduzierte Brennstoffe konnte die Belastung durch Kohlenstoffmonoxid und Schwefeldioxid aus Verbrennungsprozessen in Industrie und Verkehr seit Beginn der 1990er Jahre in Deutschland stark gesenkt werden. Feinstaub hingegen kann bei ungünstiger Wetterlage an stark befahren Straßen noch immer ein temporäres Problem darstellen und wird als Ursache für rund 5 Millionen verlorene Lebensjahre in allen EU-Mitgliedsstaaten im Jahr 2005 angesehen [2.5]. Auch die Belastung durch Stickstoffoxide ist aufgrund des stark gestiegenen Verkehrsaufkommens besonders in Ballungsgebieten noch hoch [2.41].

Die Problematik des Smogs und der Belastung durch klassische Luftschadstoffe treten derzeit wieder in vielen Schwellenländern zutage. So ist beispielsweise China trotz fortschreitender Umwelttechnik aufgrund des rasanten Wachstums der Industrie und der Individualmobilität derzeit sehr hohen Emissionen von vor allem Schwefeldioxid, Stickstoffoxiden und Feinstaub ausgesetzt [2.42, 2.43]; beispielsweise wurden in der Region Beijing Feinstaubwerte gemessen, welche sowohl den europäischen als auch den chinesischen Feinstaubgrenzwert für PM10 (Particulate Matter) fast durchgängig um ein Vielfaches übersteigen [2.44].

Über die direkte Beeinträchtigung der Gesundheit hinaus kann der atmosphärische Transport gerade saurer Schadgase zu erheblichen Umweltfolgen in Ökosystemen führen. Infolge SO_2-haltiger Niederschläge („saurer Regen“ durch Emissionen aus Hausbrand, Industrie und Verkehr) kann es zu einer Verschiebung des pH-Wertes von Seen in den sauren Bereich kommen. Diese Versauerung geht mit ökologischen Veränderungen der limnischen Flora und Fauna einher. Auch Böden können von niederschlagsbedingter Versauerung betroffen sein. Als Folge werden Pflanzennährstoffe gelöst und ausgewaschen sowie die Bodenfauna und -flora verändert. Durch solche Effekte kam es in Deutschland und anderen europäischen Ländern in den 1980er Jahren zu den sogenannten neuartigen Waldschäden, die damals mit dem Begriff des „Waldsterbens“ bezeichnet wurden. Obwohl auch hier durch entsprechende gesetzgeberische Maßnahmen erhebliche Verbesserungen erzielt wurden und werden, treten gleichartige Schäden auch heute überall dort auf, wo – beispielsweise in Schwellenländern – durch ungenügende Maßnahmen der Luftreinhaltung lokal oder regional hohe Gehalte entsprechender Schadstoffe freigesetzt werden. So sind von den 2,4 Millionen Bäumen, welche in Beijing zur Luftverbesserung eingesetzt werden sollen, rund 29 % in einem schlechten Zustand [2.45].

2.2.7 Nährstoffeinträge

Als Nährstoffe versteht man solche Elemente, die für das Wachstum von Organismen essentiell (d. h. unabdingbar) sind. Nährstoffe zirkulieren in der Natur in biogeochemischen Kreisläufen; ihre Konzentrationen sind maßgeblich für Art und Menge der Bildung einzelner Organismen und die Ausbildung von Ökosystemen insgesamt. Die wichtigsten Nährstoffe sind Stickstoff und Phosphor; sie sind für viele Ökosysteme – und damit auch in der Landwirtschaft – sogenannte limitierende Faktoren.

Das größte Lager für Stickstoff ist die Atmosphäre. Der Stickstoff liegt hier jedoch in inerter Form als elementarer Stickstoff vor. Als natürlicher Vorgang findet die sogenannte biologische Stickstofffixierung statt, bei der durch Mikroorganismen elementarer Stickstoff aus der Atmosphäre in Stickstoffverbindungen umgewandelt wird, dadurch in terrestrische und aquatische Ökosysteme gelangt und dort für das biologische Wachstum genutzt werden kann. Da dies jedoch ein sehr energieaufwändiger Prozess ist und nur einige Mikroorganismenarten hierzu in der Lage sind, sind die dadurch insgesamt fixierten Stickstoffmengen gering.

Phosphor wird hauptsächlich im Gestein gelagert und gelangt durch chemische Verwitterung in terrestrische Ökosysteme. Durch Auswaschung gelangt er schließlich in die Meere und wird wieder in Sedimentschichten gebunden. Die Zeitspanne, in welcher sich der Phosphor in terrestrischen und aquatischen Ökosystemen befindet, ist sehr kurz im Vergleich zu der Zeitspanne, in welcher er in Gesteinsschichten gebunden liegt.

In der Geschichte der Landwirtschaft griff der Mensch analog der natürlichen Kreisläufe auf den schon in den Ökosystemen vorhandenen Stickstoff zurück; er verwendete biologischen Dünger. Dies änderte sich grundlegend mit der Industrialisierung – und hier insbesondere mit der Möglichkeit der anthropogenen Stickstofffixierung durch die Einführung des sogenannten Haber-Bosch-Verfahrens. Dabei wird mittels Wasserstoff und dem inerten Stickstoff aus der Luft Ammoniak erzeugt, aus dem dann u. a. Mineraldünger hergestellt werden kann [2.46]. Dadurch wurde der Mensch unabhängig von den Stickstoffinventaren der Biosphäre. Stickstoffdünger sorgte für einen starken Anstieg der Ernten. Heute übersteigt die anthropogene Stickstofffixierung die natürliche [2.47]. Die größten Quellen dafür sind Mineraldünger in der Landwirtschaft sowie Verbrennungsprozesse, welche Stickstoffoxide freisetzen.

Zur Nutzung des Nährstoffes Phosphor werden phosphorhaltige Gesteine zur Düngerproduktion abgebaut. Das Düngemittel wird jedoch im Boden rasch durch Bildung unlöslicher Salze immobilisiert. Die Landwirtschaft entzieht dadurch dem Boden den Phosphor; jedoch wird es nicht wieder in die terrestrischen Ökosysteme freigesetzt, sondern über Kläranlagen in die Flüsse, Seen und schließlich in die Ozeane geleitet. Auch Bodenerosion infolge von Entwaldung trägt zu dieser Verschiebung des Phosphors aus terrestrischen in aquatische Ökosysteme bei [2.48].

Die Folge des Stickstoff- und Phosphoreintrags ist eine Erhöhung der Nährstoffe in den betroffenen Ökosystemen. Dies wird auch als Überdüngung bzw. Eutrophierung bezeichnet. Der gleiche Effekt tritt bei der anthropogenen Freisetzung von Phosphor in die Biosphäre auf. In Seen, die einer zu starken Nährstoffzufuhr unterliegen, kommt es zu einem verstärkten Pflanzenwachstum (Algenblüte), in dessen Folge der im Wasser vorhandene Sauerstoff aufgezehrt wird. Faulschlämme (Gyttia, Sapropel) aus abgestorbenen Tier- und Pflanzenresten bilden sich und der See „kippt". Über Flüsse als Vorfluter gelangen die Nährstoffe in die offene See und können dort ebenfalls Eutrophierungserscheinungen auslösen. In der Ostsee stammen beispielsweise 95 % des eingetragenen Phosphors und 75 % des eingetragenen Stickstoffes aus den Vorflutern [2.49]. Hierbei treten ähnliche Umweltprobleme zu Tage wie in Seen: verstärktes Algenwachstum, gesteigerte Produktion und Ablagerung von Biomasse, Verringerung der Sauerstoffsättigung des Wassers sowie Absterben benthischer Organismen (einschließlich Fische). Die Eutrophierung ist damit ein verbreitetes und sich weiterhin verstärkendes Problem für die Wasserqualität, das die planetaren Grenzen erreichen könnte, ab denen sich die aquatischen Ökosysteme nicht mehr erholen können [2.5]. Wo diese Grenze konkret liegt, ist aber unsicher.

Literatur

[2.1] IUCN – UNEP-WWF (Hrsg.): World Conservation Strategy. IUCN, Gland, Schweiz, 1980

[2.2] Hubert Wiggering, Felix Müller in: Umweltziele und Indikatoren: Wissenschaftliche Anforderungen an ihre Festlegung und Fallbeispiele. Springer-Verlag, Berlin Heidelberg, 2004

[2.3] OECD (Hrsg.): OECD Environmental Indicators: Towards sustainable development. Organisation For Economic Co-Operation And Development, Paris, Frankreich, 2001

[2.4] EEA (Hrsg.): Environmental indicators: Typology and overview, European Environment Agency, Kopenhagen, 1999

[2.5] UNEP (Hrsg.): GEO5 – Global Environment Outlook. United Nations Environment Programme, Malta, 2012

[2.6] IPCC (Hrsg.): Climate Change 2013: The Physical Science Basis. Contribution of Working Group I to the Fifth Assessment Report of the Intergovernmental Panel on Climate Change [Stocker, T.F., D. Qin, G.-K. Plattner, M. Tignor, S.K. Allen, J. Boschung, A. Nauels, Y. Xia, V. Bex and P.M. Midgley (eds.)]. Cambridge University Press, Cambridge, United Kingdom and New York, NY, USA, 2013

[2.7] UNEP (Hrsg.): In: About GEO, United Nations Environment Programme, 2014 http://www.unep.org/geo/about.asp (Abgerufen am 15.03.2014).

[2.8] Millennium Ecosystem Assessment (Hrsg.): Ecosystems and Human Well-Being: Synthesis. Washington, DC: Island Press, 2005

[2.9] Forkel Mathias In: Geographie Infothek – Strahlungshaushalt. Klett, Leipzig, 2012

[2.10] IPCC (Hrsg.): In: Häufig gestellte Fragen und Antworten. In: Klimaänderung 2007: Wissenschaftliche Grundlagen, Beitrag der Arbeitsgruppe I zum Vierten Sachstandsbericht des Zwischenstaatlichen Ausschusses für Klimaänderungen (IPCC), Solomon, S., D. Qin, M.Manning, Z. Chen, M. Marquis, K.B. Averyt, M.Tignor and H.L. Miller, Eds., Cambridge University Press, Cambridge, United Kingdom und New York, NY, USA. Deutsche Übersetzung durch die deutsche IPCC-Koordinierungsstelle, Bonn, 2011.

[2.11] IPCC: Climate Change 2007: Synthesis Report. Contribution of Working Groups I, II and III to the Fourth Assessment Report of the Intergovernmental Panel on Climate Change [Core Writing Team, Pachauri, R.K and Reisinger, A. (eds.)]. IPCC, Geneva, Switzerland, 2007

[2.12] Lohmann Ulrike In: ETH-Klimablog: Wolken und Aerosole: weiterhin die größten Unsicherheitsfaktoren in Klimamodellen, 2013. http://blogs.ethz.ch/klimablog-archive/2013/09/27/wolken-und-aerosole-weiterhin-die-grossten-unsicherheitsfaktoren-in-klimamodellen/ (Abgerufen am 15.03.2014).

[2.13] UNEP (Hrsg.): The Emissions Gap Report 2012. United Nations Environment Programme (UNEP), Nairob

[2.14] Vermeulen et al.: Climate Change and Food Systems, in: Annual Review of Environment and Resources, Vol. 37, S. 195–222, 2012

[2.15] Chen et al.: In: Rapid Range Shifts of Species Associated with High Levels of Climate Warming, in: Science, Vol. 333, Nr. 6045, S. 1024–1026, 2011

[2.16] Gleick: Water in Crisis: A Guide to the World's Fresh Water Resources. Oxford University Press Großbritannien, 1993

[2.17] Viering Kerstin in: Das große Dürsten: Wasser wird knapp. Brockhaus, 2009

[2.18] White Chris: Understanding water scarcity: definitions and measurements. Discussion Paper 1217, GWF – Global Water Forum, 2012

[2.19] Bundeszentrale für politische Bildung-BPB (Hrsg.): Süßwasservorräte und Klimawandel, 2006. http://www.bpb.de/apuz/29695/suesswasservorraete-und-klimawandel?p=all (Abgerufen am 16.03.2014)

[2.20] Oekosystem Erde: Das Zeitalter der Industrie, 2013. http://www.oekosystem-erde.de/html/wasserverschmutzung.html (Abgerufen am 16.03.2014)

[2.21] Penning Lars, Uhlenbrock Kristian in: Geographie Infothek, Klett, Leipzig, 2012

[2.22] David Molden (Hrsg.), International Water Management Institute: Comprehensive Assessment of Water Management in Agriculture: Water for Food, Water for Life: A Comprehensive Assessment of Water Management in Agriculture, London: Earthscan, Colombo: International Water Management Institute, 2007

[2.23] Bundeszentrale für politische Bildung-BPB: Zur Rolle der Ressource Wasser in Konflikten, 2006. http://www.bpb.de/internationales/afrika/afrika/59071/ressource-wasser?p=all (Abgerufen am 16.03.2014)

[2.24] Gebhardt, Hans et al.: In: Geographie – Physikalische Geographie und Humangeographie, Spektrum Akademischer Verlag, Heidelberg, 2006

[2.25] Küster, Hansjörg: In: Die Geschichte der Landschaft in Mitteleuropa – Von der Eiszeit bis zur Gegenwart, C.H.Beck, München, 1995

[2.26] Küster, Hansjörg: In: Die Geschichte des Waldes – Von der Urzeit bis zur Gegenwart, C.H. Beck-Verlag, München, 2008

[2.27] FAO (Hrsg.): State of World's Forests 2011, Food and Agriculture Organization (FAO) of the United Nations Rom, 2011

[2.28] WBGU: Welt im Wandel: Herausforderung für die deutsche Wissenschaft. Wissenschaftlicher Beirat der Bundesregierung, Springer, Bremerhaven, 1996

[2.29] People and Planet: Desertification and degraded land, 2007, http://www.peopleandtheplanet.com/index.html@lid=26114&section=34&topic=26.html ,(Abgerufen am 10.03.2014)

[2.30] Bundesamt für Naturschutz-BFN (Hrsg.): Das Übereinkommen über die biologische Vielfalt (CBD), 2012. http://www.bfn.de/0304_cbd.html (Abgerufen am 11.03.2014)

[2.31] IUCN (Hrsg.): The IUCN Red List of Threatened Species. International Union for Conservation of Nature and Natural Resources, 2011

[2.32] Hampicke Ulrich: Kulturlandschaft und Naturschutz, Springer, Wiesbaden, 2013

[2.33] Gordon H. Rodda, Julie A. Savidge: Biology and Impacts of Pacific Island Invasive Species 2, in: Pacific Science, Vol. 61/3, S. 307–324, 2007

[2.34] Floraweb.de in Neophyten. http://www.floraweb.de/pflanzenarten/neophyten.html (Abgerufen am 14.03.2014)

[2.35] Ritter et al.: Persistent Organic Pollutants, Assesment report. 1996 http://www.chem.unep.ch/pops/ritter/en/ritteren.pdf (Abgerufen am 10.03.2014)

[2.36] Umweltbundesamt (Hrsg.): Arzneimittel, 2014 http://www.umweltbundesamt.de/themen/chemikalien/arzneimittel (Abgerufen am 16.03.2014)

[2.37] Umweltbundesamt (Hrsg.): Nanotechnik, 2014 http://www.umweltbundesamt.de/themen/chemikalien/nanotechnik (Abgerufen am 16.03.2014)

[2.38] Schweizer Eidgenossenschaft (Hrsg.): Factsheet Hormonaktive Chemikalien, 2012 http://www.bag.admin.ch/themen/chemikalien/00228/05072/index.html?lang=de&download=NHzLpZeg7t,lnp6I0NTU042l2Z6ln1acy4Zn4Z2qZpnO2Yuq2Z6gpJCHdHt7gWym162epYbg2c_JjKbNoKSn6A-- , (Abgerufen am 14.03.2014)

[2.39] Bane Singh: Healing the Blue Planet, Wordizenz Books, Mumbai, 2012

[2.40] Bell et al.: A retrospective assessment of mortality from the London smog episode of 1952. Iin: Environmental Health Perspectives, Vol. 112, S. 6–8, 2004

[2.41] Umweltbundesamt (Hrsg.): Luftschadstoffe, 2014. http://www.umweltbundesamt.de/themen/luft/luftschadstoffe (Abgerufen am 16.03.2014)

[2.42] The State Environmental Protection Administration (Hrsg.): In: Cost of Pollution in China, Washington, 2007

[2.43] Bundschuh, M., Klingelhoefer, D.: Feinstaubbelastung in China, in: Zentralblatt für Arbeitsmedizin, Arbeitsschutz und Ergonomie, Vol. 64, S. 53–54, 2014

[2.44] Kopsch Jenny: Air pollution by particulate matter and ammonia at suburban and rural sites in the North China Plain, Hohenheim, 2011

[2.45] Jun Yang et al.: The urban forest in Beijing and its role in air pollution reduction, in: Urban Forestry & Urban Greening, Vol. 3, S. 195–222, 2005

[2.46] BASF (Hrsg.): Die Ammoniaksynthese, 2010. http://www.basf.com/group/corporate/site-ludwigshafen/de_DE/function/conversions:/publish/content/about-basf/worldwide/europe/Ludwigshafen/Education/Lernen_mit_der_BASF/ammoniaksynthese/data/Ammoniaksynthese.pdf (Abgerufen am 14.03.2014)

[2.47] Vitousek et al. in „Human Alteration of the Global Nitrogen Cycle“, in: Ecological Applications, Vol. 7, edition 3, S. 737–750, 2007

[2.48] Townsend, C., Begon M., Harper, J.: Ökologie. Springer, Berlin Heidelberg, 2003

[2.49] HELCOM (Hrsg.): In: Eutrophication in the Baltic Sea, Helsinki, 2009

Elemente von Umweltbewertungsmethoden 3

Christiane Brockmann, Bernd Hansjürgens, Christian Hickel, Wilfried Kühling, Uwe Lahl, Hans Joachim Linke, Alfred Nordmann, Rüdiger Schaldach und Liselotte Schebek

Der Begriff der Umweltbewertung ist in der Praxis gängig. Er wird von Begriffen „Umwelt" und „Bewertung" getragen. Beide Begriffe sind aber durch eine inhärente Begriffsunschärfe gekennzeichnet; die jeweiligen Inhalte werden von unterschiedlichen Disziplinen und verschiedenen Gruppen jeweils anders interpretiert bzw. mit konkreten Inhalten assoziiert.

Die im Folgenden diskutierten Umweltbewertungsmethoden beinhalten i. Allg. Elemente aus zwei unterschiedlichen „Sphären"; d. h. Elemente der Analyse und der Bewertung.

Autoren in alphabetischer Reihenfolge mit Beiträgen zum Kapitel; die Autorenzuordnung geht aus den einzelnen Unterkapiteln hervor.

Dr. Christiane Brockmann · Apl. Prof. Dr. habil. Uwe Lahl · Prof. Dr. Liselotte Schebek
Technische Universität Darmstadt (TUDa), Fachgebiet Stoffstrommanagement und Ressourcenwirtschaft, Institut IWAR, Darmstadt, Deutschland

Prof. Dr. Bernd Hansjürgens
Helmholtz-Zentrum für Umweltforschung (UFZ), Department Ökonomie, Leipzig, Deutschland

Dipl.-Ing. Christian Hickel · Prof. Dr.-Ing. Hans Joachim Linke
Technische Universität Darmstadt (TUDa), Fachgebiet Landmanagement, Institut für Geodäsie, Darmstadt, Deutschland

Prof. Dr.-Ing. Wilfried Kühling
Martin-Luther-Universität Halle-Wittenberg, Institut für Geowissenschaften und Geographie, Halle, Deutschland

Prof. Dr. Alfred Nordmann
Technische Universität Darmstadt (TUDa), Institut für Philosophie, Darmstadt, Deutschland

PD Dr.-Ing. Rüdiger Schaldach
Universität Kassel, Center for Environmental Systems Research, Kassel, Deutschland

M. Kaltschmitt und L. Schebek (Hrsg.), *Umweltbewertung für Ingenieure*,
DOI 10.1007/978-3-642-36989-6_3

- Die Analyse ist definiert als die Gewinnung von Daten und Informationen (sowohl durch Messungen bzw. empirische Verfahren als auch durch Modellrechnungen). Analysen dienen zunächst nur dem Gewinn von Erkenntnissen zu einer Fragestellung und einem System. Ziel von Analysen unter Anwendung wissenschaftlicher Methoden ist vor diesem Hintergrund, zu einer, nämlich der „richtigen", Aussage zu kommen (auch wenn das bei komplizierten Sachverhalten nicht immer einfach ist); „richtig" bedeutet dabei, reale Sachverhalte möglichst zutreffend zu beschreiben.
- Bewertung bedeutet demgegenüber Präferenzensetzung an Hand bestimmter Bewertungsmaßstäbe. Die Bewertung ist damit darauf ausgelegt, Sachverhalte mit Präferenzen zu verbinden. Wenn diese Präferenzen bei unterschiedlichen Personen und gesellschaftlichen Gruppen unterschiedlich sind, kommen diese bei der Bewertung desselben Sachverhalts notwendigerweise zu verschiedenen Ergebnissen. In Normgebungsverfahren (z. B. bei Gesetzen, technischen Anleitungen) werden diese Präferenzen meist in einer politischen Güterabwägung zusammengeführt.

Trotz dieser auf theoretischer Ebene klaren Trennung zeigt sich in der praktischen Anwendung eine gewisse Unschärfe zwischen analytischen und bewertenden Arbeitsschritten. Hieraus erklärt sich ein Spannungsfeld im Umgang mit Umweltbewertungsmethoden: sie werden in der Öffentlichkeit meist wahrgenommen als (natur-)wissenschaftliche Methoden, die nach gängiger Meinung eben immer zu einem, nämlich dem „richtigen" Ergebnis kommen sollten. In diesem Sinne werden unterschiedliche Ergebnisse verschiedener Studien als „Fehler" der Methode interpretiert, obwohl sie tatsächlich aus einer unterschiedlichen Präferenzensetzung resultieren. Die Funktion, die Folgen einer unterschiedlichen Präferenzensetzung auszuweisen, ist aber gerade eine zentrale Aufgabe der Anwendung von Umweltbewertungsmethoden. In diesem Sinn sind Umweltbewertungsmethoden als Teil gesellschaftlicher Entscheidungsfindung zu verstehen. Ein wesentlicher Aspekt ihrer Anwendung liegt daher auch in der Einbettung in (partizipative) Entscheidungsprozesse.

Auch der Begriff „Umwelt" ist im Hinblick auf die Verwendung für Umweltbewertungsmethoden nicht präzise. Gemeint ist aber i. Allg., dass das Untersuchungsinteresse derartiger Instrumente die Interaktion der menschlichen Gesellschaft mit der natürlichen Umwelt ist. Dieses Feld ist jedoch so breit, dass das konkrete Objekt der Untersuchung dadurch nicht eindeutig charakterisiert werden kann und sich die möglichen Objekte keinesfalls allein auf die natürliche Umwelt beschränken. Hieraus entsteht ein Spannungsfeld; erst die Wahl des Objektes der Untersuchung präzisiert den Begriff der Umwelt, schränkt dabei aber gleichzeitig den Betrachtungsrahmen ein. Deshalb sind unterschiedliche Methoden auf verschiedene Untersuchungsobjekte ausgerichtet; d. h., sie haben unterschiedliche Interpretationen des Umweltbegriffs und kommen daher zu verschiedenartigen Ergebnissen, auch wenn sie scheinbar mit derselben Problematik befasst sind. Die Fragestellung und die damit einhergehende Wahl der Untersuchungsmethode stehen also in Wechselwirkung mit dem erwartbaren Ergebnis. Damit gilt vom Grundsatz her: Fragestellung und Methode bestimmen zu einem Teil das Ergebnis vorweg. Dieser Sachverhalt ist offensichtlich und nicht nur im Bereich der Umweltbewertungsmethoden gegeben; aber er wird in der Praxis häufig nicht wahrgenommen. Der Zusammenhang zwischen Methodenwahl und Art des Ergebnisses wird daher im letzten Kapitel dieses Buches an Hand der vorgestellten Methoden explizit thematisiert.

Aus diesen Überlegungen leitet sich der Aufbau dieses Kapitels ab, das übergreifend Elemente von Umweltbewertungsmethoden vorstellt. Dadurch soll ein Verständnis wesentlicher Grundprinzipien vermittelt werden, auf denen Umweltbewertungsmethoden heute basieren. Damit wird die Basis geschaffen, unabhängig von Namen und Bezeichnungen – die auch im Bereich der Umweltbewertung durchaus „Moden" und anderen kurzfristigen Veränderungen unterliegen – die jeweiligen Charakteristika des methodischen Ansatzes zu erkennen und damit schnell eine Einschätzung der Anwendungsgebiete, Stärken und Schwächen einer Umweltbewertungsmethode zu gewinnen.

Dazu werden nachfolgend zunächst einige Überlegungen zur Ziel- und Objektdefinition und zur Setzung der Systemgrenzen dargestellt. Anschließend werden die Begriffe der Analyse und Bewertung aus philosophischer Sicht diskutiert und ein vertieftes Verständnis für die theoretische Abgrenzung, aber auch für die praktischen Unschärfe und die daraus resultierenden Konsequenzen für den Bereich der Umweltforschung entwickelt. Danach wird der Bogen gespannt von Elementen der Analyse zu Elementen der Bewertung. Grundlage für die Gewinnung von Informationen über den Zustand der Umwelt sind chemisch-physikalische Mess- und Analyseverfahren, auf die ebenfalls eingegangen wird. Dabei geht es weniger um eine detaillierte Einführung in die vielfältigen Messtechniken, sondern um ein Verständnis dafür, was solche Analyseverfahren beinhalten und was bei der Interpretation der Ergebnisse zu beachten ist. Auch kann zur Untersuchung von Umweltveränderungen ein Raumbezug von gemessen Daten oder erhobenen Informationen erforderlich sein. Daher wird in dem Unterkapitel zu Geoinformationssystemen dargestellt, wie und mit welchem Detaillierungsgrad eine Verortung von Umweltelementen und raumbezogenen Informationen erfolgen kann. Weiterhin werden Modellierungsansätze vorgestellt. Modelle sind generell eine vereinfachte Abbildung der Realität; dabei wird zwischen qualitativen Modellen (z. B. in den Sozialwissenschaften) und quantitativen Modellen (d. h. Beschreibung eines Systems mittels mathematischer Gleichungen) unterschieden. Vorgestellt werden Vorgehensweisen zur quantitativen Modellierung, um ein Verständnis der Funktionsweise bestimmter Systeme zu erlangen und um Erkenntnisse über zukünftige Entwicklungen abzuleiten. Die beiden letzten Aspekte konzentrieren sich auf Elemente der Bewertung im Sinne einer Präferenzensetzung. Diese umfasst die Definition der Bewertungsmaßstäbe sowie Prozeduren zur Präferenzensetzung im Sinne einer Entscheidungsfindung unter Beteiligung bestimmter Personen oder Gruppen. Im Hinblick auf die Bewertungsmaßstäbe sind zwei Abschnitte vorhanden. Ökologische Bewertungsansätze zielen im Kern auf eine Bewertung der „Qualität der Umwelt". Dargestellt wird der Diskussionsstand zu unterschiedlichen Ansätzen und Konzepten der Bewertung der Qualität der Umwelt. In Umweltbewertungsmethoden fließen aber auch ökonomische und gesellschaftliche Wertmaßstäbe ein, die im letzten Abschnitt dargestellt werden, ebenso wie Verfahren zur Herausbildung von Präferenzen.

3.1 Ziel-, Objekt- und Rahmendefinition

Liselotte Schebek

Bei jeder Umweltbewertung muss das Ziel der Untersuchung und das betrachtete Objekt sowie der Rahmen der Analyse festgelegt werden. Dies wird nachfolgend diskutiert.

Zieldefinition. Die Ziele, die mit einer Umweltanalyse bzw. -bewertung erreicht werden sollen, sind dahingehend immer die gleichen, dass die Umweltsituation eines wie auch immer gearteten Untersuchungsgegenstandes analysiert, quantifiziert und bewertet werden soll. Dabei kann bei manchen Fragestellungen eine umfassende Untersuchung aller Auswirkungen oder die Einbeziehung aller Einflüsse angestrebt werden; häufig interessieren aber auch nur ausgewählte Folgen (z. B. die Wirkung auf eine begrenzte Region, ein bestimmter Umwelteffekt wie beispielsweise die Klimagasemissionen).

Unter dem jeweiligen grundsätzlich gültigen Generalziel sind die mit den einzelnen Umweltbewertungsinstrumenten zu beantwortenden Fragestellungen – und damit die jeweils konkret erreichbaren Ziele – z. T. deutlich unterschiedlich.

- Bei einigen Umweltbewertungsinstrumenten ist es beispielsweise die Aufgabe, den gesetzlichen Vorgaben adäquat Rechnung zu tragen und mit einer (mehr oder weniger) eindeutig vorgeschriebenen Methode die Erreichung bestimmter Kenn-/Grenzwerte nachzuweisen; ein Beispiel ist die Bilanzierung der Klimagasemissionen von Biokraftstoffen, um nachzuweisen, dass die jeweiligen Treibhausgas-Reduktionsziele sicher eingehalten werden und damit der entsprechende Biokraftstoff auch ein Biokraftstoff im Sinne der gesetzlichen Vorgaben darstellt.
- Andere Instrumente haben keinen direkten gesetzlichen Auftrag, dienen aber Unternehmen dazu, ihre Umweltsituation besser zu verstehen, sie über die Jahre zu verfolgen (und damit die Umweltauswirkungen zu reduzieren) und sie dadurch auch nach außen kommunizieren zu können.
- Wieder andere Instrumente haben u. a. das Ziel, eine neue Technologie, ein innovatives Verfahren oder einen alternativen Prozess anhand potenzieller Umwelteffekte im Vergleich zu den bereits vorhandenen Alternativen im Lebensweg zu bewerten.

Damit ist eine klare und eindeutige Zielbestimmung ganz wesentlich für jede Art der Umweltbewertung. Mit dieser Zieldefinition wird u. a. der Rahmen der jeweiligen Untersuchung abgesteckt und oft bereits definiert, die konkret einzusetzende Umweltbewertungsmethode festgelegt und weitere Rahmenbedingungen definiert.

Teilweise kann ein klar definiertes Ziel zu Beginn der Untersuchung festgelegt werden, das im Verlauf der Analyse unumstößlich ist. Aber das Untersuchungsziel, das am Anfang festgelegt wurde, kann sich auch durch den mit der Durchführung der Umweltbewertung fortschreitenden Erkenntnisgewinn verändern; d. h. das Ziel kann auch im Rahmen eines iterativen Prozesses im Verlauf der Untersuchung konkretisiert werden.

Objektdefinition. Im Rahmen einer Umweltbewertung können die unterschiedlichsten Untersuchungsobjekte betrachtet werden. Diese Vielzahl der denkbaren Objekte ist unterschiedlich strukturierbar; beispielsweise kann eine Unterscheidung in Gegenstände und Abläufe, in Orte, an denen sich Objekte finden, etc. realisiert werden. Eine anschauliche Strukturierung ist beispielsweise ein Ansatz, der aus einer natur- oder ingenieurwissenschaftlichen Sichtweise „vom Kleinen ins Große" führt. Das „kleinste" Objekt einer Untersuchung sind hier chemische Elemente oder Verbindungen. Aus diesen bestehen Materialien, Komponenten oder Produkte, die Verwendung finden direkt bei Konsumenten oder in Dienstleistungen. Nimmt man die Umgebung in die Betrachtung hinein, beschäftigt man sich mit konkreten Standorten von Anlagen oder Vorhaben (z. B. Planung von Verkehrswegen). Berücksichtigt man die organisatorische Einbindung, stellt sich das Objekt der Untersuchung als Organisation dar (z. B. Unternehmen, Verwaltungen, Institutionen). Sollen auch gesellschaftliche Interaktionen untersucht werden, muss das Objekt der Untersuchung die gesamte Gesellschaft oder mindestens relevante und abgrenzbare Teilbereiche umfassen.

Systemrahmen. Das gleiche Objekt kann unter Anwendung unterschiedlicher Systemrahmen untersucht werden. Wichtige Typen von Systemrahmen sind zum einen der Lebenszyklus eines Objektes, der – unabhängig von Orten und Zeitpunkten – alle Prozesse von der Wiege bis zur Bahre umfasst. Im Unterschied dazu kann der Systemrahmen einen realen Standort beschreiben, an dem für einen bestimmten Zeitpunkt Wirkungen erfasst werden sollen. Eine weitere Möglichkeit der Beschreibung des Systemrahmens orientiert sich an organisatorischen oder strukturellen Merkmalen (z. B. an der rechtlichen Definition eines Unternehmens oder Staates oder an strukturellen Kriterien zur Abgrenzung unterschiedlicher gesellschaftlicher Bereiche).

Unabhängig davon, welcher Systemrahmen letztlich die Grenzen der jeweiligen Untersuchung definiert, muss – und das gilt grundsätzlich für alle Methoden – sichergestellt werden, dass die Betrachtungsgrenzen klar festgelegt, zweifelsfrei definiert und damit eindeutig abgegrenzt sind. Für die Erarbeitung belastbarer Ergebnisse ist dies zwingend, aber nicht notwendigerweise trivial.

3.2 Analyse und Bewertung

Alfred Nordmann

Analyse und Bewertung scheinen aufeinander zu folgen. Zuerst werden Daten erhoben und Informationen gewonnen; d. h. zunächst wird eine Situation wertfrei und objektiv dargestellt. Auf dieser Grundlage kann dann ihre Bewertung vorgenommen werden, indem beispielsweise die analysierte Situation an Zielvorstellungen gemessen wird bzw. indem Präferenzen auf Grund von Bewertungsmaßstäben gesetzt werden.

Doch kaum fängt man an, über diese Zweiteilung von Analyse und Bewertung nachzudenken, verkompliziert sich dieses einfache Bild; es verkompliziert sich so sehr, dass manch einer geneigt ist, die Trennung ganz aufzugeben. Statt zu entscheiden, ob Analyse und Bewertung getrennt werden können, soll nun erst einmal gezeigt werden, was im Zusammenhang der Umweltbewertung für und was gegen eine Trennung der Begriffe spricht. Am Schluss dieses Ausflugs in die Wissenschaftstheorie steht der Vorschlag, Analyse und Bewertung konstruktiv aufeinander zu beziehen. Dies setzt allerdings voraus, dass mit der Abhängigkeit von spezifischen Methoden und Problemstellungen die technische Ausrichtung der Umweltwissenschaften anerkannt wird. Umweltbewertung wäre demnach nicht technisch angewandte Umweltwissenschaft, sondern wäre von vornherein eingebunden in umfassende technische Gestaltungsprojekte, denen es beispielsweise um ein nachhaltiges Mensch-Natur-Verhältnis geht.

Eine der frühesten und einflussreichsten Überlegungen zu Analyse und Bewertung stammt von dem Soziologen Max Weber und pocht auf ihre strikten Trennung [3.1, 3.2]. Unverzichtbar sei diese Trennung, weil es ohne sie nicht möglich wäre, zwischen Wissenschaft und Politik zu unterscheiden. Wer sich für Wertfragen einsetzt, so Weber, nimmt Stellung zu den Problemen seiner Zeit und betreibt Politik. Die Wissenschaft dürfe sich aber nicht dafür interessieren, wie die Welt sein soll, sondern muss beschreiben, wie sie ist. Auf den ersten Blick klingt dies vielleicht naiv. Wer die Bleibelastung auf einem Spielplatz untersucht oder eine Stoffstromanalyse vornimmt, geht ja bereits selektiv und wertegeleitet vor; d. h. es geht um den Nachweis von der Konzentration eines Stoffes, der als gesundheitsschädlich eingeschätzt wird, oder es geht um seine möglichst enge Einbindung in eine Wertschöpfungskette, weil wir sparsam und nicht etwa verschwenderisch sein sollen.

Ist nun aber Webers Forderung nach einer wertfreien Wissenschaft schon widerlegt, weil bereits bei der Auswahl des Beobachtungsgegenstandes oder eines Analyseverfahrens Werte ins Spiel kommen? Weber würde dem nicht zustimmen. Er selbst hat ja beispielsweise die historische Beziehung von Kapitalismus und Protestantismus untersucht und würde freimütig zugeben, dass sich seine Problemstellung vermutlich nur dort ergibt, wo sich die Menschen fragen, warum sie das Geschäftemachen und den Profit geradezu als Selbstzweck auffassen. Mit Wertfreiheit der Wissenschaft und der Trennung von Analyse und Bewertung meint Weber offenbar etwas anderes: Wer sich fragt, wie hoch die Bleibelastung auf einem Spielplatz ist, soll sich dabei nicht von seiner Verdächtigung der benachbarten Chemiefabrik leiten lassen, sondern erst einmal unvoreingenommen hinschauen; d. h. die Forschung muss sich selbst so weit disziplinieren, dass sie ihre eigenen Fragen vorurteilslos behandelt. Wenn eine Probe einen hohen Bleigehalt anzeigt, müssen weitere Proben genommen und Vergleiche angestellt werden. Und ehe eine Hypothese über die Herkunft des Bleis angenommen wird, müssen andere Hypothesen (z. B. an Vergleichsorten) geprüft werden. Nur so kann das Urteil über die Chemiefabrik als Spielplatzvergifter Glaubwürdigkeit erlangen – es muss das unangreifbare Resultat einer Analyse sein und darf eben nicht den Anstrich eines Werturteils haben. Umgekehrt wird sich die Forschung aber auch nicht um des lieben Friedens willen oder aus Angst um ein

Strafverfahren zurückhalten, wenn es darum geht, nachgewiesene Schadstoffbelastungen beim Namen zu nennen.

So einleuchtend diese Auffassung sein mag, ist sie doch mit zwei Schwierigkeiten verbunden. Die erste Schwierigkeit ergibt sich schlicht und einfach aus der Unmöglichkeit, die Trennung von Analyse und Bewertung immer durchzuführen – dafür werden im Folgenden zwei Beispiele genannt und auf ihre durchaus verstörenden Konsequenzen hin diskutiert. Die zweite Schwierigkeit ergibt sich aus einer stillschweigenden Annahme, die Max Weber zu machen scheint. Diese Annahme besagt, dass mit der Analyse schon alle wissenschaftliche Arbeit getan ist – wenn die Konzentration eines Schadstoffes einmal festgestellt ist, kann die Bewertung dieses Ergebnisses ganz bürokratisch erfolgen, einfach indem jemand in einer Tabelle nachschaut, ob ein numerisches Messergebnis nun über dem festgelegten Schwellenwert liegt oder darunter. Während ein fachwissenschaftliches und wertfreies Urteil gefordert ist, um Bodenbelastungen, Stoffströme, Schwellenwerte allererst zu ermitteln, bliebe hiernach unterbelichtet und ausgegrenzt, dass auch die Präferenzsetzung nach fachlichen Kriterien verfährt, Modelle entwickelt und eine besondere Urteilskompetenz verlangt. Hiernach gäbe es also nicht nur wissenschaftliche Analysen und nicht-wissenschaftliche Bewertungen, sondern auch eine Wissenschaft der Bewertung. Wird dieses Beispiel weitergesponnen, könnte das heißen, dass ein erhöhter, aber noch unter dem aktuell vereinbarten Grenzwert befindlicher Bleigehalt in Bezug auf Gesundheits- und Umweltgefährdungen, ökonomische Risiken, Vor- und Nachteile einer Substitution in Produktionsprozessen einzuschätzen wäre. Dies würde nun eine Gewichtung und Modellierung verschiedener Werte aus unterschiedlichen Wertsystemen verlangen und beispielsweise die Entwicklung von Bewertungsinstrumenten erfordern, mit denen Regulierungsbehörden verbindlich und transparent arbeiten können. Hieraus ergibt sich eine erste Schlussfolgerung: Auch wenn an der Trennung von Analyse und Bewertung festgehalten werden soll, darf sie nicht dazu dienen, die Bewertung aus dem Wissenschaftszusammenhang auszugrenzen, sondern muss im Gegenteil darauf hinauslaufen, dass der spezifisch für die Bewertung erforderliche Wissens- und Kompetenzerwerb seinerseits ernst genommen wird.

Mit dieser Zwischenbilanz gewappnet, soll die Frage diskutiert werden, ob sich die Trennung von Analyse und Bewertung überhaupt durchhalten lässt. Hier müssen vor allem zwei Einwände in Betracht gezogen werden.

Der erste Einwand lautet so. Jede Analyse kommt früher oder später zu einem Abschluss. Auch wenn dieser Abschluss für vorläufig gehalten wird, auch wenn er mit Wahrscheinlichkeitswerten und Fehlergrenzen versehen wird, ist es doch ein Abschluss in dem Sinne, dass gesagt wird „jetzt ist das Ergebnis erst einmal gut genug“. Was heißt nun aber „gut genug“? Hier handelt es sich offenbar um ein Werturteil, weil sich das „gut genug“ auf bestimmte Anforderungen oder Zwecke bezieht [3.3]. Was für ein Irrtum soll beispielsweise vermieden werden? Es kommt darauf an, dass das, wofür die Analyse Anzeichen gibt, auch wirklich da ist und es sich nicht etwa um einen Messfehler handelt (dies wäre ein sogenannter Typus-1 Fehler, der ein falsch positives Resultat aufweist). Oder es kommt darauf an, dass man etwas wirklich Vorhandenes auf keinen Fall übersieht (dies wäre eine Typus-2 Fehler, der aus einem falsch negativen Resultat besteht). Je nachdem, welcher Fehlertyp vermieden werden soll, beschließen die Forscher schon früher oder erst später urteilen, dass lange genug geforscht worden sei. In seiner allgemeinsten Fassung ergibt sich die Problematik dieses Werturteils aus der sogenannten Unterdeterminiertheit theoretischer Schlussfolgerungen durch die Evidenz. Dabei ist mit „Unterdeterminiertheit" gemeint, dass egal, wie viele Messdaten vorliegen und wie viele Beobachtungen gemacht werden, immer noch kein logischer Zwang besteht, diese oder jene allgemeine Schlussfolgerung zu ziehen; im Prinzip sind alternative Erklärungen für das Beobachtete immer noch möglich und es bedarf eines Urteils, um diese Alternativen auszuschließen. Die Evidenz determiniert die Schlussfolgerung also nie ganz allein; es tritt immer noch etwas Anderes hinzu [3.4].

Wie folgenreich ist nun aber diese allgemeine Feststellung einer Verschmelzung von Analyse und Bewertung? Wenn es allgemein heißt, dass in ein wissenschaftliches Urteil immer noch „etwas Anderes" hineinspielt als Messwerte, Daten, Informationen, lässt dies noch offen, ob dieses „Andere" notwendigerweise gesellschaftliche oder moralische Werte, politische oder ökonomische Interessen umfasst. Vielleicht geht es hier ja um so genannte epistemische, verstehensbezogene Werte und somit um Werte, die sich allein dem Erkenntnisinteresse verdanken und nur in einem sehr schwachen Sinne etwas mit außerwissenschaftlichen Erwartungen zu tun haben.

Das lässt sich am Unterschied der beiden Fehlertypen illustrieren. Wenn der Verdacht besteht, dass sich irgendwo eine kleine Menge eines hochgiftigen Stoffes befindet, wird ein erstes Anzeichen ausreichen, um Alarm zu geben. Sollte man sich hierbei geirrt haben (ein Typus-1 Fehler), stört das hier wenig; schließlich will man in diesem Fall vor allem auf Nummer sicher gehen. Und wenn zunächst keine Anzeichen gefunden werden, sucht man noch lange weiter, damit hier nichts übersehen wird und nicht etwa ein Typus-2 Fehler gemacht wird. Anders sieht es aus, wenn die Stoffprobe dazu dienen soll, eine Firma vor Gericht haftbar zu machen. Hier reicht ein erstes Anzeichen nicht aus; hier kommt es auf den hieb- und stichfesten Nachweis an.

Diese beiden Situationen sind gewiss ganz unterschiedlich wertbehaftet. Vor dem hochgiftigen Schadstoff ängstigen wir uns aus Sorge um Sicherheit und Gesundheit, während sich die Gründlichkeit beim Gerichtsverfahren der Sorge um Gerechtigkeit verdankt. Und doch würde man nicht sagen, dass die Entscheidung, wann ein Ergebnis (vorläufig) gut genug ist, unmittelbar von den Werten Sicherheit oder Gerechtigkeit bestimmt wird. Diese Entscheidung ist vielmehr vernunftgeleitet und hängt ganz von den jeweils vorherrschenden Erkenntnisinteressen ab. Wo es um Sicherheit und die Vermeidung einer potenziellen Gesundheitsgefahr geht, liegt es ganz in unserem Erkenntnisinteresse, alle Anzeichen ernst zu nehmen, selbst wenn dies ein hohes Irrtumsrisiko bedeutet – unmittelbar geleitet ist unsere Entscheidung dann von dem epistemischen Wert der Aufmerksamkeit oder Sensitivität. Und wenn es vor Gericht darum geht, einen Angeklagten nur auf Grund einer unzweifelhaften Beweislage zu verurteilen, liegt es ganz in unserem Erkenntnisinteresse, das Irrtumsrisiko so weit wie möglich zu reduzieren und einen eindeutigen Nachweis zu erbringen – unmittelbar geleitet ist unsere Entscheidung dann von dem epistemischen

Wert der Bestimmtheit oder Spezifizität. Dem entsprechend sind Mess- oder Diagnoseverfahren an den Werten der Sensitivität oder Spezifizität ausgerichtet und nicht etwa an Sicherheit und Gerechtigkeit.

Hieraus ergibt sich eine zweite Zwischenbilanz. Wo Werte in die Analyse einfließen, kann es sich um epistemische Werte wie Einfachheit, Spezifizität, Voraussagekraft handeln; also sind es keineswegs notwendigerweise nicht-epistemische, beispielsweise politische oder moralische Werte. Und unsere Erkenntnisinteressen, epistemischen Werte und Fragen wie „wann ist unser Forschungsergebnis gut genug?" orientieren sich an Situationen und Bedürfnissen und sind somit in größere lebenspraktische Zusammenhänge eingebettet. Zum Tragen kommen diese Einsichten beispielsweise in Bezug auf den Klimawandel. Einige Klimaskeptiker meinen, dass sie erst dann von der Notwendigkeit politischen Handelns überzeugt sein werden, wenn die vorhandenen Klimamodelle besser werden und präzisere Voraussagen erlauben. Dagegen halten die meisten Klimaforscher, dass der jetzige Wissensstand schon gut genug ist, um einen anthropogen verursachten Klimawandel konstatieren zu können, und dass man es sich nicht leisten kann, auf bessere Modelle zu warten (umgekehrt stellen sich die Verhältnisse in Bezug auf das „climate engineering" dar: hier verlangt die Vorsorge sehr viel präzisere Modelle, um mögliche Auswirkungen technischer Eingriffe darstellen zu können; d. h. hier muss ein künftiger Wissensstand also noch abgewartet werden, ehe überhaupt gehandelt werden kann). In dieser speziellen Debatte stehen zwar wichtige politische Entscheidungen auf dem Spiel, prallen womöglich unterschiedliche Weltanschauungen und Wertsysteme aufeinander, aber sachlich geht es um den Konflikt epistemischer Werte und somit um einen Konflikt, in dem empirische Erwägungen gelten sollten: Wann wissen wir genug, um schlussfolgern zu müssen, dass es eine bestimme Entwicklungstendenz gibt, auch wenn wir deren Ausmaß und Auswirkungen nicht überall schon eindeutig voraussagen können? (Von dieser erkenntnistheoretischen Streitfrage ganz unbenommen kann mit dem Vorsorgeprinzip natürlich auch eine eher praktische Rationalitätsform ins Spiel gebracht werden. Wo epistemisch gestritten wird, verlangt ein politisches Kalkül, vorsorglich von dem Risiko auszugehen, dass die Klimaforscher womöglich Recht haben.)

Nun kommt der zweite Einwand, der gegen die Trennung von Analyse und Bewertung angeführt wird. Er fällt unter die Überschrift „theoriegeladene Beobachtung" [3.5] oder „Bedeutungsholismus" [3.6] und wird insbesondere im Zusammenhang mit Thomas Kuhns Theorie der Paradigmenwechsel in der Wissenschaftsgeschichte diskutiert [3.7]. Hiernach sind viele Begriffe, mit denen eine Analyse vorgenommen wird, so stark von theoretischen Vorannahmen durchsetzt, dass es keine rein analysierende und nicht schon deutende oder wertende Beobachtung geben kann. Klassisches Beispiel dafür ist der Begriff „Mond", der vor allem den erdnächsten Himmelskörper bezeichnet. Und tatsächlich begegnet uns das Wort in der Astronomiegeschichte zunächst als Name für einen Planeten. Wenn die Erde im Mittelpunkt der Welt steht, dann ist der Mond der allererste Planet, der seine Kreisrunde dreht, gefolgt von anderen Planeten, einschließlich der Sonne. Hiernach gibt es also eigentlich nur die Erde einerseits und ihre um sie kreisenden Trabanten andererseits. Nachdem aber Galileo die Monde des Jupiter entdeckte, ist „Mond" nicht mehr der Name für den nächstgelegenen Planeten, sondern ist jeglicher Trabant eines Planeten – ein Mond; so wie die Erde einen im Grunde namenlosen Mond hat, so haben auch andere namhafte Planeten ihre Monde.

Was besagt nun dieser Ausflug in die Geschichte der Astronomie? Wenn heutige Astronomen einen „Mond" sehen, fließt ihre ganze wissenschaftliche Weltauffassung in diese Beobachtung ein, ihr moderner Heliozentrismus im Gegensatz zum alten ptolemäischen Weltbild mit seinen absolut getrennten Sphären, der Erde hier, den Himmelskörpern dort. Was uns beim Wort „Mond" auf den ersten Blick gar nicht auffällt, ist sehr viel offensichtlicher bei Worten wie „Effizienzsteigerung", „Ökosystemdienstleistung", „nachhaltige Produktion", „CO_2-neutrale Energieerzeugung" oder „Biodiversität". Diese wertenden Begriffe gehen in ein rein beschreibendes, analytisches Vokabular ein; an ihnen richten sich konkrete Messverfahren aus. So entstammt der Begriff „Biodiversität" einem Kulturzusammenhang und einer ökologischen Theoriebildung, in der Vielfalt als etwas Wertvolles und zu Erhaltendes geschätzt wird. Nun kann Biodiversität empirisch bestimmt, aber zumindest geschätzt werden [3.8], wobei schon im Messverfahren eine Bewertung steckt, da ein höherer oder zumindest gleichbleibender Biodiversitätsgrad tendenziell für gut gehalten wird. Wer fragt, warum die Erhaltung von Biodiversität eine Art Selbstzweck darstellt, betont nur die Einbindung eines empirischen Maßes in eine umfassende Wertperspektive, der es zunächst um die schlichte Erhaltung der Erde geht, somit um einen Wert, den die Wissenschaft keineswegs voraussetzen muss (siehe etwa die naturgesetzlich orientierte klassische Physik, für die die Möglichkeit menschlichen Lebens nur einen Sonderfall darstellt). Der analytischen Feststellung einer Verringerung von Biodiversität muss jedenfalls keine Bewertung nachgeschoben werden; sie ist normalerweise schon eine.

Dass Analyse und Bewertung auf diese Weise untrennbar miteinander verwoben sind, mag trivial erscheinen. Aber der Unterschied zwischen „Biodiversität" und der diskutierten „Bleibelastung" des Bodens mag verdeutlichen, warum Wissenschaftsphilosophen hier ein großes Problem sehen. Gewiss gilt auch für Bleikonzentrationen, dass sie als Belastung der Umwelt von vornherein negativ konnotiert sind und überhaupt nur darum gemessen werden, weil sie in das Wertesystem einer durch Grenzwerte definierten „gesunden" und eben nicht „krankmachenden" Umwelt gehören. Und dennoch scheint hier das Faktum „die Bleikonzentration hat diesen numerischen Wert" und die Bewertung „damit liegt sie über dem festgesetzten Grenzwert" klar trennbar zu sein. Für „Biodiversität" gilt dies nicht; die Zusammenführung von Einzelfakten in die Berechnung eines Biodiversitätsgrads verleiht diesen Einzelfakten überhaupt erst Sinn – diese Form des Überblicks über ein Ökosystem setzt ein evolutionstheoretisches Verständnis von Artenvielfalt voraus, bezieht ökologische Auffassungen von gut funktionierenden oder gefährdeten, robusten oder sensiblen Ökosystemen ein, und steht im Wertehorizont des Nachhaltigkeitsdiskurses. Es gibt hier also gar keine sinnvollen Einzeltatsachen, die in eine Bewertung einfließen können, sondern nur den sinnstiftenden konzeptionellen Zugriff, der die Naturerscheinungen im Rahmen einer umfassenden Weltanschauung erfasst. „Theoriegeladen" ist diese Weise des Beobachtens, weil es – wie beim Mond – keinen unschuldigen, theoriefreien

Zugriff auf Beobachtungstatsachen gibt. „Holistisch“ heißt sie, weil die Einzelbedeutungen von Worten und Tatsachen voneinander abhängig sind und Sinn nur aus ihrer Gesamtheit beziehen. Und falls es einen Paradigmenwechsel geben sollte und wir eines Tages gar nicht mehr über Ökosysteme reden würden, sondern nur noch mitten aus dem Zusammenhang verkoppelter Mensch-Natur-Systeme heraus [3.9], dann würde damit auch der Tatbestand der Biodiversität verschwinden, weil es nun gar nicht mehr möglich wäre, den Artenbestand eines Ökosystems von außen zu überschauen.

Wenn nun aber unsere analytischen Tatsachenbeobachtungen wirklich ganz und gar von wertenden Grundbegriffen abhingen, könnte die Wissenschaft diesen Rahmen nicht kritisch hinterfragen, da wir dann ja überhaupt nur solche Tatsachen „sehen“, die in den Rahmen eingepasst werden können. Wissenschaft könnte man dann also immer nur so betreiben, wie sie unserem Zeitgeist entspricht und man könnte keine kritische Distanz zu ihr gewinnen. Die Umweltbewertung, wie sie nachfolgend dargestellt wird, wäre somit vor allem Ausdruck davon, worüber sich Bürger Westeuropas in der heutigen Zeit Sorgen und Gedanken machen, wie sie Probleme definieren und wo sie Lösungen suchen, oder was in ihrem Naturverständnis von „Natur“ noch übriggeblieben ist. All dies gehörte dann zu den Voraussetzungen unter denen ökologische Wissenschaft und Umweltbewertung überhaupt nur möglich sind. Als „Mythos des Rahmens“ kritisierte insbesondere der Wissenschaftsphilosoph Karl Popper diese Vorstellung einer Wissenschaft, die immer nur abhängig von theoretischen und wertenden Grundbegriffen betrieben werden kann [3.10]. Er meint, dass es gerade der Wissenschaft gelingen könne und müsse, sich von den eigenen Voraussetzungen zu distanzieren und in kritischem Abstand auch über ihren zeitgebundenen Wertvorstellungen zu schweben. Damit bestreitet er den Bedeutungsholismus und meint, dass es wissenschaftliche Tatsachen gibt, die auch außerhalb jeglichen Theoriezusammenhangs sinnvoll sind. Diese Tatsachen würden wiederum für die Unterscheidbarkeit von Analyse und Bewertung sprechen.

Aus der wissenschaftsphilosophischen Debatte zwischen Hanson und Kuhn einerseits sowie Popper andererseits ergibt sich nun eine dritte Zwischenbilanz. Auch ohne dass wir entscheiden könnten, ob der Bedeutungsholismus Recht hat und ob jede Beobachtung theoriegeladen ist, erkennen wir Poppers Forderung an, dass es möglich sein sollte, Wissenschaft zu betreiben und gleichzeitig eine kritische Distanz zu den eigenen Voraussetzungen einzunehmen. Auch wenn es schwierig, vielleicht unmöglich ist, muss Wissenschaft gerade auch die Begrifflichkeit kritisch hinterfragen, ohne die sie gar nicht betrieben werden kann – also die eigene, gerade im Einsatz befindliche Begrifflichkeit. Wissenschaft muss der engen Verstrickung von Analyse und Bewertung zu entkommen suchen, damit sie nicht dem Vorwurf ausgesetzt ist, immer nur vorurteilsgeladene Beobachtungen zu machen.

Wenn von Analyse und Bewertung die Rede ist, stellt sich sofort die Frage, ob sich diese beiden Bereiche tatsächlich überhaupt trennen lassen; und diese Frage lässt sich offenbar nur durch die Forderung beantworten, dass man es zumindest versuchen sollte. Und diese Forderung ist darum so wichtig, damit Erkenntnis möglichst vorurteilsfrei und die Wissenschaft glaubwürdig ist [3.11]. Um so etwas wie die Reinheit einer Wissenschaft geht es also, die sich nicht kritiklos in den Dienst unhinterfragter Vorannahmen und Interessen stellt. Wie man an der allerersten Zwischenbilanz sehen kann, wird dieses Reinheitsideal gerne so weit getrieben, dass nur die möglichst wertfreie Analyse für wahre Wissenschaft gehalten wird und alles, was mit Werten und Bewertung zu tun hat, aus dem Bereich der Erkenntnis in den der Praxis oder der Politik verbannt wird.

Nun gab und gibt es aber immer auch Forschung, die sich dieses Reinheitsideal gar nicht erst zu eigen macht und die entsprechend gelassener, konstruktiver mit dem Wechselspiel von Analyse und Bewertung umgeht. Hierzu gehört alle Forschung, der es nicht vor allem auf wertneutrale Erkenntnis ankommt, sondern auf praktische Beherrschung unserer Lebensumstände. Pharmazie und Agrarwissenschaft, Halbleiterphysik und Polymerchemie, in heutiger Zeit natürlich Nanotechnologie und synthetische Biologie gehören in dieses Feld der oft sogenannten „unreinen" Technowissenschaften, und im Gegensatz zur klassischen Ökologie weitgehend auch die Umweltwissenschaften [3.12]. Diese Technowissenschaften zeichnet aus, dass sie sich für ihre Forschungsziele nicht nur intellektuell interessieren, sondern praktisch engagieren. Natürlich sollen Krebs und andere Krankheiten besiegt, muss die Produktivität gesteigert, die Ressourcen geschont und menschliches Wohlergehen nachhaltig gesichert werden. Um diese Zielen zu verfolgen, werden vielfältige Fertigkeiten erworben, Modelle konstruiert, Problemlösungen erzeugt, Techniken und Technologien entwickelt. Kurz gesagt, diese technowissenschaftliche Forschung arbeitet im Modus der Gestaltung oder des Design. Auf die Umweltwissenschaften bezogen heißt das: Wie lässt sich ein Landstrich auf einen früheren Zustand zurückbauen, wie können problematische Stoffe nachhaltig substituiert werden, wie lässt sich ein angemessener Ausgleich von Biokraftstoff- und Nahrungsmittelproduktion finden, wie können technische Innovationen auf ihre Umweltverträglichkeit hin verglichen werden?

Nun kommen in jedem Gestaltungs- oder Designprozess Analyse und Bewertung zusammen, was oft in einem Diagramm zum Ausdruck gebracht wird, das den Designzyklus beschreiben soll (Abb. 3.1).

Hiernach beginnt ein Gestaltungsprozess mit der Analyse des zu lösenden Problems. Wenn etwa ein bisher manuelles Verfahren automatisiert werden soll, bestünde die Analyse zunächst in einer genauen Untersuchung der manuellen Verfahrensweise. Wenn ein ökologischer Zusammenhang modelliert werden soll, besteht der Ausgangspunkt in einer Analyse der bekannten Kausalzusammenhänge und Wechselwirkungen. Und wenn an einem Staudamm eine Fischtreppe gebaut werden soll, beginnt das Vorhaben mit der Analyse der betroffenen Arten, ihres Laichverhaltens, der bisherigen Strömungsverhältnisse

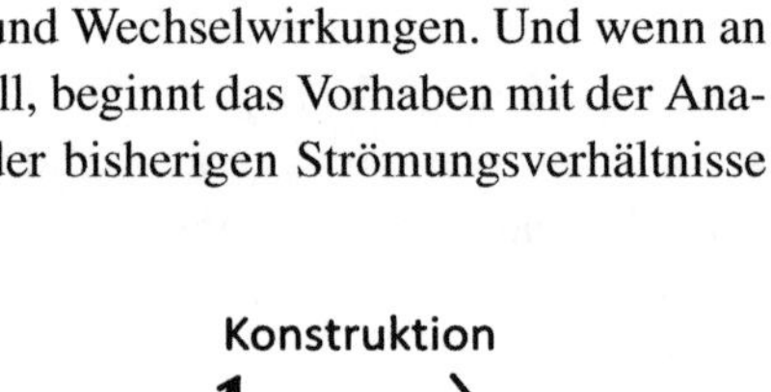

Abb. 3.1 Analyse und Bewertung im Gestaltungs- oder Designprozess

und vielem mehr. Im nächsten Schritt wird etwas gebaut oder konstruiert (z. B. ein Prototyp, ein Skalen- oder Computermodell, die Fischtreppe selbst). Und dann wird bewertet, was da gebaut wurde. Die Leistung des Prototyps, Modells oder auch schon einer angelegten Fischtreppe wird gegen die Erwartungen verglichen. Entspricht das automatisierte Verfahren dem manuellen, entstehen dabei Qualitätsverluste, ist die Effizienzsteigerung schon groß genug, wie groß ist die Fehlertoleranz, wie preiswert wird das automatische Verfahren? Wie verhält sich das Ökosystem im Simulationsmodell, wie langfristig stimmen Entwicklungsdynamiken überein, unter welchen Bedingungen divergieren reale und simulierte Messdaten? Wird die Fischtreppe erwartungsgemäß genutzt, ist das Aufkommen der Fische oberhalb der Staumauer hoch genug, um nachhaltig zu sein?

Der Vergleich der Konstruktion mit den an das Gestaltungsprojekt herangetragenen Werte und Erwartungen führt zu einem weiteren Analyseschritt. Jetzt wird die Diskrepanz zwischen dem Verhalten der Konstruktion und den Erwartungen der Entwickler analysiert: Woran liegt's, welche wichtigen Faktoren haben wir übersehen, wo ließe sich noch etwas drehen, wo sind solche Diskrepanzen vielleicht schon einmal entstanden und wie ließ sich seinerzeit Abhilfe schaffen? Aus diesem Analyseschritt ergeben sich Änderungen, vermutlich aber nicht immer Verbesserungen der Konstruktion, die im nächsten Bewertungsschritt überprüft werden. Und so geht es weiter, unbestimmt oft im Kreis herum. Mit fast jedem Zyklus entfernt sich die Analyse weiter von der ursprünglichen Problemsituation. Es geht nun weniger darum, mit möglichst einfachen Mitteln ein richtiges Abbild der Ausgangssituation zu schaffen; vielmehr geht es jetzt darum, das Verhalten der eigenen Konstruktion besser verstehen und steuern zu lernen. Mit fast jedem Zyklus kommt Neues hinzu und nimmt die Komplexität der Konstruktion zu – und gleicht sich die Verhaltensweise des Systems der erwarteten Leistung näher an bzw. findet eine feinere Abstimmung statt. Die Bewertung stellt die Aufgaben für die Analyse und die Analyse macht Vorschläge für die Bewertung.

In diesem technischen Wechselspiel von Analyse und Bewertung geht es nicht darum, ob die Analyse vorurteilsfrei die Tatsachen darstellt und klar von der Bewertung getrennt werden kann. Hier ist es vielmehr die Bewertung, welche die Vorgaben macht und der Analyse zuarbeitet. Im Jargon des Ingenieurs gesprochen, geht es darum, dass im Pflichtenheft des Konstrukteurs solche Vorgaben stehen, die sich einer Analyse erschließen, also gleichermaßen in Bezug auf materielle Gegebenheiten und gesellschaftliche Erwartungen operationalisierbar sind. Die Bewertung schaut also nicht nur, was die Analyse geleistet hat und was für Konsequenzen aus ihr zu ziehen wären, sondern fördert die Entwicklung analytischer Techniken, die den Konstruktionszielen gerade auch dann noch näher kommen, wenn klassische Analyseverfahren bereits ausgeschöpft sind und nichts mehr zu sagen haben. Derartig weitergehende analytische Einsichten könnten beispielsweise lauten „das manuelle Verfahren ist ein ungeeignetes Vorbild für einen Automaten", „vielleicht hilft es an dieser Stelle, die Ausbreitung des Effekts wie einen Waldbrand zu modellieren" oder „der Bewertungsparameter ‚Volumen des Fischlaich' kann durch ‚Erfahrungswert der Angler' ersetzt werden".

Wenn Umweltwissenschaft als Technowissenschaft aufgefasst wird und vornehmlich Gestaltungsprozesse vorantreiben soll, muss auf eine Trennung von Analyse und Bewertung gar nicht mehr beharrt werden. Gewiss kann es sich auch hier als problematisch erweisen, wenn einzelne analytische Schritte vorurteilsbehaftet sind. Das Korrektiv hierfür liegt nun aber nicht in einer kritischen Distanzierung gegenüber den eigenen Vorannahmen, sondern in den Anforderungen der Konstruktion: Was sich als zielführend erweist, muss nicht hinterfragt werden, und wenn das Ziel noch nicht erreicht ist, muss es weitere Abstimmungen geben, die womöglich irreführende Bestandteile der Konstruktion schließlich neutralisieren. Die große Herausforderung liegt also nicht darin, eine Ausgangssituation richtig erkannt und verstanden zu haben, sondern besteht in dem konstruktiven Wechselspiel von Analyse und Bewertung, das die Analyse nicht mehr favorisiert.

Ob nun aber Umweltwissenschaft von den beteiligten Forschern wirklich als Technowissenschaft aufgefasst wird, ist nicht ausgemacht. Es wurde deutlich, dass sich die Forderung nach Trennung von Analyse und Bewertung auch gegenüber allen Schwierigkeiten behauptet hat und damit auf der Reinheit von Wissenschaft und einer permanenten Erkenntniskritik beharrt wurde. Insofern die Technowissenschaften von vornherein „unrein" sind, verschiebt sich die Problemstellung nun auf die Frage, was an den Umweltwissenschaften noch reine Wissenschaft wie die klassische Ökologie sein kann und bleiben muss, bzw. ob sie sich zu den weltgestalterischen Technowissenschaften zählen lassen soll. Die Aushandlung dieser Frage wird noch andauern.

Am Ende dieser Überlegungen steht also kein abschließendes Fazit, sondern nur eine weitere Zwischenbilanz, die an die erste anknüpft. Auch wenn am klassisch wissenschaftlichen Charakter der Umweltwissenschaft und dem Ideal einer Trennung von Analyse und Bewertung festgehalten werden soll, darf dies nicht dazu dienen, die Bewertung aus dem Wissenschaftszusammenhang auszugrenzen, sondern muss im Gegenteil darauf hinauslaufen, dass der spezifisch für die Bewertung erforderliche Wissenserwerb seinerseits ernst genommen wird. Dieser Feststellung kann nun hinzugefügt werden: Insofern die Umweltwissenschaft vornehmlich gestalterisch arbeitet, besteht ihre wesentliche Herausforderung darin, Kategorien der Analyse und Bewertung so aufeinander abzustimmen, dass sie sich nicht gegenseitig einschränken, sondern Lösungsverfahren ermöglichen, die sich an der Erfüllung von Konstruktionsvorgaben bewähren. Und für jede der verschiedenen Umweltbewertungsmethoden stellt sich demgemäß die Frage, ob ihre Konstruktion einer Stellungnahme oder Handlungsempfehlung Analyse und Bewertung so aufeinander abstimmt, dass sie den mit dem Problemzusammenhang gegebenen Aufgaben, aber auch den entsprechenden ökologisch und gesellschaftlichen Wertvorstellungen gerecht wird.

3.3 Mess- und Analyseverfahren

Christiane Brockmann

Die Grundlage für Aussagen über die Umweltsituation bzw. über Schadstoffeinträge in die natürliche Umwelt sind häufig messtechnische Analysen, mit deren Hilfe Daten gewonnen werden sollen, die verwertbar und aussagekräftig sind. Dabei ist es wichtig, dass insbesondere hinsichtlich der Fragestellung eindeutige Klarheit herrscht. Sollen z. B. die Ergebnisse verschiedener Labore oder mit verschiedenen Methoden erzeugte Ergebnisse von identischen Proben verglichen werden? Kommt es auf die höchste Richtigkeit der Ergebnisse oder auf den Vergleich mit den Resultaten früherer Untersuchungen an (Trend oder stichprobenartige Qualitätskontrolle)?

In jedem Fall ist die möglichst genaue Kenntnis aller die Probe betreffenden Einzelheiten (u. a. örtliche Situation, Geschichte, Art der Probe, mutmaßliche Zusammensetzung der Probe, Info über Homogenität und zeitliche Beständigkeit) erforderlich. Mit diesen Informationen können ggf. Störfaktoren ausgeschaltet und dadurch die Präzision der Aussagen über die untersuchte Probe verbessert werden. Die exakt formulierte Fragestellung in Kombination mit der genauen Kenntnis der Probe und ihrer Herkunft erlaubt die Auswahl möglichst einfacher, schneller und kostengünstiger Verfahren.

3.3.1 Auswahl

Bei der Auswahl des zu verwendenden Analysenverfahrens ist zunächst die Frage zu klären, ob eine qualitative oder eine quantitative Aussage über die Probe gefragt ist. Im ersten Fall geht es darum, welche Elemente oder Verbindungen in der Probe zugegen sind und ggf. an welcher Stelle im Probenkörper sie sich befinden. Im zweiten Fall ist zu ermitteln, in welcher Menge oder Konzentration der Analyt (d. h. die zu bestimmende Substanz) vorliegt. Dabei kann auch von Interesse sein, in welcher Erscheinungsform der Analyt (z. B. elementar, als organische Verbindung, gebunden als anorganisches Salz) auftritt. Für die Unterscheidung zwischen qualitativer und quantitativer Untersuchung ist zu berücksichtigen, dass niemals die Menge oder Konzentration „Null“ nachgewiesen werden kann, sondern lediglich eine oberhalb der Nachweisgrenze des Verfahrens liegende Konzentration ausgeschlossen wird.

Im nächsten Schritt ist zu berücksichtigen, ob es für die benötigte Information auf die maximale Richtigkeit und Genauigkeit des Ergebnisses oder vielmehr auf eine gute Vergleichbarkeit zwischen mehreren Proben, die zu verschiedenen Zeiten oder an verschiedenen Orten entnommen wurden, ankommt. Je nach Zielsetzung werden dann die Strategien für die Probenahme, den Probentransport und die Probenvorbereitung festgelegt.

Die Festlegung der Analysenmethode erfolgt zunächst anhand der gewünschten Untersuchungsparameter. Soll z. B. die Gesamtmenge des Elementes Chrom in einer Probe bestimmt werden (d. h. Einzelparameter), oder interessiert der Anteil am hochtoxischen ChromVI (d. h. Speziesanalyse)? Soll eine bestimmte Kenngröße der Probe ermittelt werden, zu deren Wert verschiedene Verbindungen beitragen (d. h. Summenparameter) oder sollen ausgewählte Vertreter einer Verbindungsgruppe wie z. B. polychlorierte Biphenyle (PCB) bestimmt werden (d. h. Gruppenparameter)?

Die Stabilität der Probe und die zur Verfügung stehende Zeit sowie die gewünschte Präzision und Richtigkeit des Ergebnisses entscheiden schließlich darüber, ob die Analyse vor Ort ausgeführt wird oder die Probe zur Analyse ins Labor verbracht wird.

3.3.2 Ablauf

Unter einem analytischen Verbundverfahren wird die gesamte Strategie zur Lösung einer vorliegenden Fragestellung charakterisiert. Diese beinhaltet die genaue Formulierung der analytischen Aufgabenstellung sowie die daraus resultierende Probenahmestrategie, Probenlagerung, Probenaufbereitung und die gewählte Analysenmethode sowie die sich anschließende Berichterstellung (Abb. 3.2).

Die gewählte Analysenmethode beschreibt die wesentlichen Bestandteile der eigentlichen Messung unter Verwendung eines bestimmten Analysenprinzips (d. h. Nachweis einer charakteristischen Stoffeigenschaft des Analyten). Dazu gehören die Probenvorbereitung, die Messung selbst sowie die Auswertung und Beurteilung.

Nachdem die Fragestellung eindeutig geklärt ist und das anzuwendende Verfahren ausgewählt wurde, ist das Hauptgewicht auf eine angemessene, repräsentative Probenahme zu legen; der Fehleranteil aus der Probenahme ist in der Regel wesentlich höher ist als der Anteil der später angewendeten Analysenmethode. Dabei ist die Homogenität/Inhomogenität der Probe ebenso zu berücksichtigen wie die spezifischen Eigenschaften des Analyten (z. B. Flüchtigkeit, Stabilität, Adsorptionsverhalten). Die Probenahme ist so auszuführen, dass für die sich anschließende Probenaufbereitung, die Probenvorbereitung und die Untersuchung ausreichend Probenmaterial zur Verfügung steht.

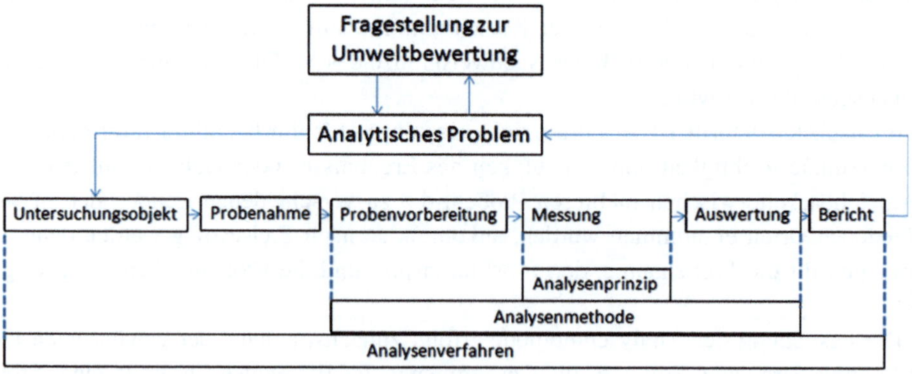

Abb. 3.2 Ablauf eines analytischen Verbundvorhabens

Je nachdem, ob innerhalb eines Prozesses die zeitlichen Schwankungen abgebildet werden sollen oder ob für eine inhomogene Probe der Mittelwert für eine große Probenmenge ermittelt werden muss, wird entweder eine größere Anzahl von einzelnen Stichproben untersucht oder durch die Entnahme von mehreren, zeitlich oder örtlich versetzten, Stichproben eine Mischprobe zusammengesetzt.

In Abhängigkeit von der Fragestellung muss die entnommene Probe ggf. aufbereitet werden. Bodenproben enthalten häufig Steine oder andere Fremdmaterialien, die vor der Untersuchung aussortiert werden müssen, bei der Ergebnisangabe aber stets zu berücksichtigen sind.

Zur Entnahme einer repräsentativen Teilprobe als Laborprobe muss die entnommene Probe häufig zerkleinert werden. Dabei ist darauf zu achten, dass beim Zerkleinerungsschritt kein Analyt aus der Probe ausgetragen wird und auch keine Kontamination der Probe mit dem Analytelement (z. B. durch Abrieb der Mahlwerkzeuge, durch Aufnahme aus der Umgebungsluft) stattfindet.

Bei der Vorbereitung der Probe für die ausgewählte Analyse können beispielsweise Elution, Zentrifugation, Extraktion oder die Umwandlung des Analyten in eine andere Erscheinungsform durch chemische Reaktion notwendig werden. Auch bei diesen vorbereitenden Schritten ist stets dafür Sorge zu tragen, dass keine Kontamination der Laborprobe mit dem Analytelement stattfindet und gleichzeitig Verluste des Analyten in der Probe durch Zersetzung, chemische Reaktion oder Adsorption an Gefäßwänden verhindert werden.

Das für die Messung ausgewählte Analysenprinzip weist üblicherweise nicht den Analyten selbst, sondern eine ausgewählte Stoffeigenschaft dieser Substanz nach. Dies bedeutet im Umkehrschluss, dass auch andere Stoffe als der Analyt zum Signal beitragen; dies kann zu einem Überbefund führen. Umgekehrt können Minderbefunde durch die Reaktion des Analyten mit Matrixbestandteilen der Probe erzeugt werden. Diesen möglichen Störungen ist einerseits durch eine geeignete Probenvorbereitung Rechnung zu tragen und andererseits ist ein besonderes Augenmerk auf die Kalibrierung der Messung zu legen. Die Kalibrierung modelliert die Abhängigkeit der Intensität des analytischen Signals von der Analytkonzentration oder der absoluten Masse des Analyten über eine Kalibrierfunktion (in der Regel eine Kalibriergerade). Neben der Entscheidung zwischen der Wahl eines direkten (d. h. Gewinnung des Messwertes durch unmittelbaren Vergleich mit der Bezugsgröße z. B. durch Volumenmessung oder Massebestimmung) und eines indirekten Kalibrierverfahrens (d. h. Rückführung eines Messwertes auf andersartige physikalische Größen) sind auch bei diesem Verfahrensschritt die Einflüsse der Matrix und der Erscheinungsform des Analyten zu berücksichtigen. So sind mögliche Interferenzen durch Matrixbestandteile beispielsweise durch den Einsatz des Standard-Additionsverfahrens zu ermitteln und zu kompensieren. Die Bereitstellung von gut angepassten Standards ermöglicht die Differenzierung zwischen verschiedenen Erscheinungsformen des gleichen Analyten.

Mit der Auswertung der erhaltenen Messsignale und der Umrechnung in eine Stoffmenge oder Analytkonzentration wird die Messung abgeschlossen. In der Regel erfolgt die Auswertung inzwischen vollständig automatisiert über den mit dem Analysengerät gekoppelten Steuer- und Auswertungscomputer.

Jedoch ist das zahlenmäßige Ergebnis einer solchen Untersuchung allein zunächst noch ohne jeden Aussagewert. Eine umfassende Validierung der erhaltenen Ergebnisse durch den Analytiker (d. h. Ermittlung der analytischen Kenngrößen, statistische Bewertung der Ergebnisse, Qualitätssicherungsmaßnahmen) unter Verwendung statistischer Verfahren ist unerlässlich. Schließlich kann erst durch die Kenntnis der normalen Werte und der Grenzwerte (z. B. Sollwerte, Hintergrundwerte, MAK-Werte, Toxizität) die Entscheidung getroffen werden, ob ungewöhnliche oder unzulässige Abweichungen vorliegen.

Den Abschluss des gesamten Analysenverfahrens bildet die Erstellung des Berichts, in dem die Untersuchungsergebnisse einschließlich ihrer Bewertung zusammengestellt und (ggf. interdiziplinär) im Zusammenhang mit der übergeordneten Aufgabenstellung diskutiert werden.

3.3.3 Interpretation

Bei Umweltanalysen müssen häufig aus einer endlichen, relativ geringen Anzahl von Beobachtungen oder Messungen gültige Schlüsse gezogen werden. Dabei wird von der Grundgesamtheit (d. h. die gesamte Menge der zu untersuchenden Menge oder Substanz) eine oder mehrere Stichproben (d. h. Teil der Grundgesamtheit, die tatsächlich zur Messung oder Analyse eingesetzt/verwendet wird) entnommen. In der Regel führt die Untersuchung einer Stichprobe auch bei sorgfältigster Durchführung nicht zu völlig übereinstimmenden (reproduzierbaren) Ergebnissen. Prinzipiell treten zwei verschiedene Arten von Messungenauigkeiten auf:

- Abweichungen der Messwerte bei Wiederholungen der Analyse mit demselben Personal, denselben Geräten und derselben Methode (d. h. Präzision).
- Abweichungen der ermittelten Messwerte vom „wahren Wert" (d. h. Richtigkeit).

Im ersten Fall handelt es sich um zufällige Abweichungen, die ein Maß für die Präzision eines Analysenverfahrens darstellen und grundsätzlich nicht vermeidbar sind. Ursachen für zufällige Abweichungen können z. B. Ableseungenauigkeiten an analogen oder digitalen Skalen, Temperatur- und Druckschwankungen der Umgebung oder Probeninhomogenitäten sein. Hier können sich ebenso viele positive wie negative Abweichungen ergeben. Die Präzision wird durch Wiederholungsmessungen an unabhängigen Proben und durch anschließende Berechnung der Standardabweichung s vom Mittelwert errechnet. Sie ist ein Maß für die Streuung der Messwerte um den Mittelwert und kann als absolute Größe (in der gleichen Einheit wie der Mittelwert) oder als relative Größe (dimensionslos oder in %) bezogen auf den Mittelwert angegeben werden.

Zufällige Verteilungen von Messwerten um den Mittelwert folgen der Gauß'schen Normalverteilung. Dabei liegen ca. 68,3 % (also etwa zwei Drittel) aller Werte im Bereich der einfachen Standardabweichung. Dies bedeutet, dass eines von drei Resultaten nicht mehr in diesem Bereich liegt und somit als falsch anzusehen ist. Man wählt daher üblicherweise den Bereich der doppelten Standardabweichung um den Mittelwert zur Charakterisierung der Brauchbarkeit einer Methode, da sich in diesem Fall bereits 95,5 % aller Werte (d. h. 19 von 20 Werten) innerhalb des genannten Bereichs befinden.

Die Präzision eines Analysenverfahrens lässt allerdings lediglich eine Aussage darüber zu, wie gut die Reproduzierbarkeit dieses Verfahrens ist. Die sehr gut reproduzierbaren Werte können durchaus falsch sein. Bei der Abweichung der ermittelten Messwerte vom „wahren Wert" handelt es sich dagegen um systematische Abweichungen, deren Betrag ein Maß für die Richtigkeit einer Analyse darstellt. Diese Fehler verursachen eine einseitige, positive oder negative Verschiebung des Messwertes; d. h. sie resultieren entweder aus einer Kontamination der Probe mit dem Analyselement oder aus dem Verlust des Analyten in einem der angewendeten Verfahrensschritte. Die Ursachen für systematische Abweichungen können Wäge-, Mess- oder Kalibrierfehler sein oder durch unsachgemäße Handhabung oder unvollständige Reaktionen verursacht werden.

Die Bewertung der Richtigkeit der erhaltenen Untersuchungsergebnisse kann durch die Anwendung mehrerer, voneinander unabhängiger Methoden in Ringversuchen oder, falls vorhanden, durch die Verwendung zertifizierter Standardreferenzmaterialien sichergestellt werden.

Zur Differenzierung zwischen den zufälligen und systematischen Abweichungen vom „wahren Wert" unterscheidet man zwischen Vergleichspräzision und Wiederholpräzision. Über die Wiederholpräzision lässt sich die Genauigkeit einer analytischen Untersuchung abschätzen, in dem bei mehrfachen Untersuchungen (Parallelmessungen) an demselben Probenmaterial die Untersuchungsbedingungen (d. h. Methode, Labor, Personal) konstant gehalten werden. Mit Hilfe der Vergleichspräzision können systematische Fehler bei der Durchführung einer Untersuchung aufgedeckt werden, wobei in diesem Fall dasselbe Probenmaterial in unterschiedlichen Laboratorien von anderen Personen und ggf. mit anderen Methoden untersucht wird (d. h. Ringversuche).

Im Rahmen der analytischen Qualitätssicherung werden der ermittelte Reagenzienleerwert, der Mittelwert, die Normalverteilung und die angewendeten Ausreißertests dokumentiert.

Zur abschließenden Beurteilung eines Analysenverfahrens werden neben der Präzision und Richtigkeit üblicherweise eine Reihe weiterer Kenngrößen herangezogen, die insbesondere für die Bewertung quantitativer Aufgaben wichtig sind. Dazu zählen die Empfindlichkeit, Spezifität, Selektivität, Robustheit sowie die Nachweis- und Bestimmungsgrenzen.

Die Empfindlichkeit charakterisiert die Fähigkeit einer Methode, kleine Differenzen in der Analytkonzentration zu unterscheiden und wird durch die Zunahme der Intensität des Messsignals mit der Erhöhung der Konzentration des Analyten abgebildet. Im Falle linearer Kalibriergeraden entspricht die Empfindlichkeit der Steigung der Bezugsfunktion.

Eine Analysenmethode wird dann als spezifisch bezeichnet, wenn der Analyt sich störungsfrei bestimmen lässt; d. h. wenn die Matrixbestandteile oder andere Begleitelemente ohne Einfluss auf das Analysenergebnis bleiben. Die Methode ist bezüglich des Analyten spezifisch. In der Praxis ist dies ausgesprochen selten der Fall, so dass zur Charakterisierung des Ausmaßes der Interferenzen durch andere Elemente oder Verbindungen die Selektivität herangezogen wird. Bei einer unvollständig selektiven Methode treten bei den auszuwertenden Messsignalen Interferenzen durch andere Elemente oder Verbindungen auf und eine korrekte Ermittlung des Ergebnisses wird erst nach Abtrennung der störenden Komponenten oder einer rechnerischen Korrektur des auszuwertenden Messsignals möglich.

Die Robustheit eines Analysenverfahrens kennzeichnet die Unabhängigkeit der erhaltenen Resultate von kleinen, unvermeidlichen Schwankungen in der Ausführung der einzelnen Verfahrensschritte. Durch Variation der experimentellen Parameter in den zulässigen Grenzen des Verfahrens kann die Robustheit experimentell ermittelt werden. In einem solchen Fall kann das beschriebene Verfahren beispielsweise in einem bestimmten Temperaturbereich, für die Verwendung verschiedener Filtermaterialien oder in einem festgelegten pH-Bereich als stabil (robust) bezeichnet werden.

Die Nachweisgrenze eines Verfahrens kennzeichnet den kleinsten, mit einer ausreichenden statistischen Sicherheit erfassbaren Messwert und hängt von der Empfindlichkeit, dem Untergrundsignal und dessen Streumaß ab. Eine der diversen zur Verfügung stehenden Möglichkeiten zur experimentellen Ermittlung der Nachweisgrenze ergibt sich aus der statistischen Charakterisierung des Untergrundsignals. Dazu müssen Mittelwert $\bar{x}_{\text{Untergrund}}$ und Standardabweichung $s_{\text{Untergrund}}$ des Untergrundsignals mit dem zu validierenden Verfahren erfasst werden. Dies erlaubt dann die Berechnung der Nachweisgrenze *NWG* nach Gleichung (3.1).

$$NWG = 3\,s_{\text{Untergrund}} + \bar{x}_{\text{Untergrund}} \tag{3.1}$$

Auf diese Weise ist das kleinste Signal beschrieben, das sich mit einer statistischen Wahrscheinlichkeit von einem Untergrundsignal unterscheiden lässt. An dieser Nachweisgrenze gemessene Signale werden aufgrund der Untergrund- und Messwertstreuung zu 50 % tatsächlich durch den Analyten hervorgerufene Messsignale sein. Die anderen 50 % der Signale werden durch den Untergrund hervorgerufen. Ein Messwert ist mit einer Wahrscheinlichkeit von über 99 % vom Untergrund zu differenzieren, wenn die Erfassungsgrenze *EFG* nach Gleichung (3.2) herangezogen wird. $\bar{x}_{\text{Untergrund}}$ ist wieder der Mittelwert und $s_{\text{Untergrund}}$ die Standardabweichung des Untergrundsignals. Analog wird die Bestimmungsgrenze eines Verfahrens mit dem 10-fachen der Standardabweichung des Untergrundsignals ermittelt.

$$EFG = 6\,s_{\text{Untergrund}} + \bar{x}_{\text{Untergrund}} \tag{3.2}$$

Die hier vorgestellten Parameter inklusive ihrer statistischen Bewertung bilden die Grundlage zur kritischen Beurteilung von Analysenergebnissen. Weitergehende Anforderungen ergeben sich aus den geltenden Gesetzen, Verordnungen, Empfehlungen und Richtlinien und beinhalten beispielsweise die verbindliche Erstellung von Standardarbeitsanweisungen (SOPs), die Teilnahme an Ringversuchen oder die Akkreditierung des ausführenden Laboratoriums.

3.4 Geoinformationssysteme für raumbezogene Umweltanalysen

Hans Joachim Linke und Christian Hickel

Daten zur Umwelt und daraus abgeleitete Informationen sind häufig nur dann aussagekräftig, wenn auch ihr räumlicher Bezug (d. h. Ort der Datengewinnung und seine Umgebung) berücksichtigt wird. Üblicherweise wird davon ausgegangen, dass 80 % aller Daten zur Umwelt einen Raumbezug haben. Für die Analyse der räumlichen Zusammenhänge von Umweltdaten und -informationen können Geoinformationssysteme genutzt werden, welche die reale Welt modellhaft digital abbilden (Abb. 3.3) sowie Daten und Informationen (d. h. Elemente der Umwelt) einem koordinatenmäßig erfassten Objekt (z. B. einem Flächenobjekt) im Raum zuordnen.

Haben Elemente der Umwelt einen unmittelbaren Raumbezug (d. h. einige ihrer Eigenschaften lassen sich ganz bestimmten Orten oder Gebieten auf, über oder unter der Erdoberfläche zuweisen (Geoobjekte)), können mit Hilfe eines Geoinformationssystems (GIS) diese räumliche Verteilung und die Abhängigkeiten der Umweltdaten analysiert werden. Damit können zusätzliche Informationen über die Eigenschaften der Umwelt gewonnen werden (z. B. räumliche Verteilung elektromagnetischer Strahlung). Eine einfache Analyse ist beispielsweise die Angabe der Häufigkeit eines bestimmten Biotoptyps in einem im Geoinformationssystem beliebig zu wählenden Teilbereich, ggf. klassifiziert nach bestimmten Eigenschaften (z. B. der Biotopgröße). Möglich ist auch die Analyse der Veränderung dieser Biotoptypen über die Zeit in Abhängigkeit des jeweiligen Ortes (z. B. aufgrund unterschiedlicher Entwicklungen des örtlichen Kleinklimas). Besonders interessant wird die Nutzung eines Geoinformationssystems, wenn aus vorhandenen Daten

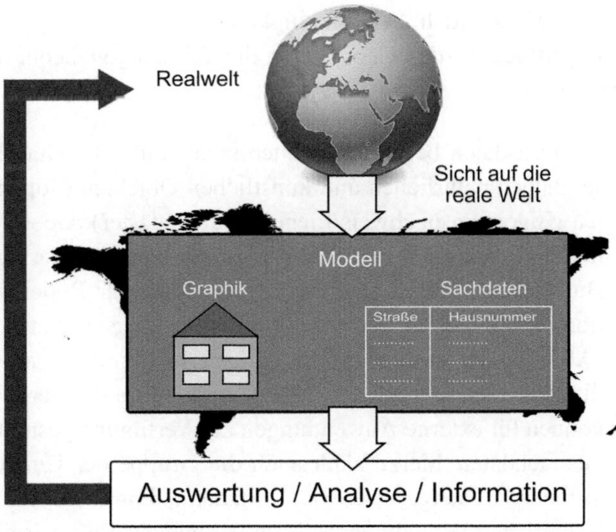

Abb. 3.3 Grundprinzip eines Geoinformationssystems [3.13]

Abhängigkeiten ermittelt, nachfolgend Modelle zur Beschreibung dieser Abhängigkeiten erstellt und mit diesen Modellen dann Prognosen hinsichtlich zukünftiger Entwicklungen (z. B. Hochwasserüberflutungsmodell) unter ggf. veränderten Rahmenbedingungen getroffen werden.

3.4.1 Grundlagen

Ein Geoinformationssystem (GIS) ist definiert als „ein rechnergestütztes System, das aus Hardware, Software und Daten besteht und mit dem sich raumbezogene Problemstellungen in unterschiedlichen Anwendungsgebieten modellieren und bearbeiten lassen. Die dafür benötigten raumbezogenen Daten/Informationen [Geodaten] können digital erfasst und redigiert, verwaltet und reorganisiert, analysiert sowie alphanummerisch und graphisch präsentiert werden. GIS bezeichnet sowohl eine Technologie, Produkte als auch Vorhaben zur Bereitstellung und Behandlung von Geoinformationen. [3.14]"

Geodaten und ihre Anforderungen. Geoobjekte, als die vereinfachte Abbildung der realen Welt, benötigen zu ihrer qualitativen und quantitativen Beschreibung geeignete digitale Daten, die einer bestimmten räumlichen Lage direkt (z. B. durch Koordinaten) oder indirekt (z. B. durch Beziehungen) zugewiesen werden können (Geodaten). Dabei muss aus den mit den räumlichen Analysen verfolgten Zielen die erforderliche Qualität und Quantität der Daten abgeleitet werden, um einerseits die Richtigkeit der Analyseergebnisse sicherzustellen und andererseits unwirtschaftliche Vorgehensweisen zu vermeiden. Wichtige Kriterien zur Beschreibung der Qualität von Daten sind die Aktualität (d. h. Zeitpunkt der Erfassung), die Auflösung nach Positionsgenauigkeit (in Abhängigkeit von der Erfassungsgenauigkeit) und Inhaltsgenauigkeit (d. h. Objektklassen, Attribute) sowie die Zuverlässigkeit (d. h. Fehlerhäufigkeit).

Begrifflich werden Geodaten in die Teilmengen Geobasisdaten und Geofachdaten unterschieden.

- Geobasisdaten beschreiben interessenneutral die Oberfläche der Erde mit ihren wesentlichen natürlichen und künstlichen Objekten (Topografie) sowie die Liegenschaften (Eigentumsnachweis/Liegenschaftskataster). Geobasisdaten werden von den Vermessungsbehörden des Bundes (Bundesamt für Kartografie und Geodäsie) und der Bundesländer (z. B. Hessische Verwaltung für Bodenmanagement und Geoinformation) vor allem in Form des amtlichen Liegenschafts-Kataster-Informationssystems (ALKIS), des amtlichen topografisch-kartografischen Informationssystems (ATKIS), digitaler Geländemodelle (DGM) und Luftbildern erhoben und aktuell gehalten. Sie können für externe Anwendungen zur Verfügung gestellt werden.
- Geofachdaten, hierzu zählt auch die Gruppe der Umweltgeodaten, werden u. a. aufgrund von Fachgesetzen (z. B. Statistik, Landwirtschaft, Naturschutz) vor allem bei öffentlichen Verwaltungen einschließlich der Europäischen Union (EU) geführt. Auch diese Daten können unter gewissen Voraussetzungen für externe Anwendungen zur Verfügung gestellt werden.

Für die Nutzung eines Geoinformationssystems müssen die folgenden Voraussetzungen vorliegen bzw. definiert werden:

- Objekte zur Beschreibung der realen Welt mit ihren Umweltdaten (Abschn. 3.4.2),
- ein geeignetes und systematisches Datenmodell, das die grundsätzlichen Strukturen, die Beziehungen, die prinzipiell möglich sind, und die Eigenschaften, die zugeordnet werden können, bestimmt (Abschn. 3.4.3),
- eine (Geo-)Datenbank (Abschn. 3.4.3),
- qualifizierte Daten zur Beschreibung der Umwelt, die ggf. zu erfassen sind (Abschn. 3.4.4),
- Funktionalitäten zur Analyse (Abschn. 3.4.5) und
- Funktionalitäten zur Präsentation der Analyseergebnisse (Abschn. 3.4.6).

Ausprägungen von Geoinformationssystemen sind Land-, Raum- und andere Fachinformationssysteme (z. B. Liegenschaftsinformationssysteme, Rohstoffinformationssysteme, Informationssystem naturnahe Begrünungsmaßnahmen). Eine besondere Ausprägung stellt die Gruppe der Umweltinformationssysteme (UIS) dar, die berücksichtigen, dass die Bearbeitung umweltbezogener Themen ein fachübergreifendes Zusammenführen von Informationen erfordert. Hierbei müssen die umweltrelevanten Informationen mit dem Eigentum an Grund und Boden (Liegenschaftskataster), planerischen Informationen (z. B. Bauplanungsrecht) und weiteren Fachinformationen (z. B. Schutzgebiete) verbunden werden. Die Bedeutung von Umweltinformationen hat dazu geführt, dass alle Bundesländer Umweltinformationssysteme (UIS) aufgebaut haben oder dieses planen. Ein Treiber ist hierbei die Europäische Union (EU), die mit der Richtlinie zur Schaffung einer Geodateninfrastruktur in der Europäischen Union (INSPIRE) alle Mitgliedstaaten verpflichtet, innerhalb der nächsten Jahre Geodateninfrastrukturen aufzubauen und dort bereits digital vorhandene Daten bereitzustellen, die für die Zwecke der gemeinschaftlichen Umweltpolitik sowie anderer politischer Maßnahmen oder sonstiger Tätigkeiten, die Auswirkungen auf die Umwelt haben können, benötigt werden. Diese sind über standardisierte Dienste der EU und auch der Öffentlichkeit bereitzustellen.

Solche Geoportale, viele mit einem Schwerpunkt im Bereich Umwelt, werden bereits vom Bund, den Bundesländern, aber auch vielen Städten erstellt, um der interessierten Öffentlichkeit über wichtige (Umwelt-)Daten einen Überblick zu geben. Über das Umweltportal Deutschland (PortalU) [3.15] wird bereits jetzt neben dem Angebot behördlicher Informationen zum Thema Umwelt eine zeitgleiche Recherche in mehreren Katalogen und Fachdatenbanken von Bund, Ländern und Kommunen nach Internetseiten, Dokumenten, Metadaten und digitalen Karten mit Umweltbezug ermöglicht. Beispielsweise betreibt das Bundesland Hessen, wie viele andere Bundesländer auch, ein eigenes Internetportal mit Informationen zur Umweltsituation [3.16], das die Generierung von auf aktuellen Daten beruhenden Karten zu umweltrelevanten Themen (z. B. Abfall, Altlasten, Energie, Geologie und Boden, Klima, Klimawandel, Landwirtschaft, Lärm, Luft, Natur und Landschaft, Radioaktivität, Umweltplanung, Verkehr sowie Wasser) in Echtzeit ermöglicht. Zur weiteren Verwendung in eigenen Geoinformationssystemen können die zugrunde liegenden Daten bei den jeweils zuständigen Behörden gegen Gebühr bezogen werden.

Eine grundsätzlich andere Struktur haben Umweltinformationssysteme (UIS) im betrieblichen Bereich. Hier dienen sie zunächst der systematischen Erfassung, Verarbeitung und Bereitstellung umweltrelevanter Informationen eines Betriebes, um Kenntnisse über betriebliche Umweltbelastungen zu erlangen und um Umweltschutzmaßnahmen zu planen und zu steuern [3.17]. Darüber hinaus können sie bei einem entsprechenden Aufbau auch zur Förderung der umweltbezogenen Belange bei betrieblichen Entscheidungsprozessen herangezogen werden. Auf Grund dieser Zielsetzungen werden die enthaltenen Informationen meist ohne Raumbezug erfasst. Allerdings kann auch hier ein Raumbezug von Interesse sein, wenn beispielsweise Gefahrenquellen und deren räumliche Auswirkung im Schadensfall zur Erstellung von Notfallplänen modelliert werden.

Anwendungsbeispiele von Geoinformationssystemen. Geoinformationssysteme können bei einer Vielzahl von Fragestellungen in der raumbezogenen Umweltanalyse eingesetzt werden. Dabei ergeben sich aus der Fragestellung und den dabei zugrunde gelegten Genauigkeitsanforderungen der zu betreibende Aufwand und die Aussagekraft der erzielten Ergebnisse. Anhand dreier Fallbeispiele werden nachfolgend die Möglichkeiten des Einsatzes von Geoinformationssystemen aufgezeigt.

Elektromagnetische Strahlung. Bei der Ermittlung der Reichweite der Sendeleistung von Mobilfunkmasten besteht beispielsweise die Aufgabe, für bestimmte Standorte von Mobilfunkmasten deren räumliche Abdeckung bzw. deren gegenseitige Überdeckung zu ermitteln und in einer Karte darzustellen (Abb. 3.4). Für die Ermittlung wird hier vereinfachend der radiale räumliche Abstand zum Sendemast herangezogen. Als Darstellungshintergrund dient eine georeferenzierte Rasterkarte des betroffenen Gebietes.

Unberücksichtigt bleiben bei dieser Analyse beispielsweise die Abschwächung der Sendeleistung über den Abstand zum Sendemast oder topografische Gegebenheiten, die

Abb. 3.4 Reichweite der Sendeleistung von Mobilfunkmasten

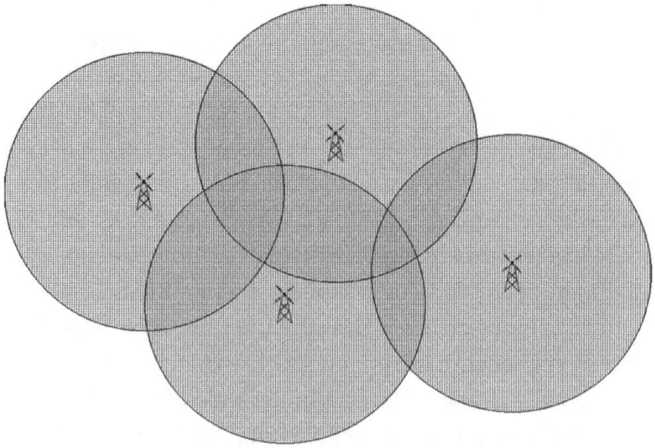

eine Abschattung von einzelnen Bereichen relativ zum Standort des Sendemastes verursachen. Zur Ermittlung von Abschattungen wird ein digitales Geländemodell (Rastermodell, Abb. 3.5) benötigt, aus dem mit entsprechenden Rasteranalysetools Geländekanten (z. B. eine Bergkuppe) abzuleiten sind.

Aus Sicht der Umweltanalyse kann beispielsweise dieses Fallbeispiel so modifiziert genutzt werden, dass in einem Gebiet alle stationären elektromagnetischen Felder mit ihrer Sendeleistung und einer Funktion der räumlichen Ausbreitung erfasst werden und darauf aufbauend für jeden Standort in diesem Gebiet eine Abschätzung der dort einwirkenden elektromagnetischen Strahlung erfolgen kann (d. h. elektromagnetische Umweltverträglichkeit).

Hochwasserüberflutungsmodell. Eine besonders hohe Auflösung des digitalen Geländemodells in Form von kleinen Rasterpunktabständen bei möglichst genauer Angabe der Höhe zu jedem Rasterpunkt (Abb. 3.5) erfordert die Simulation von Hochwasserereignissen über sogenannte Überflutungsmodelle.

Auf der Grundlage eines hydrologischen Modells und unter Annahme von Niederschlagsereignissen mit entsprechenden Abflussmengen können zu erwartende Überflutungen räumlich vorherbestimmt und Aussagen zur Betroffenheit vorhandener Siedlungen abgeleitet werden. Unter Verwendung des in dem Geoinformationssystem enthaltenen digitalen Geländemodells des realen Fließgewässers können auch Strömungsberechnungen (d. h. hydraulische Berechnungen) durchgeführt werden. Mit Computersimulationen lassen sich die Wasserspiegellagen eines Flusses modellhaft berechnen, die anhand von historischen Hochwasserereignissen zu kalibrieren sind. Abbildung 3.6 zeigt als ein mögliches Ergebnis der Modellierung eines solchen Hochwasserereignisses in einem Geoinformationssystem die in Abhängigkeit von bestimmten Zuflussmengen überflutete Fläche: je heller die Flächendarstellung ist, umso größer ist der Zufluss und damit umso größer die überflutete Fläche. Statt den hier dargestellten Überflutungsflächen in Abhängigkeit von einer bestimmten Zuflussmenge können auch zeitliche Abläufe eines Hochwasserereignisses in einem Geoinformationssystem modelliert und als Film dargestellt werden.

Denkmalinformationssysteme. Geoinformationssysteme können auch als Auskunftssysteme für Lage und Eigenschaft von Objekten, wie z. B. Denkmäler verschiedenster Art oder Biotoptypen, dienen (d. h. Fachinformationssystem). Hierzu werden in einer Daten-

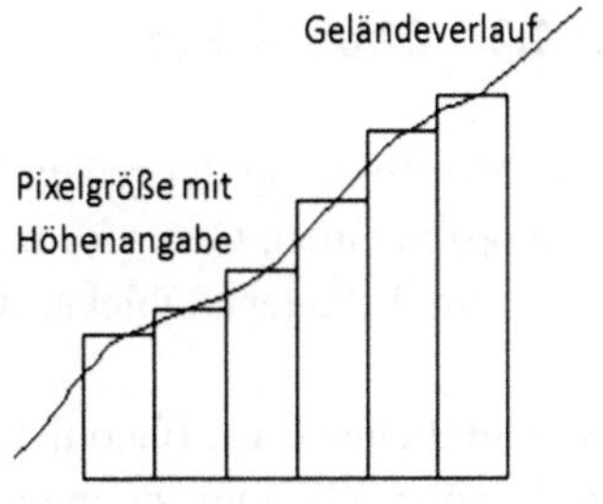

Abb. 3.5 Approximation des tatsächlichen Geländeverlaufs im digitalen Geländemodell

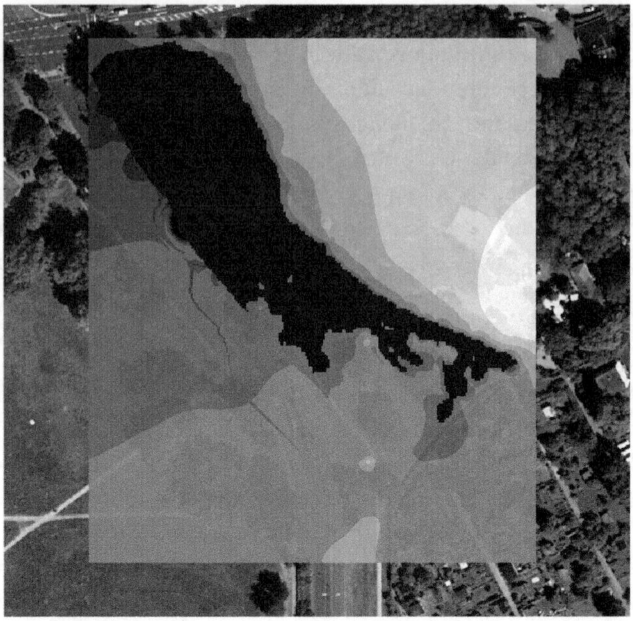

Abb. 3.6 Überflutungsszenario mit hinterlegtem Luftbild

bank die Eigenschaften eines Objektes (d. h. Attribute) entsprechend einem speziellen Datenmodell abgelegt und dieser Eintrag mit der geografischen Lage des Objektes in einem Geoinformationssystem verknüpft. Über z. B. eine räumliche Abfrage in dem Geoinformationssystem können dann alle gespeicherten Informationen zu den Objekten, die im Abfrageraum (z. B. dem Gemeindegebiet) gefunden werden, präsentiert werden. Beispielsweise kann in einem Denkmalschutzkataster am Bildschirm eine Karte mit dem Abfrageraum ausschnittweise abgebildet und in der Tabelle darunter die in dem Abfrageraum vorgefundenen denkmalgeschützten Gebäude gelistet werden. Die linke Bildschirmhälfte könnte für ein in der Tabelle ausgewähltes Objekt das in der Datenbank abgelegte Bild und eine textliche Beschreibung des Objektes beinhalten. Statt einer räumlichen Abfrage könnte auch nach einer bestimmten Eigenschaft eines Denkmals gefragt werden und hierzu alle Objekte im Geoinformationssystem dargestellt werden, welche diese Eigenschaft erfüllen.

3.4.2 Geoobjekte

Zur Modellierung der realen Welt mit ihren räumlichen (Umwelt-)Objekten (z. B. einem Biotop) in einem Geoinformationssystem sind für die jeweilige Aufgabenstellung geeignete raumbezogene Objekte (Geoobjekte) zu bilden. Ein Geoobjekt wird über seine

- räumlichen Lage (Geometrie),
- Lagebeziehungen zu anderen Geoobjekten (Topologie),

- fachlich relevanten Eigenschaften (Semantik) und
- zeitlichen Veränderungen (Dynamik) (optional)

beschrieben. Darüber hinaus ist seine Darstellung an verschiedenen Ausgabegeräten zu bestimmen (Grafik).

Zur Erfassung eines Biotops als Geoobjekt in einem Geoinformationssystem können beispielsweise folgende Eigenschaften abgebildet werden (Abb. 3.7):

- Geometrie: Umrandung des Biotops gebildet aus einem geschlossenen Linienzug, für den die Eckpunkte koordinatenmäßig bekannt sind und die Verbindung zwischen den Koordinaten als Gerade bestimmt ist.
- Topologie: Angrenzend an das Biotop liegen nördlich eine Masche mit der Nutzung „Straße", östlich ein Wald, südlich ein Graben und westlich eine landwirtschaftliche Fläche (Grünland).
- Semantik: Biotopart, Bodentyp.
- Dynamik: Pflanzen nach Art und Anzahl aufgrund einer jährlichen Zählung.

Die Modellierung geschieht durch Abstraktion (d. h. durch Vereinfachung und Verallgemeinerung der Realität). Wird ein Geoinformationssystem zur Lösung eines bestimmten fachspezifischen Problems angelegt, können die Geoobjekte, allein aus ökonomischen Gründen, auch ausschließlich die hierzu erforderlichen Strukturen, Funktionen und Beziehungen enthalten. Spielt z. B. die räumliche Ausdehnung eines Biotops für die vorzunehmende Analyse keine Rolle, kann das oben beschriebene Geoobjekt statt durch eine Fläche auch durch einen Punkt (z. B. Koordinaten des Mittelpunkts des Biotops) geometrisch beschrieben werden. Allerdings sind dann Analysen, welche die flächenhafte Ausdehnung des Geoobjektes benötigen, nicht möglich. Insofern kommt der vor Erstellung eines Geoinformationssystems erforderlichen Entscheidung hinsichtlich der räumlichen Dimension, der räumlichen Auflösung und der räumlichen Varianz der Geoobjekte besondere Bedeutung für die weiteren Verwendungsmöglichkeiten des Geoinformationssystems zu. Hier ist zu berücksichtigen, dass eine nachträgliche Änderung und Ergänzung der Geoobjekte nur mit einem erheblichen Aufwand zu erreichen ist. Gleichzeitig erfordert aber eine

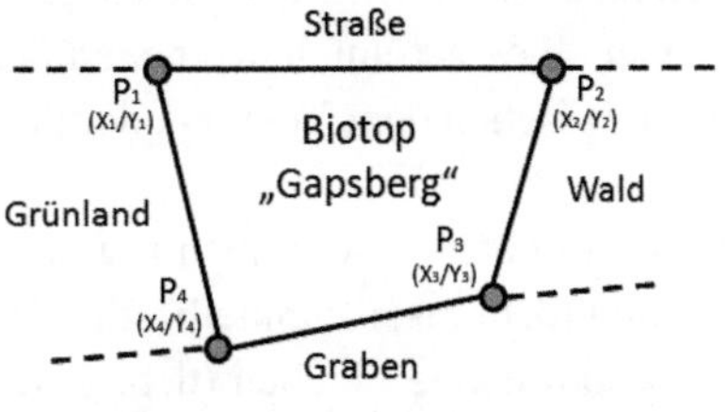

Biotopart:	Kalktrockenrasen
Bodentyp:	Rendzina

Abb. 3.7 Geoobjekt am Beispiel eines Biotops

detailliertere Beschreibung der Geoobjekte für eventuell zukünftige Analysen auch einen höheren Zeitaufwand bei der Ersterfassung und der laufenden Aktualisierung der Daten. Hier bedarf es daher einer entsprechenden Abwägung unter Berücksichtigung der Wahrscheinlichkeit zukünftig erforderlicher weitergehender Analysen.

Nachfolgend wird auf die Eigenschaften von Geoobjekten eingegangen. Dies umfasst die Geometrie, die Topologie, die Semantik, die Dynamik und die Grafik.

Geometrie. Die Geometrie beschreibt Lage und Form von Geoobjekten in einem einheitlichen Bezugsrahmen, basierend auf einem Koordinatenreferenzsystem. So kann z. B. der Standort eines Baumes durch zwei- oder dreidimensionale Koordinaten eines bestimmten Koordinatenreferenzsystems eindeutig bestimmt werden. Ein Koordinatenreferenzsystem besteht aus den beiden Komponenten „geodätisches Datum“ und „Koordinatensystem“. Mit dem geodätischen Datum wird über den Nullpunkt die Position und Orientierung des Koordinatensystems auf Basis des zugrundeliegenden Ellipsoids festgelegt. Zusätzlich wird der Maßstab definiert. Das Koordinatensystem bestimmt die Regeln, wie einer Geometrie Koordinaten zugewiesen werden (z. B. kartesische Koordinaten (X, Y, Z), ellipsoidische Koordinaten (Breite, Länge und ggf. ellipsoidische Höhe), projizierte Koordinaten (Gauß-Krüger-Abbildung, Universal Transverse Mercator (UTM)-Abbildung)). Durch diese Abbildungsregeln lassen sich die Objekte auf der Erdoberfläche in die Ebene (Karte) übertragen.

In Deutschland wird derzeit noch eine Vielzahl von Koordinatenreferenzsystemen verwendet. Im amtlichen Vermessungswesen wird einheitlich als Lagebezugssystem das Europäische Terrestrische Referenzsystem 1989 (ETRS ‘89) mit der Universal Transverse Mercator (UTM)-Abbildung eingeführt [3.19].

Die Überführung von Koordinaten eines Datums bzw. Bezugssystems in ein anderes Datum (Bezugssystem) wird mit Hilfe einer Transformation vorgenommen. Diese Transformationen sind in den gängigen Geoinformationssystemen implementiert, so dass Daten mit unterschiedlichen Bezugssystemen gleichzeitig analysiert und visualisiert werden können.

In einem Geoinformationssystem (GIS) können räumliche Informationen zwei- (Lage) bzw. dreidimensional (Lage, Höhe) verarbeitet werden. Teilweise kann zusätzlich die vierte Dimension (d. h. Lage, Höhe, Zeit) mit erfasst werden. Zwischenstufen sind möglich (z. B. wenn zur Lage die Höhe als Attribut (Eigenschaft) abgespeichert wird (2,5 D)).

Geoobjekte können in einem unterschiedlichen Format abgelegt werden; üblicherweise wird zwischen dem Vektor- oder dem Rasterformat unterschieden.

- Vektordaten beschreiben raumbezogene Objekte über Punkte, diese bestimmende Linien (d. h. zwei Punkte bestimmen Anfang und Ende einer Linie) und diese wiederum bestimmende Flächen (d. h. geschlossener Linienzug bzw. Polygon). Ergänzend werden Nachbarschaftsbeziehungen z. B. zu angrenzenden Flächen angegeben.
- Rasterdaten sind flächenhafte Geoobjekte auf der Grundlage von Informationen in digitalen Bildern (z. B. Luft- oder Satellitenaufnahmen, eingescannte Karten). Das Bild

wird zeilen- und spaltenweise in gleichförmige Zellen (Pixel) zerlegt, die eine einheitliche Flächenfüllung (Graustufe oder Färbung) aufweisen. Jedem Pixel wird über die unterschiedliche Flächenfüllung eine semantische Aussage (z. B. Schadstoffbelastung) zugeordnet. Der Rasterwert einer Zelle ergibt sich über seine Lokalisierungskoordinaten x, y (Zellenzentrum) und einen z-Wert, der einem Mess- oder Objektwert (z. B. der Höhe in einem digitalen Geländemodell) entspricht. Über die gewählte Aufnahmeauflösung werden die Größe der Pixel und damit die Genauigkeit der Geoobjekte bestimmt.

Topologie. Unter Topologie werden die nichtmetrischen, räumlichen und strukturellen Beziehungen beliebiger Elemente in abstrakten Räumen verstanden. Die topologischen Eigenschaften beschreiben, unter Abstraktion der Geometrie, die relativen räumlichen Beziehungen von Geoobjekten zueinander. Typische topologische Beziehungen betreffen die Nachbarschaft (z. B. zwei Biotope grenzen aneinander), das Enthaltensein (z. B. steht ein Baum in einem Biotop) oder die Überschneidung (z. B. können unterschiedliche Themen miteinander kombiniert werden) [3.14]. Eine topologische Strukturierung lässt eine Analyse und Manipulation raumbezogener Objekte in ihren gegenseitigen Beziehungen ohne Nutzung der Koordinaten zu. So lassen sich beispielsweise kürzeste Wege berechnen [3.14]. Entsprechend ihrer Dimension werden Knoten (Punkte), Kanten (Linien zwischen zwei Knoten) und Maschen (Flächen, die durch einen geschlossenen Kantenzug bestimmt sind) unterschieden. Knoten, Kanten und Maschen können semantische Aussagen zugeordnet werden.

Semantik. Neben der geometrischen und topologischen Beschreibung können Geoobjekten thematische Daten (Attribute, Sachdaten) zugeordnet werden. Sie umfassen sämtliche nicht-geometrische Eigenschaften (u. a. Texte, Zahlensammlungen, Messwerte, Nummern, Namen, Eigenschaften). So kann beispielsweise die Art eines Baumes, sein Pflanzzeitpunkt oder seine Schädigung zu einem bestimmten Zeitpunkt als Attribut zu dem Geoobjekt „Baum“ in einem Geoinformationssystem gespeichert werden. Eine entsprechende Modellierung kann mittels thematischer Ebenen oder Objektklassen erfolgen. Bei der Abspeicherung in Ebenen werden alle Informationen zu einem Thema in einem Layer abgelegt und erst durch das Zusammenfügen aller Ebenen werden die verschiedenen thematischen Eigenschaften eines Geoobjektes sichtbar. Bei der Abspeicherung in Objektklassen werden alle Geoobjekte mit einem identischen Eigenschaftssatz in Objektklassen zusammengefasst. Mit diesem Ansatz werden die Geoobjekte nach der Vielfalt von Phänomenen der realen Welt geordnet.

Dynamik. Zeitliche Veränderungen unterschiedlicher Ausprägung in einem Geoinformationssystem abzubilden ist eine zunehmende Anforderung, deren Umsetzung derzeit noch nicht abgeschlossen ist. Bisher kann die Zeit als Attribut mitgeführt werden. Dabei können unterschiedliche Zeitpunkte von Interesse sein (z. B. neben dem Zeitpunkt des Auftretens bzw. der Veränderung eines Objektes in der realen Welt auch der Erhebungszeitpunkt oder

der Zeitpunkt der Eintragung eines Objektes in die Datenbank). Es stehen Entwicklungen an, die es erlauben, die Zeit als Indexierungskriterium oder Suchkriterium (Attribut oder eine Attributkombination einer Relation) zu nutzen und zeitabhängige funktionale Veränderungen zu implementieren.

Grafik. Wie ein Geoobjekt unter bestimmten thematischen Auswertungen an einem bestimmten Ausgabegerät (Bildschirm, Plotter u. a.) dargestellt werden soll, wird über die graphische Ausprägung festgelegt. Hierzu gehören graphisch-kartographische Merkmale (u. a. Farbe, Füllung, Symbolik, Linienart, Textfonts, Grauwerte). Durch Hinzunahme weiterer Medien wie z. B. Audio- und Videoaufnahmen können die eher abstrakten Daten im Geoinformationssystem zu anschaulicheren Repräsentationen geführt werden [3.14].

3.4.3 Datenmodell, Datenbankmodell und Datenbank

Um die Geoobjekte, als vereinfachte Beschreibung der realen Welt, in einem Geoinformationssystem für räumliche Analysen nutzen zu können, wird normalerweise eine Datenbank (DB) erstellt, in der die die Geoobjekte beschreibenden räumlichen und fachlichen Daten (Geometrie, Topologie, Semantik, Dynamik) zweckoptimiert und strukturiert gespeichert werden. Dies erfordert eine Wahrung der Datenintegrität (d. h. logische Korrektheit, Gültigkeit und Genauigkeit von Daten) und erlaubt eine hohe Performance (z. B. kurzes Antwortzeitverhalten) beim Zugriff auf die Daten. Die Verwaltung und Auswertung der Datenbestände einer Datenbank geschieht mit Hilfe eines speziellen Programmsystems, dem sogenannten Datenbankmanagementsystem (DBMS). Beide bilden gemeinsam das Datenbanksystem (DBS).

Voraussetzung für die Erstellung einer Datenbank ist die Entwicklung eines Datenmodells, welches die grundsätzlichen Strukturen der Geoobjekte, ihre Beziehungen, die prinzipiell möglich sind, und ihre Eigenschaften, beschreibt. Zur Übersichtlichkeit wird die Datenmodellierung im sogenannten Vierschalen-Modell (Abb. 3.8) vorgenommen. Es handelt sich hierbei um die Überführung der Realität hin zu einer Implementierung in einer Datenbank. Nachfolgend werden die vier Schalen dieses Modells näher beschrieben.

Räumliches Modell. Zu Beginn steht das räumliche Modell, das auch als räumliches Schema bezeichnet wird. Hier wird festgelegt, welche Geoobjekte der realen Welt erfasst werden sollen. Auch wird die Abgrenzung hier vorgenommen. Hierbei beinhaltet die räumliche Modellierung insbesondere die geometrische, topologische und thematische Modellierung. Mit Hilfe der geometrischen Modellierung wird festgelegt, in welcher räumlichen Dimension ein Objekt in einem Geoinformationssystem (GIS) erfasst wird. Für die effiziente Analyse müssen darüber hinaus die Beziehungen zwischen den Objekten modelliert werden, um die vollständige Beschreibung der Objekte sicherzustellen. Die Modellierung der Beziehungen bezeichnet man als topologische Modellierung, die zusammen mit der geometrischen Modellierung vorgenommen wird.

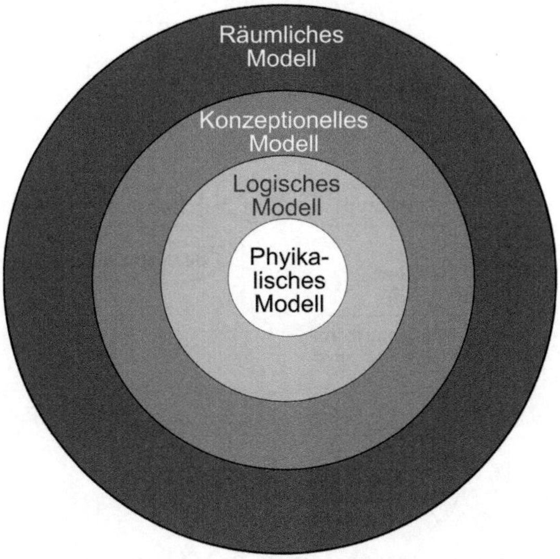

Abb. 3.8 Vierschalen-Modell [3.14]

Konzeptionelles Modell. Daran anschließend erfolgt die Identifizierung der notwendigen Informationen (Attribute), Entitäten und Beziehungen zwischen den Objekten im sogenannten konzeptionellen (Daten-)Modell. Eine Entität (engl. entity) ist ein eindeutig identifizierbares Objekt oder ein eindeutig identifizierbarer Sachverhalt der realen Welt oder der Vorstellungswelt (z. B. eine Person, ein Subjekt, ein Ereignis, ein Prozess, ein Begriff). Sie sind auch die Grundlage der konzeptionellen Modellierung von (Geo-)Objekten. Entitäten mit gleichen Merkmalen werden zu Entitätstypen zusammengefasst. Die Merkmale von Entitätstypen werden als Attribute (Eigenschaften) bezeichnet. Die Merkmalswerte einer Entität heißen Attributwerte. Die Beziehungen zwischen Entitäten unterschiedlichen Typs werden als Relationen (engl. relationships, Assoziationen) bezeichnet. Die Menge der Beziehungen zwischen Entitätstypen heißt Beziehungstyp. Zwischen zwei Entitätstypen (*A* und *B*) lassen sich folgende Relationstypen *R(a,b)* mit *a* aus *A* und *b* aus *B* unterscheiden.

- 1:1-Beziehung: Zu jedem *a* aus *A* gibt es genau ein *b* aus *B* mit *R(a,b)*;
- 1:*n*-Beziehung: Zu jedem *a* aus *A* gibt es mindestens ein b_i aus *B* mit $R(a,b_i)$;
- *n*:*m*-Beziehung: Zu jedem *a* aus *A* gibt es mindestens ein b_i aus *B* mit $R(a,b_i)$ und zu jedem *b* aus *B* gibt es mindestens ein a_j aus *A* mit $R(a_j,b)$.

Eine gängige Vorgehensweise in der konzeptuellen Phase ist die Nutzung des Entity-Relationship-Modells (ER-Modell/ERM) [3.20], um gleichzeitig die Kommunikation zwischen Anwender und Entwickler zu vereinfachen. Im Vordergrund steht hier die fachliche Modellierung der Objekte (Abb. 3.9).

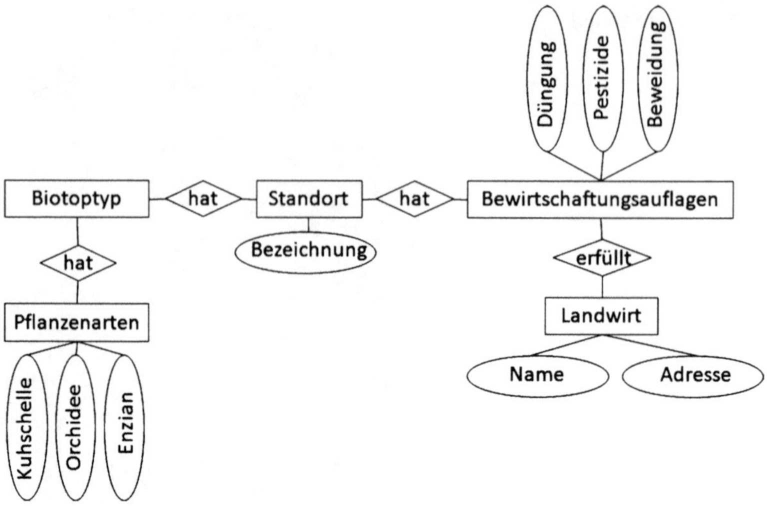

Abb. 3.9 Beispiel eines Entity-Relationship-Modells (ER-Modells) für ein Biotop-Informationssystem

Logisches Modell. Solche konzeptionellen (Daten-)Modelle sind zwar eine notwendige Grundlage für ein funktionsfähiges Datenbanksystem. Zur konkreten Implementierung reichen sie aber noch nicht aus. Das fehlende Organisationsschema, in dem die Datenfelder, Datensätze und Dateien mit ihren Beziehungen zueinander abgebildet und die Operationen im Datenbestand definiert sind, wird als konzeptionelles Datenschema oder auch logisches Datenbankmodell bezeichnet. Hierfür stehen unterschiedliche Strukturierungsmöglichkeiten zur Verfügung.

- Werden Datensätze ausschließlich in einer „Eltern-Kind-Beziehung" zueinander abgebildet, so dass nur 1:1 und 1:*n* Beziehungen möglich sind, handelt es sich um ein hierarchisches Datenmodell.
- Ein relationales Datenbankmodell besteht aus einer Sammlung von Tabellen, die über Beziehungen miteinander verknüpft sind. Ein Datensatz wird in einer Zeile (Tupel) einer Tabelle gespeichert. Jedes Tupel besteht aus einer Reihe von Attributen (Eigenschaften), die in den zugehörenden Spalten der Tabelle abgelegt sind. Ein Relationsschema legt dabei die Anzahl und den Typ der Attribute für eine Tabelle fest. Über einen oder mehrere sogenannte Schlüssel werden die Tupel einer Relation (Tabelle) eindeutig identifiziert. Mit Verknüpfungen (Beziehungen) werden Beziehungen zwischen Tabellen ausgedrückt [3.21].
- Beim objektorientierten Datenbankmodell werden die Codierung von Datenstrukturen und die Menge der Operationen (auch „Methoden" genannt) auf den Datenstrukturen zur besseren Übersicht als Einheit verwaltet. Die objektrelationale Modellierung ermöglicht die Hierarchiebildung (Einfach- und Mehrfachvererbung) von Datenstrukturen [3.22].

Physikalisches Modell. In der letzten Phase, dem physikalischen Modell, werden die notwendigen Kommandos und Skripte generiert, um die Datenbank zu erstellen. Zusätzlich können Optimierungsmöglichkeiten (z. B. Indexierungen; d. h. mittels Schlüsselwerten oder Schlüsselworten wird eine Ordnungsrelation auf eine oder mehrere Spalten in einer Tabelle definiert, so dass spezifische und häufig wiederkehrende Anfragen an eine Datenbank beschleunigt bearbeitet werden können) vorgenommen werden. Als weiter technische Aufgabe muss die Datensicherung sichergestellt werden.

3.4.4 Datenquellen und Erfassungsmethoden

Da die Beschreibung der realen Welt über die Erfassung von Daten in analoger und auch digitaler Form schon seit vielen Jahrzehnten erfolgt, liegt bereits eine Vielzahl von Datenbeständen mit unterschiedlichsten Inhalten vor.

Um die Bandbreite von bei unterschiedlichen Institutionen vorliegenden Geodaten bekannt und damit nutzbar zu machen, werden derzeit Metadateninformationssysteme aufgebaut, mithilfe derer Interessenten, die Geodaten nutzen möchten, Informationen über die in Datenbeständen vorhandenen Daten (z. B. Auflösung, Aktualität, Zuverlässigkeit) erhalten und damit Rückschlüsse auf die Nutzbarkeit dieser Daten für Ihre Zwecke ziehen können (z. B. Geoportal.dew, Umweltportal Deutschland – PortalU).

Um die an unterschiedlichen Stellen vorhandenen digitalen Geodaten besser nutzen zu können, werden derzeit Geodateninfrastrukturen (GDI) (d. h. komplexe Netzwerke) erstellt, mit denen Geodaten-Produzenten, Dienstleister im Geo-Bereich sowie Geodatennutzer über ein physisches Datennetz, in der Regel das Internet, ausgetauscht werden können. Hierzu werden Geodaten auf Geodatenservern abgelegt und über standardisierte Dienste (Geodienste), die den Zugriff und die Bearbeitung der Geodaten ermöglichen, und Geoportale (bzw. anderen Clients), die entsprechende Benutzerschnittstellen zur Verfügung stellen, für Dritte erschlossen [3.23].

Neben vorhandenen digitalen Geodaten werden vielfach weitere themenbezogene Daten benötigt, die entweder noch nicht oder nur in analoger Form (z. B. Listen und Karten) vorliegen. Liegen bisher keine Daten vor, sind diese mit geeigneten Methoden erstmalig zu erfassen (originäre oder unmittelbare Erfassung). Liegen Daten in analoger Form vor, sind diese in eine digitale Form zu überführen (sekundäre oder mittelbare Erfassung). Die Auswahl der Erfassungsmethode ist nach dem Grundsatz „so genau und vollständig wie notwendig und dabei so wirtschaftlich wie möglich [3.14]" zu treffen.

Methoden der originären Erfassung. Bei originären Erfassungsmethoden werden die Daten unmittelbar am Objekt gewonnen. Hierbei lassen sich Methoden der topographisch-geometrischen Erfassung von Methoden der thematischen Erfassung unterscheiden.

Wesentliche Methoden der topographisch-geometrischen Erfassung sind die terrestrische Vermessungsverfahren und die Verfahren der Fotogrammetrie und Fernerkundung.

Zu den terrestrischen Messverfahren gehören die Tachymetrie und das Verfahren der satellitengestützten Positionsbestimmung (GNSS – Global Navigation Satellite System) mit deren Hilfe sich mit jedem Messvorgang Koordinaten von Einzelpunkten bestimmen lassen, die unmittelbar einem Objekt zugeordnet werden können und damit ohne hohen Aufwand (ggf. Koordinatentransformation) in ein Geoinformationssystem (GIS) übernommen werden können. Durch die Wiederholung von Messvorgängen können auch zeitliche Veränderungen des Objektes ermittelt werden (z. B. bei GNSS-Verfahren zur Standortbestimmung von Objekten (z. B. Wildwanderungen) oder zur aktiven Navigation (z. B. Fahrzeugnavigation)). Eine große Menge von Einzelpunktkoordinaten in einem Messvorgang (3D-Punktwolke) kann im Verfahren des terrestrischen Laserscannings (TLS) ermittelt werden; allerdings fehlt diesen zunächst die Zuordnung zu einem Objekt. Wenn zu den Punkten auch Oberflächenremissionswerte und ggf. Farbwerte ermittelt werden, besteht die Möglichkeit, hieraus auf Objekte und deren Abgrenzungen zu schließen.

Bei den Verfahren der Fotogrammetrie und Fernerkundung werden mittels Luftbildern (aus Luftfahrzeugen) und Satellitenbildern unterschiedlicher Spektralbereiche oder mittels Radar (Mikrowellensensoren) sowie Laserscannern (Airborne Laserscanning-Systeme) großflächige Aufnahmen von Teilen der Erdoberfläche gefertigt. Sind die Möglichkeiten ihrer Stereoauswertung gegeben, lassen sich dreidimensionale Koordinaten für Einzelpunkte ermitteln und diese wieder Objekten zuordnen. Darüber hinaus ermöglicht die Bildinterpretation je nach gewähltem Spektralbereich die Ableitung von Vegetationsinformationen (z. B. bezüglich Waldschäden) oder Feuchte- und Wärmedaten und darüber den Rückschluss auf Objekte und deren Abgrenzungen.

Die in den verschiedenen Verfahrensarten gewonnenen dreidimensionalen Koordinaten werden genutzt, um digitale Höhenmodelle abzuleiten, „die als Funktion der Lage der Punkte die Höhenstruktur des Objekts hinreichend repräsentieren [3.14]." Solche Geländemodelle können beispielsweise genutzt werden, um Lärmausbreitungen zu berechnen.

Methoden zur thematischen Erfassung sind neben Befragungen zur Gewinnung von z. B. sozioökonomischen Daten die Feldaufnahme, die entweder unmittelbar mit der topographisch-geometrischen Erfassung verbunden oder auf der Grundlage derer Messergebnisse nachträglich einmalig (z. B. Standort einer Pflanze) oder kontinuierlich (z. B. bei Grundwassermessstellen) durchgeführt wird. Hierbei können mobile Erfassungsgeräte eingesetzt werden, die eine unmittelbare Aufnahme der Daten in ein Geoinformationssystem (GIS) in der Örtlichkeit ermöglichen. Die Position im Raum wird regelmäßig über in den mobilen Erfassungsgeräten enthaltenen GNSS-Empfänger bestimmt.

Methoden der sekundären Erfassung. Analoge Sachdaten, die in Listen- oder Tabellenform vorliegen, können mittels manuellem Übertragen oder Einscannen mit nachfolgender Texterkennung in eine digitale Form und damit unmittelbar oder mittelbar in ein Geoinformationssystem (GIS) übernommen werden. Daten, die in vorhandenen Karten enthalten sind, können mittels manueller oder automatischer Digitalisierung in ein Geoinformationssystem (GIS) übernommen werden. Hierzu sind die bei der Digitalisierung gewonnenen 2D-Koordinaten von Punkten durch Koordinatentransformation in das dem Geoinformationssystem (GIS) zugrundeliegende Koordinatenreferenzsystem über Passpunkte zu überführen.

3.4.5 Analysefunktionalitäten

Eine weitere Kernfunktionalität eines Geoinformationssystems (GIS) ist die Möglichkeit der Analyse auf Basis der zur Verfügung stehenden Daten. Durch die Anwendung der unterschiedlichen Methoden der Analyse können aus den Daten neue Informationen generiert werden und dadurch Aussagen z. B. für zukünftige Standorte, Trends oder Verhaltensmuster getroffen werden. Hierbei unterscheidet man zwischen verschiedenen Methoden der Analyse, die in einem Geoinformationssystem (GIS) implementiert sein können. Die Analysefunktionen beziehen sich auf die geometrischen, topologischen und thematischen Eigenschaften der Objekte. Hier ist zu beachten, dass für Vektor- und Rasterdaten jeweils unterschiedliche Methoden implementiert werden müssen. Ein Geoinformationssystem (GIS) sollte folgende räumlichen Analysefunktionen bereitstellen.

- Selektive Abfragen zur räumlichen und sachbezogenen Analyse,
- Messen, Zählen und Rechnen mit den Daten.

Für die Bearbeitung von punktförmigen Objekten sind Methoden wie Punkt-in-Polygon-Verfahren erforderlich. Auf linienhafte Objekte werden z. B. Netzwerkanalysen oder Routingmethoden angewendet. Für die Bearbeitung von Rasterdaten werden Methoden der digitalen Bildverarbeitung herangezogen. Bei den verschiedenen rasterbasierten GIS-spezifischen Analysetechniken zur Erzeugung thematischer Karten werden zwei grundsätzliche Operationstypen unterschieden.

- punktweise, rasterzellen- oder pixelorientierte Verfahren (Nachbarschaftsoperationen),
- matrixorientierte oder pixelfenstergestützte Verfahren (Filteroperationen).

3.4.6 Präsentationsfunktionalitäten

Die Visualisierung stellt die Ergebnisse der Analysen dar und bildet dadurch den verständlichen Zugang zu den neugewonnenen Informationen. Nicht zuletzt durch die starke Steigerung in der Rechenleistung sind im Gegensatz zu traditionellen kartographischen Präsentationen wie (gedruckten) Karten, Tabellen und Berichten auch zunehmend alternative Darstellungsformen bis hin zur Einbindung in die reale Welt (engl. Augmented Reality) möglich. Durch die Darstellung in Kartenform können räumliche Zusammenhänge auch einem Nutzer ohne Expertenkenntnisse zugänglich gemacht werden. Die Karte stellt nach wie vor eine der wichtigsten Ergebnispräsentationen dar und daher werden an sie je nach Zielsetzung hohe Anforderungen gestellt.

Neben den eher einfach gestalteten Karten für Internetpräsentationen werden für gedruckte Kartenwerke weitergehende Anforderungen gestellt. Hierbei müssen neben der richtigen Darstellung der Daten zusätzlich auf Grund des Maßstabes Methoden zur Kartengestaltung wie Generalisierung, Verdrängung und Aggregation eingesetzt werden [3.24].

3.5 Systeme und Modelle

Rüdiger Schaldach

Eine wichtige Methode für die Umweltbewertung stellen Modelle dar. Hier wird unter dem Begriff „Modell" die vereinfachte mathematische Beschreibung eines (Umwelt)-Systems verstanden, mit denen Experimente beispielsweise zum Verhalten dieses Systems unter sich ändernden Randbedingungen durchgeführt werden können. Der verwendete Modellbegriff leitet sich aus den Systemwissenschaften ab. Entsprechend sollen zunächst der System- und darauf aufbauend auch der Modellbegriff näher diskutiert werden. Anschließend wird auf den Prozess der Modellbildung eingegangen. Ein besonderer Schwerpunkt liegt dabei auf der Betrachtung von Unsicherheiten und der Modellevaluation. Der letzte Teil des Kapitels behandelt den Aufbau von modellbasierten Analysen und stellt anschließend eine Reihe von Anwendungsbeispielen von verschiedenen Modelltypen für umweltrelevante Fragestellungen vor.

3.5.1 Systembegriff

Der Begriff System stammt vom altgriechischen Wort „sýstēma", das „Zusammenstellung" oder „geordnetes Ganzes" bedeutet. Ein System ist demnach ein Objekt der realen Welt (der technischen, gesellschaftlichen oder ökologischen Umwelt), das durch einen bestimmten Zweck definiert werden kann [3.25]. Es besteht aus einer bestimmten Konstellation von Systemelementen und Wirkungsverknüpfungen zwischen diesen Elementen, welche die Systemstruktur bilden und seine Funktion (d. h. sein Verhalten) bestimmen. Ein Beispiel für ein technisches System ist ein Uhrwerk, dessen Zweck es ist, die Zeit zu messen und das aus einer Anzahl von Bauteilen (u. a. Zahnrädern, Federn) besteht, durch deren Zusammenwirken diese Messung ermöglicht wird. Nach dieser Definition verliert ein System seine Identität, wenn seine Integrität (d. h. seine Struktur) zerstört wird. Wird beispielsweise das Uhrwerk in seine Einzelteile zerlegt, kann keine Zeitmessung mehr erfolgen. Daraus lässt sich ableiten, dass ein System nicht beliebig teilbar ist.

Ein System ist durch eine Systemgrenze von seiner Umwelt getrennt. Drei Arten von Beziehungen zwischen Umwelt und System können unterschieden werden

- Ein System heißt isoliert, wenn weder Materie noch Energie ausgetauscht werden.
- Es heißt geschlossen, wenn lediglich Energie ausgetauscht wird.
- Es ist offen, wenn sowohl Materie als auch Energie ausgetauscht werden.

Ist die Systemgrenze durchlässig, kann die Funktion des Systems über Eingangsgrößen durch die Umwelt beeinflusst werden. Andersherum kann das System seine Umwelt durch Ausgangsgrößen (Verhaltensgrößen) beeinflussen (Abb. 3.10).

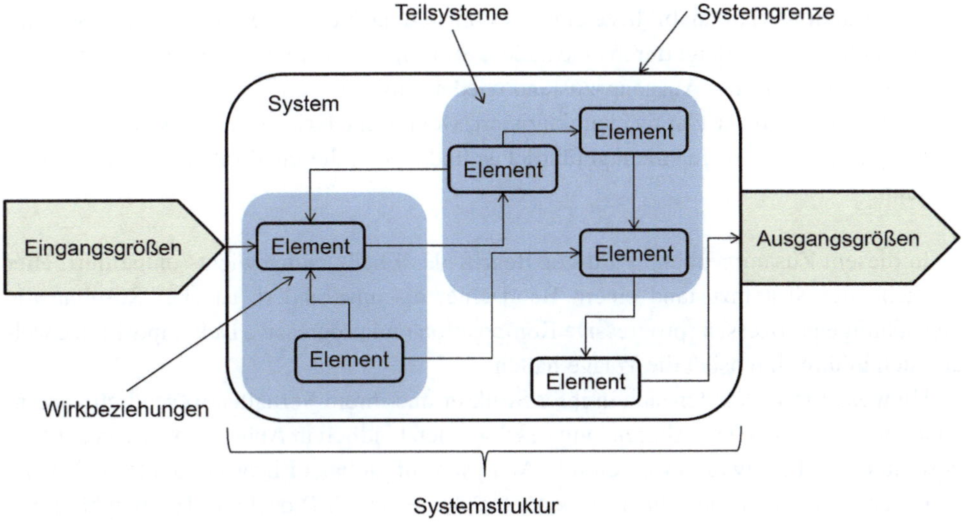

Abb. 3.10 Aufbau eines Systems

Die Festlegung der Systemgrenze ist bei einer biologischen Zelle recht eindeutig durch die Zellmembran definiert. Im Unterschied dazu ist die exakte Abgrenzung der Systemgrenze eines Waldes gegenüber seiner Umwelt oftmals nicht eindeutig möglich. In der Regel wird die Grenze dort gesetzt, wo die Wirkbeziehungen zur Umwelt schwächer ausgeprägt sind als zwischen den Systemelementen. Um strukturell komplexe Systeme besser untersuchen zu können, kann eine Unterteilung in Teilsysteme realisiert werden (Abb. 3.10), die über ihre jeweiligen Systemgrenzen hinweg im Austausch miteinander sind. Ein Beispiel für eine solche Unterteilung wäre der menschliche Körper, der aus verschiedenen Organen besteht.

Die vollständige Beschreibung des aktuellen Zustands eines Systems geschieht durch eine Anzahl verschiedener Zustandsgrößen (Dimension), die auch als „Gedächtnis" eines Systems bezeichnet werden [3.25]. Änderungen des Systemzustands können durch die Eingangsgrößen oder durch die innerhalb des Systems bestehenden Wirkbeziehungen geschehen. Eine Eigendynamik innerhalb des Systems entsteht, wenn Zustandsgrößen sich direkt oder indirekt, über sogenannte Rückkopplungen, wechselseitig beeinflussen. Die zeitliche Entwicklung von Systemzuständen kennzeichnet das Systemverhalten. Als dynamisch wird ein System bezeichnet, wenn sich sein Zustand innerhalb eines bestimmten Zeitraums (Beobachtungszeitraum) ändert. Umweltsysteme können in der Regel als dynamisch kategorisiert werden (siehe unten).

Im Hinblick auf die spätere Modellierung sind bestimmte Eigenschaften, die ein System aufweisen kann, von besonderer Wichtigkeit.

- Ein System wird als stabil bezeichnet, wenn sich nach einer Veränderung des Systemzustandes, etwa bedingt durch eine äußere Störung, nach Ablauf einer bestimmten Zeit (Relaxationszeit) der Ausgangszustand wieder einstellt.
- Ein System wird als adaptiv charakterisiert, wenn seine Existenz durch sich verändernde Umweltbedingungen nicht gefährdet ist und es sich diesen Veränderungen anpassen kann.

In diesem Zusammenhang wird der Begriff des Fließgleichgewichts eingeführt. Hier erscheint der Systemzustand einem Beobachter als unverändert, ist aber Resultat von gegenläufigen Prozessen (progressive Komposition und progressive Dekomposition), welche sich in ihrer Intensität die Waage halten.

Umweltsysteme können sich in ihrer Struktur und ihrem Verhalten wesentlich voneinander unterscheiden. Die Abgrenzung geschieht letztendlich in Abhängigkeit von der Fragestellung, die beantwortet werden soll. Analysen auf globaler Ebene betrachten beispielsweise das Erdsystem mit den Komponenten Atmosphäre, Biosphäre, Hydrosphäre und Pedosphäre. Studien im Bereich der Hydrologie setzen Flusseinzugsgebiete ins Zentrum, geographisch-biologische Studien richten sich auf Ökosysteme bzw. Landschaftsökosysteme, während bodenkundliche Analysen eine Bodensäule als zu betrachtendes System definieren. Zusätzliche Komplexität kommt ins Spiel, wenn der menschliche Einfluss, der zu einer Veränderung des Umweltsystems beiträgt, in die Analysen mit einbezogen wird. Dann spricht man von gekoppelten Mensch-Umweltsystemen (d. h. es werden sowohl gesellschaftliche und ökonomische Systemelemente als auch Elemente des Umweltsystems im engeren Sinne in ihren Wechselwirkungen betrachtet). Ein Beispiel für solch ein System ist die Landwirtschaft in einem ariden Gebiet, die zur Degradation von Boden führt, welche in der Konsequenz wiederum negative Auswirkungen auf die erzielbaren Ernteerträge nach sich zieht (z. B. [3.26]).

3.5.2 Modellbegriff und Modelltypen

Modelle sind vereinfachte Abbilder von Systemen. Dabei kann ein Modell der Nachbau eines Systems (z. B. Haus, Auto) in Miniaturform, eine sprachliche oder graphische Beschreibung oder auch die mathematische Beschreibung bzw. die Überführung dieser mathematischen Beschreibung in ein berechenbares Computermodell darstellen. Modellbildung bezeichnet entsprechend den Prozess der Erstellung von Modellen. Hierbei handelt es sich um einen problemgetriebenen Prozess, der in der Regel nicht darauf abzielt, alle Merkmale eines Systems auf das Modell zu übertragen. Vielmehr soll das Modell das Verhalten und/oder die Struktur eines Systems approximativ wiedergeben, um bestimmte Fragestellungen beantworten zu können. Das Wesen des verwendeten Modells wird somit durch den Modellzweck bestimmt. Von einem System können demnach Modelle mit unterschiedlichen Komplexitätsgraden realisiert werden.

Grundsätzlich können konzeptionelle Modelle, die ein System qualitativ beschreiben (z. B. Wortmodell, Wirkungsgraph) und quantitative Modelle unterschieden werden. Letztgenannte lassen sich mit einem Computer berechnen und erlauben damit die Durchführung von rechnergestützten Experimenten (z. B. durch Veränderung der Eingabegrößen oder Modellparameter) mit dem Modell als Stellvertreter des Systems, von dem auf das Verhalten des realen Systems geschlossen werden kann. Die Überführung eines konzeptionellen bzw. des daraus abgeleiteten mathematischen Modells in ein Computermodell wird als Implementierung bezeichnet (Abb. 3.11).

Der Vorteil von Modellen ist, dass damit Erkenntnisse über Systeme gewonnen werden können, die experimentell nicht oder nur mit hohem Aufwand zugänglich sind, weil das reale System dabei stark gestört oder zerstört werden könnte (z. B. Ökosysteme, Klimasystem), Prozesse zu schnell oder zu langsam ablaufen oder die Systeme zu groß (z. B. Weltall) oder zu klein sind. Auch kann das Verhalten von modifizierten bzw. von in der modellierten Form nicht real existierenden Systemen analysiert werden. Denkbar wäre hier die modellbasierte Analyse der Auswirkungen einer geplanten Renaturierung eines Flusslaufs auf die Überflutungshäufigkeit der Uferzone. Ferner sind Modellexperimente in der Regel beliebig oft wiederholbar, was zu einer Verringerung des Zeit- und Kostenaufwands für den angestrebten Erkenntnisgewinn beiträgt sowie eine gezielte Untersuchung der Systemeigenschaften etwa durch Sensitivitäts- und Unsicherheitsanalysen zulässt. Zusätzlich sind Modelle mit einem geringen Aufwand vollständig beobachtbar, während dieses Monitoring in der Realität, wenn überhaupt, oftmals nur mit aufwändigen Messverfahren realisiert werden kann.

Im Folgenden wird eine Typisierung derartiger Modelle anhand verschiedener Charakteristika vorgenommen. Die praktische Umsetzung kann dabei mit unterschiedlichen mathematischen Ansätzen erfolgen [3.27].

Grundsätzlich kann zwischen Modellen, die lediglich das Verhalten des abgebildeten Systems nachahmen und Modellen, die auch dessen Struktur nachbilden, unterschieden werden [3.25]. In erstem Fall spricht man von sogenannten „Black-Box"-Modellen. Da diese die Wirkstruktur des zugrunde liegenden Systems nicht abbilden, ist hier prinzipiell jede mathematische Konstruktion zulässig, die das Systemverhalten adäquat wiedergeben kann. Die Modellbeschreibung beruht entsprechend auf Beobachtungen (Messungen; d. h.

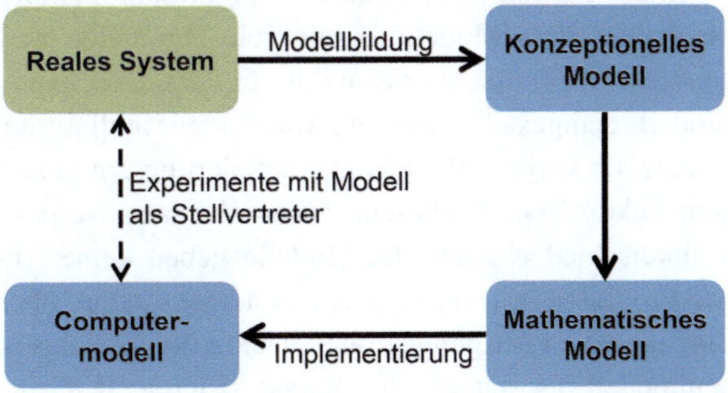

Abb. 3.11 Beziehung zwischen Realität und Modellen auf konzeptioneller und mathematischer Ebene sowie dem berechenbaren Computermodell

auf bereits geschehenen Ereignissen). Damit ist das Modell streng genommen nur für die Randbedingungen während der Beobachtungsphase gültig. Nur wenn diese Bedingungen konstant bleiben oder sich lediglich in einem geringen Umfang verändern, sind Aussagen über die künftige Entwicklung des abgebildeten Systems zulässig. Ein Beispiel hierzu ist ein Modell, das den empirischen Zusammenhang zwischen jährlicher Niederschlagsmenge und der Biomasseproduktion eines Grünlandökosystems anhand eines statistischen Regressionsansatzes beschreibt. Die Regressionsgleichung beruht auf historischen Messdaten und lässt damit außer Acht, dass stark veränderte Randbedingungen (z. B. eine Erhöhung der Temperatur in einem nicht beobachteten Ausmaß beispielsweise im Zuge des anthropogenen Klimawandels) den abgeleiteten Zusammenhang außer Kraft setzen können.

Demgegenüber bilden systembeschreibende Modelle den Aufbau des Systems, also dessen Struktur aus unterschiedlichen Systemelementen und Wirkbeziehungen ab, wobei sich die Systemgrenzen und der Komplexitätsgrad nach der Fragestellung an das Modell richten. Dieser Modelltyp wird auch als „Glass-Box"- oder „White-Box"-Modell bezeichnet. In diesem Fall sind für die Modellbildung tiefgehende Kenntnisse über den Aufbau des Systems und die darin ablaufenden Prozesse erforderlich, die oftmals nur experimentell erhoben werden können. Das Verhalten eines solchen Modells lässt sich aus dem Zusammenspiel der Systemelemente erklären. Je „besser" das System nachgebaut wird, desto ähnlicher ist das Verhalten zum Original. Mit diesen Modellen sind prinzipiell auch Aussagen über das Systemverhalten unter sich stark ändernden Randbedingungen möglich, solange hierdurch keine grundlegende Veränderung der Systemstruktur erfolgt. In diesem Falle würde das Grünlandmodell die pflanzenphysiologischen Prozesse sowie die Wechselwirkungen zwischen Pflanze, Boden und Atmosphäre abbilden. Mit einem solchen Modell können Aussagen beispielsweise über die Auswirkungen von starken Temperatur- und Niederschlagsänderungen infolge eines anthropogenen Klimawandels auf die Biomasseproduktion abgeleitet werden. Eine Möglichkeit zur mathematischen Darstellung von Prozessen und deren Wechselwirkungen bieten Systeme aus gekoppelten Differentialgleichungen.

Mischformen der beiden vorgestellten Modelltypen werden als „Grey-Box"-Modelle bezeichnet. Die Struktur wird hier um Elemente ergänzt, die nur verhaltensbeschreibend sind. Begründet ist dieses Vorgehen oftmals durch fehlendes Prozessverständnis oder durch das Ziel einer vereinfachten Abbildung komplexer Zusammenhänge. In der Regel beinhalten diese Modelle damit freie Parameter, welche nicht zur Systembeschreibung gehören. Über eine Anpassung dieser Parameter kann dann das gewünschte Verhalten des Modells „eingestellt" werden. Man spricht in diesem Fall von Modellkalibration.

Aus der vorgestellten Modelltypisierung ergibt sich die Frage nach dem Umgang mit dem Faktor Zeit. In diesem Zusammenhang werden statische und dynamische Modelle unterschieden. Statische Modelle geben keine Auskunft über den zeitlichen Verlauf von Prozessen des abgebildeten Systems, sondern über Gleichgewichtszustände zwischen Eingangs- und Ausgangsgrößen. Demzufolge ist das oben angeführte „Black-Box"-Grünlandmodell als statisch zu charakterisieren; d. h. es werden keine Aussagen über den zeitlichen Verlauf der Biomasseproduktion über einen bestimmten Zeitraum gegeben, eben weil die zugrunde liegenden physiologischen Prozesse nicht abgebildet werden. Ein Beispiel für ein statisches „Grey-Box"-Modell ist die Prozesskettenanalyse, die u. a. im Rahmen der Ökobilanzierung genutzt wird. Hier wird die Struktur eines Systems in Form von Energie- und Massenflüssen beispielsweise bei der Herstellung eines Produkts abgebildet. Die beteiligten Prozesse sind in der Regel jedoch statisch in Form von Eingabe-/Ausgabetabellen oder über einfache mathematische Funktionen beschrieben.

Unterliegen die Zustandsgrößen von Umweltsystemen zeitlichen Veränderungen, handelt es sich bei „White Box"-Modellen um dynamische Modelle. Als mathematisches Werkzeug zur Modellierung können Differentialgleichungssysteme herangezogen werden. In diesem Zusammenhang spricht man auch von Simulationsmodellen, wobei der Begriff „Simulation" definiert ist als „die Nachbildung eines dynamischen Prozesses in einem realen Modell mit dem Ziel, zu Erkenntnissen zu gelangen, die auf die Wirklichkeit übertragbar sind" [3.28]. Kernaussage ist dabei, dass Modellergebnisse nur durch die Simulation der dynamischen Prozesse erzeugt werden können, wodurch bei der Abbildung sehr komplexer Systeme (z. B. Strömungsprozesse in der Atmosphäre bei Wetter- und Klimamodellen) sehr lange Rechenzeiten entstehen können.

Ein Weg, die Ergebnisse eines solchen Modells zu approximieren bieten sogenannte Metamodelle. Hier wird das „White-Box"-Modell als System aufgefasst, aus dem ein „Black-Box"-Modell abgeleitet wird. Die Charakteristika dieses Metamodells werden aus einer Anzahl von Simulationsläufen bestimmt (analog zu den Messungen an einem realen System) und beispielsweise über ein Regressionsmodell mit den Eingangsgrößen in Beziehung gesetzt. Auch hier gilt, dass streng genommen mit dem Metamodell nur Aussagen über den Bereich der Randbedingungen, die von den Simulationsläufen abgedeckt sind, gemacht werden können. Vorteil ist ein in vielen Fällen weitaus geringerer Rechenaufwand im Vergleich zum Simulationsmodell.

Neben dem Faktor Zeit spielt in der Modellierung von Umweltsystemen auch der Raum oftmals eine entscheidende Rolle. Räumliche Modelle können zwei- oder dreidimensional arbeiten, wobei der Raum entweder als Kontinuum verstanden oder in diskrete Einheiten unterteilt wird. Raumkontinuierliche Modelle finden beispielsweise bei der Berechnung der Ausbreitung von chemischen Verbindungen bzw. Schadstoffen im Boden oder in Gewässern Anwendung. Die mathematische Beschreibung erfolgt mit partiellen Differentialgleichungen, in denen die Entwicklung der Zustandsgrößen neben der Zeit auch von den Raumkoordinaten abhängig ist. Demgegenüber unterteilen raumdiskrete Modelle den Raum in voneinander klar getrennte Einheiten, beispielsweise rechteckige Zellen, die in ihrer Gesamtheit ein Raster bilden. Beispiele aus der Ökologie umfassen Ausbreitungsmodelle für Blütenpollen oder von Buschbränden. Ein wichtiger mathematischer Ansatz zur raumdiskreten Modellierung sind Zellularautomaten [3.29].

Die meisten der aufgeführten Beispiele gehen davon aus, dass das Modell unter gleichen Anfangs- und Randbedingungen auch gleiche Ergebnisse liefert, sich also deterministisch verhält. Zufällige Veränderungen von Modellelementen oder Eingangsgrößen werden mit stochastischen Modellansätzen betrachtet. Dies kann nützlich sein, wenn das

Verhalten eines Systemelements (z. B. aufgrund fehlender Beobachtungen) nicht vollständig beschrieben oder verstanden wird. Als Beispiel kann die Modellierung der Ausbreitung von Buschbränden dienen [3.30]. Grundannahme ist, dass die Ausbreitung des Feuers zum überwiegenden Teil in Windrichtung erfolgt. Nichtsdestotrotz besteht eine kleine Wahrscheinlichkeit, dass sich das Feuer auch in eine andere Richtung ausbreiten kann (u. a. durch kleinste Verwirbelungen der Luft in der bodennahen Atmosphäre, die nicht modelliert werden). Stochastische Modelle liefen entsprechend für jeden Simulationslauf ein anderes Ergebnis. Deshalb ist eine große Anzahl von Läufen notwendig, um das statistische Verhalten des Modells abzubilden und analysieren zu können. Das Ergebnis ist also eine statistische Verteilung von Werten und kein Einzelwert.

3.5.3 Modellbildung

Üblicherweise werden die nachfolgend diskutierten vier Arbeitsschritte zur Entwicklung eines Modells unterschieden [3.25, 3.27]. Ausgangspunkt ist eine umfassende Analyse und damit Kenntnis des abzubildenden Systems. Die Entwicklung eines Modells ist dabei in der Regel kein linearer Prozess, sondern durch mehrere Iterationsstufen gekennzeichnet, in denen das Modell sukzessive verfeinert wird.

Entwicklung Modellkonzept. Die Modellbildung ist ein problemgetriebener Prozess. Entsprechend sind im ersten Schritt der Modellzweck und die Fragestellung, für die das Modell genutzt werden soll, zu identifizieren. Modelle können unterschiedlichen Zwecken dienen. Zunächst ist dies die Prognose und Entscheidungshilfe. Durch Veränderung von Randbedingungen in den Modellexperimenten können Aussagen über die künftige Entwicklung des Systems abgeleitet werden (z. B. die Reaktion auf exogene Störungen). Diese Erkenntnisse können dann die Grundlage für Entscheidungen zur Beeinflussung oder Manipulation des Systems geben. Weitere Anwendungsfälle in den Umweltwissenschaften sind der Erkenntnisgewinn über gezielte Beobachtungen von Zustandsgrößen des Modells sowie die Optimierung des Modells, um ein gewünschtes Verhalten zu erzielen (z. B. im Zuge einer effizienteren Ressourcennutzung). Eng mit dem Modellzweck verbunden ist die Definition einer Fragestellung, die mit dem Modell beantwortet werden soll und damit auch welche Informationen für potenzielle Nutzer aus den Modellergebnissen abgeleitet werden müssen. Diese Anforderungen beeinflussen die Wahl der Systemgrenzen und der abgebildeten Systemelemente ebenso wie die zeitliche und räumliche Auflösung des Modells.

Der nächste Schritt ist eine verbale Beschreibung durch ein Wortmodell. Beim Aufbau von systembeschreibenden Modellen wird dieses anschließend in eine graphische Repräsentation der abgebildeten Wirkstruktur überführt (z. B. in Form von Blockdiagrammen oder Wirkungsgraphen). Auf der Ebene der Wirkungsgraphen ist bereits eine erste qualitative Analyse des Modellverhaltens möglich (z. B. ob verstärkende oder abschwächende Rückkopplungen vorhanden sind). Abbildung 3.12 zeigt exemplarisch einen Wirkungs-

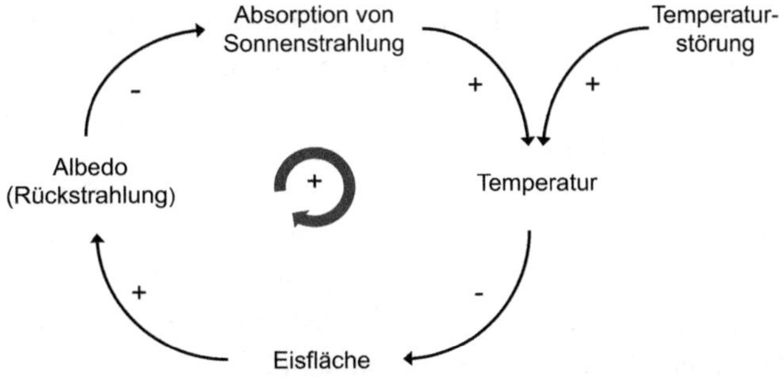

Abb. 3.12 Beispiel für einen Wirkungsgraphen (es wird unterschieden zwischen gleich- (+) und gegensinnigen (-) Wirkungen zwischen den Zustandsgrößen; insgesamt gesehen entsteht eine sich verstärkende Rückkopplung) (nach [3.25])

graph für eine sich verstärkende Rückkopplung. Hier führt eine Störung des Klimasystems der Erde, etwa durch anthropogene Treibhausgasemissionen, zu einer Temperaturerhöhung in der Atmosphäre. Dies führt zum Abschmelzen von Eisflächen. Dadurch verringert sich die Albedo der Erde, da die Rückstrahlung des dann anstehenden Bodens geringer ist als die der ehemaligen Eisfläche. Resultat ist eine erhöhte Absorption von Sonnenstrahlung, die wiederum einen weiteren Anstieg der Temperatur nach sich zieht.

Entwicklung und Verifikation eines berechenbaren Modells. In dieser Implementierungsphase erfolgt die Überführung des konzeptionellen Modells in eine mit dem Computer berechenbare (simulierbare) Form. Zentrale Aufgabe ist dabei die Auswahl eines Modelltyps und damit der Form der mathematischen Beschreibung in Abhängigkeit vom Modellzweck und der zu bearbeitenden Fragestellung. Hier ist zu klären, welche Informationen von dem Modell berechnet werden sollen (z. B. Mittel- oder Extremwerte, räumlich explizite Werte, Trends oder Zeitreihen). Weitere wichtige Kriterien für diese Auswahl sind die Verfügbarkeit von Beobachtungsdaten sowie das vorhandene Wissen über Aufbau und Funktionsweise des modellierten Systems (z. B. in Form von wissenschaftlicher Literatur).

Verschiedene Modelle eines Systems können unterschiedliche Strukturen besitzen, wobei sich der Komplexitätsgrad am Modellzweck und an der Fragestellung orientieren sollte. Beispielsweise reicht für eine grobe Abschätzung der Biomasseproduktion ein empirisches Modell unter Umständen aus; sobald aber Fragestellungen über Nährstoffkreisläufe in Pflanze und Boden untersucht werden sollen, müssen diese auch im Modell abgebildet werden (dies führt zu einem höheren Grad der Komplexität). Um verschiedene Hypothesen über Aufbau und Funktionsweise eines Systems zu testen, können alternative Modellstrukturen entworfen und miteinander verglichen werden. Neben dem Aufbau der Modellstruktur spielt die Schätzung der Parameterwerte für die mathematischen Gleichungen des Modells eine tragende Rolle. Ein Weg, diese Parameterwerte zu bestimmen, sind direkte Messungen bzw. die Nutzung von in der wissenschaftlichen Literatur veröffentlichten Daten. Ist dies nicht möglich (z. B. weil die Prozessbeschreibung sehr aggregiert erfolgt oder das Modell eine Black-Box darstellt), kann eine Kalibrierung vorgenommen werden. Hier werden gezielt Parameterkombinationen gesucht, mit denen das Modell gemessene Daten möglichst genau reproduziert.

Insgesamt ist bei der Wahl des Modelltyps und der implementierten Struktur zu beachten, dass die vorhandenen Beobachtungsdaten und das Vorwissen über das System in einem ausgewogenen Verhältnis zur Modellkomplexität stehen. Zum einen muss eine ausreichende Verfügbarkeit von Daten zur Durchführung von Modellexperimenten sowie zur Kalibrierung und Validierung des Modells zur Verfügung stehen. Zum anderen besteht die Gefahr, dass Modelle, die eine große Anzahl von Parametern besitzen, deren Werte nicht durch Beobachtungsdaten abgedeckt werden, eine solch große Anzahl an Freiheitsgraden aufweisen, dass verschiedenste Kombinationen von Parameterwerten zu gleichen Modellergebnissen führen (Äquifinalität).

Weiterer wichtiger Bestandteil der Implementierungsphase ist die Modellverifikation. In diesem Arbeitsschritt wird überprüft, ob ein Modell den zugrundeliegenden Anforderungen entspricht bzw. ob das Simulationsmodell das konzeptionelle Modell korrekt wiedergibt.

Analyse von Modellunsicherheiten. Modelle sind vereinfachte mathematische Abbildungen realer Systeme. Deshalb sind die mit ihnen berechneten Ergebnisse mit Unsicherheiten behaftet. Um die Vertrauenswürdigkeit eines Modells einschätzen zu können, ist eine Analyse dieser Unsicherheiten in qualitativer oder quantitativer Form ein entscheidender Schritt der Modellbildung. Unsicherheiten können die Modelleingabe ebenso wie die Modellstruktur betreffen. Die Gründe hierfür reichen von Fehlern bei der Erhebung und Verarbeitung von Beobachtungsdaten und damit bei der Bestimmung von Eingabegrößen und Modellparametern bis hin zu unvollständigem Wissen über die Wirkstruktur des abgebildeten Systems. Eine weitere Unsicherheitsquelle sind die Anfangs- und Rahmenbedingungen, für die eine Modellstudie durchgeführt wird [3.27]. Fehler, die durch diese Unsicherheiten entstehen, können sich in komplexen oder miteinander verknüpften Modellen fortpflanzen und damit kaskadenartig vergrößern. Ein Beispiel ist die Analyse der Auswirkungen des anthropogenen Klimawandels auf das Abflussverhalten eines Flusseinzugsgebiets. Hier werden ein Klimamodell und ein hydrologisches Modell gekoppelt. Unsicherheiten des Klimamodells werden an das hydrologische Modell weitergegeben und dadurch dessen Unsicherheiten verstärkt. Während bei einfachen Modellen diese Fehlerfortpflanzung berechnet werden kann, ist dies bei zunehmender Komplexität oder bei gekoppelten Modellen, die keine geschlossene mathematische Beschreibung besitzen, in der Regel nicht möglich.

An diesem Problempunkt setzt die qualitative Analyse von Unsicherheiten an, die mögliche Quellen identifiziert und diese dann in einer verbalen Beschreibung zusammenfasst. Beispielsweise können Unsicherheiten bei der Bewertung der Wirkung externer Störungen der globalen Strahlungsbilanz des Klimasystems, etwa durch Treibhausgase, aus dem aktuellen Stand des wissenschaftlichen Verständnisses abgeleitet werden. Dazu wird geprüft, ob Hypothesen bereits mit Messwerten unterlegt werden konnten bzw. inwieweit in der wissenschaftlichen Literatur ein Konsens über bestimmte Sachverhalte besteht [3.31].

Methoden zur quantitativen Untersuchung von Unsicherheiten durch Modellparameter und Eingabegrößen umfassen die Unsicherheits- und Sensitivitätsanalyse [3.32].

- Bei der Unsicherheitsanalyse werden die Werte von verschiedenen Eingabegrößen bzw. Modellparametern systematisch verändert. Der mögliche Wertebereich für jede dieser Größen wird über eine Wahrscheinlichkeitsverteilungsfunktion als möglicher Input für das Modell definiert. Anschließend werden Kombinationen von Werten ermittelt, mit denen das Modell jeweils gestartet wird. Zur Ermittlung der Wertekombinationen existieren verschiedene statistische Verfahren (z. B. Monte-Carlo-Analyse). Ergebnis dieser Analyse ist wiederum eine statistische Verteilungsfunktion der Modellausgaben, welche die Unsicherheiten der Eingabegrößen widerspiegelt. Hiermit sind Aussagen über den Wertebereich der Modellergebnisse ebenso möglich wie über deren statistische Eigenschaften (z. B. Mittelwert und Standardabweichung).
- Die Sensitivitätsanalyse hat die Aufgabe zu ermitteln, inwieweit sich die Variation eines Parameters oder einer Eingabegröße auf das Modellergebnis auswirkt. Dabei wird eine Größe als sensitiv eingestuft, wenn schon kleine Veränderungen das Modellergebnis stark beeinflussen. Die Durchführung erfolgt durch die schrittweise Veränderung der untersuchten Größe, während alle anderen Größen konstant bleiben. Eine andere Möglichkeit ist die Ableitung der Sensitivität aus den Ergebnissen einer Unsicherheitsanalyse, beispielsweise über den Fourier Amplitude Sensitivity Test (FAST) [3.33]. Aussage ist hier, welchen Anteil jede Eingabegröße bzw. jeder getestete Parameter an der statistischen Varianz der im Rahmen der Unsicherheitsanalyse erzeugten Modellergebnisse hat. Implikationen haben die Ergebnisse der Sensitivitätsanalyse beispielsweise auf die erforderliche Genauigkeit bei der Erhebung von Messwerten, die zur Parametrisierung eines Modells bzw. als Eingabegrößen genutzt werden. Hier sollte ein besonderes Augenmerk auf sensitive Größen gelegt werden, da sich in diesen Fällen fehlerhafte Messwerte stark auf das Modellergebnis auswirken können. Weiterhin können aus der Sensitivitätsanalyse wertvolle Erkenntnisse zur Identifizierung geeigneter Parameter zur Modellkalibration gewonnen werden.

Eine Möglichkeit zur Analyse von Unsicherheiten in der Struktur von Modellen stellen sogenannte „Modell-Ensembles“ dar. Beispiele hierzu finden sich in der Klimamodellierung [3.34]. Hier werden mehrere Modelle mit verschiedenen Strukturen und mathematischen Beschreibungen (Ensemble-Mitglieder) mit gleichen Eingabegrößen (z. B. den zeitlichen Verlauf der CO_2-Konzentration in der Atmosphäre) analysiert. Zusätzlich können sich die Ensemblemitglieder in ihren Anfangsbedingungen bzw. in der Parametrisierung voneinander unterscheiden. Ergebnis ist auch hier anlog zur Unsicherheitsanalyse eine statistische Verteilung von Ergebnisgrößen (z. B. Temperatur, Niederschlag), welche gewissermaßen die Diversität des aktuellen wissenschaftlichen Erkenntnisstands repräsentiert.

Modellevaluation. Aufgabe der Modellevaluation oder Gültigkeitsprüfung ist es zu untersuchen, ob ein Modell dazu geeignet ist, die Fragestellung, für die es entwickelt wurde, zu beantworten. Der Begriff der „Modellvalidierung“ ist dabei definiert als Methode zur Überprüfung der hinreichenden Übereinstimmung von Modell und System (Realität)

[3.28]. Dabei ist sicherzustellen, „dass das Modell das Verhalten des Originalsystems im Hinblick auf die Untersuchungsziele genau genug und fehlerfrei widerspiegelt [3.35]“. Die Modellevaluation umfasst Fragen der Verhaltensgültigkeit, der empirischen Gültigkeit sowie der Anwendungsgültigkeit [3.25].

- Die Verhaltensgültigkeit bezeichnet eine qualitative Untersuchung, ob das Modellverhalten dem zu erwarteten Verhalten des Systems entspricht (d. h. Test gegen wissenschaftliche Hypothesen oder Theorien). Dies kann beispielsweise durch Experten oder anhand wissenschaftlicher Literatur erfolgen.
- Eine Prüfung der empirischen Gültigkeit umfasst quantitative Analysen zum Vergleich zwischen Modellergebnissen und Beobachtungsdaten [3.36]. Entsprechend des vorher definierten Untersuchungsziels können hier verschiedene Vergleichswerte genutzt werden (z. B. Mittelwerte, Extremwerte, Charakteristik von Zeitreihen). Ein hydrologisches Modell für das Abflussverhalten eines Flusses über den Jahresverlauf kann beispielsweise an Datenreihen von mittleren Pegelständen validiert werden, während ein Modell für Hochwasserereignisse eher im Bereich der Extremereignisse gute Ergebnisse liefern sollte. Wichtig ist, dass der Vergleich mit einem Datensatz erfolgt, der nicht für die Modellentwicklung bzw. Kalibrierung verwendet wurde. Dabei werden zwei Gruppen von Techniken zur empirischen Validierung von Modellen unterschieden [3.36]. Die erste Gruppe umfasst Abweichungsmaße, um den Differenz zwischen simulierten und beobachteten Daten darzustellen; Beispiele zur Anwendung auf numerische Datensätze sind der mittlere absolute Fehler oder der mittlere absolute Fehler in Prozent bzw. in Bezug zum Mittelwert. In der zweiten Gruppe finden sich statistische Tests (u. a. Modelleffizienz, t-Test).
- Durch die Prüfung der Anwendungsgültigkeit soll der Nachweis erbracht werden, dass die Modellergebnisse bzw. der durch das Modell geleistete Erkenntnisgewinn den Anforderungen der Modellanwender in Hinblick auf das ursprünglich formulierte Untersuchungsziel genügt. Gerade bei komplexen, disziplinübergreifenden Modellen ist die datenorientierte Validierung oftmals schwierig. Anwendungsgültigkeit umfasst Analysen der Sensitivität des Modells gegenüber plausiblen Änderungen von Eingabeparametern (z. B. in einer Szenarioanalyse), Test alternativer Modellstrukturen sowie die transparente Gestaltung des Modellbildungsprozesses [3.27]. Dies sind eher subjektive Kriterien. Auch ist sicherzustellen, dass die Modellausgaben inhaltlich für den Anwender nutzbar sind und die notwendigen Informationen zur Beantwortung der gegebenen Fragestellung erzeugt werden.

3.5.4 Modellanwendung

Nachfolgend wird zunächst eine Übersicht über den Aufbau von Modellstudien bzw. Modellexperimenten gegeben (d. h. über den Rahmen, in dem Modelle angewendet werden können). Anschließend werden Anwendungsbeispiele für verschiedene Modelltypen vorgestellt. Dabei werden exemplarisch empirische Modelle, die Prozesskettenanalyse, dynamische Modelle sowie integrierte Modelle diskutiert.

Aufbau modellbasierter Analysen. Modellbasierte Analysen können mit Laborexperimenten verglichen werden; entsprechend ist ein unterschiedlicher Aufbau möglich. Da ein Experiment aus den drei Elementen Eingangsgrößen, Modell und Ausgangsgrößen aufgebaut ist, werden drei Aufgabenbereiche unterschieden, für die Modelle eingesetzt werden: Entwicklungsanalyse, Eingriffsplanung und Systementwurf [3.25].

- Bei der Entwicklungsanalyse werden das Verhalten sowie die erzeugten Ausgangsgrößen eines bestehenden Modells für verschiedene Eingangsgrößen untersucht. Häufig werden plausible und in sich konsistente Kombinationen von Eingangsgrößen zu „Szenarien“ zusammengefasst. Damit beschreibt jedes Szenario einen möglichen Entwicklungspfad, der dann mit dem Modell analysiert werden kann. Im Umweltkontext werden Szenarien definiert als plausible Annahmen darüber, wie sich ein System in Zukunft entwickeln kann [3.37]. Eine Szenarienanalyse untersucht dabei einen Satz von Szenarien, die jeweils unterschiedliche Zukunftspfade repräsentieren und damit einen Möglichkeitsraum künftiger Entwicklungen aufspannen. Die vergleichende Bewertung der Modellergebnisse erfolgt über einen Satz geeigneter Indikatoren. Ein derartiges Beispiel sind Klimaszenarien [3.31]. Hier werden unterschiedliche sozioökonomische Entwicklungspfade (u. a. Bevölkerung, Bruttosozialprodukt) mit den Emissionen von Treibhausgasen in Verbindung gesetzt. Die sich daraus ergebenden Änderungen der atmosphärischen Konzentrationen dieser Gase dienen dann als Eingabegrößen für Simulationsexperimente mit Klimamodellen.
- Bei der Eingriffsplanung sind neben der Modellstruktur gewünschte Modellausgaben, gewissermaßen als Zielgrößen oder Gütekriterien, vorgegeben. Aufgabe ist es nun, geeignete Kombinationen von Eingangsgrößen bzw. Modellparametern zu finden, mit denen das Modell ein den Zielgrößen entsprechendes Ergebnis erzeugt. Eine Möglichkeit zur Lösung dieser Aufgabe besteht in der Formulierung eines Optimierungsproblems, das dann mit unterschiedlichen heuristischen und numerischen Ansätzen gelöst werden kann. Die Aufgabe erweist sich als komplex, wenn mehrere Gütekriterien vorgegeben werden, die erreicht werden sollen. Ferner muss sichergestellt werden, dass die optimierten Werte für Parameter und Eingangsgrößen in plausiblen Wertebereichen liegen.
- Beim Systementwurf werden Modelle dazu genutzt, um zu analysieren, wie ein System entworfen, verändert oder ergänzt werden muss, um bei gegebenen Eingabegrößen ein gewünschtes Verhalten zu erzielen. Dies kann auf ein Stabilisierungs- bzw. Regelungsproblem zurückgeführt werden [3.25]. Im Umweltbereich könnte eine Aufgabe darin bestehen, einen Flusslauf durch Renaturierung so umzugestalten, dass eine bestimmte ökologisch sinnvolle Überflutungshäufigkeit (Gütekriterium) der Auen bei einer gegebenen Niederschlagszeitreihe (vorgegebene Eingangsgröße) erreicht wird.

Anwendungsbeispiele. Bei den folgenden Anwendungsbeispielen für verschiedene Modelltypen werden exemplarisch empirische Modelle, die Prozesskettenanalyse, dynamische Modelle sowie integrierte Modelle dargestellt.

Empirische Modelle. Empirische Modelle von Umweltsystemen beschreiben den Zusammenhang zwischen einer Anzahl von erklärenden Variablen und einer Zielvariable. Modellierungswerkzeug sind statistische Verfahren (z. B. Regressionsanalyse). Anwendungsbeispiele umfassen die Berechnung von Trophiestufen in Gewässern auf der Basis von Daten über den Chlorophyllgehalt und pH-Wert eines Gewässers [3.38], die Analyse von historischen Klimaänderungen auf Ernteerträge [3.35] sowie die räumliche Abbildung von Entwaldungsprozessen in Brasilien mit Hilfe von Zellularautomaten [3.39]. Empirische Modelle eignen sich für Analysen von historischen Ereignissen sowie des Ist-Zustands. Aussagen über die zukünftige Systementwicklung (Entwicklungsanalyse) unter veränderten Eingangsgrößen sind hingegen nur eingeschränkt möglich, da die Modelle aus gemessenen Daten abgeleitet werden und ihre Gültigkeit daher auf diese Datengrundlage beschränkt ist. Weiterhin wird keine zeitliche Dynamik der betrachteten Größen abgebildet.

Prozesskettenanalyse. Bei der Prozesskettenanalyse handelt es sich um eine Technik zur Erstellung linearer statischer Modelle zur Erfassung von Masse- und Energieströmen, die mit einem bestimmten Produkt bzw. einer Dienstleistung verbunden sind. Ein beliebig komplexes System wird zunächst in endlich viele Teilsysteme unterteilt, die sogenannten Prozesse. Ein Prozess beschreibt dabei einen Vorgang innerhalb eines Systems, durch den Materie, Energie oder Information umgeformt, transportiert oder gespeichert wird [3.40].

Die einzelnen Prozesse können miteinander in Austausch stehen (d. h. die Ausgangsgrößen eines Prozesses können anderen als Eingangsgrößen dienen). Auch steht jeder Prozess mit der Umwelt im Austausch (d. h. es können beispielsweise Schadstoffe in die Atmosphäre emittiert oder Rohstoffe aus der Erde entnommen werden). Die mathematische Beschreibung erfolgt in Form eines relativ einfach lösbaren linearen Gleichungssystems. Entsprechend benötigt ein Prozess zur Herstellung der doppelten Menge eines Produkts auch die doppelte Menge der eingehenden Rohstoffe.

Abbildung 3.13 zeigt exemplarisch eine vereinfachte Prozesskette zur Herstellung von Biogas. Einzelprozesse sind der Anbau von Mais als Energiepflanze, die Lagerung und der Transport des Ernteguts von der Ackerfläche hin zur Biogasanlage, die Fermentation zu Methan sowie die Wandlung in Strom und Wärme. Zwischen den einzelnen Prozessen wird Materie weitergereicht. Biomasse wird zunächst in Methan und dann weiter in verschiedene Energieformen umgewandelt. Zu ihrer Funktion benötigen die Prozesse Energie und geben Stoffe in die Umwelt zurück (z. B. CO_2). An diesem Beispiel zeigt sich die Wichtigkeit der Abgrenzung der Teilsysteme voneinander sowie zwischen dem Gesamtsystem und der Umwelt. So wäre es beispielsweise möglich, den Prozess des Anbaus von Energiepflanzen wiederum in Teilprozesse zu zerlegen (Pflügen, Saat, Ernte) oder die Herstellung von Düngemitteln als neuen Prozess in das Gesamtsystem aufzunehmen.

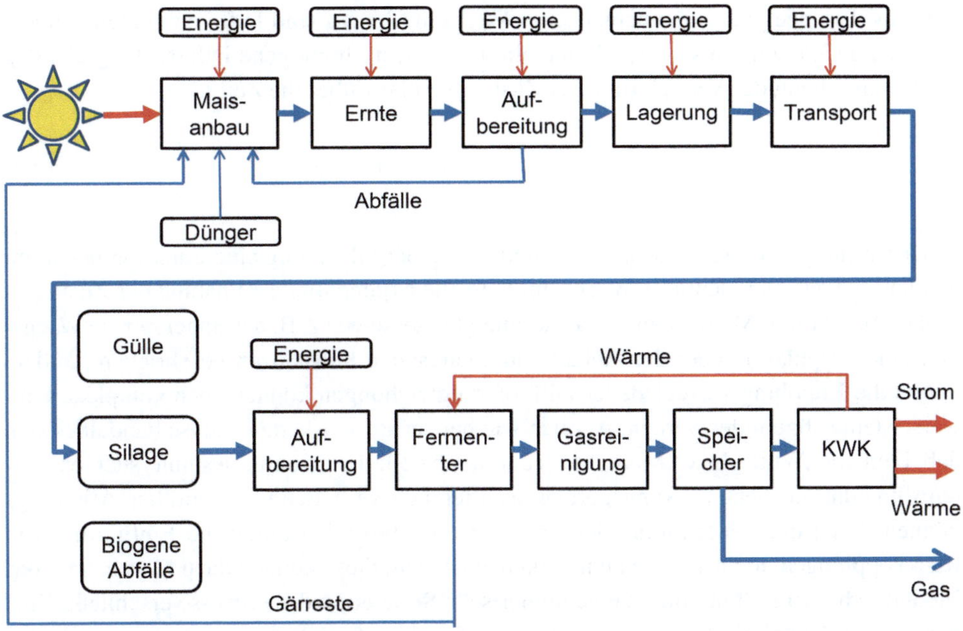

Abb. 3.13 Beispiel einer vereinfachten Prozesskette für die Biogasproduktion

Anwendung findet die Prozesskettenanalyse beispielsweise in der Ökobilanzierung [3.41]. Dort wird sie zur Erstellung von Sachbilanzen genutzt. In diesem Rahmen existieren umfangreiche Datenbanken (z. B. EcoInvent [3.42]), in denen zahlreiche Prozesse mit ihren Eingabe- und Ausgabegrößen beschrieben werden. Beispielhafte Anwendungen reichen von Analysen der Umweltwirkungen von Getränkeverpackungen [3.43] bis hin zu Betrachtungen zur Nutzung von Bioethanol als Treibstoff für Fahrzeuge [3.44].

In Bezug auf die dargestellten modellbasierten Analysemethoden kann die Prozesskettenanalyse für alle drei Typen genutzt werden. So kann in einer Entwicklungsanalyse untersucht werden, welche Umweltwirkungen mit der Herstellung verschiedener Mengen eines Produkts einhergehen. Eine Eingriffsplanung, beispielsweise mit dem Ziel der Verringerung bestimmter Schadstoffemissionen, kann durch die Analyse verschiedener Realisierungen von Einzelprozessen (bei gleicher Struktur der Prozesskette) bzw. der Veränderung der Eingabegrößen ins Gesamtsystem erfolgen. Demgegenüber stellen sich bei einem Systementwurf Fragen nach einer Optimierung der Struktur der Prozesskette (z. B. durch das Einfügen bzw. Eliminieren von Prozessen).

Dynamische Prozessmodelle. Als weiteres Anwendungsbeispiel werden dynamische Modelle zur Abbildung von Prozessen in Umweltsystemen vorgestellt. Wichtigster Unterschied zu der Prozessdefinition aus dem vorangegangen Abschnitt ist hier die Beschreibung der zeitlichen (und räumlichen) Veränderung von Zustandsgrößen des abgebildeten

Systems. Ein geeignetes mathematisches Werkzeug hierzu sind Differentialgleichungen. Gleichung (3.3) zeigt als Beispiel eine einfache lineare homogene Differentialgleichung zur Beschreibung der Veränderung der Zustandsgröße x über die Zeit t.

$$\frac{\mathrm{d}x}{\mathrm{d}t} = kx \quad \text{mit} \quad x(t = 0) = x_0 \tag{3.3}$$

Durch Integration kann als analytische Lösung der Gleichung eine Funktion bestimmt werden, die das exponentielle Wachstum bzw. die exponentielle Abnahme der Zustandsgröße x beschreibt. Mit diesem Ansatz können Prozesse wie z. B. das ungebremste Wachstum einer Population oder der Abbau von chemischen Substanzen beschrieben werden. Durch die Kopplung verschiedener Differentialgleichungen können auch komplexe Umweltsysteme abgebildet werden. Ähnlich wie bei der Prozesskettenanalyse handelt es sich dabei um ein „White-Box"-Modell, das darauf abzielt, die Struktur des untersuchten Systems und das aus dem Wirkungsgefüge resultierende Verhalten nachzubilden. Allerdings können durch die Verknüpfung der Prozesse, im Speziellen durch die Einführung von Rückkopplungen, nicht-lineare Dynamiken entstehen; diese können dazu führen, dass das Modellverhalten sich nur durch eine numerische Simulation der Prozesse erschließt. Eine mathematisch analytische Lösung, wie sie für die obige Gleichung noch bestimmt werden konnte, ist dann in der Regel nicht mehr möglich.

Eine Kategorie dieser dynamischen Ansätze sind Modelle zur Beschreibung der Interaktionen zwischen Pflanze und Boden. Ziel dieser Modelle ist die Simulation des Pflanzenwachstums sowie der Wasser- und Nährstoffflüsse in der Wurzelzone; Beispiele sind die Modelle DAISY [3.45], CENTURY [3.46] und MONICA [3.47]. Zum größten Teil basieren diese Modelle auf mechanistischen Prinzipien; sie integrieren teilweise aber auch empirische Komponenten (d. h. „Grey-Box"-Modelle). Abgebildete Prozesse umfassen Evapotranspiration, Wassertransport im Boden sowie physiologische Prozesse des Pflanzenwachstums (d. h. Wasser- und Nährstoffaufnahme durch die Wurzeln, Photosynthese). Auch wird die menschliche Einflussnahme, beispielsweise durch landwirtschaftliches Management (u. a. Düngung, Pflugeinsatz, Bewässerung) auf Pflanzenwachstum und Stoffkreisläufe abgebildet. Bei den genannten Beispielen handelt es sich um sogenannte Punktmodelle, die lediglich vertikale Transportprozesse abbilden und keine horizontale räumliche Ausdehnung besitzen. So wird in DAISY [3.45] etwa der Wassertransport im Boden eindimensional beschrieben. Ein Ansatz, um Modellaussagen für eine größere geographische Region machen zu können, ist die Unterteilung des Raums in Rasterzellen oder homogene Landschaftsausschnitte, für die dann jeweils repräsentative Modellläufe durchgeführt werden können. Anwendungen reichen von Studien zur biologischen Kohlenstoffspeicherung durch Landnutzungsänderungen (u. a. [3.48]) bis hin zu Analysen der globalen Auswirkungen von künftigen Klimaveränderungen auf Ernteerträge (u. a. [3.49]).

Ein Beispiel für die Kopplung der beschriebenen vertikalen Prozesse mit horizontalen Wassertransport- und Erosionsprozessen auf der Ebene von hydrologischen Einzugsgebieten ist das Modell SWAT [3.50]. Mit diesem Ansatz können beispielsweise Untersuchungen zum diffusen Eintrag von Nährstoffen in Grund- und Oberflächengewässer durchgeführt werden. In engem Zusammenhang damit stehen Ansätze für Analysen zum Umweltverhalten von Chemikalien [3.51].

Weitere exemplarische Anwendungsgebiete der dynamischen Modellierung sind Simulationen von Strömungsprozessen in der Atmosphäre, in Oberflächengewässern oder in Grundwasserleitern. Zur Abbildung derartiger Prozesse werden partielle Differentialgleichungen genutzt, die neben der Zeit auch Veränderungen von Zustandsgrößen im Raum beschreiben. Anwendungen von Atmosphärenmodellen finden sich in der Wettervorhersage sowie in der Klimaforschung, während Grundwassermodelle für Fragestellungen zur nachhaltigen Bewirtschaftung von Grundwasserleitern oder zum Transport von Schadstoffen, die beispielsweise über Altlasten in den Wasserkörper gelangen, genutzt werden können.

Ein Beispiel für die Anwendung dynamischer Pflanzenwachstumsmodelle für Entwicklungsanalysen sind Untersuchungen der Folgen von Klimaänderungen auf Ernteerträge, während Studien zur Eingriffsplanung in diesem Bereich darauf zielen, die Möglichkeiten von Anpassungsmaßnahmen des landwirtschaftlichen Managements, etwa durch den Einsatz von Bewässerungstechnik, zu identifizieren und zu bewerten (u. a. [3.52]).

Integrierte Modelle. Die vorangegangenen Beispiele stellten Modelle zur Analyse von technischen Systemen und Umweltsystemen sowie deren Beeinflussung durch den Menschen (z. B. in Form eines landwirtschaftlichen Managements) vor. Aber auch Gesellschaften werden durch eine sich verändernde Umwelt beeinflusst, sodass Wechselwirkungen zwischen menschlichem Handeln und Umweltprozessen entstehen. Ein Beispiel ist der anthropogene Klimawandel, dessen Auswirkungen auch das menschliche Leben beeinflussen. Das Ziel von integrierten Modellen ist entsprechend die Abbildung von Wechselwirkungen zwischen dem menschlichen Handeln und der Umwelt; d. h. es werden sowohl sozioökonomische Aspekte als auch Umweltprozesse modelliert. Erste Ansätze zu diesem Themenkomplex wurden vom „Club of Rome" in den 1970er Jahren entwickelt [3.53]. Hier wurde beispielsweise das World-3 Modell erarbeitet [3.54], das aus gekoppelten Differentialgleichungen aufgebaut ist und damit in die Kategorie der dynamischen Modelle eingeordnet werden kann. Es umfasst u. a. Teilmodelle für die Bereiche Bevölkerungsentwicklung, Nahrungsmittel und Ressourcennutzung. Die Modellanwendung erfolgt zur Simulation von Szenarien (Entwicklungsanalyse). Wichtigste Aussage der Modellexperimente ist, dass bei einer ungebremsten Ressourcennutzung die Gefahr des Zusammenbruchs der menschlichen Gesellschaft besteht. Das Modell ist allerdings nicht räumlich explizit, sondern generiert Ergebnisse auf globaler Ebene.

Neuere Entwicklungen in diesem Bereich umfassen die sogenannten „integrierten Assessmentmodelle" (IAMs) [3.55]. Ein wichtiger Vertreter ist das IMAGE Modell [3.56, 3.57], das verschiedene prozessbasierte Umweltmodelle (u. a. Klima, Pflanzenwachstum) mit ökonometrischen Modellansätzen für die Bereiche Energie und Agrarwirtschaft koppelt, wobei es räumlich explizit auf einem globalen Raster arbeitet. Anwendung finden integrierte Assessmentmodelle im Bereich der Politikberatung (z. B. bei der Analyse der Folgen eines anthropogenen Klimawandels und bei der Berechnung von Szenarien künftiger Treibhausgasemissionen). Der Experimentaufbau kann damit der Entwicklungsanalyse zugerechnet werden. Es können aber auch Pfade für die Entwicklung von atmosphärischen Treibhausgaskonzentrationen als Ziele vorgegeben werden, die als notwendig erachtet werden, ein bestimmtes Maß der globalen Erwärmung nicht zu überschreiten (Representative Concentration Pathways). Aufgabe der IAMs ist dann die Analyse von sozioökonomischen Konstellationen, die ein Erreichen dieser Vorgaben ermöglichen; damit kann dieser Ansatz als Eingriffsanalyse klassifiziert werden [3.58, 3.59].

3.6 Ökologische Bewertungsansätze

Wilfried Kühling und Liselotte Schebek

Umweltprobleme resultieren aus Veränderungen des Zustands unserer natürlichen Umwelt. Derartige Veränderungen können mit naturwissenschaftlichen Methoden detektiert werden und ihr Verlauf kann mithilfe von Zeitreihen von Messwerten oder über Indikatoren (zum Begriff der Indikatoren siehe Kapitel 2.1) verfolgt werden. Die Frage aber, ob solche Veränderungen bereits ein Umweltproblem darstellen, kann nicht unmittelbar beantwortet werden und umfasst eigentlich zwei Teilfragen.

- Die erste Teilfrage lautet: Gibt es eine Art von Referenzzustand der natürlichen Umwelt, an Hand dessen eine Bewertung von Abweichungen mit naturwissenschaftlichen Methoden möglich ist und in diesem Sinne ein Problem konstatiert werden kann? Die Beschreibung eines solchen Referenzzustandes (d. h. einer dadurch definierten „Qualität“ der Umwelt) ist jedoch alles andere als trivial. Dies ist zunächst darin begründet, dass die natürliche Umwelt nicht statisch ist. Sie ist vielmehr dynamisch; d. h. über kürzere und längere Zeitperioden hinweg stellen sich natürlicherweise Veränderungen von abiotischen und biotischen Randbedingungen ein und in deren Folge verändern sich auch die jeweiligen Ökosysteme. Derartige Veränderungen können evolutionär (z. B. Verlandung von Seen) oder sprunghaft erfolgen (z. B. Waldbrände, Vulkanausbrüche). Hinzu kommt, dass das, was wir heute als natürliche Umwelt in einem Industrieland wie Deutschland wahrnehmen, in großen Teilen eine Kulturlandschaft ist, die erst durch den Einfluss des Menschen geschaffen wurde. Aber auch Bereiche dieser Kulturlandschaften erscheinen heute aus ökologischer Sicht als erhaltenswert im Sinne einer „natürlichen“ Umwelt; ein bekanntes Beispiel dafür ist die Lüneburger Heide. Vor diesem Hintergrund gehen daher die Vorstellungen, welche Natur bzw. welcher natürliche Zustand geschützt werden soll, z. T. weit auseinander. Während hier die Betrachtung von Strukturen zur Beschreibung eines „natürlichen“ Zustands weniger hilfreich ist

(z. B. die Frage, ob ein gepflanzter Fichtenforst Natur ist), lässt sich die Natur anhand von Prozessen eher begreifen: es ist die Dynamik der Lebensprozesse, die in stofflichen Veränderungen, in Stoffwechsel- und Entwicklungsprozessen (z. B. Wachstum, Sukzession) beobachtbar ist und welche die Natur viel treffender beschreiben.

- Die zweite Teilfrage ergibt sich daraus, dass unsere Sicht auf die natürliche Umwelt bestimmt wird von den Interessen der menschlichen Gesellschaft. Beispielsweise wird das Verfassungsziel „Umweltschutz" im Grundgesetz der Bundesrepublik Deutschland (§ 20a GG) wie folgt formuliert: „Der Staat schützt auch in Verantwortung für die künftigen Generationen die natürlichen Lebensgrundlagen und die Tiere im Rahmen der verfassungsmäßigen Ordnung ..." Ein Umweltproblem entsteht demnach also erst dort, wo die Lebensgrundlagen der Gesellschaft beeinträchtigt werden. Wie weit aber ist dieser Begriff der Lebensgrundlagen zu fassen bzw. wie ist er im konkreten Einzelfall zu definieren? Wie wahrscheinlich bzw. wie erheblich muss eine Beeinträchtigung von Lebensgrundlagen sein, um – auch in Konkurrenz mit anderen gesellschaftlichen Zielsetzungen – (kostspielige) Maßnahmen zum Schutz der Umwelt zu rechtfertigen? Wie wird bei konkreten Zielkonflikten entschieden (z. B. zwischen der Erhaltung einer naturnahen Fläche und ihrer wirtschaftlichen Nutzung für Wohnungsbau oder Gewerbe)? Offensichtlich kommen bei solchen Entscheidungen weitere Bewertungsmaßstäbe und Präferenzen, die über ausschließlich naturwissenschaftliche Kriterien hinausgehen, zum Tragen. Trotzdem ist der Begriff der natürlichen Lebensgrundlagen im Kern zunächst durch naturwissenschaftliche Erkenntnisse zu konkretisieren. Die zweite Teilfrage stellt sich daher dahingehend, wie eine Bewertung von Veränderungen im Hinblick auf die Bedrohung von Lebensgrundlagen mit naturwissenschaftlichen Bewertungsansätzen erfolgen kann. Im Hinblick auf die angesprochene Dynamik der Natur stellt sich der Schutz der Umwelt dann als ein Schutz der Prozesse dar, welche Artenvielfalt ebenso ermöglichen wie sauberes Wasser, ein ausgeglichenes Klima etc. – und damit letztlich das, was eine lebenswerte Umwelt und die existentielle Lebensgrundlage der Gesellschaft ausmacht. Ohne bestimmte Funktionen des Ökosystems ist das menschliche Leben auf Dauer nicht vorstellbar. Besonders
  - der Erhalt der Bodenfruchtbarkeit,
  - die Bereitstellung gesunder Nahrungsmittel,
  - ein erträgliches Klima,
  - sauberes Trinkwasser und
  - ein ausgeglichener Wasserhaushalt (weder Dürre noch Überflutung)

  machen einen lebenswerten Lebensraum aus und sind nicht verhandelbar. Die Definition einer nachhaltigen Entwicklung muss dies integrieren: Gesellschaft und Wirtschaft sind auf ein funktionierendes Ökosystem angewiesen, die Natur ist aber nicht von den sozialen und wirtschaftlichen Aspekten abhängig.

Nachfolgend werden diejenigen Bewertungsansätze herausgearbeitet, die primär auf naturwissenschaftlichen Ansätzen und Sichtweisen basieren. Gleichzeitig werden die Schnittstellen zwischen naturwissenschaftlicher Bewertung und anderen gesellschaftlichen Präferenzensetzungen diskutiert.

3.6.1 Bewertungsdilemma

Seit Beginn der Diskussion um den Schutz der Umwelt zu Beginn der 1970er Jahre wird fachlich und politisch darum gerungen, wie die Schutzgüter der Umwelt hinsichtlich ihrer anzustrebenden Qualität zu werten bzw. zu beurteilen sind. Dabei geht es u. a. auch um die Frage, welche noch tolerablen Mindestqualitäten der Umwelt-Schutzgüter mit der Gesellschaft vereinbart bzw. durch sie sichergestellt werden müssen.

In dieser Diskussion um die Umweltqualität wird einerseits eine große Bandbreite hinsichtlich der Belastungen/Qualitätsunterschiede deutlich. Andererseits geht in die Bewertung der Qualität der Umwelt ein Konglomerat aus naturwissenschaftlichen, ökonomischen und sozialpolitischen Faktoren ein. Dies macht diese Diskussion so komplex.

Um eine sachgerechte Herangehensweise zur Lösung von Bewertungsfragen zu erreichen, ist daher zunächst eine Analyse des Bewertungsproblems nötig, damit die wichtigen Variablen erkannt werden. Dann kann ein praktikables Vorgehen unter Einbeziehung fachlicher bzw. gesellschaftlich relevanter Gruppen erarbeitet werden.

Definiert man den Begriff „Bewertung", handelt sich hierbei um die „Überführung der sachlichen Informationen in eine Handlungsempfehlung" [3.61]. Durch diesen Schritt sollen Wirkungen von Stoffen und andere Umwelteinwirkungen im Hinblick auf Mensch und Umwelt bewertet werden, um Entscheidungen über Handlungen möglichst rational und nachvollziehbar zu machen. Werden Grundlagen der Bewertung von Umweltwirkungen herausgearbeitet und mit einer Wertlehre verknüpft, entsteht eine Wertung im Spannungsfeld zwischen einem wertenden Subjekt (Entscheidungsträger, auch als Wertebene bezeichnet) und der Sacherkenntnis (der Sachebene, z. B. ein Schutzgut wie u. a. die Umwelt oder die menschliche Gesundheit, Abb. 3.14) [3.62].

Das Bewertungsproblem zur Bestimmung der angestrebten Qualität der Umwelt entsteht dadurch, dass die erwünschte oder noch akzeptierte Umweltqualität von verschie-

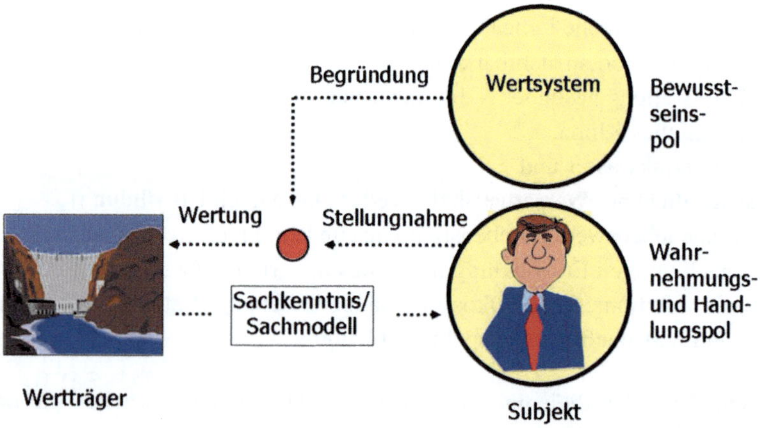

Abb. 3.14 Grundmodell der Bewertung (nach [3.62])

denen Individuen oder auch gesellschaftlichen Gruppen sehr unterschiedlich eingeschätzt wird. Die oft kontroverse Diskussion über ein noch tolerables Risiko oder eine noch hinnehmbare Belastung entsteht insbesondere dadurch, dass bei der Umsetzung der komplexen naturwissenschaftlichen Erkenntnisse in eine einfach zu handhabende Entscheidung über Maßnahmen die beiden Urteilsebenen der Sach- und Wertebene nicht genügend unterschieden werden.

- Sachebene. Ist fachlich geklärt, wer oder was hinsichtlich seiner Qualität betrachtet und geschützt werden soll, muss zunächst im Sinne einer Analyse die Wirkung einer Maßnahme oder Schadkomponente auf das oder die betrachteten Schutzgüter beurteilt werden. Dabei handelt es sich um vorrangig sachliche oder wissenschaftliche Aussagen, die aber in starkem Maße vom vorliegenden Erkenntnisstand und auch von der „wissenschaftlichen Schule" der Beurteilenden abhängen (mit z. T. weit auseinander liegenden Einschätzungen).
- Wertebene. Die Wirkungen werden anschließend bewertet im Hinblick darauf, ob und welche individuellen und gesellschaftlichen Folgen damit verbunden sind. Hierbei handelt es sich um eine vorwiegend subjektiv- oder gruppenspezifisch-wertende Aussage.

Das Bewertungsergebnis und die daraus folgenden Handlungen entstehen somit in der Regel durch einen Prozess der gesellschaftlichen Entscheidungsfindung (d. h. Abwägung), in dem sich die zugrunde liegenden Sach- und Wertaussagen oft nur schwer zurückverfolgen bzw. isolieren lassen. Die Entscheidung entsteht letztlich aus einem Konglomerat sehr verschiedener Werturteile, was auch als „Bewertungsdilemma" bezeichnet werden kann (Abb. 3.15) [3.63]. Je nach betroffenem Subjekt wird das Ergebnis dann akzeptiert, wenn das persönliche Werturteil über das Ergebnis zufrieden stellend ist. Ein Ergebnis wird abgelehnt, wenn das persönliche Werturteil über die sachlichen Erkenntnisse ein anderes ist.

Entscheidungsprozesse beinhalten also die vielschichtige Werthaltung der beteiligten Akteure, da bei jeder Überführung von Beurteilungen in Entscheidungen in mehr oder weniger großem Maße subjektive Entscheidungselemente zum Tragen kommen [3.64]. Diese subjektive Werthaltung beginnt bereits bei der Wahrnehmung der Begriffe „Gesundheit" oder „Umwelt" und endet bei der Frage einer gesellschaftlich konsensfähigen Risiko- oder Belastungsdefinition bei einer Beanspruchung von Umwelt- und Lebensqualität. Hinzu kommen grundsätzliche Fragen und Probleme der Unterscheidung zwischen Analyse und Bewertung (siehe oben). Als Ergebnis einer solchen Güterabwägung entstehen zumeist *Mindestanforderungen* an die zu erreichende Umweltqualität, die nur den kleinsten gemeinsamen Nenner widerspiegeln. Damit wird ein erforderlicher Mindestschutz vor möglichen Schadwirkungen erreicht. Ein „ökologischer" Bewertungsmaßstab wird dagegen weitgehend frei sein müssen von anderen Belangen/Interessen (beispielsweise soziale oder ökonomische Aspekte).

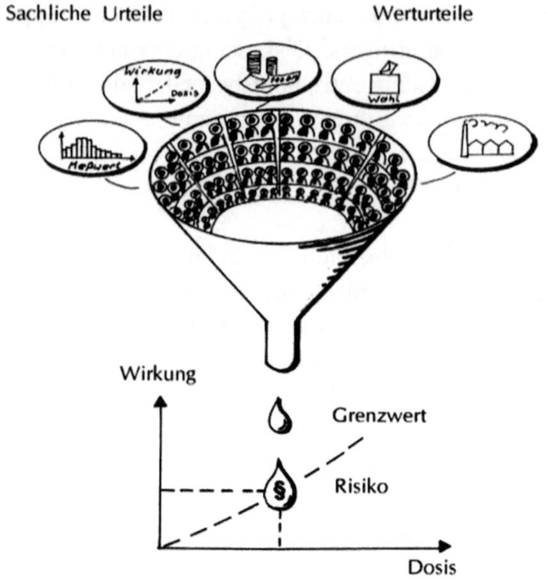

Abb. 3.15 Das Bewertungsdilemma am Beispiel der Standardsetzung für Umweltgrenzwerte (nach [3.63])

3.6.2 Schutzgüter

Demnach ist vor der Diskussion über den Schutz der Umwelt zu konkretisieren, was denn eigentlich genau geschützt und gegen was es geschützt werden soll.

Im Hinblick auf den Schutz der Umwelt und die Umweltvorsorge ist zunächst zu spezifizieren, welche Objekte und/oder Sachverhalte hierunter fallen. Hier hat sich der in § 2 Abs. 1 UVPG (Gesetz über die Umweltverträglichkeitsprüfung) verwendete Begriff der Schutzgüter durchgesetzt, der im Laufe der letzten Jahre begrifflich geschärft und ergänzt wurde. So wurde beispielsweise bei Planverfahren häufig der Mensch lediglich unter dem Aspekt des Wohnens oder der Freizeit betrachtet, aber nicht hinsichtlich seiner Gesundheit. Das führte dazu, dass Forderungen nach einer ergänzenden „Gesundheitsverträglichkeitsprüfung“ von Seiten gesundheitlicher Institutionen laut wurden. Erst durch die gesetzliche Ausdifferenzierung des Schutzgutes „Mensch“ hinsichtlich der Formulierung „einschließlich der menschlichen Gesundheit“ wird nunmehr deutlich, dass hier auch der Organismus selbst als Schutzgut betrachtet werden muss. Aktuell umfassen die Schutzgüter folgende „Faktoren“ (Begriff gemäß UVP-Richtlinie 2014/52/EU vom 16. April 2014).

- Bevölkerung und menschliche Gesundheit,
- biologische Vielfalt,
- Fläche, Boden, Wasser, Luft und Klima,
- Sachgüter, kulturelles Erbe und Landschaft,
- Wechselbeziehung zwischen den genannten Faktoren,
- Auswirkungen aufgrund der Anfälligkeit für schwere Unfälle und/oder Katastrophen.

Durch die Überführung dieser Schutzgüter in die zentralen Umweltgesetze kommt ihnen eine generelle Bedeutung zu, so dass man im europäischen und nationalen Kontext von einer abschließenden Definition sprechen kann, was alles zu dem Begriff „Umwelt“ zählt. Wenn bei der Zulassung von Vorhaben oder bei Plänen und Programmen eine Umweltbewertung erfolgt, wird sie auf diese Schutzgüter abstellen müssen.

3.6.3 Schutzkonzepte

Schutzkonzepte können an unterschiedlichen Punkten ansetzen; sie können sich an den Einwirkungen und an der Vorsorge und Gefahrenabwehr orientieren. Beides wird nachfolgend sowohl einzeln als auch vergleichend diskutiert.

Die Eingriffe des Menschen in die Umwelt sind vielfältig.

Zum einen umfassen sie direkte Maßnahmen (z. B. Roden eines Waldes, Jagen von Tieren, Versiegelung von Flächen für Verkehrswege). Hier findet meist ein wesentlicher Teil der Auswirkungen auf die Umwelt im direkten Umfeld des Eingriffes statt.

Zum anderen entstehen viele Beeinträchtigung der Umwelt aber auch dadurch, dass Stoffe in die Umwelt abgegeben werden (z. B. in Form von Abgasen, Abwasser, Ausbringung auf den Boden); d. h. Umweltbeeinträchtigungen entstehen indirekt. Unter diesen Bedingungen können der Ort der Abgabe in die Umwelt und der Ort, an dem Wirkungen auf die Umwelt entstehen, ggf. weit voneinander entfernt sein. Um derartige Effekte zu beschreiben, werden der Schadstoffausstoß, der Schadstofftransport und der Schadstoffeintrag unterschieden (Abb. 3.16).

- Der Schadstoffausstoß (d. h. Emission) umfasst alle Aussendungen von chemischen, biologischen und physikalischen Komponenten.
- Die Ausbreitung (d. h. Transport) von Emissionen wird als Transmission bezeichnet. Während der Ausbreitung kann es z. B. bei Luftschadstoffen in der Atmosphäre induziert durch die Sonnenstrahlung zu chemischen Umsetzungen kommen, die in der Atmosphärenchemie untersucht und charakterisiert werden.

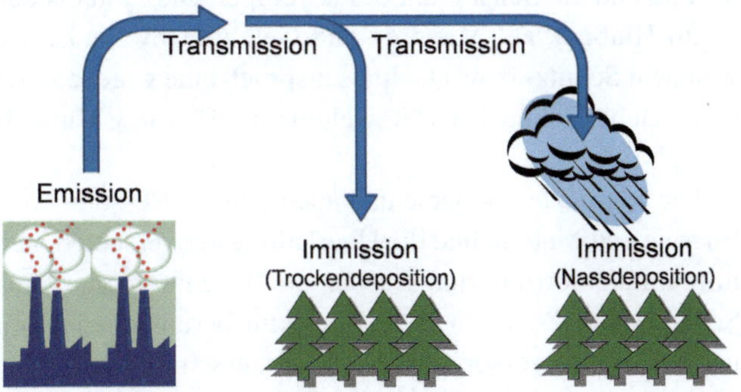

Abb. 3.16 Emission, Transmission und Immission

- Als Immission wird die Einwirkung am Ort ihrer Wirkung bezeichnet (z. B. in der bodennahen Luft). Darüber hinaus können sich Einwirkungen auf Mensch oder Umwelt durch die Absetzung von Schadstoffen aus der Atmosphäre einstellen; man spricht hier von Nass- oder Trockendeposition.

Konzepte zur Regelung bzw. Begrenzung von Eingriffen in die Umwelt unterscheiden sich hinsichtlich ihrer Orientierung auf einen „Eingriffspunkt". So kann die verursachende Handlung geregelt werden. Beispielsweise können bei direkten Eingriffen Verbote des Jagens oder des Holzeinschlags ausgesprochen werden und bei Stofffreisetzungen kann man die Emissionen beim Verursacher regeln (z. B. durch Grenzwerte für Konzentrationen oder Frachten). Alternativ kann man sich auf die ökologische Wirkung konzentrieren (d. h. welche Zielwerte gibt es beispielsweise für den Bestand einer Population und welche Immissionskonzentrationen müssen für deren Einhaltung gewährleistet werden).

Diese unterschiedlichen Konzepte im Hinblick auf den „Eingriffspunkt" der staatlichen Regulierung sind u. a. in der Geschichte der Luftreinhaltung zu verfolgen. Den zu Beginn der Umweltpolitik in den 1970er Jahren existierenden Problemen (z. B. im Hinblick auf Schwefeldioxid- und Stickstoffoxidemissionen) begegnete man zunächst mit dem Konzept des Standes der Technik (engl. Best Available Technology, BAT); d. h., für viele Schadstoffe wurde die nach dem Stand der Technik bestmögliche Emissionsreduzierung an der Quelle (d. h. beim Verursacher) als Standard festgelegt. Dieser Ansatz wurde jedoch schon früh auch in Frage gestellt [3.66]; durch das 1. SO_2-Protokoll wurde die Zielsetzung verfolgt, die Emissionen in den Vertragsstaaten bis 1993 um 30 % zu vermindern. Dies bedeutete erhebliche Kosten für die Emissionsminderung. Gleichzeitig wurde kritisiert, dass ökologische Rezeptoren und ihre spezifischen Belastungsgrenzen nicht berücksichtigt wurden, da gezeigt werden konnte, dass auch bei Einhaltung des Standes der Technik der Anteil des versauerten Waldbodens zunahm [3.66].

Aus derartigen Befunden wurde deutlich, dass Maßstäbe zur Belastbarkeit von Ökosystemen erforderlich sind, an denen sich Maßnahmen zur Schadstoffreduzierung orientieren. Derartige Konzepte sind abgeleitet aus wissenschaftlichen Erkenntnissen zum Zusammenwirken zwischen einem Schadstoff und den wichtigen ökologischen Rezeptoren. Im Ergebnis werden daraus spezifische Belastungsgrenzen bestimmt, wobei die bisherige Belastung und die Sensitivität des jeweiligen Ökosystems berücksichtigt werden müssen.

Im Hinblick auf Vorsorge und Gefahrenabwehr ist als zentrale Frage zu klären, mit welchem Schutz- bzw. Qualitätsanspruch eine gegebene Umweltsituation zu beurteilen ist und welche (zukünftige) Umweltqualität für diese Umweltschutzgüter angestrebt werden soll.

Die begrenzte regionale und auch globale Ressourcenausstattung unseres Planeten mit Energie und Materie und die Überladung der verschiedenen natürlichen Systeme (Senken) mit Abfällen erforderten seit den 1970er Jahren eine Umkehr vom reaktiven Schutz vor Schäden und Gefahren (d. h. Korrektur bereits eingetretener Umweltschäden) hin zu einer wirksamen vorsorgenden und vorausschauenden Planung der Umweltqualität. Dabei vermochten die in Deutschland eingesetzten Instrumente eine grundsätzliche Trendwende nur in einigen Fällen einzuleiten, da es offensichtlich an wirksamen Sollgrößen zur Beurteilung der Umweltqualität mangelt. Folgende Arbeitsbereiche lassen sich seitdem im deutschen Gefahren- und Sicherheitsrecht unterscheiden.

- Der (Umwelt-)Schaden als eine negativ bewertete und von der Gesellschaft nicht tolerierbare Folge eines Ereignisses oder einer Handlung ist nach ordnungsrechtlichen Anforderungen (z. B. nach dem Verursacherprinzip) zu beseitigen. Beispiele hierfür sind die erforderliche Sanierung von mit Schadstoffen belasteten Böden (d. h. Altlasten), die gesundheitliche Schäden von Anwohnern hervorrufen oder das Grundwasser verschmutzen. Auch die nachträgliche Anordnung von betrieblichen Maßnahmen durch die Genehmigungsbehörden bei der Überschreitung von vor (potenziellen) Gefahren schützenden Grenzwerten zählt hierzu. Sanierungsziel ist die Einhaltung des Schutzes vor Gefahren (z. B. quantifiziert durch einen Schutzstandard).
- Mit „Gefahr" wird ein Zustand, Umstand oder Vorgang beschrieben, aus dem mit hinreichender Wahrscheinlichkeit ein erheblicher Schaden für Mensch, Umwelt oder andere Schutzgüter entstehen kann. Aus dem Zusammenspiel von hoher Wahrscheinlichkeit und erheblicher Intensität ist also ein Risiko definiert, welches unterbunden werden muss. Meist werden hierzu Schutznormen/-standards dadurch ermittelt, dass die belegbaren Effekte schädigender Wirkungen durch einen Sicherheitsfaktor ausgeschlossen werden (sollen); beispielsweise wird bei der Genehmigung und Planfeststellung von Vorhaben die zulässige Umweltqualität nach diesen Normen beurteilt. Damit ist aber noch nicht gewährleistet, dass alle Risiken ausgeschlossen sind bzw. ausreichende Vorsorge vor Schäden erreicht ist.
- Das Vorsorgeprinzip ist einer der Grundsätze der Umweltpolitik. Es verfolgt über die Schadensbeseitigung und Gefahrenabwehr (d. h. Schutzgrundsatz) hinaus, dass eine potenziell umweltbelastende Verhaltensweise unterbunden werden soll, wenn ihre Umweltschädlichkeit nicht unwahrscheinlich oder denkbar ist. Es geht also darum, theoretisch mögliche bzw. vermutete und nicht wie bei der Gefahrenabwehr hinreichend wahrscheinliche Umweltschäden zu vermeiden (z. B. Vorsorgegrundsatz nach BImSchG oder die wirksame Umweltvorsorge nach UVPG). Damit sind auch solche Schadensmöglichkeiten in Betracht zu ziehen, für die noch keine Gefahr, sondern nur ein Gefahrenverdacht oder ein Besorgnispotenzial besteht. Umweltgefahren oder -schäden sollen möglichst gar nicht erst eintreten können.

Abbildung 3.17 stellt die Verortung von Vorsorge und Gefahrenabwehr dar, deren nähere Unterscheidung nachfolgend diskutiert wird.

Die Grundsätze des Umweltschutzes und der Umweltvorsorge sind hinsichtlich ihres Schutz- bzw. Vorsorgeanspruchs und den daraus folgenden unterschiedlichen Wertmaßstäben in der Umweltpolitik von zentraler Bedeutung. Beide Grundsätze sind Gegenstand nationaler wie internationaler Rechtsvorschriften und in ihrer generellen Einordnung europaweit weitgehend identisch.

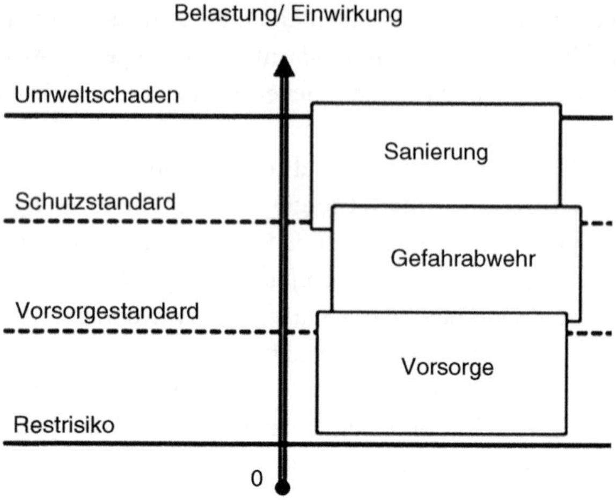

Abb. 3.17 Bereiche der Umweltpolitik und Umweltplanung

Mit dem Maßstab des Gefahrenschutzes bzw. der Gefahrenabwehr werden hinreichend wahrscheinliche Gefahren unterhalb einer Schädlichkeitsgrenze (meist um einen Sicherheitsabstand davon entfernt) abgewehrt oder vermieden. Damit sind die Aufgaben der Polizei- und Ordnungsbehörden nach dem Polizei- und Ordnungsrecht angesprochen. Die Aufgabe der Gefahrenabwehr verpflichtet diese Behörden, drohende Gefahren für die Allgemeinheit oder den Einzelnen abzuwehren bzw. Störungen für die öffentliche Sicherheit und Ordnung zu beseitigen. Wegen der rechtlich meist starken Eingriffe oder aufgrund der hohen Investitionsvolumen bei der Planung von Vorhaben erfordert die Festlegung eines Bewertungsmaßstabes/eines Bewertungsstandards in der Regel einen wissenschaftlich begründbaren Zusammenhang zwischen Ursache und Wirkung. Oft wird hier auch ein kausal erklärbarer Wirkungszusammenhang gefordert. Typische Instrumente sind im Umweltbereich die ordnungsrechtlichen Instrumentarien wie Erlaubnisse, Genehmigungen, Verbote (mit Erlaubnisvorbehalt), die sich in den verschiedenen Gesetzen, Verordnungen und technischen Anleitungen finden.

Die Vorsorge ist von diesen Arbeitsbereichen des Umweltschutzes bzw. der Umweltpolitik zu unterscheiden. Vorsorge gegen Umweltbelastungen wird als zentrale Aufgabe der Umweltpolitik verstanden [3.67] und ist als Staatsziel im Grundgesetz verankert. Vorsorgender Umweltschutz als aktive Politik zur langfristigen Sicherung der natürlichen Ressourcen und zur Verbesserung der Umweltqualität ist damit Planungsaufgabe des Staates und spricht insbesondere die Bereiche Raumordnung, Stadtentwicklung, Fachplanungen und Umweltschutzfachplanungen an [3.68]. Das Vorsorgeprinzip ist Teil der umweltpolitischen „Prinzipientrias" von Vorsorgeprinzip, Verursacherprinzip und Kooperationsprinzip [3.69].

Vorsorge erschöpft sich nicht in der Anwendung gesetzlicher Standards. Hier werden weitergehende Anforderungen im Rahmen der Umweltprüfungen gestellt. Im Folgenden wird deshalb am Beispiel der Umwelt(verträglichkeits)prüfung die anzustrebende Vorsorge näher eingegrenzt. Neben verschiedenen fachlichen Interpretationen des Vorsorgebegriffes [3.67, 3.70] hat das Bundesverwaltungsgericht (Urteil vom 19. Dezember 1985, 7 C 65.82) herausgestellt: Es müssen „auch solche Schadensmöglichkeiten in Betracht gezogen werden, (...) (für die noch) keine Gefahr, sondern nur ein Gefahrenverdacht oder ein Besorgnispotenzial besteht."

Aufgrund der rechtlichen Definition geht es bei der Vorsorge also stets auch darum, theoretisch mögliche bzw. begründet vermutete – und nicht (wie bei der Gefahrenabwehr) lediglich hinreichend wahrscheinliche – Umweltschäden zu vermeiden. Daraus können folgende Schlussfolgerungen gezogen werden.

- Vorsorge meint, dass schon vor der Schädlichkeitsgrenze einem Schädlichkeitsverdacht vorgebeugt werden soll.
- Vorsorge verlangt nach einem ausreichenden Sicherheitsabstand von der Schädlichkeitsgrenze.
- Vorsorge tritt ein, wenn bei zeitlich entfernten Risiken der spätere Schadenseintritt nicht mit hinreichender Wahrscheinlichkeit ausgeschlossen werden kann oder eine geringere Eintrittswahrscheinlichkeit vorliegt.
- Vorsorge kann Risikominimierung bereits dann verlangen, wenn kausale, empirische oder statistische Verursachungszusammenhänge nicht oder nicht hinreichend bekannt oder nachweisbar sind [3.71].
- Vorsorge setzt ein bei Umweltbelastungen, die für sich genommen ungefährlich, aber im Zusammenwirken mit anderen an sich auch ungefährlichen Belastungen schädlich oder vermeidbar sind [3.72].

Wird diesen Aussagen gefolgt, umschreiben sie den Anspruch im Hinblick auf das zu erreichende Umweltschutzniveau, das z. B. als Maßstab bei der Bewertung und Berücksichtigung gemäß § 12 UVPG anzulegen ist. Abb. 3.17 veranschaulicht die grundsätzliche Stellung der Vorsorge innerhalb der verschiedenen Arbeitsbereiche der Umweltpolitik. Darüber hinaus verfolgt die Vorsorge eine Zielrichtung zur Minimierung und Verbesserung von Belastungen, wie dies u. a. an der Fortentwicklung der EU-Richtlinien zum Luftschadstoff Partikel PM2,5 deutlich wird.

Mögliche oder wahrscheinliche Auswirkungen auf die Umwelt sind meist nur auf Grundlage von einwirkungsbezogenen (z. B. immissionsbezogenen) Umweltqualitätszielen wirksam zu beurteilen. Ohne die Quantifizierung der Umweltschutzniveaus zu den verschiedenen Schutzgütern lässt sich der Vorsorgeauftrag in Planung und UVP nicht immer ausreichend erfüllen. Dem stehen z. T. rechtliche Bestimmungen entgegen, wenn eine Erheblichkeit von Umweltwirkungen bereits ausgeschlossen wird, obwohl lediglich konkrete Emissionsnormen eingehalten sind, ohne die Vorbelastung und die Gesamtbelastung zu ermitteln.

Zwangsläufig bleibt der Grenzbereich zwischen Gefahrenschutz und Vorsorge oft unscharf und bietet Interpretationsspielraum. Abb. 3.17 macht aber deutlich, dass der Arbeitsbereich der Vorsorge und vorsorgeorientierte Ziele und Bewertungsmaßstäbe in der

Regel außerhalb der rechtlich fixierten Grenzwerte des Gefahrenschutzes liegen. Begründet mögliche oder wahrscheinliche Auswirkungen auf die Umwelt sind aber auch mit einem auf die Einwirkung (Immission) bezogenen Umweltqualitätsmaßstab als Führungsgröße wirksam zu begrenzen.

In der Literatur und der Praxis begegnet man einer fast unübersehbaren Vielzahl von Begriffen für Bewertungsmaßstäbe (u. a. Richtwert, Leitwert, maximale Immissionskonzentration, Mindeststandard, No-effect-level [3.73]). Bei all diesen Begriffen ist zunächst kaum klar, inwieweit Schutz- bzw. Vorsorgeaspekte eine Rolle spielen oder ob sich fachlich-wissenschaftliche Beurteilungen mit Wertentscheidungen nach anderen Kriterien (z. B. die wirtschaftliche Vertretbarkeit) verbinden. Es wird daher notwendig sein, je nach Anwendung den konkreten Schutz- oder Vorsorgegehalt von Bewertungsmaßstäben zu hinterfragen.

3.6.4 Indikatoren und Belastungsgrenzen nach dem Wirkungsmodell

Sollen aus naturwissenschaftlicher Sicht Indikatoren oder Belastungsgrenzen für die Tragfähigkeit der natürlichen Umwelt definiert werden, muss dies auf der Grundlage wissenschaftlicher Kenntnisse über den Zusammenhang zwischen Ursache und Wirkung erfolgen. Damit müssen Antworten gegeben werden auf beispielsweise folgende Fragen.

- Welche Wirkung auf die natürliche Umwelt resultiert aus der Freisetzung von Schwefeldioxid?
- Welche Einwirkung ist ursächlich für die beobachteten Veränderungen des Baumwachstums in Fichtenwäldern?

Die wissenschaftliche Beschreibung solcher Ursache-Wirkungs-Ketten in Form von Wirkungsmodellen ist die Aufgabe der Umweltnaturwissenschaften. Beispielsweise wurden durch Forschung zur Atmosphärenchemie die Mechanismen des Abbaus von stratosphärischem Ozon – des sogenannten „Ozonlochs" – aufgeklärt und damit die gesamte Wirkungskette identifiziert (z. B. [3.74]).

Solche Ursache-Wirkungs-Ketten können über viele Stufen bis hin zum eigentlichen Schaden verlaufen. Damit ist es möglich, Indikatoren und Belastungsgrenzen auf unterschiedlichen Stufen dieser Kette zu definieren. Bereits die Wahl eines Typs von Indikator ist mit einer bestimmten Fragestellung bzw. einer bestimmten Sichtweise auf die Umwelt verbunden. Beispielsweise kann es um spezifische Funktionen, die mit physikalisch-chemischen Größen beschrieben werden können (z. B. pH-Wert, Säureeintrag), oder um den Zustand eines Ökosystems als Ganzes gehen (z. B. durch den Kronen- und Baumzustand eines Waldes). Wurde ein solcher Indikator ausgewählt, geht es dann um die Festlegung eines konkreten Wertes. Dies wiederum steht in Zusammenhang mit der zuvor diskutieren Einbettung in Konzepte der Vorsorge und Gefahrenabwehr und damit, ob es sich um einen Orientierungswert oder um einen gesetzlich geregelten Standard handelt.

Daher gibt es in der Praxis eine Vielzahl von naturwissenschaftlich begründeten Indikatoren und Angaben zur Bewertung des Zustandes der Umwelt bzw. bestimmter Bereiche der natürlichen Umwelt. Noch größer ist die Vielfalt der Namen, unter denen manchmal identische Typen von Indikatoren in unterschiedlichen Anwendungskontexten benannt werden. Ein Verständnis ihrer Aussagekraft setzt daher immer Informationen zu den beschriebenen Sachverhalten voraus (d. h. dem Wirkungsmodell, auf dem sie beruhen), zum Konzept, für das sie stehen, sowie zu ihrer Funktion im gesetzlich oder nicht gesetzlich geregelten Umfeld.

Im Folgenden kann daher nicht die gesamte Vielfalt einzelner Indikatoren aufgeführt werden. Vielmehr werden beispielhaft nur zwei umweltwissenschaftliche Ansätze vorgestellt, die zur Beantwortung der Frage entwickelt wurden, wie belastbar unsere Umwelt ist.

Critical Levels/Critical Loads-Konzept. Das Konzept der Critical Levels/Critical Loads basiert auf der Annahme, dass sich der Schutz der Umwelt an der Belastbarkeit von Ökosystemen orientieren muss. Erstmals verwandt wurde der Begriff „ökologische Belastungsgrenzen" bereits in den 1970er Jahren zur Begründung umweltpolitischer Entscheidungen durch die Regierung in Kanada; hiermit sollte eine konzeptionelle Alternative zum technisch orientierten Stand der Technik(BAT)-Ansatz entwickelt werden [3.66]. Die Begrifflichkeit der Belastungsgrenzen-Sichtweise findet ihre Entsprechung in der aus dem Konzept der nachhaltigen Entwicklung abgeleiteten „Managementregel", dass Emissionen in die Umwelt die natürliche Aufnahmekapazität der Ökosystem nicht überschreiten dürfen [3.75].

Die Entwicklung des Critical Levels/Critical Loads-Konzepts fand statt im Rahmen der Arbeiten der Wirtschaftskommission der Vereinten Nationen für Europa (UN-ECE) zur Vorbereitung des 1979 in Genf unterzeichneten „Übereinkommen über den weiträumigen grenzüberschreitenden Transport von Luftverunreinigungen" (LRTAP-Convention) [3.67, 3.76]. Dadurch bekam das Konzept in der internationalen Umweltpolitik Bedeutung. In Deutschland griff der Sachverständigenrat für Umweltfragen 1994 [3.77] in seinem Konzept eines systemaren Ansatzes für ein Umweltindikatorensystem hierauf zurück. Er verwendete die deutschen Begriffe „kritische Konzentrationen"/„kritische Eintragsraten" und schlug vor, das Konzept der ökologischen Belastungsgrenzen auf strukturelle Eingriffe in Natur und Landschaft auszudehnen und hierfür den Begriff der „kritischen strukturellen Veränderungen" zu verwenden [3.77].

Zusammengenommen beschreibt das Critical Levels-Konzept (d. h. kritische Konzentrationen) Luftschadstoffkonzentrationen in der Atmosphäre, bei deren Unterschreitung nach dem Stand des Wissens keine direkten Schäden an Rezeptoren (z. B. Menschen, Pflanzen, Ökosysteme, Materialien) zu erwarten sind. Im Unterschied dazu bezeichnet Critical Load (d. h. kritische Eintragswerte) die auf einen Rezeptor – d. h. ein Organismus, ein Ökosystem – unmittelbar einwirkende Schadstoffmenge. Critical Loads sind damit definiert als die maximale Menge eines Stoffeintrags ein oder mehrerer Schadstoffe (d. h. Exposition, angegeben als Deposition pro Flächeneinheit (z. B. kg/(ha a))), unterhalb welcher signifikante schädliche Auswirkungen auf empfindliche Elemente der Umwelt nach dem Stand des Wissens nicht vorkommen (d. h. die der Rezeptor ohne Schäden tolerieren kann).

Critical Levels/Critical Loads sind also keine ausschließlichen Stoffeigenschaften, sondern sie werden aus dem Zusammenwirken von Stoff und Rezeptor für konkrete Ökosysteme ermittelt. Damit stellen die Ergebnisse spezifische Aussagen für die regionale Situation und konkrete Ökosysteme dar. Die Festlegung von konkreten Werten kann entweder aus empirischen Erkenntnissen oder aus naturwissenschaftlichen Modellen erfolgen. Üblicherweise unterscheidet man drei methodische Ansätze [3.78].

- Empirische Ansätze, bei denen aus Erfahrungen und Felduntersuchungen Grenzwerte für einen Schadstoff einem bestimmten ökologischen Rezeptor bzw. einem definierten Ökosystem zugewiesen werden.
- Massenbilanzmethode, bei der durch Ein- und Ausgangsberechnungen von Schadstoffen für ein Ökosystem die langfristigen Stoffeinträge ermittelt werden, die gerade gepuffert, gespeichert, aufgenommen bzw. in unbedenklicher Größe aus dem System herausgetragen werden können (Abb. 3.18).
- Dynamische Modelle sind komplexere Modelle mit Zeitbezug, mit denen auch Entwicklungsszenarien und Auswirkungen unterschiedlicher Depositionsmengen beschrieben werden können.

Für die praktische Bestimmung von Critical Levels und Critical Loads ist es erforderlich, eine umfassende und für die betrachteten Stoffe und Rezeptoren spezifische Auswertung des Stands der Wissenschaft vorzunehmen [3.79, 3.80].

„Planetary Boundaries"-Konzept. Das Konzept der Planetary Boundaries (planetare Grenzen) basiert auf einem methodischen Ansatz, mit dem unter Auswertung des derzeit verfügbaren Wissens ein „sicherer Handlungsraum für die Menschheit" („Safe Operating

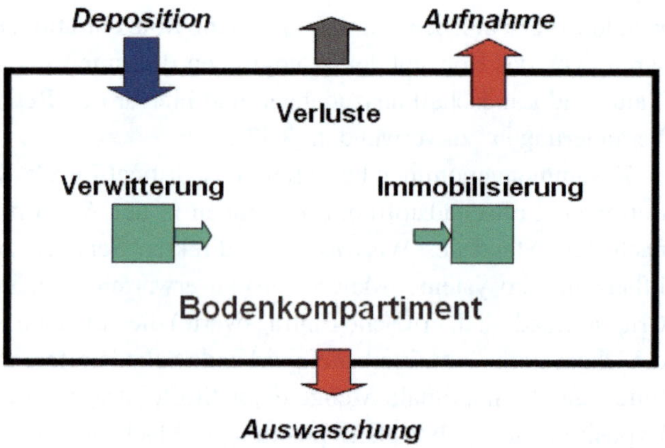

Abb. 3.18 Ermittlung von Critical Loads auf Basis der Massenbilanzmethode [3.78]

Space") abgeleitet werden soll [3.81, 3.82, 3.83]. Die Definition dieses Handlungsraums geht aus von der Frage: What are the non-negotiable planetary preconditions that humanity needs to respect in order to avoid the risk of deleterious or even catastrophic environmental change at continental to global scales? [3.84] Diese Frage macht deutlich, dass zwar die Naturwissenschaften die Grundlage zum Verständnis der Erdsystemprozesse darstellen, die Ableitung von Grenzen aber im Hinblick auf Folgen für die menschliche Gesellschaft erfolgt.

Der Ansatz der Planetary Boundaries wird aus drei Forschungslinien abgeleitet.

- Die erste betrachtet die Größenordnung menschlicher Handlungen im Vergleich zur Tragfähigkeit der Erde; ein Ansatz, der vor allem in der ökologischen Ökonomie (engl. ecological economics) entwickelt wurde.
- Der zweite Bereich betrifft das Verständnis wesentlicher erdsystemarer Prozesse, wie es in der Global Change- und Erdsystem-Forschung entwickelt wurde.
- Der dritte Bereich ist das Rahmenkonzept gesellschaftlicher Resilienz verbunden mit Forschung zur komplexen Dynamik und Selbstregulierung natürlicher Systeme.

Ausgehend von der Sicht des „Safe Operating Space" werden Grenzen in Form von Schwellen definiert, bei deren Überschreitung schädliche oder katastrophale Folgen für die Gesellschaft angenommen werden. Zwei Typen solcher Schwellen werden unterschieden (Abb. 3.19).

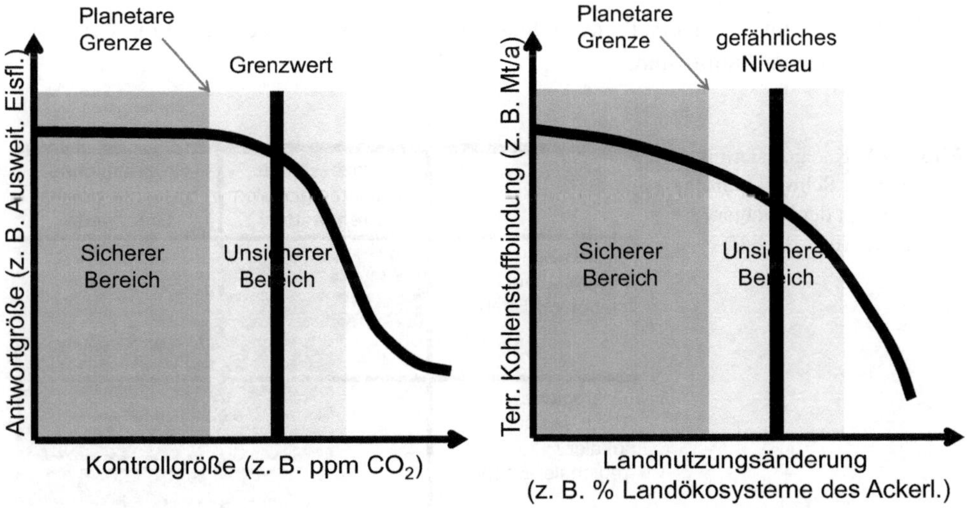

Abb. 3.19 Typen von Schwellen nach dem Konzept der Planetary Boundaries (nach [3.84])

- Schwellen, bei denen es durch intrinsische Eigenschaften der jeweiligen Systeme zu Rückkopplungseffekten mit abrupten Änderungen auf der kontinentalen und globalen Ebene kommen kann (z. B. Eis-Albedo-Effekt).
- Schwellen für Erdsystemprozesse, die nach gegenwärtigem Kenntnisstand ohne Hinweise auf Rückkopplungseffekte sind (z. B. Landnutzungsänderungen); hier vollzieht sich bei Überschreiten der Schwelle ein kontinuierlicher Abbau von wesentlichen ökologischen Funktionen, die zum regionalen Zusammenbruch dieser Funktionen führen können und langfristig möglicherweise das Risiko der Überschreitung globaler Schwellen erhöhen.

Aus der Untersuchung globaler Prozesse werden neun Bereiche abgeleitet, in denen planetare Grenzen der Belastbarkeit gesehen werden: Klimawandel, biologische Vielfalt, globale Stickstoff- und Phosphor-Einträge in die Biosphäre, stratosphärische Ozonschicht, Landnutzungsänderungen, Wassernutzung, Versauerung der Ozeane, Aerosolbelastung und Verschmutzung durch Chemikalien. Die Kategorisierung dieser Bereiche nach den Kriterien des Typs existierender Schwellen sowie deren Skala (regional oder global) zeigt Abb. 3.20.

Für sieben dieser Bereiche wurden Grenzen in Form quantifizierbarer Größen identifiziert. Diese Grenzen sind miteinander verknüpft. Wird daher eine Grenze überschritten, kann dies möglicherweise auch Folgen für weitere Bereiche nach sich ziehen. Diese Grenzen werden quantitativ an Hand sogenannter „Kontrollvariablen“ beschrieben, für deren Auswahl die folgenden Kriterien maßgeblich sind.

- Die Variable muss universell anwendbar sein für alle Sub-Systeme, die mit der jeweiligen Grenze verknüpft sind.

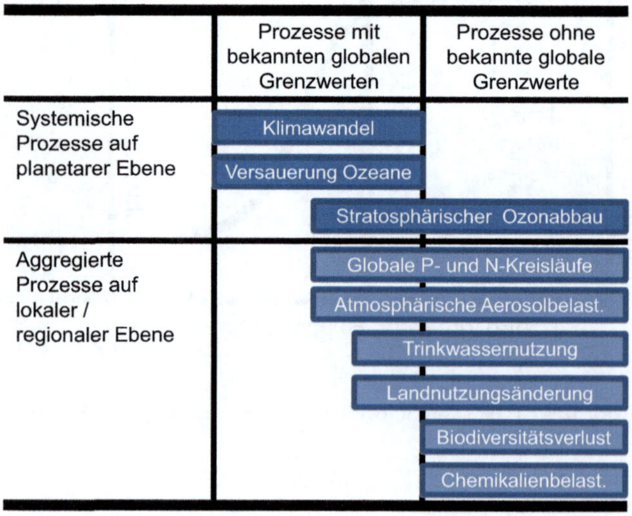

Abb. 3.20 Kategorisierung existierender Schwellen nach dem Konzept der Planetary Boundaries (nach [3.84])

- Die Variable muss geeignet sein als robuster Indikator der Veränderung eines Prozesses.
- Für die ausgewählte Variable müssen verlässliche Datengrundlagen existieren.

Unter Beachtung dieser Auswahlkriterien wurden für die Bereiche pragmatisch sehr unterschiedliche Typen von Indikatoren gewählt (z. B. die Konzentration von Treibhausgasen in der Atmosphäre als Maß des Klimawandels, die Rate des Artenverlustes als Maß der Biodiversität, Indikatoren für die menschlichen Einflüsse in Form von Frachten wie beispielsweise der Phosphor(P)-Eintrag in die Ozeane).

Der mit den vorgeschlagenen Grenzen beschriebene Zustand der Erde entspricht konzeptionell dem Begriff der Lebensgrundlagen der menschlichen Gesellschaft: „Together, the set of boundaries represents the dynamic biophysical ‚space' of the Earth System within which humanity has evolved and thrived. The boundaries respect Earth's ‚rules of the game' or, as it were, define the ‚planetary playing field' for the human enterprise. ... The thresholds in key Earth System processes exist irrespective of peoples' preferences, values or compromises based on political and socioeconomic feasibility, such as expectations of technological breakthroughs and fluctuations in economic growth." [3.84]

3.6.5 Umweltqualitätsziele

Versuche ([3.85, 3.86]), die Bewertung von Umweltqualität grundlegend für umweltpolitische und planerische Steuerungszwecke als sogenannte Umweltqualitätsziele zu standardisieren, zeigten, dass naturwissenschaftliche, ökonomische und sozialpolitische Faktoren gemeinsam bei der Inwertsetzung von Umweltqualität berücksichtigt werden müssen. Auch Forderungen, den Ziel- und Standardfindungsprozess im Umweltbereich nachvollziehbar und transparent zu gestalten [3.64], wurden mit der Erkenntnis ergänzt, dass es keine Modelle und Kriterien zur Identifizierung und Beschreibung wünschbarer Umweltqualitäten gibt.

Dagegen wartet die Akademie für Raumforschung und Landesplanung (ARL) [3.87] mit ausführlicheren Ergebnissen und Forderungen auf, wenn dort die Notwendigkeit von Umweltstandards, Umweltqualitätszielen oder ökologischen Eckwerten betont wird und Beispiele zur Zielrichtung „Vorsorge" benannt werden. Die Forschung über Umweltqualitätsziele [3.88] zeigt, dass Umweltqualität im Sinne der zukunftsorientierten Vorsorge definiert werden muss und vorhandene Wertmaßstäbe daraufhin zu überprüfen sind. Gleichzeitig entwickelte sich ein Diskussionsprozess zum Thema Umweltqualitätsziele mit dem Ziel, inhaltliche und verfahrensmäßige Anforderungen an die Aufstellung von Umweltqualitätszielkonzepten zu definieren [3.89]. Mit ihnen kann die Inwertsetzung von Umweltqualität strukturiert und – zumindest auf kommunaler Ebene – ein gewünschter Umweltzustand zielgerichtet und steuernd erreicht werden. Bereits hier wird die notwendige Unterscheidung zwischen Umweltqualitätszielen und Umwelthandlungszielen gesehen und begründet.

Dabei ist die Aufgabe der Standardsetzung im Bereich des Umwelt- und Gesundheitsschutzes in Deutschland reformbedürftig [3.73]. Eine Analyse von 154 Listen mit rund 10 000 Standards für Chemikalien, Lebensmittel, Luft, Wasser, Boden, Lärm, Abfall und Radioaktivität zeigt, dass diese Richt- und Grenzwerte allein keinen nachvollziehbaren Umgang mit Umwelt- und Gesundheitsgefahren gewährleisten und die notwendigen fachlichen und umweltpolitischen Anforderungen nicht erfüllen.

Ziele zur Umweltqualität sind generell mit dem Vorsorgeprinzip verbunden [3.64]. Dabei kann es fachlich-rationale Bewertungsmaßstäbe für die Beurteilung von Umweltqualität nicht geben. Auch der Begriff „Qualität" zur Bezeichnung einer vorsorgeorientierten Bewertung verbindet wissenschaftliche Information mit gesellschaftlichen Zielen und Werthaltungen; Lösungen zur Wertfindung bzw. Standardsetzung werden z. B. in institutionalisierten Verfahren gesehen. Eine stärkere Ausrichtung auf solche Qualitätsziele, die eine gewünschte bzw. akzeptable Umweltqualität erreichen wollen, soll durch die Aufstellung konkreter stoff- und medienbezogener Ziele auf Bundes-, Landes- und kommunaler Ebene erreicht werden [3.64, 3.89]. Notwendig wäre danach ein transparentes Verfahren, welches die in Umweltqualitätsstandards enthaltenen Wertentscheidungen offenlegt und damit den Arbeitsschritt der Abwägung/Berücksichtigung ermöglicht.

Als wichtige Unterscheidung gilt, ob ein Bewertungsmaßstab für die Umweltqualität auf die potenzielle Leistungsfähigkeit eines betroffenen Systems ausgerichtet ist oder auf einen Nutzungstyp fixiert ist. Dabei muss das Schutzziel für die Gesundheit des Menschen, für Tiere und Pflanzen, für die Leistungsfähigkeit des Naturhaushaltes, für Regelungsfunktionen des Bodens etc. vorgegeben werden.

Zunächst ist der Schutz der Gesundheit als höherrangiges Schutzgut zu differenzieren hinsichtlich Risikogruppen, Wohnsituation, Arbeitsplatzsituation etc. Daneben sind die umweltrelevanten Funktionen und Potenziale in zumindest zwei Gruppen zu unterscheiden:

- subjektiv interessenspezifisch zu bewertende Potenziale (aus der Blickrichtung der Land-, Forst-, Wasserwirtschaft etc.),
- ökologisch-querschnittsorientiert zu bewertende Potenziale (z. B. Lebensraumfunktionen ohne direkten Nutzungsbezug).

Beispielsweise erfordert ein nährstoffarmer Boden als Nutzungsgrundlage der Landwirtschaft (wo der Ertrag eine wichtige Messlatte darstellt) eine ganz andere Bewertung bei Stickstoffniederschlägen als ein nährstoffarmer Boden als Standortfaktor für den Biotopschutz. Daher ist kein Lösungsansatz darin zu sehen, alle verfügbaren Standards – bloß anhand der Umweltmedien unterschieden – aneinanderzureihen, wie es z. T. üblich ist [3.90]. Der jeweils zugrundeliegende Schutz-/Vorsorgegehalt muss transparent sein. Um die Vielzahl verschiedener Umweltgütestandards sowohl fachgerecht als auch im Hinblick auf die Schutzgüter ordnen und differenzieren zu können, müssen sie wie folgt gegliedert werden.

- Immissions- bzw. Wirkungsorientierung. Gegenstand einer Bewertung der Umweltqualität als Bestandteil der Umweltvorsorge sind die „Auswirkungen auf die Umwelt". Diese lassen sich konkret meist nur mit Einwirkungen/Immissionen abschätzen. Daher können Umweltziele als Standards für Immissionen/Depositionen in Umweltmedien und selten als Emissionen formuliert werden. Bei der Genehmigung von Vorhaben nach dem Bundesimmissionsschutzgesetz (BImSchG) beispielsweise wird augenfällig, dass sich bei der Umweltprüfung mögliche oder wahrscheinliche Auswirkungen auf die Schutzgüter der Umwelt durch die dort anzuwendenden Beurteilungen schon aus methodischen Gründen nicht allein anhand einer Emission abschätzen lassen.
  - Aufgrund von Konzentrationsmaßen der Emission sind weder die Gesamtmengen noch bei Bagatellmassenströmen die zeitlichen Summierungen abschätzbar.
  - Damit sind mögliche Immissionen nicht quantifizierbar. Um diese geht es aber bei der Umweltprüfung, um eine wirksame Umweltvorsorge ermitteln, beschreiben und bewerten zu können.

  Eine fachlich verlässliche Abschätzung der Wirkungen auf betroffene Schutzgüter lässt sich also allein aufgrund einer Emission oder eines Bagatellmassenstroms nicht treffen. Ohne die konkrete Betrachtung von Vor-, Zusatz- und Gesamtbelastung kann oft nicht verlässlich bewertet werden, ob eine wirksame Umweltvorsorge erreicht wird. Eine verkürzte Betrachtung kann mithin zu Fehleinschätzungen führen.
- Regionale Differenzierung. Regional unterschiedlich gegebene oder entstandene Leistungsfähigkeiten des Naturhaushalts bzw. von Standortqualitäten verlangen eine Abkehr von den oft bundeseinheitlichen Umweltstandards und können den Einsatz eines regional oder lokal differenzierten und auf das Projekt bezogenen Qualitätsziels/Vorsorgestandards erfordern. Durch die oft planerische Aufgabenstellung zur Erfüllung des Vorsorgegrundsatzes gilt das Gebot einer situationsgerechten Abwägung und verbietet so einen absoluten Maßstab. Zusätzlich stellen sich aufgrund der unterschiedlich entstandenen Vorbelastungen unterschiedliche Anforderungen an eine eventuell noch zumutbare oder zulässige Belastung bzw. an das Maß einer Belastungsreduzierung. Eine Regionalisierung von Umweltnormen kann daher in bestimmten Fällen angezeigt sein. Die EU konkretisiert dies ebenfalls in den einschlägigen Richtlinien zur Umweltqualität.
- Medienübergreifende Betrachtung. Mediale Beziehungen oder ökosystemare (oder zumindest medienübergreifende) Zusammenhänge müssen nach Möglichkeit berücksichtigt werden. So fordert das UVPG (Gesetz über die Umweltverträglichkeitsprüfung) bei der Bewertung von Umweltauswirkungen schließlich explizit die Berücksichtigung von Wechselwirkungen zwischen den genannten Schutzgütern der Umwelt. In einigen Fällen lassen sich zumindest näherungsweise Belastungspfade und Summenwirkungen bei der Entwicklung von Standards zur Umweltbewertung berücksichtigen.
- Zielorientierung/Dynamik. Die bisher üblicherweise verwendeten Grenz- und Richtwerte setzen Obergrenzen bzw. einen Verhaltensrahmen für die Belastung mit Schadstoffen, Schall etc.; d. h. sie lassen dort, wo Grenzen noch nicht erreicht sind, Spielraum zum Auffüllen bis zu dieser Grenze. Echte Vorsorge, welche die heutigen Überlas-

tungserscheinungen auch tatsächlich ernst nimmt, meint dagegen eine ständige Verminderung von Belastungen (Minimierungsgebot) bzw. auch ein Verschlechterungsverbot bei bereits bestehenden Belastungen. Solche Zielrichtungen lassen sich inzwischen aus dem Anspruch der EU an ein hohes Umweltschutzniveau und dem damit korrespondierenden deutschen Bau- und Immissionsschutzrecht für ein zweistufiges Zielkonzept ableiten. Es baut auf einem Verschlechterungsverbot auf und spricht gleichzeitig ein Minimierungsgebot aus.

- Festlegung von Grenz- oder Sanierungswerten, die Minderungsmaßnahmen zur Folge haben (Zielwert t1 in Abb. 3.21).
- Festlegung von Ziel- oder Leitwerten, die im Sinne des Minimierungsgebots eine bessere Umweltqualität als Maßstab anlegen (Zielwert t2 in Abb. 3.21).

Inzwischen ist am Beispiel der Luftqualität sowohl im Immissionsschutzrecht als auch im Städtebaurecht eingeführt, dass selbst bei Unterschreitung von festgelegten Grenzen vorhandene Qualitäten nicht verschlechtert und die Qualitäten verbessert werden sollen.

- Ungünstigste Einwirkungsstelle (Risikoakzeptor). Wenn es sich um Anforderungen an die Vorsorge handelt, kann zur Kennzeichnung der Empfindlichkeit der verschiedenen Schutzgüter von der jeweils ungünstigsten Einwirkungsstelle auch unter Beachtung der Belastungspfade ausgegangen werden. Dazu können jeweils Risikoakzeptoren definiert werden, die aus der Sicht der jeweiligen Nutzung oder aus den spezifischen Zielen und Anforderungen der anthropogenen oder ökologischen Funktionen des Raumes resultieren. Aber auch die Frage der zu beurteilenden sogenannten „Endpunkte" von Wirkungen (z. B. organische Funktionsstörungen, Krankheiten) lässt sich nur sehr schutzgutspezifisch klären und ist nicht allgemeingültig zu definieren. Außerdem sind oft große Spannweiten bei der Definition einer adversen Wirkung zu klären (z. B. elektromagnetische Felder).

Abb. 3.21 Gegenläufige Zielrichtung der Inhalte zwischen einem Grenz-/Richtwert und dem Zielniveau zur Vorsorge (nach [3.89])

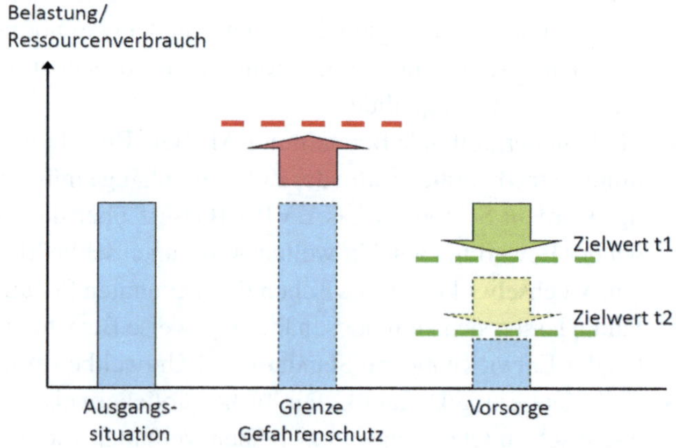

Die Bewertung der Umweltqualität bzw. der Anspruch an Umweltvorsorge erfordert damit eine begründete Abwägung der verschiedenen fachlichen und rechtlichen Implikationen auf der Sachebene. Hinzu kommt auf der Wertebene das Ermessen des jeweiligen Anspruchs an Vorsorge bzw. an angestrebter Umweltqualität, welche eigentlich eine gesellschaftliche Abstimmung erforderte. Da diese durch legitimierte Gremien formulierten Maßgaben bisher selten vorliegen, bleibt oft nur die fachliche Interpretation meist unbestimmter Ziele und Qualitätsnormen. Diese können dann in Form von Beurteilungsmaßstäben operationalisiert werden, die eine politische Entscheidung erlauben bzw. behördliche Entscheidungen legitimieren können. Ein gesellschaftlich verantwortetes Vorgehen ist zwar als Konzept entwickelt, wird bisher aber nicht verbindlich umgesetzt [3.91].

3.6.6 Beispiel: Beurteilung der Luftqualität für das Schutzgut Mensch

Die Beurteilung der Luftqualität orientiert sich an der Verursacherkette Quelle (Emission), Ausbreitung (Transmission) und Einwirkung (Immission). Man unterscheidet zwischen den in der natürlichen Umwelt vorhandenen Quellen von Luftverunreinigungen (z. B. durch Wind verfrachtete Stäube, Luftverschmutzungen durch Vulkane oder Waldbrände) und den durch die menschliche Tätigkeit in den Verursachergruppen Hausbrand, Gewerbe/Industrie und Verkehr hervorgerufenen Beeinträchtigungen der Luftqualität. Zusätzlich wird noch unterschieden zwischen der Qualität der Außenluft und der Luft in Innenräumen. Neben der Einwirkung über den direkten Luftpfad (Atmung) wirken Luftschadstoffe auch nach ihrer Ausbreitung/Umwandlung über die Einwirkung oder Ablagerung (Deposition) in anderen Umweltmedien (z. B. Böden, Pflanzen/Tiere, Grund- und Oberflächenwasser) auf den Rezeptor Mensch ein.

Schadkomponenten der Luft werden gasförmig, als Partikel oder in Niederschlag und Luftfeuchtigkeit gelöst eingetragen. Bei der Betrachtung von Wirkungen muss unterschieden werden zwischen Stoffen mit toxischen Wirkungen (bei denen eine Wirkungsschwelle gegeben ist) und solchen mit kanzerogenen Wirkungen (ohne eine Wirkungsschwelle). Bei der toxikologischen Beurteilung von Schadstoffen zur Ableitung von Schwellenwerten spielt die Ermittlung von Sicherheitsfaktoren eine große Rolle. Bei den kanzerogenen Wirkungen sind lediglich Risikoschätzungen bezüglich der Krebssterblichkeit möglich und Schwellenwerte können selten angegeben werden.

Die Wirkungen von Luftschadstoffen nehmen bei einem einzelnen Menschen i. Allg. mit zunehmender Immissionsbelastung monoton zu – mit Ausnahme bei essentiellen Substanzen. Grundlage für die Aufstellung von Immissionswerten sind „Dosis-Wirkungs-Beziehungen“ (d. h. Beziehungen zwischen der Schadstoffkonzentration, der Einwirkungszeit und der Auswirkung auf den Menschen). Hierbei müssen unterschiedliche Empfindlichkeiten berücksichtigt werden. Aufbauend auf epidemiologischen Untersuchungen, Experimenten an Versuchspersonen sowie Tierversuchen werden Werte ermittelt, die ein bestimmtes Kollektiv mit einer bestimmten Wahrscheinlichkeit schützen. Dabei steht der Schutz sogenannter „Risikogruppen“ im Vordergrund, die aufgrund höherer Exposition oder höherer Empfindlichkeit besonderen gesundheitlichen Belastungen ausgesetzt sind. Ein absolut gültiges Individualrisiko kann nicht bestimmt werden, da es für einzelne Individuen u. U. wesentlich höher und für andere niedriger anzusetzen ist; allenfalls kann ein „mittleres Individualrisiko" angegeben werden. Da bei der Vorsorge vor Gesundheitsgefahren auch der Schutz des Individuums im Vordergrund steht, muss besonders auf empfindliche Gruppen (als Risikoakzeptoren) geachtet werden.

Häufig wird mit der akzeptablen oder duldbaren täglichen Aufnahme (ADI- oder DTA-Werten) eine Wertableitung nach den internationalen oder nationalen Verfahrensgrundsätzen begründet. Mit Hilfe von Tierexperimenten wird diejenige Dosis ermittelt, bei der im jeweils empfindlichsten Test keine Wirkung beobachtet wird (NOEL). Wichtig wird dabei die differenzierende Bewertung von Wirkungen; man unterscheidet oft noch eine höchste Dosis ohne nachteilige (adverse) Wirkung (NOAEL). Anschließend wird ein Sicherheitsfaktor zur Übertragung der gewonnenen Erkenntnisse abgeschätzt. Die tolerierbare Aufnahme ergibt sich dann durch die Division des NOEL durch den Sicherheitsfaktor (z. B. 100, 1000). Je nach Aussagekraft der tierexperimentellen Befunde wird ein solcher Sicherheitsfaktor flexibel gehandhabt. Falls Erfahrungen beim Menschen vorliegen, werden diese einbezogen oder verwendet. Ein Sicherheitsfaktor fällt dann geringer aus und liegt z. B. bei 10 zur Berücksichtigung individueller Unterschiede. Je nach Adsorptionsweise und betrachtetem Stoff kann häufig eine anteilige (tolerierbare) Luftmenge angenommen werden.

Unter den Wirkendpunkten (Zielorganen) der Luftschadstoffe steht das Atmungssystem an erster Stelle; dies gilt besonders bei Gasen und Stäuben und deren Inhaltsstoffe. Die Orte der Wirkung beschränken sich aber nicht nur auf den Atemtrakt, sondern sie betreffen verschiedene Organe im Körper. Ausschlaggebend ist bei der Beurteilung die sogenannte adverse Wirkung (d. h. Eintritt einer krankmachenden Wirkung).

Indikatoren zur Beschreibung der Luftqualität. Eine zutreffende Beschreibung und Bewertung der Luftqualität ist nur möglich, wenn bekannt ist, wie hoch die vorhandene Belastung (Vorbelastung), die zusätzliche Belastung (Zusatzbelastung) durch eine vorgesehene Maßnahme und die dann entstehende Gesamtbelastung ist.

- Vorbelastung. Zur Überwachung der vorhandenen Belastung (d. h. Vorbelastung) durch Luftschadstoffe werden üblicherweise Immissionen bzw. Depositionen (d. h. auf Menschen, Tiere, Pflanzen und Böden einwirkende Luftverunreinigungen) gemessen. Dazu werden an ortsfesten oder mobilen Stationen Immissionsmessungen in kontinuierlich arbeitenden Messeinrichtungen bzw. durch diskontinuierliche Messungen durchgeführt. Bei der Auswahl der Lage der Messstellen wird der Einfluss möglicher Belastungsquellen berücksichtigt. So kann beispielsweise unterschieden werden in die Messstationstypen „Hintergrund", „Verkehr" und „Industrie" [3.92]. Daten zur Vorbelastung können u. a. dem Messnetz des Bundes [3.93] oder den Messnetzen der verschiedenen Bundesländer entnommen werden.

- Zusatzbelastung. Der Transport der Luftverunreinigungen von der Emission zur Immission kann mit numerischen Ausbreitungsmodellen beschrieben werden. Mit Hilfe einer derartigen Ausbreitungsrechnung wird der zusätzliche Eintrag (Immissionszusatzbelastung) von Luftschadstoffen beispielsweise bei einem geplanten Vorhaben berechnet. Falls die Emissionsdaten anderer relevanter Emittenten vorliegen, ist es auch möglich, die gesamte Belastung zu ermitteln. Derartige Immissionsprognosen werden mit verschiedenen Ausbreitungsmodellen durchgeführt [3.94]. Dabei können die Auswirkungen von Topographie oder Gebäuden auf die Luftströmung berücksichtigt werden.
- Gesamtbelastung. Für jeden untersuchten Luftschadstoff ist aus der Zusatz- und Vorbelastung die Gesamtbelastung zu berechnen, um eine adäquate Einschätzung über relevante Umweltauswirkungen zu erhalten.

Ein alleiniges Abarbeiten einzelner Prüfschritte gemäß fachgesetzlicher und untergesetzlicher Vorgaben (z. B. aus der TA Luft) ist für die Bestimmung einer ausreichenden Luftqualität als nicht zielführend anzusehen. Wenn man analog zu Nr. 4.1 TA Luft die Ermittlung bestimmter Kenngrößen unterlässt und wenn die Kriterien eines geringen Emissionsmassenstroms, eine geringe Vorbelastung oder eine irrelevante Zusatzbelastung (nach Nr. 4.1, Abs. 4, Buchst. a) bis c)) gegeben sind, kann eine einwirkende Luftqualität nicht verlässlich genug abgebildet werden. Neben der Vorbelastung und der Zusatzbelastung bedarf es der Ermittlung einer Gesamtbelastung, die erst eine adäquate Beurteilung der Luftqualität ermöglicht.

Bewertungsmaßstäbe. Die Frage einer angemessenen Luftqualität lässt sich meist nicht allein mit gegebenen fachgesetzlichen Grenzwerten beantworten. Meist sind dort Maßstäbe nach dem Schutzgrundsatz festgelegt, die als Ergebnis einer Güterabwägung den kleinsten gemeinsamen Nenner einer politischen Auseinandersetzung abbilden. Will man eine Luftqualität mit fachlich verlässlichen und der Umweltvorsorge verpflichteten Bewertungsmaßstäben beurteilen, sind solche heranzuziehen, die dem Vorsorgeanspruch verpflichtet sind. Da eine solche Einschätzung über den Vorsorgegehalt entsprechender Standards selten gegeben wird, wird diese explizit vorgenommen werden müssen.

Zur Bewertung der gesundheitlichen Wirkungen durch Luftschadstoffe liegen verschiedene Bewertungsmaßstäbe vor. Diese unterschieden sich sowohl hinsichtlich ihrer rechtlichen Verbindlichkeit und ihres Schutzniveaus als auch hinsichtlich der stofflichen Bezeichnung und der geltenden Mittelungszeiträume bzw. der zugelassenen Überschreitungshäufigkeiten. Nachfolgend wird eine kurze Übersicht der Regelwerke/Quellen gegeben, bei der auch eine Einschätzung erfolgt, inwieweit diese Maßstäbe eine Bewertung im Sinne einer wirksamen Umweltvorsorge leisten können. Zusätzlich zeigt Tabelle 3.1 die gängigsten Bewertungsmaßstäbe und benennt explizit die zur Vorsorge geeigneten Bewertungsmaßstäbe.

Tabelle 3.1 Ausgewählte Immissionsstandards zur Vorsorge und zum Schutz der menschlichen Gesundheit

Bezeichnung Stoff/Stoffgruppe	Konzentrations-/ Depositionswert	Statistische Definition	Schutzumfang/Verbindlichkeit/Bemerkungen	Quelle
Arsen (als Gesamtgehalt in der PM_{10}-Fraktion)	6 ng/m^3	Jahresmittelwert (Kalenderjahr)	Zielwert ab 1. Januar 2013 zur Vermeidung, Verhinderung oder Verringerung schädlicher Auswirkungen	[3.104]
Arsen	6 ng/m^3	Jahresmittel	Orientierungswert für SFP nach TA Luft	[3.98]
	0,25 ng/m^3	Jahresmittel	Risikominimierung 10^{-6} (Eignung zur Vorsorge)	[3.98]
Asbest	220 Fasern/m^3	Jahresmittel	Orientierungswert für SFP nach TA Luft	[3.98]
	0 Fasern/m^3	Jahresmittel	Risikominimierung 10^{-6} (Eignung zur Vorsorge)	[3.98]
Benzo(a)pyren als Marker für PAK (als Gesamtgehalt in der PM_{10}-Fraktion)	1 ng/m^3	Jahresmittelwert (Kalenderjahr)	Zielwert ab 1. Januar 2013 zur Vermeidung, Verhinderung oder Verringerung schädlicher Auswirkungen	[3.104]
Benzo(a)pyren als Marker für PAK	1 ng/m^3	Jahresmittel	Orientierungswert für SFP nach TA Luft	[3.98]
	0,01 ng/m^3	Jahresmittel	Risikominimierung 10^{-6} (Eignung zur Vorsorge)	[3.98]
Benzol	5 µg/m^3	Jahresmittelwert (Kalenderjahr)	Immissionsgrenzwert	[3.104]
	(0,11 µg/m^3) < 0,2 µg/m^3 Nachweisgrenze	Jahresmittel	Risikominimierung 10^{-6} (Eignung zur Vorsorge)	[3.98]
Blei	0,5 µg/m^3	Jahresmittelwert (Kalenderjahr)	Immissionsgrenzwert	[3.104]
	0,5 µg/m^3	Jahresmittelwert	Air quality guideline/Mindestniveau nach [3.97] (Eignung zur Vorsorge)	[3.105]
Cadmium	5 ng/m^3	Jahresmittelwert	Air quality guideline	[3.105]

Tabelle 3.1 (Fortsetzung)

Bezeichnung Stoff/Stoffgruppe	Konzentrations-/ Depositionswert	Statistische Definition	Schutzumfang/Verbindlichkeit/Bemerkungen	Quelle
Cadmium (als Gesamtgehalt in der PM_{10}-Fraktion)	5 ng/m^3	Jahresmittelwert (Kalenderjahr)	Zielwert ab 1. Januar 2013 zur Vermeidung, Verhinderung oder Verringerung schädlicher Auswirkungen auf die menschliche Gesundheit und die Umwelt	[3.104]
Cadmium	5 ng/m^3	Jahresmittel	Orientierungswert für SFP nach TA Luft	[3.98]
	0,08 ng/m^3	Jahresmittel	Risikominimierung 10^{-6} (Eignung zur Vorsorge)	[3.98]
Chrom (IV)	1,7 ng/m^3	Jahresmittel	Orientierungswert für SFP nach TA Luft	[3.98]
	0,08 ng/m^3	Jahresmittel	Risikominimierung 10^{-6} (Eignung zur Vorsorge)	[3.98]
Chrom (Gesamt)	0,8 ng/m^3	Jahresmittel	Risikominimierung 10^{-6} (Eignung zur Vorsorge)	[3.98]
1,2 Dichlorethan	0,7 mg/m^3	24 Stunden	Air quality guideline	[3.105]
Dichlormethan	0,45 mg/m^3 3 mg/m^3	1 Woche 24 Stunden	Air quality guideline	[3.105]
Formaldehyd	0,1 mg/m^3	1/2 Stunde	Air quality guideline	[3.105]
Kohlenstoffmonoxid	10 mg/m^3	höchster 8 Stunden-Mittelwert pro Tag	Immissionsgrenzwert	[3.104]
	10 mg/m^3 30 mg/m^3 60 mg/m^3 100 mg/m^3	8 Stunden 1 Stunde 1/2 Stunde 1/4 Stunde	Air quality guideline	[3.105]
	10 mg/m^3 30 mg/m^3	8 Stunden-Mittelwert 1/2 Stunden-Mittelwert	Orientierungswerte für SFP nach TA Luft	[3.98]
Mangan	0,15 µg/m^3	Jahr	Air quality guideline	[3.105]
Nickel (als Gesamtgehalt in der PM_{10}-Fraktion)	20 ng/m^3	Jahresmittelwert (Kalenderjahr)	Zielwert ab 1. Januar 2013 zur Vermeidung, Verhinderung oder Verringerung schädlicher Auswirkungen	[3.104]

Tabelle 3.1 (Fortsetzung)

Bezeichnung Stoff/Stoffgruppe	Konzentrations-/ Depositionswert	Statistische Definition	Schutzumfang/Verbindlichkeit/Bemerkungen	Quelle
Nickel	20 ng/m^3	Jahresmittel	Orientierungswert für SFP nach TA Luft	[3.98]
	2 (1,4-4,1) ng/m^3	Jahresmittel	Risikominimierung 10^{-6} (Eignung zur Vorsorge)	[3.98]
Ozon	120 µg/m^3	höchster 8-Stunden-Mittelwert pro Tag, 25 Überschreitungen im Kalenderjahr zugelassen (3-Jahres-Mittel)	Zielwert zum 1. Januar 2010	[3.104]
	120 µg/m^3	höchster 8-Stunden-Mittelwert pro Tag	langfristiges Ziel	[3.104]
Ozon	100 µg/m^3	8 Stunden	Maximale Immissionskonzentrationen	[3.95]
	100 µg/m^3	8 Stunden	Gesundheitsschutz für die Allgemeinbevölkerung, Gesundheitseffekte unterhalb dieses Leitwertes können auftreten	[3.106]
Partikel (PM_{10})	40 µg/m^3	Jahresmittelwert (Kalenderjahr)	Immissionsgrenzwert	[3.104]
	50 µg/m^3	Tagesmittelwert; 35 Überschreitungen im Kalenderjahr zugelassen	Immissionsgrenzwert	[3.104]
	20 µg/m^3 50 µg/m^3	Jahresmittelwert 24-Stunden-Mittelwert	(wegen nachweislicher Langzeitbelastungen mit $PM_{2,5}$ soll der Luftgütewert für $PM_{2,5}$ verwendet werden)	[3.106]

Tabelle 3.1 (Fortsetzung)

Bezeichnung Stoff/Stoffgruppe	Konzentrations-/ Depositionswert	Statistische Definition	Schutzumfang/Verbindlichkeit/Bemerkungen	Quelle
Partikel ($PM_{2,5}$)	25 µg/m³	Jahresmittelwert (Kalenderjahr)	Zielwert	[3.104]
	25 µg/m³	Jahresmittelwert (Kalenderjahr)	Immissionsgrenzwert ab 1. Januar 2015	[3.104]
	20 µg/m³	Jahresmittelwert (Kalenderjahr)	Verpflichtung für die durchschnittliche Exposition ab 1. Januar 2015	[3.104]
	10 µg/m³ 25 µg/m³	Jahresmittelwert 24-Stunden-Mittelwert	Air quality guideline	[3.106]
PCDD/F inkl. coplanare PCB (Inhalationswert)	150 fg WHO-TEQ/m³	Jahresmittelwert	Zielwert für langfristige Luftreinhalteplanung	[3.98]
PCDD/F inkl. coplanare PCB (Depositionswert)	4 pg WHO-TEQ/(m² d)	Jahresmittelwert	Zielwert für langfristige Luftreinhalteplanung	[3.98]
Quecksilber und Verbindungen	50 ng/m³	Jahresmittelwert	Orientierungswert für SFP nach TA Luft	[3.98]
Quecksilber	1 µg/m³	Jahresmittelwert	Air quality guideline	[3.105]
	35 ng/m³	Jahresmittelwert	Richtwert Innenraumluft (weitere Reduzierung von Quellen angeraten)	[3.107]
	5 ng/m³	Jahresmittelwert	Empfehlung zur wirksamen Umweltvorsorge	[3.108]
Schwefeldioxid	125 µg/m³	24-Stunden-Mittelwert bei 3 zugelassenen Überschreitungen im Kalenderjahr	Immissionsgrenzwert	[3.104]
	350 µg/m³	1-Stunden-Mittelwert bei 24 zugelassenen Überschreitungen im Kalenderjahr	Immissionsgrenzwert	[3.104]
	20 µg/m³	24-Stunden-Mittelwert	Air quality guideline	[3.106]
	500 µg/m³	10-Minuten-Mittelwert	Air quality guideline	[3.106]

Tabelle 3.1 (Fortsetzung)

Bezeichnung Stoff/Stoffgruppe	Konzentrations-/ Depositionswert	Statistische Definition	Schutzumfang/Verbindlichkeit/Bemerkungen	Quelle
Schwefelkohlenstoff	100 µg/m³	24-Stunden-Mittelwert	Air quality guideline	[3.105]
Schwefelwasserstoff	150 µg/m³	24-Stunden-Mittelwert	Air quality guideline	[3.105]
Stickstoffdioxid	40 µg/m³	Jahresmittelwert	Immissionsgrenzwert	[3.104]
	200 µg/m³	1-Stunden-Mittelwert bei 18 zugelassenen Überschreitungen im Kalenderjahr	Immissionsgrenzwert	[3.104]
	20 µg/m³	Jahresmittelwert	Maximale Immissions-Konzentrationen	[3.95]
	50 µg/m³	24-Stunden-Mittelwert	Maximale Immissions-Konzentrationen	[3.95]
	40 µg/m³	Jahresmittelwert	Air quality guideline	[3.106]
	200 µg/m³	1-Stunden-Wert	Air quality guideline	[3.106]
Styrol	260 µg/m³	Mittelwert über 1 Woche	Air quality guideline	[3.105]
	60 µg/m³	Jahresmittel und Kurzzeitwert	Orientierungswert für SFP nach TA Luft	[3.98]
Tetrachlorethen	250 µg/m³	Jahresmittelwert	Air quality guideline	[3.105]
	3,5 mg/m³	1/2-Stunden-Mittelwert	Orientierungswerte für SFP nach TA Luft	[3.98]
Toluol	260 µg/m³	Mittelwert über 1 Woche	Air quality guideline	[3.105]
	30 µg/m³	Jahresmittelwert	Zielwert für die großräumige Luftreinhalteplanung	[3.109]
Vanadium und seine Verbindungen	20 ng/m³	Jahresmittelwert	Zielwert für die großräumige Luftreinhalteplanung	[3.110]
Vanadium	1 µg/m³	24-Stunden-Mittelwert	Air quality guideline	[3.105]
Xylole (Summe der 3 Isomeren)	30 µg/m³	Jahresmittelwert	Zielwert für die großräumige Luftreinhalteplanung	[3.109]

Rechtlich verbindliche Regelungen. Die Immissionswerte der 1. Allgemeinen Verwaltungsvorschrift zum Bundesimmissionsschutzgesetz (Technische Anleitung zur Reinhaltung der Luft (TA Luft)) dienen dem Schutz vor Gefahren für die menschliche Gesundheit bzw. zum Schutz vor erheblichen Nachteilen und Belästigungen im Rahmen von Genehmigungsverfahren bei gewerblich-industriellen Anlagen. Sie werden auf der Grundlage des § 48 BImSchG nach Anhörung der „beteiligten Kreise" und damit nach Abwägung auch mit anderen Gütern und Interessen festgelegt. Damit sind diese Werte nicht allein wirkungsbezogen oder unter Vorsorgeaspekten abgeleitet. Die Immissionswerte der TA Luft gelten nur in Verbindung mit den dort festgelegten Verfahren zur Ermittlung der Immissionskenngrößen. Zwar werden in der TA Luft auch Vorsorgeanforderungen gestellt. Diese beziehen sich gemäß § 5 Abs. 1 Nr. 2 BImSchG aber lediglich auf die rechtliche Betrachtung einer nicht schutzobjektunabhängigen (gefahrenunabhängigen) Vorsorge. Eine schutzobjektbezogene Vorsorge (Gefahrenvorsorge), wie sie beispielsweise nach dem UVP-Recht anzulegen wäre, um Beurteilungsmaßstäbe für eine wirksame Vorsorge von Einwirkungen auf die Schutzgüter zu erreichen, ist mit den Immissionswerten der TA Luft nicht möglich. Diese Werte sind in Tabelle 3.1 nicht weiter aufgeführt, da sie mit den entsprechenden Werten der rechtlich vorrangigen 39. BImSchV identisch sind.

Die 39. Verordnung zur Durchführung des Bundesimmissionsschutzgesetzes (Verordnung über Luftqualitätsstandards und Emissionshöchstmengen – 39. BImSchV) enthält Immissionsgrenz- und -zielwerte zum Schutz der menschlichen Gesundheit oder Umwelt.

- Der „Immissionsgrenzwert" ist ein Wert, der auf Grund wissenschaftlicher Erkenntnisse mit dem Ziel festgelegt wird, schädliche Auswirkungen auf die menschliche Gesundheit oder die Umwelt insgesamt zu vermeiden, zu verhüten oder zu verringern und der innerhalb eines bestimmten Zeitraums eingehalten werden muss und danach nicht überschritten werden darf.
- Der „Immissionszielwert" ist ein Wert, der mit dem Ziel festgelegt wird, schädliche Auswirkungen auf die menschliche Gesundheit oder die Umwelt insgesamt zu vermeiden, zu verhindern oder zu verringern, und der nach Möglichkeit innerhalb eines bestimmten Zeitraums eingehalten werden muss. Die Formulierung von Zielwerten macht bereits deutlich, dass bei der Festlegung von Grenzwerten aufgrund bestehender Zwänge (Güterabwägung) ein adäquater Maßstab für die Luftqualität noch nicht abschließend gefunden werden konnte.

Nicht rechtsverbindliche Regelungen. Zusätzlich zu den rechtsverbindlichen Regelungen werden nachfolgend zusätzlich ausgewählte nicht rechtsverbindliche Regelungen diskutiert.

- Maximale Immissionskonzentrationen (MIK) nach VDI-Richtlinie 2310 [3.95] sind für verschiedene Luftschadstoffe verfügbar. Der MIK-Wert ist ein festgelegter Richtwert für eine bestimmte Luftverunreinigung, welcher der Beurteilung von Belastungen durch Luftschadstoffe dient. Bei der Einhaltung entsprechender MIK-Werte ist der

Schutz von Menschen, Tieren und Pflanzen, Boden, Wasser, Atmosphäre sowie Kultur- und sonstigen Sachgütern gewährleistet. MIK-Werte und ihre Begründungen stellen Entscheidungshilfen für die Ableitung gesetzlicher Normen dar, ohne jedoch einen unmittelbaren Bezug zu immissionsschutzrechtlichen Bestimmungen aufzuweisen.

- Die Luftqualitäts-Richtlinien (Air Quality Guidelines) [3.96] richten sich an alle Weltregionen und benennen Richtwerte für die Luftqualität. Diese Ziele sind oft strenger als nationale Standards. Sie bieten eine einheitliche Basis für die Kontrolle von Luftverschmutzungen und zeigen Werte auf, die für den Menschen bei durchschnittlicher oder lebenslanger Belastung kein gesundheitliches Risiko darstellen.
- Luftqualitätsstandards zur wirksamen Umweltvorsorge für eine Reihe von Luftschadstoffe legen Bewertungsmaßstäbe und Standards zur Konkretisierung einer wirksamen Umweltvorsorge für verschiedene Schutzgüter fest [3.97]. Sie sollen im Rahmen von Umweltverträglichkeitsprüfungen verwendet werden. Bei der Begründung der Standards wird darauf eingegangen, dass die fachgesetzlichen Grundlagen (BImSchG, TA Luft) bei Genehmigungsverfahren nach BImSchG keine Beurteilungswerte nach Maßgabe des UVPG im Sinne einer wirksamen Umweltvorsorge kennen, sondern lediglich dem Schutz vor Gefahren dienen. Dem Vorsorgeaspekt wurde dadurch Rechnung getragen, indem für nicht-kanzerogene Stoffe beispielsweise ein zusätzlicher Sicherheitsfaktor von 10 berücksichtigt wurde. Für kanzerogene Stoffe werden mit Hilfe des unit risk und einem in der EU als zulässig erachteten Krebsrisikos von 1×10^{-6} entsprechende Bewertungsmaßstäbe errechnet.
- Für die Bewertung von Schadstoffen, für die keine Immissionswerte festgelegt sind, liegen Orientierungswerte für die Sonderfallprüfung nach Nr. 4.8 TA Luft und Zielwerte für die langfristige Luftreinhalteplanung vor [3.98]. Den Orientierungswerten für kanzerogene Luftschadstoffe liegt ein als hinnehmbar erachtetes Krebsrisiko je nach Stoff von 2×10^{-5} bis 9×10^{-5} zugrunde. Dieses Risikomaß lehnt sich an das in der TA Luft und der 39. BImSchV festgelegte kanzerogene Risiko für Benzol an und ist um den Faktor 20 bis 90 von dem Vorsorgemaß für Kanzerogene (1×10^{-6}) entfernt. Die Zielwerte für PCDD/F und coplanare PCB orientieren sich an der Neubewertung der WHO von 1998. Die ebenfalls angegebenen Beurteilungsmaßstäbe auf der Basis eines Krebsrisikos von 10^{-6} können für die Konkretisierung der wirksamen Umweltvorsorge verwendet werden.
- Weiterhin liegen zur Gefährdungsabschätzung von Umweltschadstoffen toxikologische Basisdaten und ihre Bewertung [3.100] vor. Hierbei handelt es sich um ein ergänzbares Handbuch. Die Gefährdungsabschätzung erfolgt anhand der tolerierbaren resorbierten Dosis (TRD).
- Arbeitsplatzgrenzwerte (AGW) bzw. die ehemalige maximale Arbeitsplatzkonzentration (MAK-Werte) dienen dem Schutz der Gesundheit am Arbeitsplatz und gelten für gesunde Erwachsene bei einer zeitlich begrenzten Exposition von maximal 8 Stunden täglich. Arbeitsplatzgrenzwerte (AGW) selbst sind nicht geeignet, mögliche gesundheitliche Beeinträchtigungen der Allgemeinbevölkerung (einschließlich empfindlicher Personengruppen) zu begrenzen. Unter der Voraussetzung, dass keine anderen Beur-

teilungsmaßstäbe zur Verfügung stehen, ist es hilfsweise vertretbar, im Rahmen der Sonderfallprüfung nach Nr. 4.8 TA Luft 1/100 des jeweiligen Arbeitsplatzgrenzwertes (MAK- und BAT-Werte-Liste bzw. TRGS 900) heranzuziehen [3.98]. Bereits 1990 wurde empfohlen, den hundertsten Teil des MAK-Wertes zur vorläufigen Einstufung von Werten zu benutzen, für die noch kein MIK-Wert vorgeschlagen worden sind [3.101]. Der Faktor 100 setzt sich aus zwei Einzelfaktoren von jeweils 10 zusammen. Diese dienen zur Umrechnung der gegenüber Arbeitsplätzen erhöhten Expositionsdauer für die Allgemeinbevölkerung und zur Berücksichtigung von empfindlicheren Personen in der Allgemeinbevölkerung.

- Die US-amerikanische Umweltbehörde (EPA) [3.102] hat für eine Reihe von Stoffen sogenannte „Reference Concentrations“ (RfC) rein wirkungsbezogen abgeleitet. Diese Werte beruhen auf der Annahme, dass ein Schwellenwert für bestimmte toxische Wirkungen nach kurz- oder langfristiger inhalativer Aufnahme besteht. I. Allg. zeigen sie eine Schätzung (einschließlich einer Unsicherheitsspanne von etwa einer Größenordnung) der täglichen Inhalation der allgemeinen Bevölkerung (einschließlich sensibler Gruppen), die wahrscheinlich ohne nennenswertes Risiko schädlicher Auswirkungen im Laufe eines Lebens bleibt. Daneben finden sich unit risk-Werte für krebserzeugende Stoffe sowie Referenzbelastungen (reference dose (RfD)), welche zur Beurteilung der Effekte nach kurz- oder langfristiger oraler Aufnahme dienen.
- Minimal Risk Level (MRL) [3.103] stellen eine Abschätzung bezüglich derjenigen Exposition des Menschen gegenüber einem bestimmten Stoff dar, welche wahrscheinlich nicht mehr mit einem nennenswerten Risiko für schädliche nicht-kanzerogene Wirkungen verbunden ist. Die Minimal Risk Level (MRL) sollen als „screening level“ dienen, um Kontaminanten zu identifizieren und potenzielle Gesundheitseffekte aufzuzeigen. MRL wurden zur Beurteilung der Effekte nach inhalativer und nach oraler Aufnahme festgelegt. Ferner liegen MRL für akute, subchronische und chronische Wirkungen vor.

Empfehlungen zur Bewertung. Die in Tabelle 3.1 aufgeführten Bewertungsmaßstäbe sind mit wenigen Ausnahmen [3.97] nicht ausdrücklich unter Vorsorgeaspekten abgeleitet. Die Ableitung wird meist unter dem Aspekt der Gefahrenabwehr oder unter rein wirkungsbezogenen Aspekten vorgenommen. Eine Sonderrolle nehmen die Air Quality Guidelines [3.96, 3.105, 3.106] ein. Diese sind üblicherweise strenger als vom Gesetzgeber abgeleitete gefahrenbezogene Werte; allerdings werden auch hier oftmals sozioökomische Aspekte berücksichtigt.

Insgesamt ist eine Definition der angeführten Bewertungsmaßstäbe hinsichtlich der Eignung für die gesundheitliche bzw. Umweltvorsorge nur sehr schwer möglich. Zum einen lässt sich das Anforderungsprofil an die Umweltvorsorge kaum direkt konkretisieren bzw. operationalisieren und zum anderen wird im jeweiligen Einzelfall eine gutachterliche/fachliche Beurteilung vorzunehmen sein. Tabelle 3.2 gibt einen Überblick über die angesprochenen Bewertungsmaßstäbe und versucht eine Einschätzung zum jeweiligen Schutzniveau. Diese Übersicht erhebt keinen Anspruch auf Vollständigkeit; es existiert noch eine Reihe von weiteren wirkungsbezogen abgeleiteten Beurteilungswerten, die hier nicht aufgeführt sind.

Tabelle 3.2 Bewertungsmaßstäbe und deren Schutzniveau

Bewertungsmaßstab	Schutzniveau	Quelle
Immissionswert	Schutz vor Gefahren	[3.111]
Immissionsgrenzwert Zielwert	Schutz vor Gefahren schädliche Auswirkungen auf die menschliche Gesundheit oder die Umwelt sollen nach Möglichkeit vermieden werden.	[3.104] [3.104]
Orientierungswert	Schutz vor Gefahren	[3.98]
Zielwert	wirkungsbezogene Ableitung	[3.98]
Beurteilungsmaßstäbe (zulässiges Krebsrisiko 10^{-6})	in Richtung Vorsorge	[3.98]
Luftqualitätsstandard zur Umweltvorsorge	wirksame Umweltvorsorge	[3.97]
Luftgüte-Richtlinien	wirkungsbezogene Ableitung, aber Einhaltbarkeit und sozioökonomische Aspekte berücksichtigt	[3.106]
TRD-Werte und korrespondierende Konzentrationen in der Luft	wirkungsbezogene Ableitung	[3.100]
Maximale Immissions-Konzentrationen	wirkungsbezogene Ableitung	[3.95]
Referenzkonzentration	wirkungsbezogene Ableitung	[3.102]
Minimal Risk Level	wirkungsbezogen Ableitung	[3.103]

Für eine adäquate Umweltbewertung kann in vielen Fällen nicht auf einen einzelnen Wert abgestellt werden, sondern man wird häufig mit einem Intervall an Werten operieren müssen. Eine Beurteilung wird erleichtert, wenn sich die zu bewertende Immissionskonzentration unterhalb dieses Werteintervalls befindet. Vorab ist zu prüfen, welche Quellen (über die hier genannten Quellen hinaus) für eine Stoffbeurteilung vorliegen und welche als valide angesehen werden können. Hierbei sind Kriterien wie die gute fachliche Praxis hinsichtlich der Ableitung von Beurteilungswerten und die Aktualität der zugrundeliegenden Daten anzusetzen. Auch ist zu hinterfragen, inwieweit die einzelnen Beurteilungswerte dem Schutzniveau einer wirksamen Umweltvorsorge entsprechen können.

3.6.7 Lösungsbeitrag: Verfahren zur Standardsetzung

Da die Bewertung von Umweltauswirkungen meist dazu dient, Vorhaben zu legitimieren, ist in besonderem Maße ein verlässliches und prüfbares Vorgehen gefordert. Es kommt also darauf an, die grundlegende Struktur einer Wertsetzung so aufzubauen, dass ein verlässliches und prüfbares Vorgehen ermöglicht wird. Dies wird aber nur möglich sein, wenn die zwei Urteilsebenen einer Bewertung (d. h. sachliches Urteil und gesellschaftlich wertendes Urteil) in Form eines Umweltqualitätsziels (Vorsorgewert/Sollwert) und eines Umwelthandlungsziels voneinander getrennt bearbeitet werden. Eine solche Vorgehensweise ist inzwischen entwickelt.

Dabei leitet sich die Frage ab, wie der generelle Berücksichtigungsprozess zwischen fachlich-wissenschaftlicher Bewertung von Umweltfolgen auf der einen Seite und der gesellschaftlich-politischen Entscheidungen auf der anderen Seite darüber so gestaltet werden kann, dass ein Höchstmaß an fachlich qualifizierter Beurteilung und gesellschaftlich-politischer Verantwortung am Ende dieses Prozesses steht (Weiterentwicklung des eindimensionalen Grenzwerts).

Um zu einer sachgerechten und von den gesellschaftlichen Gruppen auch getragenen Entscheidung über eine noch tolerable Umweltqualität zu kommen, müssen die beiden Urteilsebenen zunächst auseinander gehalten werden (funktionale Trennung). Der schwierige Prozess einer notwendigen Zusammenführung gelingt über den Schritt der Bewertung als Schnittstelle zwischen der kognitiven oder Sachebene (Risikoabschätzung) und der normativen Ebene des Risikomanagements. Der Ablauf von der Risikoabschätzung zum Risikomanagement könnte (verkürzt) wie folgt aussehen [3.91].

1. Die Risikoabschätzung muss eindeutigen Vorgaben und prozeduralen Regeln entsprechen und ein hohes Maß wissenschaftlicher Qualität und Transparenz aufweisen. Verfahrensablauf und Ergebnisse müssen öffentlich dokumentiert, Einspruchsmöglichkeiten eingeräumt, Ableitungen, Annahmen und Entscheidungen begründet werden. Die Risikoabschätzung endet mit der formellen Verabschiedung der Dokumentation „Risikoabschätzung", in der zur Herstellung von Transparenz, Nachvollziehbarkeit etc. alle relevanten Daten, Festlegungen und Bewertungen niedergelegt sind. Empfehlungen zu Handlungsnotwendigkeiten und -optionen aus Sicht der Risikoabschätzung sollten enthalten sein. Idealerweise wird das Ergebnis in Form eines Umweltqualitätsstandards/Umweltqualitätsziels ausgedrückt. Die Dokumentation wird veröffentlicht und ermöglicht eine fachliche Kommentierung bzw. einen Expertendiskurs.
2. Die Risikobewertung kennzeichnet die Schnittstelle und den Übergang zum Risikomanagement. Hier werden die Ergebnisse der Risikoabschätzung in Hinblick auf Konsequenzen für das Risikomanagement ausgewertet, diskutiert und bewertet. Die Risikobewertung „übersetzt" damit das naturwissenschaftlich bestimmte und bewertete Risiko in gesellschaftliche Wertkategorien und trägt damit wesentlich zur Bestimmung des Handlungsbedarfs bei. Dieser Prozess muss für alle interessierten Gruppen transparent und nachvollziehbar sein.
3. Analog zur Risikoabschätzung soll auch das Risikomanagement nach klaren prozeduralen Vorgaben vorgehen. Abwägungen und Entscheidungen bei der Festlegung von Regulierungsstrategien sollen einen transparenten Vergleich von Handlungsoptionen unter Berücksichtigung voraussichtlicher Konsequenzen enthalten. In noch stärkerem Maße als die Risikoabschätzung muss das Risikomanagement eine Beteiligung von Betroffenen, der breiten Öffentlichkeit und von Interessengruppen anstreben.

Dieses methodisch eindeutige Vorgehen erfordert ein verbindliches und transparentes Verfahren, welches die Schritte Risikoabschätzung, Risikobewertung und Risikomanagement präzise definiert und die darin erforderlichen Anforderungen an fachliche und öffentliche Diskurse, Konsultationen, Stellungnahmen etc. klärt. Die Steuerung eines solchen Vorgehens wird sinnvollerweise nur mit einer institutionellen Lösung gelingen.

Führt man die bisherigen Überlegungen im Sinne eines abschließenden Lösungsansatzes zusammen, reicht ein eindimensionaler Wertmaßstab, wie er in Form der meisten Grenzwerte vorliegt, nicht aus. Notwendigerweise ergeben sich nämlich zwei verschiedene Arbeitsebenen für Wertmaßstäbe.

- Fachliche Ebene/Umweltqualitätszielebene. Diese Ebene beinhaltet vorwiegend (ein-)wirkungsbezogene/immissionsorientierte Wertsetzungen (Umweltvorsorge) als Konkretisierung der fachlichen/sachbezogenen Aussage. Sie sind wissenschaftlich begründet und stellen das Ergebnis fachlicher Abwägungen einer gesundheits- oder umweltinternen Beurteilung ohne Nutzen-Kosten-Überlegungen dar. Sie sind der Vorsorge verpflichtet und ausgerichtet (z. B. im Hinblick auf ein „hohes Schutzniveau"; Soll-Größe im Sinne Artikel 191 Abs. 1 AEUV). Die Ergebnisse (in Form von Standards oder auf andere Art und Weise konkretisiert) haben zunächst weniger verbindlichen Richtwertcharakter, da aufgrund der bei Vorsorge möglichen Unsicherheiten mit diesem Standard keine unmittelbaren Rechtsfolgen verbunden sein sollten [3.70]. Auch darf hier noch keine Güterabwägung stattfinden, um dem genannten Anspruch einer umweltinternen Beurteilung gerecht werden zu können.
- Wert- oder Normierungsebene/Umwelthandlungszielebene. Nach wie vor sind verbindliche, für den Vollzug maßgebende Größen (Umwelthandlungsziele) nötig. Im Falle eines derzeit (noch) nicht zu gewährleistenden Schutzes wird eine zugestandene, zeitlich befristete Überschreitung mit stetiger Reduzierungspflicht zur Erreichung eines Standards angesetzt werden müssen (maßnahmen-/handlungsbezogene Standards oder auf andere Art und Weise konkretisiert) als Ergebnis einer umfassenden Güterabwägung (unter Einbeziehung von Nutzen-Kosten-Überlegungen). Hierbei geht nun die gesellschaftlich-politische Wertung als Güterabwägung ein („Was wollen wir uns für welche Dauer an Mindestschutz leisten?") und ermöglicht eine Standardsetzung mit verbindlichem Grenzwertcharakter.

Da bei der Operationalisierung von Umwelthandlungszielen gesellschaftliche, ökologische und ökonomische Vorgänge einbezogen werden müssen, muss eine solche Gesamtabwägung möglich sein. Hier sind auch zusätzlicehe Aspekte einzubeziehen, wie weitere Belastungsfaktoren und Risiken (Gesamtrisikoabwägung), finanzielle Abwägungen, die Zumutbarkeit/Erheblichkeit, Vermeidbarkeit oder die technische Realisierbarkeit, Dringlichkeiten etc.

Auf der Umweltvorsorgeebene (erste Ebene) steht dagegen die fachliche Abwägung/Abstimmung (Interessenkollision innerhalb des Umweltschutzes) im Vordergrund – aber ohne stärkere Außenverbindlichkeit wegen möglicher und notwendigerweise zu beachtender Unsicherheiten. Die Abwägung mit Nicht-Umweltaspekten gehört dann auf die zweite Ebene der Umwelthandlungsziele (und könnte dann höhere Verbindlichkeit erlangen).

Die ersten Überlegungen zu einem Umweltgesetzbuch [3.112] haben diesen Ansatz zu einem Richt- und Grenzwertsystem aufgebaut. Eine Unterscheidung in behördenverbindlich und allgemeinverbindlich sollte die von Juristen gesehene Legitimationsproblematik lösen. Von diesem Ansatz ist in den neueren UGB-Überlegungen zu einer integrierten Vorhabengenehmigung [3.113] nichts übrig geblieben.

Gleichwohl wird deutlich, dass der Anspruch an eine Bewertung im Hinblick auf die wirksame Umweltvorsorge auf eine Sollgröße abstellt, die von den bisherigen Mindeststandards aus fachlichen Gesetzen etc., deutliche Abweichungen zeigt. Insbesondere das Maß dieser Abweichung zeigt auf, welche Anstrengungen zur Erreichung einer erforderlichen Umweltqualität nötig sind.

3.7 Ökonomische und soziale Bewertungsansätze

Bernd Hansjürgens

Ziel dieses Kapitels ist die Darstellung von Ansätzen zur ökonomischen und sozialen Bewertung von Umweltveränderungen (vgl. [3.114, 3.115, 3.116]). Dabei wird zwischen Ansätzen und Methoden zur Erfassung von Präferenzen (d. h. Bewertung im engeren Sinne) und Verfahren der Entscheidungsunterstützung (d. h. Bewertung im weiteren Sinne) unterschieden. Ansätze und Methoden zur Bewertung im engeren Sinne stellen innerhalb der Verfahren der Entscheidungsunterstützung einen Ausschnitt dar; es handelt sich um jeweils spezifische Techniken zur Werterfassung oder -ermittlung, die in die (breiteren) Entscheidungsverfahren eingebettet werden.

Für die ökonomische Bewertung ist entscheidend, dass sie auf den Präferenzen der Individuen beruht. Das Ziel der ökonomischen Bewertung liegt folglich darin, diese (gegebenen) Präferenzen mit geeigneten Ansätzen zu erfassen. Hierfür hat die Ökonomik spezielle Methoden (d. h. ökonomische Bewertungsmethoden) entwickelt. Für die soziale Bewertung liegt, im Vergleich zur ökonomischen Bewertung, der Unterschied weniger in den verwendeten Bewertungskriterien; die ökonomische Bewertung ist sehr breit angelegt und schließt soziale Kriterien oft mit ein. Der Unterschied liegt vielmehr darin, dass bei der sozialen Bewertung nicht auf gegebene Präferenzen zurückgegriffen wird, sondern die Präferenzen im Rahmen von Prozessen und Verfahren erst herausgebildet werden. Ansätze zur (gemeinsamen) Herausbildung von Präferenzen in Gruppenprozessen stehen daher bei der sozialen Bewertung stärker im Vordergrund.

Im Rahmen von Bewertungsansätzen nehmen ökonomische Bewertungen insofern eine Sonderrolle ein, als sie die Vorteile und Nachteile einer Umweltveränderung umfassend in Form einer einzigen – zumeist monetären – Kenngröße zu erfassen versuchen. Die Vorteile und Nachteile werden dabei als Nutzen und Kosten bezeichnet, und die ökonomische

Bewertung wird mit der Kosten-Nutzen-Analyse (KNA) gleichgesetzt. Aus ökonomischer Sicht können aber auch andere Verfahren der Entscheidungsunterstützung verwendet werden, um Umweltveränderungen zu erfassen und zu bewerten; hier werden neben der Kosten-Nutzen-Analyse die Kosten-Wirksamkeits-Analyse (KWA) und die Multi-Kriterien-Analyse (MCA) vorgestellt.

Nachfolgend werden zunächst die Grundlagen der ökonomischen Bewertung sowie ökonomische Bewertungsmethoden vorgestellt. Dabei wird deutlich, dass die ökonomische Bewertung über eine Monetarisierung (d. h. ein Ausdrücken von Werten in Geldeinheiten) weit hinausgeht. Daran schließen sich Erläuterungen zur sozialen Bewertung an. Anschließend wird auf spezifische Verfahren der Entscheidungsunterstützung eingegangen, in die ökonomische und soziale Bewertungen einfließen können. Abschließend wird ein kurzes Fazit gezogen.

3.7.1 Ökonomische Bewertungsansätze

Die Ökonomie stellt Entscheidungsgrundlagen für den Umgang mit Knappheit bereit. Knappheit bedeutet im Umweltzusammenhang, dass die Umwelt und die damit verbundenen Leistungen der Umwelt (sogenannte „Ökosystemleistungen") nicht unbegrenzt zur Verfügung stehen. Auch saubere Luft, verfügbares Wasser in ausreichender Qualität und fruchtbare Böden können knapp werden. Auch ist die Aufnahmekapazität der Umwelt für Schadstoffe zunehmend begrenzt. Bei Entscheidungen, welche die Umwelt betreffen, gilt es daher abzuwägen, welche Veränderungen eines Umweltzustands mit einer Entscheidung verbunden sind und was durch diese Entscheidung gewonnen oder verloren werden kann.

Abbildung 3.22 veranschaulicht den Zusammenhang am Beispiel von Auenflächen. Bestimmte Nutzen und Kosten werden bei Entscheidungen über die Trockenlegung und anderweitige Nutzung von Auenflächen berücksichtigt; andere hingegen werden oft ausgeblendet. Fehlentscheidungen, hier der Verlust von Auenflächen, die bei einer Berücksichtigung aller Nutzen und Kosten hätten erhalten werden müssen, sind dann die Folge [3.116].

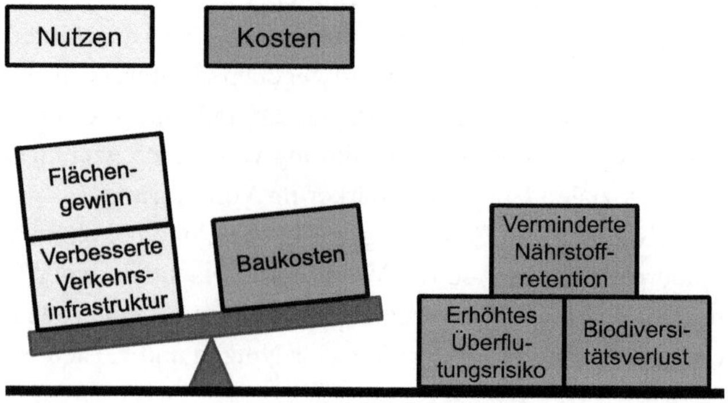

Abb. 3.22 Waagschale bei der Betrachtung von Nutzen und Kosten einer Nutzungsänderung von Auenflächen (nach [3.116])

Der Grund dafür, dass Leistungen der Umwelt oft nicht erfasst und deshalb bei Entscheidungen nicht berücksichtigt werden, liegt darin, dass es sich bei der Umwelt (ökonomisch auch: dem Naturkapital) und ihren Ökosystemleistungen zumeist um sogenannte öffentliche Güter handelt. Obwohl die Bürger Präferenzen für diese Güter haben, werden diese nicht offengelegt. Es gibt auch keine Märkte, auf denen diese Güter gehandelt oder gegeneinander abgewogen werden. Deshalb werden diese Leistungen auch bei Entscheidungen nicht einbezogen.

Genau hier setzt die ökonomische Bewertung an. Bei einer Veränderung des Zustands der Umwelt (z. B. einer Verknappung und Reduzierung ihrer Leistungen) kann sie die tatsächlichen oder drohenden Nutzungseinbußen für die Gesellschaft erkennbar machen und damit politische Entscheidungen unterstützen, die im Bereich des Umweltschutzes dazu beitragen, sich einer möglichst großen volkswirtschaftlichen Gesamtwohlfahrt anzunähern. Volkswirtschaftliche (oder auch gesellschaftliche) Gesamtwohlfahrt meint hier, dass nicht nur betriebswirtschaftliche Vor- und Nachteile von Umweltveränderungen erfasst werden (z. B. landwirtschaftliche Produktionsgewinne und -verluste), sondern auch Wirkungen auf unbeteiligte Dritte (z. B. die Nachteile für Anwohner am Unterlauf eines Flusses, die unter der schlechten Gewässerqualität leiden) oder auf die Umwelt (z. B. der Verlust an biologischer Vielfalt und Lebensraum am Unterlauf des Flusses) – also gesellschaftliche Gewinne und Verluste. Die Nachteile für die Umwelt und somit für die betroffenen Menschen, insbesondere die Gefährdung der von der Umwelt bereitgestellten Ökosystemleistungen, sollen somit durch die ökonomische Bewertung transparent gemacht werden, um eine „bessere“ (auch gesellschaftliche Aspekte einschließende) Entscheidungshilfe zu schaffen.

Exkurs „Naturkapital und Ökosystemleistungen“. Das „Naturkapital“ umfasst die Natur mit ihrer Vielfalt an Arten, Lebensgemeinschaften und Ökosystemen. Es bildet neben technischem Kapital (d. h. Maschinen, Produktionsanlagen) und menschlichem Kapital (d. h. Wissen, Arbeitskraft) die Grundlage für Wertschöpfung und Wohlstand. Die verschiedenen Leistungen der Natur (d. h. die Ökosystemleistungen) sind Voraussetzung für die Produktion zahlreicher Güter und Dienstleistungen, fördern unsere Gesundheit und sind damit eine wichtige Basis für unser Wohlergehen.

„Ökosystemleistungen“ bezeichnen direkte und indirekte Beiträge von Ökosystemen zum menschlichen Wohlergehen (d. h. Leistungen und Güter, die dem Menschen einen direkten oder indirekten wirtschaftlichen, materiellen, gesundheitlichen oder psychischen Nutzen bringen). In Abgrenzung zum Begriff „Ökosystemfunktion“ entsteht der Begriff „Ökosystemleistung“ aus einer anthropozentrischen Perspektive und ist an einen Nutzen des Ökosystems für den Menschen gebunden (siehe unten).

Die Natur bildet damit im ökonomischen Sinne ein „Kapital“. Damit lassen sich ihre Leistungen als „Dividende“ auffassen, die der Gesellschaft zufließt. Die Erhaltung des natürlichen Kapitalstocks ermöglicht es, diese Dividenden auch künftigen Generationen dauerhaft bereitzustellen. Umweltschutz und nachhaltiger Umgang mit unseren natürlichen Lebensgrundlagen sind daher ein Gebot ökonomischer Weitsichtigkeit und Verantwortung.

Konzept des ökonomischen Gesamtwertes. Werte sind zunächst Ausdruck einer subjektiven Stellungnahme. Sie kommen in die Welt, indem Menschen etwas wertschätzen, das ihnen wichtig ist. Der Gegenstand dieser Wertschätzung kann materiell oder immateriell sein. Beispiele für immaterielle Werte wären etwa Freude an etwas oder Verantwortung für etwas oder jemanden. Materielle Wertschätzung liegt vor, wenn Menschen bestimmte Dinge als wertvoll erachten. Alle diese Wertzuweisungen, egal ob explizit bekundet oder implizit durch entsprechendes Handeln erkennbar, reflektieren, inwieweit sich Menschen um das jeweilige materielle oder immaterielle Objekt sorgen oder kümmern bzw. inwieweit es sie angeht (z. B. indem sie von der Veränderung seiner Qualität oder Quantität betroffen sind). Dabei kann der Wert eines Objektes für verschiedene Menschen und auch für einen einzelnen Menschen auf ganz unterschiedlichen Aspekten beruhen. Zudem steht das besondere Werten der einzelnen Person immer im Zusammenhang sozialen Wertens, da jeder in seiner Bedürfnisbefriedigung auf Bedürfnisse anderer Rücksicht nehmen muss [3.117]. Hier zeigt sich, dass Werte ökonomischer Art sein können (auf Eigennutz ausgerichtet), aber auch soziale Aspekte einbeziehen können. Menschen haben unterschiedliche materielle, moralische, spirituelle, ästhetische oder andere Interessen, die auch ihre Gedanken oder Einstellungen gegenüber der Umwelt prägen.

Es gibt somit nicht den einen und einzigen Wert der Umwelt. Gleichwohl ist es enorm wichtig, auf den Wert der Umwelt hinzuweisen, damit mit dieser knappen Ressource verantwortungsvoll umgegangen wird. Je konkreter sich dieser Wert ausdrücken lässt, der durch bestimmte Nutzungen verloren geht, desto bessere Chancen bestehen, dass umweltschonenderen Nutzungen der Vorzug gegeben wird. Dies ist exakt das Anliegen einer ökonomischen Bewertung.

Für das Verständnis der ökonomischen Bewertung ist dabei zentral, dass die Ökonomik davon ausgeht, dass nur das einen Wert besitzt, was dem Menschen in irgendeiner Form etwas nützt. Das bedeutet, dass bestimmte Nutzen für Tiere oder Pflanzen, die in keiner Weise auch dem Menschen von Nutzen sind (sogenannter „Eigenwert" der Natur; siehe unten), in einer ökonomischen Betrachtung nicht berücksichtigt werden [3.118]. Diese Annahme führt jedoch nicht dazu, dass nur Vor- und Nachteile im wirtschaftlichen Bereich berücksichtigt werden. Und sie führt auch nicht dazu, dass nur das gezählt und berücksichtigt wird, was in Geldeinheiten ausgedrückt werden kann. Der ökonomische Nutzenbegriff ist vielmehr wesentlich breiter als der umgangssprachliche Nutzenbegriff; es werden auch zahlreiche ökologische Funktionen und Leistungen der Umwelt erfasst und bewertet, die auf den ersten Blick dem Menschen nichts nützen (siehe unten).

Der Grund hierfür ist das Konzept des ökonomischen Gesamtwerts („total economic value"), das der ökonomischen Betrachtung zugrunde liegt [3.119]. Hierbei handelt es sich um ein Konzept, das ganz verschiedene Werte der Umwelt ökonomisch zu erfassen versucht, nämlich im Prinzip alle Vor- oder Nachteile, die mit einer Umweltveränderung für den Menschen verbunden sind. Der ökonomische Gesamtwert unterteilt sich in verschiedene Einzelwerte, die in Abb. 3.23 dargestellt sind (siehe auch [3.116]).

Im Konzept des ökonomischen Gesamtwertes werden nutzungsabhängige und nicht nutzungsabhängige Werte unterschieden. Die nutzungsabhängigen Werte stehen mit der

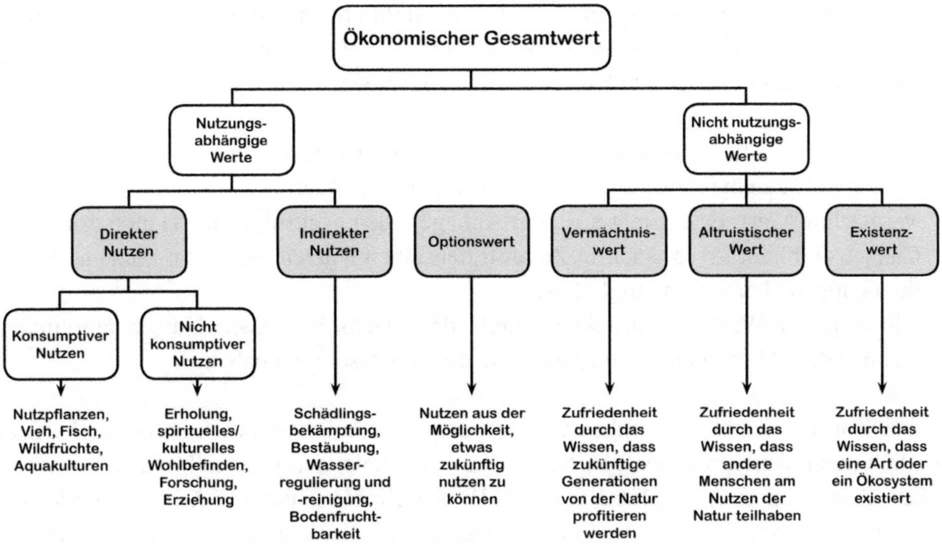

Abb. 3.23 Konzept des ökonomischen Gesamtwertes (nach [3.116])

Nutzung der Umweltressourcen in Verbindung; sie werden in drei Wertkategorien untergliedert.

- Direkte Nutzwerte. Sie bilden sich aus dem wirtschaftlichen Nutzungswert und dem Symbolwert heraus. Der wirtschaftliche Nutzungswert ist durch die Nutzung der Umwelt und ihrer ökologischen Leistungen für Konsum- und Produktionszwecke gekennzeichnet. Wenn z. B. Wasserressourcen als Trinkwasser oder für die Produktion in Anspruch genommen werden, handelt es sich um einen solchen direkten Nutzungswert. Als direkter Wert beim Konsum ist auch der Genuss einer schönen Landschaft mit Flüssen oder Bächen vorstellbar. Der Symbolwert entsteht dadurch, dass religiöse oder spirituelle Werte von Individuen dem Wasser zugewiesen werden.
- Indirekte Nutzwerte. Im Funktionswert, welcher den indirekten Wert darstellt und somit in die zweite Wertkategorie der nutzungsabhängigen Werte fällt, finden sich ökologische Leistungen der Umwelt wieder. Dies umfasst beispielsweise den Wert einer Aue als Retentionsfläche für Schadstoffe oder als Überschwemmungsfläche bei Hochwasser.
- Optionswert. Hierbei handelt es sich um eine Art Versicherungsprämie für die zukünftige, potenzielle Nutzung von direkten und indirekten Werten der Umwelt. Der Optionswert kann jedoch in einer breiter gefassten Definition auch den nicht nutzungsabhängigen Werten zugeordnet werden.

Nicht nutzungsabhängige Werte entstehen nicht durch einen direkten Nutzen der Umweltressourcen; der Nutzen für den Menschen tritt auch ohne eine solche (eigene) Nutzung auf. Hier werden ebenfalls drei Nutzenarten unterschieden.

- Existenzwert. Allein die Kenntnis des Vorhandenseins dieses Naturgutes sorgt für eine höhere Zufriedenheit und stiftet somit einen positiven Wert.
- Vermächtniswert. Er entsteht aus dem Anliegen, den nachfolgenden Generationen die Chance zu hinterlassen, auch in Zukunft denselben Nutzen ziehen zu können, wie es der heutigen Generation möglich ist.
- Altruistischer Wert. Er entsteht dadurch, dass Menschen einen Nutzen empfinden, wenn andere Menschen einen Zugang zu Umweltressourcen haben.

Das Konzept des ökonomischen Gesamtwertes ist somit wesentlich breiter und erfasst deutlich mehr Werte, als dies von Nicht-Ökonomen zumeist unterstellt wird. Die Werte gehen über einen direkten Nutzen (also z. B. betriebswirtschaftliche Gewinne) oder gar wirtschaftliche Aspekte (nur die in der Wirtschaft anfallenden Nutzen und Kosten) weit hinaus. Sie gehen auch über an Märkten in Geldeinheiten ausgedrückte Nutzen und Kosten hinaus, da auch die Schönheit der Natur einen Nutzen darstellt. Der Schutz der Umweltressourcen aus ökologischen Gründen kann über den Funktionswert erfasst werden; sogar die Existenz der Natur kann einen Nutzen stiften – und all dies ist im ökonomischen Wert mit eingeschlossen.

Nicht berücksichtigt werden lediglich der „Eigenwert" der Natur [3.120]. Der Eigenwert der Natur umschreibt ihren Wert „an sich". Hierzu werden z. B. Ökosystemfunktionen gezählt, die für die Natur und die in ihr ablaufenden Prozesse wichtig sind, aber dem Menschen nichts nützen (auch nicht indirekt). Manchmal wird für den Eigenwert der Natur auch der Begriff „intrinsischer" Wert verwendet. Gebräuchlich sind darüber hinaus die Begriffe „anthropozentrisch" und „bio- oder ökozentrisch", um die unterschiedlichen Sichtweisen auf die Natur zu beschreiben (z. B. [3.118]). Die anthropozentrische Sicht räumt dabei den Präferenzen der Individuen bezüglich der Umwelt Priorität ein; sie entspricht somit der ökonomischen Sicht, während die bio- oder ökozentrische Sicht biologische, biophysische oder auch energetische Aspekte in den Vordergrund rückt [3.121].

Exkurs „Tauschwert und Nutzwert". Der ökonomische Wert wird oft mit dem Tauschwert eines Gutes am Markt, also seinem Preis, gleichgesetzt. Ein Gut mit einem hohen (geringen) Tauschwert hat dann einen hohen (geringen) Preis. Durch eine solche Interpretation hätte alles, was nicht auf Märkten gehandelt wird, keinen ökonomischen Wert.

Doch diese Sichtweise greift zu kurz und spiegelt den Stand der Ökonomik nicht richtig wider. Dies wurde bereits vor mehr als 200 Jahren (am Beispiel des Wassers) deutlich gemacht [3.122]. Hier wurde zwischen Nutzwert („value in use") und Tauschwert („value in exchange") unterschieden und dies an den Gütern Wasser und Diamanten verdeutlicht. Wasser hat in der Regel einen geringen oder gar keinen Preis (Tauschwert); sobald es aber zur knappen Ressource wird, hat es einen sehr hohen Nutzwert. Diamanten hingegen haben im Regelfall einen hohen Preis (Tauschwert), aber einen geringen Nutzwert. Der Nutzwert des Gutes Wasser weicht also offensichtlich von seinem Tauschwert (Preis) ab; er ist nicht identisch mit dem Preis. Und diese Erkenntnis gilt nicht nur für Wasser. Güter, die nicht auf Märkten gehandelt werden und daher keinen Preis haben, wie dies für die meisten Güter im Bereich der Umwelt gilt, weisen auch ohne Preis einen erheblichen ökonomischen Nutzwert für Einzelne und für die Gesellschaft als Ganzes auf.

Ökonomische Bewertungsmethoden. In der Umweltökonomik gibt es verschiedene Ansätze und Methoden zur ökonomischen Bewertung von Veränderungen umweltbezogener Leistungen. Das Erfordernis, abseits von Marktdaten auf spezielle Methoden und Verfahren der ökonomischen Bewertung überzugehen, ergibt sich daraus, dass es sich bei den Veränderungen der Umweltressourcen um öffentliche Güter handelt. Die Einzelnen wünschen zwar eine verbesserte Umweltqualität, aber weil es keine Märkte für den Umweltschutz gibt, geben sie ihre Zahlungsbereitschaften nicht preis und verhalten sich als Trittbrettfahrer: Sie können nicht von der Nutzung des Gutes „verbesserte Umweltqualität" ausgeschlossen werden. Damit gibt es auch keine Märkte und Preise, denen man Werte entnehmen könnte.

Die ökonomischen Bewertungsverfahren zielen vor diesem Hintergrund darauf ab, die Zahlungsbereitschaft für die Umwelt direkt zu erfassen, etwa durch Befragungen von Individuen über ihre (hypothetischen) Zahlungsbereitschaften für eine Verbesserung des Umweltzustandes oder über ihre Entschädigungsforderungen, wenn sie z. B. Verschlechterungen des Zustands der Gewässer hinnehmen sollen. Dabei wird zwischen Methoden unterschieden, bei denen die Zahlungsbereitschaften (oder Entschädigungsforderungen) auf der Basis erfragter Präferenzen erhoben oder durch auf Märkten offenbartes Verhalten kundgetan werden; man spricht im ersten Fall von Verfahren geäußerter Präferenzen und im letzteren Fall von offenbarten Präferenzen. Oder aber es werden indirekt Rückschlüsse auf die Zahlungsbereitschaften für die Umweltverbesserungen durch das Verhalten der Wirtschaftssubjekte auf anderen Märkten, welche in einem komplementären oder substitutiven Verhältnis zu den Präferenzen der Umweltveränderung stehen, gezogen; diese Verfahren werden unter dem Begriff Marktanalyse subsummiert.

Detailliertere Informationen zu den angesprochenen drei Gruppen ökonomischer Bewertungsansätze und -methoden gibt Tabelle 3.3.

Die Frage ist, auf welche der genannten Bewertungsmethoden man im konkreten Fall zurückgreifen soll. Die Wahl des Bewertungsverfahrens hängt sehr stark vom betrachteten Gegenstand, den zur Verfügung stehenden Daten und den zeitlichen und finanziellen Möglichkeiten ab. So sind manche Wertkategorien (z. B. Existenzwerte, Vermächtniswerte) überhaupt nur mittels Zahlungsbereitschaftsanalysen erfassbar; die anderen Bewertungsverfahren können dies nicht leisten. Möchte man also den Wert einer seltenen Art erfassen, bei der man davon ausgeht, dass ihre Existenz den Menschen etwas bedeutet, kann man hierfür nur entsprechende Befragungen zur Zahlungsbereitschaft durchführen.

Der Durchführung einer kontingenten Bewertungsmethode stehen allerdings oft hohe Kosten entgegen. Fragebogenaktionen bedürfen einer aufwändigen Planung, Vorberei-

Tabelle 3.3 Ökonomische Bewertungsansätze und -methoden [3.123, 3.124, 3.125, 3.126]

Ökonomische Bewertungsmethoden	Beschreibung	Erfasste Wertekategorien
I. Marktanalyse (Marktbewertungsmethoden)		
1. Preisbasierte Ansätze (Marktpreise)	Marktpreise können genutzt werden, um den Wert von Ökosystemleistungen festzuhalten, die gehandelt werden (z. B. den Marktwert von Forstprodukten). Selbst wo Marktpreise vorhanden sind, müssen sie jedoch eventuell angepasst werden, um Verzerrungen (z. B. Subventionen) zu berücksichtigen. Marktpreise können als Ersatz für direkte und indirekte Gebrauchswerte dienen, erfassen aber keine nutzungsunabhängigen Werte; der Marktpreis wird als Ausdruck der minimalen Zahlungsbereitschaft angesehen.	Direkte und indirekte Nutzwerte, die auf Märkten gehandelt werden (z. B. Holz, Fisch, genetische Information, Wert von sauberem Wasser, das lokale Unternehmen für die Produktion nutzen).
2. Kostenbasierte Ansätze	Diese Ansätze betrachten die Kosten im Verhältnis zur Inanspruchnahme von Umweltgütern und -leistungen. Sie stellen nur Ersatzwerte zur Verfügung. Beispiele kostenbasierter Ansätze sind jene, die einen Wert einer natürlichen Ressource aus dem Betrag ableiten, den es kostet, sie zu ersetzen oder wiederherzustellen, nachdem sie beschädigt wurde.	
a) Opportunitätskosten	Diese Methode betrachtet den durch Umweltmaßnahmen entgangenen Wert (z. B. Opportunitätskosten landwirtschaftlicher Produktion, auf die verzichtet wird, wenn Agrarland aufgeforstet wird).	Entgangene direkte und indirekte Nutzwerte, die auf Märkten gehandelt werden. Alle anderen entgangenen Werte müssen mit offenbarten und geäußerten Präferenzmethoden erfasst werden.
b) Vermeidungskosten	Diese Methode richtet die Aufmerksamkeit auf den Preis, der von Individuen gezahlt wird, um negative Umwelteinflüsse zu vermeiden oder zu verringern (z. B. die Kosten eines Wasserfilters für Trinkwasser).	Direkte Nutzwerte, die auf Märkten gehandelt werden (z. B. Filter für sauberes Wasser, Hochwasserschutzmaßnahmen).
c) Ersatzkosten	Hier werden die Kosten für die Bereitstellung eines Ersatzgutes mit ähnlichen Funktionen wie das Umweltgut betrachtet (z. B. kann der Wert von Feuchtgebieten, die vor Überflutung schützen, auf der Grundlage der Kosten geschätzt werden, die beim Bau von Deichen von gleicher Effektivität anfallen; da Feuchtgebiete eine Bandbreite an Ökosystemdienstleistungen bieten, würde diese Kalkulation eine Minimalschätzung des Wertes eines solchen Gebiets darstellen).	Direkte Nutzwerte und indirekte Nutzwerte. Alle anderen Werte (z. B. eines Feuchtgebietes, eines Mangrovenwaldes) werden durch die Methode nicht erfasst.

Tabelle 3.3 (Fortsetzung)

Ökonomische Bewertungs-methoden	Beschreibung	Erfasste Wertekategorien
d) Wiederbeschaffungskosten	Diese Methode betrachtet die Kosten, die entstehen, wenn ein beschädigtes Gut ersetzt oder sein Originalzustand wiederhergestellt wird, und verwendet diese Kosten, um den Nutzen einer Wiederherstellung zu messen. Sie wird häufig angewandt, da es oft einfach ist, solche Kostenschätzungen zu finden.	Direkte Nutzwerte, die auf Märkten gehandelt werden. Alle anderen Werte (z. B. der Wert der Aufforstung eines Waldes) werden nicht erfasst.
3. Produktionsfunktionsansatz	Dieser Ansatz betrachtet die Beziehung zwischen einer bestimmten Ökosystemdienstleistung und der Herstellung einer Handelsware. Umweltgüter und -dienstleistungen werden als Faktoren im Produktionsprozess betrachtet, und ihr Wert wird aus den Änderungen im Produktionsprozess gefolgert, die durch Veränderungen der Umwelt nötig werden.	Direkte und indirekte Nutzwerte, die auf Märkten gehandelt werden.
II. Methoden der offenbarten Präferenzen		
1. Reisekostenmethode	Eine auf Umfragen basierende Technik, welche die Kosten, die Individuen bei einem Ausflug an einen Erholungsort entstehen (z. B. Reisekosten, Eintrittsgelder, Opportunitätskosten), als Ersatzgröße für den Erholungswert des Ortes nutzt. Die Methode kann keine marginalen Umweltveränderungen messen.	Nutzwerte, die nicht auf Märkten gehandelt werden (z. B. Erholung im Wald).
2. Hedonischer Preisansatz	Beim hedonischen Preisansatz wird davon ausgegangen, dass sich Umwelteigenschaften (z. B. eine schöne Aussicht oder der Nachteil einer nahen Deponie) ebenso wie andere Eigenschaften des Grundbesitzes in den Grundstückspreisen widerspiegeln. Der Wert der Umweltkomponente kann durch eine Modellierung der Auswirkung aller möglichen Einflussfaktoren auf den Grundstückspreis festgehalten werden.	Nutzwerte, die nicht auf Märkten gehandelt werden (z. B. Erholung im nahegelegenen Park, Beobachten der Vögel im Garten, saubere Luft zum Atmen).

Tabelle 3.3 (Fortsetzung)

Ökonomische Bewertungs-methoden	Beschreibung	Erfasste Wertekategorien
III. Methoden der geäußerten Präferenzen		
1. Kontingente Bewertungs-methode	Ein auf Umfragen basierender Ansatz, der einen hypothetischen Markt mit Hilfe eines Fragebogens konstruiert. Befragte geben Auskunft darüber, was sie für eine Umweltveränderung zu zahlen bereit wären oder welche Kompensation sie für Umweltverschlechterungen einfordern, um diese hinzunehmen.	Alle Nutzwerte und nutzungsunabhängigen Werte, die nicht auf Märkten gehandelt werden.
2. Choice-Modelle	Ein auf Umfragen basierender Ansatz, der seinen Blick auf die einzelnen Attribute des betreffenden Ökosystems richtet. So kann z. B. ein See in Hinblick auf die Wasserqualität oder die Zahl der vorhandenen Arten beschrieben werden. Teilnehmern werden verschiedene Kombinationen von Attributen vorgelegt, und sie werden gebeten, die von ihnen bevorzugte Kombination zu wählen oder die verschiedenen Kombinationen in eine Rangliste zu bringen. Mit jeder Kombination von Attributen wird ein Preis verbunden, wodurch die Befragten ihre „Zahlungsbereitschaft" oder ihre „Verkaufsbereitschaft" für jedes Attribut verraten.	Alle Nutzwerte und nutzungsunabhängigen Werte, die nicht auf Märkten gehandelt werden.
3. Kontingentes Verhalten (Contingent Behaviour)	Ein auf Umfragen basierender Ansatz, der die Reisekostenmethode (siehe oben) erweitert. Es wird untersucht, wie sich das Reiseverhalten im Hinblick auf eine anvisierte Umweltveränderung ändern würde. Die Veränderung in den Reisekosten spiegelt die Wertschätzung der Umweltveränderung wider. Im Vergleich zur „einfachen" Reisekostenmethode kann kontingentes Verhalten marginale Veränderungen messen.	Nutzwerte, die nicht auf Märkten gehandelt werden (z. B. Erholung im Wald).

tung, Durchführung und Auswertung, die häufig nur von Spezialisten geleistet werden kann, die Erfahrung mit derartigen Befragungen haben. Aus diesem Grund wird zusätzlich zu den genannten Verfahren der Ansatz des Benefit-Transfers entwickelt. Hier versucht man, die Informationen aus bereits durchgeführten Studien auf einen neuen Sachverhalt zu übertragen, indem man die ermittelten Werte der Ausgangsstudien heranzieht, auf den neuen Sachverhalt „transferiert" und anpasst [3.127].

3.7.2 Soziale Bewertungsansätze

Aus der Beschreibung des ökonomischen Gesamtwertes wird deutlich, dass der ökonomische Ansatz bereits eine Vielzahl von Werten erfasst. Hierzu können auch nicht nutzungsabhängige Werte (z. B. Existenzwerte, Vermächtniswerte, altruistische Werte) gehören. Wenn beispielsweise jemand aus der Weitergabe der Natur an die nachfolgende Generation oder aus dem Umstand, dass andere noch lebende Menschen sich an der Natur erfreuen, ihre Lebensbedingungen verbessern oder ihre Wohlfahrt erhöhen, einen Nutzen zieht, wird dieser Nutzen durch die Äußerung einer Zahlungsbereitschaft erfasst („Ich bin bereit, etwas dafür herzugeben, dass eine bestimmte Art überlebt, dass es anderen Menschen oder den nachfolgenden Generationen besser geht."). In diesem Sinne sind durch den ökonomischen Ansatz mit Blick auf nachfolgende Generationen und die Lebenssituation anderer Menschen (Altruismus) auch soziale Bewertungskriterien mit eingeschlossen.

Worin sich aber der soziale vom ökonomischen Bewertungsansatz unterscheidet, ist zum einen der Wertepluralismus: Inkommensurabilität, nicht-menschliche Werte (z. B. die genannten „Eigenwerte") oder soziale Gerechtigkeit spielen bei der sozialen Bewertung u. U. eine größere Rolle und werden expliziter betont, als dies in der ökonomischen Betrachtung üblicherweise der Fall ist. Zum anderen unterscheiden sich ökonomische und soziale Bewertung in der Annahme über die Präferenzen. Aus ökonomischer Sicht sind die Präferenzen für ein Umweltgut gegeben; sie liegen praktisch vor, und die Kunst der ökonomischen Bewertung liegt (nur noch) darin, sie mittels geeigneter Verfahren zu erfassen.

Die Motive für eine Bewertung spielen aus ökonomischer Sicht dabei keine Rolle [3.128]. Es ist egal, warum sich jemand für ein Umweltgut einsetzt; wichtig ist nur, ob er dafür etwas hergibt, also eine Zahlungsbereitschaft äußert. Aus sozialer (eigentlich: soziologischer) Sicht hingegen werden Präferenzen zumeist im Rahmen gesellschaftlicher Prozesse erst gebildet. Der Einzelne als Teil seines gesellschaftlichen Umfeldes wird geprägt durch Erziehung, Schule, berufliches Umfeld, Freunde usw. Dementsprechend wird ein größeres Gewicht auf die Prozesse der Bildung von Präferenzen sowie die Motive für eine Zahlungsbereitschaft gelegt.

Dies zeigt sich in den Bewertungsansätzen und -methoden, die üblicherweise als soziale Bewertung bezeichnet werden. Hierbei handelt es sich um Ansätze zur Einbindung von sogenannten Stakeholdern (d. h. relevante Interessengruppen, die von einer Umweltveränderung betroffen sind) in politische Entscheidungsprozesse. Ziele sind hierbei eine stärkere Partizipation Betroffener, die Einbringung spezifischen Stakeholder-Wissens sowie eine bessere Konsensfindung im politischen Prozess. Präferenzen werden dabei oft qualitativ in politische Entscheidungen eingebracht.

Zwischen diesen Ansätzen zur Einbringung von Präferenzen in politische Entscheidungsprozesse und den beschriebenen ökonomischen Bewertungsansätzen stehen deliberative Verfahren [3.129, 3.130, 3.131]. Sie sind ein Hybrid zwischen politischen Beratungsprozessen und ökonomischen Methoden der geäußerten Präferenzen und versuchen, die Vorteile beider Methoden zu kombinieren. Einzelheiten zu den sozialen Bewertungsansätzen zeigt Tabelle 3.4.

3.7.3 Verfahren der Entscheidungsunterstützung

KNA, KWA und MCA sind die Abkürzungen für die drei Entscheidungshilfeverfahren Kosten-Nutzen-Analyse (KNA), Kosten-Wirksamkeits-Analyse (KWA) und Multi-Kriterien-Analyse (MCA). Diese Verfahren haben in starkem Maße Eingang in öffentliche Entscheidungsprozesse gefunden, wo sie z. T. sogar gesetzlich vorgeschrieben sind (z. B. bei der Planung von Wasserstraßen gemäß Bundesverkehrswegeplanung). Angewendet werden sie zurzeit in Deutschland vor allem bei Infrastrukturvorhaben; zunehmend gelangen sie aber auch im Umweltbereich zum Einsatz. Dennoch sind sie in Deutschland bei weitem nicht so verbreitet wie etwa im angelsächsischen Raum, wo sie sogar in der Regel gesetzlich vorgeschrieben sind.

Kosten-Nutzen-Analyse (KNA). Den Kern der Entscheidungsunterstützung mit Hilfe ökonomischer Bewertung stellt die Kosten-Nutzen-Analyse dar; sie wird oft mit der ökonomischen Bewertung sogar gleichgesetzt. In der Kosten-Nutzen-Analyse werden die (mit Hilfe der erwähnten ökonomischen Bewertungsmethoden ermittelten) Nutzen der Umweltveränderung den Kosten für Maßnahmen in Geldeinheiten gegenübergestellt. Bei der Kosten-Nutzen-Analyse wird also nur ein Kriterium berücksichtigt; daher spricht man auch von einem monokriteriellen Verfahren. Hierbei geht es um die Ermittlung der Vorteilhaftigkeit der in Frage stehenden Maßnahme aus volkswirtschaftlicher Sicht; d. h. die Durchführung der Maßnahme mit dem höchsten Nettonutzen (verstanden als Differenz zwischen Nutzen und Kosten) wird dann als konkrete Politikempfehlung formuliert.

Wichtig bei der Erstellung einer Kosten-Nutzen-Analyse ist die möglichst vollständige Erfassung aller Effekte, die es weitestgehend in Geldeinheiten zu quantifizieren gilt. Die Kosten-Nutzen-Analyse soll mit der monetären Erfassung aufsummierter Nutzen und Kosten herausfinden, ob mit einer politischen Maßnahme ein sich lohnender Beitrag zur gesellschaftlichen Wohlfahrt erzielt werden kann. Es werden also im Prinzip unternehmerische Investitionsentscheidungsregeln auf öffentliche Projekte angewendet. Jedoch werden hier die Nutzen und Kosten deutlich weiter gefasst, da die ökonomischen Gesamtwirkungen (und nicht unternehmerische Nutzen und Kosten) im Fokus der Untersuchung stehen.

Tabelle 3.4 Soziale Bewertungsansätze und -methoden (prozessbasierte Methoden – gruppenbasierte Ansätze) [3.123, 3.124, 3.125, 3.126]

1. Politische Beratungsprozesse	Der Leitgedanke von politischen Beratungsprozessen ist die verstärkte Einbindung der Öffentlichkeit in demokratische Prozesse. In Gruppen werden in einem mehrstündigen oder mehrtägigen Prozess Politikoptionen (z. B. im Umweltbereich) diskutiert. Ziele dieser Beratungsprozesse reichen von der Informationsbeschaffung über die Einstellungen der Bürger bis zur Konsensfindung.	
a) Fokusgruppen	Fokusgruppen zielen darauf ab, die Positionen der Teilnehmer zu einem vordefinierten Thema oder Set von verwandten Themen zu ergründen, und/oder herauszufinden, wie sie interagieren, wenn sie dieses diskutieren. Gruppentiefeninterviews sind ihnen in einiger Hinsicht ähnlich, aber die Gruppen können sich zu mehreren Anlässen treffen und werden in deutlich geringerem Maß geleitet, da mehr Gewicht auf die Frage gelegt wird, wie die Gruppe einen Diskurs zum jeweiligen Thema schafft.	Alle Nutzwerte und nutzungsunabhängigen Werte.
b) Bürgerforen (Citizens' Jury)	Bürgerforen dienen dazu, eine wohlüberlegte öffentliche Meinung zu einem bestimmten Thema oder Set gesellschaftlicher Entscheidungen zu ermitteln. Einer Auswahl von Bürgern wird die Gelegenheit gegeben, Aussagen von Experten und anderen Stakeholdern zu betrachten, woraufhin sie eine Gruppendiskussion über den betreffenden Sachverhalt abhalten.	Alle Nutzwerte und nutzungsunabhängigen Werte.
2. Deliberative Verfahren für geäußerte Präferenzen	Deliberative Verfahren sind ein Hybrid zwischen politischen Beratungsprozessen und ökonomischen Methoden der geäußerten Präferenzen. Sie versuchen, die Vorteile beider Methoden zu kombinieren; sie ermöglichen die Monetarisierung von Präferenzen und die Teilnehmer haben die Gelegenheit, ihre Wertvorstellungen in Gruppendiskussionen und mit Hilfe von umfangreichen Informationen zu reflektieren. Deliberative Verfahren wirken Kritikpunkten an der klassischen Erhebung von Zahlungsbereitschaften (kontingente Bewertungsmethoden) entgegen; sie akzeptieren, dass Präferenzen für Umweltveränderungen oft nicht vorhanden sind und erst konstruiert werden müssen, und sie gehen der Multidimensionalität von Präferenzen auf den Grund.	

Tabelle 3.4 (Fortsetzung)

a) Valuation Workshop	In Gruppen mit etwa 10 bis 15 Teilnehmern wird die zu bewertende Umweltveränderung von einem Moderator und von Experten vorgestellt. Nach intensiver Diskussion äußert jeder Teilnehmer individuell und anonym in einem Fragebogen seine Zahlungsbereitschaft.	Alle Nutzwerte und nutzungsunabhängigen Werte, die nicht auf Märkten gehandelt werden.
b) Marktstandmethode (Market Stall)	Die Marktstandmethode erweitert den Valuation Workshop, in dem sie den Teilnehmern nach der ersten Sitzung die Gelegenheit bietet, über ihre geäußerten Präferenzen nachzudenken. Sie erhebt die revidierte Zahlungsbereitschaft ein zweites Mal per Telefon, postalisch oder in einer zweiten Sitzung.	Alle Nutzwerte und nutzungsunabhängigen Werte, die nicht auf Märkten gehandelt werden.

Tabelle 3.5 zeigt die Schritte einer Kosten-Nutzen-Analyse [3.132, 3.133]. Die Beachtung dieser Schrittfolge ist wichtig; aus ihrer Darstellung wird deutlich, dass die Erstellung einer Kosten-Nutzen-Analyse ein Prozess ist, bei dem systematisch die zu berücksichtigenden Maßnahmen, die von einer Maßnahme Betroffenen und die auftretenden Effekte erfasst werden müssen. Die Kosten-Nutzen-Analyse geht somit über die enge Monetarisierung von Nutzen und Kosten weit hinaus; diese stellt nur einen Schritt im Gesamtprozess der Erstellung einer Kosten-Nutzen-Analyse dar. Dennoch wird die Monetarisierung oft als „Herzstück" der Kosten-Nutzen-Analyse gesehen [3.134].

Bei der praktischen Anwendung der Kosten-Nutzen-Analyse gibt es verschiedene Probleme [3.134, 3.135, 3.136].

- Die Monetarisierung von Nutzen und Kosten stellt eine erhebliche Herausforderung dar. Während die Kosten einer bestimmten Maßnahme oder einer Umweltveränderung sich vergleichsweise leicht in Geldeinheiten beziffern lassen, ist es oft sehr schwierig, den Nutzen derselben Maßnahme oder der Umweltveränderung in Geldeinheiten zu erfassen.
- Diese vielfältigen Nutzen sind schwer vorhersagbar (d. h. sie sind mit großer Unsicherheit behaftet); sie sind in der Regel zwischen einer Vielzahl von Vorteilsempfängern breit gestreut und sie ragen mitunter sehr weit in die Zukunft. Ihre Erfassung ist somit aus verschiedenen, z. T. auch technischen Gründen (u. a. Erhebungsaufwand, Datenverfügbarkeit) sehr schwierig.
- Auch die oben beschriebenen ökonomischen Bewertungsmethoden, die an dieser Stelle eingesetzt werden, um den Bewertungsschwierigkeiten zu begegnen, sind nicht frei von Schwierigkeiten.

Tabelle 3.5 Schritte der Kosten-Nutzen-Analyse (u. a. [3.132, 3.133])

Schritt 1: Abgrenzung des Untersuchungsraumes sowie der Stakeholder	
	Zunächst sind der Untersuchungsraum und die betroffenen Stakeholder einer konkreten politischen Maßnahme abzugrenzen. Diese Erfassung liefert erste Anhaltspunkte dafür, bei welchen Personenkreisen Nutzen und Kosten auftreten können. Zu den Stakeholdern ökologischer Leistungen des Wassers gehören beispielsweise alle, die direkte und indirekte Nutzen oder Kosten aus einer Maßnahme ziehen.
Schritt 2: Identifizierung der von einem Ökosystem ausgehenden Nutzenstiftungen (d. h. der ökonomisch relevanten Ökosystemleistungen „Mengengerüst")	
	Inhaltlich kann hier auf die Erfassung der verschiedenen Ökosystemfunktionen und -leistungen verwiesen werden. Methodisch kann auf das Konzept des ökonomischen Gesamtwertes hingewiesen werden. Die Erfassung eines Mengengerüsts ist Voraussetzung, um ökonomische Werte zu bestimmen. Erst wenn die Menge eines Gutes erfasst ist, kann eine Bewertung dieser Menge erfolgen. In vielen Fällen muss sich die ökonomische Bewertung mit einer Erfassung des Mengengerüsts begnügen, da keine adäquaten Verfahren der Wertbestimmung (Monetarisierung) zur Verfügung stehen; dann endet der Versuch einer Kosten-Nutzen-Analyse hier und es können nur quantitative und qualitative Empfehlungen gegeben werden.
Schritt 3: Monetäre Bewertung der relevanten Wirkungen	
	Die Bewertung von Nutzen und Kosten in Geldeinheiten besagt nicht, dass in Geldeinheiten bewertete Wirkungen besonders wichtig sind. Es sind vielmehr Praktikabilitätsüberlegungen, die zu diesem Schritt führen, weil hierdurch die Vergleichbarkeit unterschiedlicher Schäden bzw. bei anders gearteten Fragestellungen von Nutzen und Kosten besser realisiert werden kann. Sofern möglich, sollte auf Marktpreise zurückgegriffen werden. Sind keine Marktpreise vorhanden (z. B. aufgrund unvollständigen Wettbewerbs oder der Abwesenheit eines Marktes, wie beispielsweise bei öffentlichen Gütern), muss die Bewertung über direkte und indirekte Verfahren der Präferenzaufdeckung erfolgen.
Schritt 4: Abdiskontierung zukünftiger Nutzen und Kosten	
	Sofern die Nutzen und Kosten einer Regulierungsmaßnahme in zukünftigen Perioden anfallen, müssen sie auf den Gegenwartszeitpunkt abdiskontiert (abgezinst) werden. Es muss also der heutige Wert der zukünftigen Nutzen und Kosten ermittelt werden. Dies ergibt sich daraus, dass in der Zukunft verfügbare Vorteile herkömmlich eine geringere individuelle Wertschätzung in der Gegenwart aufweisen als gegenwärtig verfügbare Vorteile. Im Rahmen der Kosten-Nutzen-Analyse stellt dabei die Festlegung eines geeigneten Diskontierungsfaktors ein zentrales Problem dar.
Schritt 5: Ermittlung des Nettonutzens	
	Aus der Gegenüberstellung der abdiskontierten Nutzen und abdiskontierten Kosten ergibt sich der Gegenwartswert einer bestimmten Maßnahme. Bei mehreren Alternativen stellt aus ökonomischer Sicht die Maßnahme mit dem höchsten Gegenwartswert die effizienteste Lösung dar; sie verspricht den größten Wohlfahrtsgewinn.
Schritt 6: Sensitivitätsanalysen	
	In einem letzten Schritt wird eine Sensitivitätsanalyse durchgeführt, die aufzeigen soll, wie sensibel das Gesamtergebnis auf die Veränderungen einzelner Parameterwerte reagiert. Dieser Schritt ist insbesondere erforderlich, um das Ausmaß an Unsicherheit transparent zu machen.

- Ein weiteres Problem der Kosten-Nutzen-Analyse liegt in der Langfristigkeit der zu erfassenden Nutzen und Kosten. Dies gilt insbesondere für den Klimaschutz oder den Biodiversitätsschutz, da hier Zeiträume von Jahrzehnten oder Jahrhunderten betrachtet werden müssen. Um heute eine „sinnvolle" Entscheidung zu treffen, müssen die zukünftigen Nutzen und Kosten auf ihren Gegenwartswert abdiskontiert werden; es muss also ihr heutiger Wert ermittelt werden. Die Frage nach einer angemessenen Diskontrate ist in höchstem Maße umstritten. Eine einfache Übertragung der Vorgehensweise bei Infrastrukturvorhaben auf Bereiche des Klima- und Biodiversitätsschutzes ist nicht möglich. Letztlich ist eine gesellschaftliche Entscheidung darüber erforderlich, wie Gegenwarts- und Zukunftsnutzen und -kosten gegeneinander abzuwägen sind (vgl. [3.137] bezüglich der Klimaproblematik, [3.138] in Bezug auf die biologische Vielfalt).

Oft geht die Kritik an der Kosten-Nutzen-Analyse und damit an der ökonomischen Bewertung sogar noch weiter. Manche Arten von Nutzen überhaupt in Geldeinheiten ausdrücken zu wollen, sei aus ethischen Gründen inakzeptabel (z. B. Bewertung eines menschlichen Lebens) (vgl. [3.135, 3.136]).

Kosten-Wirksamkeits-Analyse (KWA). Für den Fall, dass verschiedene politische Maßnahmen zu einem vergleichbaren Nutzen führen, kann auch eine Kosten-Effizienz- oder Kosten-Wirksamkeits-Analyse durchgeführt werden. Hierbei wird der Fokus auf die Nachteile (Kosten) einer Maßnahme gelegt; die Vorteile (Nutzen) werden hingegen annahmegemäß als gleichwertig betrachtet. Dies erlaubt es, die Nutzenseite aus der Betrachtung auszublenden, was dieses Verfahren im Vergleich zur Kosten-Nutzen-Analyse enorm erleichtert. Es gilt demnach, die Maßnahme durchzuführen, bei der im Vergleich zu den anderen Handlungsalternativen die Nachteile am geringsten ausfallen. Diese Maßnahme wird als effizient angesehen, da sie bei gegebenem Nutzen die geringsten Kosten verursacht.

Eine Kosten-Wirksamkeits-Analyse ist aus methodischer Sicht nur dann anzuwenden, wenn die Nutzen verschiedener alternativer Maßnahmen tatsächlich identisch sind oder zumindest nahe beieinander liegen. Wenn dies nicht der Fall ist, also größere Unterschiede in den Nutzen alternativer Maßnahmen bestehen, verbietet sich die Kosten-Wirksamkeits-Analyse eigentlich.

Oft wird die Kosten-Wirksamkeits-Analyse in der Praxis durchgeführt, wenn alternative Maßnahmen zur Erfüllung ein und derselben gesetzlichen Vorgabe in Erwägung gezogen werden. Man geht dann davon aus, dass alle Maßnahmen, die zum Erreichen der Vorgabe geeignet sind, verglichen werden sollten, und führt eine Kosten-Wirksamkeits-Analyse durch. Dabei wird jedoch manchmal nicht berücksichtigt, dass die alternativen Maßnahmen unterschiedliche Zielerfüllungsgrade aufweisen, eigentlich also die Kosten-Nutzen-Analyse das Mittel der Wahl wäre. Zumeist ist vor der Umsetzung verschiedener Maßnahmen nicht klar, inwieweit die aus diesen erwachsenden Nutzen identisch sind.

Multi-Kriterien-Analyse (MCA). Es gibt Situationen, in denen eine Entscheidung aufgrund monokriterieller Indikatoren unangebracht erscheint; die Bewertung von Vor- und Nachteilen ausschließlich in Form von Geldeinheiten würde der Komplexität nicht gerecht werden. Dies ist gegeben, wenn ein mehrdimensionales Problem vorliegt und verschiedene Lösungsansätze existieren. In diesem Fall kann eine Multi-Kriterien-Analyse eingesetzt werden, um eine systematische Entscheidungsvorbereitung bei einer gegebenen Auswahl von Alternativen zu ermöglichen [3.139, 3.140]. Diese Alternativen werden mit Bezug auf ein mehrdimensionales Zielsystem strukturiert, bewertet und geordnet. Die Multi-Kriterien-Analyse ist ein Werkzeug, welches ex ante als Entscheidungshilfe fungiert und gleichzeitig als Evaluierungsmethode einer Ex-post-Betrachtung dient. Sie kann als integriertes Instrument in Entscheidungsprozessen vorkommen, externen Entscheidungsvorbereitungen dienen oder als zielübergreifende Bewertungsmethode eingesetzt werden. Entsprechend unterschiedlich wird sie in der Praxis verwendet: entweder zur umfassenden Bewertung diverser Fördermaßnahmen, als zusammenfassende Beurteilung eines Maßnahmenprogramms oder als Bewertungsschablone in einfachen Modellen. Das Vorgehen bei einer Multi-Kriterien-Analyse zeigt Tabelle 3.6.

Der Nachteil der Kosten-Nutzen-Analyse, der darin liegt, dass eine Monetarisierung verschiedenartiger Wirkungen vorgenommen werden muss, wird bei der Multi-Kriterien-Analyse zwar vermieden. Dafür müssen aber bei einer Aggregation der einzelnen Kriterien diese gewichtet werden, um zu einer Gesamtbeurteilung zu gelangen. Die Bestimmung dieser Gewichtung ist schwierig. So wird der Naturschützer vermutlich dem Naturschutz ein höheres Gewicht beimessen, während der Wirtschaftsförderer eher den Auswirkungen auf das regionale Bruttoinlandsprodukt ein höheres Gewicht beimisst. Hierfür gibt es verschiedene Möglichkeiten, die im Einzelnen in der Literatur beschrieben sind; sie können aber das Problem alle nicht gänzlich befriedigend lösen.

Die Multi-Kriterien-Analyse als Instrument zur Entscheidungsfindung bei Prozessen mit verschiedenen Interessengruppen dient vor allem der Entscheidungsvorbereitung. Leider kommt es bei der Verdichtung und Interpretation der Ergebnisse zu Informationsverlusten. Des Weiteren sind ein umfassendes Expertenwissen und eine große Erfahrung mit Evaluierungen Voraussetzungen für einen erfolgreichen Einsatz dieses Verfahrens. Ebenso sind entsprechende Kompetenzen bei Politik und Verwaltung für einen sinnvollen Umgang mit der Multi-Kriterien-Analyse unabdingbar.

Die Multi-Kriterien-Analyse lässt sich in besonders guter Weise mit der Einbeziehung von Stakeholdern und somit mit der sozialen Bewertung verbinden. Die Stakeholder können herangezogen werden, um die Kriterien der Beurteilung mit zu entwickeln. Darüber hinaus können die einzelnen Gewichte, mit denen die Kriterien in die Gesamtabwägung einfließen, durch Stakeholder bestimmt werden. Es gibt im Wasserbereich eine ganze Reihe von Forschungsprojekten, die einen solchen Ansatz der partizipativen Stakeholder-Beteiligung verfolgt haben (z. B. das Projekt GLOWA Elbe [3.141]).

Tabelle 3.6 Schritte der Multi-Kriterien-Analyse (u. a. [3.132, 3.133])

Schritt 1: Bestimmung der zu bewertenden Aktionen	
	Projekte, Maßnahmen, Richtlinien und ggf. Politikfelder sind hierbei zu erfassen; und das möglichst in verschiedenen Kategorien.
Schritt 2: Identifizierung der Ziele	
	Es sollten dabei sowohl Politikziele als auch Qualitätskriterien berücksichtigt werden.
Schritt 3: Ableitung von Bewertungskriterien	
	Durch diesen Schritt erfolgt die Operationalisierung der ausgewählten Ziele (d. h. die Zielinhalte müssen eindeutig wiedergegeben, die Wirkungen der Maßnahmen vollständig erfasst, Unabhängigkeit gewährleistet und quantitative Messbarkeit sichergestellt werden).
Schritt 4: Gewichtung der Kriterien	
	Die Ziele bekommen eine Rangordnung, entweder durch politische Entscheidungen oder durch Evaluation. Hierdurch werden Präferenzen und Interessen offengelegt. Subjektive Wertungen und Interessen werden dadurch ausgewiesen und diskutiert und somit wird die Transparenz erhöht.
Schritt 5: Bewertung des Beitrags jeder Maßnahme zu jedem Ziel	
	Es wird ein Wirkungsmodell erstellt, wobei quantitative Daten und Schätzungen, qualitativ geordnete und allgemeine qualitative Beschreibungen und „ratings" einfließen können. Die Bewertung erfolgt schließlich durch externe Experten. Optional können zudem Programm- oder Richtlinienverantwortliche und andere Entscheidungsträger mit einbezogen werden. Wichtig ist jedoch vor allem die Entwicklung eines eindeutigen „rankings" der Ziele in Schritt 4, wozu auch ggf. qualitative Bewertungen in kardinale Werte übersetzt werden müssen. Letztendlich entsteht eine multikriterielle Bewertungsmatrix.
Schritt 6: Aggregation der Bewertungen und Erstellung einer Rangordnung der Maßnahmen	
	Die Gewichtungen und die numerischen Bewertungen ergeben zusammen einen Gesamt-„score" (Punktestand). Somit wird eine vergleichende Bewertung unterschiedlicher Maßnahmen in verschiedenen Dimensionen möglich. Dissensbereiche werden abgegrenzt und auch bei nicht existierender optimaler Lösung können gemeinsame Empfehlungen formuliert werden.

Handlungsanleitung. Nach dem Gesagten kann mit Blick auf die Wahl zwischen Kosten-Nutzen-Analyse und Kosten-Wirksamkeits-Analyse eine Handlungsanleitung gegeben werden.

- Wenn es bei einer Maßnahme oder einer Umweltveränderung um unterschiedliche Nutzen geht, ist die Kosten-Nutzen-Analyse anzuwenden
- Wenn hingegen eine Maßnahme einen identischen (oder nahezu identischen) Nutzen stiftet, kann die unterschiedliche Kostenwirksamkeit der Maßnahme in den Vordergrund gerückt und eine Kosten-Wirksamkeits-Analyse angewendet werden.

Mit Blick auf die Wahl zwischen Kosten-Nutzen-Analyse und Multi-Kriterien-Analyse ist es schwieriger, eine Empfehlung abzugeben. Beide Verfahren haben Vor- und Nachteile. Die Monetarisierung von Nutzen und Kosten bei der Kosten-Nutzen-Analyse stellt gleichzeitig einen Vorteil und einen Nachteil dar: Ein Vorteil ist darin zu sehen, dass die verschiedenartigen Nutzen in Geldeinheiten ausgedrückt und damit „gleichnamig" gemacht werden; nachteilig ist die identische Tatsache insofern, als es häufig als schwierig oder sogar unangemessen angesehen wird, eine solche „Gleichnamigkeit" überhaupt herbeizuführen. Diesen Mangel der Kosten-Nutzen-Analyse scheint die Multi-Kriterien-Analyse zu umgehen; jedoch müssen bei ihr Gewichte für die unterschiedlichen Kriterien gefunden werden, um eine Maßnahme empfehlen zu können. Immerhin scheint die Multi-Kriterien-Analyse besser in der Lage zu sein, die Multi-Dimensionalität der Wirkungen zahlreicher Maßnahmen oder Umweltveränderungen zu verdeutlichen; dies kann für die Prozesse der Entscheidungsfindung wichtig sein. Auch können die zunächst gewählten Gewichtungen durch die Entscheidungstragenden verändert werden, so dass sie anschaulich erkennen können, ob und inwieweit eine Veränderung des Gewichts eines Kriteriums zu einer geänderten Rangfolge der verschiedenen betrachteten Alternativen führt.

Alle drei Entscheidungshilfeverfahren können eine große Hilfe sein, um eine zu treffende Entscheidung genauer zu analysieren und somit die bestmögliche Entscheidung zu empfehlen. Sie sind jedoch sehr sorgfältig zu handhaben und es muss auf die jeweiligen Annahmen bzw. Unklarheiten und Unsicherheiten sehr deutlich hingewiesen werden. In jedem Fall bieten sie also eine große Hilfe, um komplexe Situationen besser zu verstehen, und es lohnt sich im Sinne des Umweltschutzes, den ihnen anhaftenden Problemen mit immer mehr Erfahrung und gebündelter Kompetenz zu begegnen, um diese Instrumente noch aussagefähiger zu machen.

3.7.4 Fazit

In diesem Kapitel werden ökonomische Ansätze und Methoden der Umweltbewertung vorgestellt. Die Besonderheiten ökonomischer Bewertung liegen zum einen in dem umfassenden Anspruch; es sollen alle Vor- und Nachteile einer Maßnahme, eines Programms oder einer Umweltveränderung für alle Beteiligten aufgezeigt werden. Damit ist die Zielgröße der ökonomischen Bewertung letztlich die volkswirtschaftliche Vorteilhaftigkeit eines Projektes oder einer Maßnahme, unter Einbeziehung aller Vor- und Nachteile, die – sofern dies möglich ist – in Geldeinheiten ausgedrückt werden. Zum anderen ergeben sich die Besonderheiten der ökonomischen Bewertung aus spezifischen, von der (Umwelt-)Ökonomik entwickelten Methoden. Weil es für Umweltgüter zumeist keine Märkte und daher auch keine Preise gibt, die einen Wert widerspiegeln, versuchen diese Methoden die Werte von Umweltveränderungen aus anderen Marktdaten abzuleiten.

Eine besondere Form der Bewertung ergibt sich aus prozeduralen Verfahren, in denen die Wertschätzung durch einen Prozess der Wertermittlung gemeinsam mit den Stakeholdern ermittelt wird. Diese Verfahren gewinnen zunehmend an Bedeutung und sie stellen eine Brücke zur sozialen Bewertung dar. Dies mag auch daran liegen, dass zunehmend erkannt wird, dass die Einbeziehung der Werte, Normen und Interessen der Beteiligten in einem Projekt, einem Programm oder einer Maßnahme von Anfang an sehr bedeutsam ist, um den Projekterfolg nicht zu gefährden.

Allen ökonomischen und prozeduralen Bewertungsverfahren ist gemeinsam, dass sie über eine ingenieurwissenschaftliche oder technische Betrachtung hinausgehen. Dies muss nicht bedeuten, dass sie in ingenieurwissenschaftlichen oder technischen Bereichen nicht gut anzuwenden sind. Die Anwendung eines spezifischen Bewertungsverfahrens richtet sich immer nach dem Bewertungsziel. Wenn es also um ökonomische, volkswirtschaftliche oder soziale Belange geht, erscheint die ökonomische Bewertung durchaus angemessen.

Bei den Entscheidungsunterstützungsverfahren sollte denjenigen Verfahren ein besonderes Gewicht eingeräumt werden, die vom Ansatz her explizit eine Einbeziehung von Stakeholdern in die Bewertung vorsehen. Dies ist z. B. bei der Multi-Kriterien-Analyse der Fall, wenn bei der Entwicklung und Diskussion von Kriterien sowie bei der Bestimmung von Gewichtungen auf Stakeholder zurückgegriffen wird. Oft ist jedoch ein Bewertungsverfahren nicht per se schlechter geeignet als ein anderes (z. B. die Kosten-Nutzen-Analyse schlechter als ein multikriterieller Ansatz); vielmehr hängt es entscheidend von der Ausgestaltung des Verfahrens im konkreten Fall ab, ob und inwieweit Stakeholder in einer dem „guten“ Bewertungsprozess förderlichen Weise einbezogen werden.

3.8 Grundsätze von Umweltpolitik und Umweltrecht

Uwe Lahl und Wilfried Kühling

Politik und die aus den Grundsätzen der jeweiligen Politikfelder abgeleiteten Gebiete des Rechts sind klassischerweise der staatlich gesetzte Rahmen gesellschaftlicher Entscheidungsfindung. Dies gilt auch für den Bereich der Umwelt und des Umweltschutzes. Die bisher vorgestellten Elemente von Umweltbewertungsmethoden kommen entsprechend in den Prinzipien, Strukturen und Abläufen von Umweltpolitik und Umweltrecht zum Tragen. Die unterschiedlichen Bewertungskonzepte erhalten gerade dort ihre weitreichendste Bedeutung, wo

- Ziele der Umweltpolitik definiert werden sollen,
- Rechtsgebiete konzipiert werden und
- Umweltauswirkungen bei behördlichen Entscheidungen zu berücksichtigen sind.

In Rahmen der Gestaltung von Umweltpolitik, der davon abgeleiteten Rechtsmaterie und der Praxis der behördlichen Entscheidungsfindung, fanden und finden daher die zentralen gesellschaftlichen Diskurse zu Leitbildern und Konzepten einer ökologischen Bewertung statt. Die dort gefundenen Bewertungskonzepte und -maßstäbe sind üblicherweise diejenigen, die auch in anderen Entscheidungssituationen herangezogen werden (z. B. für die Zielfestlegung im Bereich des betrieblichen Umweltschutzes). Nachfolgend werden daher Rahmen und Prozeduren der Bewertung und Entscheidungsfindung in Umweltpolitik und Umweltrecht dargestellt.

Die Umweltpolitik in Gestalt des mit einem Mandat ausgestatteten Gesetzgebers hat die Aufgabe, eine Umweltbewertung im Rahmen staatlich geregelter gesellschaftlicher Entscheidungsprozesse vorzunehmen. Der Gesetzgeber hat damit die gleichen Fragestellungen zu meistern, wie sie auch der Wissenschaftler oder der Praktiker in einem Unternehmen beantworten muss. Er hat die Schutzgüter zu definieren, Schutzziele und Indikatoren festzulegen, die Bewertungsmethoden zu evaluieren und anzuwenden, abzuwägen und dann zu entscheiden. Dazu wird er in aller Regel von der Wissenschaft unterstützt. Dies geschieht schon im Innenleben einer Regierung; die eigentliche politische Entscheidungsebene kann auf Fachbeamte zurückgreifen. Häufig werden auch gerade für die Umweltgesetzgebung externe Fachleute (u. a. Wissenschaftler, Fachgutachter, Fachgremien) eingeschaltet. Und schließlich dienen die unter Good Governance Bedingungen festgelegten Transparenz- und Beteiligungsregeln auch der fachlichen Unterstützung.

Im Folgenden wird dargestellt, wie dieses Zusammenspiel von Wissenschaft und Politik zur Umweltbewertung auf nationaler und internationaler Ebenen konkret funktioniert.

3.8.1 Internationale Ebene

Das Besondere an der internationalen Ebene des Umweltschutzes ist es, dass zu Beginn der Umweltpolitik in den 1970er Jahren die institutionellen Strukturen für Gesetzgebung und Gesetzesvollzug erst geschaffen wurden. Zwar gab es mit den Vereinten Nationen (UN) und ihren Organisationen und Programmen eine vorhandene Struktur. Aber die Umweltthemen, die verstärkt in den 1970er und 1980er Jahren in den Blick kamen, passten nicht in die etablierten Strukturen. Daher wurde 1972 das UN Enviromental Program (UNEP) mit Sitz in Kenia (Nairobi) gegründet.

Die UNEP hat allerdings keine direkten Durchgriffsrechte auf die Einzelstaaten. Es gibt für die UNEP noch nicht einmal eine wie auch immer geartete „Richtlinienkompetenz" zur Festlegung von Umweltqualitätszielen. Um bindende internationale Vereinbarungen zu treffen, sind darüber hinaus gehende Strukturen zu schaffen. Hierzu wird in einem festgelegten Verfahren ein internationales Abkommen entwickelt (Konvention) und ratifiziert. Es wird anschließend von den Nationalparlamenten beschlossen und die unterzeichnenden Staaten haben sich anschließend an diese Konvention zu halten; dabei gehört der Verhaltenskodex inklusive einer Möglichkeit zur Sanktion im Falle der Nicht-Beachtung der Konvention (non compliance) zu den schwierigsten Themen des internationalen Völkerrechts. Unterhalb der Konvention wird eine Verwaltungseinheit gebildet, welche die Geschäfte führt (Sekretariat). Die Versammlung der Mitgliedsstaaten (Conference of the Parties, COP) bildet das höchste Entscheidungsorgan für die jeweilige Konvention.

Mit der Konferenz der Vereinten Nationen für Umwelt und Entwicklung (UNCED) in Rio de Janeiro 1992 wurde zwar eine programmatische Klammer für die globale Umweltpolitik geschaffen; es gibt aber keine übergreifende Konvention für den Umweltschutz. Vielmehr sind die einzelnen Konventionen entlang der jeweils „hochkochenden" Einzelprobleme entstanden; beispielsweise gibt es Konventionen für den Klimaschutz, für den

Naturschutz, zum Export gefährlicher Abfälle, für den Umgang mit gefährlichen Chemikalien, zum Verbot von Fluor-Chlor-Kohlenwasserstoffen (FCKWs) oder zur Reduzierung der Quecksilberemissionen. Deshalb gibt es seit Jahren auf internationaler Ebene eine Diskussion, wie man diese Zersplitterung durch eine übergreifende Rechtsetzung verbessern kann.

Innerhalb der Konventionen werden regelmäßig Entscheidungen zur Bewertung von Umweltfragen von den politischen Vertretern der Mitgliedsstaaten getroffen. Auf diesen Versammlungen der Mitgliedsstaaten (COP) gibt es auch immer ein Treffen der zuständigen Minister, sodass die Entscheidungen von höchster Stelle politisch abgesegnet werden können. Die Entscheidungsvorschläge werden wissenschaftlich vorbereitet. Hierzu bedient sich das Sekretariat dem eigenen Sachverstand. Häufig werden zusätzlich externe Stellen eingeschaltet. Hierzu gehören regelmäßig die Fachämter einzelner Mitgliedsstaaten. Um auftretende Loyalitätskonflikte zu mindern, werden nicht die Ämter eingesetzt, sondern der jeweilige Experte aus dem Amt wird als Person zur Abgabe seiner wissenschaftlichen Expertise angefragt. Teilweise werden auch wissenschaftliche Studien ausgeschrieben. Im Rahmen des notwendigen Rollenverständnisses ist diese Expertise so auszuarbeiten, dass die Entscheidungsoptionen einschließlich ihrer Pros und Cons transparent werden. Folglich gibt es in der Regel auch nicht nur eine Option oder eine einzige Bewertung.

Anschließend ist es Aufgabe des Sekretariats, die wissenschaftliche Vorarbeit zu einem Entscheidungsvorschlag zu verdichten. Auf dieser Basis finden dann die Aussprache und die Entscheidungsfindung auf der Versammlung der Mitgliedsstaaten (COP) oder in einem hierfür berufenen Ausschuss statt. Hierbei ist auf internationaler Ebene das Souveränitätsprinzip des Einzelstaates zu berücksichtigen. Die volle Souveränität jedes einzelnen Staates erlaubt es nicht, sich einem Votum anderer Staaten zu beugen. Daher sind alle Konventionen mit dem Problem konfrontiert, Einstimmigkeit herzustellen. Einstimmigkeit kann dazu führen, dass spezielle nationale Interessen die gesamte Konventionsarbeit blockieren. Beispielsweise hat Kanada in der PIC-Konvention (d. h. Rotterdamer Übereinkommen über den Handel mit gefährlichen Chemikalien sowie Pflanzenschutz- und Schädlingsbekämpfungsmitteln, Rotterdam Convention on the Prior Informed Consent Procedure for Certain Hazardous Chemicals and Pesticides in International Trade, auch PIC-Übereinkommen) über Jahrzehnte die Aufnahme von Asbest auf die Liste der gefährlichen Stoffe, über deren Export das jeweilige Importland vorher zu informieren ist, blockiert; Hintergrund war das Vorhandensein einer der letzten Asbestminen in Quebec und die Vermengung des Fortbestands dieser Mine mit den Interessen der französischsprachigen Minderheit in Kanada.

Diese notwendige Einstimmigkeit hat ein ganzes Arsenal an Verhandlungstechniken und Verfahrensregeln hervorgebracht, um am Ende doch zu einer Entscheidung zu kommen. Bei harten Interessensgegensätzen kann manchmal nur noch die Schaffung von Finanzierungsinstrumenten helfen, um einen Interessensausgleich zu erreichen.

Zwar geht es in den Umweltkonventionen „eigentlich“ in der Regel nur um relativ überschaubare fachliche Probleme. Jedoch berühren die festzusetzenden Standards regelmäßig die grundlegenden Interessensunterschiede von Industrie- und Entwicklungsländern. Meist werden die Umweltprobleme zu einem überwiegenden Teil durch die Industrieländer hervorgerufen. Die aus der Wissenschaft vorgeschlagenen Problemlösungen können von den Industrieländern mit verbesserter Technik i. Allg. erreicht werden. Für die Entwicklungsländer, die nicht über diese Mittel bzw. Techniken verfügen, würde so ein Standard dann eine Hemmung der Entwicklung bedeuten. Daher bestanden die Entwicklungsländer beispielsweise im Fall der Montrealer Konvention zum Schutz der Ozonschicht auf Finanzhilfen, um Zugang zu besseren Techniken zu bekommen.

Um sich nicht gegenseitig ausspielen zu lassen haben sowohl Entwicklungsländer als auch Industrieländer in vielen Konventionen Absprachen getroffen, im Block zu agieren. Diese Blockbildung ist in den letzten Jahren differenzierter geworden, da auf der Seite der Entwicklungsländer keine homogene Interessenslage mehr vorhanden ist. So treten heute u. a. die BRICS-Staaten (die Abkürzung „BRICS" steht für die Anfangsbuchstaben der fünf Staaten Brasilien, Russland, Indien, China und Südafrika) zunehmend geschlossen auf (d. h. Länder die auf dem Sprung von einem Block in den nächsten sind). Aber auch unter den Industriestaaten haben sich ein Block um die EU und ein Block um die USA gebildet. Dieses gesamte politische Zusammenspiel überlagert die Entscheidungsfindung.

Ein Außensehender kann auch nur schwer überblicken, wie sich in einer Konvention der vorbereitende wissenschaftliche Prozess strukturiert. Noch schwieriger ist es für einen Einzelnen, seiner Expertise ausreichend Gehör zu verschaffen. Daher haben sich in der Vergangenheit Fachgruppen und auch die Interessensträger zu Organisationen zusammengeschlossen, deren Expertise dann als Gesamtheit in die Entscheidungsfindung eingeht. Für diese Zusammenschlüsse ist der Preis einer höheren Relevanz die Mühsal einer aufwändigen internen Positionsfindung. Diese Zusammenschlüsse sind entlang von Interessenslinien erfolgt (z. B. Industrie, Umweltorganisationen, Arbeitnehmervertreter). Es gibt auch vereinzelt wissenschaftliche Einrichtungen, die in diesem Feld mitwirken.

Einen vergleichsweise neuen Weg ist die Wissenschaft beim Klimaschutz gegangen. Das International Panel on Climate Change (IPCC) ist keine reine Organisation der Wissenschaft, sondern ein UN Organ. Zwar werden die Empfehlungen, Berichte und sonstigen Papiere von hunderten unabhängiger Wissenschaftler weltweit erarbeitet. Die besonders wichtigen Berichte werden aber in einem komplizierten Prozess mit Vertretern der nationalen Regierungen abgestimmt.

In der IPCC Vollversammlung und auch in den Plenarsitzungen der Ausschüsse sitzen neben der Wissenschaft auch die Vertreter der Staaten (d. h. Regierungsbeamte). Diese Vermischung der Ebenen hat dem IPCC viel Kritik eingebracht. Trotzdem muss man auch die Vorteile dieses Konzeptes sehen; so gelingt es, die Regierungsvertreter intensiv mit dem wissenschaftlichen Erkenntnisstand in Beziehung zu bringen und einzubinden. Außerdem gelingt es, über Verfahrensregeln (z. B. die zweistufige Begutachtung von IPCC-Berichten (zunächst wissenschaftlich und dann politisch)) Transparenz herzustellen.

3.8.2 EU-Ebene

Die Europäische Union (EU) unterscheidet sich von der internationalen Situation dahingehend, dass ihre Mitgliedstaaten ihr die Handlungskompetenz in bestimmten Bereichen der Politik übertragen (d. h. Souveränitätsrechte abtreten). Für den Bereich der Umwelt geschah dies im Rahmen der „Einheitliche Europäische Akte" (Single European Act) vom 17. Februar 1986 (Inkrafttreten am 1. Juli 1987).

Die EU kennt demnach zwei Arten von Gesetzen: die Richtlinie und die Verordnung. Eine EU-Richtlinie ist anschließend in das nationale Recht der Mitgliedsstaaten umzusetzen. Dies kann sehr schlank erfolgen, indem die Richtlinie als gültig für das jeweilige Land erklärt wird. Es kann aber auch sehr aufwändig realisiert werden, wenn die einzelnen EU-Reglungen Satz für Satz in die unterschiedlichen nationalen Gesetze und Verordnungen aufgenommen werden (dies ist regelmäßig in Deutschland der Fall). Verordnungen müssen demgegenüber nicht in nationales Recht transformiert werden. Sie gelten direkt von der EU-Ebene auf die Regelungsadressaten in den Mitgliedsstaaten.

EU-Gesetze können nur von der EU-Kommission vorgeschlagen werden. Sie werden anschließend in einem festgelegten Verfahren zwischen Ministerrat und EU-Parlament sowie der EU-Kommission politisch verhandelt und entschieden. Dafür gibt es verschiedene Verfahren, die sich im Wesentlichen dahingehend unterscheiden, welche Mehrheiten erforderlich sind (einfache Mehrheit, qualifizierte Mehrheit, absolute Mehrheit, Einstimmigkeit) und welche Bedeutung das Votum des Europäischen Parlaments hat. In der Regel werden Umweltgesetze im ordentlichen Gesetzgebungsverfahren erlassen (d. h. Mehrheitsentscheidungen im Rat und Parlament).

Die Vorschläge der Kommission werden in den zuständigen Generaldirektionen (GD) von Fachbeamten erarbeitet. Sie werden zwischen den verschiedenen Generaldirektionen abgestimmt und anschließend auf Ebene der EU-Kommissare entschieden. Diese Gesetzesvorschläge werden dann in die Entscheidungsgremien von Parlament und Rat überwiesen.

War das Setzen von EU-einheitlichen Umweltstandards gefragt, ging der internen Abstimmung zwischen den zuständigen Generaldirektionen (GD) ein ausführlicher wissenschaftlicher Konsultationsprozess voran. Beispielsweise wurden viele Grenzwerte für die EU-Luftqualitätsrichtlinie und ihre Novellen von Wissenschaftlern der WHO erarbeitet. Auch verfügt die Kommission über wissenschaftliche Einrichtungen (z. B. Joint Research Center (JRC), Europäische Umwelt Agentur), die je nach Fallkonstellation für beispielsweise Bewertungsfragen herangezogen werden. Die Rolle derartiger „in-house" Einrichtungen an der Trennlinie von Wissenschaft und Politik ist nicht einfach zu fassen. Diese Einrichtungen inklusive ihrer Mitarbeiter sind in der Weisungs- und Identitätshierarchie der Kommission angesiedelt. In diesem Verständnis ist z. B. das JRC Teil des politischen Sektors. Daher widersprechen die in-house Einrichtungen der EU einer Kommissionsentscheidung relativ selten. Aber die Mitarbeiter dieser Einrichtung sind organisatorisch getrennt und bilden eine eigene Arbeitseinheit mit klar wissenschaftlichem Grundverständnis. Diese unabhängige fachliche Rolle wird zwischen den Einrichtungen und der

Kommission i. Allg. auch gelebt; sie ist rechtlich fixiert und wird auch gewünscht. Nach außen wird zwar der wissenschaftliche Standpunkt sichtbar, aber das Primat der Politik wird akzeptiert.

Die Kommission setzt zur wissenschaftlichen Absicherung ihrer Gesetzesvorschläge gerade im Umweltbereich neben ihren eigenen Einrichtungen auch externe Wissenschaftler ein. Dies geschieht über Auftragsarbeit (Studien usw.) und über die Mitarbeit in wissenschaftlichen Gremien. Da auf EU-Ebene eine transparente Praxis in der Gesetzesvorbereitung und in der Gesetzgebung vorhanden ist, sind diese wissenschaftlichen Prozesse und Produkte öffentlich verfügbar.

Eine weitere Besonderheit der EU-Gesetzgebung ist es, dass die Kommissionsvorschläge immer mit einem ausführlichen sogenannten Impact Assessment vorgelegt werden. Es legt für den Fall einer Standardsetzung die Handlungsoptionen offen und erläutert die Bewertungsfragen (u. a. Schutzgut, Schutzziel, Bewertungsmodelle). Im diesem Rahmen ist auch die wissenschaftlich Expertise der Stakeholder einzuholen und zu dokumentieren.

Im Rahmen der Gesetzgebung selbst erweitert sich dann das Spektrum der Zusammenarbeit von Wissenschaft und Politik. So kann das Europäische Parlament in einem gewissen Umfang auf Expertise aus EU-Einrichtungen zurückgreifen, um sich beispielsweise ein eigenes von der Kommission unabhängiges Impact Assessment ausarbeiten zu lassen. Im Ministerrat bedient sich das jeweilige Land der Expertise der nationalen wissenschaftlichen Einrichtungen, da er selbst nur über eine sehr kleine Gruppe an Fachleuten verfügt, die eher in rechtlicher und prozeduraler Hinsicht zuarbeiten.

Die Entscheidungsfindung im Ministerrat selbst ist in drei Stufen gegliedert. Zunächst wird eine Kommissionsvorlage (Dossier) in einer Arbeitsgruppe behandelt. Hierbei arbeiten die Fachbeamte der nationalen Ministerien und die Mitarbeiter der Ständigen Vertretungen in Brüssel (Botschaften) mit. Hier wird somit zwar schon kräftig politisch verhandelt, aber die Arbeit wird sehr stark von Fakten, Zusammenhängen und fachlichen Details geprägt. Anschließend wird das Dossier in den Arbeitskreis der Ständigen Vertreter (AStV oder auch Coreper) gefördert, wo dann die politische Ebene dominiert. Der Ständigen Vertreter (AStV) bereitet die Entscheidung im Ministerrat vor, in dem die nationalen Minister oder ihre Vertreter sitzen. Die Fachebene tritt spätestens in diesem Gremium in den Hintergrund.

3.8.3 Nationale Ebene

Umweltgesetze werden in Deutschland vom Bundestag und Bundesrat entschieden. Dabei werden die Kriterien für die Festlegung eines Umweltstandards festgelegt (d. h. Vorsorge, Gefahrenabwehr, Stand der Technik, Regel der Technik). Die Standards selbst werden zumeist im untergesetzlichen Regelwerk ausformuliert.

Das untergesetzliche Regelwerk im Umweltbereich besteht aus Verordnungen und Technische Anleitungen (TA). Verordnungen sind Ministeriums- oder Regierungsentscheidungen, die auf einer gesetzlichen Ermächtigung beruhen. Im Umweltbereich sind

Verordnungen sehr häufig Regierungsvorlagen, die dem Bundesrat (und manchmal auch dem Bundestag) zur Entscheidung vorgelegt werden. Verordnungen gelten unmittelbar für alle Regelungsadressaten.

Für sehr stark fachlich ausgerichtete technische Regelungen hat sich im Umweltschutz die Technische Anleitung (TA) als Regelungsinstrument bewährt (z. B. TA Luft, TA Lärm). Hier sind in Deutschland sehr viele Umweltstandards festgelegt. Die Technische Anleitung wird von der Regierung beschlossen und stellt rechtlich eine (Allgemeine) Verwaltungsvorschrift dar; sie bindet die Verwaltungen an die Norm, nicht aber die Gerichte.

Die Erarbeitung der Gesetze und Verordnungen findet in den Ministerien statt und wird von der Bundesregierung (Bundeskabinett) beschlossen. Die zuständigen Ministerien bzw. Fachbeamten bedienen sich bei der Ausarbeitung von Umweltstandards ihrer wissenschaftlichen Einrichtungen. Für das Bundesministerium für Umwelt, Naturschutz, Bau und Reaktorsicherheit (BMU) ist dies insbesondere das Bundesamt für Naturschutz und das Umweltbundesamt. Für beide Ämter gilt eine ähnliche Doppelrolle als weisungsabhängige Institution und als eigenständige Einrichtung, wie dies bereits für das JRC auf europäischer Ebene diskutiert wurde.

Zur wissenschaftlichen Vorbereitung neuer Gesetzgebungsvorhaben gehört auch die „Ressortforschung". Jedes Ministerium verfügt über mehr oder weniger umfangreiche Forschungsaktivitäten, die u. a. in nachgeordneten Einrichtungen organisiert sein können oder „auf dem freien Markt" fallweise beauftragt werden. Gerade die Ableitung von Umweltstandards wird hierüber regelmäßig vorgenommen. Auch die Folgenabschätzung und die Rechtfertigung der Notwendigkeit der Standards erfolgt auf diese Weise.

Diese Forschung kann aber nicht als wertfreie, unabhängige Wissenschaft bezeichnet werden; sie führt eher Auftragsarbeit in einem durch das beauftragte Ministerium definierten Korridor durch. Sie ist in dem Sinne unabhängig, dass die Wissenschaft frei ist, sich auf derartige Aufträge zu bewerben. Einmal den Auftrag angenommen, je nach Aufgabenbeschreibung, hat der Auftragnehmer dann die Erfüllungsverpflichtung. Allerdings gibt es innerhalb der Auftragsbeschreibung Spielräume und natürlich auch die Standards wissenschaftlichen Arbeitens, des Stand des Wissens, die Logik und die Denkgesetze etc., die den Auftragnehmer vor unzulässigen Wünschen seitens der Politik schützen.

Diese Situation hat über viele Jahre zu Diskussionen zwischen der Bundesregierung und wichtigen deutschen Wissenschaftseinrichtungen geführt, die ob dieser Zusammenhänge die Bedeutung und den Sinn der Ressortforschung bezweifelt haben. Im Kern dieser Debatte geht es darum, ob der Regierung nicht besser mit wissenschaftlicher Expertise gedient sei, die gänzlich unabhängig sei. Dabei lässt sich aber die gänzliche Unabhängigkeit letztlich nur über eine Auflösung des Auftragnehmer-/Auftraggeber-Verhältnisses erreichen.

Die Überführung des wissenschaftlich abgeleiteten und begründeten Umweltstandards in eine Regierungsvorlage folgt der Geschäftsordnung der Bundesregierung. Demnach erfolgt ein Kabinettsbeschluss auf der Grundlage einer abgestimmten Kabinettsvorlage. Diese wird für die Befassung nur akzeptiert, wenn alle Ministerien einverstanden sind.

Somit ist der entscheidende Prozess, der beispielsweise aus einem wissenschaftlichen Standard einen Grenzwert in einem Gesetz werden lässt die sogenannte Ressortabstimmung. Dies ist ein politischer Prozess, der auch mit wissenschaftlichen Fakten und Argumenten geführt wird. Dabei verlaufen die politischen Konflikte beispielsweise zwischen Umwelt- und Wirtschaftsministerium und je nach Sachbereich auch mit dem Verkehrs- oder dem Finanzministerium. Die Ressortabstimmung ist ein interner Verhandlungsprozess, der im Streitfall über die gesamte Hierarchie der Ministerien geht. Wichtige politische Einflusssphären auf das Verhandlungsergebnis sind

- externer Druck über Lobbygruppen,
- Medienlage, die auch erzeugt werden kann,
- Standing des eigenen Hauses/Hausleitung und die Koalitionsstatik,
- Erwartungen der jeweiligen eigenen Klientel (u. a. Fraktion, Partei, Wählerschaft),
- Wahlkampfversprechen, Koalitionsvertrag, öffentliche Festlegungen etc.,
- Verhandlungsgeschick, Verhandlungsvita (z. B. als Trickser) und „Deals“,
- Nervenstärke.

Die eher fachlich-sachlichen Einflussgrößen für das Verhandeln von Umweltstandards sind insbesondere

- Schwere der möglichen Schäden,
- die wissenschaftliche Schlüssigkeit und Stringenz der Argumentation (u. a. Kausalkette, Dosis-Wirkungsbeziehung, Schadensfolge),
- Vorsorgeabstand, Tipping-Point einer Wirkung,
- vergleichbare Standards auf EU-Ebene und in anderen Industrieländern,
- Kosten, finanzielle Auswirkungen auf den Regelungsadressaten,
- wissenschaftliche Studien, Standing der Autoren etc.

Aus dieser Gemengelage heraus wird ein Kompromiss erzielt. Dabei wird natürlich nicht für jede kleine Verhandlungsrunde das gesamte Arsenal der bilateralen „Folterwerkzeuge“ ausgepackt. Dennoch wird bei dieser Vielzahl und der Variabilität der Einflüsse dem Prozess selbst Irrationalität unterstellt; und dies ist im Einzelfall nicht auszuschließen. Die Rationalität dieses primär politischen Prozess erwächst im Wesentlichen aus drei Konstanten:

- dem Zwang zum Kompromiss,
- der hieraus folgende hohe Rechtfertigungszwang für Vorschlag und Ablehnung,
- der politischen Führung der Häuser.

Am Ende steht eigentlich fast immer ein politischer Kompromiss. Und ein derartiger Kompromiss ist regelmäßig weniger, als die wissenschaftliche Ausgangslage für einen ambitionierten Umweltvorsorgestandard. Deshalb kann man diesen Prozess fachlich kritisieren, weil er sich von der streng wissenschaftlichen Umweltbewertung entfernt. Dabei muss aber auch berücksichtigt werden, dass es nicht nur die eine Umwelt-Wissenschaft, sondern viele Umwelt-Wissenschaften gibt. Die finale Entscheidung kann in einer Demokratie letztlich nur über die Politik erfolgen und hier gibt es keine Alternative zum Austarieren der gegensätzlichen Interessen in einem möglichst transparenten und rationalen Verfahren, wie es die Risikokommission vorschlägt [3.91].

3.8.4 Beispiele

Nachfolgend werden zwei Beispiele für diesen Meinungsbildungsprozess diskutiert.

Umsetzung des Vorsorgeprinzips in der UVP. Am Beispiel der Umsetzung des Vorsorgeprinzips in der UVP (Umweltverträglichkeitsprüfung) wird nachfolgend die in Abschn. 3.8.1 bis 3.8.3 beschriebene Vorgehen dargestellt.

Internationale und EU-Ebene. Mit dem Grundsatz 15 der Abschlusserklärung zur Konferenz der Vereinten Nationen für Umwelt und Entwicklung [3.142] wird bereits international festgestellt, dass die Staaten zum Schutz der Umwelt den Vorsorgegrundsatz anwenden. Dort heißt es: „Zum Schutz der Umwelt wenden die Staaten im Rahmen ihrer Möglichkeiten allgemein den Vorsorgegrundsatz an. Drohen schwerwiegende oder bleibende Schäden, so darf ein Mangel an vollständiger wissenschaftlicher Gewissheit kein Grund dafür sein, kostenwirksame Maßnahmen zur Vermeidung von Umweltverschlechterungen aufzuschieben."

Dies entspringt u. a. aus dem Grundsatz 3 dieser Konferenz, dass das Recht auf Entwicklung so erfüllt werden muss, dass den Entwicklungs- und Umweltbedürfnissen heutiger und künftiger Generationen in gerechter Weise entsprochen wird.

Im Mittelpunkt dieses Vorsorgegrundsatzes steht, dass selbst bei Fehlen ausreichender wissenschaftlicher Information ein Handlungsbedarf besteht. Das hat die Europäische Kommission [3.143] und die Gemeinschaftsrechtsprechung konkretisiert: „Wenn das Vorliegen und der Umfang von Gefahren für die menschliche Gesundheit ungewiss sind, können die Organe Schutzmaßnahmen treffen, ohne abwarten zu müssen, dass das Vorliegen und die Größe dieser Gefahren klar dargelegt wird" [3.144].

Dabei müssen die Begriffe „Vorbeugung" und „Vorsorge" unterschieden werden. Das Vorbeugeprinzip ist auf die Verhinderung bekannter schädlicher Auswirkungen auf die Umwelt gerichtet ist, während sich das Vorsorgeprinzip auf einen Zeitpunkt bezieht, zu dem noch keine sichere Prognose über Umwelt- oder Gesundheitsgefährdungen besteht. Das Vorsorgeprinzip ist daher aufgrund des Verzichts auf wissenschaftliche Gewissheit weitreichender als das Vorbeugeprinzip [3.145].

Die Umweltvorsorge ist Gegenstand zahlreicher internationaler Rechtsvorschriften, wobei sich Querbezüge oftmals in nicht primär umweltorientierten Rechtsgrundlagen finden. Die Umweltpolitik der Europäischen Union beruht auf den Grundsätzen der Vorsorge und Vorbeugung und zielt auf ein hohes Schutzniveau ab. Gemäß Art. 191 des Vertrages über die Arbeitsweise der Europäischen Union verfolgt die europäische Umweltpolitik insbesondere auch die Zielsetzungen nachhaltige Nutzung natürlicher Ressourcen und Verbesserung der Umweltqualität. Damit sind inhaltliche Vorgaben für das angestrebte bzw. anzustrebende Maß der Umweltqualität gegeben. Mit der Formulierung „hohes Schutzniveau für die Umwelt insgesamt“ ist eine Umweltqualität gemeint, bei der Einwirkungen vermieden werden, die gemäß Definition in Art. 3 Nr. 2 der Richtlinie 2010/75/EU zu einer „Beeinträchtigung oder Störung von Annehmlichkeiten und anderen legitimen Nutzungen der Umwelt“ führen können. Das angestrebte Schutzniveau der EU zielt damit – deutlicher als verschiedene Regelungen des bisherigen deutschen Umweltfachrechts – auf eine Umweltqualität, die nicht beim bloßen Schutzprinzip (Schutz vor Umweltschäden bzw. Gesundheitsgefahren) stehen bleibt.

Bundesebene. Durch den Artikel 20a GG ist als Staatszielbestimmung die Verantwortung des Staates verankert, für die künftigen Generationen die natürlichen Lebensgrundlagen zu schützen. Dieser Anspruch geht auf das Ziel der nachhaltigen Entwicklung [3.142] zurück, welche insbesondere im Raumordnungs- und Städtebaurecht tiefer verankert ist. Umweltvorsorge als ein immanenter Teil einer nachhaltigen Entwicklung lässt sich damit auch durch die Verfassung begründen.

Betrachtet man das Thema der Umweltbewertung anhand der üblichen Standardsetzung, lassen sich zusätzliche Erkenntnisse für die Erarbeitung möglicher Lösungen ableiten. Bislang werden für einen eindeutigen und nachvollziehbaren Vollzug rechtlicher Vorgaben möglichst eindimensionale Standards benötigt (Grenzwerte mit rechtssicheren Größenangaben, deren Überschreitungen dann Sanktionen auslösen können; z. B. x $\mu g/m^3$, y dB(A)). Die oben deutlich getroffene Unterscheidung zwischen Schutzgrundsatz und Vorsorgegrundsatz verlangt daher auch nach einer Unterscheidung der Bewertungsmaßstäbe. Hinzu kommt, dass die Anforderungen an die Bewertung der Umweltschutzgüter je nach Aufgabenstellung der verschiedenen rechtlichen Instrumente bzw. Fachverfahren variieren. Dieses wird nachfolgend angerissen.

- Umweltvorsorge nach UVP-Gesetz. Im Zuge der Einführung der UVP (Umweltverträglichkeitsprüfung) in bundesdeutsches Recht erlebte die Diskussion um geeignete Bewertungsmaßstäbe zur Beurteilung der Umweltqualität einen Höhepunkt. Die Inwertsetzung von Umweltvorsorge wurde als Wesensgehalt einer Umweltverträglichkeitsprüfung herausgestellt [3.146, 3.99, 3.65], geeignete Bewertungsmaßstäbe allerdings nicht genannt bzw. die anzustrebende Umweltqualität nicht näher im Hinblick auf Schwellenwerte konkretisiert/operationalisiert. Gemäß Zweckbestimmung in § 1 UVPG soll eine wirksame Umweltvorsorge sichergestellt werden. Das anzustrebende Ziel der Umweltqualität bzw. das anzustrebende Umweltschutzniveau wird dadurch jedoch noch nicht konkretisiert. Auch die zentrale Aufgabenstellung in § 12, wonach die zuständige Behörde die Umweltauswirkungen des Vorhabens zu bewerten und diese Bewertung bei der Entscheidung über die Zulässigkeit des Vorhabens im Hinblick auf eine wirksame Umweltvorsorge nach Maßgabe der geltenden Gesetze zu berücksichtigen hat, macht nicht genügend klar, welche Umweltqualität zur gesundheitlichen Vorsorge zu erreichen ist. Es bedarf daher einer Operationalisierung des unbestimmten Begriffes der „wirksamen Umweltvorsorge" auf Grundlage der vorherigen Überlegungen.

Die Bewertung von Umweltauswirkungen betrifft das Herzstück einer UVP. Gemäß § 12 UVPG bedeutet dies die Anwendung der umweltbezogenen Rechtsvorschriften, die für die Zulässigkeit eines Vorhabens heranzuziehen sind. Die Normen der einschlägigen Fachgesetze einschließlich ihrer untergesetzlichen Konkretisierungen oder Ausführungsbestimmungen stellen also die heranzuziehenden Bewertungsmaßstäbe dar. Die damit angesprochenen, ordnungsgemäßen Zulassungsverfahren (auch ohne UVP) sollten gemeinhin selbstverständlich sein, so dass sich die Frage nach dem Sinn dieser Vorschrift stellt, wenn kein anderer Bewertungsmaßstab aus der Umweltverträglichkeitsprüfung resultiert. Eine neue Bedeutung erschließt sich allerdings unter Einbeziehung des Begriffs der wirksamen Umweltvorsorge.

Einerseits kann davon ausgegangen werden, dass die gültigen Grenzwerte und Normen der Fachgesetze nicht primär vorsorgeorientiert aufgestellt wurden, sondern vielfach während des Aufstellungsprozesses mit anderen Belangen (z. B. ökonomischen) abgewogen wurden. Damit kann der Anspruch einer „umweltinternen" Bewertung nicht erfüllt werden. Beispielsweise sind die in § 2 der 16. BImSchV verordneten Immissionsgrenzwerte nach Anhörung der beteiligten Kreise (nach § 43 Abs. 1 S. 1 Nr. 1 BImSchG) in einer Güterabwägung entstanden, die auch nichtumweltbezogene Belange einbezieht. Andererseits sind die Bewertungsmaßstäbe der geltenden Fachgesetze häufig sehr unbestimmt gefasst (u. a. Schutz der Nachbarschaft vor gefährlichen Auswirkungen, Schutz des Allgemeinwohls) und bieten somit Raum, sowohl für die weitere Konkretisierung, als auch für Interpretationen.

Die Nutzung dieser Auslegungsregel in § 12 UVPG als Leitmotiv im Rahmen von Zulassungsverfahren mit integrierter UVP bietet damit nicht nur einen guten Ansatzpunkt für eine gesellschaftliche Diskussion über das Maß bzw. die Höhe des Schutzniveaus, das bei der Beurteilung von Umweltauswirkungen grundsätzlich als Maßstab herangezogen werden sollte. Es ist darüber hinaus gemäß § 4 UVPG zwingend, dass die Bewertung bei der Entscheidung über die Zulässigkeit des Vorhabens „im Hinblick auf eine wirksame Umweltvorsorge" zu erfolgen hat, wenn Rechtsvorschriften des Bundes oder der Länder in ihren Anforderungen nicht weitgehend genug sind [3.18].

- Raumordnungsrecht. Dem Ziel- und Handlungsbereich der Vorsorge ausdrücklich verpflichtet ist das Raumordnungsgesetz (ROG), insbesondere hinsichtlich der Aufgabe und Leitvorstellung zu einer nachhaltigen Raumentwicklung in § 1 Abs. 2. Eine die Umwelt frühzeitig gestaltende, planerisch-vorsorgende Beurteilung von Vorhaben und Konzepten im Rahmen der Raumordnung und Landesplanung muss daher auf der Grundlage von Zielen und Standards zur Umweltqualität erfolgen, die dem Vorsorgeprinzip verpflichtet sind.
- Baurecht. Der gleiche Anspruch an Vorsorge findet sich auch im Allgemeinen Städtebaurecht. Durch die generellen Planungsziele „Sicherung einer menschenwürdigen

Umwelt“ und „Entwicklung der natürlichen Lebensgrundlagen“ in § 1 Abs. 5 Satz 2 BauGB besitzen die Umweltschutzbelange einen Stellenwert, der über fachgesetzliche Standards hinausgeht. Dies wird deutlich bei der Bestimmung der Umweltbelange in § 1 Abs. 6 Ziffer 7 BauGB, wenn es dort am Beispiel der anzustrebenden Luftqualität heißt, dass die bestmögliche Luftqualität in Gebieten erhalten werden soll, in denen die (...) festgelegten Immissionsgrenzwerte nicht überschritten werden. Das Pendant hierzu im Immissionsschutzrecht enthält der Planungsparagraph § 50 BImSchG.
Diese Anforderung erlaubt eine Konkretisierung des EU-seitig angestrebten hohen Umweltschutzniveaus, wenn unterhalb gesetzlicher Standards eine bestmögliche Umweltqualität erreicht werden soll und quasi ein Verschlechterungsverbot und Minimierungsgebot ausgesprochen wird.
Damit gehen gerade die Aufgaben der Bauleitplanung deutlich weiter als Gefahrenabwehr und Gefahrenvorbeugung und verpflichten zu früh ansetzender Vorsorge. Dies bestätigt die Rechtsprechung: Die Gemeinden sind im Rahmen ihrer Bauleitplanung nicht auf die Abwehr von bereits eingetretenen schädlichen Umwelteinwirkungen im Sinne § 3 BImSchG beschränkt, sondern darüber hinaus ermächtigt, entsprechend dem Vorsorgeprinzip des § 5 Abs. 1 Nr. 2 BImSchG schon vorbeugenden Umweltschutz zu betreiben (Urteil des BVerwG 4 C 52.87 vom 14. April 1989). Eine entsprechende Quantifizierung des Vorsorgebereichs durch Vorsorgestandards ist Voraussetzung zur Erfüllung der planerischen Leitziele zur Sicherung und Entwicklung der Umweltqualität.

- Sonstige Fachgesetze. Im deutschen Umweltrecht ist das Vorsorgeprinzip darüber hinaus in vielfacher Weise in den Fachgesetzen implementiert. Es umfasst u. a. die vorsorgliche Minimierung potenziell schädlicher Stoffeinträge, die möglichst frühzeitige Erfassung umweltbeeinträchtigender Auswirkungen im Rahmen von Planungsprozessen oder die nachhaltige Ressourcenbewirtschaftung.
  In gebundenen Entscheidungen (wie Genehmigungsverfahren nach Bundesimmissionsschutzgesetz) werden die Schutzgüter häufig nach bestehenden Grenzwerten beurteilt, die allenfalls den Gefahrenschutz abbilden. Die verbindlichen Grenzwerte (z. B. aus den Immissionsschutz-Verordnungen oder der TA Luft) können daher oft die Vorsorge nicht ausreichend abbilden. Die Bewertung von Umweltvorsorge mangels nicht näher konkretisierten und anzustrebenden Zielen der Umweltqualität bzw. des anzustrebenden Vorsorge-/Umweltschutzniveaus ist aber oft schwierig. Es bedarf daher einer Ableitung oder Operationalisierung, um quantifizierbare Angaben zu erhalten.

Klimapolitik und Ableitung des 2-Grad-Ziels. Zielsetzung der Umweltbewertung ist die Vorsorge gegen schädliche Einwirkungen auf die Schutzgüter. Nur wie lässt sich diese abstrakt politische Norm konkretisieren? Jedes Politikfeld benötigt daher eine Strukturierung, um operativ gestalten zu können. Kern dieses Problems ist das Thema „Quantifizierung“. Ohne die Möglichkeit der Quantifizierung des Zustandes eines Politikfeldes und der Möglichkeit, die Veränderung eines Zustandes (Gestaltung) messen zu können, besteht regelmäßig die Gefahr, dass die Gestaltung im Abstrakten von Programmsetzen

„verhungert". Dieses Phänomen kann man aktuell bei den Versuchen beobachten, Ressourceneffizienz als neues Politikfeld zu etablieren.

Auch benötigt man eine wissenschaftlich klare und überzeugende Diagnose, dass ein Politikfeld gegenwärtig Defizite aufweist und es bedarf einer Vision oder einem Ziel, was erreicht werden soll/kann, um die Defizite abzubauen/zu mindern. Zusätzlich braucht man einen oder mehrere quantifizierbare Indikatoren, die möglichst repräsentativ für das Politikfeld sind und der/die gleichzeitig auch die gewünschten Veränderungen zutreffend abbilden.

Beim Klimawandel handelt es sich um globale Ursachen und Wirkungsketten, die sehr komplex sind. Anfang der 1990er Jahre fanden daher in der Wissenschaft (zunächst im kleineren Kreis und später in einer organisierten Form (IPCC)) die Arbeiten an der fachlichen Strukturierung dieses neuen Politikfeldes statt, um die benötigte überzeugende Problemanalyse, einen Wirkungsindikator und ein handhabbares Ziel zu erarbeiten.

Wirkungsindikatoren. Zunächst stellt sich die Frage, ob die in der Atmosphäre stattfindende Veränderung der CO_2-Konzentration dieser Indikator sein könnte. Ein Einwand gegen diesen Indikator ist, dass er nur ein einziges Treibhausgas umfasst. Dem könnte man abhelfen, indem auch die anderen Klimagase erfasst werden; dies würde aber das Ergebnis unübersichtlicher machen. Auch berücksichtigt der Indikator Klimagaskonzentrationen nicht andere relevante Effekte, die eine Klimaveränderung bewirken können (u. a. veränderte Sonneneinstrahlung, nicht konstanter Albedo-Effekt der Erdoberfläche). Zusätzlich erlaubt die CO_2- oder Klimagaskonzentrationen keine Aussage über die Wirkung der Gase auf das Klima. Besser wäre deshalb ein Indikator, der die Klimagaswirkung repräsentativ abbildet.

Alternativ dazu könnten auch Klimagasfrachten herangezogen werden. Dieser Indikator kann sehr gut für die politische Gestaltung verwendet werden, wenn es beispielsweise um Reduktionsszenarien geht.

Eine weitere Alternative ist die bodennahe Lufttemperatur. Dieser Indikator ist deutlich näher an der Wirkung des Klimawandels (d. h. Temperatur steigt). Dagegen spricht u. a., dass es wissenschaftlich sehr schwierig ist, die verschiedenen anthropogenen und natürlichen Einflussgrößen auf den Klimawandel in einem einheitlichen Modell zu integrieren, das dann zu einer jeweiligen Temperatur führt.

Vor diesem Hintergrund einer Vielzahl von Möglichkeiten ist in der Phase der Strukturierung eines Politikfeldes zu erfassen, welche Optionen an möglichen Indikatoren es gibt und dann ist es abzuwägen, welcher Indikator (welche Indikatoren) die meisten Vorteile auf sich vereinigen; denn es gibt in der Regel nicht nur den einen allumfassenden Indikator. Außerdem es ist möglich, neue Indikatoren „zu erfinden". Deshalb muss auf der Basis der erwähnten Problemanalyse ein Grundverständnis der Statik des Politikfeldes entwickelt werden, was die naturwissenschaftlich technische Seite anbelangt. Auf dieser Basis kann ein Modell der wesentlichen Einflussgrößen entwickelt werden. Und aus diesem Modell leitet sich dann ein zentraler Indikator ab.

Konzept „Strahlungsantrieb“ (Stratospheric adjusted Radiative Forcing). Das Konzept „Strahlungsantrieb“ wurde vom IPCC entwickelt, um alle relevanten anthropogenen und natürlichen Einflussgrößen in einem Modell zusammen zu fassen, um hieraus einen Indikator für den Klimawandel ableiten zu können.

Der einheitliche Indikator ist die Strahlungsflussdichte (d. h. Strahlungsenergie, Sonnenlicht und langwellige Strahlung), die je Quadratmeter von der Stratosphäre durch die Tropopause via Troposphäre auf die Erde „einströmt“ (Maßeinheit W/m^2). Die Strahlungsflussdichte (RF) bzw. der Strahlungsantrieb (SA) wird durch die verschiedenen Einflussgrößen des Klimawandels verändert. So führt eine Erhöhung der Klimagaskonzentration zu einer Erhöhung des Strahlungsantriebs, eine veränderte Landnutzung kann die Strahlungsflussdichte verringern (Albedo) und die Variation der Sonnenaktivitäten kann in beide Richtungen gehen. Dieser Indikator Strahlungsantrieb (bzw. Radiative Forcing (RF) in der englischsprachigen Literatur) bildet im Gleichgewicht die Strahlungsbilanz in der Atmosphäre ab.

Sofern Veränderungen durch Variation eines oder mehrerer Einflussgrößen auf die Strahlungsbilanz abgebildet werden sollen, wird angenommen, dass sich die neue Gleichgewichtstemperatur in der Stratosphäre angepasst hat (stratospheric adjusted), aber in der Troposphäre noch die alte vor der Variation vorhandene Gleichgewichtstemperatur gilt.

Die Vorzüge des Radiative Forcing-Konzeptes bzw. des Indikators Strahlungsantrieb dürfen nicht über seine Schwächen hinwegtäuschen. So ist, wie bei jedem Modell, die Realität komplizierter und nicht alles wird erfasst. Die Verdunstung/Kondensation von Wasser entwickelt in der Atmosphäre eine gewichtige Einflussgröße auf den Klimawandel (d. h. Wärme/Kälte) und wird mit dem Radiative Forcing-Konzept nicht erfasst. Der wohl wichtigste Nachteil ist, dass der Strahlungsantrieb als Indikator nichts Direktes über die „fühlbaren“ Größen des Klimawandels (d. h. Temperatur) aussagt. Man kann den Strahlungsantrieb aber mit der Temperatur über einen Faktor in Beziehung setzen (Faktor: x °C je W/m^2). Dieser Faktor x (climate sensitivity factor) ist aber weniger zuverlässig zu ermitteln und hängt von vielen Randbedingungen ab; er wird im Bereich von 2 bis 4 vermutet.

Mit Hilfe des Radiative Forcing-Konzepts können auch die unterschiedlichen Klimagase miteinander in Beziehung gesetzt werden. Es wird ermittelt, wie sich die einzelnen Klimagase im Vergleich zu CO_2 auf den Strahlungsantrieb auswirken. Hierbei ist die physikalische Wirkung auf die Strahlungsbilanz von Bedeutung (d. h. Absorption und Desorption von Strahlung) und die „Lebensdauer“ des jeweiligen Treibhausgases in der Atmosphäre; beispielsweise werden die Klimagase in der Atmosphäre unterschiedlich schnell abgebaut. Daraus folgt im Rahmen des Radiative Forcing-Konzepts für jedes Klimagas ein Äquivalenzfaktor gegenüber CO_2. Alle Treibhausgase können anschließend zu einer einzigen Zahl addiert werden.

Zielfindung. Da eine Zielfestlegung sich, insbesondere wenn sie politische Interessen berührt, der detaillierten Überprüfung unterziehen muss, hat sie in jedem Einzelschritt stimmig zu sein und ist plausibel aufeinander aufzubauen. Die Herleitung hat dann gute

Chancen auf politische Akzeptanz, wenn sie von Wissenschaftlern vorgenommen wird, die in den Augen der Öffentlichkeit ein hohes Ansehen genießen.

Für die politische Akzeptanz eines Ziels für ein definiertes Politikfeld ist auch entscheidend, was bei einem Ziel sprichwörtlich unter die Räder kommt. Beispielsweise könnte man in der deutschen Verkehrspolitik viele gute Wissenschaftler und gute wissenschaftliche Begründungen finden, ein Tempolimit einzuführen, wie dies in anderen Industrienationen bereits eingeführt ist. Solange in der Politik befürchtet wird, dass hiermit das Premiumsegment der deutschen Automobilindustrie unter die Räder käme, ist dieses Ziel für viele politische Akteure nicht akzeptabel.

Dieser Aspekt ist auch immer im Verhältnis zum Problem und den Konsequenzen eines Nicht-Handelns zu sehen. Und hier sind die Auswirkungen einer ungebremsten Veränderung des globalen Klimas natürlich schwerwiegend.

Für die politische Akzeptanz ist auch wichtig, dass ein Ziel erreichbar ist. Natürlich würde es politisch akzeptiert werden, wenn es nicht weh tut (d. h. niemand benachteiligt wird, keine Kosten verursacht). Aber so ein Ziel ist oft auch nicht adäquat, um am Problem etwas zu ändern.

Zielfestlegungen, die wissenschaftlich betrachtet zwar problemadäquat, die aber überambitioniert sind, werden ebenfalls regelmäßig abgelehnt. Wobei auch hier das richtige Maß an Ambitionen im Verhältnis zur Problemschwere zu sehen ist.

Und schließlich ist es notwendig, insbesondere bei längerfristigen Zielfestlegungen, Zwischenziele (Milestones) festlegen zu können; und das am Besten in Zeiträumen von 3 bis 5 Jahren (d. h. Legislaturperioden).

Auch ist die Rollenverteilung zwischen Politik und Wissenschaft nicht zu vermischen. Wissenschaft ist nicht legitimiert, Zielfestsetzungen für die Gesellschaft zu treffen. Dies kann nur von der Politik erfolgen, die von der Bevölkerung auf Zeit für diese Aufgaben ein Mandat erhalten hat. Die Wissenschaft ist aber aufgefordert, bei der Entscheidungsvorbereitung Vorschläge zu unterbreiten. Dabei muss die Wissenschaft die politischen Abläufe und Denkweisen verstehen und bei ihren Vorschlägen für Zielfestlegungen ihren politischen Erfahrungsschatz mit einbeziehen.

Für den Klimaschutz hat die Wissenschaft sich Ende der 1980er/Anfang der 1990er Jahre mit einer Vielzahl von Zielfestlegungen auseinander gesetzt; die Bandbreite reichte von der Wiederherstellung der vorindustriellen Situation bis hin zu wenig ambitionierten Vorstellungen bzw. der Ablehnung von Zielfestlegungen. Ein sehr breites Meinungsspektrum am Anfang der Gestaltung eines neuen Politikfeldes ist nicht ungewöhnlich. Interessant an der damaligen Situation in der Wissenschaft war, dass es am Ende gelungen ist, sich auf eine gemeinsame breit getragene Zielfestlegung zu einigen.

Das 2-Grad-Ziel. Am Anfang einer wissenschaftlichen und auch einer politischen Zielfindungsdiskussion wird die Frage nach der vollständigen Problemlösung gestellt. Schon aus emotionalen Gründen möchten viele dies gerne als Ziel festlegen; und in vielen Umweltpolitikfeldern ist dies auch gelungen. Beispielsweise ist im Kern die Zielfestlegung des Montrealer Protokolls die Wiederherstellung der FCKW-freien Umwelt durch Stoffverbote, auch wenn dieser Zustand nur über einen langen Zeitraum erreicht werden kann.

Ein Problem am Anfang der Zielfindungsdiskussion für den Klimaschutz war der Verlust dieser Option. Denn selbst ambitionierten Vertretern der Wissenschaft war klar, dass eine Klimagas-freie Umwelt schon rein fachlich unsinnig wäre (natürliche Treibhausgase) und eine Wiederherstellung einer vorindustriellen Klimasituation politisch und auch ökonomisch nicht akzeptabel wäre. Damit ist der Klimawandel letztlich nicht mehr aufzuhalten. Es ging letztlich (nur) noch um die Frage, wie eine fachlich überzeugende Zielfestlegung für eine Begrenzung des Klimawandels vorgenommen werden kann.

Das 2-Grad-Ziel wurde erstmals von William D. Nordhaus in den Jahren 1975 und 1977 formuliert. Schon damals war die entscheidende Grundidee, das Ziel über eine qualitative Argumentation abzuleiten. Denn in einer Konstellation, wo eine Wiederherstellung eines ursprünglichen bzw. wünschenswerten Zustandes nicht mehr möglich ist, ist jeder niedrige Zielwert besser als der höhere. Gleichzeitig ist es auch schwierig, im Fall ökonomischer oder sonstiger Konflikte den niedrigeren Wert als notwendig zu verteidigen. Man ist also freier bei der Festlegung des Zielwertes, aber dadurch natürlich auch weniger stringent bei der Begründung. Die qualitative Argumentation wurde in der Folgezeit weiter verfeinert. Etwas verkürzt lautet die heutige Begründung für die Zieldefinition, dass oberhalb von 2 Grad Temperaturerhöhung eine neue Qualität des Klimawandels eintreten würde, der nicht mehr umkehrbar ist und der sozusagen eine Klippe überschreitet (tipping point).

Diese wissenschaftlich fundiert unterlegte Argumentation ist in der Folgezeit heftig kritisiert worden. Einer der häufigsten Kritikpunkte ist die Frage, ob denn mit einer Erhöhung auf 2,1 Grad die ultimative Katastrophe eintreten würde. Wissenschaftlich fundiert lässt sich im Kern nur sagen, dass es oberhalb von 2 Grad die Unsicherheit über das Ausmaß und die Umkehrbarkeit von katastrophalen Konsequenzen deutlich zunimmt. Aber gleichzeitig gibt es keine wirkliche scharfe Grenze zwischen noch gerade (noch) tolerierbaren und katastrophalen Klimaveränderungen.

Das 2-Grad-Ziel hat bis heute alle Anfeindungen überlebt und eine breite politische Akzeptanz erfahren. Dabei haben sich aber bei Beibehaltung des zahlenmäßigen Ziels die Begründungen weiterentwickelt. Neben dem Argument der neuen Qualität (Katastrophen) sind auch ökonomische Begründungen hinzugekommen. Bei einer Kosten-Nutzen-Analyse kann gezeigt werden, dass die Kosten für den Klimaschutz unter den Kosten der Klimaauswirkung liegen; das 2-Grad-Ziel wäre somit das wirtschaftspolitische Optimum einer Klimaschutzstrategie.

Eine weitere Interpretation für das 2-Grad-Ziel sieht das Ziel als Wegmarke, um die vielen z. T. gegenläufigen Bemühungen des Klimaschutzes zu fokussieren. Dabei ist offen, ob diese Wegmarke dann weiter das Produkt der Wissenschaft ist und nicht eher dem Feld der politischen Normierung entstammt.

Das 2-Grad Ziel kann auf die anderen diskutierten Indikatoren der Klimaveränderung umgerechnet werden; beispielsweise korrespondiert es mit einer CO_2-Konzentration. Um das 2-Grad-Ziel mit einer Wahrscheinlichkeit von 50 % einzuhalten, dürfte die globale

Treibhausgaskonzentration nicht über 450 ppm steigen (70 % bei 400 ppm). Für den Indikator „Fracht" bedeutet dies rund eine Halbierung der Klimagasemissionen des Jahres 2000.

Monitoring. Für die Bewertung des Erfolgs der Klimapolitik eignen sich die beschriebenen Indikatoren nur begrenzt. Sie sind nicht empfindlich genug, um auch kleine Erfolge zu erfassen und sie sind eher global ausgerichtet. Für das Erfolgsmonitoring muss man einen Indikator finden, der die Instanzen in die Verantwortung bringt, welche die klimapolitischen Entscheidungen treffen (d. h. die Staaten und ihre Regierungen).

Gesucht wird also ein Indikator, der auf der Ebene der einzelnen Staaten die klimabezogenen Entwicklung bewerten kann. Hierfür wurde die Jahresfracht an Treibhausgasen, die von einem jeweiligen Staatsgebiet ausgehen, gewählt. Dieser Wert wird nach einer festgelegten Methodik als Inventar des jeweiligen Landes ermittelt. Auch kann der Zusammenhang zu den oben beschriebenen anderen Indikatoren hergestellt werden. Die Summe der nationalen Inventare müsste der globalen Emission entsprechen, die wiederum mit der globalen Treibhausgaskonzentration und dem Strahlungsantrieb korrespondieren müsste. Diese Umrechnung ist aus methodischen Gründen aber nicht ganz einfach.

Seit 2005 werden die Länderberichte der Industriestaaten in standardisierter Form als NIR (National Inventory Report) erarbeitet und veröffentlicht. Die Gesamtemissionen werden aus den sektoralen Informationen zusammen addiert. Allerdings wird hier sektoral oder anlagenbezogen nicht gemessen, sondern geschätzt (d. h. über Emissionsfaktoren).

Neben der Ungenauigkeit der Abschätzungen gibt es bei der Bewertung der Klimaschutzpolitik über die Emissionsinventare (NIR) auch methodische Einwände. Zentrales Problem ist die Einbeziehung der Kohlenstoffsenken. Beispielsweise ist der Agrarsektor nicht nur Emittent, sondern entzieht mit der Forstwirtschaft z. B. auch CO_2 aus der Atmosphäre. Somit könnten Länder über ihre Landnutzungspolitik Klimaschutzbeiträge erbringen, die man positiv bei den nationalen Emissionsinventaren berücksichtigen könnte. Der Agrarsektor ist kein Einzelfall. Beispielsweise argumentiert die chemische Industrie, dass sie zwar im hohen Umfang durch die Produktion Klimagasemissionen hervorruft; würde man aber die Klimaschutzbeiträge ihrer Produkte (z. B. Energieeinsparung durch Dämmstoffe) mit einbeziehen, wäre die Gesamtbilanz positiv.

Die Erweiterung des Emissionsansatzes zur Bewertung der Klimaschutzanstrengungen in den Emissionsinventaren um einen LCA-Ansatz wäre die Konsequenz dieser Diskussion. In eine ähnliche Richtung gehen Forderungen, als Indikator die in einem Land jeweils verbrauchten Ressourcen mit ihrem Carbonfootprint heranzuziehen. Konkret weist China als Werkbank für die reichen Industrieländer vergleichsweise hohe Emissionsinventare auf. Würde man die Emissionen für die Herstellung eines Produktes in China nicht dem nationalen Inventar Chinas, sondern dem jeweiligen Land, in dem das Produkt konsumiert wird, zuordnen, ergäbe sich ein komplett anderes Bild für die Emissionsinventare (d. h. methodische Fragen der Bewertung von Umweltschutz paaren sich häufig mit handfesten politischen bzw. ökonomischen Interessen).

Strategiefindung. Ein Konfliktpunkt in der wissenschaftlichen und der politischen Diskussion ist, ob man besser das Klima schützt (d. h. Vorsorgeprinzip) oder die begrenzten Ressourcen nutzt, um sich auf das Unvermeidbare bestmöglichst anzupassen.

Mitigation (Verringerung) oder Adaptation (Anpassung) wurden in der ersten Phase der Diskussion über die Klimaschutzstrategien eher kontrovers betrachtet. Vorsorge bzw. Schadensverhinderung ist besser als das sprichwörtliche Ausbaden eines Schadens. Es zeigte sich aber, dass dieser Erfahrungswert, der für die Strategiefindung anderer Politikfelder des Umweltschutzes richtig war, für den Klimaschutz zu eng gefasst ist.

Mitigation umfasst insbesondere die

- Vermeidung von Klimagasemissionen durch veränderte Lebensstile (Suffizienz),
- Verminderung von Treibhausgasemissionen durch Verringerung der produktspezifischen Emissionen (Effizienz) und die
- Verringerung der Klimagasfreisetzungen durch den Einsatz erneuerbarer Energien (Substitution).

Alle drei Säulen einer nationalen Klimaschutzpolitik reichen aber nicht aus, um den Klimawandel zu verhindern; die Erreichung des 2-Grad-Zieles wird nur mit enormen Anstrengungen möglich sein. Kritische Stimmen, ob dies überhaupt noch möglich ist, nehmen zu. Aber selbst bei erfolgreicher Umsetzung dieses Ziels wäre der Klimawandel „nur" abgemindert. Eine Anpassung an die eintretenden Veränderungen wäre auch dann erforderlich.

Die Möglichkeiten der Anpassung sind sehr vielfältig. Sie reichen von technischen Maßnahmen zum Schutz gegen Starkwetterereignisse über den Hochwasserschutz bis hin zum Züchten von Pflanzen mit höherer Hitzeresistenz oder zum Aufklären der Bevölkerung, sich zu schützen. Daher gibt es auch kein einheitliches Bild, was im Rahmen der Anpassungsstrategie von höherer Priorität ist.

Jüngst hat sich die Diskussion um die richtige Klimaschutzstrategie entspannt. Politisch wird die Position vertreten, bei der Bewertung der Einzelmaßnahmen stärker ökonomisch zu denken und auf ein wirtschaftliches Optimum zwischen beiden Strategien zu orientieren. Was im Kern natürlich dem gültigen Zielvorstellungen (2-Grad-Ziel) widersprechen könnte.

Fazit. Das 2-Grad-Ziel wurde von der Wissenschaft zunächst in Deutschland in die Diskussion gebracht. Von der Politik wurde dieses Ziel zunächst national und in der Folgezeit auch in der EU und mit der UN-Klimakonferenz 2009 in Kopenhagen auch global als Zielmarke festgelegt.

Die dabei gemachten Erfahrungen zeigen, dass es zur Gestaltung eines neuen Politikfeldes entscheidend ist, dass eine Zielfestlegung gelingt und dass die Wissenschaft Indikatoren oder Modelle zur Verfügung stellt, welche die Erfolge (oder Misserfolge) auf dem Weg zum Ziel quantifizierbar machen. Außerdem erleichtert es den politischen Prozess, wenn die Wissenschaft der Politik ihre Empfehlungen möglichst „einstimmig" mitteilt.

All dies ist mit dem IPCC und seinen Empfehlungen der letzten Jahre gelungen. Wobei das 2-Grad-Ziel genau genommen ein Grenzgang der Wissenschaft auf das politische Terrain war. Weil bei der Festlegung, ähnlich wie bei der Auslegung des Vorsorgeabstandes, auch viele wertende Aspekte eingehen, wurde von vielen Wissenschaftlern die Zielfindung eher als politischer denn als wissenschaftlicher Akt angesehen, während von Seiten der Politik das 2-Grad-Ziel bis heute der Wissenschaft zugeordnet wird.

Diese Diskussion um die Klimaschutzziele und ihre Indikatoren verdeutlichen einen Aspekt der Umweltbewertung und ihrer Methoden. Reine Wissenschaft ist eine Fiktion. Sobald eine Bewertungsfrage nicht mehr ausschließlich akademischer Natur ist, werden gesellschaftliche Interessen berührt. Und dies setzt dialektische Prozesse frei; es wird wechselseitig Einfluss genommen. Der Wissenschaftler wird sich bei der Festlegung von Zielen und Bewertungsmethoden mindestens mit der Frage befassen (müssen), zu welchen realen Ergebnissen seine jeweiligen Arbeitsergebnisse führen und was dies dann für das Gemeinwesen für Konsequenzen haben könnte. Und wenn er dann nach einem realistischen Maßstab, einen ausgewogenen Ansatz oder eine ambitionierte Lösung sucht, ist er schon im Grenzgebiet angekommen.

Literatur

[3.1] Weber, M.: Die 'Objektivität' sozialwissenschaftlicher und sozialpolitischer Erkenntnis; in Weber, M.: Gesammelte Aufsätze zur Wissenschaftslehre, Mohr, Tübingen, 1922, S. 146–214

[3.2] Weber, M.: Wissenschaft als Beruf; in: Weber, M.: Gesammelte Aufsätze zur Wissenschaftslehre, Mohr, Tübingen, 1922, S. 524–555

[3.3] Rudner, R.: The Scientist qua Scientist makes Value Judgements; Philosophy of Science 20(1953), S. 1–6

[3.4] Harding, S. (Hrsg.): Can Theories be Refuted? Essays on the Duhem-Quine Thesis; Springer, Dordrecht, 1975

[3.5] Hanson, N.R.: Patterns of Observation; Cambridge University Press, Cambridge, 1958

[3.6] Quine, W.v.O.: Zwei Dogmen des Empirismus; in: Quine, W.v.O.: Von einem logischen Standpunkt; Ullstein, Frankfurt, 1979, S. 27–50

[3.7] Kuhn, T.: Die Struktur wissenschaftlicher Revolutionen; Suhrkamp, Frankfurt, 1967

[3.8] Hawksworth, D. (Hrsg): Biodiversity: Measurement and Estimation; Chapman & Hall, Oxford, 1995

[3.9] Liu, J. et al.: Complexity of Coupled Human and Natural Systems, Science 317(2007), S. 1513–1516

[3.10] Popper, K.: Die Normalwissenschaft und ihre Gefahren; in: Lakatos, I.; Musgrave, A. (Hrsg.): Kritik und Erkenntnisfortschritt; Vieweg, Braunschweig, 1974, S. 51–57

[3.11] Leuschner, A.: Die Glaubwürdigkeit der Wissenschaft: Eine wissenschafts- und erkenntnistheoretische Analyse am Beispiel der Klimaforschung; Transcript, Bielefeld, 2012

[3.12] Schwarz, A.: Experiments in Practice; Pickering & Chatto, London, 2014

[3.13] IKGIS – Institut für Kommunale Geoinformationssysteme e. V., Hans Joachim Linke, IKGIS e. V., 2014

[3.14] Bill, R.: Grundlagen der Geo-Informationssysteme; Wichmann, Berlin 2010, 5. Auflage

[3.15] www.portalu.de

[3.16] atlas.umwelt.hessen.de

[3.17] Rautenstrauch, C.: Betriebliche Umweltinformationssysteme: Grundlagen, Konzepte und Systeme; Springer, Berlin, 1999

[3.18] Kühling, W. & Peters, H.-J.: Luftverunreinigungen, in: Storm, P.-C.; Bunge, T. (Hrsg.): Handbuch der Umweltverträglichkeitsprüfung (HdUVP), Erich Schmidt, Berlin, Losebl.-Ausg., 16. Lfg.: 1–103, 1995

[3.19] Brettschneider, A.; Kreitlow, S.; Jahn, C.-H.; Feldmann-Westendorff, U.: ETRS89/UTM – Der Bezugssystemwechsel und die Auswirkungen auf die Geodatennutzung, Kartographische Nachrichten 2010, 4, S. 179 ff

[3.20] Chen, P.: The Entity-Relationship Model – Toward a Unified View of Data; ACM Transactions on Database Systems 1(1976), 1, S. 9–36

[3.21] Maier, A.: Relationale und postrelationale Datenbanken; Springer, Berlin, 2010. 7. Auflage

[3.22] Brinkhoff, T.: Geodatenbanksysteme in Theorie und Praxis: Einführung in objektrelationale Geodatenbanken unter besonderer Berücksichtigung von Oracle Spatial; Wichmann, Berlin, 2008, 2. Auflage

[3.23] Bernard, L.; Fitzke, J.; Wagner, R.M.: Geodaten-Infrastruktur: Grundlagen und Anwendungen; Wichmann, Berlin, 2004

[3.24] Hake, G.; Grünreich, D.; Liqiu, M.: Kartografie. Visualisierung raum-zeitlicher Informationen; Gruyter, Berlin, 2001, 8. Auflage

[3.25] Bossel, H.: Systeme, Dynamik, Simulation – Modellbildung, Analyse und Simulation komplexer Systeme; Books on Demand, Norderstedt, 2004

[3.26] Hellden, U.: A coupled human-environment model for desertification simulation and impact studies; Global and Planetary Change 64(2008), S. 158–168

[3.27] Jakeman, A.J.; Letcher, R.A.; Norton, J.P.: Ten iterative steps in development and evaluation of environmental models; Environmental Modelling and Software 21(2006), S. 602–614

[3.28] VDI Richtlinie 3633 Blatt 1. Simulation von Logistik-, Materialfluss- und Produktionssystemen – Grundlagen. VDI-Handbuch Materialfluss und Fördertechnik 8. Beuth, Berlin, 2008

[3.29] Weimar, J.R.: Simulation with cellular automata; Logos, Berlin, 1999

[3.30] Berjak, S.G.; Hearne, J.W.: An improved cellular automaton model for simulating fire in a spatially heterogeneous Savanna system; Ecological Modelling 148(2002), 2, S. 133–151

[3.31] Solomon, S.; Qin, D.; Manning, M.; Chen, Z.; Marquis, M.; Averyt, K.B.; Tignor, M.; Miller, H.L. (Hrsg): Climate Change: The Physical Science Basis. Contribution of Working Group I to the Fourth Assessment Report of the Intergovernmental Panel on Climate Change; Cambridge University Press, Cambridge, UK, 2007

[3.32] Crosetto, M.; Tarantola, S.; Saltelli, A.: Sensitivity and uncertainty analysis in spatial modelling based on GIS; Agriculture, Ecosystems and Environment 81(2000), S. 71–79

[3.33] Siebertz, K.; van Bebber, D.; Hochkirchen, T.: Statistische Versuchsplanung. VDI-Springer, Heidelberg, 2010

[3.34] Tebaldi, C.; Knutti, R.: The use of the multi-model ensemble in probabilistic climate projections; Philosophical Transactions of the Royal Society A. 365(2007), 1857, S. 2053–2075

[3.35] Lobell, D.B.; Schlenker, W.; Costa-Roberts, J.: Climate Trends and Global Crop Production Since 1980; Science 333(6042), S. 616–620, 2011

[3.36] Mayer, D.G.; Butler, D.G.: Statistical validation; Ecological Modelling 68(1993), S. 21–32

[3.37] Alcamo, J.M.: Environmental Futures, 2. The Practice of Environmental Scenario Analysis – Developments in Integrated Environmental Assessment; Elsevier, New York, USA, 2008

[3.38] Bendoricchio, G.; De Boni, G.: A water-quality model for the Lagoon of Venice, Italy; Ecological Modelling 184(2005), 1, S. 69–81

[3.39] Soares-Filho, B.S. et al.: Modelling conservation in the Amazon basin; Nature (440/2006), S. 520–523

[3.40] Deutsches Institut für Normung e. V., DIN IEC 60050-351: Internationales Elektrotechnisches Wörterbuch – Teil 351-21-43: Leittechnik, 2006

[3.41] Klöpffer, W.; Grahl, B.: Ökobilanz (LCA): Ein Leitfaden für Ausbildung und Beruf; Wiley-VCH, Weinheim, 2009

[3.42] Frischknecht, R.; Jungbluth, N.; Althaus, H.-J.; Doka, G.; Dones, R.; Hischier, R.; Hellweg, S.; Nemecek, T.; Rebitzer, G.; Spielmann, M.: Overview and Methodology. Final report EcoOnvent data v2.0; Swiss Centre for Life Cycle Inventories, Dübendorf, Schweiz, 2007

[3.43] Umweltbundesamt (Hrsg.): Ökobilanz für Getränkeverpackungen II/Phase 2. Texte 51/02, Forschungsbericht 103 50 504; UBA-FB 000363, Umweltbundesamt, Dessau, 2002

[3.44] von Blottnitz, H.; Curran, M.A.: A review of assessment conducted on bio-ethanol as a transportation fuel from a net energy, greenhouse gas, and environmental life cycle perspective; Journal of Cleaner Production 15(2006), 7, S. 607–619

[3.45] Jensen, C.; Stougard, B.; Olsen, P.: Simulation of Water and Nitrogen Dynamics at Three Danish Locations by Use of the DAISY Model; Acta Agriculturae Scandinavica, Section B – Soil & Plant Science 44(1994), 2, S. 75–83

[3.46] Parton, W.J.; Schimel, D.S.; Cole, C.V.; Ojima, D.S.: Analysis of factors controlling soil organic matter levels in Great Plains grasslands; Soil Science Society of America Journal 51(1987), S. 1173–1179

[3.47] Nendel, C.; Berg, M.; Kersebaum, K.C.; Mirschel, W.; Specka, X.; Wegehenkel, M.; Wenkel, K.O.; Wieland, R.: The MONICA model: Testing predictability for crop growth, soil moisture and nitrogen dynamics; Ecological Modelling 222(2011), 9, S. 1614–1625

[3.48] Schaldach, R.; Alcamo, J.: Coupled simulation of regional land use change and soil carbon sequestration: A case study for the state of Hesse in Germany; Environmental Modelling and Software 21(2006), S. 1430–1446

[3.49] Stehfest, E.; Heistermann, M.; Priess, J.A.; Ojima, D.S.; Alcamo, J.: Simulation of global crop production with the Ecosystem model DayCent; Ecological Modelling 209(2007), 2–4, S. 203–219

[3.50] Neitsch, S.L.; Arnold, J.G.; Kiniry, J.R.: Williams, J.R.: Soil & Water Assessment Tool – Theoretical Documentation, Version 2009. Texas Water Resource Institute Technical Report No. 406; Texas Water Resource Institute Austin, Texas, 2009 (twri.tamu.edu/reports/2011/tr406.pdf)

[3.51] Richter, O.; Diekkrüger, B.; Nörtersheuser, P.: Environmental Fate Modelling of Pesticides – From the Laboratory to the Field Scale; Wiley-VCH, Weinheim, 1996

[3.52] Parry, M.; Rosenzweig, C.; Livermore, M.: Climate change, global food supply and risk of hunger. Philosophical Transactions of the Royal Society B 360(2005), 1463, S. 2125–2138

[3.53] Meadows, D.H., Meadows, D.L., Randers, J., Limits to Growth: The 30-Year Update; Chelsea Green Publishing Company, White River Junction VT, 2004

[3.54] Forrester, J.: World Dynamics; MIT Press, Cambridge, MA, USA, 1971

[3.55] Rotmans, J.; van Asselt, M.B.A.: Uncertainty in integrated assessment modelling: A labyrinthic path; Integrated Assessment 2(2001), S. 43–55

[3.56] Alcamo, J.: IMAGE 2.0: Integrated Modeling of Global Climate Change; Kluwer Academic Publishers, Boston, 1994

[3.57] Bouwman, A.F.; Kram, A.T.; Klein Goldewijk, K.: Integrated modelling of global environmental change. An overview of IMAGE 2.4; Netherlands Environmental Assessment Agency (MNP), Bilthoven, The Netherlands, 2006

[3.58] Moss, R.H. et al.: The next generation of scenarios for climate change research and assessment; Nature 463(2010), S. 747–756

[3.59] Van Vuuren, D. et al.: A comprehensive view on climate change: Coupling of earth system and integrated assessment models; Environmental Research Letters 7, 2012

[3.60] Hildmann, C.: Mängel und Perspektiven einer umweltbezogenen Raumplanung: Eine ökologische Sicht. in: Kühling, W.; Hildmann, C. (Hrsg.): Der integrative Umweltplan – Chance für eine nachhaltigere Entwicklung? Dortmunder Vertrieb für Bau- und Planungsliteratur, Dortmund, 2003

[3.61] Umweltbundesamt (1992): Fachgespräch: „Standardisierung von Bewertungsgrundlagen für die Planung" am 16./17.12.1992 im Umweltbundesamt, Berlin zum UBA-Vorhaben Nr. I.3.1-91000-4/9

[3.62] Bechmann, A.: Grundlagen der Bewertung von Umweltauswirkungen. in: Storm, P.-C.; Bunge, T. (Hrsg.): Handbuch der Umweltverträglichkeitsprüfung (HdUVP); Erich-Schmidt-Verlag, Berlin, 1988

[3.63] Kühling, W.: Umweltverträglichkeitsprüfungen bei genehmigungsbedürftigen Anlagen – Ermitteln, Zusammenfassen und Bewerten im Licht der neuen Regelungen; Staub – Reinhaltung der Luft 54(1994), 1, S. 1–8

[3.64] Sachverständigenrat für Umweltfragen (SRU): Umweltgutachten1987; Drucksache des Deutschen Bundestages 11/1568, Deutscher Bundestag, Bonn, 1987

[3.65] Kühling, W.: Umweltverträglichkeitsprüfungen bei genehmigungsbedürftigen Anlagen – Erfassen und Bewerten im Licht der neuen Regelungen, in: Staub – Reinhaltung der Luft 54(1994), 3, S. 1–8

[3.66] Nagel, H.-D.: Critical Loads and Levels: Naturwissenschaftliche Bestandteile eines Indikatorensystems für dauerhaft-umweltgerechte Entwicklungen; in: Pfister, G.; Renn, O.; Walz, R.; Rennings, K.; Cansier, D.; Nagel, H.-D.; Köppel, J.; Franke, W.; Kottmann, H.; Löbbe, K. (Hrsg.): Indikatoren einer regionalen nachhaltigen Entwicklung: Dokumentation der Workshop-Berichte; Universität Stuttgart/Veröffentlichungen der Akademie für Technikfolgenabschätzung/Nachhaltige Entwicklung, Umwelt- und Ressourcenökonomie, Stuttgart, 1996 (elib.uni-stuttgart.de/opus/volltexte/2004/1741/pdf/Kap4.pdf)

[3.67] Bundesministerium für Umwelt, Naturschutz und Reaktorsicherheit (BMU) (Hrsg.): Leitlinien Umweltvorsorge; Umweltbrief Nr. 33, Bundesministerium für Umwelt, Naturschutz und Reaktorsicherheit (BMU), Bonn, 1986

[3.68] Hoppe, W.: Deutschland nach 30 Jahren Grundgesetz: Staatsaufgabe Umweltschutz. Veröffentlichungen der Vereinigung der Deutschen Staatsrechtslehrer, Heft 38, De Gruyter, Berlin, 1980

[3.69] Storm, P.-C.: Umweltrecht, Einführung, Beck-Texte im Deutschen Taschenbuchverlag, Frankfurt, 1995, 9. Auflage

[3.70] Kühling, W.: Planungsrichtwerte für die Luftqualität. Schriftenreihe Landes- und Stadtentwicklungsforschung des Landes NRW, Band 4.045, Institut für Landes- und Stadtentwicklungsforschung, Dortmund, 1986, S. 29 ff

[3.71] Di Fabio, U.: Entscheidungsprobleme der Risikoverwaltung. Natur und Recht 13(1991), 8, S. 357

[3.72] Klöpfer, M.: Handeln unter Unsicherheit im Umweltstaat. In: Gethmann, C.F.; Kloepfer, M.: Handeln unter Risiko im Umweltstaat, Spinger, Berlin, Heidelberg, 1993, S. 55–98

[3.73] Sachverständigenrat für Umweltfragen (SRU): Umweltgutachten 1996. Zur Umsetzung einer dauerhaft-umweltgerechten Entwicklung. Drucksache des Deutschen Bundestages, Deutscher Bundestag, Berlin, 1996

[3.74] Crutzen, P.J.; Oppenheimer, M.: Learning about ozone depletion; Climatic Change 89(2008), S. 143–154 (DOI 10.1007/s10584-008-9400-6)

[3.75] Enquete-Kommission (Hrsg.): Konzept Nachhaltigkeit – Vom Leitbild zur Umsetzung; Abschlussbericht der Enquete-Kommission „Schutz des Menschen und der Umwelt – Ziele und Rahmenbedingungen einer nachhaltig zukunftsverträglichen Entwicklung“; Bundestagsdrucksache 13/11200, Deutscher Bundestag, Berlin, 1998 (dip21.bundestag.de/dip21/btd/13/112/1311200.pdf)

[3.76] Gregor, H.-D.; Nagel, H.-D.; Posch, M.: The UN/ECE International Programme on Mapping Critical Loads and Levels; Water, Air and Soil Pollution: Focus 1(2001), 1–2, S. 5–19

[3.77] Sachverständigenrat für Umweltfragen (SRU): Umweltgutachten 1994 – Für eine dauerhaft-umweltgerechte Entwicklung; Bundestags-Drucksache 12/6995, Deutscher Bundestag, Berlin, 1994 (www.umweltrat.de/SharedDocs/Downloads/DE/01_Umweltgutachten/1994_Umweltgutachten_Bundestagsdrucksache.html)

[3.78] Bundesamt für Wald (Hrsg.): Lexikon waldschädigender Luftverunreinigungen und Klimawandel; Bundesforschungs- und Ausbildungszentrum für Wald, Naturgefahren und Landschaft und Bundesamt für Wald, Wien, 2013 (bfw.ac.at/rz/wlv.lexikon?keywin=377)

[3.79] Umweltbundesamt (Hrsg.): Berechnung Critical Loads: Nationale Umsetzung UNECE-Luftreinhaltekonvention (Wirkungen); Teil 2: Wirkungen und Risiokoabschätzungen: Critical Loads, Biodiversität, Dynamische Modellierung – Critical Levels Überschreitungen, Materialkorrosion; UBA-Texte 39/08; Umweltbundesamt, Dessau-Rosslau, September 2008 (www.umweltbundesamt.de/sites/default/files/medien/publikation/long/3647.pdf)

[3.80] Schlutow, A.; Nagel, H.-D.; Scheuschner, T.; Weigelt-Kirchner, R.: Erfassung und Kartierung von ökologischen Belastungsgrenzen und ihrer Überschreitungen im Freistaat Sachsen – Einfluss des Klimawandels; in: Landesamt für Umwelt, Landwirtschaft und Geologie – Freistaat Sachsen (Hrsg.): Ökologische Belastungsgrenzen unter Einfluss des Klimawandels; Schriftenreihe; Landesamt für Umwelt, Landwirtschaft und Geologie, Dresden, Heft 12/2010

[3.81] United Nations Environment Programme (UNEP) (Hrsg.): Decoupling Natural Resource Use and Environmental Impacts From Economic Growth. A Report of the Working Group on Decoupling to the International Resource Panel. United Nations Environment Programme (UNEP), Genf, 2011 (www.unep.org/resourcepanel/decoupling/files/pdf/decoupling_report_english.pdf)

[3.82] Wissenschaftlicher Beirat der Bundesregierung Globale Umweltveränderungen (WBGU) (Hrsg.): Welt im Wandel; Gesellschaftsvertrag für eine große Transformation; Wissenschaftlicher Beirat der Bundesregierung Globale Umweltveränderungen, Berlin, 2011 (www.wbgu.de/fileadmin/templates/dateien/veroeffentlichungen/hauptgutachten/jg2011/wbgu_jg2011.pdf)

[3.83] European Commission (Hrsg.): Consultation document: EU environment policy priorities for 2020: Towards the seventh EU Environment Action Programme. European Commission, Brussels, Belgium, 2012 (ec.europa.eu/environment/newprg/pdf/7EAP_Proposal/en.pdf)

[3.84] Rockström, J. et al.: Planetary boundaries: Exploring the safe operating space for humanity. Nature 461(7263), S. 472–475 (DOI:10.1038/461472a) (www.ecologyandsociety.org/vol14/iss2/art32/; www.stockholmresilience.org/download/18.1fe8\protect\kern+.1667em\relaxf33123572b59ab800016603/1381790163238/planetary-boundaries-supplementary-info-210909.pdf)

[3.85] Bundesministerium des Inneren (BMI) (Hrsg.): Umweltqualitätsnormen im Spannungsfeld zwischen „objektiver" Festlegung und „subjektiver" Betroffenheit. Ergebnis der 4. Internationalen Expertengespräche am 20. und 21. November 1975, Bundesministerium des Inneren (BMI), Bonn, 1975

[3.86] Arbeitsgemeinschaft für Umweltfragen (Hrsg.): Statusseminar „Umweltstandards", Arbeitsgemeinschaft für Umweltfragen, Bonn, 15. September 1983

[3.87] Akademie für Raumforschung und Landesplanung (Hrsg.): Wechselseitige Beeinflussung von Umweltvorsorge und Raumordnung. Veröffentlichungen der Akademie für Raumforschung und Landesplanung, Forschungs- und Sitzungsberichte Band 165; Vincentz, Hannover, 1987

[3.88] Fürst, D. et al.: Umweltqualitätsziele für die ökologische Planung; Forschungsbericht 109 01 008; Umweltbundesamt, Berlin, 1992

[3.89] Kühling, W. et al.: Aufstellung kommunaler Umweltqualitätsziele; UVP-Förderverein (Hrsg.), Arbeitsgemeinschaft Umweltqualitätsziele, Dortmunder Vertrieb für Bau- und Planungsliteratur, Dortmund, 1995

[3.90] Landesanstalt für Umweltschutz (Hrsg.): Grenzwerte und Richtwerte für die Umweltmedien Luft, Wasser, Boden; Landesanstalt für Umweltschutz, Karlsruhe, 1989

[3.91] Risikokommission „Neuordnung der Verfahren und Organisationsstrukturen zur Risikobewertung und Standardsetzung im gesundheitlichen Umweltschutz der Bundesrepublik Deutschland" im Rahmen des gemeinsamen Aktionsprogramms „Umwelt und Gesundheit" der Bundesministerien für Umwelt, Naturschutz und Reaktorsicherheit sowie Gesundheit, Bundesamt für Strahlenschutz, Salzgitter, 2003

[3.92] www.lanuv.nrw.de/luft/temes/stat.htm

[3.93] Umweltbundesamt (UBA): Lärmwirkungen – Dosis-Wirkungsrelationen. UBA-Texte 13/2010, Umweltbundesamt, Berlin, 2010 (www.umweltbundesamt.de/uba-info-medien/mysql_medien.php?anfrage=Kennummer&Suchwort=3917)

[3.94] Landesumweltamt Nordrhein-Westfalen (Hrsg.): Leitfaden zur Erstellung von Immissionsprognosen mit AUSTAL2000 in Genehmigungsverfahren nach TA Luft und der Geruchsimmissions-Richtlinie; Merkblatt 56; Landesumweltamt Nordrhein-Westfalen, Essen 2006

[3.95] VDI (Hrsg.): VDI-Richtlinienreihe 2310 „Maximale Immissionswerte", Beuth-Verlag, Berlin, 2010

[3.96] World Health Organization (WHO) (2006): Air Quality Guidelines, Global update 2005, WHO Regional Office for Europe, Copenhagen

[3.97] Kühling, W.; Peters, H.-J.: Luftverunreinigungen, in: Storm, P.-C.; Bunge, T. (Hrsg.): Handbuch der Umweltverträglichkeitsprüfung (HdUVP), Erich-Schmidt-Verlag, Berlin, 1995

[3.98] Länderausschuss für Immissionsschutz (LAI) (Hrsg.): Bewertung von Schadstoffen, für die keine Immissionswerte festgelegt sind – Orientierungswerte für die Sonderfallprüfung und für die Anlagenüberwachung sowie Zielwerte für die langfristige Luftreinhalteplanung unter besonderer Berücksichtigung der Beurteilung krebserzeugender Luftschadstoffe; Länderausschuss für Immissionsschutz, München, 2004

[3.99] Kühling, W.: Notwendige Anmerkungen zum Entwurf der Allgemeinen Verwaltungsvorschrift zur Ausführung des Gesetzes über die Umweltverträglichkeitsprüfung, in: UVP-report 1/92, S. 2–6

[3.100] Eikmann, T. et al. (Hrsg.): Gefährdungsabschätzung von Umweltschadstoffen – Toxikologische Basisdaten und ihre Bewertung, Erich-Schmidt-verlag, Berlin, 2013

[3.101] Sachverständigenrat für Umweltfragen (SRU): Umweltgutachten 1990; Drucksache des Deutschen Bundestages 11/1568, Deutscher Bundestag, Bonn, 1990

[3.102] www.epa.gov/iris/index.html

[3.103] www.atsdr.cdc.gov/mrls/index.asp

[3.104] Neununddreißigste Verordnung zur Durchführung des Bundes-Immissionsschutzgesetzes – Verordnung über Luftqualitätsstandards und Emissionshöchstmengen 39. BImSchV vom 2. August 2010

[3.105] World Health Organization (WHO) (2000): Air Quality Guidelines for Europe, Second edition, WHO Regional Publications, European Series, No. 91.

[3.106] World Health Organization (WHO): WHO Air quality guidelines for particulate matter, ozone, nitrogen dioxide and sulfur dioxide. Global update 2005, Summary of risk assessment. WHO Press, Geneva, Switzerland, 2006

[3.107] Link, B.: Richtwerte für die Innenraumluft – Quecksilber. Bundesgesundheitsblatt 42(1999), S. 168 - 174 (www.umweltbundesamt.de/gesundheit/publikationen/ad-hoc/Quecksilber.pdf)

[3.108] Kühling, W.: Prüfung der Umweltauswirkungen durch Quecksilberkonzentrationen, -depositionen und -bodengehalte bei Kohlekraftwerken – Teil 1. KGV-Rundbrief 1(2012), 7, S. 5–12

[3.109] Länderausschuss für Immissionsschutz (Hrsg.): Bewertung von Toluol- und Xylol-Immissionen. Erich Schmidt, Berlin, 1996

[3.110] Länderausschuss für Immissionsschutz (Hrsg.): Bewertung von Vanadium-Immissionen. Erich Schmidt, Berlin, 2000

[3.111] Erste Allgemeine Verwaltungsvorschrift zum Bundes-Immissionsschutzgesetz (Technische Anleitung zur Reinhaltung der Luft – TA Luft) vom 24. Juli 2002 (GMBl S. 511)

[3.112] Bundesministerium für Umwelt, Naturschutz und Reaktorsicherheit (BMU) (Hrsg.): Umweltgesetzbuch (UGB-KomE), Entwurf der unabhängigen Sachverständigenkommission zum Umweltgesetzbuch beim Bundesministerium für Umwelt, Naturschutz und Reaktorsicherheit – vorläufige Endfassung – Bd. I, Bonn/Berlin, 1997

[3.113] Bundesministerium für Umwelt, Naturschutz und Reaktorsicherheit (BMU) (Hrsg.): Umweltgesetzbuch – Erstes Buch. Arbeitsentwurf vom 05.09.2007, Bonn/Berlin, 2007

[3.114] Hansjürgens, B.: Werte der Natur und ökonomische Bewertung – Eine Einführung; in: Hansjürgens, B.; Herkle, S. (Hrsg): Der Nutzen von Ökonomie und Ökosystemleistungen für die Naturschutzpraxis. Workshop II: Gewässer, Auen und Moore, BfN-Skripten; Bundesamt für Naturschutz (BfN), Bonn, 2012, S. 63–69

[3.115] Hansjürgens, B.: KNA, KWA oder MCA? – Was ist wann anzuwenden?; in: Hansjürgens, B.; Herkle, S. (Hrsg): Der Nutzen von Ökonomie und Ökosystemleistungen für die Naturschutzpraxis. Workshop II: Gewässer, Auen und Moore, BfN-Skripten; Bundesamt für Naturschutz (BfN), Bonn, 2012, S. 70–75

[3.116] Hansjürgens, B. (Hrsg.): Naturkapital Deutschland: Der Wert der Natur für Wirtschaft und Gesellschaft – Eine Einführung; Helmholtz-Zentrum für Umweltforschung (UFZ), Leipzig, 2012

[3.117] Höffe, O. (Hrsg.): Lexikon der Ethik; C.H. Beck, München, 1992

[3.118] WBGU (Hrsg.): Welt im Wandel: Umwelt und Ethik, Sondergutachten; Metropolis, Marburg, 1999

[3.119] Pearce, D.; Turner, K.: Economics of natural resources and the environment; Harvester Wheatsheaf, New York, 1990

[3.120] Eser, U.; Neureuther, A.-K.; Seyfang, H.; Müller, A. (Hrsg.): Prudence, Justice and the Good Life. A typology of ethical reasoning in selecting European National Biodiversity Strategies; IUCN publication, Bundesamt für Naturschutz, Bonn, 2014

[3.121] Environmental Protection Agency (Hrsg.): Valuing the Protection of Ecological Systems and Services. A Report of the EPA Science Advisory Board; Environmental Protection Agency (EPA), Washington, D.C., USA, Mai 2009

[3.122] Smith, A.: An Inquiry into the Nature and Causes of the Wealth of Nations in two Volumes; Idion, München, 1776

[3.123] Hansjürgens, B.: Ökonomische Bewertung von Wasser in Landschaften. Konzepte, Ansätze und Empfehlungen, in: acatech (Hrsg.): Materialien der Akademie der Technikwissenschaften, Band 8; acatech, Berlin, 2011

[3.124] Young, R.A.: Determining the Economic Value of Water, Concepts and Methods; Resources for the Future, Washington, D.C., USA, 2004

[3.125] Department for the Environment, Food and Rural Affairs (Hrsg.): Introductory Guidance for Evaluating Ecosystem Services; Department for the Environment, Food and Rural Affairs (DEFRA), London, UK, 2007

[3.126] ten Brink, P. (Hrsg.): TEEB – The Economics of Ecosystem and Biodiversity, TEEB for International and National Policy Makers; Earthscan, London, UK, 2011

[3.127] Meyerhoff, X.: Benefit Transfer – Ermittelte Werte auf andere Orte übertragen; in: Hansjürgens, B.; Nesshöver, C.; Schniewind, I. (Hrsg.): Der Nutzen von Ökonomie und Ökosystemleistungen für die Naturschutzpraxis. Workshop I: Einführung und Grundlagen, BfN-Skripten; Bundesamt für Naturschutz (BfN), Bonn, 2012, S. 72–75

[3.128] Barkmann, J.; Marggraf, R.: Zahlungsbereitschaftsbefragungen für Umweltgüter: Wirklich „Finger weg"?; GAIA 19(2010), 4, S. 250–254

[3.129] MacMillan, D.C.; Hanley, N.; Lienhoop, N.: Contingent Valuation: Environmental Polling or Preference Engine? Ecological Economics 60(2006), S. 299–307

[3.130] Lienhoop, N.; MacMillan, D.: Contingent Valuation: Comparing participant performance in group-based approaches and personal interviews; Environmental Values 16(2007), 2, S. 209–232

[3.131] Lienhoop, N.; Hansjürgens, B.: Vom Nutzen der ökonomischen Bewertung in der Umweltpolitik; GAIA 19(2010), 4, S. 255–259

[3.132] Hanley, N.; Spash, C.L.: Cost-Benefit Analysis and the Environment. Edward Elgar, Cheltenham, UK, 1993

[3.133] Hanusch, H.: Nutzen-Kosten-Analyse; Vahlen, München, 2011, 4. Auflage

[3.134] Fromm, O.: Möglichkeiten und Grenzen einer ökonomischen Bewertung des Ökosystems Boden; Peter Lang, Frankfurt, 1997

[3.135] Hansjürgens, B.: Economic Valuation through cost-benefit-analysis – possibilities and limitations; Toxicology 205(2003), S. 241–252

[3.136] Hansjürgens, B.; Lienhoop, N.; Herkle, S.: Grenzen und Reichweite der ökonomischen Bewertung von Biodiversität; Gutachten im Auftrag des Büros für Technikfolgenabschätzung beim Deutschen Bundestag; Büros für Technikfolgenabschätzung beim Deutschen Bundestag, Bonn, 2012

[3.137] Stern, N.: The Economics of Climate Change; American Economic Review. Papers & Proceedings, 2008, 98/2, S. 1–37

[3.138] Gowdy, J.; Howarth, R.B.; Tisdell, C.: Discounting, Ethics and Options for Maintaining Biodiversity and Ecosystem Integrity; in Pushpam K. (Hrsg.): The Economics of Ecosystems and Biodiversity: Ecological and Economic Foundations; Earthscan, London, UK, 2010, S. 257–283

[3.139] Munda, G.: Multicriteria evaluation in a fuzzy environment. Theory and applications in ecological economics; Physica, Heidelberg, 1995

[3.140] Rauschmayer, F.: Entscheidungshilfen im Umweltbereich: Von der monokriteriellen zur multikriteriellen Analyse, in: Beckenbach, F.; Hampicke, U. (Hrsg.): Ökonomische Naturbewertung; Jahrbuch Ökologische Ökonomie; Metropolis, Marburg, 2001, S. 241–261

[3.141] Wechsung, F.; Becker, A.; Gräfe, P. (Hrsg.): Auswirkungen des globalen Wandels auf Wasser, Umwelt und Gesellschaft im Elbegebiet; Weißensee, Berlin, 2005

[3.142] UNCED – United Nations Conference on Environment and Development (Konferenz der Vereinten Nationen für Umwelt und Entwicklung), Rio de Janeiro, 03.–14. Juni 1992

[3.143] Mitteilung der Kommission der Europäischen Gemeinschaften v. 2.2.2000 über die Anwendbarkeit des Vorsorgeprinzips, KOM 2000 (1) endg.

[3.144] BSE-Urteil, Urt. vom 5.5.1998 – Rs. C-180/96 – Vereinigtes Königreich/Kommission, Slg. 1998, I-2265, Rn. 99.

[3.145] Epiney, A & Scheyli, M. (1998): Strukturprinzipien des Umweltvölkerrechts.

[3.146] Kühling, W.: Grenz- und Richtwerte als Bewertungsmaßstäbe für die Umweltverträglichüfung, in: Hübler, K.-H.; Otto-Zimmermann, K. (Hrsg.): Bewertung der Umweltverträglichgkeit, Blottner, Taunusstein, 1989 S. 31–44

Risikoabschätzung für chemische Stoffe

4

Martin Führ und Silke Kleihauer

„Gefahr erkannt – Gefahr gebannt"; dieses Sprichwort gilt auch für den Umgang mit Chemikalien. So einfach, wie es zunächst klingt, ist dies aber kaum umzusetzen. Denn die Industriegesellschaft verwendet etwa 30 000 Stoffe in einem nennenswerten Umfang. Hinzu kommen Gemische unterschiedlicher Stoffe und – mehr oder minder komplexe – Produkte („Erzeugnisse"), die wiederum Stoffe in unterschiedlicher Konzentration enthalten können.

Deshalb werden nachfolgend die wesentlichen rechtlichen Rahmenbedingungen zum Umgang mit chemischen Stoffen diskutiert und die methodischen Schritte bei der Ermittlung und Bewertung von stoffbedingten Risiken erläutert.

Die Wirkungen, die mit dem Einsatz von Chemikalien verbunden sein können, sind so vielfältig wie die verwendeten Stoffe und ihre Einsatzgebiete. Beschäftigte in den Betrieben, aber auch Verbraucher sind praktisch permanent einem „Chemikaliencocktail" ausgesetzt. In der Wohnung, in der Schule, bei der Ausbildung oder im Beruf, aber auch in der Freizeit – immer hat man in irgendeiner Form mit Stoffen zu tun. Auch die natürliche Umwelt ist auf unterschiedlichen „Pfaden" stofflicher Belastung ausgesetzt.

Aus der Rückschau lässt sich zeigen, wie das Recht in Reaktion auf gesellschaftliche Konflikte nach und nach Antworten fortentwickelt. Mit der Industrialisierung gingen Belastungen in der Umgebung der Fabriken einher. Während zuvor vor allem die Zünfte regulativ zügelnd wirkten, ermöglichte die Anfang des 19. Jahrhunderts gewährte „Gewerbefreiheit" (z. B. das gleichnamige Edikt des preußischen Königs von 1810) die Entfaltung starker wirtschaftlicher Triebkräfte. Schon im Preußischen Allgemeinen Landrecht (1794)

Prof. Dr. Martin Führ
Hochschule Darmstadt, Studienbereich Sozial- und Kulturwissenschaften,
Sonderforschungsgruppe Institutionenanalyse (sofia), Darmstadt, Deutschland

Dr. Silke Kleihauer
Hochschule Darmstadt, Sonderforschungsgruppe Institutionenanalyse (sofia),
Darmstadt, Deutschland

M. Kaltschmitt und L. Schebek (Hrsg.), *Umweltbewertung für Ingenieure*,
DOI 10.1007/978-3-642-36989-6_4

hieß es: „Die Erlaubnis zur Anlegung einer Fabrik zu erteilen kommt allein dem Staate zu." Was aber eine Fabrik sei und nach welchem Verfahren und unter welchen Anforderungen eine Erlaubnis auszusprechen sei, blieb zunächst offen.

Wie in anderen Gebieten des Rechts und der Verwaltung kam ein wichtiger Impuls aus dem „revolutionären" Frankreich. Ein napoleonisches Dekret aus dem Jahr 1810 („Decret imperial relatif aux Manufactures et Ateliers qui repandant une Odeur insalubre ou incommode") erlangte auch in den besetzten Gebieten Deutschlands Geltung. Es unterteilte die Fabriken in drei Gefährdungsklassen („installations classées"; so noch heute die Bezeichnung des Rechtsgebietes in Frankreich, wo dieses Dekret – in mehrfach veränderter Form – noch immer gültig ist); für jede Klasse galten jeweils spezifische Verfahrensanforderungen. Für die besonders problematischen Anlagen (etwa Herstellung von Sprengstoff, aber auch von Spiegeln) war ein förmliches Verfahren vorgeschrieben, welches nicht nur eine öffentliche Bekanntmachung beinhaltete, sondern auch die Möglichkeit für Nachbarn und Kommunen, Einwendungen zu erheben. Die Entscheidung lag bei staatlichen Behörden. Diese Regelungskonstruktion übernahm weitgehend unverändert die Preußische Allgemeine Gewerbeordnung (1845). Über die Reichsgewerbeordnung (1869) fanden die Regelungen dann Eingang in das Recht der Bundesrepublik Deutschland.

Diese Grundstruktur blieb bis zum Erlass des Bundes-Immissionsschutzgesetzes (1974) unverändert. Sie war geprägt von einem „polizeirechtlichen" Grundverständnis, welches auf die Abwehr von Gefahren (also die Abwehr unmittelbar drohender Schäden an einem Rechtsgut) ausgerichtet war. Stoffe und ihre Wirkungen wurden reguliert, solange es um den Einsatz in industriellen Anlagen ging. Ein Zusammenspiel der Verteidigung privater Rechte und öffentlicher Partizipation mit hoheitlicher Entscheidung und Überwachung prägt dabei bis heute das Anlagenrecht. Es handelt sich um die klassische Dreiecks-Konstellation: Fabrikbetreiber, (Polizei-)Staat mit den Nachbarn als „Dritte" bzw. „Drittbetroffene".

Mit dem „Siegeszug der Chemie" [4.1] gelangten auch die unerwünschten Wirkungen chemischer Produktion zunehmend ins Blickfeld. Das 1962 erschienene Buch „Der stumme Frühling" (Silent Spring) [4.2] thematisierte die Wirkungen von Pflanzenschutzmitteln auf Mensch und Natur. Die Antwort des Rechts: Seit 1967 gibt es auf europäischer Ebene ein Gefahrstoffrecht: Chemische Stoffe sind anhand von Gefährlichkeitsmerkmalen (siehe § 3a ChemG) einzustufen, zu kennzeichnen und zu verpacken.

Mit dem Aufkommen des Umweltgedankens (erste UN Umweltkonferenz, Stockholm 1972) trat neben die klassische Polizeiaufgabe der Gefahrenabwehr der Grundsatz der Vorsorge. Ein staatliches Eingreifen ist danach auch dann möglich, vielleicht sogar geboten, wenn Schäden an einem Rechtsgut nicht unmittelbar drohen, aber doch ein fachlich begründetes „Besorgnispotenzial" besteht (zu den Begriffen „Gefahr", „Risiko" und „Restrisiko" sowie dem Grundsatz der Vorsorge siehe [4.3]). Den Grundsatz der Vorsorge findet man mittlerweile in allen Umweltgesetzen (z. B. im Recht der Industrieanlagen und der chemischen Stoffe).

Ein weiterer Meilenstein in der Entwicklung markierte die zweite große Umweltkonferenz der UN, die 1992 in Rio de Janeiro (Brasilien) mit dem Stichwort „Entwicklung“ zusätzlich das Spannungsfeld globaler und intergenerationeller Gerechtigkeit auf die Agenda setzte (UNCED: UN Conference on Environment and Development). Mehr und mehr Rechtsnormen formulieren jetzt auch Anforderungen, die auf eine „nachhaltige Entwicklung“ abzielen. In einem weiteren Weltgipfel (Johannesburg 2002) nahm sich die Weltgemeinschaft vor, bis zum Jahre 2020 negative Wirkungen von Chemikalien auf die menschliche Gesundheit und die Umwelt auf das geringst mögliche Maß zu mindern („2020-Ziel“, Strategic Approach on International Chemicals Management [4.4]). Dies setzt eine Betrachtung über den gesamten Lebensweg eines Stoffes voraus und weist auf eine an den Kriterien der „nachhaltigen Entwicklung“ orientierte Entwicklung („Green Chemistry“ [4.5, 4.6, 4.7]).

Vor diesem Hintergrund entwickelte sich die stoffbezogene Risikoregulierung. Es bestand die Aufgabe zu erfassen, mit welchen Stoffen es die menschliche Gesellschaft zu tun hat und welche Eigenschaften diese haben. Dieses Wissen fehlte bzw. fehlt bislang weitgehend. Dementsprechend spielt(e) das Stichwort „toxic ignorance“ im Rahmen der chemikalienpolitischen Debatte eine prominente Rolle. Es bezeichnet Wissensdefizite hinsichtlich der gesundheitsrelevanten und umweltbezogenen Eigenschaften und Wirkungsmechanismen der verwendeten (Alt-)Stoffe [4.8]. Ob die Gesellschaft die damit verbundenen Risiken angemessen beherrscht, lässt sich ohne eine Lösung des Informationsproblems nicht sagen. Dementsprechend besteht die zentrale Herausforderung darin, die Lücken in den Wissensbeständen zu schließen. Denn zu beantworten ist zunächst einmal die Frage: Liegt ein Risiko vor oder nicht? Dazu benötigt man Daten zu den Eigenschaften und Wirkungen eines Stoffes, aber auch darüber, in welchem Umfang Mensch und Umwelt den Stoffen ausgesetzt sind (Exposition).

1983 formulierte der National Research Council (NRC) in den USA einen Vorschlag für ein vierstufiges Verfahren zur stoffbezogenen Risikoabschätzung („risk assessment“) [4.9]:

1. „hazard identification“,
2. „dose response assessment“,
3. „exposure assessment“,
4. „risk characterisation“.

Dieser Methodenvorschlag beeinflusste in der Folge die Fachdiskussion und die internationale Entwicklung sowohl für die humantoxikologische wie auch für die ökologische Betrachtung (u. a. [4.10, 4.11], EG-Chemikalienpolitik). Die Neustoff-Richtlinie 93/67/EEC übernahm das vierstufige Vorgehen für die Risikoabschätzung ebenso wie die Altstoffverordnung (793/93/EG). Operationalisiert wurde dies etwa in der Prüf-Verordnung 1488/94 und im dazugehörigen „Technical Guidance Document on Risk Assessment“. Diese Vorgaben prägen auch die 2006 verabschiedete europäische Chemikalienregulierung REACh [4.12].

Nach früherem Recht waren Altstoffe zeitlich und inhaltlich praktisch unbegrenzt verwendbar; es sei denn, man entdeckte negative Wirkungen auf Mensch und Umwelt. Dann war der Stoff anhand von Gefährlichkeitsmerkmalen einzustufen und entsprechend zu kennzeichnen [4.13]. Die Hersteller waren aber nicht verpflichtet, ihre Stoffe auf unerwünschte Wirkungen zu testen. Stattdessen hatte man mit der EG-Altstoff-Verordnung 793/93 [4.14] ein hoheitliches Prüfprogramm installiert, welches für die besonders relevanten Stoffe schrittweise die Risiken ermitteln und Risikominderungsmaßnahmen vorschlagen sollte. Dazu wählte man 140 Stoffe aus. Bis 2005 hatten es die Behörden der Mitgliedstaaten geschafft, etwa 30 Stoffe vollständig zu bearbeiten. Ergebnis dieses Prozesses war aber nicht etwa ein verbindlicher Rechtsakt, sondern eine bloße Empfehlung der Kommission. Ministerrat und Europäisches Parlament konnten in der Folge frei entscheiden, ob und wie sie die Empfehlung aufgreifen. Selbst wenn dies der Fall war, blieb der gesamte Prozess vergleichsweise langwierig und aufwändig. Mit dieser Form der Regulierung ließ sich das Problem der „toxic ignorance" auf absehbare Zeit nicht lösen.

Im Ergebnis bedeutete der bisherige Rechtsrahmen zudem eine faktische Privilegierung der Altstoffe, die im deutlichen Kontrast stand zur vergleichsweise strikten Regulierung der Neustoffe. Für diese galt ab 1980 eine Anmeldepflicht oberhalb einer Vermarktungsschwelle von 10 kg pro Jahr. Für jeden neuen Stoff waren – gestaffelt nach der Vermarktungsmenge – bestimmte Prüfnachweise vorzulegen. Während damit Neustoffe erst dann in Verkehr gebracht werden durften, wenn zuvor toxikologische Tests durchgeführt wurden, konnten Altstoffe ungehindert weiter vermarktet werden. Wer also neue Stoffe entwickelte, wurde durch Nachweispflichten „bestraft", während auf der anderen Seite bei den Altstoffen die Unkenntnis der Stoffeigenschaften fortbestand und sich eine hoheitliche Einzelfall-Intervention genau aus diesem Grunde nicht rechtfertigen ließ. Das bisherige Recht erwies sich damit als innovationsfeindlich [4.15].

Anders als im bisherigen Recht ist die Ermittlung und Bewertung stoffbedingter Risiken in REACh nicht mehr den Behörden, sondern primär den Unternehmen zugewiesen. Die Verordnung basiert auf dem Grundsatz der Eigenverantwortung. Dieser verlangt von der Industrie, „dass sie Stoffe herstellen, in Verkehr bringen und verwenden, die die menschliche Gesundheit oder die Umwelt nicht nachteilig beeinflussen" (Art. 1 Abs. 3 REACh). Herstellung und Vermarktung von Stoffen sind nur zulässig, wenn zuvor im Registrierungsdossier spezifische Risikoinformationen dokumentiert wurden (Art. 5 REACh trägt die amtliche Überschrift: „Ohne Daten kein Markt"). Diese Stoffdaten stehen über eine Internetdatenbank [4.16] der Öffentlichkeit zur Verfügung (Art. 119 REACh); gleiches gilt für die Daten zur Einstufung und Kennzeichnung anhand der Gefährlichkeitsmerkmale nach der CLP-Verordnung [4.17]. Die europäische Chemikalienregulierung leistet damit eine Demokratisierung des Risikowissens. Die damit geschaffene Transparenz ist zugleich ein zentraler Baustein in der Qualitätssicherung der Datengrundlage.

4.1 Stoffbezogene Risikoregulierung

Ausgehend von der Herausforderung, den gesamten Lebensweg eines Stoffes unter Risikoaspekten zu betrachten, hat das Recht die Aufgabe, Instrumente bereitzustellen, die es den Akteuren in Wirtschaft und Verwaltung, aber auch den Beschäftigten und Verbrauchern gestatten, die Risiken zu erkennen, zu beurteilen und zu bewältigen, die entlang des Lebensweges dieser Stoffe auftreten können. Regulatorischer Anknüpfungspunkt ist dabei der Stoff mit seinen Eigenschaften und Wirkungen. Anders als bisher blickt man nicht mehr auf die abstrakte „Gefährlichkeit" aufgrund der inhärenten Eigenschaften, sondern fragt danach, inwieweit Mensch und Umwelt diesen Stoffen ausgesetzt sind (Exposition), um auf diese Weise das stoffbedingte Risiko abzuschätzen.

Der Umgang mit Stoffen ist nicht auf die chemische Industrie beschränkt [4.18]. Vielmehr sind die meisten Prozesse der Industriegesellschaft auf den Einsatz von gezielt hergestellten oder zusammengeführten Stoffen angewiesen; dies reicht von der Bauindustrie über die Metallverarbeitung und die Oberflächenbehandlung bis hin etwa zur Möbel- und Textilherstellung. Aber auch in der Landwirtschaft oder bei der Herstellung von Nahrungsmitteln spielen Stoffe eine zentrale Rolle.

Aus der Perspektive des Gesetzgebers und der Behörden stellt sich damit die Aufgabe der „Risikoregulierung". Die REACh-Verordnung ist der Versuch, für die in Abb. 4.1 beschriebenen Ansatzpunkte geeignete Instrumente, einschließlich der jeweils angemessenen Methoden und Verfahren, bereitzustellen, die in ihrem Zusammenspiel einen institutionellen Rahmen aufspannen, der erwarten lässt, dass die Akteure in den Wertschöpfungsketten sich risikoadäquat verhalten. Erfolgreiches Risiko-Management ist dabei nicht nur angewiesen auf eine hinreichende Informationsgrundlage, sondern auch auf die – möglichst proaktive – Kommunikation und Kooperation in den einzelnen Wertschöpfungsketten. Der regulative Rahmen hat daher auch die Funktion, die Transak-

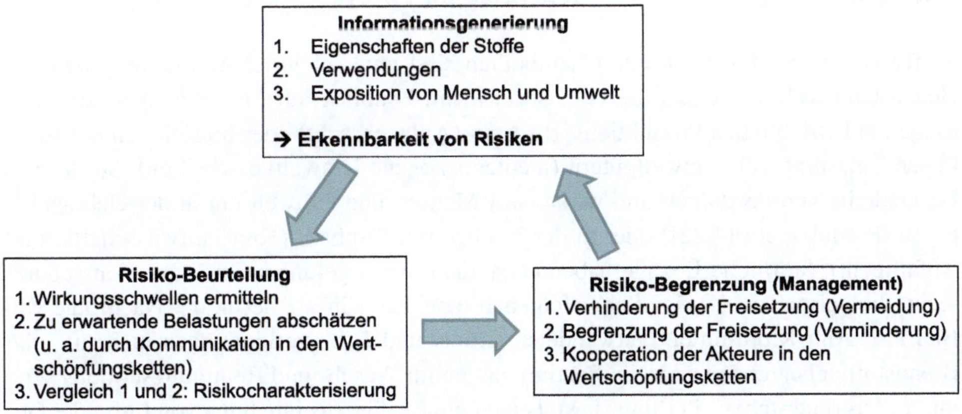

Abb. 4.1 Ansatzpunkte zur Risikoregulierung im Stoffrecht

tionskosten der Akteure zu senken, indem er Vorgaben zur Information, Kommunikation und Kooperation (sogenannte IKuK-Instrumente) bereitstellt. Die regulatorische Herausforderung für Gesetzgeber und Verwaltung besteht insgesamt darin, die Anreizsituation der Akteure so auszugestalten, dass einerseits bestehende Hemmnisse abgebaut und andererseits eine hinreichende Bereitschaft zur Mitwirkung an den IKuK-Instrumenten besteht.

Aus der Perspektive der industriellen und gewerblichen Akteure in den Wertschöpfungsketten besteht die Herausforderung darin, eine hinreichende „Risikobeherrschung" zu gewährleisten. Dazu sind sowohl innerbetriebliche als auch überbetriebliche Prozesse zu organisieren, wobei die regulativ standardisierten IKuK-Instrumente eine zentrale Rolle spielen. Weil oftmals die Beschäftigten als erste mit den Stoffen in Kontakt kommen, sind diese Instrumente für die Arbeitnehmer und ihre Interessenvertretungen von besonderer Bedeutung [4.19].

Aus der Perspektive der nicht-gewerblichen Akteure (Verbraucher) ist schließlich die Herausforderung zu bewältigen, die durch das Stoffrecht geschaffenen Informationsmöglichkeiten zu nutzen und für die eigenen Kauf- und Nutzungsentscheidungen fruchtbar zu machen. Die Erwartungen darüber, inwieweit dies das Verbraucherverhalten verändert, wird wiederum die Reaktionen des Handels maßgeblich beeinflussen, was wiederum die Anreizsituation der vorgelagerten Akteure der jeweiligen Wertschöpfungskette modifiziert [4.20].

4.1.1 Stoffrecht

Weite Teile des Arbeitsschutz- und Umweltrechts, aber auch des Produktrechts, befassen sich mit dem Umgang und den Wirkungen von Stoffen. Dabei ist einerseits zwischen Stoffrecht im engeren und im weiteren Sinne und andererseits zwischen originärem und derivativem Stoffrecht zu unterscheiden (Abb. 4.2, [4.21]).

Stoffrecht im weiteren Sinne. Chemikalien sind unter vielerlei Anknüpfungspunkten Gegenstand rechtlicher Regulierung. So etwa im Hinblick auf Freisetzungen oder Störungen in betrieblichen Produktionsprozessen (Anlagenrecht) oder hinsichtlich der stofflichen Belastung von Umweltgütern (medienbezogene Umweltvorschriften). Stoffe sind Bestandteile von Produkten und wirken auf Mensch und Umwelt ein in der Gebrauchsphase (Produktrecht [4.22]) oder in der Nachgebrauchsphase (Kreislaufwirtschafts- und Abfallrecht). Stoffliche Bezüge haben etwa auch die Regelungen im Immissionsschutzrecht, die beispielsweise den Schwefelgehalt bzw. den Einsatz der in der Nachfolge von Blei als „Anti-Klopfmittel" verwendeten Chlor- und Bromverbindungen in Kraft- und Brennstoffen begrenzen oder die Bestimmungen im Wasch- und Reinigungsmittelgesetz; im Vordergrund stehen allerdings jeweils mediale Bezüge (Reinhaltung von Luft oder Gewässern). Teilweise wird eine bestimmte Station im Lebensweg eines Stoffes in den Blick genommen, teilweise reguliert man einzelne Anwendungsbereiche (Batterien, Elektro-

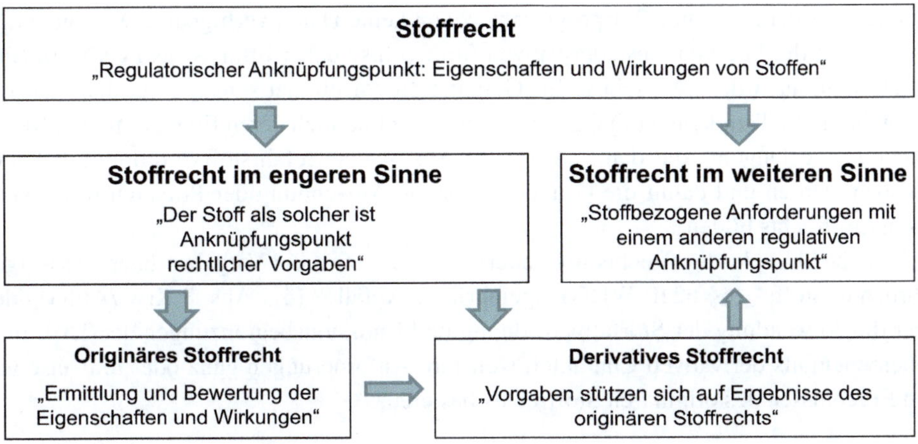

Abb. 4.2 Systematisierung des Stoffrechts

und Elektronikgeräte, Kraftfahrzeuge) oder wählt die Schutzperspektive eines Umweltmediums. Derartige Regelungen, die ausgehend von einem anderen regulativen Anknüpfungspunkt stoffbezogene Anforderungen formulieren, lassen sich unter der Bezeichnung „Stoffrecht im weiteren Sinne“ zusammenfassen.

Stoffrecht im engeren Sinne. Das Stoffrecht im engeren Sinne nimmt den Stoff als solchen zum Anknüpfungspunkt der Regulierung (zum „Stoffbegriff“ als „chemischer Stoff“ siehe [4.23]).

Originäres Stoffrecht. Das originäre Stoffrecht ist in besonderer Weise fokussiert auf den Stoff „als solchen“. Es nimmt den (Einzel-)Stoff in den Blick und enthält Bestimmungen, die durch besondere Mechanismen der Datengewinnung (etwa durch spezifische Prüfvorgaben) darauf abzielen, stoffliche Gefährdungen systematisch zu identifizieren. Dahinter steht die Absicht des Gesetzgebers, die Stoffe zu einem frühen Zeitpunkt zu erfassen und Daten über Eigenschaften und Wirkungen zu gewinnen. Derartige Regelungen, zu denen etwa die REACh- und die CLP-Verordnung gehören, haben den Charakter originären Stoffrechts. Hierzu zählen aber etwa auch Stoffe mit bestimmten – erwünschten und unerwünschten – Wirkmechanismen, wie sie etwa im Arzneimittelrecht oder im Biozid- und Pflanzenschutzmittelrecht geregelt sind.

Derivatives Stoffrecht. Das derivative Stoffrecht ist dadurch gekennzeichnet, dass seine Instrumente auf den Ergebnissen des originären Stoffrechts aufbauen. So setzen etwa die im Wesentlichen dem Arbeitsschutz dienenden Vorgaben der Gefahrstoffverordnung Kenntnisse über die stofflichen Eigenschaften und die darauf gestützte Zuordnung zu den Gefährlichkeitsmerkmalen voraus, die zunächst auf der Grundlage des originären Stoffrechts gewonnen werden müssen. Die Gefahrstoffverordnung beinhaltet kein eigenständiges stoffspezifisches Prüfprogramm. Wenn keine Daten verfügbar bzw. zugänglich sind, laufen die Pflichten des „derivativen Stoffrechts“ daher oftmals ins Leere. Im Einzelfall kann auch der „Ausschuss für Gefahrstoffe“ nach „zu sonstigen gesicherten Erkenntnissen für Tätigkeiten mit Gefahrstoffen, einschließlich deren Einstufung und Kennzeichnung, gelangen“, die dann nach § 20 Abs. 4 der Gefahrstoffverordnung bekannt gegeben werden und damit die Grundlage für die Anwendung der Pflichten des sekundären Stoffrechts bilden.

Manche Teile des Stoffrechts im weiteren Sinne – etwa die Vorgaben über „wassergefährdende Stoffe“ (§§ 62 ff. WHG), „gefährliche Abfälle“ (§ 3 Abs. 8 Krw-/AbfG) oder über die Anwendung der Störfallverordnung und Emissionsbegrenzungen der TA Luft – haben ebenfalls derivativen Charakter, weil ihre Anforderungen ganz oder teilweise auf den Ergebnissen des originären Stoffrechts basieren.

Umweltqualitätskriterien und Umweltqualitätsstandards. Das originäre Stoffrecht soll Bezugsgrößen für die Bewertung von Belastungen von Mensch und Umwelt bereitstellen. Im Hinblick auf das Schutzgut Umwelt – und darauf konzentriert sich die folgende Darstellung (die Ermittlung und die Bewertung gesundheitsbezogener Wirkungen folgt in den Grundelementen aber der gleichen Methodik) – kann man diese als Umweltqualitätskriterien bezeichnen. Deren Funktion besteht darin, eine stoffliche Belastung von Umweltmedien einzuordnen (neben der stofflichen Belastung gibt es noch andere Parameter, die zur Beurteilung der Belastung eines Umweltmediums herangezogen werden, wie etwa die physikalischen und chemischen Eigenschaften eines Stoffes; darauf wird hier aber nicht näher eingegangen) [4.24].

Ein Umweltqualitätskriterium (UQK) lässt sich bezeichnen als einen auf der Basis einer definierten Vorgehensweise bestimmten Wert für Konzentrationen oder Gehalte von Stoffen in Umweltmedien, die zur Beurteilung der Belastung dienen. Derartige Umweltqualitätskriterien bilden in der Regel die Grundlage für hoheitlich definierte „Umweltqualitätsstandards“, welche die stoffliche Belastung einzelner Umweltmedien charakterisieren (als Ausnahme mag der Grenzwert für Wirkstoffe aus Pflanzenschutzmitteln im Trinkwasser angesehen werden, der historisch auf der damaligen Nachweisgrenze basiert und in Anwendung des Grundsatzes der Vorsorge darauf abzielt, das Lebensmittel Wasser möglichst vollständig von Pflanzenschutzwirkstoffen freizuhalten). Dazu zählen beispielsweise:

- die Umweltqualitätsnormen des Wasserrechts (siehe Art. 2 Nr. 24 und 35 sowie Art. 16 Absatz 7 und Anhang IX der Wasserrahmen-Richtlinie 2000/60/EG);
- die Vorgaben des Gemeinschaftsrechts zu der über das Medium Luft vermittelten Schadstoffbelastung, bezeichnet als Grenzwert, kritischer Wert oder Zielwert (Art. 2 Nr. 3, 5, 6, 9 sowie Art. 12 ff. Luftqualitäts-Richtlinie 2008/50/EG);
- die Umweltqualitätsnormen, auf die das Industrieanlagenrecht Bezug nimmt (siehe Art. 2 Nr. 7 sowie Art. 10 IVU-Richtlinie 1996/61/EG) sowie
- die Vorsorgewerte für Böden nach der Bundes-Bodenschutz-Verordnung (BBodSchV).

Die rechtliche Einordnung der Umweltqualitätsstandards ergibt sich aus dem jeweiligen Regelwerk. Sie reicht von strikt einzuhaltenden Anforderungen („Grenzwert“) bis hin zu eher „politischen“ Zielvorgaben („Umweltqualitätsziel“), deren Erreichung innerhalb eines vorgegebenen Zeitraums und/oder mit bestimmten Planungsinstrumenten anzustreben ist.

Jenseits dieser (bislang nur) im medien- und anlagenbezogenen Umweltrecht verankerten hoheitlichen Umweltqualitätsstandards gibt es im stoff- und produktbezogenen Recht Vorgaben, wie für einzelne Stoffe Konzentrationen abzuleiten sind, die von dem jeweiligen Regelwerk als „zielkonform“ und damit handlungsleitend angesehen werden. Letzteres gilt – neben den gemeinschaftsrechtlichen Vorgaben für bestimmte „Wirkstoffe“, wie sie in Arznei- und Pflanzenschutzmitteln sowie in Bioziden Verwendung finden – auch für die nach den Vorgaben aus REACh abgeleiteten PNEC-Werte, die im Mittelpunkt der folgenden Darstellung stehen. Die Predicted No Effect Concentration (PNEC) bezeichnen einen „Schwellenwert [...], ab dem schädliche Auswirkungen auftreten können“. Die Überschreitung eines PNEC-Wertes ist damit im Rechtssinne ein Kriterium dafür, dass ab dieser Konzentration die Erreichung der Ziele der Verordnung nicht gewährleistet ist. PNEC-Werte stellen damit ebenfalls ein Umweltqualitätskriterium dar [4.25].

4.1.2 Herausforderung und Ziele von REACh

PNEC-Werte bilden die Grundlage für die Beantwortung der Frage, ob von einem Stoff ein Risiko für die Umwelt ausgeht. Das Registrierungsverfahren in REACh verlagert die Verantwortung für die Bewertung und Bewältigung stoffbedingter Risiken auf die Hersteller und Importeure (Registranten) sowie die weiteren „Akteure der Lieferkette“. Diese haben – angeleitet durch die Vorgaben in den Anhängen zur REACh-Verordnung und in den untergesetzlichen Arbeitshilfen – eine Stoffsicherheitsbeurteilung vorzunehmen und diese im Rahmen der Registrierungsunterlagen zu dokumentieren (Chemical Safety Report, CSR). Die Herausforderung für die Akteure in der Wirtschaft liegt darin, eigenverantwortlich mögliche schädliche Wirkungen zu ermitteln und im Hinblick auf die Verwendung des Stoffes Risikomanagementmaßnahmen vorausschauend über den gesamten Lebensweg des Stoffes zu entwickeln.

Im 25. Erwägungsgrund der REACh-Verordnung heißt es zu der Verantwortungszuweisung und der Funktion der Stoffsicherheitsbeurteilung: „Die Verantwortung für die Beurteilung der Risiken und der Gefährlichkeit von Stoffen sollten in erster Linie die natürlichen oder juristischen Personen tragen, die diese Stoffe herstellen oder einführen, allerdings nur, wenn es sich um Mengen oberhalb bestimmter Schwellenwerte handelt, damit die damit verbundene Belastung tragbar bleibt. Natürliche oder juristische Personen, die mit chemischen Stoffen umgehen, sollten die erforderlichen Risikomanagementmaßnahmen im Einklang mit der für die Stoffe durchgeführten Risikobeurteilung treffen und entsprechende Empfehlungen über die Lieferkette weitergeben. Dazu sollte gehören, dass die mit der Produktion, der Verwendung und der Entsorgung der einzelnen Stoffe verbundenen Risiken in angemessener und transparenter Weise beschrieben, dokumentiert und mitgeteilt werden."

Die einzelnen Schritte der Risikoabschätzung in der Stoffsicherheitsbeurteilung sind Voraussetzung, dass die Stoffverantwortlichen ihre stoffbezogene Grundpflicht erfüllen können (vgl. [4.26]).

Die Stoffsicherheitsbeurteilung ist nicht nur im Registrierungsverfahren relevant. Sie bildet vielmehr auch die Entscheidungsgrundlage im Rahmen der Zulassung [4.27].

4.2 Risikoabschätzung nach REACh

Die folgende Darstellung behandelt die Vorgaben des originären Stoffrechts zur Ermittlung und Bewertung der Eigenschaften und Wirkungen eines Stoffes. Im Mittelpunkt stehen dabei die methodischen Vorgaben der REACh-Verordnung, die zugleich einen Referenz-Standard zur Risikoabschätzung definieren.

4.2.1 Stoffe mit und ohne Schwellenwert

Bei der Methodik zur Abschätzung und Bewertung von stoffbedingten Risiken ist zu unterscheiden zwischen solchen Eigenschaften, für die sich ein Schwellenwert angeben lässt, und solchen, bei denen dies nicht der Fall ist, weil schon geringste Aufnahmen des Stoffes zu unerwünschten Wirkungen führen können (wie dies bei zahlreichen krebserzeugenden Substanzen der Fall ist) oder weil es sich um langlebige Stoffe handelt, die sich in der Umwelt anreichern (Kapitel 4.3). Für letztgenannte Stoffe gilt: Jede Freisetzung kann zu Risiken führen (oder stellt gar bereits eine Gefahr dar). Dementsprechend ist die Verwendung des Stoffes zu vermeiden oder zumindest die Freisetzung möglichst ganz zu verhindern. Das nachfolgend beschriebene Verfahren der Risikoabschätzung gilt nur für Stoffe, deren Eigenschaften es erlauben, einen Schwellenwert festzulegen.

4.2.2 Stoffsicherheitsbeurteilung

Die Stoffsicherheitsbeurteilung (Chemical Safety Assessment) besteht gemäß Art. 14 Abs. 3 und 4 aus folgenden Schritten:

1. Ermittlung schädlicher Wirkungen auf die Gesundheit des Menschen.
2. Ermittlung schädlicher Wirkungen auf die Gesundheit des Menschen durch physikalisch-chemische Eigenschaften.
3. Ermittlung schädlicher Wirkungen auf die Umwelt.
4. Ermittlung der PBT- und vPvB-Eigenschaften.

Folgert der Hersteller oder Importeur aufgrund der Schritte 1 bis 4, dass es sich um einen „problematischen" Stoff handelt (d. h. er entspricht den Kriterien für eine Einstufung als gefährlicher Stoff oder ist als PBT- oder vPvB-Stoff zu beurteilen), umfasst die Stoffsicherheitsbeurteilung zusätzlich auch folgende Schritte:

5. Expositionsbeurteilung.
   5.1. Entwicklung eines oder mehrerer Expositionsszenarien oder ggf. Entwicklung einschlägiger Verwendungs- und Expositionskategorien.
   5.2. Expositionsabschätzung.
6. Risikobeschreibung.

Abbildung 4.3 zeigt den Gesamtprozess der Stoffsicherheitsbeurteilung. Diese Vorgehensweise zielt darauf ab, eine Risikobeschreibung („risk characterisation") zu erstellen. Beurteilungsgrundlage dafür ist die „Ermittlung schädlicher Wirkungen" auf die menschliche Gesundheit, dargestellt als DNEL (Derived No-Effect Level, REACh, Anhang I Nr. 1.0.1), die eine „abgeleitete Expositionshöhe bezeichnet, unterhalb deren der Stoff zu keiner Beeinträchtigung der menschlichen Gesundheit führt". Die schädlichen Wirkungen auf die Umwelt beschreibt der PNEC (Predicted No-Effect Concentration, REACh, Anhang I Nr. 3.0.1) als eine „vorhergesagte Konzentration, bei der keine Wirkung auftritt".

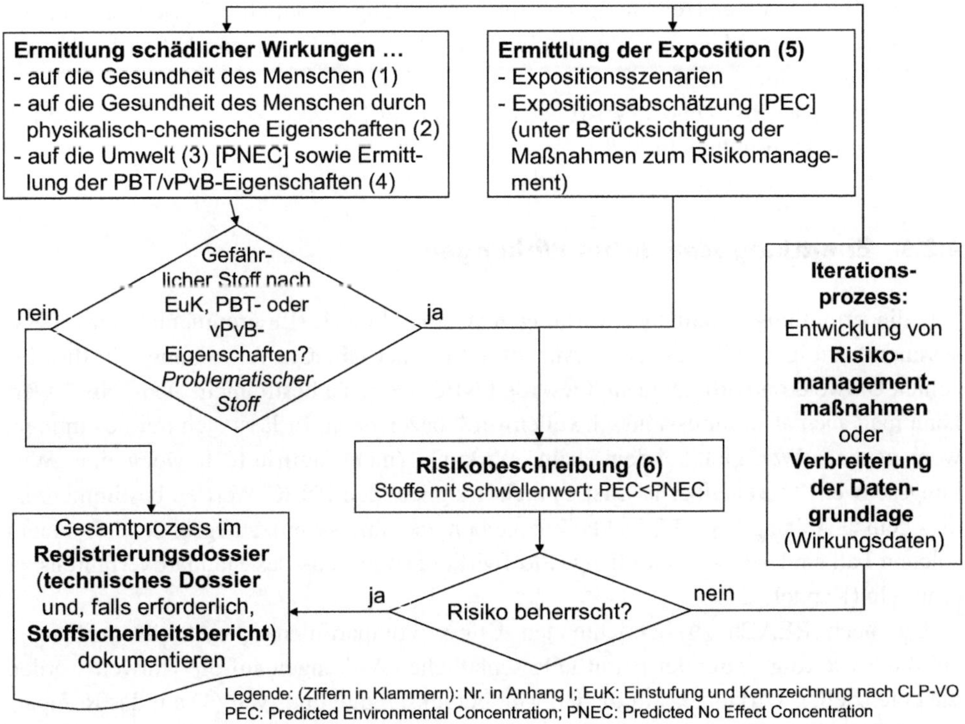

Abb. 4.3 Gesamtprozess der Stoffsicherheitsbeurteilung

Handelt es sich um einen „problematischen" Stoff nach Art. 14 Abs. 4 sind zudem eine Expositionsbeurteilung (dargestellt als Predicted Environmental Concentration (PEC); d. h. vorhergesagte Konzentrationen in jedem Umweltkompartiment) und eine Risikobeschreibung (Vergleich von PEC und PNEC) durchzuführen (Abb. 4.5). Dies bedeutet, dass ein vollständiges „risk assessment" (unter REACh als Risikobeurteilung bezeichnet) lediglich für die „problematischen" Stoffe nach Art. 14 Abs. 4 REACh durchzuführen ist. Daraus ergibt sich zugleich die zentrale Bedeutung der Gefährlichkeitsmerkmale sowie der in Anhang XIII verankerten Kriterien, anhand derer die PBT-/vPvB-Eigenschaften zu identifizieren sind [4.28].

Für die „bei der Stoffsicherheitsbeurteilung festgestellten Risiken" ermittelt jeder Registrant schließlich „die geeigneten Maßnahmen zur angemessenen Beherrschung" der Risiken. Der Registrant hat diese Maßnahmen im eigenen Verantwortungsbereich anzuwenden. Außerdem kommuniziert er diese Maßnahmen mittels des Sicherheitsdatenblattes (Art. 31 REACh) entlang der Wertschöpfungskette („Lieferkette").

Im Folgenden wird das Vorgehen zur Ermittlung der schädlichen Wirkungen auf die Umwelt (insbesondere im Hinblick auf die Bestimmung der PNEC-Werte) und deren Bedeutung für die abschließende Risikobeschreibung erläutert. Die Prüfung der Auswirkungen auf die menschliche Gesundheit folgt weitgehend der gleichen Systematik und wird daher nicht gesondert erläutert. Außer Betracht bleiben an dieser Stelle

- Einstufung und Kennzeichnung und die „Ermittlung schädlicher Wirkungen auf die Gesundheit des Menschen durch physikalisch-chemische Eigenschaften" nach der CLP-Verordnung [4.29];
- Ermittlung der PBT- und vPvB-Eigenschaften [4.30] sowie
- Expositionsbeurteilung [4.31].

4.2.3 Ermittlung schädlicher Wirkungen

Wie die Ermittlung schädlicher Wirkungen auf die Umwelt (Environmental Hazard Assessment) erfolgen soll, beschreibt Anhang I Nr. 3 der REACh-Verordnung. Für die einzelnen Umweltkompartimente sind jeweils PNEC-Werte zu bestimmen. Den PNEC-Wert kann man auch als „Immissionsschwellenwert" bezeichnen. Er lässt sich nur bestimmen, wenn es einen Wert gibt, bei dem „keine Wirkung" (mehr) auftritt (d. h. wenn eine „Wirkungsschwelle" feststellbar ist). Ist es nicht möglich, den PNEC-Wert zu bestimmen, ist dies gemäß Anhang I Nr. 3.2.2 „klar anzugeben und umfassend zu begründen". In einem solchen Fall sind – soweit möglich – Stoffwirkungen jenseits des Standardverfahrens zu ermitteln (Kapitel 4.3).

Die nach REACh zu betrachtenden Umweltkompartimente beschreibt Anhang I Nr. 3.0.2 wie folgt: „Bei der Ermittlung schädlicher Wirkungen auf die Umwelt werden die potenziellen Wirkungen auf die Umwelt berücksichtigt, und zwar (1) auf das Kompartiment Wasser (mit Sedimenten), (2) das Kompartiment Boden und (3) das Kompartiment

Luft einschließlich der potenziellen Wirkungen, zu denen es (4) über die Anreicherung in der Nahrungskette kommen kann. Zusätzlich werden die potenziellen Wirkungen (5) auf die mikrobiologische Aktivität in Kläranlagen berücksichtigt."

Die Beurteilung der Wirkungen auf jeden dieser fünf Umweltbereiche ist im Stoffsicherheitsbericht (Chemical Safety Report – CSR) darzulegen. Das „Format des Stoffsicherheitsberichtes" findet sich in Anhang I Nr. 7.

Die Bestimmung der PNEC-Werte lässt sich in zwei Stationen unterteilen (Abb. 4.4 und das Stoffbeispiel in Kapitel 4.2.4):

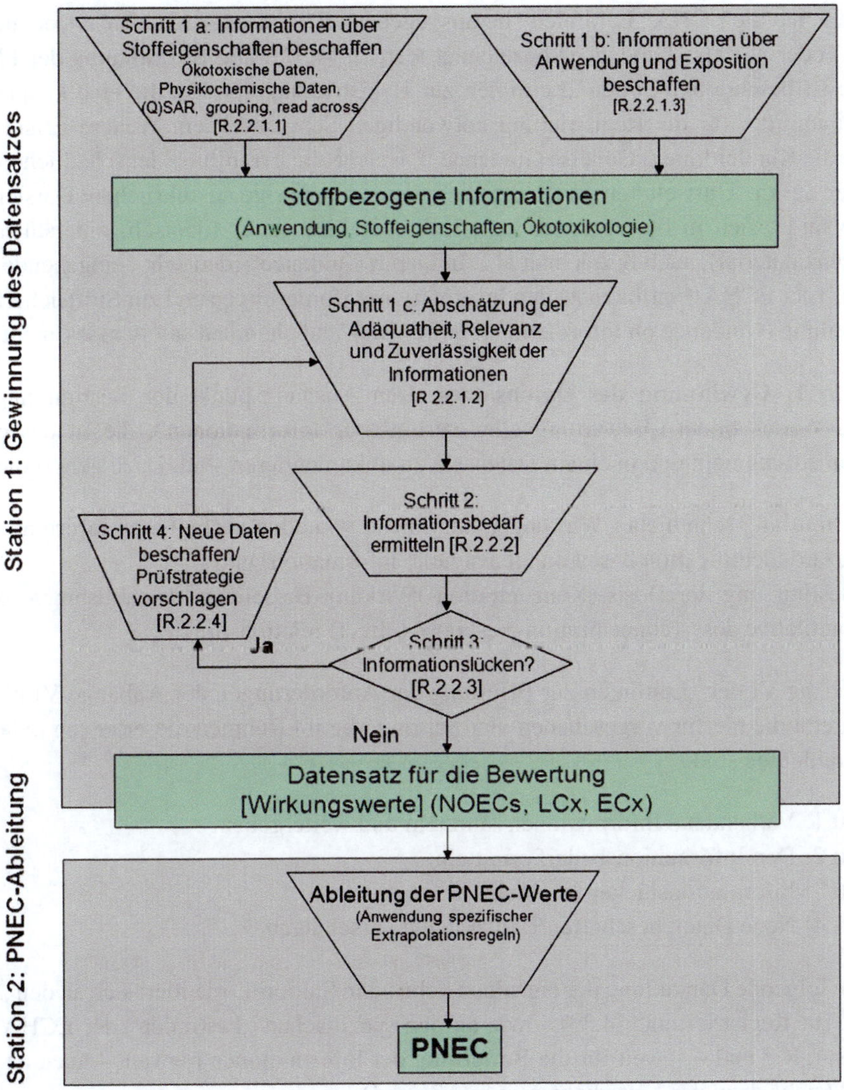

Abb. 4.4 Vorgehensweise zur Bestimmung der PNEC-Werte nach REACh

- Station 1: Gewinnung des Datensatzes. Die Station 1 umfasst sowohl die Informationsgewinnung als auch die Festlegung der relevanten „Wirkungswerte" und deren Dokumentation in einem Datensatz.
- Station 2: Ableitung des PNEC-Werts (Identification of the PNEC).

Das Vorgehen in den beiden Stationen ist nachfolgend dargestellt. Maßgeblich dafür sind die in Anhang I Nr. 3 enthaltenen Vorgaben, wobei die umweltbezogenen Informationsanforderungen aus den Anhängen VI bis XI im Kontext mit diesen Vorgaben zu interpretieren sind.

Um die Anforderungen aus REACh für die REACh-Akteure besser verständlich zu machen, hat die ECHA „Leitlinien" herausgegeben, die meist als „Guidance Documents" (GDs) oder nur als „Guidance" bezeichnet werden [4.32]. Die Bestimmung der PNEC-Werte ist beschrieben in den „Leitlinien zur Registrierung" [4.33], die eine knappe Beschreibung der für die Registrierung notwendigen Schritte bieten. Weitere Erläuterung bietet die Kurzleitlinie („Concise Guidance"), welche die Ermittlung der schädlichen Wirkungen auf die Umwelt betrifft (Part b) und die dazugehörige ausführlichere Darstellung. Diese findet sich in der ergänzenden „Reference Guidance" (deutsch: unterstützendes Referenzmaterial), auch bezeichnet als „In Depth Guidance" (deutsch: „eingehende Leitlinien") der ECHA-Leitlinien zu den Informationsanforderungen und zur Stoffsicherheitsbeurteilung (Guidance on information requirements and chemical safety assessment).

Station 1: Gewinnung des Datensatzes. Den Ausgangspunkt der Bestimmung des PNEC-Wertes bildet „Bewertung aller verfügbarer Informationen", die in der ersten Station zu sammeln und in einem Datensatz zu dokumentieren sind. Dazu gehört die

- „Ermittlung schädlicher Wirkungen ausgehend von allen verfügbaren Informationen" (hazard identification based on all available information) und
- „Bestimmung der Dosis-(Konzentration-)Wirkung-Beziehung" (establishment of the quantitative dose-(concentration-)response (effect) relationship).

Anhang VI der „Leitlinien zur Erfüllung der Anforderungen der Anhänge VI bis XI" beschreibt die hierfür vorgesehenen vier Schritte, die im Rahmen dieser ersten „Station" zu durchlaufen sind:

Schritt 1: Vorhandene Informationen sammeln und weitergeben.
Schritt 2: Den Informationsbedarf ermitteln.
Schritt 3: Informationslücken ermitteln.
Schritt 4: Neue Daten beschaffen/Prüfstrategie vorschlagen.

Die folgende Darstellung der einzelnen Schritte in Station 1 orientiert sich an den „Leitlinien zur Registrierung" [4.33] sowie an den spezifischen „Leitlinien" der ECHA R.2, R.3, R.4, R.7 und – soweit für die Bewertung der Informationen relevant – auch an R.10 [4.34] (siehe dazu das Flussdiagramm in Abb. 4.4).

Schritt 1: Vorhandene Informationen sammeln und weitergeben. Kapitel R.2 der Leitlinien beschreibt die Rahmenbedingungen für die Gewinnung von Informationen über die inhärenten Stoffeigenschaften. Dabei wird der Schritt 1 unterteilt in

- Informationen über Stoffeigenschaften (R.2.2.1.1: Information on substance properties),
- Abschätzung der Adäquatheit, Relevanz und Zuverlässigkeit der Informationen (R.2. 2.1.2: Assessment of reliability, relevance and adequacy of information) und
- Informationen zur Anwendung und Exposition (R.2.2.1.3: Information on use and exposure).

Der erste Schritt ist dementsprechend in drei Teilschritte unterteilt, die hier als Schritt 1a, 1b und 1c bezeichnet werden.

- Schritt 1a: Informationen über Stoffeigenschaften. Der Registrant sammelt alle über den zu registrierenden Stoff verfügbaren ökotoxikologischen Informationen – und zwar sowohl im eigenen Hause als auch aus anderen Quellen, die für eine Beschreibung der Stoffeigenschaften hilfreich sein können. Dazu zählt – wie Anhang VI klarstellt – auch „eine Suche nach einschlägigen Informationen über den Stoff in der Literatur". Die Suche ist dabei nicht beschränkt auf die „Standarddatenanforderungen" für den jeweiligen Mengenbereich. Dabei werden je nach Menge (Tonnage) des Imports oder der Produktion eines Stoffes unterschiedlich umfangreiche Datenanforderungen für die Registrierung gestellt (Anhänge VII bis XI) [4.26]. In den „Leitlinien" des Anhangs VI findet sich folgende Klarstellung zur Reichweite der Datensammlung: „Der Registrant sollte auch alle weiteren verfügbaren relevanten Informationen über den Stoff sammeln, ungeachtet der Frage, ob Versuche für einen gegebenen Endpunkt in dem speziellen Mengenbereich erforderlich sind oder nicht." Endpunkte sind beispielsweise toxikologische Effekte wie Mortalität oder Hemmung von Wachstum oder Reproduktion. Dabei sind folgende Daten zu berücksichtigen:
  - physikochemische Daten,
  - Daten aller in vivo oder in vitro durchgeführten Versuche,
  - Daten, die nicht aus Versuchen stammen: Ergebnisse von Berechnungen mit QSAR-Modellen (Quantitative Structure Activity Relationship), Stoffgruppen (Grouping of substances) oder Analogiekonzepten (read-across approach) usw. (zu den „alternativen Quellen" siehe „Schritt 1" der Leitlinien in Anhang VI [4.10]).
- Schritt 1b: Informationen zu Anwendung und Exposition (dieser Schritt ist in R.2.2.1 „Vorhandene Informationen sammeln" als dritter Abschnitt (R.2.2.1.3) formuliert; in der Praxis sind diese Informationen aber bereits für eine Entscheidung über die Relevanz notwendig und entsprechend vor der „Abschätzung der Adäquatheit, Relevanz und Zuverlässigkeit der Informationen" (R.2.2.1.2) durchzuführen; siehe auch Abb. 4.4). Neben Informationen zu den stoffspezifischen Eigenschaften muss der Hersteller auch Angaben zu Herstellung, Verwendung und zu Risikomanagementmaß-

nahmen sammeln, da über diese Angaben ein Rückschluss auf den Informationsbedarf möglich ist. In Abhängigkeit der zu erwartenden Expositionen kann es vorkommen, dass bestimmte Standardinformationen nicht benötigt werden (expositionsbasierter Verzicht (waiving) auf Daten z. B. bei isolierten Zwischenprodukten). Desgleichen können Verwendungs- und Expositionsdaten die Gewinnung weiterer Informationen veranlassen (expositionsabhängige Prüfungen, z. B. bei weitgestreuter umweltoffener Verwendung) [4.33].

- Schritt 1c: Abschätzung der Adäquatheit, Relevanz und Zuverlässigkeit der Informationen. Nach den Leitlinien zur Registrierung [4.33] und speziell R.2.2.1.2 in den ECHA-Leitlinien ist die Adäquatheit, Relevanz und Zuverlässigkeit (reliability, relevance and adequacy) jeder verfügbaren Information abzuschätzen, um u. a. festzustellen, welche Studien für die Bestimmung der PNEC-Werte verwendet werden können, ob eine spezielle Studie als Schlüsselstudie für einen Endpunkt oder als ergänzende Information herangezogen werden sollte und welche Studien für einen Weight-of-Evidence-Ansatz verwendet werden können [4.33] „Wenn für einen Endpunkt mehr als eine Studie verfügbar ist (beispielsweise mehr als eine Prüfung oder sowohl Prüfdaten als auch Daten, die nicht durch ein Prüfverfahren gewonnen sind), ist die Schlüsselstudie zu identifizieren. Im Allgemeinen ist die Schlüsselstudie jene Studie, die zu der größten Besorgnis führt, sofern nicht begründet wird, dass diese Studie nicht stichhaltig oder nicht geeignet ist." [4.26]. Die Entscheidung, welche der einzelnen Informationen zuverlässig (reliable) sind (R.4.2), hängt davon ab, um welche Eigenschaften es jeweils geht. Daher sind für eine Entscheidung die spezifischen Kapitel aus R.7 für die „Evaluation of available information for the relevant endpoint(s)" heranzuziehen. Die Rahmenbedingungen für die Prüfung, ob die Informationsquelle angemessen ist („adequacy") für die Bestimmung eines PNEC-Wertes, wird für jede Informationsquelle in R.4.3 beschrieben. Dabei ist die Entscheidung über die Angemessenheit häufig angewiesen auf einen Weight-of-Evidence-Ansatz für die verschiedenen Endpunkte. Dieser wird in R.4.4 beschrieben. Alle relevanten verfügbaren Informationen sind dann in Form einer einfachen oder qualifizierten Studienzusammenfassung im IUCLID-Format zu dokumentieren.

Schritt 2: Den Informationsbedarf ermitteln. Im zweiten Schritt ist zu prüfen, welche Standardinformationsanforderungen sich für den Stoff aus den Anhängen VII bis X ergeben (Spalte 1) und welche Informationen (Test-Daten) benötigt bzw. weggelassen werden können (Spalte 2). Außerdem kann der Registrant die Standarddatenanforderungen nach den allgemeinen Regeln in Anhang XI anpassen (sog. waiving). Dies betrifft folgende Sachverhalte [4.33]:

- Für die Durchführung von Tests besteht keine wissenschaftliche Notwendigkeit. Das kann der Fall sein, wenn vorhandene Daten, theoretische Methoden wie QSAR's, Stoffgruppen (grouping of substances) oder Analogiekonzepte (read-across approach) oder In-vitro-Methoden geeignete Informationen liefern.

- Die Durchführung von Tests ist technisch nicht möglich.
- Bestimmte Tests können entfallen, wenn keine Exposition zu erwarten ist.

In jedem Fall muss die Anpassung der Informationsanforderungen durch eine adäquate, zuverlässige Dokumentation begründet werden.

Schritt 3: Informationslücken ermitteln. Der Registrant vergleicht den im 2. Schritt festgestellten Informationsbedarf mit den im 1. Schritt zusammengetragenen Informationen. Er hat noch vorhandene Datenlücken zu ermitteln und festzustellen, wie sich die fehlenden Daten beschaffen lassen. Dazu muss er zunächst die zusammengetragenen Daten bewerten (etwa über den Weight-of-Evidence-Ansatz), um festzustellen, ob die Informationsanforderungen aus REACh bereits erfüllt sind [4.33].

Schritt 4: Neue Daten beschaffen oder eine Prüfstrategie vorschlagen. Dieser Schritt wird in den Leitlinien zur Registrierung [4.33] wie folgt beschrieben: „Wenn eine Informationslücke besteht, die durch keine der theoretischen Methoden im 2. Schritt geschlossen werden kann, muss der Registrant, je nachdem, welcher Test/welche Daten nach den Erkenntnissen in Schritt 3 fehlen, entsprechend tätig werden“ und neue Daten anhand der Leitlinien zu den Informationsanforderungen beschaffen (die neu gewonnenen Daten sind wiederum auf Adäquatheit, Relevanz und Zuverlässigkeit zu bewerten; u. U. kann sich daraus auch ein erneuter Informationsbedarf ergeben) bzw. – soweit dazu Tierversuche nötig sind – einen Prüfvorschlag erarbeiten und ihn im Rahmen seines Registrierungsdossiers der Agentur zur Begutachtung vorlegen. Dabei finden die Prüfmethoden-Verordnungen 440/2008 und 761/2009 Verwendung.

In Anhang VI findet sich zu Schritt 4 zusätzlich folgende Erläuterung: „In einigen Fällen kann es nach den Anhängen VII bis XI erforderlich sein, bestimmte Prüfungen früher als im Standardprüfprogramm vorgesehen oder zusätzlich zum Standardprüfprogramm durchzuführen.“ Im Hinblick auf die angemessene Datengrundlage bedarf es also immer einer Einzelfallbetrachtung auf der Basis aller verfügbaren Informationen.

Abschluss: Datensatz für die Bewertung. Anhang I Nr. 3.1.1. sieht im zweiten Spiegelstrich als Abschluss der „Bewertung der Informationen“ die Bestimmung der Dosis-(Konzentration-)Wirkungs-Beziehung vor. Diese Vorgabe ist zu erklären aus der spezifischen Aufgabenzuweisung unter REACh. Der Registrant hat alle verfügbaren Informationen zu einem Stoff zu berücksichtigen. Seine Aufgabe besteht dementsprechend darin, einen Pool von Informationen zu sammeln, aus dem ein „quantitativer Datensatz“ für die Ableitung des PNEC-Wertes „darzulegen“ ist (Anhang I Nr. 3.1.3 und 3.1.4). Vor diesem Hintergrund ist es für die Nachvollziehbarkeit der PNEC-Ableitung wichtig, eine transparente und begründete Auswahl unter den vorliegenden Informationen zu treffen und zu dokumentieren. Die Bewertung und deren Dokumentation erfüllt damit eine „Scharnierfunktion“ zwischen den Stationen 1 und 2.

Station 2: Ableitung des PNEC-Wertes (Extrapolation). Auf der Basis der im Rahmen der ersten Station gesammelten und dokumentierten Datensatzes geht es in der zweiten Station darum, daraus einen PNEC-Wert abzuleiten. Dies umschreibt Anhang I Nr. 3.3.1 wie folgt: „Ausgehend von allen verfügbaren Informationen wird für jeden Umweltbereich der PNEC-Wert bestimmt. Zur Berechnung des PNEC-Wertes kann auf die Wirkungswerte (z. B. LC_{50} oder NOEC) ein geeigneter Extrapolationsfaktor angewandt werden.“ Zur Funktion der Extrapolationsregeln erläutert Anhang I Nr. 3.3.1: „Ein Extrapolationsfaktor gibt die Differenz (gemeint ist hier wohl der ‚Unterschied‘ (engl. difference)) wieder zwischen den für eine begrenzte Zahl von Spezies aus Laborversuchen abgeleiteten Wirkungswerten und dem PNEC-Wert für den Umweltbereich.“

Eine ausführliche Darstellung der im Rahmen dieser Station zu beachtenden Punkte findet sich in den „Leitlinien zu Informationsanforderungen und Stoffsicherheitsbeurteilung“ in Kapitel R.10. Die Reference Guidance R.10 trägt den Titel „Characterisation of dose/concentration-response for environment“ [4.34].

R.10.2.4 beschreibt zwei unterschiedliche Vorgehensweisen zur Extrapolation: Die Species Sensitivity Distribution (SSD) Methode und die Assessment-Faktor-Methode. Welche Methode zum Einsatz kommt, ist abhängig von der Datengrundlage.

Aus der erläuterten Vorgehensweise in REACh ergibt sich das in Abb. 4.4 wiedergegebene Ablaufschema für die im Rahmen der „Ermittlung schädlicher Wirkungen auf die Umwelt“ (environmental hazard assessment) vorzunehmende „Bestimmung der PNEC-Werte“ [4.36].

4.2.4 Beispiel: PNEC-Werte für Tetrachlorethylen

Das Beispiel veranschaulicht das Vorgehen bei der Bestimmung von PNEC-Werten für Tetrachlorethylen (CAS-Nummer 127-18-4, Nummer im EG-Altstoffverzeichnis EINECS 204-825-9). Tetrachlorethylen (auch bezeichnet als Tetrachlorethen oder Perchlorethylen) wird in der Metallreinigung und -entfettung, für chemische Reinigungen und in der chemischen Industrie als Lösungsmittel eingesetzt und pro Jahr mit mehr als 100 000 t vermarktet [4.37]. Der Stoff ist nach dem Einstufungs- und Kennzeichnungsverzeichnis der CLP-Verordnung (Classification, Labelling and Packaging) klassifiziert als krebserzeugend (Kategorie 2) und umweltgefährlich, da chronisch (langfristig) gewässergefährdend [4.38].

Die folgende Darstellung stützt sich auf den Stoffsicherheitsbericht (Chemical Safety Report, CSR), wie er als Bestandteil des Registrierungsdossiers bei der Europäischen Chemikalien Agentur eingereicht wurde. Betrachtet wird allein das Kompartiment Wasser; in diesem Beispiel geht es damit nicht darum, die zugrundeliegenden Studien für die Werte und die Publikationen zu validieren oder auf ihre Plausibilität hin zu überprüfen, sondern darum, die Bestimmung der PNEC-Werte auf der Grundlage des Chemical Safety Report für Tetrachlorethylen zu beschreiben. Die Ermittlung der schädlichen Wirkungen auf die Umwelt erfolgt, wie in Kapitel 4.2.3 beschrieben, über 2 Stationen.

Station 1: Gewinnung des Datensatzes. Basis der PNEC-Werte sind Toxizitätskennwerte (Effektkonzentrationen, EC), die auf ökotoxikologischen Testverfahren mit ausgewählten Testorganismen (z. B. Algen, Daphnien, Fische) und definierten Endpunkten (z. B. Mortalität, Schlupfrate, Reproduktion, Wachstumsrate, Schwimmverhalten) beruhen. Diese Toxizitätswerte können eingeteilt werden in NOEC (d. h. no observed effect concentration), LOEC (d. h. lowest observed effect concentration), LC_{50} (LC_X) (d. h. letale Konzentration, bei der 50 % (x %) der Testorganismen gestorben sind) und EC_{50} (EC_X) (d. h. Effektkonzentration, bei der 50 % (x %) der Testorganismen den im Testverfahren untersuchten Effekt zeigten). Dabei kann man zwischen Kurzzeittests (d. h. akute Wirkungen) und Langzeittests (d. h. chronische Wirkungen) unterscheiden. Ergebnisse von Langzeitprüfungen (ausgedrückt als EC_{10}/NOEC für einen subletalen Parameter) sind gegenüber solchen von Kurzzeitprüfungen (EC/LC_{50}) zu bevorzugen, da diese Ergebnisse ein realistischeres Bild der Wirkungen auf die Organismen während ihres gesamten Lebenszyklus geben [4.39].

Welche Daten für die PNEC-Bestimmung mindestens heranzuziehen sind, ist abhängig von dem Mengenbereich, für den der Stoff registriert wird. Für das Kompartiment Wasser gilt (siehe jeweils Nr. 9.1 in den Anhängen VII bis IX der REACh-Verordnung):

- Für das Mengenband 1 bis 10 t/a sind Kurzzeittoxizitätsdaten von Wirbellosen und Daten zur Wachstumshemmung von Wasserpflanzen gefordert (Anhang VII, Nr. 9.1.1 und 9.1.2).
- Bei 10 bis 100 t/a sind zusätzlich Kurzzeittoxizitätsdaten für Fische vorzulegen (Anhang VIII, Nr. 9.1.3 und 9.1.4).
- Ab 100 t/a werden auch Langzeitwirkungen an Wirbellosen und Fischen verlangt, wenn nach der Stoffsicherheitsbeurteilung eine „eingehendere Prüfung der Wirkung auf Wasserlebewesen" notwendig erscheint (Anhang IX, 9.1.5 und 9.1.6).

Für die Ermittlung der schädlicher Wirkungen werden alle verfügbaren aquatischen Toxizitätsdaten ausgewertet und, falls geeignet, zur Ableitung einer abgeschätzten Nicht-Effekt-Konzentration (PNEC) für das aquatische Kompartiment verwendet. Tabelle 4.1 dokumentiert die für Tetrachlorethylen im Chemical Safety Report angegebenen Daten. Dieser Datensatz entspricht einem Mengenband oberhalb von 100 t/a. Aus den Datensätzen sind im Chemical Safety Report für jede trophische Ebene (Algen, Wirbellose, Fische) Schlüsselstudien ausgewählt (hier kursiv dargestellt).

Station 2: Ableitung des PNEC-Wertes. In Abhängigkeit vom Wirkort der Chemikalie sind innerhalb eines Kompartiments mehrere PNEC-Werte abzuleiten. Für das Kompartiment Wasser unterscheidet man u. a. zwischen $PNEC_{aquatic}$ für die Wirkung auf Süßwasserorganismen, $PNEC_{marine}$ für die Wirkung auf Meeresbewohner, $PNEC_{sediment}$ für Stoffe, die sich möglicherweise zu einem wesentlichen Maß an Sedimenten abscheiden oder daran sorbieren können (Toxizität für sedimentbewohnende (benthische) Organismen). Das folgende Beispiel konzentriert sich auf die Ableitung von PNEC-Werten für Süß- und Meereswasser.

Tabelle 4.1 Stoffbeispiel Tetrachlorethylen – berücksichtigte Testergebnisse für das Kompartiment Wasser ([4.40] mit den dort gegebenen Referenzen)

Spezies	Testergebnisse
Kurzzeittoxizität bei Wirbellosen (9.1.1; bevorzugte Tierart: Daphnia)	
Daphnia magna freshwater	*EC_{50} (48 h) 8,5 mg/L (meas. (not specified)) based on: mobility*
	LC_{50} (48 h): 9-18 mg/L (meas. (not specified)) based on: mortality
Daphnia magna freshwater	EC_{50} (48 h): 22 mg/L (meas. (not specified))
Daphnia magna freshwater	LC_{100} (4 d): 25 mg/L (meas. (not specified))
Daphnia magna freshwater	EC_{50} (24 h): 123-176 mg/L
Daphnia magna freshwater	LC_{50} (48 h): 18 mg/L (nominal)
Tanytarsus dissimilis (insect)	EC_{50} (48 h): 28,7-33 mg/L (meas. (not specified))
Hemmung des Wasserpflanzenwachstums (9.1.2.; bevorzugte Art: Algen)	
Chlamydomonas reinhardtii freshwater	*EC_{50} (72 h) 3,64 mg/L test mat. (meas. (not specified)) based on growth rate*
	EC_{10} (72 h): 1,77 mg/L test mat. (meas. (not specified)) based on growth rate
Selenastrum capricornutum (new name: Pseudokirchnerella subcapitata) freshwater	NOEC (96 h): 816 mg/L
Haematococcus pluvialis freshwater	EC_{10} (4 h): > 36 mg/L based on: inhibition of photosynthesis
Skeletonema costatum saltwater	EC_{50} (96 h): 500 mg/L test mat. (nominal) based on: chlorophyll-a content, cell number
Skeletonema costatum saltwater	EC_{50} (7 d): > 16 mg/L based on growth rate
Phaeodactylum tricornutum saltwater	EC_{50}: 10,5 mg/L based on photosynthesis
Kurzzeittoxizität für Fische (9.1.3)	
Salmo gairdneri (new. Name: Oncorhynchus mykiss) freshwater	*LC_{50} (96 h): 5 mg/L test mat. (meas. (arithm. mean))*
Jordanella floridae freshwater	LC_{50} (96 h): 8,4 mg/L test mat. (meas. (not specified))
Pimephales promelas freshwater	LC_{50} (96 h): 18,4 mg/L test mat. (nominal)
Pimephales promelas freshwater	LC_{50} (96 h): 23,8 mg/L test mat. (meas. (not specified))
Lepomis macrochirus freshwater	LC_{50} (96 h): 13 mg/L test mat. (nominal)
Leuciscus idus freshwater	LC_{50} (96 h): 130 mg/L test mat. (meas. (not specified))
Pimephales promelas freshwater	LC_{50} (96 h): 13,4 mg/L test mat. (meas. (not specified))
Poecilia reticulata freshwater	LC_{50} (7 d): 17,8 mg/L
Limanda limanda saltwater	LC_{50} (96 h): 5 mg/L (meas. (arithm. mean))
Cyprinodon variegatus	LC_{50} (96 h): 29-52 mg/L (nominal)

Tabelle 4.1 (Fortsetzung)

Spezies	Testergebnisse
Langzeittoxizität für Wirbellose (9.1.5; bevorzugte Tierart: Daphnia)	
Daphnia magna freshwater	*NOEC (28 d): 0,51 mg/L test mat. (meas. (not specified)) based on: reproduction (and based on length of adults)*
Daphnia magna freshwater	NOEC (28 d): 1,11 mg/L test mat. (meas. (not specified)) based on: reproduction
Langzeittoxizität für Fische (9.1.6), entweder Toxizität für Fische im frühen Entwicklungsstadium (FELS), Toxizität für Fischembryonen und Jungfische mit Dottersack oder Wachstumstest an Jungfischen	
Jordanella floridae freshwater early-life stage: reproduction	*NOEC (10 d): 1,99 mg/L test mat. (meas. (not specified)) based on: mortality*
	NOEC (28 d): 2,34 mg/L test mat. (meas. (not specified)) based on: mortality

Da man davon ausgeht, dass Ökosysteme empfindlicher gegenüber Chemikalien reagieren als einzelne Organismen im Labor, beinhaltet Station 2 eine Extrapolation der Daten. Im Beispiel stützt sich der Chemical Safety Report auf die Assessment-Faktor-Methode. Danach wird

- die empfindlichste trophische Ebene/Gruppe von Organismen identifiziert und innerhalb dieser Gruppe die Spezies mit der niedrigsten Effekt-Konzentration,
- der geeignete Assessment-Faktor als Funktion der verfügbaren Informationen identifiziert und
- die niedrigste Effekt-Konzentration durch den Assessment-Faktor dividiert, um den PNEC-Wert abzuleiten.

Für die Höhe des Assessment-Faktors gilt: Je breiter und aussagekräftiger die Datengrundlage, desto geringer fällt der Assessment-Faktor aus.

Ableitung des $PNEC_{aquatic}$. Der $PNEC_{aquatic}$ ergibt sich im Chemical Safety Report aus der in Tabelle 4.1 dargestellten Datengrundlage. Niedrigste Effektkonzentrationen sind danach für

- Algen: Chlamydomonas reinhardtii = EC_{10} (72 h) 1,77 mg/L,
- Wirbellose: Daphnia magna = NOEC (28 d) 0,51 mg/L,
- Fische: Jordanella floridae = NOEC (10 d) 1,99 mg/L.

Die empfindlichste trophische Ebene sind Wirbellose mit einer NOEC (28 d) von 0,51 mg/L (Süßwasser). Die in Betracht kommenden Assessment-Faktoren für Süßwasser zeigt Tabelle 4.2. Der Chemical Safety Report verwendet aufgrund der Datenlage (Langzeittests mit drei Trophiestufen) einen Assessment-Faktor von 10. Durch Division ergibt sich damit ein $PNEC_{aquatic}$ von 0,051 mg/L.

Tabelle 4.2 Assessment-Faktoren zur PNEC-Bestimmung (Süßwasser)

Verfügbare Daten	Assessment-Faktor
Mindestens ein Kurzzeitwert L(E)C_{50} von jeder Trophiestufe (Fisch, Invertebraten (bevorzugt Daphnia) und Alge)	1 000
Ein LangzeitwertEC_{10} oder NOEC (Entweder Fisch oder Daphnia)	100
Zwei Langzeitwerte (e.g. EC_{10} or NOECs) von Arten, die zwei Trophiestufen repräsentieren (Fisch und/oder Daphnia und/oder Alge)	50
Langzeitwerte (z. B. EC_{10} oder NOECs) von mindestens drei Arten (normalerweise Fisch, Daphnia und Alge) stellvertretend für die drei Trophiestufen	10

Tabelle 4.3 Assessment-Faktoren zur PNEC-Bestimmung (Meerwasser)

Verfügbare Daten	Assessment-Faktor
Niedrigster Kurzzeitwert L(E)C_{50} für Süßwasser oder Salzwasser, stellvertretend für drei taxonomische Gruppen (Alge, Crustacee [z. B. Daphnia] und Fisch) der drei Trophiestufen	10 000
Niedrigster Langzeitwert L(E)C_{50} für Süßwasser oder Salzwasser, stellvertretend für drei taxonomische Gruppen (Alge, Crustacee [z. B. Daphnia] und Fisch) der drei Trophiestufen, plus zwei zusätzliche meeresbewohnende taxonomische Gruppen (z. B. Echinodermata, Mollusken)	1 000
Ein Kurzzeitwert (z. B. EC_{10} or NOEC) (aus Reproduktions- oder Wachstumstests für Süß- oder Salzwassercrustaceen)	1 000
Zwei Langzeitwerte (e.g. EC_{10} or NOEC) von Süßwasser oder Salzwasser Arten, stellvertretend für zwei Trophiestufen (Alge und/oder Crustacee und/oder Fisch)	500
Niedrigster Langzeitwert (z. B. EC_{10} oder NOEC) von drei Süßwasser oder Salzwasser Arten (normalerweise Alge und/oder Crustacee und/oder Fisch) stellvertretend für drei Trophiestufen	100
Zwei Langzeitwerte (e.g. EC_{10} or NOEC) von drei Süßwasser oder Salzwasser Arten stellvertretend für zwei Trophiestufen (Alge und/oder Crustacee und/oder Fisch) plus ein Langzeitwert einer zusätzlichen meeresbewohnenden taxonomischen Gruppe (z. B. Echinodermata, Mollusken)	50
Niedrigster Langzeitwert (e.g. EC_{10} or NOEC) von drei Süßwasser oder Salzwasser Arten (normalerweise Alge und/oder Crustacee und/oder Fisch) stellvertretend für drei Trophiestufen plus zwei Langzeitwerte zusätzlich von meeresbewohnenden taxonomischen Gruppen (z. B. Echinodermata, Mollusken)	10

Ableitung des $PNEC_{marine}$. Im Marine-Kompartiment führt die größere Vielfalt an Taxa zu einer breiteren Empfindlichkeit der Spezies. Dementsprechend gelten zur Ableitung der $PNEC_{marine}$ andere Assessment-Faktoren (Tabelle 4.3).

In diesem Fall bestimmt der CSR den $PNEC_{marine}$ wiederum auf der Basis der Testdaten der drei Trophiestufen. Hier ergibt sich ein Assessment-Faktor von 100; daraus resultiert ein mariner PNEC-Wert von 0,0051 mg/L.

4.2.5 Risikobeschreibung

Bei der Risikobeschreibung ist zu unterscheiden zwischen der Darstellung im Standardverfahren für Eigenschaften von Stoffen, welche die Bestimmung einer Wirkungsschwelle zulassen und für Eigenschaften, bei denen dies nicht möglich ist (Kapitel 4.3).

Zur Risikobeschreibung gehört daneben auch die Beurteilung der Wahrscheinlichkeit und Schwere eines auf die physikalisch-chemischen Eigenschaften des Stoffes zurückzuführenden Ereignisses (etwa ein „Störfall") sowie eine qualitative oder quantitative Abschätzung/Beschreibung der Unsicherheiten der Risikobewertung.

Risikobeschreibung im Standardverfahren. Die Risikobeschreibung besteht im Standardverfahren aus einem Vergleich der vorhergesagten Konzentrationen in jedem betroffenen Umweltbereich (PEC) [4.31] mit den PNEC-Werten. Eine „angemessene" Beherrschung des Risikos kann nach Anhang I Nr. 6.4 für jedes Expositionsszenarium dann angenommen werden, wenn die abgeschätzten Expositionshöhen den entsprechenden PNEC-Wert nicht übersteigen (PEC/PNEC nicht größer als 1; Abb. 4.5). Einzubeziehen ist dabei der „gesamte Lebenszyklus des Stoffes, der sich aus der Herstellung und den identifizierten Verwendungen ergibt" (Anhang I Nr. 6.4).

Die Risikobeschreibung ist für jedes Expositionsszenarium sowohl in Bezug auf die menschliche Gesundheit als auch auf die Umwelt durchzuführen. Ergebnisse und Diskussion sind in Abschnitt 10 des Chemical Safety Report wiederzugeben.

Konsequenzen aus der Risikobeschreibung. Die Risikobeschreibung soll belegen, dass die Risiken angemessen kontrolliert werden, der PEC also den PNEC nicht überschreitet.

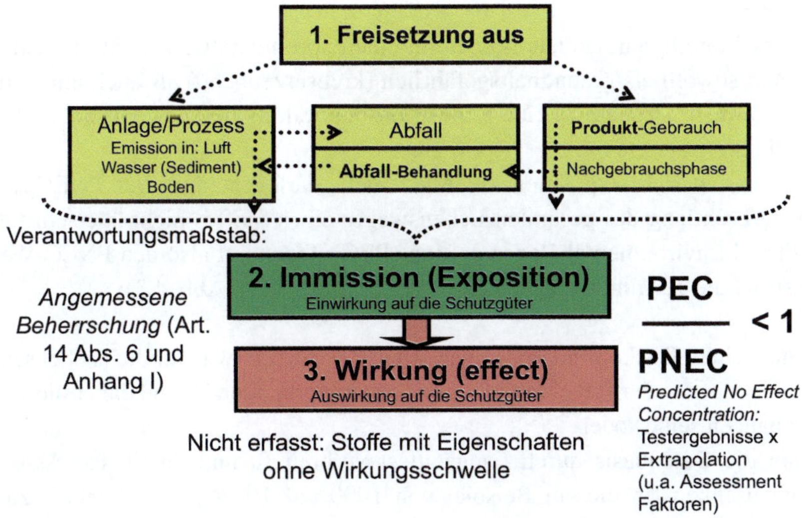

Abb. 4.5 Risikoabschätzung im Standard-Verfahren (PEC/PNEC)

Ist dies der Fall, kann der Stoff für die jeweils betrachtete Verwendung registriert werden. Andernfalls hat der Registrant drei Möglichkeiten die Datengrundlage zu verändern (Iteration):

- Er kann ergänzende Risikobegrenzungsmaßnahmen für die Verwendung vorschreiben, um auf diese Weise die Freisetzung zu verringern und damit den PEC abzusenken.
- Er kann ergänzende Tests durchführen, um so die Datengrundlage zu verbreitern, was eine Verringerung des Extrapolationsfaktors ermöglichen und so zu einem weniger strengen PNEC führen kann.
- Und schließlich kann er die Verwendungen, für die eine angemessene Beherrschung des Risikos nicht darzulegen ist, von der Registrierung ausschließen („uses advised against", Anhang VI Kapitel 3.7).

Für welche der Möglichkeiten er sich entscheidet, liegt – entsprechend dem auf Eigenverantwortung beruhenden Regulierungsansatz von REACh – in der Hand des Registranten.

Risikobeschreibung und Iteration am Beispiel Tetrachlorethylen. Wandelt man das Stoffbeispiel Tetrachlorethen aus Kapitel 4.2.4 dergestalt ab, dass der Registrant (für das Mengenband 10 bis 100 t/a) zunächst nur die im oberen Teil der Tabelle genannten Kurzzeittests zur Verfügung hat, mit denen er aber die drei genannten Trophiestufen (Algen, Wirbellose, Fische) abdecken kann, dann hätte er den niedrigsten Kurzzeitwert aus der Tabelle zu entnehmen (d. h. 3,64 mg/L (EC_{50} (72 h)) [4.40]). Bei einem Assessment-Faktor von 1000 ergibt sich damit ein $PNEC_{aquatic}$ von 0,00364 mg/L. Die geringere Datenlage (nur Kurzzeittests) kann also aufgrund des höheren Assessment-Faktors zu „strengeren" PNEC-Werten führen.

Bei Tetrachlorethylen handelt es sich um einen „problematischen" Stoff nach Art. 14 Abs. 4, da er sowohl als gesundheitsgefährlich (krebserzeugend) als auch umweltgefährdend eingestuft ist. Deshalb ist eine Expositionsbeurteilung und eine Risikobeschreibung durchzuführen.

Lässt sich mit den Expositionsszenarien nicht darlegen, dass der $PNEC_{aquatic}$ von 0,00364 mg/L entlang des gesamten Lebensweges eines Stoffes nicht überschritten wird (die Predicted Environmental Concentration (PEC) übersteigt also den PNEC-Wert), hat der Registrant die genannte Möglichkeiten der Iteration (vgl. Abb. 4.3):

- Er kann weitere Risikominderungsmaßnahmen vorsehen (was für die nachgeschalteten Anwender aber in der Regel mit höheren Kosten verbunden ist und daher die Vermarktungschancen senkt) oder
- er kann die Datenbasis durch Langzeittest verbreitern und damit den Assessment-Faktor absenken (in diesem Beispiel von 1000 auf 10, was im Ergebnis zu einem $PNEC_{aquatic}$ von 0,51 mg/L führt).

Gelingt es dem Registranten weder auf dem einen noch auf dem anderen Weg, ein PEC/PNEC-Verhältnis nicht größer als 1 zu dokumentieren, kann er den Stoff für die Verwendung, bei denen der PNEC überschritten ist, nicht registrieren.

4.2.6 Rechtsfolgen

Die PNEC-Werte haben im Rahmen der umweltbezogenen REACh-Mechanismen eine Schlüsselfunktion. Die REACh-Verordnung geht davon aus, dass beim Überschreiten der PNEC-Werte „schädliche Auswirkungen auftreten können“, also nicht sichergestellt ist, dass das Ziel eines vorsorgeorientierten „hohen Schutzniveaus“ für die Umwelt infolge des Umgangs mit dem Stoff „nicht nachteilig beeinflusst“ wird (Art. 1 Abs. 3 Satz 1). Nach REACh sind Stofffreisetzungen unzulässig, die zu einer Überschreitung eines PNEC-Wertes führen würden. Eine Registrierung für die Verwendungen eines Stoffes, bei denen sich die Überschreitung nicht auszuschließen lässt, ist dann nicht möglich. Gleiches gilt bei einer Überschreitung der DNEL-Werte.

4.3 Stoffwirkungen jenseits des Standardverfahrens

Die vorstehend beschriebenen Verfahren beziehen sich auf Stoffwirkungen, für die sich ein Schwellenwert ableiten lässt. Dies ist aber nicht immer möglich. REACh enthält für diese Fälle qualitative Vorgaben.

So ist in Anhang Nr. 3.1.2 formuliert: „Ist es nicht möglich, die Dosis-(Konzentration-)Wirkungs-Beziehung zu bestimmen, ist dies zu begründen und eine semiquantitative oder qualitative Analyse beizufügen“ sowie Nr. 3.3.2: „Ist es nicht möglich, den PNEC-Wert abzuleiten, ist dies klar anzugeben und umfassend zu begründen.“

Für diese Fälle, in denen Stoffwirkungen sich nicht mit der PEC/PNEC-Relation einordnen lassen, heißt es in Anhang I: „Für diejenigen Wirkungen auf Umweltkompartimente, für die kein PNEC-Wert bestimmt werden konnte, ist in der Risikobeschreibung eine qualitative Beurteilung der Wahrscheinlichkeit vorzunehmen, dass bei Anwendung des Expositionsszenariums Auswirkungen vermieden werden“ (Nr. 6.5). Weitere Vorgaben zur Risikobeherrschung enthält der Verordnungstext nicht.

Auch die Leitlinien zur Registrierung geben hier keine weiterführende Auskunft. Es heißt lediglich: „Für manche Stoffe kann weder ein DNEL- noch ein PNEC-Wert abgeleitet werden, entweder weil es an Daten mangelt oder wegen der spezifischen Eigenschaften des Stoffes (z. B. Wirkungen ohne Schwellenwert wie einige Arten von Kanzerogenität oder Stoffe mit PBT-/vPvB-Eigenschaften). In diesen Fällen sind die gleichen Grundschritte bei der Erstellung geeigneter Szenarien einzuhalten, wie sie oben beschrieben wurden, nur wird eine eher qualitative und/oder halbquantitative Risikobeschreibung vorgenommen.“

4.4 Kernelemente der Risikoabschätzung

Abschließend sind die Kernelemente der Risikoabschätzung noch einmal in einer Übersicht zusammengefasst. Tabelle 4.4 enthält eine knappe Charakterisierung der jeweiligen Aufgaben und einen Verweis in der rechten Spalte auf die rechtlichen Vorgaben.

Tabelle 4.4 Kernelemente der Risikoabschätzung (die englische Übersetzung bezieht sich auf den Originaltext)

Kernelemente der Risikoabschätzung	Charakterisierung	Festgelegt in
Gewinnung des Datensatzes: Informationslage, Informationsbedarf und Strategie der Informationsgewinnung (evaluation of all available information, data generation strategy)	Qualitative Risikoeinordnung anhand der verfügbaren Informationen (auch „alternative Quellen": QSAR u. a.) und Abgleich mit den Informationsanforderungen: Wo besteht Bedarf an weiteren Informationen?	Anhang I Nr. 3.1.1. Anhang VI: „Leitlinien" und Vorbemerkungen der „Vorprüfungen" nach Anhang VII (Abs. 5), Anhang VIII (Abs. 3) und Anhang IX (Abs. 4)
Abschätzung schädlicher Wirkungen (environmental hazard assessment)		Anhang I Nr. 3
1. Bestimmung der Dosis-Wirkungs-Beziehung	Aus: Datensatz für die Bewertung: Wirkungswerte (z. B. LC_{50}/NOEC)	Anhang I Nr. 3.0 und 3.1
2. Einstufung und Kennzeichnung	Abgleich mit „Gefährlichkeitsmerkmalen" (§ 3a ChemG)	Richtlinie 67/548/EWG Anhang I Nr. 3.2 [CLP-VO]
3. Ableitung des PNEC-Wertes (Derivation of the PNEC) [falls: keine Ableitung möglich]	Effektbewertung (PNEC); mit Anwendung eines Extrapolationsfaktors [Begründung: klar und umfassen04]	Anhang I Nr. 3.3. Anhang I Nr. 3.3.1. mit Fn. 1 Anhang I Nr. 3.3.2
Ermittlung der Exposition (exposure assessment)		Anhang I Nr. 5
1. Entwicklung von Expositionsszenarien	Verwendungsbedingungen und Risikomanagementmaßnahmen	Anhang I Nr. 5.1.1.
2. Expositionsabschätzung (exposure estimation)	a) Emissionsabschätzung und b) Beurteilung von Verbleib und Verhalten in der Umwelt c) Abschätzung der zu erwartenden Höhe der Exposition/Immission (PEC)	Anhang I Nr. 5.2
Risikobeschreibung (risk characterisation)		Anhang I Nr. 6
Risikobeschreibung für jedes Expositionsszenarium	Verhältnis PEC zu PNEC bzw. qualitative Beurteilung	Anhang I Nr. 6.4 Anstrich 1 Anhang I Nr. 6.5

4.5 Würdigung

Die Stoffsicherheitsbeurteilung ist das zentrale Instrument, mit dem Grundpflichten der Stoffverantwortlichen umgesetzt werden. Ein Teil der darin enthaltenen Angaben ist gemäß Art. 119 über das Internet zugänglich. Die damit gewährleistete Transparenz kann einen wichtigen Anreiz darstellen, die in REACh formulierten Informationsanforderungen an eine nachvollziehbare Bewertung zu erfüllen.

Mittlerweile liegen erste Erfahrungen mit der praktischen Anwendung der Vorgaben zur eigenverantwortlichen Erstellung von Stoffsicherheitsbeurteilung durch Registranten vor. Die nach Art. 54 jährlich zu erstellenden „Fortschrittsberichte" zur Bewertung der bereits vorliegenden Registrierungsdossiers stellt Defizite fest u. a. bei der Begründung für Abweichungen vom Standard-Prüfprogramm und beim „Beweiskraft der Daten"-Ansatz (weight-of evidence). Von 239 in 2011 überprüften Dossiers blieben nur 8 % ohne weitere Maßnahme. Bei den anderen Dossiers gab es Grund zur Beanstandung. Die am häufigsten beobachteten Mängel in Registrierungsdossiers betreffen die Stoffidentität (72 %), in-vitro-Mutagenitätsprüfungen (16 %), Expositionsbeurteilung und Risikobeschreibung (9 %), pränatale Entwicklungstoxizität (8 %) und qualifizierte Studienzusammenfassungen (8 %) [4.41].

Zur Rolle der Stoffsicherheitsbeurteilung im Rahmen der Zulassung wird sich eine Einschätzung erst nach dem Vorliegen der ersten Zulassungsanträge treffen lassen.

Literatur

[4.1] Die ZEIT vom 27.12.1956, http://www.zeit.de/1956/52/siegeszug-der-chemie.

[4.2] Carson, Rahel 1962: Der stumme Frühling (engl. Silent Spring), München.

[4.3] Rehbinder, Eckard 2007: Ziele, Grundsätze, Strategien und Instrumente des Umweltschutzes, in: Hansmann/Sellner (Hrsg.), Grundzüge des Umweltrechts, Berlin 2007 (Erich Schmidt), Kapitel 3, S. 123 ff.

[4.4] www.saicm.org.

[4.5] Steinhäuser, Klaus Günter 2011: Grüne Chemie – wie machen wir Chemie nachhaltig, in: Chem-News XX (Chemikalienpolitik – die Perspektive 2020), 124–132, Wien (Lebensministerium).

[4.6] Reihlen, Antonia/Bunke, Dirk/Groß, Rita/Jepsen, Dirk/Blum, Christopher 2010: Leitfaden nachhaltige Chemikalien – Eine Entscheidungshilfe für Stoffhersteller, Formulierer und Endanwender von Chemikalien, Dessau (Umweltbundesamt).

[4.7] Lahl, Uwe/Zeschmar-Lahl, Barbara 2011: Going Green: Chemie – Handlungsfelder für eine ressourceneffiziente Chemieindustrie, Berlin (Heinrich-Böll-Stiftung); download: http://www.bzl.info/de/sites/default/files/Endf_Going_Green.pdf.

[4.8] Ingerowski, Jan Boris 2010: Die REACh-Verordnung – Eine Bestandsaufnahme und Bewertung der Instrumente und Strategien des neuen europäischen Chemikalienrechts unter dem Aspekt des wirksamen Schutzes von Umwelt und Gesundheit vor chemischen Risiken, Baden-Baden (Nomos)

[4.9] National Research Council (NRC) 1983: Risk Assessment in the Federal Government: Managing the Process, Washington D.C.

[4.10] OECD 2007: GUIDANCE DOCUMENT ON THE VALIDATION OF (QUANTITATIVE)STRUC¬TURE-ACTIVITY RELATIONSHIPS [QSAR] MODELS JT03221944/ENV/JM/MONO(2007)2, Paris 15.2.2007.

[4.11] Environmental Protection Agency (US-EPA) 1998: Guidelines for Ecological Risk Assessment.

[4.12] EU-Verordnung zur „Registration, Evaluation, Authorization and Restriction of Chemicals", Amtsblatt Nr. L 136/3 280 vom 29.5.2007 (inzwischen mehrfach geändert; pdf-Fassung mit Lesezeichen findet sich unter www.reach-helpdesk.info).

[4.13] Rehbinder, Eckard 2003: Allgemeine Regelungen – Chemikalienrecht, in: Rengeling (Hrsg.), EUDUR [2], Bd. II, § 61

[4.14] Verordnung (EWG) Nr. 793/93 vom 23. März 1993 zur Bewertung und Kontrolle der Umweltrisiken chemischer Altstoffe, ABl. L 84 vom 5.4.1993, S. 1.

[4.15] Führ, Martin/Bizer, Kilian 2009: Innovationen entlang der Wertschöpfungskette: Impulse aus der REACh-Verordnung, in: Hoffmann-Riem/Eifert (Hrsg.): Innovationsfördernde Regulierung, Berlin (Duncker & Humblot), 273–302.

[4.16] echa.europa.eu/web/guest/information-on-chemicals/registered-substances

[4.17] CLP-Verordnung (EG) 1272/2008 „über die Einstufung, Kennzeichnung und Verpackung von Stoffen und Gemischen" ersetzt rückwirkend den bisherigen Titel XI der REACh-Verordnung; siehe dazu echa.europa.eu/information-on-chemicals/cl-inventory

[4.18] Pache, Eckhard 2010: Gefahrstoffrecht, in: Koch (Hg.), Umweltrecht, § 12 München (Vahlen)

[4.19] Rühl, Reinhold/Bunke, Dirk 2011: Sicherheitsdatenblatt, in: Führ (Hg.), Praxishandbuch REACh, Kapitel 20.

[4.20] Bizer, Kilian 2011: Ökonomische Anreize aus REACh, in: Führ (Hg.), Praxishandbuch REACh, 2011, Kapitel 2.

[4.21] Führ, Martin 2012: Chemikalienrecht, in: Ehlers/Fehling/Pünder, Besonderes Verwaltungsrecht – Band 2,§ 58, Heidelberg (C.F. Müller).

[4.22] Führ, Martin 2000: Stoffstromsteuerung durch Produktregulierung, Baden-Baden (Nomos)

[4.23] Merenyi, Stefanie 2011: Stoffrecht: Systematisches Rechtsgebiet oder unkoordinierte Normproduktion?, StoffR 2011, 165 ff.

[4.24] www.umweltbundesamt.de/wasser-und-gewaesserschutz/publikationen/fg_rechtliche_schnittstellen_diskussionspapier.pdf.

[4.25] Führ, Martin 2011: Schnittstellen zu anderen umweltrechtlichen Regelwerken, in: Führ (Hg.), Praxishandbuch REACh, Kapitel 14.

[4.26] Führ, Martin 2011: Pflichten in der Registrierung und Anwendungsbereich, in: Führ (Hg.), Praxishandbuch REACh, Kapitel 8.

[4.27] Hermann, Andreas/Ingerowski, Boris 2011: Zulassung, in: Führ (Hg.), Praxishandbuch REACh, 2011, Kapitel 15.

[4.28] Führ, Martin 2008: Revision of Annex XIII REACh – a legal analysis, Darmstadt (sofia).

[4.29] Koch, Juliane 2011: Einstufung und Kennzeichnung chemischer Stoffe und Gemische, in: Führ (Hg.), Praxishandbuch REACh, Kapitel 19.

[4.30] Böhnhardt, Anna 2011: PBT-Kriterien und PBT-Bewertung im Rahmen von REACh, in: Führ (Hg.), Praxishandbuch REACh, Kapitel 6.

[4.31] Bunke, Dirk 2011: Expositionsszenarien: Aufgabe, Struktur, Entwicklung, in: Führ (Hg.), Praxishandbuch REACh, Kapitel 9.

[4.32] echa.europa.eu/web/guest/support/guidance-on-reach-and-clp-implementation.

[4.33] Europäische Chemikalienagentur (ECHA) 2009/2012: Leitlinien zur Registrierung, Helsinki; http://echa.europa.eu/documents/10162/17224/registration_de.pdf.

[4.34] Europäische Chemikalienagentur (ECHA) 2008: Guidance on information requirements and chemical safety assessment, Chapter R.10: Characterisation of dose [concentration]-response for environment, Helsinki; http://echa.europa.eu/documents/10162/13632/information_requirements_r10_en.pdf.

[4.35] Europäische Chemikalienagentur (ECHA) 2011: Leitlinien zu Informationsanforderungen und Stoffsicherheitsbeurteilung Teil B: Ermittlung schädlicher Wirkungen, Helsinki.

[4.36] Kleihauer, Silke/Führ, Martin/Hommen, Udo/Hundt-Rinke, Kerstin/Heiss, Christiane 2013: Bestimmung von stoffbezogenen Umweltqualitätskriterien – ein Methodenvergleich von nationalen und internationalen Bewertungsgrundlagen, Darmstadt (sofia-Berichte).

[4.37] echa.europa.eu/web/guest/information-on-chemicals/registered-substances.

[4.38] echa.europa.eu/web/guest/information-on-chemicals/cl-inventory-database.

[4.39] echa.europa.eu/documents/10162/13643/information_requirements_part_b_de.pdf.

[4.40] N.N., Chemical Safety Report für Tetrachlorethylen; ECHA-Datenbank zu den registrierten Stoffen, Helsinki.

[4.41] Europäische Chemikalienagentur (ECHA) 2012: Bewertung gemäß REACh – Fortschrittsbericht 2011, Helsinki

Lebenszyklusanalysen

5

Laura Ausberg, Andreas Ciroth, Silke Feifel, Juliane Franze, Martin Kaltschmitt, Inga Klemmayer, Kirsten Meyer, Peter Saling, Liselotte Schebek, Jana Weinberg und Christina Wulf

Die Bezeichnung Lebenszyklusanalyse bringt das wesentliche Charakteristikum der im folgenden vorgestellten Methoden zum Ausdruck; hier wird – im Unterschied zu anderen Umweltbewertungsinstrumenten – nicht nur ein bestimmter „Lebensabschnitt" eines Produktes untersucht (z. B. die Produktion), sondern der gesamte Lebensweg oder „Lebenszyklus" von der Entnahme von Rohstoffen aus der Umwelt, über die Aufbereitung, die Produktfertigung, die Nutzung bis hin zum Recycling bzw. der Entsorgung. Die me-

---

Autoren in alphabetischer Reihenfolge mit Beiträgen zum Kapitel; die Autorenzuordnung geht aus den einzelnen Unterkapiteln hervor.

Dipl.-Ing. Laura Ausberg
Ökopol GmbH, Hamburg, Deutschland

Dr.-Ing. Andreas Ciroth · Dipl.-Ök. Juliane Franze
GreenDelta GmbH, Berlin, Deutschland

Dipl.-Ing. (FH), MSc Silke Feifel
Karlsruher Institut für Technologie (KIT), Institut für Technikfolgenabschätzung und Systemanalyse (ITAS), Karlsruhe, Deutschland

Prof. Dr.-Ing. Martin Kaltschmitt · Dipl.-Ing. Kirsten Meyer · Dr.-Ing. Jana Weinberg · Dipl.-Ing. Christina Wulf
Technische Universität Hamburg-Harburg (TUHH), Institut für Umwelttechnik und Energiewirtschaft (IUE), Hamburg, Deutschland

MSc Inga Klemmayer
Technische Universität Hamburg-Harburg (TUHH), Institut für Wasserressourcen und Wasserversorgung, Hamburg, Deutschland

Dr. Peter Saling
BASF SE, Ludwigshafen, Deutschland

Prof. Dr. Liselotte Schebek
Technische Universität Darmstadt (TUDa), Fachgebiet Stoffstrommanagement und Ressourcenwirtschaft, Institut IWAR, Darmstadt, Deutschland

M. Kaltschmitt und L. Schebek (Hrsg.), *Umweltbewertung für Ingenieure*,
DOI 10.1007/978-3-642-36989-6_5

thodische Grundlage für die Ermittlung und Bewertung von Umweltkenngrößen derartiger Lebenszyklen von Produkten oder Dienstleistungen ist die Ökobilanz (engl. Life Cycle Assessment (LCA)). Sie ist in den internationalen Normen ISO 14040 [5.1] und ISO 14044 [5.2] beschrieben und kann damit – ebenfalls im Unterschied zu anderen Umweltbewertungsinstrumenten – auf Grundlage eines weitgehend standardisierten Vorgehens durchgeführt werden. Auch kann die Ökobilanz auf mehr als vier Jahrzehnte der Entwicklung zurückblicken; sie ist sehr flexibel anwendbar und heute eine sehr häufig eingesetzte Methode, die z. T. direkt oder in modifizierter Form bereits Eingang in bestimmte gesetzgeberische Maßnahmen gefunden hat.

Diese große Verbreitung und die Anwendung auf sehr unterschiedliche Fragestellungen hat zur Folge, dass auf Grundlage der Elemente der Ökobilanz/LCA zahlreiche Abwandlungen mit spezifischem Anwendungsinteresse entwickelt wurden und immer noch werden, die – obwohl sie alle vom Grundsatz her auf der Betrachtung des gesamten Lebenszyklus/des kompletten Lebensweges aufbauen – teilweise unter eigenständigen Begriffen firmieren.

Dies beinhaltet beispielsweise die Spezialisierung der Lebenszyklusanalyse auf bestimmte Wirkungskategorien. Von besonderem Interesse sind hierbei aufgrund der politischen Relevanz die Ermittlung von Treibhaus- oder Klimagasemissionen; derartige Ökobilanzen werden üblicherweise als Carbon-Footprint (d. h. Kohlenstoff-Fußabdruck) bezeichnet. Hinzu kommen Lebenszyklusanalysen, die sich speziell mit dem Energieverbrauch bzw. dem Verbrauch fossiler Energieressourcen auseinander setzen; derartige methodische Varianten werden unter dem Begriff „kumulierter fossiler Energieaufwand (KEA)“ zusammengefasst. Jüngst hat auch der Water-Footprint (d. h. Wasser-Fußabdruck), bei dem der Wasserverbrauch infolge der Herstellung von Produkten (auch „virtuelles Wasser“ genannt) erfasst wird, zunehmend an Bedeutung in der Umweltdiskussion gewonnen.

Diese Ansätze konzentrieren sich definitionsgemäß auf jeweils nur einen Aspekt möglicher Umweltwirkungen (von dem sie auch ihren Namen ableiten). Damit können diese Methoden nur einen Ausschnitt dessen abdecken, was Ökobilanzen/LCA vom Grundsatz her anstreben und methodisch auf Grundlage der internationalen Normen ermöglichen, nämlich zahlreiche unterschiedliche Wirkungen auf die Umwelt zu erfassen, zu quantifizieren und zu bewerten.

Zusätzlich zur Analyse und Bewertung ökologischer Kenngrößen müssen im Rahmen einer ganzheitlichen Nachhaltigkeitsbewertung auch ökonomische und soziale sowie ggf. weitere Aspekte betrachtet werden. Daher werden nachfolgend kurz auch solche methodischen Ansätze vorgestellt, die über die „klassische“ Ökobilanz hinausgehen, aber auf den ihr zugrunde liegenden grundsätzlichen Überlegungen bzw. Ideen aufbauen. Hierzu gehören das Life Cycle Costing oder die Ökoeffizienz-Analyse, die Umweltauswirkungen ins Verhältnis zu ökonomischen Größen (z. B. Produktkosten, Wertschöpfung) setzt. Auch diese Ansätze beruhen auf den vergleichbaren konzeptionellen Grundlagen und verwenden zum großen Teil die gleichen methodischen Bausteine und Datengrundlagen wie die „klassische“ Ökobilanz.

Im Gegensatz zur Untersuchung ökonomischer Kenngrößen, die alle mit monetären Einheiten vergleichsweise einfach bewertet werden können, ist die Quantifizierung sozialer Aspekte ein sehr weites und in Lebenszyklusanalysen relativ neues Feld. Hier wird die Methode der Ökobilanz mit dem Ziel, eine Social LCA erstellen zu können, abgewandelt und weiterentwickelt; d. h. mit vergleichbaren methodischen Bausteinen sollen vom Grundsatz her auch soziale Indikatoren erfasst und bewertet werden. Die Social LCA bildet die Grundlage für die soziale Bewertung in weiteren spezifischen Ansätzen, beispielsweise der SEEBALANCE, und wird daher ebenfalls kurz vorgestellt und diskutiert.

Im Folgenden wird – in Anlehnung an den Aufbau der Kapitel, in denen andere Umweltbewertungsinstrumente beschrieben werden – zunächst auf das methodische Vorgehen eingegangen, welches der Ökobilanz/LCA bzw. den speziellen Ansätzen der Wirkungsabschätzung sowie der Nachhaltigkeitsbewertung zugrunde liegt. Anschließend werden praktische Beispiele diskutiert, mit denen die Anwendung und die zu erwartenden Ergebnisse der jeweiligen Methode demonstriert werden.

5.1 Methodik

Liselotte Schebek

Die Wurzeln der Lebenszyklusanalyse liegen in den frühen 1970er Jahren. In dieser Zeit wurden Umweltprobleme eine zentrale Thematik der gesellschaftlichen Diskussion (mit der Konsequenz, dass hier auch der Beginn der heutigen Umweltpolitik zu verorten ist). Diese Zeit wird deshalb als „Pionierphase der Ökobilanzierung" [5.3] oder als Periode der „proto-LCAs" [5.4] bezeichnet. Mit einer aus heutiger Sicht sehr geringen Zahl von Indikatoren, nur wenigen Daten, Tabellenblättern und Flussdiagrammen wurden methodische Vorgehensweisen entworfen und erprobt, um erstmalig die „vollständigen" Umweltauswirkungen von Produkten zu ermitteln. Ausgangspunkt und Treiber dieser Entwicklung waren zwei damals die öffentliche Diskussion (mit)bestimmende Themen: die Endlichkeit von Rohstoffen sowie die Abfallproblematik unter dem Schlagwort der „Wegwerfgesellschaft". Dementsprechend bezogen sich erste derartige Lebenszyklusstudien gerade auf Verpackungen als Ausdruck des kurzlebigen Umgangs der Konsumgesellschaft mit ihren Ressourcen. Als „erste Ökobilanz" wird häufig eine – allerdings nie veröffentlichte – Studie von Coca-Cola zu Getränkeverpackungen zitiert (z. B. [5.5]), in der erstmals der Lebenszyklus von den Rohstoffen bis zum Produkt für die Bilanzierung von Prozessketten zu Grunde gelegt wurde [5.6]; ähnliche Arbeiten wurden zeitgleich auch an anderen Orten der USA durchgeführt. Ab 1974 wurden verschiedene Studien auf Grundlage der dabei sukzessive entwickelten Lebenswegbetrachtung im Auftrag der US amerikanischen Umweltbehörde (EPA) durchgeführt und publiziert. Frühe Namen solcher „proto-Ökobilanzen" waren Resource and Environmental Profile Analysis (REPA), Integral Environmental Analysis, Environmental Profiles, Life Cycle Analysis oder Ecobalances [5.5].

In Deutschland wurde 1973 eine Studie mit dem Titel „Abbaubare Kunststoffe und Müllprobleme“ durchgeführt, die auf dem Lebenszyklusansatz basierte [5.7]. Vier Jahre später beauftragte das Schweizerische Bundesamt für Umweltschutz (BUS) die schweizerische Materialprüfungsanstalt (EMPA) mit der Durchführung einer Studie „Ökobilanzen von Packstoffen“, die 1984 veröffentlicht wurde [5.8]; die Bearbeitung umfasste wichtige methodische Weiterentwicklungen und umfangreiche Datenrecherchen, die später in einer Datenbank veröffentlicht wurden [5.9].

Die Mitte der 1970er Jahre entwickelten Ansätze für die Erfassung von Umweltbelastungen basierten ausschließlich auf einer Bilanzierung von Stoff- und Energieflüssen. Dazu wurden existierende Konzepte aus der Verfahrenstechnik aufgegriffen; dies gilt insbesondere für prozessbasierte Stoffflussanalysen, aber auch für ökonomische Input-Output-Bilanzen. Erste Versuche, die verschiedene Relevanz unterschiedlicher Stoffströme in Bezug auf ihre Umweltwirkungen darzustellen, waren verbal-argumentative Methoden (z. B. ABC-Analyse), aber auch Gewichtungsfaktoren [5.3]. Ein erster Meilenstein in der Entwicklung einer „Wirkungsabschätzung“ für die Bewertung von Stoffströmen in einer Lebenszyklusanalyse war die zitierte Studie zu Packstoffen [5.8, 5.9]. Hier wurde ein Vorschlag für die Aggregation und Interpretation von Daten zu Stoffströmen erarbeitet, der auf vorliegenden Ansätzen in der Umweltpolitik sowie auf dem Prinzip der ökologischen Knappheit beruhte [5.10].

In den 1980er Jahren ging das Interesse an Ökobilanzen – wie auch an anderen Umweltthemen – allgemein zurück. Dies änderte sich erneut Anfang der 1990er Jahre, da aufgrund des gestiegenen Interesses am Thema Nachhaltigkeit Industrieunternehmen auf der Suche nach neuen Vorgehensweisen waren, um selbst Informationen über ihre Umweltleistung zu erhalten. Auch wurde die Vorgehensweise der Ökobilanzierung zu dieser Zeit breiter bekannt durch eine neue Serie von Studien zu Verpackungen in der Schweiz [5.11], in deren Folge in mehreren anderen europäischen Ländern ähnliche Untersuchungen durchgeführt wurden [5.5]. Parallel und/oder in der Folge davon bedienten sich zahlreiche Unternehmen in Europa und den USA nun der Ökobilanz und nutzten ihre Ergebnisse für Produktverbesserungen, aber auch für das Marketing.

Speziell der Einsatz im Marketing zeigte auch die Schwächen dieses Instruments. Studien unterschiedlicher Auftraggeber führten zu divergierenden Ergebnissen, die offensichtlich Marketingaussagen des jeweiligen Unternehmens stützten und zur Promotion für unter Umweltaspekten offensichtlich zweifelhafte Produkte eingesetzt wurden [5.5]. Aber auch in der Umweltpolitik wurden Ökobilanzen zunehmend zur Stützung spezifischer Interessen eingesetzt. Dadurch gerieten Ökobilanzen „in Verruf, Artefakte oder aber spezifischen Interessen dienliche Resultate zu generieren“ [5.3]. Dies löste den Bedarf nach einer vereinheitlichten Strukturierung dieser Umweltbewertungsmethode aus; entsprechende Aktivitäten in der Wissenschaft und in Normierungsorganisationen waren die Folge. Ein erster Meilenstein bestand im sogenannten „Code of Practice“, der auf einer Serie von internationalen Workshops der Society of Environmental Toxicology and Chemistry (SETAC) und maßgeblichen Vorarbeiten des Umweltzentrums (Centre of Milieukunde, CML) der Universität Leiden beruhte und 1993 veröffentlicht wurde [5.12].

Hier sind bereits wesentliche Elemente der heutigen Ökobilanz, insbesondere im Bereich der Wirkungsabschätzung, erkennbar. Auf der SETAC Konferenz in Leiden 1991 erfolgte dann die Festlegung des Begriffs Life Cycle Assessment.

In dem Jahr, in dem der „Code of Practice" veröffentlicht wurde, begann auch die Arbeit zur Entwicklung internationaler Normen für das Life Cycle Assessment durch die International Standardisation Organisation (ISO) mit der Einrichtung der Arbeitsgruppe ISO 207/SC 5. Dies war ein Ergebnis von durch die Wirtschaft initiierten Aktivitäten. 1991 hatte der „Business Council for Sustainable Development" (BCSD) der ISO den Vorschlag unterbreitet, eine „Strategic Advisory Group on Environment" (SAGE) einzurichten mit dem Auftrag, den Bedarf einer Standardisierung im Bereich des Umweltmanagements zu formulieren. Auf Grundlage dieser Arbeiten wurde 1992 das Technical Committee (TC) 207 „Environmental Management" eingerichtet. Kurz danach wurde in Deutschland als deutsches Spiegelgremium der „Normenausschuss Grundlagen des Umweltschutzes" (NAGUS) ins Leben gerufen.

Das TC 207 ist verantwortlich für die gesamte Normenreihe ISO 14000 ff. zu Umweltmanagementsystemen. Dies umfasst die organisatorischen Aspekte des betrieblichen Umweltschutzes und die Umweltbewertung von Produkten. 1997 wurde die ISO-Norm 14040 als erste in einer Reihe von Normen für die im Englischen Life Cycle Assessment, im Deutschen Ökobilanz genannte Methode veröffentlicht. Diese Normenreihe wurde 2006 überarbeitet und in den beiden Normen 14040 und 14044 zusammengefasst.

Die Anwendung von Ökobilanzen wurde durch diesen Normungsprozess erheblich gefördert. Wesentlich für die Verbreitung war auch, dass der Lebenszyklusansatz in mehrere wichtige Politikfelder Einzug hielt [5.13]: die integrierte Produkt-, die Kreislaufwirtschafts- und die Ressourcenpolitik der EU zielen darauf ab, Lebenszyklen von Produkten zu betrachten und eine integrierte Minimierung von Umwelteinwirkungen vorzunehmen. Dies beförderte die breite Entwicklung entsprechender lebenswegbasierter Ansätze und Instrumente. Für diese wurden und werden jüngst z. T. eigene Normen entwickelt (z. B. Carbon Footprint, Water Footprint, Ökoeffizienz-Analysen).

Im vorliegenden Kapitel werden – unbeschadet der Vielfalt an Begriffsverwendungen – diejenigen Ansätze und Instrumente zusammengefasst, die hinsichtlich ihres prinzipiellen Untersuchungsinteresses, ihres Systemrahmens und ihres Modellierungsansatzes wesentlich auf der Methodik des Life Cycle Assessment (LCA) beruhen, wie es in den Normen ISO 14040 und ISO 14044 beschrieben ist. Diese drei Gemeinsamkeiten lassen sich wie folgt zusammenfassen:

- Zentrales Untersuchungsinteresse ist es, die Gesamtheit der von einem Produkt/einer Dienstleistung verursachten Umweltbeeinflussungen oder -belastungen zu ermitteln. Die Umweltbelastung wird relativ auf eine „Einheit" eines Produktes/einer Dienstleistung bezogen; es werden also keine absoluten Aussagen über Veränderungen in der Umwelt getroffen.
- Der System- oder Betrachtungsrahmen (d. h. Systemgrenzen) umfasst alle Vorgänge und Prozesse, die ursächlich auf die Nachfrage nach diesem Produkt/dieser Dienstleis-

tung zurückgehen; dies sind alle Aktivitäten für seine Herstellung, seine Nutzung und seine Entsorgung (d. h. der „Lebenszyklus“ des Produktes, der auch als Namensgeber der englischen Bezeichnung Life Cycle Assessment fungiert).
- Dieses zu untersuchende System wird modelliert (d. h. durch ein System mathematischer Gleichungen dargestellt). Die Modellierung beruht auf der Beschreibung jedes einzelnen relevanten Prozesses im Lebenszyklus; diese Informationen werden dann für das gesamte betrachtete System aggregiert. Dieses modelltechnische Vorgehen wird auch als Prozesskettenanalyse bezeichnet. Eine solche Modellierung eröffnet die Möglichkeit, nicht nur heute existierende, sondern auch real (noch) nicht existierende Systeme zu analysieren (z. B. zukünftige Produkte oder Dienstleistungen).

Aus der „klassischen“ Ökobilanz, die lediglich die Umweltauswirkungen von Prozessen und Produkten betrachtet, wurden und werden weitere Methoden entwickelt, die einen vergleichbaren methodischen Ansatz verfolgen, jedoch weitere Nachhaltigkeitsaspekte (z. B. ökonomische und soziale Faktoren) berücksichtigen (u. a. Ökoeffizienz-Analyse, Social LCA, SEEBALANCE). Da das Grundkonzept vergleichbar ist (d. h. Lebenszyklusbetrachtung von Produkten und Dienstleistungen), werden alle diese Modellierungsmethoden oft als „Lebenszyklusanalysen“ bezeichnet.

Dabei müssen Lebenszyklusanalysen – wie jede andere Modellierung auch – notwendigerweise die Wirklichkeit abstrahieren. Dies ist nicht unbedingt eine Schwäche: für eine Modellierung ist es grundsätzlich nicht nötig und im Gegenteil gar nicht erwünscht, „alle“ Informationen eines realen Systems darzustellen. Ziel ist es vielmehr, primär ein Verständnis über das System und seine wesentlichen Funktionen zu gewinnen und dazu nur die relevanten Sachverhalte darzustellen. Die kritische Frage jeder Modellierung ist daher, ob es erkennbar ist, welche Informationen relevant für das Systemverhalten und für die zu untersuchende Fragestellung sind und ob diese Informationen verfügbar sind.

Im Fall von Ökobilanzen besteht ein wesentlicher Aspekt der Abstraktion darin, dass aus methodischer Sicht keine Umweltbelastungen an realen Standorten ermittelt werden, sondern vielmehr „potenzielle“ Belastungen berechnet werden. Dies scheint ein Widerspruch, da Aussagen zur Belastung der natürlichen Umwelt prinzipiell nur im Kontext eines realen geographischen Ortes und unter Berücksichtigung der dort existierenden Standortfaktoren und Ökosysteme getroffen werden können. Für die Notwendigkeit dieser Abstraktion gibt es zwei wesentliche Gründe:

- Die Anzahl der Prozesse ist zu groß und die genauen Orte von global verteilten Produktionsstandorten sind nicht bekannt (bzw. diese wären oft nur eine Momentaufnahme, die sich auf Grund der wirtschaftlichen Dynamik bereits in naher Zukunft wieder ändern kann).
- Häufig sollen „typische“ Produkte oder auch Technologien verglichen werden, um allgemeine Aussagen unabhängig von individuellen Eigenschaften eines Standortes ableiten zu können.

Da Ökobilanzen grundsätzlich auf die Ermittlung einer „potenziellen“ Belastung zielen, berücksichtigen sie vorrangig globale oder überregionale Effekte auf die Umwelt.

Je spezifischer bzw. lokaler eine Fragestellung ist, desto mehr kann es aber notwendig werden, doch eine ortsbezogene Bewertung von Umweltauswirkungen vorzunehmen. Hieraus ergibt sich ein Spannungsfeld zwischen Ökobilanzen und anderen Methoden der standortspezifischen Umweltbewertung, das bisher noch nicht gelöst und daher Gegenstand aktueller Forschung ist.

Lebenszyklusanalysen als Modellierungsverfahren sind primär ein Analyseinstrument. Aus ihrem Anspruch, umfassend die Umweltbelastungen bzw. Nachhaltigkeitsaspekte eines Produktes zu ermittelt, folgt aber direkt die Notwendigkeit einer Bewertung:

- Welche Aspekte sind für das System relevant?
- Welche Vereinfachungen dürfen getroffen werden?
- Welche Wirkungen sollen berücksichtigt werden?

Für alle Lebenszyklusanalysen ist daher die Aussage zutreffend, dass sie „Informationsinstrument und Bewertungsrahmen zugleich“ sind [5.3]. Dies macht sie zu sehr komplexen Methoden. Dies kann Stärke und Schwäche zugleich sein.

- Die Stärke ist die Integration eines methodischen Vorgehens, das einen Bewertungsprozess strukturiert, unterschiedliche Aspekte zusammenfasst und zu einer handlungsorientierten Aussage führt. Und das gleichzeitig reproduzierbar sowie – in bestimmten Grenzen – von den individuellen Präferenzen eines Bearbeiters unabhängig ist, indem es sich auf breitere gesellschaftlich akzeptierte Werte oder Entscheidungsprozesse stützt.
- Als Schwäche kann das notwendigerweise komplexe methodische Vorgehen interpretiert werden, das Nachvollziehbarkeit und Kommunikation der Aussagekraft von Ergebnissen anspruchsvoll macht.

Bei allen Lebenszyklusanalysen sind daher Dokumentation, Transparenz und Kontrolle (auch durch externe Experten) wesentliche Bestandteile der Methodik; dies kann auch Vorgaben für die organisatorische Durchführung einer derartigen Untersuchung und für die Kommunikation von Ergebnissen umfassen.

Der problemorientierte „common ground“ (engl. sinngemäß gemeinsame Basis) von Lebenszyklusanalysen ist die Hypothese, dass eine wesentliche Triebkraft für das Entstehen von Umweltbelastungen (oder soziale oder ökonomische Belastungen) die Nachfrage nach Produkten bzw. Dienstleistungen ist. Offensichtlich ist dabei, dass viele Produkte während ihrer Nutzung die Umwelt beeinflussen (z. B. Kraftfahrzeuge durch die Emissionen aus der Verbrennung von Treibstoff). Weniger offensichtlich ist oft, dass Produkte schon vor oder nach ihrer eigentlichen Nutzungsphase Umweltbelastungen verursachen, weil für ihre Produktion Rohstoffe der Natur entnommen werden, in den Herstellungsprozessen Energie verbraucht und Emissionen freigesetzt werden, und nach Ende der Nutzungsphase die Materialien entsorgt werden müssen und durch die Verbringung in die Umwelt Belastungen entstehen (können). Durch eine derart umfassende Betrachtung, die letztlich den tatsächlichen Gegebenheiten weitgehend Rechnung trägt, können auf den ersten Blick umweltfreundliche Lösungen einen Teil ihrer Vorteile verlieren oder sogar ins Gegenteil umschlagen (z. B. haben Elektrofahrzeuge keine direkten Emissionen bei der Nutzung, das Kraftwerk, in dem der Strom erzeugt wird, aber sehr wohl; Biokraftstoffe sind keineswegs klimaneutral, da u. a. für die Herstellung des Düngers, der bei der Pflanzenproduktion eingesetzt wird, derzeit fossile Energie eingesetzt wird). Dies soll durch die Erfassung des gesamten Lebenszyklus analysiert werden. Damit kann sowohl die Summe der Umweltbelastungen einem Produkt zugeordnet als auch die Stellen im Lebenszyklus identifiziert werden, an denen diese Belastungen entstehen. Der Lebenszyklus eines Produktes ist dabei als der „stoffliche" oder „physische" Weg eines Produktes zu verstehen, der mit der Rohstoffentnahme aus der Natur beginnt und der dann endet, wenn die entnommenen Materialien wieder in die natürliche Umwelt gelangen, sei es als Emissionen oder als Abfälle. Kennzeichen dieses „physischen" Lebenszyklus ist es, dass die einzelnen Prozesse durch Stoffflüsse miteinander verbunden sind. Der physische Lebenszyklus ist die Grundlage der Ökobilanz/Life Cycle Assessment nach ISO 14040/14044; er wird in der deutschen Fassung als Lebensweg, in der englischen als Life Cycle bezeichnet.

Abbildung 5.1 zeigt schematisch die Phasen des Lebenszyklus eines Produktes. Dies umfasst

- die Herstellung, die alle Prozesse von der Rohstoffentnahme bis hin zum im Laden oder beim Kunden ausgelieferten Produkt umfasst,
- die Nutzungsphase, die bei kurzlebigen Produkten (z. B. Verpackungen) nur wenige Tage oder Wochen, bei langlebigen Produkten (z. B. Fahrzeuge, Gebäude) mehrere Jahrzehnte (und länger) umfassen kann, und
- die Entsorgungsphase, in der Anteile des Produktes möglicherweise wiedergenutzt oder verwertet werden, die aber auch die Verbringung der endgültig nicht mehr benötigten Anteile in die natürliche Umwelt beinhaltet.

Dieser „physische" oder auch „ökologische" Lebenszyklus [5.3] ist zu unterscheiden vom Begriff des Produktlebenszyklus, wie er in der Betriebswirtschaftslehre verwendet wird. Dieser beschreibt den Weg eines Produktes in den Markt mit dem Ziel, Zusam-

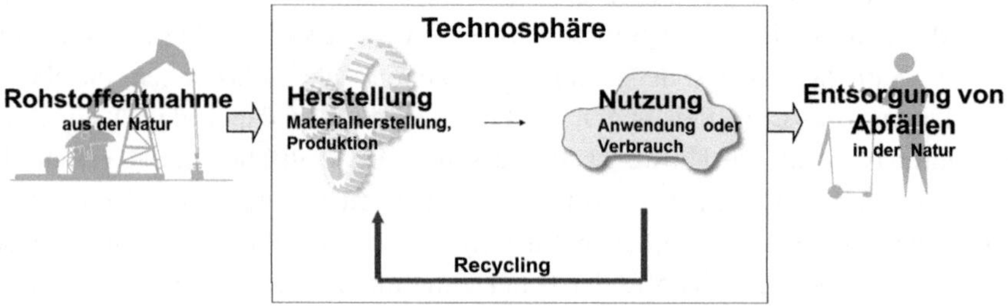

Abb. 5.1 Physischer Lebensweg eines Produktes (schematische Darstellung)

menhänge zwischen erzieltem Umsatz und der Lebensdauer eines Produktes am Markt zu erklären (z. B. [5.14]). Hier unterscheidet man i. Allg. vier bzw. fünf typische Phasen (Abb. 5.2):

- die Markteinführung mit schnell steigendem Umsatz, aber wegen hoher Einführungskosten noch ohne Gewinn;
- das Wachstum mit Anstieg des Umsatzes und Beginn der Gewinnerzielung;
- die Reife bis hin zum Umsatzmaximum, aber sinkendem Gewinn wegen Konkurrenzprodukten (manchmal auch unterteilt in Reifephase bis zum Maximum des Grenzumsatzes und anschließende Sättigungsphase, in der der Umsatz sein Maximum erreicht);
- die Degeneration mit Rückgang des Umsatzes, bis das Produkt schließlich vom Markt genommen wird.

Dieser Exkurs zeigt über die Abgrenzung von Begriffen hinaus auch einen sachlichen Zusammenhang. Damit ein Produkt in den Markt gelangen kann, muss es hergestellt werden; während es im Markt ist, löst es Verbräuche von Hilfs- und Betriebsstoffen aus; und die Dauer der Benutzung durch die Konsumenten wird nicht nur von technischen Kriterien, sondern auch von „Life-Style"-Aspekten bestimmt. Das Ausmaß der Umweltbelastung durch ein Produkt hängt daher wesentlich auch von den Rahmenbedingungen des Marktes ab; diese umfassen ökonomische Entwicklungen, staatliche Steuerungsmaßnahmen und die Präferenzen der Verbraucher, deren Bedürfnisse und Werthaltungen in einem unterschiedlichen „Life Style" zum Ausdruck kommen.

Dies ist das Umfeld, in dem Lebenszyklusanalysen von Produkten bzw. von Dienstleistungen angesiedelt sind. Wirtschafts- und Gesellschaftswissenschaften sind daher wichtig für die Annahmen und Rahmenbedingungen einer derartigen Bewertung. Deshalb tauchen innerhalb der Methodik immer wieder wirtschafts- und sozialwissenschaftliche Elemente auf. Ein Verständnis für grundlegende Prinzipien dieser Disziplinen ist daher auch für das der Lebenszyklusanalysen hilfreich.

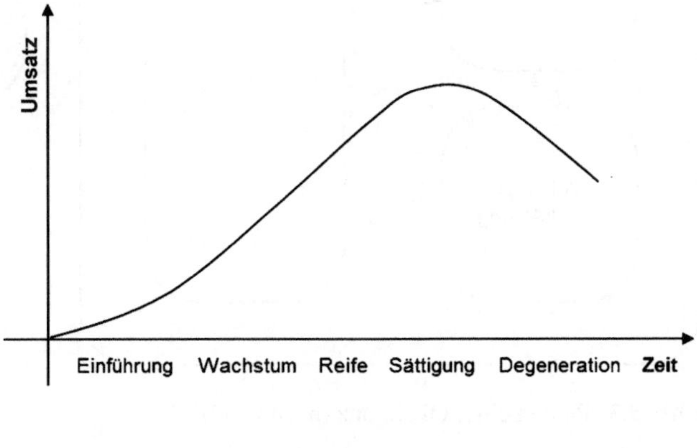

Abb. 5.2 Betriebswirtschaftlicher Lebenszyklus (vereinfacht nach [5.14])

5.1.1 „Klassische" Ökobilanzen

Liselotte Schebek

Die Erstellung einer Ökobilanz nach ISO 14040 und ISO 14044 gliedert sich in vier Phasen (Abb. 5.3). In der ersten Phase werden Ziel und Untersuchungsrahmen definiert sowie verschiedene grundlegende Festlegungen zu Form und Inhalt der weiteren Arbeiten getroffen. Die zweite Phase, die sogenannte Sachbilanz, dient der Ermittlung aller ein- und ausgehenden Stoffflüsse des untersuchten sogenannten Produktsystems. In der dritten Phase, der Wirkungsabschätzung, werden den ermittelten Stoffflüssen Umweltwirkungen zugeordnet und quantifiziert. Die vierte und letzte Phase, die Auswertung, beinhaltet die Überprüfung der Untersuchungsergebnisse und ihre Aufbereitung zu einer verständlichen Darstellung an die Adressaten der Untersuchung.

Die vier Phasen werden der Reihe nach bearbeitet. Da eine Ökobilanz primär den Charakter eines Analyseinstruments hat, können sich während der Untersuchung neue und detailliertere Informationen über das untersuchte System ergeben. Diese können so weitreichend sein, dass sie eine Anpassung vorangehender Arbeitsschritte bis hin zur

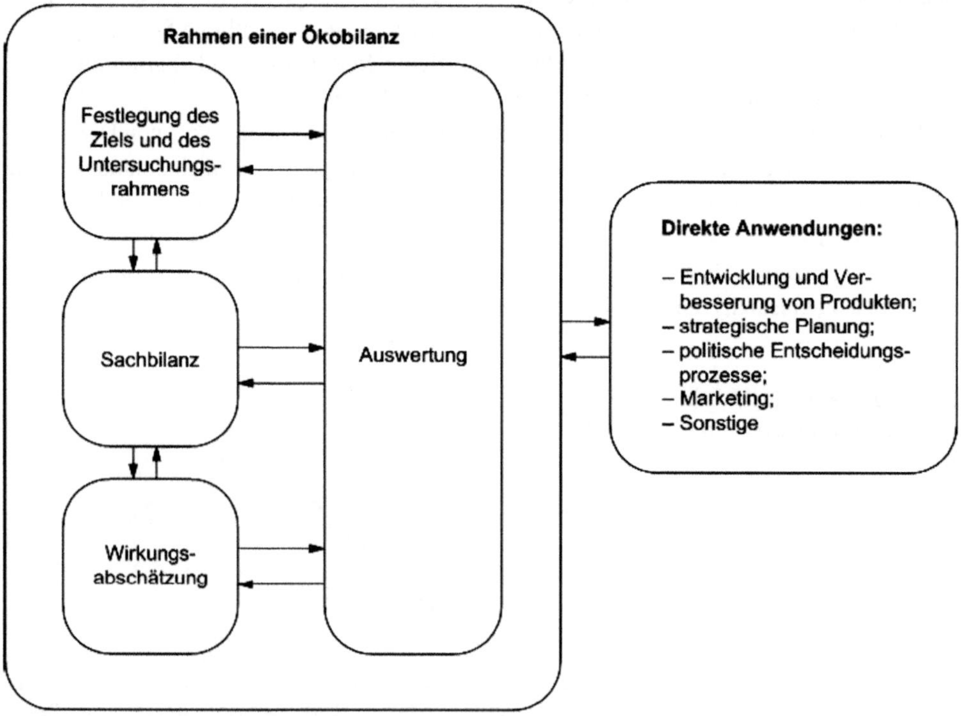

Abb. 5.3 Phasen einer Ökobilanz (nach [5.1])

Modifizierung der ursprünglichen Fragestellung notwendig machen. Dies führt zu einer iterativen Vorgehensweise der Bearbeitung, die in Abb. 5.3 durch die in zwei Richtungen gehenden Pfeile dargestellt ist.

Die generelle Zielstellung einer Ökobilanz ist die Erfassung der Umweltwirkungen von Produkten oder Dienstleistungen [5.1]; bei den in Abb. 5.3 aufgeführten Anwendungsbereichen der Ökobilanz handelt es sich deshalb um eine nicht vollständige Liste von Beispielen.

Ökobilanzen können in vergleichende und nicht-vergleichenden Untersuchungen eingeteilt werden; im ersten Fall bezieht sich die Fragestellung auf die Identifizierung der Prozesse mit maximalen Umwelteinwirkungen innerhalb der Analyse der Prozesskette eines Produkts und im zweiten Fall geht es um einen Vergleich verschiedener Produkte untereinander oder von Produkten mit zweckgleichen Dienstleistungen.

Ökobilanzen können auch danach unterschieden werden, ob sie vergangenheitsbezogen oder zukunftsbezogen sind [5.1]. Erstere Variante bezieht sich auf existierende Produktsysteme unter gegenwärtigen Marktbedingungen und wird als „attributional LCA" bezeichnet. Letztere untersucht „Umweltauswirkungen von möglichen (zukünftigen) Änderungen zwischen alternativen Produktsystemen"; dies kann eine weitreichende Einbeziehung von Hintergrundsystemen zur Folge haben (z. B. hinsichtlich einer Berücksichtigung zukünftiger Energiesysteme). Hierzu lieg in den Normen bisher keine weitere Detaillierung vor; zukunftsbezogene Anwendungen sind aber unter dem Begriff des „consequential LCA" ein Forschungsgebiet der Ökobilanz (z. B. [5.15, 5.16, 5.17]).

An Ökobilanzen, deren Verwendung „für zur Veröffentlichung vorgesehene vergleichende Aussagen beabsichtigt ist", werden besondere Anforderungen an die Kontrolle und Berichterstattung gestellt [5.1]; insbesondere ist eine kritische Prüfung der gesamten Studie und ihrer Ergebnisse durch unabhängige Experten erforderlich [5.1].

Ökobilanzen sind in der ISO 14040 [5.1] und 14044 [5.2] international genormt. Die beiden Normen (d. h. ISO 14040 und 14044) sind das Ergebnis der 2006 erfolgten Überarbeitung und Zusammenfassung der ursprünglich vier Normen zum Life Cycle Assessment, die ab 1997 veröffentlicht wurden. In der deutschen Normenfassung wird das Life Cycle Assessment (LCA) als Ökobilanz bezeichnet. Die DIN EN ISO 14040 [5.1] beschreibt die allgemeinen „Grundsätze und Rahmenbedingungen" für die Ökobilanz; alle verbindlichen Verfahrensanweisungen zur Durchführung einer Ökobilanz sind in der DIN EN ISO 14044 [5.2] unter dem Titel „Anforderungen und Anleitungen" zusammengefasst.

5.1.1.1 Definition von Ziel, Objekt und Untersuchungsrahmen

Mit der Definition von Ziel und Untersuchungsrahmen werden die arbeitstechnischen Grundlagen einer Ökobilanz gelegt und dem Anspruch nach Transparenz Rechnung getragen. Klare Angaben zum Ziel, zur voraussichtlichen Anwendung der Untersuchung und zum Adressaten der Ergebnisse (z. B. Unternehmen, Verband, Öffentlichkeit) sind wesentliche Voraussetzung dafür, dass die Angemessenheit des Vorgehens von externen Gutachtern beurteilt werden kann, die Interessen des Auftraggebers offengelegt werden und die Nachvollziehbarkeit der Ökobilanz gewährleistet ist. Gleichzeitig bilden diese Angaben die Grundlage für die Definition der räumlichen und zeitlichen Systemgrenzen sowie der Abgrenzung des Produktsystems. Ausgehend davon werden nachfolgend die verschiedenen Elemente, die dieser Ökobilanzschritt beinhaltet, diskutiert.

Funktionelle Einheit. Der Vergleich unterschiedlicher Produkte oder Dienstleistungen erfordert, dass ihre Funktion eindeutig definiert und identisch in Bezug auf ihren Nutzen ist. Ein Bespiel für den Vergleich von Produkten mit Dienstleistungen sind Babywindeln, bei dem der Nutzen für den Verbraucher – die Bereitstellung einer sauberen Windel – sowohl durch Einmalwindeln als auch durch die Inanspruchnahme eines Waschdienstes für Stoffwindeln erbracht werden kann.

Der Nutzen von Produkt oder Dienstleistung muss also quantitativ beschrieben sein, da die Ökobilanz die Umweltwirkungen quantitativ erfasst. Diese Anforderung wird durch die Definition einer sogenannten funktionellen Einheit umgesetzt: „Die funktionelle Einheit legt die Quantifizierung der angegebenen Funktionen (Leistungskennwerte) des Produktes fest. Hauptsächlich dient eine funktionelle Einheit dazu, einen Bezug zu schaffen, auf den die Input- und Outputflüsse bezogen werden. Diese Bezugsbasis ist notwendig, um die Vergleichbarkeit der Ergebnisse von Ökobilanzen sicherzustellen“ [5.1]. Daher werden alle Ergebnisse einer Ökobilanz bezogen auf die funktionelle Einheit ausgedrückt.

Für jede funktionelle Einheit wird ein sogenannter Referenzfluss definiert, der die zur Erfüllung der Funktion erforderliche Menge des Produkts angibt. Dies wird am Beispiel einer Ökobilanz zum Vergleich von Ein- und Mehrwegverpackungen deutlich. Die funktionelle Einheit ist definiert als das Volumen der verpackten Flüssigkeit (z. B. 1 Liter). Referenzfluss ist eine Einweg- bzw. eine Mehrwegflasche. Da die Mehrwegflasche jedoch mehrmals im Umlauf gebracht wird, wird sie der funktionellen Einheit nur anteilig zugerechnet; beträgt die Anzahl der Umläufe z. B. 100 Mal, besteht der Referenzfluss für die funktionelle Einheit in 1/100 Mehrwegflasche. Der Systemrahmen der Untersuchung umfasst in diesem Fall aber nicht nur die Herstellung der Flasche, sondern auch Reinigung, Transport vom und zum Ort des Verkaufs und andere Aufwendungen für die Mehrweg-Verwendung.

Systemgrenzen. Die Festlegung des Untersuchungsrahmens beinhaltet die Definition der Systemgrenze für die Sachbilanz. Sie ist durch die konzeptionelle Ausrichtung auf den Lebenszyklus eines Produktes gegeben, der in Abgrenzung zum erwähnten betriebswirtschaftlichen Produktlebenszyklus als Lebensweg bezeichnet wird [5.1, 5.2]. Dabei ist vom Grundsatz her die Erfassung des vollständigen Lebenswegs erforderlich; bei bestimmten Fragestellungen kann es aber ausreichend sein, nur Teile zu erfassen (dies gilt insbesondere dann, wenn verschiedene nutzengleiche Varianten verglichen werden sollen, bei denen Teile des Lebensweges identisch sind und der Einfluss dieser Lebenswegteile bei einem Vergleich das relative Ergebnis der einzelnen Vergleichsvarianten untereinander nicht beeinflussen). Solche Untersuchungen werden explizit nicht als Ökobilanzen im Sinne der Normen bezeichnet und namentlich wie folgt klassifiziert [5.1]:

- Studien „von der Wiege bis zum Werkstor" (cradle-to-gate),
- Studien „vom Werkstor zum Werkstor" (gate-to-gate) und
- spezifische Teile des Lebensweges (z. B. Abfallmanagement, Bestandteile eines Produktes).

Daten und Datenqualität. Außerdem sind Anforderungen an Daten und Datenqualität zu formulieren und die zu berücksichtigenden Wirkungskategorien auszuwählen [5.1]. Die Wirkungskategorien müssen deshalb bereits zu Beginn einer Untersuchung ausgewählt werden, da von ihr die in der Sachbilanz zu ermittelnden Informationen abhängen. Soll in der Wirkungsabschätzung beispielsweise nur der Wirkungsbereich „Anthropogener Treibhauseffekt (Klimawandel)" betrachtet werden, kann sich die Sachbilanz auf die Erfassung der Stoffe mit Klimawirksamkeit beschränken; sollen weitere Wirkungskategorien (z. B. Versauerung aquatischer und terrestrischer Ökosysteme) einbezogen werden, sind die entsprechend benötigten Daten zusätzlich zu erheben.

Aus der zu untersuchenden Fragestellung ergeben sich noch andere Anforderungen für die Erhebung von Daten in der Sachbilanz (z. B. soll eine bestimmte Region untersucht werden und sind deshalb repräsentative Angaben für diese Region zu ermitteln oder soll ein spezifisches Produkt eines bestimmten Herstellers Gegenstand der Analyse sein und müssen hierzu herstellerspezifische Informationen erhoben werden?).

Verfahrensentscheidungen zur Durchführung. Diese werden in den Normen [5.1, 5.2] – mit Ausnahme der kritischen Prüfung bei vergleichenden Aussagen – im Einzelnen zwar nicht erwähnt, können in der praktischen Durchführung jedoch bedeutend sein. Beispielsweise ist die Einrichtung eines Begleitkreises mit Vertretern unterschiedlicher „interessierter Kreise" (z. B. Industrievertreter, Umweltverbände) üblich, wenn Untersuchungen für öffentliche Auftraggeber durchgeführt werden und die Ergebnisse ggf. weitreichende Folgen auf umweltpolitische Entscheidungen haben können, oder wenn kontroverse Diskussionen über die Ergebnisse zwischen den „interessierten Kreisen" zu erwarten sind [5.18].

5.1.1.2 Sachbilanz

Ziel der Sachbilanz ist die Ermittlung aller Stoff- und Energieströme, die aus der natürlichen Umwelt in das durch den Untersuchungsrahmen definierte technische System hineinfließen und dieses in die natürliche Umwelt wieder verlassen. Dazu muss zunächst ein Verständnis dieses technischen Systems entwickelt werden; d. h. die einzelnen Prozesse innerhalb des Systems und ihre Verknüpfung über Zwischenprodukte oder auch Abfälle müssen ermittelt und beschrieben werden. Im Anschluss daran müssen die erforderlichen Daten und Informationen zu Prozessen und Stoffflüssen erhoben werden. Dies stellt i. Allg. den aufwändigsten und arbeitsintensivsten Schritt einer Ökobilanzuntersuchung dar. Auf Basis der ermittelten Daten können dann die notwendigen Berechnungen der gesamten Stoffströme aus der Umwelt in das System und vice versa vorgenommen werden.

Zentrale Aufgabe der Sachbilanz ist also die Erstellung eines Modells für das zu untersuchende technische System, das als „Produktsystem“ bezeichnet wird [5.1, 5.2]; formal ist es definiert als eine „Zusammenstellung von Prozessmodulen mit Elementar- und Produktflüssen, die den Lebensweg eines Produktes modelliert und die eine oder mehrere festgelegte Funktionen erfüllt“ [5.1]. Eine schematische Darstellung eines derartigen Produktsystems zeigt Abb. 5.4; die konkret verwendeten Begriffe, deren Bezeichnungen und Definitionen finden sich in Tabelle 5.1.

Tabelle 5.1 Begriffsdefinitionen für die Sachbilanz [5.1]

Produktfluss	Produkte, die von einem anderen Produktsystem zugeführt oder an ein anderes Produktsystem abgegeben werden.
Elementarfluss	Stoff oder Energie, der bzw. die dem untersuchten System zugeführt wird und der Umwelt ohne vorherige Behandlung durch den Menschen entnommen wurde, oder Stoff oder Energie, der bzw. die das untersuchte System verlässt und ohne anschließende Behandlung durch den Menschen an die Umwelt abgegeben wird.
Zwischenproduktflüsse	Produkt-, Stoff- oder Energiefluss, der zwischen den Prozessmodulen des untersuchten Produktsystems auftritt.
Prozessmodul	kleinster in der Sachbilanz berücksichtigter Bestandteil, für den Input- und Outputdaten quantifiziert werden.

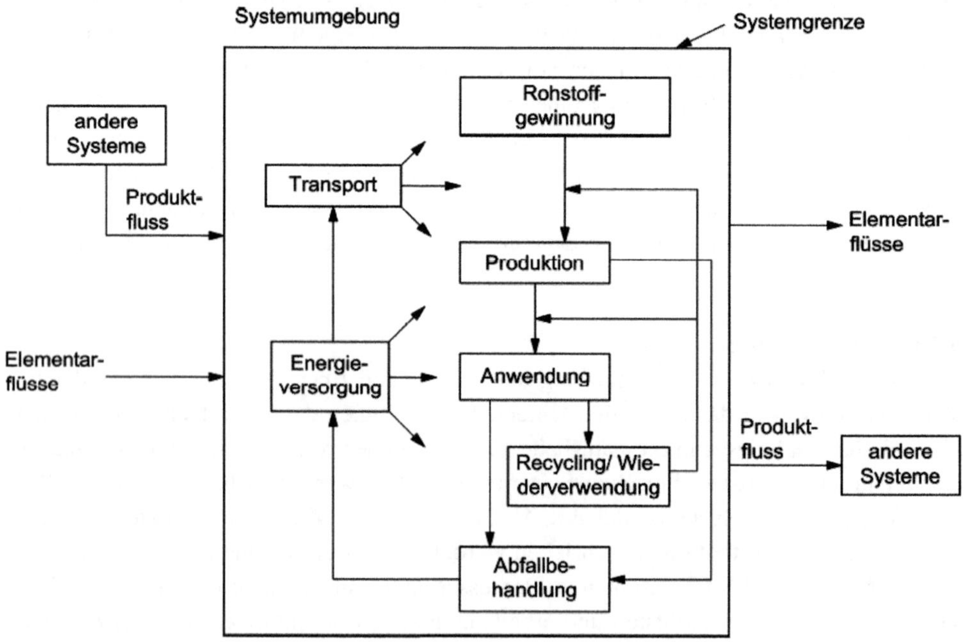

Abb. 5.4 Beispiel eines Produktsystems (nach [5.1])

Das Ziel der Sachbilanz kann in der in Tabelle 5.1 dargestellten Terminologie beschrieben werden als die Berechnung der Elementarflüsse: „Die Elementarflüsse enthalten die mit dem System verbundene Nutzung von Ressourcen und Emissionen in Luft, Wasser und Boden. ... Diese Daten sind die Sachbilanzergebnisse und bilden den Input für die Wirkungsabschätzung.“ [5.1]. Im Hinblick auf die spätere Wirkungsabschätzung können in der Sachbilanz aber auch solche Informationen quantitativ bilanziert werden, die keine Massen- oder Energieflüsse darstellen (z. B. Landnutzung, Lärmemissionen). Diese werden formal ebenfalls als Input- oder Output-Flüsse ausgewiesen.

Den schematischen Ablauf einer Sachbilanz zeigt Abb. 5.5. Er beginnt mit der Datenerhebung (d. h. der Ermittlung von Daten und Informationen über das System und seine einzelnen Prozesse). Daraus ergeben sich zwei Zwischenergebnisse:

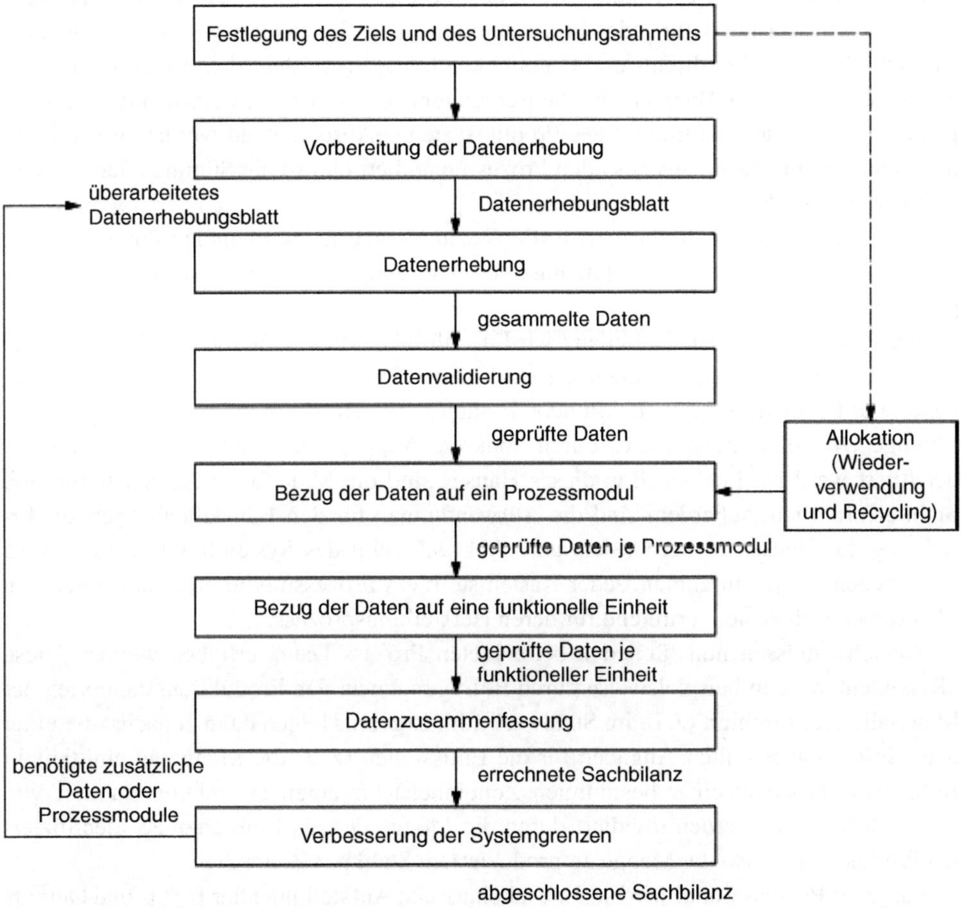

Abb. 5.5 Vereinfachtes Verfahren für eine Sachbilanz (nach [5.2])

- Zum einen ist dies die graphische Darstellung des Systems („Systemflussbild"), die alle Prozesse und ihre Verknüpfung durch Stoffflüsse abbildet.
- Zum anderen erfolgt für jeden einzelnen Prozess eine Zusammenstellung der recherchierten Daten zu Inputs und Outputs, zusammen mit einer Dokumentation aller Informationen, die zur Interpretation dieser Daten nötig sind (z. B. Informationen zu Mess- und Berechnungsverfahren).

Der Prozess der Datenerhebung beinhaltet die Validierung der Daten; dazu werden beispielsweise die Erstellung von Massen- und Energiebilanzen oder vergleichende Untersuchungen von Emissionsfaktoren vorgeschlagen [5.2]. Dabei muss explizit angegeben werden, wenn die Daten die in der ersten Ökobilanzphase (d. h. Ziel und Untersuchungsrahmen) formulierten Anforderungen an die Datenqualität nicht erfüllen [5.2].

Die anschließende Berechnung der Elementarflüsse erfordert verschiedene Arbeitsschritte. Zunächst muss für jedes Prozessmodul ein geeigneter Fluss bestimmt werden, auf den alle ermittelten Input- und Outputdaten bezogen werden (d. h. Referenzfluss des jeweiligen Prozesses). Dann erfolgt die Berechnung aller (Zwischen-)Produktflüsse bezogen auf die funktionelle Einheit des Produktsystems. Abschließend werden alle Teilbeiträge eines Elementarflusses aus allen Prozessen addiert und so die Summen der Elementarflüsse für das Produktsystem ermittelt.

Als Ergebnis der Sachbilanz wird die Gesamtmenge jedes Elementarflusses für den Lebenszyklus aus Herstellung, Nutzung und Entsorgung pro Einheit eines Produktes ausgewiesen.

Die Berechnung einer Sachbilanz wird nachfolgend an einem vereinfachten Beispiel eines Gebäudes dargestellt. Bilanziert wird hier exemplarisch nur die Herstellung (d. h. verkürzter Lebensweg). Als funktionelle Einheit wird „ein Haus" definiert (für eine vollständige Ökobilanz müsste dies durch konkrete Angaben zu Größe, Konstruktion etc. detailliert werden). Für den Bau dieses Hauses sind die Materialien Ziegel, Beton und Stahl erforderlich; außerdem sind die Aufwendungen für den Baustellenbetrieb zur Errichtung des Hauses zu berücksichtigen. Abb. 5.6 zeigt das Systemflussbild für den so beschriebenen Systemrahmen. Jeder Kasten stellt ein Prozessmodul dar; die Namen von Materialien stehen stellvertretend für deren Herstellungsprozess.

Zunächst müssen nun für jeden betrachteten Prozess Daten erhoben werden. Diese „Rohdaten" werden beispielsweise durch Befragungen an den Produktionsstandorten der Materialien recherchiert (z. B. im Stahlwerk). Im Ergebnis liegen dann zunächst die unter dem Kasten dargestellten Angaben für die Emissionen (z. B. die Menge an emittiertem Kohlenstoffdioxid in einer bestimmten Zeiteinheit) für einen Produktionsstandort vor. Diese „Rohdaten" werden dividiert durch die Menge des als Referenzfluss identifizierten Produkts, hier also die Menge an produziertem Stahl pro Zeiteinheit.

Für jedes Prozessmodul wird so eine tabellarische Aufstellung aller Inputs und Outputs bezogen auf eine Einheit des Referenzflusses erzeugt. Abbildung 5.6 zeigt beispielhaft Angaben für Kohlenstoffdioxid für alle Prozesse. Dabei wird deutlich, dass unterschiedliche Typen von Referenzflüssen definiert werden können. Im Fall der Baumaterialien ist

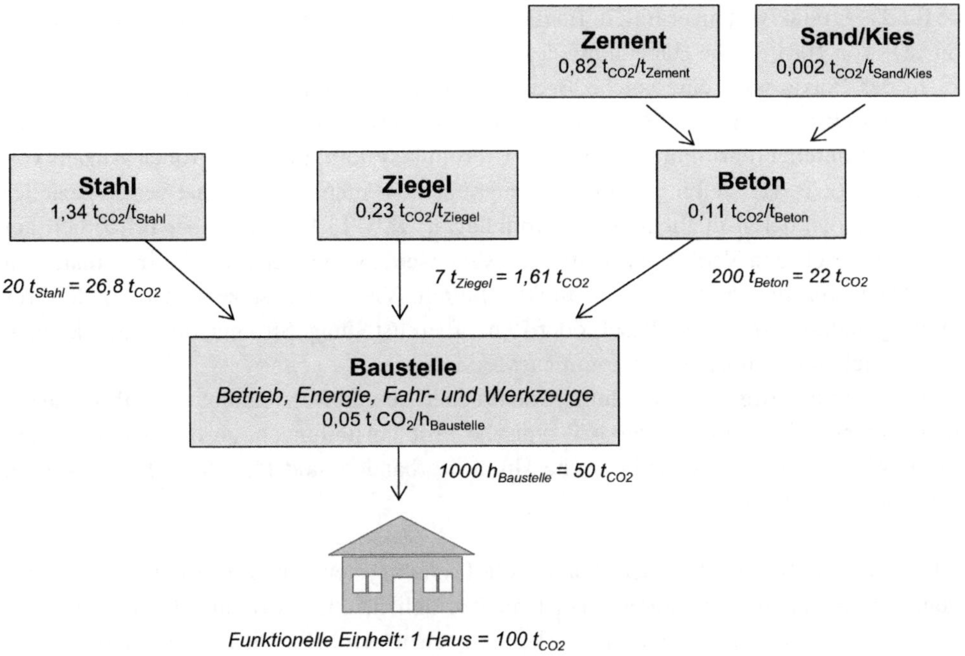

Abb. 5.6 Beispiel: Produktsystem „Herstellung eines Hauses"

dies eine Tonne Material und im Fall des Baustellenbetriebs werden alle Aufwendungen durch Transport und Geräte auf eine Betriebsstunde normiert.

Als nächster Schritt erfolgt die Berechnung aller (Zwischen-)Produktflüsse bezogen auf die funktionelle Einheit des Produktsystems (hier „ein Haus"). Es wird also die Frage beantwortet, „welche Menge eines Vorprodukts ist zur Bereitstellung einer funktionellen Einheit erforderlich?". In Abb. 5.6 wird dies beispielhaft für die Prozesse Zementherstellung und Sand/Kies-Gewinnung gezeigt. Für den Bau des Hauses werden 200 t Beton benötigt; entsprechend der Rezeptur des Betons entspricht dies 25 t Zement und 159 t Sand/Kies.

Daraus lassen sich nun die Mengen der resultierenden Elementarflüsse für jeden Prozess berechnen. Die tabellierten Angaben der Inputs und Outputs pro Einheit des Referenzflusses werden mit der Menge des zur Bereitstellung der funktionellen Einheit erforderlichen Produktes multipliziert; aus der Angabe 0,11 t CO_2/t Beton und der benötigten Menge von 200 t Beton ergibt sich der Beitrag von 22 t CO_2 aus dem Prozess der Betonherstellung für das hier bilanzierte Haus.

Der gleiche Elementarfluss kann auch bei mehreren Prozessen des Systems entstehen, wie in Abb. 5.6 für den Elementarfluss CO_2 dargestellt ist. Als letzter Arbeitsschritt der Berechnung werden daher alle Beiträge eines Elementarflusses aus allen Prozessen addiert (d. h. alle Materialien sowie Betrieb der Baustelle) und so die Summen der Elementarflüsse für das Produktsystem ermittelt. Im diskutierten Beispiel ergibt sich eine Gesamtmenge an CO_2 von 100 t für die Herstellung des betrachteten Hauses.

In der Praxis wird eine solche Berechnung nur für einfache und leicht überschaubare Produktsysteme „von Hand“ bzw. mit den „klassischen“ Tabellenkalkulationsprogrammen durchgeführt. Für ein komplexes Produktsystem mit einer großen Anzahl von Prozessen (z. B. Herstellung eines Fahrzeugs) bedient man sich üblicherweise spezieller Softwaretools, deren mathematische Grundlagen (z. B. [5.19]) sich aber prinzipiell am oben beschriebenen Vorgehen orientieren. Auch werden üblicherweise die Informationen und Daten für alle Prozesse nicht direkt ermittelt. Viele Datensätze – insbesondere für Hintergrundprozesse (z. B. Diesel- oder Benzinbereitstellung, Stromerzeugung) – können aus speziellen Datenbanken entnommen werden.

Bei einer derartigen Entwicklung, Datenrecherche und Berechnung eines Produktsystems ergeben sich erfahrungsgemäß typische Problemstellungen, zu deren Behandlung Vorgaben vorliegen oder methodische Hilfen vorhanden sind [5.1, 5.2]. Diese werden nachfolgend diskutiert.

Abschneidekriterien. In einem komplexen Produktsystem ist es innerhalb des vorhandenen Zeit- und Kostenrahmens meist nicht möglich, alle Stoff- und Energieflüsse in den z. T. komplex verzweigten Prozessketten nachzuverfolgen. Dies ist für die Fragestellung einer Ökobilanz auch nicht unbedingt nötig. Das System muss jedoch „vollständig“ beschrieben werden in dem Sinn, „dass alle relevanten Informationen und die für die Auswertung benötigten Daten zur Verfügung stehen und vollständig sind.“ [5.2].

Da die Relevanz einzelner Stoff- und Energieflüsse vor der Durchführung einer Ökobilanzstudie schwer zu beurteilen ist, hilft man sich mit sogenannten Abschneidekriterien; dies bedeutet, dass zunächst nur diejenigen Inputs und Outputs in die Sachbilanz mit einbezogen werden, deren Beitrag einen bestimmten, für den gesamten Input oder Output oder die gesamte Umwelteinwirkung des Systems festgelegten Prozentsatz übersteigt. Inputs und Outputs unterhalb des Schwellenwerts werden „abgeschnitten“, d. h. sie werden nicht berücksichtigt; beispielsweise wird oft festgelegt, dass Stoffströme mit einem Anteil unterhalb von 1 % des kumulierten Werts der Masse aller Stoffströme des Systems nicht berücksichtigt werden. Da die Masse allein allerdings häufig kein geeignetes Kriterium für die Umweltwirkung eines Stoffstroms ist, wird die zusätzliche Heranziehung der Energie und/oder der Umweltrelevanz ausdrücklich empfohlen [5.2]. Dabei ist der Begriff der Umweltrelevanz selbst nicht definiert [5.2]; er ergibt sich implizit aus Stoffcharakteristika, aber auch aus dem Ergebnis der Wirkungsabschätzung. Deshalb ist gerade hier ein iteratives Vorgehen bei der Erarbeitung einer Ökobilanzuntersuchung notwendig, bei dem geprüft wird, ob das Weglassen der „abgeschnittenen“ Stoffströme gerechtfertigt ist (d. h. ob ein signifikanter Einfluss auf das Ergebnis der Ökobilanz ausgeschlossen werden kann).

Datenlücken. Bei der Datenrecherche können sich Datenlücken ergeben; z. B. können Daten zu relevanten Stoffströmen nicht ermittelt werden, wenn hierzu beispielsweise noch keine Erkenntnisse vorliegen oder aber gemessene Daten für den Bearbeiter einer Ökobilanzstudie nicht zugänglich sind (u. a. aus Vertraulichkeitsgründen). Dies kann für die Ergebnisse einer Ökobilanz ein substanzielles Problem darstellen und muss daher klar ausgewiesen werden [5.2]: „Die Handhabung fehlender Daten muss dokumentiert werden.“ Bei allen Prozessmodulen und für jede Datenquelle, an denen fehlende Daten nachgewiesen werden, sollte die Bearbeitung der fehlenden Daten und von Datenlücken Folgendes ergeben:

- einen ‚Nichtnullwert‘, der erläutert ist,
- einen ‚Nullwert‘, falls begründet oder
- einen errechneten Wert, der auf aufgezeichneten Werten aus mit ähnlicher Technologie arbeitenden Prozessmodulen beruht.

Mehr-Produkt-Prozesse. Ein methodisches Problem tritt bei sogenannten Mehr-Produkt-Prozessen auf. Das sind technische Anlagen oder Prozesse, die mehr als ein Produkt generieren; typische Beispiele hierfür sind chemische Prozesse mit Haupt- und Nebenprodukten, Blockheizkraftwerke, die Strom und Wärme liefern, oder die Aufarbeitung von Erzen, aus denen mehrere Metalle gewonnen werden. Für die Berechnung des Produktsystems ist es notwendig, die Input- und Outputflüsse jedes Prozesses auf genau einen Referenzfluss zu beziehen. Um dies für Mehr-Produkt-Prozesse zu ermöglichen, müssen Input- und Output-Flüsse den beteiligten Produkten anteilig zugeordnet werden; man spricht von „Allokation“.

Eine derartige Allokation kann unterschiedlich realisiert werden. Dabei liegt die Präferenz auf einer Zuordnung, welche „die zugrundeliegenden physikalischen Beziehungen“ zwischen den Produkten widerspiegelt [5.2]. Praktisch bedeutet dies, dass die Inputs und Outputs des Prozesses im Verhältnis der Massen oder der Energieinhalte der Produkte aufgeteilt werden. Ist dies nicht möglich, „sollten die Inputs zwischen den Produkten und Funktionen so zugeordnet werden, dass sich darin andere Beziehungen zwischen ihnen widerspiegeln.“ Als eine solche Beziehung wird i. Allg. der ökonomische Wert der Produkte bzw. Dienstleistungen herangezogen, ein Vorgehen, das auch in der betrieblichen Kostenrechnung bei der Verteilung von Kosten auf Koppelprodukte üblich ist.

Eine andere Situation ergibt sich, wenn Outputs sowohl als Nebenprodukte als auch als Abfall betrachtet werden können. Dann soll das Verhältnis von Nebenprodukten zu Abfall ermittelt werden, da „die Inputs und Outputs nur den Nebenprodukten zugeordnet werden sollen“ [5.2]. Jedoch gibt die physikalische Beschaffenheit eines Stoffes meist keinen eindeutigen Aufschluss darüber, ob es sich um ein Nebenprodukt oder um einen Abfall handelt. Stattdessen wird oft der wirtschaftliche Wert betrachtet; ist er positiv, handelt es sich um ein Nebenprodukt, und ist er negativ, ist er als Abfall anzusehen.

Das Ergebnis einer Sachbilanz kann vom gewählten Allokationsansatz abhängen. Entsprechend umfangreich und kontrovers wurden und werden die unterschiedlichen Ansätze diskutiert (u. a. [5.20, 5.21, 5.22, 5.23]). Auch deshalb geben die Normen die Empfehlung, eine Allokation nach Möglichkeit zu vermeiden [5.1, 5.2]. Dazu kann ein Prozess zunächst aggregiert dargestellt werden, der in der Realität aber in Unterprozesse unterteilt wird. Ist dies nicht möglich, kann eine Allokation methodisch ersetzt werden durch die sogenannte Systemerweiterung; d. h. die „Erweiterung des Produktsystems durch Aufnahme zusätzlicher Funktionen, die sich auf Koppelprodukte beziehen" [5.2].

Eine derartige Systemerweiterung kann durch zwei unterschiedliche Ansätze erfolgen, die hier beispielhaft für die Stromerzeugung in zwei verschiedenen Kraftwerkstypen dargestellt werden. Das Kraftwerk Typ A stellt ausschließlich elektrische Energie bereit und das Kraftwerk Typ B sowohl elektrische als auch thermische Energie (d. h. zwei Produkte).

- Beim ersten Ansatz der Systemerweiterung, dem sogenannten Warenkorbverfahren, wird dem Kraftwerk Typ A (d. h. ohne Wärmeerzeugung) ein zusätzlicher Prozess („Äquivalenzprozess") zur Wärmeerzeugung gedanklich zugerechnet; d. h. das System muss die gleiche Menge Wärme „einkaufen", die das Kraftwerk Typ B erzeugt (z. B. durch Einzelheizung in Gebäuden, die beim Kraftwerk Typ B durch Fernwärme beheizt werden). Das Produktsystem für die zusätzliche Funktion (hier: die Erzeugung von Wärme) wird dabei nach dem aktuellen Stand der Technik abgebildet. Die zu diesem Produktsystem gehörigen Elementarflüsse werden zu denen des Produktsystems des Kraftwerks Typ A addiert.
- Beim zweiten Ansatz, der sogenannten Gutschriftenmethode, wird dem Kraftwerk Typ B die Erzeugung von Wärme „gutgeschrieben"; d. h. die Umweltbelastungen aus der Erzeugung von Wärme werden von den Umweltbelastungen des Kraftwerks abgezogen. Dies begründet sich dadurch, dass die zusätzliche Wärmebereitstellung die eigenständige Wärmeerzeugung an anderer Stelle ersetzt; beispielsweise ersetzt die Nutzung der Abwärme eines Kraftwerks für die Fernwärmeversorgung die Erzeugung von Wärme durch Heizungsanlagen in den versorgten Wohnungen. Zum Vergleich muss ebenfalls das Produktsystem für die zusätzliche Funktion – Erzeugung von Wärme – nach dem aktuellen Stand der Technik modelliert werden. Die zu diesem Produktsystem gehörigen Elementarflüsse werden von denen des Produktsystems des Kraftwerks Typ B subtrahiert („avoided burden").

Hinsichtlich des angestrebten Systemvergleichs führen beide Ansätze prinzipiell zum gleichen Ergebnis. Aus mathematischer Sicht kann es bei der Gutschriftenmethode jedoch zu „negativen" Emissionen kommen, wenn die Gutschrift höher ist als die Emissionen des Gesamtsystems.

Auch die Systemerweiterung liefert keine einfachen Antworten auf das komplexe Problem der Mehr-Produkt-Prozesse. Beispielsweise kann es ergebnisbestimmend sein, welche Technologie für einen Äquivalenzprozess unterstellt wird. Wird im oben genannten Beispiel Wärme durch alte, ineffiziente Ölheizungen bereitgestellt, fallen die Einsparungen durch Fernwärme wesentlich höher aus als bei einem Vergleich mit modernen Gasbrennwertheizungen oder der zusätzliche Nutzung von Solarkollektoren. Gutschriften können das Ergebnis eines Produktvergleichs auf die eine oder die andere Seite verschieben (u. a. [5.24, 5.25, 5.26]). Deshalb sollte dieses Problem in einer entsprechenden Untersuchung ausführlich diskutiert werden.

Als ein Sonderfall der Mehrproduktsysteme kann das Recycling bzw. die Wiederverwendung von Produkten interpretiert werden [5.2]. In „offenen" Kreisläufen (d. h. dort, wo das ursprüngliche Produkt bei der Verwertung in ein völlig anderes Produkt überführt wird wie z. B. Glasabfall als Füllmaterial für Straßen) besteht ebenfalls die Frage, wie die Umweltlasten zwischen zwei Produkten aufzuteilen sind. Auch hierzu liegen unterschiedliche methodische Ansätze vor (z. B. [5.5, 5.20]) und die Ergebnisse einer Ökobilanz sind sehr stark vom gewählten methodischen Ansatz abhängig; beispielsweise wird durch die Wahl einer Vorgehensweise der „erste" oder „letzte" Akteur einer Recyclingkette bevorzugt oder benachteiligt [5.5].

Datenbanken und Software. Für die Durchführung einer Sachbilanz (und der Wirkungsabschätzung) werden umfangreiche Informationen und eine Vielzahl von Daten benötigt, deren Erhebung meist einen großen Anteil am gesamten Untersuchungsaufwand hat. Je nach Fragestellung, aber auch begrenzt durch die praktisch zur Verfügung stehenden Mittel – und damit die Arbeitszeit der Bearbeiter, werden diese Daten neu erhoben, recherchiert oder aus bestehenden Datenbanken übernommen. Für Vordergrundprozesse (d. h. solche Prozesse, die speziell auf die Belange der Ökobilanzuntersuchung ausgerichtet sind, wie etwa einen bestimmten technischen Prozess an einem definierten Produktionsstandort oder die Eigenschaften eines realen Produktes eines bestimmten Unternehmens) sollen nach Möglichkeit spezifische Daten benutzt werden. Für die Vielzahl von Hintergrundprozessen (u. a. die Bereitstellung von Energie, Infrastruktur oder Grundstoffen) werden die benötigen Informationen meist aus vorhandenen Datenbanken entnommen. Dies erspart Arbeitszeit und damit Kosten, hat aber auch prinzipielle Vorteile: in Datenbanken werden meist qualitätsgesicherte Datensätze für bestimmte repräsentative Randbedingungen bereitgestellt (z. B. Strommix eines bestimmten Landes). Es gibt eine Reihe von Datenbanken, die teilweise in Softwaretools für die Ökobilanzierung integriert sind (u. a. Datenbank ecoinvent [5.27], European Reference Life Cycle Database [5.28]).

Die Berechnung der Sachbilanzen (und der Wirkungsabschätzung) kann mit Tabellenkalkulationsprogrammen erfolgen. Dies wird bei umfangreichen Bilanzen jedoch schnell unhandlich. Komfortabler ist daher die Verwendung von spezifischer Software für die Ökobilanzierung, welche die Kalkulation der Sachbilanz einfacher und übersichtlicher machen, die Einbindung von Datenbanken ermöglichen sowie unterschiedliche Methoden der Wirkungsabschätzung integriert haben. Neben zahlreichen kommerziellen Softwaretools sind heute auch Open Source Tools verfügbar (z. B. [5.29]) [5.30].

5.1.1.3 Wirkungsabschätzung

Die Phase der Wirkungsabschätzung ist konstituierend für den Anspruch der Ökobilanz, über die quantitative Erfassung von Stoffströmen hinaus auch deren Wirkungen auf die Umwelt zu erfassen. Ziel ist es, eine umfassende Beurteilung aller Umweltwirkungen zu ermöglichen und unterschiedliche Wirkungen auf die Umwelt miteinander vergleichbar zu machen. Eine solche Vergleichbarkeit ist aber letztlich nur erreichbar unter Einbeziehung von Bewertungsschritten. Deshalb besteht diese Phase der Wirkungsabschätzung aus verbindlichen und optionalen Bestandteilen (Abb. 5.7).

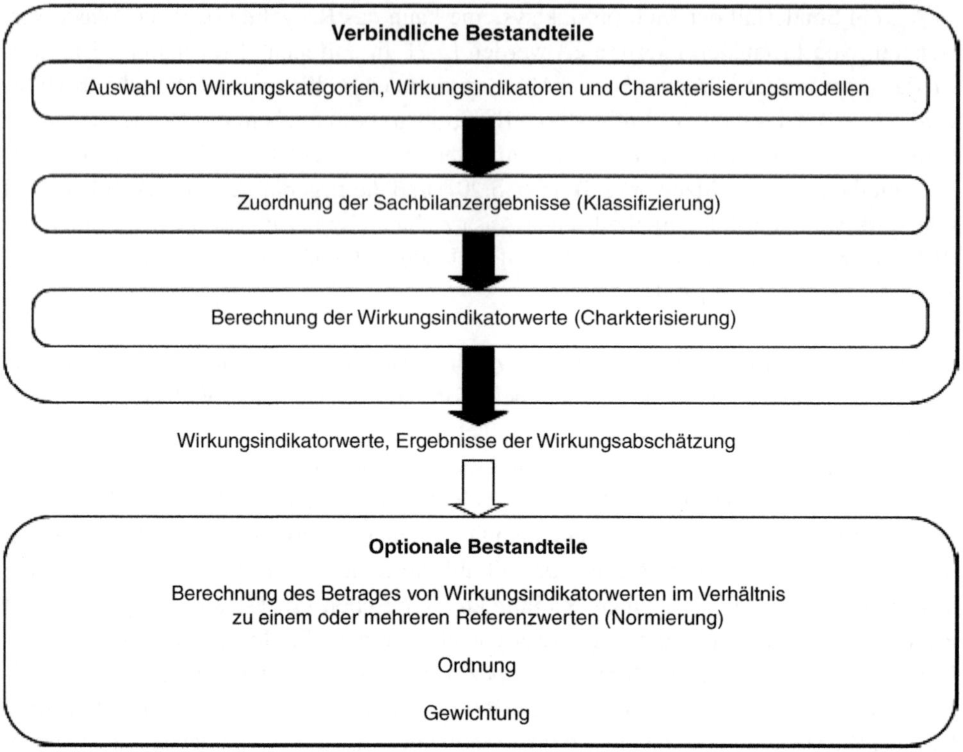

Abb. 5.7 Bestandteile der Wirkungsabschätzung (nach [5.1])

Während die verbindlichen Bestandteile weitgehend auf naturwissenschaftlichen Modellen beruhen und primär der Analyse und quantitativen Bestimmung einzelner Umweltwirkungen dienen, umfassen die optionalen Bestandteile Verfahrensschritte einer Gewichtung verschiedener Umweltwirkungen, die zu einer vergleichenden Bewertung unterschiedlicher Umweltwirkungen führen. Mit diesem Vorgehen sollen die Bereiche einer auf die Naturwissenschaften gestützten Analyse und die einer auf subjektiven Präferenzen beruhenden Bewertung möglichst klar voneinander getrennt werden.

Wirkungsindikatoren. Die obligatorischen Bestandteile der Wirkungsabschätzung beinhalten drei Schritte: Auswahl von Wirkungskategorien, die Klassifizierung und die Charakterisierung. Die in diesen Schritten verwendeten Definitionen zeigt Tabelle 5.2.

Zum besseren Verständnis dieser Begrifflichkeiten sind in Tabelle 5.3 die in Tabelle 5.2 definierten Begriffe am Beispiel der Wirkungskategorie „Klimawandel/anthropogener Treibhauseffekt" zusammengestellt.

Erster Arbeitsschritt. Der erste obligatorische Arbeitsschritt bei der Wirkungsabschätzung ist die Auswahl von Wirkungskategorien. Jede Wirkungskategorie steht für ein be-

Tabelle 5.2 Begriffsdefinitionen Wirkungsabschätzung [5.2]

Wirkungskategorie	Klasse, die wichtige Umweltthemen repräsentiert und der Sachbilanzergebnisse zugeordnet werden können.
Charakterisierungs-modell	Nicht explizit definiert, aber implizit aus der Definition des Charakterisierungsfaktors ableitbar (siehe unten); Modell, das für die Umwandlung des zugeordneten Sachbilanzergebnisses in die gemeinsame Einheit des Wirkungsindikators angewendet wird.
Charakterisierungs-faktor	Faktor, der aus einem Charakterisierungsmodell abgeleitet wird, das für die Umwandlung des zugeordneten Sachbilanzergebnisses in die gemeinsame Einheit des Wirkungsindikators angewendet wird.
Wirkungskategorie-Indikator (kurz „Wirkungsindikator")	Quantifizierbare Darstellung einer Wirkungskategorie.
Wirkungsendpunkt	Eigenschaft oder Aspekt der natürlichen Umwelt, der menschlichen Gesundheit oder der Ressourcen, die oder der ein Umweltthema identifiziert, das Grund zur Besorgnis darstellt.

stimmtes Umweltproblem (z. B. Klimawandel/anthropogener Treibhauseffekt, Versauerung aquatischer und terrestrischer Ökosysteme). Die Auswahl von Wirkungskategorien muss aber schon Bestandteil der ersten Phase der Ökobilanz (d. h. Ziel und Untersuchungsrahmen) sein. Sie muss hier jedoch – im Lichte der Erkenntnisse aus der Sachbilanz – überprüft und ggf. modifiziert werden.

Die Normen [5.1, 5.2] fordern generell eine Orientierung an der Relevanz für die Umwelt und eine Vollständigkeit im Hinblick auf die Fragestellung der Ökobilanz: „Unter

Tabelle 5.3 Begriffsbeispiele der Wirkungsabschätzung [5.2]

Begriff	Beispiel
Wirkungskategorie	Klimaänderung.
Sachbilanz-Ergebnisse (LCI)	Menge an Treibhausgas pro funktioneller Einheit.
Charakterisierungsmodell	Szenario „Baseline" über 100 Jahre des Zwischenstaatlichen Ausschusses für Klimaänderungen (Intergovernmental Panel on Climate Change).
Wirkungsindikator	Verstärkung der Infrarotstrahlung (W/m^2).
Charakterisierungsfaktor	Treibhauspotenzial (GWP 100) für jedes Treibhausgas (kg CO_2-Äquivalente/kg Gas).
Wirkungsindikatorwert	Kilogramm CO_2-Äquivalente pro funktioneller Einheit.
Wirkungsendpunkte	Korallenriffe, Wälder, Ernten.
Umweltrelevanz	Die Verstärkung der Infrarotstrahlung steht stellvertretend für mögliche Wirkungen auf das Klima, die von der integrierten atmosphärischen Wärmeaufnahme, hervorgerufen durch Emissionen und die Verteilung über die Dauer der Wärmeaufnahme, abhängen.

Berücksichtigung des Ziels und des Untersuchungsrahmens muss die Auswahl der Wirkungskategorien einen umfassenden Satz von mit dem zu untersuchenden Produktsystem verbundenen Umweltthemen widerspiegeln." [5.2]. Die Relevanz von Umweltthemen für eine bestimmte Fragestellung ist aber nicht immer eindeutig zu ermitteln und auch naturwissenschaftlich begründete Aussagen zu Umweltwirkungen können widersprüchlich sein. Die Auswahl von Wirkungskategorien stellt daher eine erste normative Entscheidung im Rahmen der Wirkungsabschätzung dar, die subjektive Einschätzungen und Präferenzen des Bearbeiters widerspiegelt und die Ergebnisse der Untersuchung maßgeblich beeinflusst.

Für jede ausgewählte Wirkungskategorie müssen Charakterisierungsmodell und Wirkungsindikator bestimmt werden. Das Charakterisierungsmodell beschreibt die vollständige Ursache-Wirkungs-Kette von den in der Sachbilanz ermittelten Elementarflüssen bis hin zu den Wirkungsendpunkten. Meist existieren aber unterschiedliche Modelle zur Beschreibung solcher Ursache-Wirkungs-Ketten für ein bestimmtes Umweltthema. Deshalb ist keines dieser Modelle verbindlich vorgeschrieben [5.1, 5.2]; die Auswahl wird dem Bearbeiter überlassen. Es werden aber allgemeine Empfehlungen gegeben (u. a. das Charakterisierungsmodell soll wissenschaftlich begründet und international akzeptiert sein).

Innerhalb des gewählten Charakterisierungsmodells wird nun der Wirkungsindikator festgelegt. Dieser „sollte umweltrelevant sein" und möglichst „die aggregierten Wirkungen von Inputs und Outputs des Produktsystems auf den oder die Wirkungsendpunkt(e) darstellen" [5.2]. Er kann „frei zwischen den Sachbilanzergebnissen und Wirkungsendpunkten entlang des gesamten Umweltwirkungsmechanismus gewählt werden" [5.2]. Dieses Konzept der Wirkungsindikatoren zeigt Abb. 5.8.

Auch für die Wahl des Wirkungsindikators hat der Bearbeiter einer Ökobilanz also einen Ermessensspielraum. Modelle für die Wirkungsabschätzung bieten als Wirkungsindikatoren sowohl Mid-Point- als auch End-Point-Indikatoren an.

- Ein Mid-Point-Indikator gibt ein Maß für einen naturwissenschaftlich beschreibbaren Effekt an, der eine Beziehung zum Wirkungsendpunkt hat, diesen aber nicht selbst beschreibt.
- Ein End-Point-Indikator dagegen stellt ein direktes Maß für den Wirkungsendpunkt selbst dar; dies ist i. Allg. hinsichtlich der dafür eingesetzten Modelle und Annahmen deutlich anspruchsvoller.

Zweiter Arbeitsschritt. Im zweiten Schritt der Wirkungsabschätzung, der Klassifizierung, wird jeder in der Sachbilanz ermittelte Elementarfluss einer Wirkungskategorie zugeordnet. Dabei tragen i. Allg. mehrere oder sehr viele Flüsse zu einer Wirkungskategorie bei. Ein Elementarfluss kann aber auch zu mehreren Wirkungskategorien beitragen. Dabei müssen sowohl parallele als auch serielle Mechanismen beachtet werden.

- Bei parallelen Mechanismen treten mehrfache Wirkungen des gleichen Stoffes auf. Beispielsweise tragen Fluorchlorkohlenwasserstoffe (FCKW), die als Kältemittel oder

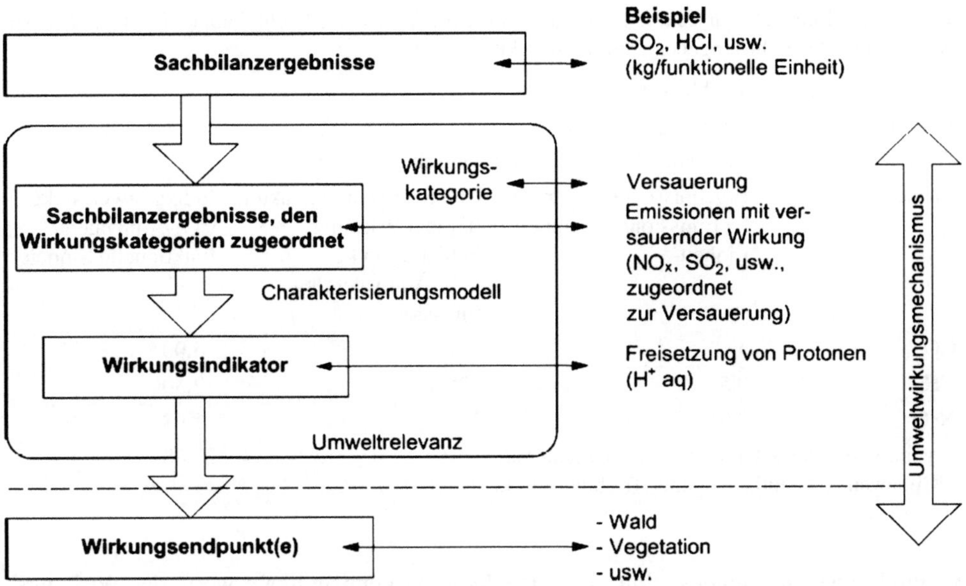

Abb. 5.8 Konzept der Wirkungsindikatoren (nach [5.2])

Treibgase Verwendung fanden, sowohl zum stratosphärischen Ozonabbau als auch zum Klimawandel/anthropogenen Treibhauseffekt bei.

- Bei seriellen Mechanismen ist der Stoff selbst einer Umweltkategorie zuzuordnen; er wird aber in der Umwelt umgewandelt in einen weiteren Stoff, der einer zweiten Umweltkategorie zugeordnet werden kann. Beispielsweise tragen Stickstoffoxide zur Versauerung von aquatischen und terrestrischen Ökosystemen bei; sie sind aber auch beteiligt am Bildungsmechanismus für bodennahes Ozon, das der Wirkungskategorie „Smog" zuzuordnen ist.

Dritter Arbeitsschritt. Der dritte Schritt, die Charakterisierung, dient der Berechnung von Werten des ausgewählten Wirkungsindikators („Wirkungsindikatorwerte") für die einzelnen einer Kategorie zugeordneten Elementarflüsse. Dabei wird für jeden Elementarfluss das Ergebnis der Sachbilanz mit dem Charakterisierungsfaktor dieses Stoffes für die jeweilige Wirkungskategorie multipliziert. Im Ergebnis werden alle einer Wirkungskategorie zugeordneten Elementarflüsse in eine gemeinsame Einheit umgewandelt. Die Summe aller Teilbeiträge der einzelnen Elementarflüsse ergibt das Ergebnis für die Wirkungskategorie. Ein Beispiel einer solchen Berechnung zeigt Tabelle 5.4.

Weitere Aspekte. Um eine klare Trennung zwischen dem Bereich der auf die Naturwissenschaften gestützten Analyse und der nachfolgenden optionalen, auf subjektiven Präferenzen beruhenden Bewertung zu erreichen, wird eine ausführliche Dokumentation der Ergebnisse gefordert [5.1, 5.2]. „Nach der Charakterisierung ... werden die Inputs und Outputs des Produktsystems z. B. auf folgende Weise dargestellt:

Tabelle 5.4 Beispiele zur Charakterisierung von Ergebnissen der Sachbilanz (Wirkungskategorie „Klimawandel"/„anthropogener Treibhauseffekt") [5.31]

Wirkungskategorie	Treibhauseffekt		
Wirkungsmodell	$GWP_{100years}$ [5.31]		
Wirkungsindikator	Erhöhung des Infrarotstrahlungsantrieb (W/m^2)		
Elementarfluss	Ergebnisse Sachbilanz in kg Emission/funktionelle Einheit	Charakterisierungsfaktor (Global Warming Potential) in kg CO_2-Äquivalent/kg Emission	Indikatorwert in kg CO_2-Äquivalent/ funktionelle Einheit
CO_2	5	1	5,00
CH_4	0,5	25	12,50
N_2O	0,01	298	2,98
Ergebnis der Charakterisierung für die Kategorie „Klimawandel"/„anthropogener Treibhauseffekt"			20,48

- durch eine Zusammenstellung der einzelnen Wirkungsindikatorwerte der Wirkungsabschätzung für verschiedene Wirkungskategorien, bezeichnet als Wirkungsabschätzungsprofil;
- durch einen Satz von Sachbilanzergebnissen, die Elementarflüsse sind, jedoch nicht den Wirkungskategorien zugeordnet wurden (z. B. aufgrund mangelnder Umweltrelevanz) und
- durch einen Satz von Daten, die keine Elementarflüsse darstellen." [5.2]

Der optionale Bereich der Wirkungsabschätzung umfasst die drei Schritte Normierung, Ordnung und Gewichtung (Tabelle 5.5). Sie werden nachfolgend diskutiert.

- Die Normierung vergleicht das Ergebnis der Charakterisierung mit einem Referenzwert und zeigt so den jeweiligen spezifischen Anteil eines Produktes oder einer Dienstleistung auf. Der aus der Charakterisierung hergeleitete Wert wird durch den für das Referenzsystem geltenden Wert dividiert. Meist wird das für das betrachtete Produkt/die untersuchte Dienstleistung errechnete Ergebnis einer Kategorie in Beziehung gesetzt zu den gesamten Wirkungen der Kategorie in einem Bezugsraum (z. B. ein Land, eine Region). Dazu muss der Gesamtverbrauch des entsprechenden Produktes im Bezugs-

Tabelle 5.5 Optionale Schritte der Wirkungsabschätzung [5.2]

Normierung	Berechnung der Größenordnung der Wirkungsindikatorwerte in Bezug auf Referenzdaten
Ordnung	Einteilung von Wirkungskategorien in eine oder mehrere Klassen
Gewichtung	Verfahren zur Umwandlung der Indikatorwerte verschiedener Wirkungskategorien unter Verwendung numerischer Faktoren, die auf Werthaltungen beruhen

raum (z. B. Deutschland) bekannt sein. So kann im Beispiel der Wirkungskategorie „Klimawandel"/„anthropogener Treibhauseffekt" die Menge der auf das Produkt zurückzuführenden CO_2-Äquivalente in Beziehung gesetzt werden zur Gesamtmenge der in Deutschland emittierten Treibhausgase, berechnet ebenfalls als CO_2-Äquivalente. Möglich ist auch eine Normierung auf den Einwohner (d. h. pro-Kopf-Werte).

- Die Ordnung unterteilt die Ergebnisse der Charakterisierung in mehrere Gruppen und ordnet diese nach Relevanz. Möglich ist z. B. eine Ordnung in Bezug auf die geographische Relevanz (lokal, regional, global). Oder die Wirkungskategorien selbst werden nach Dringlichkeit der Umweltproblematik geordnet. Ziel dieser Gruppenbildung ist eine Prioritätenbildung; die Gruppen können beispielsweise nach einer hohen, mittleren oder niedrigen Priorität oder allgemein nach einem ordinalen System geordnet werden. Dieser Schritt beinhaltet eine Wertung, die dadurch sichtbar wird, dass das Ergebnis dieser Wertung verbal transportiert wird (z. B. durch tabellarische Zuordnung der Wirkungskategorien zu den jeweiligen Gruppen).
- Bei der Gewichtung werden im Gegensatz dazu die auf den Wirkungsindikatoren basierenden Ergebnisse mittels numerischer Größen in Zahlenwerte umgewandelt. Dies kann für jedes einzelne Indikatoren- oder Normierungsergebnis mittels Gewichtungsfaktoren durchgeführt werden. Es ist aber auch möglich, Ergebnisse über Wirkungskategorien zu aggregieren; letztlich ist hier eine Zusammenfassung aller Ergebnisse der Ökobilanz bis hin zu einem einzelnen Indikator möglich. Dieser Schritt wird besonders kritisch gesehen [5.1, 5.2]; „Die Gewichtungsschritte beruhen auf Werthaltungen und sind nicht wissenschaftlich begründet." [5.2] Es ist daher besonders wichtig, für eine transparente Dokumentation zu sorgen; insbesondere wird gefordert, dass „Daten und Indikatorwerte oder normierte Indikatorwerte, die vor der Gewichtung erhalten wurden, ... zusammen mit den Gewichtungsergebnissen verfügbar gemacht werden (sollten)." [5.2]

Die Phase der Wirkungsabschätzung wird abgeschlossen durch eine Analyse der Datenqualität, die ein „besseres Verständnis der Zuverlässigkeit der Sammlung der Indikatorwerte, des Wirkungsabschätzungsprofils" sicherstellen soll [5.2]. Die Ergebnisse dieser Wirkungsabschätzung werden meist zusammenfassend in einem sogenannten Wirkungsabschätzungsprofil dokumentiert; dies kann entweder auf der Basis der Ergebnisse der verbindlichen Arbeitsschritte erfolgen oder aber nach einer Normierung („normiertes Wirkungsabschätzungsprofil").

Methoden der Wirkungsabschätzung. Seit den 1990er Jahren wurden für eine Reihe von Wirkungskategorien Charakterisierungsmodelle entwickelt. Während die frühen Methoden Wirkungsindikatoren als Mid-point-Indikatoren definieren, bieten die später entwickelten Ansätze auch End-Point-Indikatoren an; letztere orientieren sich an Schutzgütern bzw. Schadenskategorien (englisch als „safeguard subject", „area of protection" oder „damage category" bezeichnet) [5.20]. Die methodischen Vorgaben der Normen [5.1, 5.2] beschränken sich dabei nur auf die Beschreibung des Konzepts der Wirkungskategorien, nennen aber keine konkreten Methoden der Wirkungsabschätzung.

Tabelle 5.6 zeigt häufig verwendete Wirkungskategorien sowie Schutzgüter bzw. Schadenskategorien. Als Strukturierungsmerkmal wird die Unterscheidung in „Input-bezogene“ Kategorien (z. B. Ressourcenverbrauch) und „Output-bezogene“ Kategorien (z. B. Sommersmog) herangezogen. Die letztgenannten bilden solche Umweltwirkungen ab, die auf der Emission von Schadstoffen in die Umwelt beruhen.

Die Arbeiten zur Wirkungsabschätzung haben jedoch nicht nur Charakterisierungsmodelle für einzelne Kategorien bereitgestellt, sondern auch zur Entwicklung von Methoden geführt, die eine Reihe von Wirkungskategorien umfassen und diese zu einem konsistenten System mit Mid-Point- und End-Point-Indikatoren verknüpfen. Exemplarisch zeigt Abb. 5.9 die Vorgehensweise von IMPACT 2002+, bei der die Sachbilanzergebnisse sogenannten Mid-Point Kategorien zugeordnet werden, die wiederum zu vier Schadenskategorien zusammengefasst werden [5.32].

Daneben existieren auch Methoden, die sich konzeptionell von schadensorientierten Ansätzen unterscheiden. Ein Beispiel ist die Methode der ökologischen Knappheit; sie wurde als eine der frühesten Ansätze zur Bewertung von Umweltauswirkungen entwickelt [5.33] und später aktualisiert [5.34]. Sie beruht auf einem sogenannten Distance-to-target-Ansatz. Als ökologische Knappheit wird das Verhältnis des aktuellen Flusses eines Stoffes in einem bestimmten Gebiet im Verhältnis zu den umweltpolitischen Zielsetzungen für diesen Stoff definiert. Das Ergebnis wird als sogenannte Ökopunkte ausgewiesen, mit denen unterschiedliche Umweltwirkungen zusammenfassend bewertet werden können.

Ein Überblick über aktuelle Wirkungsabschätzungsmethoden findet sich in [5.35]. Tabelle 5.7 zeigt beispielhaft vier häufig angewandte Systeme.

5.1.1.4 Auswertung

Die Auswertung als vierte und letzte Phase einer Ökobilanz dient „zur Ableitung von Schlussfolgerungen, Erläuterung von Einschränkungen und zum Aussprechen von Empfehlungen“ [5.1]. Die detaillierten und meist komplexen Ergebnisse der Ökobilanz sollen hier also so aufbereitet, kommentiert und zusammengefasst werden, dass verständliche Aussagen für die Zielgruppe der jeweiligen Untersuchung resultieren und eine Unterstüt-

Tabelle 5.6 Häufig verwendete Wirkungskategorien und Schutzgüter

Wirkungskategorie		Schutzgüter
Input-orientiert	Output-orientiert	
Ressourcenverbrauch (abiotisch, biotisch) Naturraumbeanspruchung (Land)	Treibhauseffekt Versauerung Eutrophierung Stratosphärischer Ozonabbau Sommersmog Ökotoxizität Humantoxizität	Menschliche Gesundheit Qualität von Ökosystemen Ressourcen

Tabelle 5.7 Methoden der Wirkungsabschätzung

CML 2002	Diese Methode ist eine Aktualisierung der durch die gleiche Institution bereits 1992 entwickelten Wirkungskategorien [5.36]. Es handelt sich um einen Mid-Point-orientierten/problemorientierten Ansatz, der unmittelbar auf die Umsetzung der Vorgaben aus den ISO-Normen 14040 und 14044 orientiert ist. Die Baseline-Version umfasst 10 Wirkungskategorien (d. h. Ozonabbau, Humantoxizität, Süßwasser- und Salzwasserökotoxizität, terrestrische Ökotoxizität, photochemische Oxidation, Treibhauseffekt (GWP), Versauerung, abiotische Ausbeutung, Eutrophierung). Eine zweite Version erweitert die Methode um weitere Wirkungskategorien, die entsprechend der Ziele einer Ökobilanzuntersuchung zusätzlich empfohlen werden. Weiterhin umfasst diese Methode Faktoren für die Normierung, jedoch keine Gewichtungsfaktoren [5.37, 5.38].
Eco-Indicator 99	Diese Methode, eine Weiterentwicklung des Eco-Indicator 95 Ansatzes, ist schadensorientiert. Sie erfasst die 11 Mid-Point-Wirkungskategorien (Klimawandel, Ozonabbau, Versauerung/Eutrophierung, karzinogene Effekte, respiratorische Effekte (anorganisch), respiratorische Effekte (organisch), ionisierende Strahlung, Ökotoxizität, Landnutzung, mineralische Ressourcen, fossile Energieträger) und fasst sie zu drei Schadenskategorien mit End-Point-Indikatoren zusammen. Zusätzlich werden Gewichtungsfaktoren angeboten, die auf Grundlage einer Panel-Befragung errechnet wurden und mit denen die Schadenskategorien zu einer einheitlichen Kennzahl (Eco-Indicator-Points) aggregiert werden können [5.39, 5.40].
IMPACT 2002+	Hier handelt es ich um einen kombinierten Mid-Point- und End-Point-Ansatz, in dem insbesondere die Bewertung von Human- und Ökotoxizität im Vordergrund steht [5.32, 5.41]. Dazu werden 13 Wirkungskategorien erfasst (Humantoxizität, respiratorische Effekte, ionisierende Strahlung, Ozonabbau, Photooxidantien, aquatische Ökotoxizität, terrestrische Ökotoxizität, aquatische Eutrophierung, terrestrische Eutrophierung/Versauerung, Landnutzung, Treibhauseffekt, nicht-erneuerbare Energieträger, mineralische Ressourcen), denen vier Schadenskategorien zugeordnet werden: • Humangesundheit in [DALY] (DALY; engl. Disability-Adjusted Life Years); • Ökosystemqualität in [PDF m^2 a] (PDF; engl. Potentially Disappeared Species); • Klimawandel in [kg CO_2-Äquivalente]; • Ressourcen in [MJ].
ReCiPe 2008	Die ReCiPe-Methode ist ein kombinierter Mid-Point-End-Point-Ansatz und basiert auf den Methoden CML 2001 und Eco-Indicator 99 mit dem Ziel, einen konsistenten Rahmen für die Einordnung von Mit-Point- und End-Point-Indikatoren zu entwickeln. Im Zuge der Erarbeitung wurden aber auch die existierenden Wirkungskategorien überarbeitet und um zusätzliche Wirkungskategorien ergänzt. Insgesamt werden nun 18 Wirkungskategorien mit drei Schadenskategorien verknüpft. • Schaden an Humangesundheit in [DALY]; • Ökosystemdiversität in [PDF m^2 a]; • Ressourcen (surplus energy cost) in [US$/kg] oder [US$/m^3]. Als Indikator für die Schadenskategorie Ressourcen werden die sogenannten surplus energy cost ausgewiesen; dies sind die zukünftigen globalen Kosten für zusätzlichen Energieaufwand zur Gewinnung von Ressourcen [5.42].

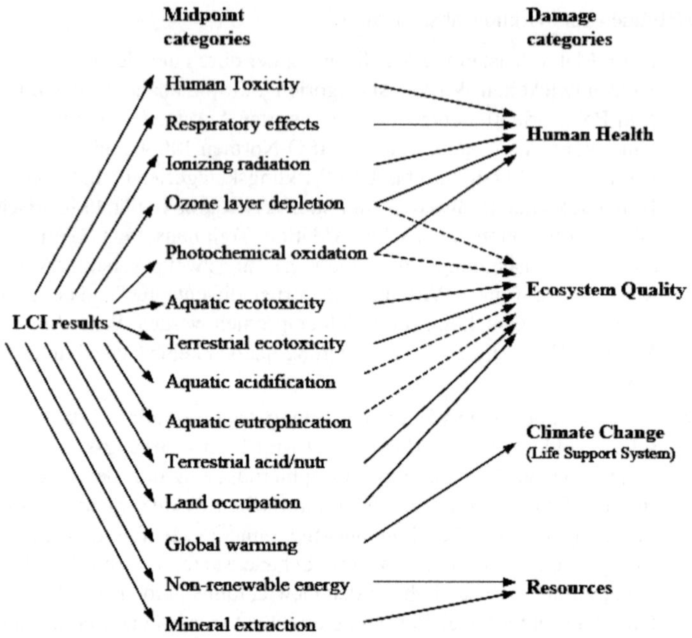

Abb. 5.9 Wirkungskategorien und Schadenskategorien in IMPACT 2002+ (nach [5.32])

zung für Entscheidungsträger abgeleitet werden kann. Die wesentlichen Bestandteile der Phase der Auswertung sind:

- „Identifizierung der signifikanten Parameter auf der Grundlage der Ergebnisse der Phase der Sachbilanz und der Wirkungsabschätzung der Ökobilanz;
- Beurteilung, welche die Vollständigkeits-, Sensitivitäts- und Konsistenzprüfungen berücksichtigt;
- Schlussfolgerungen, Einschränkungen und Empfehlungen" [5.2].

Dabei gibt es nur wenige spezifische Anweisungen für die genannten Prüfverfahren [5.2]. Die Identifizierung der signifikanten Parameter muss umfassend sein und alle vorliegenden Informationen mit einbeziehen. Die Wahl der Methoden bleibt dabei dem Bearbeiter überlassen. Die Anwendung der drei genannten quantitativen Methoden soll „erwogen werden", ergänzt um Ergebnisse der Fehlerabschätzung und der Analyse der Datenqualität. Abschließend werden Schlussfolgerungen gezogen, aber auch Einschränkungen identifiziert, sowie die Ergebnisse zu Empfehlungen für die angesprochene Zielgruppe zusammengefasst.

Insgesamt soll die Beurteilungsphase der kritischen Überprüfung der eigenen Arbeiten dienen und eine klare und verständliche Kommunikation der Ergebnisse unterstützen. Im Hinblick auf den letzten Punkt werden Anforderungen an die Berichterstattung formuliert [5.1, 5.2].

5.1.2 Spezialformen

Martin Kaltschmitt und Liselotte Schebek

Das bislang vorgestellte methodische Vorgehen der Ökobilanzierung gilt grundsätzlich für alle zu untersuchenden potenziellen Umweltwirkungen. Insbesondere infolge der Öl(preis)krisen in den Jahren 1973 und 1979/80 sowie durch die an gesellschaftlicher Relevanz gewonnene Diskussion um die Klimawirksamkeit fossiler CO_2-Emissionen – und der daraus resultierenden politischen Maßnahmen – sind die Endlichkeit fossiler Energieressourcen und deren Nutzung zunehmend in den Fokus der Energie- und Umweltdebatte gerückt. Als Folge der intensiven Diskussion um diese Themen nicht nur in der Wissenschaft, sondern auch im politischen Raum, sind parallel bzw. aufeinander aufbauend mehrere methodische Umweltbewertungsansätze entwickelt worden, die nicht in allen Punkten mit der ISO 14040 und 14044 [5.1, 5.2] übereinstimmen bzw. aufgrund der speziellen Interessenlage über die Inhalte dieser Normen hinausgehen und daher nachfolgend eingehender diskutiert werden.

Dies umfasst zunächst den Carbon Footprint (engl. Kohlenstoff-Fußabdruck) als eine Sonderform der Ökobilanz, in der lediglich die Wirkungskategorie „Anthropogener Klimawandel" untersucht wird. Der Begriff des „Footprints" wurde in den 1990er Jahren im Rahmen des Konzeptes des „Ecological Footprint" oder „Ökologischen Fußabdrucks" entwickelt [5.43]. Der ursprüngliche Ansatz beruhte auf der Berechnung der biologisch produktiven Flächen, die notwendig sind, damit die Natur den Verbrauch an Energie und Rohstoffen durch menschliche Aktivitäten nachhaltig abdecken kann [5.44]. Dieses Konzept ist u. a. deshalb so populär geworden, da dadurch die Umweltwirkungen des Menschen sehr anschaulich in Form eines Flächenverbrauchs mit der Vorstellung eines Fußabdrucks versinnbildlicht werden. Der Begriff des Fußabdrucks oder Footprint wurde dadurch ein fester Bestandteil der Umwelt- und Nachhaltigkeitsdiskussion. Er wurde auch in den folgenden Jahren auf spezifische Aspekte der Umwelteinwirkungen übertragen (z. B. auf den Wasserverbrauch). Insbesondere durch die Globalisierung der industriellen Produktion und damit der weltweiten Steigerung der Biomasseproduktion (z. B. Obstimport aus Südafrika oder Südamerika nach Deutschland) und des damit verbundenen oftmals hohen Wasserverbrauchs bzw. der entsprechenden Wasserinanspruchnahme in Gegenden mit einem tendenziellen Wassermangel ist der Water Footprint – und damit die Methodik, mit der der Verbrauch/die Inanspruchnahme von Wasser für bestimmte Produkte quantifiziert werden kann – verstärkt in das wissenschaftliche Interesse getreten. Daher wird auch die Vorgehensweise für die Bestimmung des Water Footprints nachfolgend eingehender dargestellt.

Zusätzlich zum Carbon und Water Footprint hat sich mit dem KEA (d. h. dem kumulierten Energieaufwand) eine weitere Kenngröße etabliert, die letztlich auch auf der Ökobilanzmethodik aufbaut. Hier wird – wie der Name impliziert – nur der Verbrauch fossiler Primärenergie zur Erzeugung von Produkten und Dienstleistungen erfasst. Die hierfür existierenden methodischen Ansätze werden ebenfalls kurz dargestellt.

5.1.2.1 Carbon Footprint

Laura Ausberg und Jana Weinberg

Die ökologische, gesellschaftliche und politische Relevanz der anthropogenen Klimaveränderung hat dazu geführt, dass die Auswirkungen eines Produktes, einer Dienstleistung oder einer Organisation auf das Klima erfasst werden sollen, damit sie für die öffentliche/politische Diskussion einfach und nachvollziehbar verfügbar ist. Das Ergebnis ist der sogenannte Carbon Footprint; dabei handelt es sich um eine Kennzahl, die alle emittierten Treibhausgase hinsichtlich ihrer Wirkung auf das globale Klima zusammenfasst.

Das Vorgehen zur Erstellung eines Carbon Footprints unterscheidet sich grundsätzlich nicht von der zur Erstellung einer Ökobilanz (Kapitel 5.1.1). Nach einer Zieldefinition und Rahmenfestlegung werden in der Sachbilanz die relevanten klimawirksamen Elementarflüsse (u. a. Kohlenstoffdioxid (CO_2), Methan (CH_4), Lachgas (N_2O)) erfasst und in der anschließenden Wirkungsabschätzung mit den entsprechenden Charakterisierungsfaktoren multipliziert, damit sie vergleichbar im Hinblick auf die potenzielle Wirkung werden.

Die Einheit des Carbon Footprint ist das Kohlenstoffdioxid-Äquivalent (CO_2-eq., z. T. auch CO_2e), bei dem alle klimawirksamen Substanzen relativ zum CO_2 auf ein Äquivalent umgerechnet werden (Kapitel 5.1.1.3).

Durch die politische und gesellschaftliche Sonderstellung des anthropogenen Klimawandels und die Entstehung damit einhergehender gesellschaftlicher und politischer Initiativen ist international eine Vielzahl spezieller Richtlinien zur Erstellung des Carbon Footprint entstanden. Die wichtigsten sind die „Publicly Available Specification 2050" [5.45] der British Standards Institution (BSI) und das „Greenhouse Gas Protocol" [5.46] des World Resources Institute und des World Business Council for Sustainable Development. Darüber hinaus wurde der Normenentwurf E DIN ISO 14067 erarbeitet [5.47]. Hinzu kommt in Deutschland das „Memorandum Carbon Footprint" [5.48].

In diesen verschiedenen Papieren zum Carbon Footprint sind Vorgaben zur methodischen Durchführung enthalten, die spezifische Themen wie u. a. Recyclingmaterialien, Ökostrom, Müllentsorgung, Allokation und Speicherung von CO_2-Mengen in Produkten betreffen. Während die Liste der behandelten Themen meist ähnlich ist, gehen die jeweiligen methodischen Überlegungen zur Durchführung in Detailfragen oft auseinander. Entsprechend ist die Vergleichbarkeit der Ergebnisse unterschiedlicher Untersuchungen meist schwierig. Deshalb ist es analog zur grundsätzlichen Vorgehensweise in Ökobilanzen gerade in strittigen Punkten wichtig, das eigene Vorgehen transparent darzustellen, ausreichend zu dokumentieren und argumentativ zu stützen. Häufig gibt es zusätzlich zu den Richtlinien noch spezielle Leitfäden für einzelne Industriezweige, um die veröffentlichten Carbon Footprints zu vereinheitlichen (sog. Product category rules, PCR).

Wichtige methodische Fragestellungen für die Erstellung eines Carbon Footprints sind biogene Kohlenstoffemissionen und Landnutzungsänderungen, die insbesondere beim Anbau und bei der Nutzung von Biomasse auftreten, sowie die Anrechnung der Nutzung von Strom aus erneuerbaren Energien zur Erzeugung von Produkten.

Im Folgenden werden diese vorgestellt und die Vorgehensweisen der unterschiedlichen Richtlinien erläutert.

Biogenes Kohlenstoffdioxid (CO_2). Pflanzen, die oxygene Photosynthese betreiben, nehmen Kohlenstoffdioxid (CO_2) aus der Atmosphäre auf; diese durch Pflanzen aufgenommene Menge an CO_2 wird oft als biogenes CO_2 bezeichnet. Der Kohlenstoff wird dabei in der Pflanze (z. B. Baum) und später in dem daraus erzeugten Produkt (z. B. Schrank) gespeichert. Solange das Produkt bestehen bleibt, ist in der Regel auch der Kohlenstoff im Produkt gebunden. Erst mit der Entsorgung des Produktes (z. B. Verbrennung in der Müllverbrennungsanlage) wird der Kohlenstoff wieder oxidiert und das ehemals gebundene CO_2 wird erneut in die Atmosphäre entlassen (Abb. 5.10).

Ob und inwiefern das gebundene biogene CO_2 dem Produkt im Sinne einer Speicherung von Kohlenstoffdioxid gutgeschrieben werden kann, wird nach wie vor kontrovers diskutiert. Dabei wird durch die Aufnahme des CO_2 von der Pflanze die CO_2-Konzentration in der Atmosphäre tatsächlich reduziert. Aber die gleiche Menge CO_2 wird schlussendlich auch wieder frei gesetzt. Der genaue Zeitpunkt der Freisetzung ist in der Regel unbekannt und das Problem wird nur um eine unbekannte Zeitspanne verschoben.

Die Anrechnung der Speicherung soll daher von der Dauer der Speicherung abhängig gemacht werden; liegt diese über 100 Jahre, kann die Menge des in der Biomasse gespeicherten CO_2 in die Bilanz aufgenommen werden [5.45]. Andere Ansätze empfehlen, in Pflanzen aufgenommene CO_2-Mengen separat zu dokumentieren und nicht mit der Bilanz zu verrechnen [5.46, 5.49]; auch der Normenentwurf der E DIN ISO 14067 schlägt ähnliches vor [5.47]. Andere Ansätze sprechen sich gegen jegliche getrennte Ausweisung von biogenem CO_2 aus, da die wirkliche Verweilzeit des CO_2 schwer abzuschätzen ist und das Problem nur in die nächste Generation verschoben wird [5.48].

Die methodischen Weiterentwicklungen der kommenden Jahre werden zeigen, ob hier eine allgemein akzeptierte und übertragbare Verfahrensweise gefunden werden kann.

Landnutzungsänderung (Land Use Change, LUC). Zustand und Nutzungsart von Flächen beeinflussen entscheidend die in Pflanzen und im Boden gespeicherte Menge an Kohlenstoff. Darüber hinaus bestimmen sie die Emission von Methan (CH_4) sowie Distickstoffmonoxid (N_2O) aus der Umwandlung von Stickstoffdünger. Werden beispielsweise für die Produktion eines betrachteten Produktes natürliche Flächen zu landwirtschaftli-

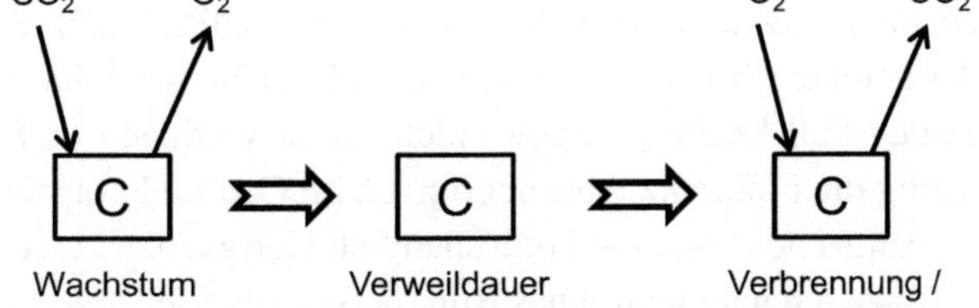

Abb. 5.10 Aufnahme, Speicherung und Freisetzung von Kohlenstoffdioxid (CO_2) in Pflanzen und daraus erzeugten Produkten

chen Flächen umgenutzt, werden dabei ggf. die in den Pflanzen und im Boden gespeicherten Kohlenstoffmengen freigesetzt und vermehren dadurch das Kohlenstoffinventar in der Atmosphäre. Andersherum kann die erneute landwirtschaftliche Nutzbarmachung degradierter Flächen z. B. durch mehrjährige Kulturen dazu führen, dass zusätzlicher Kohlenstoff in den Pflanzen und im Boden gebunden und somit das Kohlenstoffinventar der Atmosphäre insgesamt verringert wird. Derartige Effekte müssen deshalb grundsätzlich in die Berechnung des Carbon Footprints eingehen.

Üblicherweise unterscheidet man zwischen den direkten und den indirekten Landnutzungsänderungen.

- Als direkte Landnutzungsänderungen wird die unmittelbare Umnutzung von Flächen zur landwirtschaftlichen Produktion bezeichnet; beispielsweise betrifft dies die Rodung von Wäldern, um auf der entstandenen Fläche Weideland zu schaffen oder der Umbruch von Weideland, um auf diesen Flächen Ackerbau zu realisieren.
- Indirekte Landnutzungsänderungen hingegen treten auf, wenn durch die notwendige Landnutzungsänderung an anderer Stelle eine Landnutzungsänderung bedingt wird. Ein Beispiel hierfür ist der Anbau von Pflanzen zur stofflichen (z. B. Baumwolle) oder energetischen Nutzung (z. B. Ölpalme) auf Ackerflächen, die zuvor für die Produktion von Lebensmitteln genutzt wurden. Die zuvor angebauten Nahrungsmittel müssen dann auf anderen Flächen angebaut werden, da die Nachfrage nach Nahrungsmitteln durch den Anbau von Pflanzen zur stofflichen oder energetischen Nutzung nicht zurückgeht. Um diese zusätzlichen Anbauflächen zu schaffen, könnte anderenorts z. B. eine Weidefläche umgebrochen oder eine Waldfläche gerodet werden.

Damit folgt diese indirekte Landnutzungsänderung dem bereits diskutierten Ansatz der sogenannten „consequential LCA", die auch die indirekten Folgen einer Produktion berücksichtigt [5.50].

Die Quantifizierung der Menge an Klimagasen, die durch derartige direkte und indirekte Landnutzungsänderungen freigesetzt oder aufgenommen werden, ist methodisch schwierig. Dies betrifft beispielsweise den Zeitraum, über den die Landnutzungsänderungen angerechnet werden; z. B. werden entsprechend den Vorgaben der Erneuerbaren-Energien-Richtlinie /2009/28/EG/ die Klimagasemissionen über einen Zeitraum von 20 Jahren abgeschrieben. Die Wahl des Zeitraums entscheidet aber über die Höhe der Klimagasemissionen, die der landwirtschaftlich erzeugten Biomasse zugerechnet werden müssen. Für die Berechnung indirekter Landnutzungsänderungen kommt zusätzlich hinzu, dass derzeit einheitliche und wissenschaftlich belastbare Ansätze zur Quantifizierung der Effekte (d. h. welche und wie viel Fläche wird durch indirekte Effekte in einem speziellen Fall konkret umgewandelt) nicht vorliegen (z. B. [5.47, 5.51]). Deshalb werden häufig die Landnutzungsänderungen im Carbon Footprint nicht erfasst.

Aufgrund dieser methodischen Schwierigkeiten zeigen die vorliegenden methodischen Ansätze ein uneinheitliches Bild; beispielsweise fordert das „Memorandum Carbon Footprint" [5.48] die Berechnung der direkten und indirekten Landnutzungsänderungen, während nach den „Publicly Available Specification 2050“ [5.45] nur die direkten Landnutzungsänderungen berechnet werden sollen. Wieder andere Methoden geben keine konkrete Handlungsanweisungen; beispielsweise verweist ein Ansatz der Vereinten Nationen nach dem Kyoto Protokoll [5.49] auf die Vorgaben der IPCC [5.52], die heranzuziehen seien, wenn man sich zur Berechnung entscheiden sollte. Entsprechend des Normenentwurfs E DIN ISO 14067 [5.47] sind direkte Landnutzungsänderungen ebenfalls nach den Vorgaben der IPCC [5.52] zu berücksichtigen, sofern sie für die Ergebnisse signifikant seien. Indirekte Landnutzungsänderungen sollen betrachtet werden, sobald ein international vereinbartes Verfahren vorliege.

Damit werden auch hier die Entwicklungen der kommenden Jahre zeigen, wie dieses Problem methodisch besser erfasst werden kann.

Strom aus erneuerbaren Energien. Durch den Einsatz erneuerbarer Energien zur Stromerzeugung können die Klimagasemissionen reduziert werden; dies ist deshalb ein wesentlicher Treiber für den Ausbau des erneuerbaren Energieangebots. Da Strom jedoch in den meisten Fällen nicht direkt vor Ort produziert und verbraucht wird, sondern über Leitungsnetze übertragen, auf Strombörsen gehandelt und durch politische Maßnahmen gesteuert wird, ist die Zuordnung der tatsächlich verursachten Treibhausgase zum Stromverbrauch nicht immer eindeutig.

Wird beispielsweise ein Teil der Elektrizität eines Landes/einer Region gesondert verkauft (z. B. Ökostrombezug eines Unternehmens), obwohl dieser in dem Strommix des Landes/der Region bereits berücksichtigt ist, wird häufig argumentiert, dass dieser nicht einzeln bilanziert werden darf, da er keinen zusätzlichen ökologischen Nutzen generiert. Auch würde dieser Anteil des Stroms dann sowohl im Strommix des Landes als auch gesondert berechnet und somit doppelt erfasst [5.48].

Die daraus resultierende Schlussfolgerung, dass eingekaufter Ökostrom keine Beachtung in der Berechnung des Carbon Footprint finden sollte und stattdessen die Treibhausgasemissionen des Strommixes des jeweiligen Landes zu Berechnung herangezogen werden sollten, führt zu kontroversen Diskussionen. Das wichtigste Gegenargument ist, dass es „belohnt“ werden sollte, Ökostrom zu beziehen. Auch gibt es signifikante Unterschiede zwischen verschiedenen Angeboten für Ökostrom. Einige Anbieter investieren beispielsweise in neue Anlagen zur Erzeugung von Strom aus erneuerbaren Energien und andere nicht.

Aufgrund dieses Spannungsfeldes unterscheiden sich auch hier die vorliegenden methodischen Ansätze. Beispielsweise empfiehlt der Ansatz der „Publicly Available Specification 2050“ [5.45] den Strom aus regenerativen Energien ausschließlich dann als solchen zu berechnen, wenn eine doppelte Erfassung über den Strommix ausgeschlossen werden kann. Somit würden ausschließlich eigene Anlagen einen anderen, niedrigeren Beitrag zum Carbon Footprint haben. Eingekaufter Strom aus dem Netz würde somit immer aus den Treibhausgasemissionen des Strommixes (d. h. inklusive aller Stein- und Braunkohlekraftwerke, aller Gaskraftwerke etc.) berechnet werden. Der Normenentwurf der E DIN ISO 14067 [5.47] schlägt das gleiche Vorgehen vor.

Demgegenüber schreibt der Ansatz des Umweltbundesamtes im „Memorandum Carbon Footprint“ vor, für zertifizierten Ökostrom aus neuen Anlagen (< 6 Jahre) den spezifischen Carbon Footprint zu berechnen und bei alten Anlagen (> 12 Jahre) mit dem Strommix zu rechnen [5.48]. Für Strommengen, die aus Anlagen stammen, die zwischen 6 und 12 Jahren alt sind, soll der Carbon Footprint je zu 50 % als Ökostrom und zu 50 % als Strommix berechnet werden [5.48]. Wieder andere Überlegungen empfehlen, die spezifischen Emissionen des Stromanbieters für die Berechnungen zu verwenden (z. B. Greenhouse Gas Protocol [5.46]).

Diese Problematik der Doppelzählung der Stromerzeugung aus erneuerbaren Energien gilt in dieser Form – im Gegensatz zur Kohlenstoffspeicherung und den Landnutzungsänderungen – grundsätzlich auch für alle weiteren Wirkungskategorien. Aufgrund der starken Signifikanz der Herkunft des Strommixes für die Ergebnisse des Carbon Footprints wurde dies jedoch in den Ansätzen und Richtlinien oftmals im Detail betrachtet und wird daher hier diskutiert.

Vergleichbar zu den anderen diskutierten offenen Fragen werden auch hier die zukünftigen methodischen Weiterentwicklungen zeigen, wie dieses Problem besser erfasst und allgemein akzeptierbar gelöst werden kann.

5.1.2.2 Water Footprint

Kirsten Meyer, Inga Klemmayer, Laura Ausberg und Christina Wulf

Die Versorgung von Mensch und Umwelt mit quantitativ ausreichendem und qualitativ hochwertigem Wasser stellt in vielen Regionen der Welt ein Problem dar. Trotzdem wurde in der Vergangenheit das Thema der Wassernutzung bei der Umweltbewertung von Produktlebenswegen oft vernachlässigt [5.53]. Seit einigen Jahren wird jedoch intensiv an diesem Thema geforscht. Erste Ansätze zur Ermittlung des sogenannten Water Footprint sind bereits vorhanden.

Der Water Footprint (engl. für Wasser Fußabdruck) erlaubt es, die Nutzung von Wasser im Rahmen der Herstellung und des Gebrauchs von Produkten und/oder Dienstleistungen zu quantifizieren und ggf. zu bewerten. Die methodische Vorgehensweise zur Berechnung eines derartigen Water Footprints baut ebenso wie die Bestimmung des Carbon Footprints auf der Ökobilanzmethodik auf. Trotzdem existieren zentrale Unterschiede zwischen den Verfahren. Dies ist vor allem auf die verschiedenen Eigenschaften der betrachteten Umweltbereiche zurückzuführen. Während für die Berechnung des Carbon Footprints klimawirksame Emissionen bilanziert werden, die sich aufgrund ihres gasförmigen Zustands und ihrer langen Lebensdauer gleichmäßig in der Atmosphäre verteilen und somit zu globalen Umwelteffekten führen, sind die Umweltauswirkungen durch Nutzung und Verbrauch von Wasser im Regelfall lokal begrenzt. Außerdem resultieren sie im Allgemeinen nicht nur aus der Entnahme des Wassers aus einem natürlichen System, sondern werden auch durch seine Verschmutzung/Reinigung verursacht (d. h. Wandlung des Wassers von einem sauberen in einen schmutzigeren Zustand bzw. umgekehrt).

Ein Teil der Umwelteffekte auf die Wasserressourcen, die im Verlauf eines Produktlebensweges anfallen, werden im Rahmen einer vollständigen Ökobilanz bereits in anderen

Wirkungskategorien (z. B. Frischwassereutrophierung, Ökotoxizität) berücksichtigt. Deshalb wird in vielen Verfahren zur Berechnung des Water Footprints nur der volumetrische Verbrauch, jedoch nicht die qualitative Veränderung der Ressource Wasser erfasst. Die Ermittlung eines alleinstehenden, von anderen Kategorien klar abgegrenzten Indikatorwertes als Äquivalent zum Carbon Footprint ist nur mit wenigen der derzeit existenten Methoden möglich.

Die große Variabilität an verschiedenen Verfahren und Ansätzen für die Bewertung von Wasser im Rahmen einer Ökobilanz, ihr relativ kurzer Entwicklungszeitraum und die hohe Komplexität der Fragestellung sind wesentliche Gründe für das Fehlen eines wissenschaftlichen Konsens über eine einheitliche Bilanzierungs- und Wirkungsabschätzungsmethode, wie es z. B. bei der Bewertung der Wirkung von Klimagasemissionen in Form von CO_2-Äquivalenten mit Hilfe der international anerkannten Methode des IPCC (International Panel on Climate Change) der Fall ist [5.54]. Zwar schlossen sich in den vergangenen Jahren immer wieder Wissenschaftler und Organisationen aus dem Bereich der Wasserbewertung in verschiedenen Initiativen zusammen (z. B. WFN (Water Footprint Network), WULCA (Water use in Life Cycle Assessment)), um diese methodische Herausforderung einer konsensualen Lösung näher zu bringen. Allerdings vertreten diese Gruppen z. T. sehr unterschiedliche Ansätze der Bewertung von Wassernutzung, die bisher noch nicht vereinheitlicht wurden. Die im August 2014 veröffentlichte ISO 14046 „Water Footprint" bietet bereits einen methodischen Rahmen für die Bewertung von Wassernutzung, lässt jedoch viele Freiheiten in Auswahl und Anwendung konkreter Bewertungsmethoden. Dennoch ist zu erwarten, dass sie zu einer Harmonisierung der vorhandenen Methoden beiträgt.

Terminologie. Der Begriff „freshwater use" (dt.: Frischwassernutzung) ist der Oberbegriff für jegliche menschliche Nutzung von Frischwasser. Sie lässt sich in vier Arten unterteilen: in- und off-stream sowie verbrauchende und verschmutzende Nutzung.

- Bei der in-stream Nutzung verbleibt das Wasser im natürlichen Wasserkörper.
- Bei der off-stream Nutzung wird das Wasser aus einem Wasserkörper bzw. Grundwasserleiter entfernt.
- Die verschmutzende Nutzung (engl. degradative use) bezeichnet eine Entnahme und Rückgabe von Wasser innerhalb des selben Einzugsgebiets, bei der die Qualität des zurückgeführten Wassers nicht der des entnommenen entspricht; bei einer solchen Qualitätsveränderung kann es sich sowohl um eine Verschlechterung als auch um eine Verbesserung handeln.
- Die verbrauchende Nutzung (engl. consumptive use) beschreibt eine Entnahme von Frischwasser ohne dessen Rückgabe in das gleiche Einzugsgebiet.

Aus diesen Arten der Wassernutzung lassen sich vier Kategorien bilden: verschmutzende und verbrauchende in-stream Nutzung sowie verschmutzende und verbrauchende off-stream Nutzung [5.55]. Abbildung 5.11 zeigt die Definitionen und einige Beispiele für die beschriebene Nomenklatur.

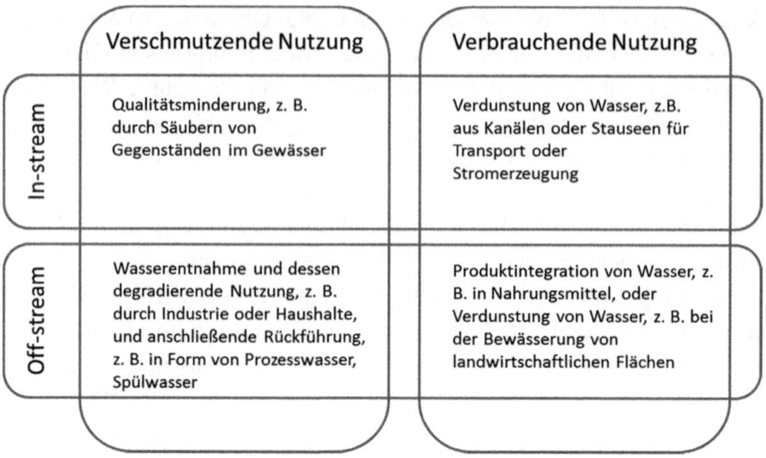

Abb. 5.11 Zuordnung und Beispiele für verschiedene Arten der Frischwassernutzung (nach [5.55])

Methodische Ansätze. Derzeit existiert noch keine international einheitliche Vorgehensweise für die Bilanzierung und Bewertung der Nutzung von Wasser. Jedoch wurden in den vergangenen Jahren zahlreiche Methoden bzw. methodische Bestandteile unter unterschiedlicher Zielsetzung erarbeitet. Einige Verfahren stellen reine Inventurdatenbanken mit quantitativen Informationen zur Wassernutzung für die Sachbilanzphase bereit; andere Methoden bieten demgegenüber mit einzelnen Wirkungsindikatoren oder auch vollständigen Wirkungsabschätzungsmethoden die Möglichkeit einer Bewertung innerhalb der Wirkungsabschätzungsphase. Eine Auswahl derartiger Verfahren ist in Abb. 5.12 dargestellt und dort den verschiedenen Phasen einer Ökobilanz zugeordnet. Die verschiedenen Ansätze werden im Folgenden vorgestellt und ihre methodischen Unterschiede erläutert.

Die Erstellung eines Water Footprints kann entlang der Phasen einer Ökobilanz realisiert werden. Nach der Definition von Ziel und Untersuchungsrahmen werden in der Sachbilanz alle Wassereingaben und ggf. Wasserrückflüsse in bzw. aus dem analysierten Produktsystem quantifiziert. Ist eine Dokumentation aller Wasserströme z. B. aufgrund der Komplexität des Systems oder aufgrund von Datenmangel nicht möglich, können produktspezifische Datensätze aus speziellen Ökobilanzdatenbanken verwendet werden (z. B. [5.57, 5.58]). Einige Datenbanken bieten dabei zusätzlich zu ausschließlichen Inventurdaten für jeden Datensatz bereits berechnete Wirkungsindikatorwerte (z. B. [5.59]). Eine weitere Datenbank weist die Bilanzen des spezifischen Wasserbedarfs von 160 landwirtschaftlichen Produkten auf Länderbasis aus [5.60].

Bei der Bilanzierung auf Sachebene ist es neben der Dokumentation der volumetrischen Wassereingaben bzw. -rückflüsse wichtig, sowohl zwischen off-stream und in-stream Nutzung als auch zwischen Grund- und Oberflächenwasser zu unterscheiden. Auch sollte der Ort der Entnahme und Abgabe festgehalten werden [5.61].

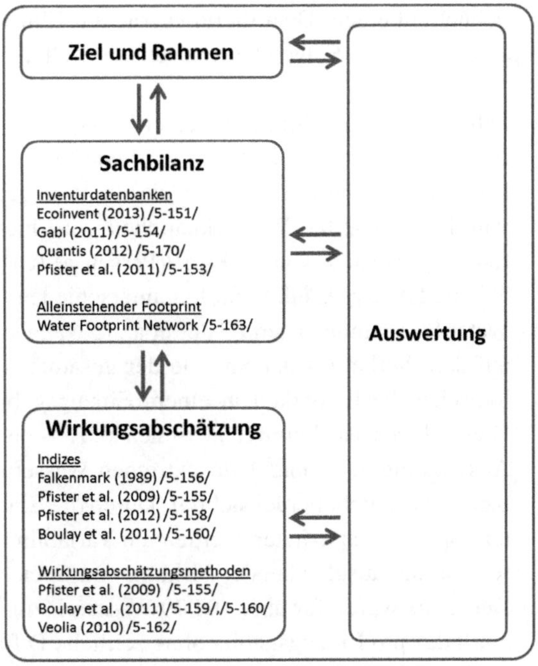

Abb. 5.12 Methoden zur Bestimmung des Water Footprint, zugeordnet zu den entsprechenden Phasen einer Ökobilanz und gekennzeichnet mit den für ihre Entwicklung verantwortlichen Autoren oder Organisationen (eigene Darstellung auf Basis von [5.56])

Eine Besonderheit stellt der von Hoekstra et al. entwickelte Water Footprint (WF) des Water Footprint Network [5.62] dar. Als sogenannter volumetrischer Footprint kann er bereits vollständig in der Sachbilanzphase einer Ökobilanz berechnet werden. Er ist definiert als Summe aus grünem (Bodenfeuchte), blauem (Oberflächen- und Grundwasser) und grauem Wasser (Abwasser). Grünes und blaues Wasser repräsentieren die tatsächlichen Volumina, die in das betrachtete Produktsystem eingehen. Der Anteil des grauen Wassers hingegen entspricht dem Volumen, das notwendig wäre, um die höchste Schadstoffkonzentration im Abwasser soweit zu verdünnen, dass die natürliche Konzentration des Schadstoffs im aufnehmenden Wasserkörper erreicht wird.

Dieser Water Footprint (WF) des Water Footprint Network ist hauptsächlich konzipiert, um Entscheidungen über Nutzung und Verteilung von Wasser zu unterstützen und repräsentiert ein Werkzeug zum nachhaltigen Wassermanagement auf Einzugsgebietsebene oder auch im globalen Kontext. Ein Bezug zu lokalspezifischer Wasserverfügbarkeit ist nicht gegeben.

Um von einer ausschließlichen Inventur, also der Bilanzierung der eingehenden und rückfließenden Wassermenge in bzw. aus einem Produktsystem, zu einer Wirkungsabschätzung zu gelangen, bedarf es einer Bewertung der genutzten Wassermenge. Dies kann mithilfe von sogenannten wirkungsorientierten Wasserbewertungsmethoden realisiert werden, die sich je nach lokalen Gegebenheiten auch im Fall gleicher Wassereingabe- und -rückflussmengen stark unterscheiden können. Für eine solche Bewertung werden deshalb Wirkungsindikatoren verwendet, welche die lokale Wasserverfügbarkeit, meist berechnet mit einem Detaillierungsgrad auf Einzugsgebietsebene größerer Flusssysteme, repräsentieren. Im Folgenden werden beispielhaft drei solcher Indikatoren vorgestellt.

- Falkenmark Water Stress Indicator [5.63]. Der Falkenmark-Indikator beschreibt die pro Person regenerativ verfügbare jährliche Wassermenge eines Landes [5.64]. Dies beinhaltet die gesamte in der Umwelt zur Verfügung stehende Wassermenge unabhängig von deren Qualität. Wasserknappheit wird hierbei unterhalb einer jährlich verfügbaren Wassermenge von $1700\,m^3$/(Person a) (ca. 4600 l/(Person d)) definiert und die in Tabelle 5.8 dargestellten Stufen unterschieden.
- Water Stress Index nach Pfister et al. [5.61]. Der Water Stress Index ($WSI_{Pfister}$) basiert auf dem Verhältnis der Summe der gesamten jährlichen Wasserentnahme zur hydrologischen Verfügbarkeit in einem Einzugsgebiet (Withdrawal-to-Availibility, WTA). Dieser Index ist definiert zwischen 0,01 – da jede Entnahme eine marginale lokale Auswirkung hat – und 1 für extremen Wassermangel. Die Rückflüsse ins Einzugsgebiet werden nicht berücksichtigt. Durch die Einbeziehung von Niederschlagsverteilung und Speicherkapazitäten werden die Variabilität des Durchflusses im Laufe eines Jahres und die ausgleichende Wirkung von Speichern in der Berechnung berücksichtigt. Der Index wurde für über 10 000 Wassereinzugsgebiete weltweit entwickelt. Es wurde ein Index pro Einzugsgebiet ohne zeitliche Differenzierung [5.61] als auch monatliche Indizes veröffentlicht [5.65].
- Water Stress Index Boulay et al. [5.66, 5.67]. Der Water Stress Index (WSI_{Boulay}) beruht auf dem Verhältnis zwischen Wasserverbrauch und hydrologischer Verfügbarkeit. Die Entnahmen aus dem wasserführenden Gebiet werden also abzüglich der Rückflüsse in dieses Gebiet betrachtet; deshalb wird der Ansatz im Englischen als Consumption-to-Availability (CTA) bezeichnet. Dieser Index umfasst sowohl den Wasserverbrauch als auch die -qualität und beinhaltet damit die quantitative Verringerung sowie qualitative Verschlechterung. Der Bewertung der Qualität liegt ein System zu Grunde, in dem eine Einteilung in acht Wasserqualitätskategorien vorgenommen wird. Jede Kategorie orientiert sich an der Funktionalität für eine bestimmte menschliche Nutzung (z. B. Landwirtschaft, Industrie, Trinkwasser; Tabelle 5.9). Für jede dieser Kategorien wurde basierend auf Wasserqualitätsdaten des UNEP (United Nations Environment Programme) die Verfügbarkeit auf Einzugsgebietsebene berechnet und daraus der kategoriespezifische Water Stress Index WSI_{Boulay} berechnet; dabei wird zwischen Oberflächen-

Tabelle 5.8 Wasserknappheitsstufen nach Falkenmark [5.63]

Index in m^3/(Person a)	Stufen
>1700	keine Knappheit
1000–1700	Knappheit
500–1000	Mangel
<500	absoluter Mangel

Tabelle 5.9 Differenzierung der Wasserqualitätsklassen in Abhängigkeit der Wasserverschmutzung nach Boulay [66]

Qualität		1	2a	2b	2c	2d	3	4	5	Rain
Qualitätslevel		exzellent	gut	mäßig	mäßig-toxisch	mäßig-biologisch	schlecht	sehr schlecht	nicht brauchbar	k.A.
Kontaminierung	mikrobiell	gering	gering	mittel	gering	hoch	hoch	hoch	andere	nicht verfügbar
	toxisch	gering	mittel	mittel	hoch	gering	mittel	hoch		

und Grundwasser unterschieden. Der WSI_{Boulay} bewegt sich für jede einzelne Qualitätskategorie zwischen 0 und 1, wobei 1 extremen Mangel von Wasser der entsprechenden Kategorie widerspiegelt.

Die exemplarisch ausgewählten Indizes können im Rahmen der Wirkungsabschätzung in Form von Charakterisierungsfaktoren verwendet werden. Einige Abschätzungsmethoden erlauben dabei die Berechnung eines eigenständigen Kennwertes, der als Water Footprint bezeichnet werden kann. Nach ISO 14046 unterscheidet man zwischen dem „Water Availability Footprint", der die Auswirkungen auf die Verfügbarkeit darlegt, dem „Water Footprint addressing degradation", der die Auswirkungen auf die Wasserqualität adressiert und einem „Water Footprint Profile", das sich aus verschiedenen Wirkungskategorien, die Auswirkungen auf die Wasserressourcen umfassen, zusammensetzt [5.155]. Zu diesen Wirkungskategorien gehören z. B. aquatische Eutrophierung oder aquatische Toxizität. Viele Methoden beziehen sich aber nur auf einen ausgewählten Bereich (z. B. Wasserverbrauch) und lassen die Verschmutzung außen vor. Eine Auswahl verschiedener Wirkungsabschätzungsmethoden wird im Folgenden erläutert.

- Methode nach Pfister [5.61]. Hier wird im Rahmen einer Ökobilanz die Wassermenge bestimmt, die andere Nutzer auf Grund der untersuchten Aktivität entbehren müssen. Für die Wirkungsabschätzung wird dabei der Water Stress Index $WSI_{Pfister}$ als Charakterisierungsfaktor genutzt. Die aus einem Einzugsgebiet entnommene Menge Wasser abzüglich der Rückflüsse wird mit dem $WSI_{Pfister}$ des Einzugsgebiets multipliziert. Die Summe aller Produkte ergibt einen Midpoint-Indikatorwert für „Wasserentbehrung" (engl. water deprivation) und wird in sogenannten Wasseräquivalenten (H_2O_{eq}) angegeben. Im Gegensatz zu dem Charakterisierungsfaktor, welcher nur die Wasserentnahme berücksichtigt, wird durch den Wirkungsindikatorwert mit der Differenz zwischen Entnahme und Rückfluss die verbrauchende Wassernutzung repräsentiert. Qualitätsaspekte werden nicht berücksichtigt.

  Die Methode bietet auch die Möglichkeit, in einer Endpoint-Analyse die Auswirkungen auf die Schutzgüter „Menschliche Gesundheit", „Natürliche Umwelt" und „Ressourcen" zu quantifizieren.

- Für das Schutzgut „Menschliche Gesundheit“ werden die Effekte von Wassermangel auf die Lebensmittelproduktion berücksichtigt und in DALY (disability adjusted life years) gemessen. Die Auswirkungen von fehlendem Trinkwasser werden nicht in Betracht gezogen, da diese meist auf Katastrophen (z. B. extreme Dürre, Krieg) zurückzuführen seien [5.61].
- Zur Bestimmung der Einflüsse auf die „Natürliche Umwelt“ wird ein Zusammenhang zwischen vermindertem Pflanzenwachstum aufgrund von Wassermangel und dem Wasserverbrauch erstellt; hier wird als Einheit die „potenziell verschwindenden Arten“ (engl. potentially disappearing species (PDF)) verwendet [5.68].
- Um die Auswirkungen auf „Ressourcen“ zu quantifizieren, wird das Konzept der „Back-up Technologie“ angewendet. Hier wird der zusätzliche Energieaufwand in MJ errechnet, der benötigt wird, um die Ressource auch in Zukunft verfügbar zu machen. In diesem Fall wurde die Entsalzung von Meerwasser als Technologie ausgewählt [5.61], wobei der resultierende Endpoint-Indikatorwert als rein theoretischer Wert die Wassernutzung mit der Nutzung anderer Ressourcen vergleichbar machen soll. Das bedeutet nicht, dass die gesamte erschöpfte Wassermenge entsalzt wird.

• Methode nach Boulay et al. [5.66, 5.67]. Mit dieser ebenfalls im Rahmen der Ökobilanz angewendeten Methode sollen die Auswirkungen von Wasserverbrauch und -verschmutzung auf die menschliche Gesundheit erfasst werden. Der ermittelte Midpoint-Indikatorwert stellt die Menge Wasser dar, die anderen Nutzern aufgrund von Verbrauch und Verschmutzung durch das untersuchte Produktsystem entzogen wird. Um diesen Indikatorwert zu berechnen, muss bekannt sein, welche Menge Wasser in welcher Qualitätskategorie (Tabelle 5.9) aus welchem Einzugsgebiet entnommen wird. Ist es den Anwendern der Methode möglich, eine Wasseranalyse vorzunehmen, bietet diese Methodik die Möglichkeit einer Berechnung der korrespondierenden Wasserqualitätskategorie. Darüber hinaus werden durchschnittliche Werte für die Wasserqualität und den resultierenden Water Stress Index $\mathrm{WSI}_{\mathrm{Boulay}}$ auf Einzugsgebiet- und Länderebene zur Verfügung gestellt. Letztere werden als Charakterisierungsfaktor mit der aus dem entsprechenden Einzugsgebiet entnommenen Wassermenge (V) multipliziert. Dieser Vorgang wird sowohl für alle eingehenden Wassermengen (*in*) in das Produktsystem als auch für die Rückflüsse (*out*) aus dem System angewendet und die jeweiligen Ergebnisse aufsummiert. Aus der Differenz der Summe der eingehenden und rückfließenden bewerteten Wasservolumina ergibt sich schließlich der Wirkungsindikatorwert für den gesamten Water Stress Index $\mathrm{WSI}_{\mathrm{Boulay,ges}}$ für die genutzte Wassermenge in Abhängigkeit der lokalen Verfügbarkeit in der Einheit $\mathrm{m^3}_{\mathrm{H2Oeq}}$ (Gleichung (5.1)).

$$\mathrm{WSI}_{\mathrm{Boulay,ges}} = \sum\nolimits_i \left(\mathrm{WSI}_{\mathrm{Boulay},i,\mathrm{in}} V_{i,\mathrm{in}}\right) - \sum\nolimits_i \left(\mathrm{WSI}_{\mathrm{Boulay},i,\mathrm{out}} V_{i,\mathrm{out}}\right) \tag{5.1}$$

Der Indikatorwert repräsentiert das äquivalente Wasservolumen, das andere Nutzer entbehren müssen. Wäre der $\mathrm{WSI}_{\mathrm{Boulay}}$ für alle entnommenen Wassermengen gleich eins (d. h. Entnahme einer im Einzugsgebiet knappen Wasserqualität) und für alle rückfließenden gleich null (d. h. Rückfluss des Wassers in einer schlechteren Qualität, die im Einzugsgebiet reichlich vorhanden ist), wäre der numerische Wert der tatsächlich genutzten Wassermenge gleich der äquivalenten Wassermenge.

Mit dieser Methode können auch die potenziellen Auswirkungen auf das Schutzgut „menschliche Gesundheit" bestimmt werden. Die entsprechende Methode zur Bestimmung der Auswirkungen besteht aus drei Bestandteilen: (1) Umweltverhalten, (2) Exposition und (3) Auswirkungen. Diese Bestandteile werden repräsentiert durch (1) den lokalen WSI_{Boulay}, (2) das Ausmaß der Auswirkungen veränderter Wasserverfügbarkeit auf die Wassernutzer und deren Anpassungskapazität an diese Veränderung und (3) den Auswirkungen auf die menschliche Gesundheit der Nutzer, denen Wasser entzogen wird. Die Wassernutzer, für die Wasserknappheit generiert wird, können durch einen Funktionalitätsbezug der einzelnen Wasserkategorien bestimmt werden. Dadurch wird festgelegt, welche Nutzungsformen (z. B. Trinkwasser, Landwirtschaft, Fischerei, Wassertransport) mit welchen Qualitätskategorien möglich sind. Nur bei Nutzung der höchsten Qualitätskategorie wird allen Nutzern Wasser entzogen. Bei Nutzung von Wasser der Kategorie 2 sind alle Nutzer der Kategorie 1 nicht betroffen, da sie dieses Wasser nicht hätten nutzen können, usw. Der Effekt auf die menschliche Gesundheit wird bestimmt über die Auswirkungen von Unterernährung durch verminderte Wasserverfügbarkeit in der Landwirtschaft und Fischerei sowie über Gesundheitseffekte durch mangelnde Hygiene.

- Methode nach Veolia [5.69]. Mit dieser Methode kann der Wirkungsindikatorwert „Veolia Water Impact Index" (WII) in WII-Äquivalenten bestimmt werden. Dabei wird der Water Stress Index $WSI_{Pfister}$ mit der Differenz aus den Produkten von eingehendem und rückfließendem Wasservolumen mit einem zugehörigen Qualitätsparameter multipliziert (Gleichung (5.2)). Dieser Qualitätsparameter (Q) berechnet sich aus dem Quotienten der Referenzkonzentration einer Substanz basierend auf Umweltqualitätsnormen für den Wasserkörper und der tatsächlichen Konzentration im untersuchten Wasser sowie dem Wasservolumen (V). Der Qualitätsparameter wird für eingehendes (*in*) und rückfließendes (*out*) Wasser bestimmt.

$$WII = WSI_{Pfister}[(Q_{in}V_{in}) - (Q_{out}V_{out})] \tag{5.2}$$

Da Umweltqualitätsnormen schadstoffspezifisch sind, wird immer von dem schwerwiegendsten Schadstoffquotienten ausgegangen. Das Maximum des Qualitätsparameters ist 1 und entspricht einer Schadstoffkonzentration unterhalb der Referenzkonzentration. In Abhängigkeit der Konzentrationszunahme sinkt der Qualitätsparameter bis zu einem Wert von 0.

Der WII-Indikator kann zur Midpoint-Bewertung verwendet werden. Dabei kann es im Fall einer Analyse weiterer Wirkungskategorien (z. B. Frischwasser Eutrophierung, Ökotoxizität) zu Doppelzählungen kommen. Ein Endpoint-Indikator existiert nicht.

Im Anschluss an die Wirkungsabschätzung folgt im Rahmen der Ökobilanz die Auswertung. Hier werden die Ergebnisse geprüft und diskutiert sowie ggf. verschiedene Produktsysteme verglichen. Erlaubt die ausgewählte Bewertungsmethode die Berechnung eines alleinstehenden Kennwertes, kann dieser als Water Footprint des analysierten Produktsystems kommuniziert werden.

5.1.2.3 Kumulierter fossiler Energieaufwand (KEA)

Jana Weinberg und Martin Kaltschmitt

Produkte und Prozesse können außer durch die freigesetzten Emissionen und deren potenzieller Wirkung auch durch den Aufwand an Ressourcen, der im Laufe des Lebenszyklus anfällt, bewertet werden. Im Gegensatz zur Freisetzung von Stoffen (d. h. der Output-orientierten Wirkung) ist der Ressourcenverbrauch eine Input-orientierte Wirkungskategorie (Tabelle 5.6). Dieser gliedert sich in biotische und abiotische Ressourcen. Bei den abiotischen Ressourcen wird zwischen den energetischen und nicht-energetischen (d. h. mineralischen) Ressourcen unterschieden. Unter den energetischen Ressourcen nehmen die fossilen Ressourcen aufgrund ihrer Endlichkeit eine Sonderstellung ein und sind daher für die Bewertung von Produkten und Prozessen von besonderem Interesse. Deshalb hat sich mit dem Verbrauch fossiler Energieressourcen, der i. Allg. als kumulierter fossiler Energieaufwand (KEA) bezeichnet wird, eine Kenngröße etabliert, die dieser Bedeutung Rechnung tragen soll.

Hinsichtlich der Bestimmung des kumulierten fossilen Energieaufwandes (KEA) macht die ISO 14040 und 14044, wie auch für die Wirkungsabschätzung in anderen Wirkungskategorien, keine genaueren Vorgaben. Jedoch ist in allen gängigen Bewertungssystemen die Komponente des energetischen Ressourcenverbrauchs enthalten (Tabelle 5.7).

In der „klassischen" Ökobilanz wird der kumulierte fossile Energieaufwand anhand der Menge der eingesetzten Energieträger in der Sachbilanz über den gesamten Lebensweg ermittelt und diese Daten werden dann in der anschließenden Wirkungsabschätzung zusammengeführt. Als Charakterisierungsfaktoren können die Heiz- oder die Brennwerte der jeweiligen Energieträger verwendet werden. Damit ergibt sich als Einheit des kumulierten fossilen Energieaufwands das MJ-eq. Diese Einordnung der Ergebnisse des kumulierten fossilen Energieaufwands anhand des Wirkungsindikatorwertes (MJ-eq./funktionelle Einheit) ist insbesondere für die Stromerzeugung oder sonstige energetische Nutzung erneuerbarer Energien sehr anschaulich, da die funktionelle Einheit ebenfalls eine energetische Kenngröße ist.

Unterteilt wird der kumulierte fossile Energieaufwand in den fossil-biogenen und den fossil-mineralischen Energieaufwand.

- Fossil-biogen sind dabei „klassische" fossile Energieträger wie Stein- und Braunkohle, Erdöl und Erdgas. Zusätzlich kann auch Torf dazu gezählt werden, da er in absehbaren Zeiträumen (d. h. in menschlichen Dimensionen) nicht nachgebildet werden kann und somit als nicht-regenerativ gilt; dies widerspricht aber der Auffassung in den skandinavischen Ländern, bei denen Torf – ähnlich wie Holz – als regenerativ gilt, da in

Skandinavien gegenwärtig insgesamt mehr Torf neu gebildet als abgebaut wird. In gleicher Weise muss auch die unkontrollierte, nicht-nachhaltige Rodung von Primärwäldern zum fossilen Energieaufwand gezählt werden; nur wenn der Nachweis einer nachhaltigen Ressourcenbewirtschaftung vorliegt (wie sie in vielen europäischen Ländern gesetzlich vorgeschrieben ist), kann Holz aus dem Wald als regenerativ angesehen werden.

- Fossil-mineralisch umfasst den gesamten Energieaufwand aus Kernbrennstoffen; in der Theorie umfasst dies Elemente zur Kernspaltung (z. B. Uran) und zur Kernfusion (z. B. Wasserstoff). Letzteres hat bisher aufgrund der großtechnischen Nichtverfügbarkeit von Fusionsreaktoren aber keine praktische Relevanz erreicht. Für spaltbares Material gibt es unterschiedliche Ansätze zur Berechnung des Energieinhalts. Üblicherweise wird der Energieverbrauch des zur Stromerzeugung genutzten Urans über die erzeugte Strommenge und den durchschnittlichen Wirkungsgrad von Kernkraftwerken berechnet; beispielsweise beträgt der nukleare Energieaufwand der Stromerzeugung aus Kernenergie 10,9 MJ/kWh bei einem durchschnittlichen Wirkungsgrad heutiger Kernkraftwerke (d. h. Siedewasserreaktoren) von rund 33 %. Wird eine andere Kraftwerkstechnologie unterstellt (z. B. schneller Brüter) verändert sich dieser Wert ggf. dramatisch. Demgegenüber bevorzugen andere Ansätze eine analoge Vorgehensweise, wie sie bei den fossil-biogenen Energieträgern zur Anwendung kommt. Dann wird die theoretisch freisetzbare Energie des Uran-Isotops ermittelt und als theoretischer Heizwert mit der Masse des abgebauten Urans multipliziert. Die Bestimmung des theoretischen Heizwerts von Uran gestaltet sich jedoch als schwierig, da die nutzbare Energie von Uran stark von der angewandten Technologie abhängt.

Die Freiheit der Wahl unterschiedlicher Ansätze zur Bestimmung des kumulierten fossilen Energieaufwands kann zu deutlich abweichenden Ergebnissen führen und damit einen Vergleich unterschiedlicher Untersuchungen erschweren bzw. unmöglich machen. Deshalb gibt die VDI-Richtlinie 4600 [5.70] weitergehende Empfehlungen für die einheitliche und vergleichbare Berechnung des fossilen Energieaufwands; aber auch sie folgt weitestgehend den Vorgaben der ISO 14040 und 14044 und ist damit letztlich eine weitergehende Konkretisierung der ISO-Norm.

Beispielsweise soll nach der VDI 4600 im Sinne der Ressourceneffizienz zur Berechnung des KEA der Brennwert verwendet werden. Der Primärenergieaufwand von elektrischer Energie aus Kernkraftwerken wird über einen Wirkungsgrad von 33,3 % berechnet. Jedoch lässt auch die VDI 4600 dem Anwender Freiheiten, die fallspezifisch anzupassen sind (z. B. Wahl des Zurechnungsverfahrens von Kuppelprodukten, Wahl der Systemgrenzen hinsichtlich festzulegender Abschneidekriterien bei Stoffrückführungen wie u. a. Recycling).

Obwohl die VDI 4600 weitestgehend an die Methodik der Ökobilanzierung angelehnt ist, vereint sie jedoch auch weitere Aspekte der Technikbewertung in sich. Während sich die gängigen Methoden der Wirkungsabschätzung auf fossile Energieressourcen konzentrieren, macht die VDI 4600 auch Vorgaben zur Berechnung des erneuerbaren

Energieaufwands im Sinne einer gesamtenergetischen Bewertung (vgl. z. B. VDI 3780 „Technikbewertung“ [5.71] und VDI 4461 „Energiekenngrößen“ [5.72]). Damit wird ein gesamtenergetischer Vergleich verschiedener Produkte und Dienstleistungen ermöglicht, sodass Verfahren und Produkte mit einem hohen Gesamtenergieeinsatz, der möglicherweise aus erneuerbaren Energie gedeckt wird, die zwar unerschöpflich bzw. regenerativ, aber aus Sicht der vorhandenen Potenziale begrenzt sind, identifiziert werden können.

Beispielsweise soll die Nutzung von Biokraftstoffen zur Minderung des Verbrauchs fossiler Energien beitragen. Wird jedoch zur Erzeugung der Biomasse und/oder zur Umwandlung in den entsprechenden Kraftstoff eine hohe Menge elektrischer Energie benötigt, die zuvor zumindest teilweise aus fossilen Energieträgern (d. h. Kohle, Erdgas) hergestellt wird, kann der Verbrauch fossiler Energien ggf. sogar höher als der von konventionellen, rohölbasierten Kraftstoffe sein. Ein Beispiel hierfür ist die derzeit noch in einem frühen Entwicklungsstadium befindliche Erzeugung von Algenbiomasse zur Kraftstofferzeugung in Photobioreaktoren, die z. T. sehr viel elektrische Energie zur Kultivierung und Ernte der Algen benötigen [5.73]; beispielsweise kann der Einsatz fossiler Primärenergie derzeit noch bis zu sechsfach höher sein, als der energetische Output in Form von Algenbiomasse.

Insbesondere bei der Nutzung erneuerbarer Energien wird häufig die energetische Amortisationszeit oder Energierücklaufzeit zur Bewertung herangezogen. Diese ist definiert als die Zeit, in der so viel „erneuerbare“ Energie netto (d. h. abzüglich des fossilen Primärenergieeinsatzes zum Betrieb der Anlage) produziert wird, wie der Bau und die Entsorgung der Anlage an fossiler Primärenergie über ihren Lebenszyklus konsumiert [5.72]. Beispielsweise lag die energetische Amortisationszeit von Photovoltaikanlagen Ende des letzten Jahrtausends noch über der Lebensdauer der Anlage; d. h. die Anlage benötigte mehr Energie im Verlauf ihres Lebensweges als sie erzeugte. Diese konnte jedoch durch verbesserte Wirkungsgrade und einen geringeren Material- und Energieeinsatz bei der Produktion auf einen Wert von wenigen Jahren, abhängig von der eingesetzten Technologie, reduziert werden [5.74].

Der kumulierte fossile Energieaufwand lässt sich leicht in die energetische Amortisationszeit überführen und kann somit zur einfachen und anschaulichen Kommunikation der Ergebnisse genutzt werden. Jedoch ist diese Größe auch problematisch.

- Die energetische Amortisationszeit von Energiekonversionsanlagen auf der Basis fossiler Energieträger ist nicht sinnvoll darstellbar, da die Anlagen physikalisch bedingt immer mehr (fossile) Energie benötigen als sie bereitstellen (d. h. der Wirkungsgrad ist immer unter 100 %). Deshalb wurden in der Vergangenheit z. T. energetische Amortisationszeiten von mit fossilen Energieträgern betriebenen Kraftwerken angegeben, bei denen die Brennstoffenergie (z. B. die zur Stromerzeugung eingesetzte Kohle) nicht berücksichtigt wurde (d. h. analog zu einer Windkraftanlage, bei der der Wind auch nicht berücksichtigt wird). Diese methodischen Unterschiede erschweren den Vergleich dieser Kenngrößen zwischen verschiedenen Untersuchungen ungemein.
- Problematisch bei dieser Kenngröße ist auch, dass der gesamte, kumulierte fossile Energieaufwand zu dem gesamten, kumulierten Energieertrag in Relation gesetzt wird

ohne die Qualität der eingesetzten/bereitgestellten Energie zu berücksichtigen. Wird beispielsweise eine Stromerzeugungsanlage mit einer Bioraffinerie verglichen, und ist die energetische Amortisationszeit der Stromerzeugungsanlage höher, so bedeutet dies nicht zwangsläufig, dass diese Anlage als nachteilig zu bewerten ist, da elektrische Energie – als reine Exergie – nahezu verlustfrei in fast alle anderen Energieformen umgewandelt werden kann; dies ist bei Kraftstoffen aus der Bioraffinerie so nicht der Fall.

Infolge derartiger methodischer Schwierigkeiten wird die energetische Amortisationszeit in der jüngeren Literatur kaum noch angegeben.

5.1.3 Social LCA

Andreas Ciroth und Juliane Franze

Auch die Social Life Cycle Assessment (S-LCA) basiert auf der Methode des (environmental) Life Cycle Assessment ((E-)LCA; d. h. Ökobilanz). Im Gegensatz zu den Umweltauswirkungen analysiert die Social LCA alle sozialen Auswirkungen, die in Verbindung mit dem Lebensweg eines Produktes stehen. Dazu sollen zunächst gesellschaftliche Problemfelder entlang des Produktlebenszyklus aufgedeckt werden. Zusätzlich wird angestrebt, identifizierte Hotspots durch geeignete Maßnahmen zu eliminieren. Adressaten für Social LCA sind daher sowohl Wirtschaft als auch Politik und Wissenschaft.

Praktische Relevanz besitzt Social LCA – im Gegensatz zur Ökobilanzierung – bisher noch kaum. Es ist aber ein steigendes Interesse spürbar; in der Fachliteratur und auf Konferenzen finden sich immer häufiger derartige Beiträge und auch themenspezifische Workshops finden vermehrt statt. Zudem schenken Unternehmen der sozialen Nachhaltigkeitsdimension immer mehr Aufmerksamkeit.

5.1.3.1 Methodik

Der UNEP/SETAC-Ansatz [5.75] für eine Social LCA orientiert sich stark an den ISO-Normen 14040 und 14044 [5.1, 5.2] für die Ökobilanzierung. Auch er gliedert sich in die gleichen vier Phasen (d. h. Ziel und Untersuchungsrahmen, Sachbilanz, Wirkungsabschätzung und Interpretation; vgl. [5.76, 5.77]).

Solche sozialen Lebenszyklusanalysen sollen potenzielle gesellschaftliche Problembereiche in Produktlebenswegen analysieren und daraus reale soziale Hotspots identifizieren. Dabei werden neben Arbeitern und Angestellten auch Zuliefererbetriebe, Kunden, lokale Gemeinden und die Gesellschaft i. Allg. berücksichtigt (Abb. 5.13) sowie u. U. noch weitere Anspruchsgruppen. Damit ermöglicht die Social LCA eine ganzheitliche Betrachtung der sozialen Auswirkungen, die in Verbindung mit einem Produkt stehen.

Die Durchführung einer Social LCA empfiehlt sich dann, wenn die gesellschaftlichen Effekte eines Produktes nicht oder nur z. T. bekannt sind. Interessant sind Social LCAs

Abb. 5.13 Stakeholder, Themen und Wirkungskategorien nach dem UNEP/SETAC-Ansatz (nach [5.75])

vor allem für Produkte, bei denen gesellschaftliche Probleme in mehreren Produktlebensabschnitten und/oder für mehrere Stakeholder vermutet werden. Allerdings kann der Untersuchungsrahmen flexibel an die Gegebenheiten angepasst werden, sodass beispielsweise auch nur eine Lebenszyklusphase oder nur eine Anspruchsgruppe in die Analyse einbezogen werden.

Die real zu erzielenden Verbesserungen können bei der Anwendung der Social LCA sehr hoch sein, falls auf Basis der aufgedeckten Missstände konkrete Maßnahmen entwickelt und umgesetzt werden. Sofern es bei einer Analyse der sozialen Probleme bleibt, dürften die realen Effekte jedoch eher gering sein, da die Situation nur indirekt (z. B. über eine Sensibilisierung der Konsumenten) beeinflusst wird.

Nachfolgend werden die vier Phasen der Social LCA (d. h. Ziel und Untersuchungsrahmen, Sachbilanz, Wirkungsabschätzung und Interpretation) kurz erläutert.

Ziel und Untersuchungsrahmen. In der ersten Phase werden das Ziel der Untersuchung und die adressierten Stakeholder beschrieben sowie die Breite und Tiefe der Untersuchung festgelegt. Ein weiteres zentrales Element ist die Definition der funktionellen Einheit, welche den Nutzen des analysierten Produktes wiedergibt. Auch werden die Systemgrenzen abgesteckt, einbezogene Stakeholdergruppen, Themen und Indikatoren aufgelistet, Anforderungen an die Datenerhebung definiert und weitere methodische Aspekte (z. B. Wahl der Wirkungsabschätzungsmethode) erläutert.

Für diesen Schritt gibt die Methodik [5.75] nur unverbindliche Empfehlungen; z. B. werden sechs Wirkungskategorien, fünf Haupt-Stakeholdergruppen und 31 zu untersuchende Themen vorgeschlagen (Abb. 5.13). Zusätzlich liegen zwischenzeitlich ergänzend konkrete Beispiele für Indikatoren vor [5.78]. Diese große methodische Freiheit erlaubt einerseits fallspezifische Anpassungen, andererseits erschwert sie aber die Vergleichbarkeit zwischen verschiedenen Untersuchungen.

Sachbilanz. In der Sachbilanzphase werden für jeden Prozess innerhalb der zuvor definierten Systemgrenzen Daten für die im Vorfeld festgelegten Indikatoren erhoben. Im Unterschied zur Ökobilanz sind diese Daten nicht notwendigerweise quantitativ, sondern können auch qualitativer oder semi-quantitativer Natur sein, da die Messung und Bewertung komplexer gesellschaftlicher Aspekte anhand quantitativer Indikatoren oft sehr schwierig ist (z. B. Einfluss von Gewerkschaften; beispielsweise sagt sowohl die Anzahl an Gewerkschaften als auch deren Mitgliederzahl nichts über deren politische Stellung aus).

Im Unterschied zur Datenerhebung bei Ökobilanzen muss für Sozialbilanzen nicht nur zwischen Prozessen, sondern auch zwischen Ländern, Regionen, Organisationen oder sogar Unternehmensstandorten unterschieden werden. Gesellschaftliche Effekte von Prozessen sind vor allem vom Verhalten der dahinter stehenden Organisation und den allgemeinen regionalen Lebensbedingungen in einer Region abhängig.

Wirkungsabschätzung. Bei der Wirkungsabschätzung werden die Sachbilanzdaten im Hinblick auf ihre Wirkungen bewertet. Dazu werden sechs verschiedene Wirkungskategorien vorgeschlagen (Abb. 5.13 [5.75]). Die grundlegende Prozedur ist dabei analog zur ökologischen Wirkungsabschätzung. Zunächst werden einzelnen Aspekten Wirkungen zugewiesen (Klassifizierung) und dann wird definiert, wie stark diese Wirkung im Verhältnis zu einer Referenz ist (Charakterisierung). Allerdings ist offen, wie genau diese Wirkungsabschätzung durchgeführt werden soll.

Interpretation. In der letzten Phase werden die Ergebnisse interpretiert und auf ihre Gültigkeit hin analysiert. Darauf basierend sollen Schlussfolgerungen gezogen und Empfehlungen gegeben werden.

5.1.3.2 Einordnung

Zur Bewertung der sozialen Dimension von Nachhaltigkeit existieren bereits zahlreiche Konzepte (u. a. Fairer Handel, Verhaltenskodizes (CoCs), Managementsysteme (ISO 26000, SA 8000, AA 1000), Corporate Social Responsibility (CSR)). Damit stellt sich die Frage des Unterschieds zur Social LCA. Deshalb werden die einzelnen Konzepte im Folgenden kurz erläutert und anschließend verglichen.

Soziale Bewertungskonzepte. Nachfolgend werden die Konzepte Fairer Handel, Verhaltenskodizes, Managementsysteme und Corporate Social Responsibility kurz dargestellt.

Fairer Handel. Das Konzept des fairen Handels (Fair Trade) verfolgt das Ziel, die Handelsbedingungen insbesondere zwischen Entwicklungsländern und Industrienationen zu verbessern, um soziale Rechte benachteiligter Produzenten und Arbeiter zu stärken. Es sollen langfristige Beziehungen zwischen Händlern und Produzenten aufgebaut sowie bestimmte Sozial- und Umweltstandards umgesetzt werden. Fair produzierte Produkte (u. a. landwirtschaftliche Produkte) werden für den Konsumenten mithilfe eines Labels gekennzeichnet (z. B. Kaffee, Tee, Kakao). Für eine erfolgreiche Zertifizierung müssen verschiedene Kriterien u. a. im Hinblick auf Arbeitsstandards und Umweltschutz erfüllt werden. Tabelle 5.10 gibt einen Überblick über die Themenfelder des Standards der Fairtrade Labelling Organizations (FLO).

Die Anwendung von Fair-Trade-Labels bietet sich insbesondere für Produkte an, die in nur einer Wertschöpfungsstufe überwiegend durch schlechte Arbeitsbedingungen und zu geringe Bezahlung von Zulieferern negative soziale Auswirkungen verursachen, da die Effekte auf andere Stakeholder kaum adressiert werden. Für die Entwicklung der Standards müssen die gesellschaftlichen Probleme bereits bekannt sein [5.80].

Verhaltenskodizes. Ein Verhaltenskodex (Code of Conduct, CoC) ist eine Zusammenstellung von Verhaltensregeln, die als Orientierung für das Verhalten von Mitarbeitern dienen sollen. Allgemeines Ziel derartiger Codes of Conduct ist es, gesetzliche Lücken, vor allem im Arbeitsrecht, zu schließen [5.81, 5.82].

In den letzten Jahrzehnten wurden von zahlreichen Organisationen, Verbänden und Unternehmen Codes of Conduct entwickelt. Beispielsweise stellten die Vereinten Nationen den Global Compact auf, der zehn Prinzipien zu Menschenrechten, Arbeitsstandards, Umweltschutz und Korruptionsbekämpfung umfasst (Abb. 5.14) [5.83].

Viele Kodizes, die sich auf Arbeitsbedingungen konzentrieren, basieren auf dem Global Compact und beinhalten typischerweise u. a. Grundsätze zum Recht auf Vereinigungsfreiheit, zum Verbot von Kinderarbeit, Zwangsarbeit oder Diskriminierung, zur Zahlung der gesetzlichen Mindestlöhne, etc. Es handelt sich dabei jedoch häufig nur um Minimalstandards, die in den meisten Fällen bereits dem geltenden Recht entsprechen. Teilweise sind die Regeln, die von Verhaltenskodizes gefordert werden, sogar schwächer als die gesetzlichen Regelungen (d. h. diese Kodizes haben ihr eigentliches Ziel weit verfehlt).

Die Einhaltung der Verhaltensgrundsätze ist freiwillig und unterliegt zumeist nur einer Selbstkontrolle. Sie werden oft nicht eingehalten und damit besitzen sie auch kaum einen

Tabelle 5.10 Themen des Standards der Fairtrade Labelling Organizations (FLO) [5.79]

Ökologie	Ökonomie	Soziales
Liste verbotener Substanzen	Beratung	Arbeitsbedingungen
Umweltschonender Anbau	Stabile Mindestpreise	Gemeinschaftsprojekte
Förderung des biologischen Anbaus	Fairtrade-Prämie	Versammlungsfreiheit
Verbot gentechnisch veränderter Organismen	Langfristige Handelsbeziehungen	Diskriminierungsverbot
Bioaufschlag	Vorfinanzierung	Keine illegale Kinderarbeit

Menschenrechte
Prinzip 1: Unternehmen sollen den Schutz der internationalen Menschenrechte innerhalb ihres Einflussbereichs unterstützen und achten und
Prinzip 2: sicherstellen, dass sie sich nicht an Menschenrechtsverletzungen mitschuldig machen.
Arbeitsnormen
Prinzip 3: Unternehmen sollen die Vereinigungsfreiheit und die wirksame Anerkennung des Rechts auf Kollektivverhandlungen wahren sowie ferner für
Prinzip 4: die Beseitigung aller Formen der Zwangsarbeit,
Prinzip 5: die Abschaffung der Kinderarbeit und
Prinzip 6: die Beseitigung von Diskriminierung bei Anstellung und Beschäftigung eintreten.
Umweltschutz
Prinzip 7: Unternehmen sollen im Umgang mit Umweltproblemen einen vorsorgenden Ansatz unterstützen,
Prinzip 8: Initiativen ergreifen, um ein größeres Verantwortungsbewusstsein für die Umwelt zu erzeugen und
Prinzip 9: die Entwicklung und Verbreitung umweltfreundlicher Technologien fördern.
Korruptionsbekämpfung
Prinzip 10: Unternehmen sollen gegen alle Arten der Korruption eintreten, einschließlich Erpressung und Bestechung.

Abb. 5.14 Die zehn Prinzipien des Global Compact [5.83]

realen Nutzen. Ihre Anwendung erscheint nur dann sinnvoll, wenn eine externe Kontrolle erfolgt, die Regelungen über bestehende Gesetze hinausgehen und sich die sozialen Missstände mit einfach zu formulierenden Regeln erfassen lassen.

Managementsysteme. Ein Managementsystem ist ein Instrument zur Entwicklung und Umsetzung von Unternehmenszielen. Es liefert systematische Herangehensweisen für das Management eines Themengebiets oder eines Stakeholders. Solche Systeme liegen für verschiedenste Bereiche von Kunden- und Personalmanagement über Risikomanagement (ISO 14971) und Qualitätsmanagement (ISO 9000) bis hin zu Umweltmanagement (ISO 14000, EMAS; Kap. 7) vor. Auch für soziale Aspekte existieren Managementstandards (z. B. Sozialstandards SA 8000, AA 1000 und ISO 26000).

SA 8000 ist ein zertifizierbarer Sozialstandard, der auf den Konventionen der Vereinten Nationen und der Internationalen Arbeitsorganisation (ILO) basiert, und dessen allgemeines Ziel es ist, die Arbeitsbedingungen zu verbessern. SA 8000 umfasst verschiedene Kriterien zu den Themen [5.84]:

- Kinderarbeit,
- Zwangsarbeit,
- Gesundheit und Sicherheit,
- Vereinigungsfreiheit,
- Diskriminierung,
- Disziplinarstrafen,
- Arbeitszeit,

- Entlohnung und
- Managementsystem.

Dabei berücksichtigt der Standard nur die Stakeholdergruppe Arbeitnehmer und deckt Themen eines klassischen Verhaltenskodex ab. Es werden klare Kriterien definiert, deren Einhaltung von externen Auditoren überprüft wird. Dennoch gelten für alle Organisationen die gleichen Vorgaben, ganz gleich welche realen Probleme bestehen oder welche Rahmenbedingungen gegeben sind. Die Anwendung des SA 8000 ist sinnvoll, wenn die bestehenden sozialen Probleme durch die vordefinierten Kriterien des Standards widergespiegelt werden, da keine Anpassungen möglich sind. Es werden ausschließlich Arbeitsbedingungen im zertifizierten Unternehmen betrachtet.

AA 1000 ist eine Normenserie. Das aktuelle Rahmenwerk besteht aus den folgenden drei Standards:

- AA 1000 AccountAbility Principles Standard: Rahmenwerk zur Identifikation, Priorisierung und zum Management von Nachhaltigkeitsaspekten,
- AA 1000 Assurance Standard: Methodik zur Überprüfung der Einhaltung der AccountAbility-Prinzipien,
- AA 1000 Engagement Standard: Rahmenwerk zur Ausrichtung von Corporate Social Responsibility (CSR)-Aktivitäten.

Eine Prüfung nach AA 1000 umfasst eine Prüfung des Nachhaltigkeitsmanagements und optional auch der Nachhaltigkeitsberichterstattung. Der Standard soll sicherstellen, dass Stakeholder ausreichend in Entscheidungsprozesse einbezogen werden und veröffentlichte Nachhaltigkeitsinformationen verlässlich sind (AcountAbility). Da von AA 1000 gefordert wird, alle relevanten Nachhaltigkeitsthemen ins Management zu integrieren und dieses auch überprüft wird, werden alle relevanten Anspruchsgruppen einer Organisation adressiert.

Die ISO 26000 ist ein Leitfaden für Organisationen zur Übernahme gesellschaftlicher Verantwortung (d. h. kein zertifizierbarer Managementstandard). Ziel ist es, Organisationen dabei zu unterstützen, zu einer nachhaltigen Entwicklung beizutragen. Dabei werden sieben Kernthemen adressiert:

- Organisationsführung,
- Menschenrechte,
- Arbeitspraktiken,
- Umwelt,
- faire Geschäftspraktiken,
- Konsumentenanliegen und
- Einbindung der Gemeinschaft und deren Entwicklung.

ISO 26000 betrachtet durch die Kernthemen implizit die Anspruchsgruppen Arbeiter, Zulieferer, Konsumenten und die lokale Gemeinschaft einer Organisation, liefert aber nur unverbindliche Richtlinien.

Sowohl AA 1000 als auch ISO 26000 sind geeignete Instrumente, um die gesellschaftliche Verantwortung von Organisationen zu managen. Durch die integrierte Prüfung bei AA 1000 liefert dieser Standard mehr Verlässlichkeit und Glaubwürdigkeit.

Corporate Social Responsibility (CSR). Der Begriff Corporate Social Responsibility bezeichnet das freiwillige Engagement von Unternehmen zu einer nachhaltigen Entwicklung; d. h. Unternehmen sollen über die gesetzlichen Bestimmungen hinaus Verantwortung für ihr Handeln und gesellschaftliche Probleme übernehmen [5.85]. Alle bisher erläuterten Konzepte können als CSR-Instrumente gesehen werden; darüber hinaus existieren zahlreiche weitere.

CSR-Aktivitäten lassen sich untergliedern in den inneren Verantwortungsbereich (d. h. alle Maßnahmen, die innerhalb des Unternehmens angesiedelt sind), den mittleren Verantwortungsbereich (d. h. alle Maßnahmen, welche die Wertschöpfungskette betreffen) und den äußeren Verantwortungsbereich (d. h. alle Maßnahmen, die der Gesellschaft i. Allg. zu Gute kommen).

Das Konzept der gesellschaftlichen Verantwortung kann zur Verbesserung der Beziehung zwischen Unternehmen und deren Anspruchsgruppen angewendet werden. Da es keinerlei Vorgaben für CSR-Aktivitäten gibt, können theoretisch sehr geringe bis hohe reale Effekte erzielt werden. CSR-Maßnahmen bestehen allerdings häufig nur aus vereinzelten Spenden- und Sponsoring-Aktivitäten und machen meist nur einen geringen Umsatzanteil aus. Zudem weisen CSR-Maßnahmen oft nur einen geringen Bezug zur eigentlichen Geschäftstätigkeit auf.

Vergleich. Die vorgestellten Instrumente unterscheiden sich deutlich in Zielsetzung und Erfassungsbereich. Social LCA ist das einzige Analysetool, mit dessen Hilfe gesellschaftliche Probleme entlang des gesamten Produktlebenszyklus aufgedeckt werden können. Alle anderen dargestellten Konzepte setzen entweder voraus, dass die Problembereiche bereits hinreichend bekannt sind und versuchen dann durch Maßnahmen, vorherrschende Missstände zu reduzieren, oder analysieren soziale Probleme nur in einer Wertschöpfungsstufe oder Organisation. Auch betrachten nur Social LCA und der Managementstandard AA 1000 alle relevanten Stakeholder. Die übrigen Instrumente konzentrieren sich überwiegend auf die Anspruchsgruppe der Arbeiter (Tabelle 5.11).

Aus den Merkmalen der Konzepte lassen sich darüber hinaus deren real zu erzielende Effekte ableiten.

- Die Wirkung von Social LCA-Untersuchungen kann gering sein (z. B. wenn nur eine Analyse der sozialen Hotspots erfolgt). Sie kann aber auch sehr hoch sein, wenn alle Produktlebensphasen, alle relevanten Anspruchsgruppen und Themen analysiert und auf dessen Basis Maßnahmen umgesetzt werden.

Tabelle 5.11 Abgrenzung von Social LCA zu anderen Konzepten

	Social LCA	Fairer Handel	Verhaltenskodizes	Managementsysteme	CSR
Ziel	Identifizierung gesellschaftlicher Probleme, die im Zusammenhang mit Produkten stehen	Verbesserung der wirtschaftlichen Situation von Produzenten und Arbeitsbedingungen	Schließung gesetzlicher Lücken vor allem im Hinblick auf Arbeits- und Umweltrecht	▪ SA 8000: Verbesserung von Arbeitsbedingungen ▪ AA1000 + ISO 26000: Integration sozialer Aspekte ins Management	Freiwillige Übernahme gesellschaftlicher Verantwortung
Erfassungsbereich	Gesamter Lebensweg eines Produktes; alle relevanten Stakeholder	Nur Organisation auf einer Wertschöpfungsstufe eines Produktes können sich zertifizieren lassen; überwiegend Arbeiter	Verhaltensregeln eines Unternehmens; vorwiegend Arbeiter	▪ SA 8000: Arbeitsbedingungen in einer Organisation ▪ AA1000 + ISO 26000: neben Arbeitern auch andere Stakeholder einer Organisation betrachtet	Häufig weisen die Maßnahmen keinen Bezug zum Unternehmen auf und richten sich an die globale Gesellschaft
Erzielbare Effekte	Gering – sehr hoch	Mittel	Gering – mittel	▪ SA 8000: mittel ▪ AA1000: mittel – hoch ▪ ISO 26000: gering – hoch	Gering – hoch
Flexibilität	Sehr flexibel, keine festen Richtlinien	Konkrete Vorgaben, die eingehalten werden müssen	Verhaltensregeln können vom Unternehmen frei aufgestellt werden; häufig sehr vage Formulierung	▪ SA 8000: starre Kriterien ▪ AA1000 + ISO 26000: sehr flexibel, keine festen Vorgaben	Hohe Flexibilität, da Maßnahmen von Unternehmen selbst definiert werden können
Anwendungsbereich	Hotspots sind teilweise oder nicht bekannt und werden in mehreren Lebensabschnitten des Produkts vermutet	Hotspots sind bekannt und existieren nur in einem Produktlebensabschnitt	Hotspots sind bekannt und lassen sich mit einfach zu formulierenden Verhaltensgrundsätzen erfassen	Nachhaltigkeitsmanagement einer Organisation	Verbesserung der Beziehung zwischen einem Unternehmen und seinen Anspruchsgruppen

- Die potenziellen Effekte von Fair Trade werden als moderat eingeschätzt, da sich nur Unternehmen einer Wertschöpfungsstufe zertifizieren lassen können und die Fair Trade-Kriterien im Wesentlichen nur eine Anspruchsgruppe berücksichtigen.
- Die Wirkung von Verhaltenskodizes kann ebenfalls sehr unterschiedlich sein und hängt von den definierten Regeln und deren tatsächlicher Einhaltung ab. Da neben Arbeitern auch andere Stakeholder betrachtet werden können und der Kodex auch für Zulieferer verpflichtend sein kann, ist es zumindest theoretisch möglich, moderate Veränderungen mit Codes of Conduct zu bewirken.
- Die Effekte von Managementsystemen lassen sich nicht pauschalisieren. Die Reichweite von SA 8000 wird im Gegensatz zu AA 1000 eher gering sein, da der Erfassungsbereich von SA 8000 verhältnismäßig klein ist. SA 8000 zielt darauf ab, Arbeitsbedingungen zu verbessern (d. h. die geforderten Kriterien beziehen sich ausschließlich darauf). AA 1000 versteht sich hingegen als Multi-Stakeholder-Ansatz und verlangt die Einbeziehung aller relevanten Anspruchsgruppen und Nachhaltigkeitsthemen. Da sich

aber auch AA 1000 nur auf eine Organisation bezieht, werden die erzielbaren Veränderungen der Social LCA höher eingeschätzt (Tabelle 5.11).

- Aufgrund fehlender Vorgaben und Kontrollmechanismen von ISO 26000 und Corporate Social Responsibility (CSR) können die angestoßenen positiven Effekte gering bis hoch ausfallen. In jedem Fall ist das Potenzial dieser Instrumente geringer als das der Social LCA, da nicht der gesamte Lebenszyklus betrachtet wird, sondern nur eine Organisation und ihre Stakeholder.

Aus den verschiedenen Zielstellungen, Erfassungsbereichen und Bezugsrahmen resultieren unterschiedliche optimale Anwendungsbereiche.

- Die Anwendung der Social LCA ist am geeignetsten, wenn soziale Hotspots nicht oder nur teilweise bekannt sind und in mehreren Lebensabschnitten eines Produkts vermutet werden.
- Sind die sozialen Probleme bekannt, treten sie nur in einer Wertschöpfungsstufe auf und sind nur Arbeiter und Produzenten als Anspruchsgruppe von den Missständen betroffen, scheint eine Fair Trade-Zertifizierung sinnvoller.
- Die Aufstellung von Verhaltenskodizes ist nur empfehlenswert, wenn soziale Hotspots bekannt sind und sie sich durch einfache Verhaltensregeln der Organisationsmitglieder beseitigen lassen. Allgemein sollten Codes of Conduct den Anspruch haben, über die bestehende Gesetzgebung hinaus zu gehen. Ferner sollten sie einer externen Kontrolle unterliegen.
- Eine Zertifizierung nach SA 8000 sollte vorgenommen werden, wenn die sozialen Probleme durch die vordefinierten Kriterien abgedeckt werden, da keine Anpassungen möglich sind (Tabelle 5.11).
- Die Implementierung von AA 1000, ISO 26000 und Corporate Social Responsibility ist nur ratsam, wenn eine Organisation sich ernsthaft den Herausforderungen einer nachhaltigen Unternehmensführung stellen möchte. Während dem Unternehmen bei AA 1000 durch die Vorgaben und externen Prüfungen nichts anderes übrig bleibt als ein umfassendes Nachhaltigkeitsmanagement aufzustellen, hat es sowohl bei ISO 26000 als auch bei CSR im Grunde die freie Wahl.

5.1.3.3 Kritische Würdigung

Der Social LCA-Ansatz ist noch relativ jung; deshalb gibt es noch einige methodische Lücken und Unstimmigkeiten. Obwohl Fallstudien zeigen, dass das Konzept anwendbar ist (u. a. [5.86, 5.87, 5.88, 5.89]), wird die Anwendbarkeit der Social LCA kritisch diskutiert (z. B. [5.90]). Beispielsweise wird argumentiert, dass Social LCA unnötig sei, da andere Methoden für die Erfassung sozialer Aspekte existieren. Die existierenden Methoden sind jedoch weitgehend komplementär zueinander und die durch Social LCA bereitgestellten Erkenntnisse werden von anderen Ansätzen nicht geliefert. Im Folgenden werden deshalb einige Einwände gegen die Social LCA diskutiert.

Praktikabilität. Social LCA-Anwender sehen sich der Herausforderung der Komplexität und dem Umfang der erforderlichen Daten gegenüber. Beispielsweise werden neben länder- und sektorspezifischen Daten auch organisations- und standortspezifische Informationen benötigt, da soziale Effekte nicht so sehr von technischen Gegebenheiten, sondern eher vom Verhalten der involvierten Organisationen abhängen.

Diese Datenanforderungen sind jedoch nicht in der Methode der Social LCA begründet, sondern vielmehr darin, dass sich soziale Auswirkungen über Organisationen, Länder und Industriesektoren hinweg unterscheiden können und es sich daher prinzipiell lohnt, sie auch in der Datenerhebung zu unterscheiden. Diese Anforderungen sind also themeninhärent.

In der praktischen Anwendung lässt sich der tatsächlich benötigte Datenumfang reduzieren. Nicht immer werden unternehmensspezifische Daten benötigt. Im Verhalten von Unternehmen in einem Sektor und einer Region gibt es oft Parallelen, so dass es für Hintergrundprozesse ausreichend ist, sie auf Sektorebene zu betrachten. Auch aufgrund hoher Fluktuation auf niedrigen Wertschöpfungsstufen (etwa hinsichtlich Rohstoffen, Basismaterialien oder „einfachen" Vorprodukten) und am Ende des Lebenswegs ist es nicht unbedingt zweckmäßig, das Verhalten jedes einzelnen Akteurs zu untersuchen. Sinnvoller scheint es hingegen, einzelne Akteure zu Akteursgruppen zusammenzufassen und diese gemeinsam zu betrachten. Anstatt beispielsweise die Situation bei 100 000 Baumwollbauern zu untersuchen, unterscheidet man z. B. nur zwischen Klein- und Großbetrieben und betrachtet für jede Gruppe nur eine gewisse Anzahl an Stichproben; letztere sollten allerdings so groß sein, dass sie repräsentative Ergebnisse liefern [5.91].

Eine weitere Herausforderung liegt in der Datenzugänglichkeit. Dies gilt insbesondere für organisations- und standortspezifische Daten. Diese Informationen lassen sich zwar mithilfe von Befragungen ermitteln, jedoch z. T. nur mit einem erheblichen Aufwand.

Generische Daten (d. h. nicht fallbezogene Daten) müssen dagegen meist nicht eigens erhoben werden, da sie von internationalen Institutionen (z. B. Weltbank, Internationale Arbeitsorganisation (ILO), Vereinten Nationen (UN), Organisation für wirtschaftliche Zusammenarbeit und Entwicklung (OECD)) verfügbar gemacht werden. Darüber hinaus gibt es erste Social LCA-Datenbanken (z. B. [5.92, 5.93]).

Um eine Fallstudie durchführen zu können, ist daher eine sorgfältige Prüfung verfügbarer Datenquellen mit dem jeweils verbundenen Aufwand für die Datenerhebung und dem Ergebnisbeitrag erforderlich; und eine solche Abwägung kann gelingen (z. B. [5.87]). Auch die Reduktion der Anzahl der betrachteten Indikatoren verringert den Aufwand in der Datenerhebung [5.94].

Ferner können unterschiedliche Datenquellen verschiedenartige Informationen zum gleichen Indikator liefern (z. B. Nachhaltigkeitsbericht versus NGO-Bericht); d. h. die Glaubwürdigkeit einzelner Akteure muss bewertet werden. Soziale Informationen sind oft mit subjektiven Empfindungen verknüpft; dies ist vielen sozialen Daten inhärent. Diese Subjektivität muss aber bei der Interpretation berücksichtigt werden. Ein übliches Verfahren hierzu ist die Triangulation, die verschiedene sinnvolle Datenquellen zu einem bestimmten Sachverhalt heranzieht, um so die verschiedenen subjektiven Elemente besser identifizieren zu können [5.75].

Schließlich lassen sich soziale Gegebenheiten nicht immer adäquat mit einigen wenigen quantitativen oder semi-quantitativen Indikatoren abbilden. Deshalb sollten in Social LCA-Untersuchungen auch qualitative Indikatoren Verwendung finden. Dies ist jedoch für die Aggregation von Daten eine Herausforderung. Qualitative Daten lassen sich natürlich codieren und dann aggregieren, verlieren aber dadurch einen Teil ihrer Information.

Obwohl es auch hier erste Vorschläge für eine derartige Aggregation gibt (u. a. Life Cycle Attribute Assessment, Aggregation der Bewertungsergebnisse, nicht der Indikatoren; Quantifizierung auch der qualitativen Indikatoren), ist dieser Punkt sicher derzeit am wenigsten entwickelt. Vor allem die Verbindung qualitativer Indikatoren mit den quantitativen Beiträgen von Prozessen zum Gesamtsystem ist noch nicht richtig gelöst. Dies wird unter dem Stichwort „activity variable“ beschrieben. Lösungen sind, jeden Prozess gleich zu zählen oder den Prozess mit einem relevanten quantitativen sozialen Indikator zu gewichten (z. B. nach Arbeitsstunden).

Die Schwierigkeit des Umgangs mit heterogenen Indikatoren ist der Tatsache geschuldet, dass sich soziale Effekte oft nur qualitativ beschreiben lassen. Daher sind heterogene Sets aus quantitativen, semi-quantitativen und qualitativen Indikatoren der Fragestellung angemessen. Insgesamt ist daher die Social LCA durchaus auch heute schon anwendbar.

Allerdings sind Social LCA-Untersuchungen bisher noch keine Routine. Für bestimme Problemstellungen müssen jeweils praktikable Lösungen entwickelt werden. Die vorliegenden Untersuchungen zeigen aber, dass dies durchaus möglich ist.

Wissenschaftlichkeit. Bei der Social LCA wird z. T. die Wissenschaftlichkeit hinterfragt, da mit qualitativen Parametern gearbeitet wird, die auf subjektiven Wahrnehmungen von Stakeholdern basieren und vorherrschende Bedingungen mit subjektiven Wertesystemen bewerten. Dies kollidiert mit dem „klassischen“ Verständnis einer objektiven, wertfreien Wissenschaft.

Nach dem Wissenschaftsverständnis griechischer Philosophen der Antike ist Wissenschaft rational, allgemeingültig und objektiv [5.95]. Modernere Ansätze streiten dies allerdings z. T. ab. Beispielsweise wird argumentiert, dass Subjektivität in der Wissenschaft unvermeidbar ist, da wissenschaftliche Erkenntnisse von Menschen, also Subjekten, gewonnen werden und somit immer einer gewissen Subjektivität unterworfen sind. Demnach ist es Aberglaube, „dass die Forschung als tabula rasa zu beginnen habe“ [5.96].

Anfang des 20. Jahrhunderts wurde im Postulat der Werturteilfreiheit u. a. eine strikte Trennung von Forschung und Wertung gefordert [5.97]. Dieser Anspruch nach Wertfreiheit wird aber kritisiert. Anhänger des Neo-Normativismus vertreten z. B. die Auffassung, dass eine teilweise Normativierung der Wirtschafts- und Sozialwissenschaften notwendig ist, um die Anforderungen, die aus einer praktischen Anwendung resultieren, zu erfüllen [5.98].

Letztlich greifen beide Einwände zu kurz. Soziale Auswirkungen sind notwendigerweise subjektiv. Subjektive Aspekte können daher nicht komplett aus der Bewertung ausgeschlossen werden. Die reine Wertfreiheit ist eher ein Ideal, das sich tatsächlich nie erreichen lässt. Was die Social LCA-Methode allerdings tun kann, ist eine möglichst klare Trennung von subjektiven und objektiven Elementen in der Bewertung und gesamten Methode. In dieser Richtung wirken die Performance Reference Points (PRPs) [5.87]. Hier werden für die verwendeten Indikatoren angestrebte Werte (PRPs) definiert, nach denen die für verschiedene Prozesse erhobenen Indikatorwerte bewertet werden. Die PRPs geben ein subjektives Wertesystem vor, innerhalb dessen die Bewertung dann wieder objektiv durchführbar ist.

Fazit. Social LCA ist eine Methode, deren Anwendbarkeit in Fallbeispielen gezeigt werden konnte, die aber noch einen Entwicklungsweg vor sich hat. Ferner ist die Erstellung einer Social LCA-Untersuchung aufwändig; ihre Durchführung liegt aber durchaus im Bereich des Machbaren. Auch die noch bestehenden methodischen Lücken lassen sich mit etwas Kreativität überwinden. Jede weitere Untersuchung kann damit zur methodischen Weiterentwicklung beitragen.

Der Vergleich von Social LCA mit anderen Konzepten im Bereich der sozialen Dimension der Nachhaltigkeit zeigt, dass sie als einziges Instrument verschiedenste gesellschaftliche Problemfelder entlang des gesamten Produktlebenswegs identifizieren kann. Die anderen Ansätze setzen mehrheitlich voraus, dass soziale Hotspots bereits bekannt sind, beschränken sich meist auf die Stakeholdergruppe Arbeiter und beziehen oft nur ein Unternehmen ein. Somit kann die Social LCA sowohl für Fair Trade also auch für Verhaltenskodizes oder CSR-Aktivitäten als fundierte Basis dienen. Auch für die Zielstellung innerhalb von Managementsystemen ist es essentiell, zunächst die Ist-Situation festzuhalten, wie es der Social LCA Ansatz macht. Insgesamt kann die Social LCA daher eine Erweiterung für das Nachhaltigkeitsmanagement i. Allg. und für Lebenszyklusbetrachtungen im Speziellen darstellen.

5.1.4 Bewertung von mehr als einer Nachhaltigkeitsdimension

Peter Saling

Die gleichrangige Betrachtung von ökonomischen, ökologischen und gesellschaftlich-sozialen Zielsetzungen ist grundlegend für die Nachhaltigkeitsbewertung von Produktsystemen und Dienstleistungen. Der Schwerpunkt der Nachhaltigkeit aus unternehmerischer Sicht liegt dabei üblicherweise auf wirtschaftlichen Kriterien. Normalerweise müssen alle Beteiligten in der Wertschöpfungskette wettbewerbsfähig sein, aber – in einem unterschiedlichen Ausmaß je nach gesellschaftlichen Gegebenheiten und gesetzlicher Normensetzung – auch soziale und ökologische Kriterien mit in Entscheidungsprozesse integrieren. Um eine solche gemeinsame Bewertung ökonomischer, ökologischer und gesellschaftlich-sozialer Kriterien im Unternehmen zu ermöglichen, wurden methodische Ansätze auf Basis der Ökobilanzmethodik erarbeitet, die diesem Anspruch gerecht werden (wollen).

Je nach den jeweils berücksichtigten Dimensionen der Nachhaltigkeit wird unterschieden zwischen der Ökoeffizienz-Analyse und der SEEBALANCE. Beide Methoden bauen dabei vom Grundsatz her auf der Ökobilanzmethodik auf und der erstere Ansatz berücksichtigt ökonomische und ökologische Aspekte, während die letztere Methodik zusätzlich noch soziale Kriterien betrachtet. Nachfolgend werden die beiden Methoden kurz diskutiert.

Beide Methoden stellen Instrumente zur nachhaltigeren, zukunftsverträglichen Auswahl und Positionierung von Produkten bzw. Produktsystemen und Verfahren sowie Dienstleistungen dar. Vom Grundsatz her kann damit entschieden werden, ob ein definierter Umweltvorteil die dadurch entstehenden Mehrkosten rechtfertigt oder ob es sinnvoller ist, auf einen kleinen Umweltvorteil zu Gunsten eines größeren ökonomischen Vorteils zu verzichten. Darüber hinaus können soziale Faktoren in die Bewertung einbezogen werden. Ökonomische, ökologische und soziale Fakten werden damit auf wissenschaftlicher Basis verknüpft und zu einer definierten Aussage geführt. Es kann herausgearbeitet werden, wie Aussagen und Herangehensweisen auf verschiedene Fragestellungen übertragen und wie daraus mögliche Produkt- oder Verfahrensalternativen entwickelt werden können.

Diese Werkzeuge können Beiträge zur Vermittlung von Vorstellungen zum nachhaltigen Wirtschaften, aber auch zur Entwicklung nachhaltigerer Produkte und Verfahren liefern. Zudem werden die Grundsätze nachhaltiger Entwicklung berücksichtigt. Diese Vernetzung ist heute ein unabdingbarer Bestandteil moderner Verfahrensentwicklung. Jenseits von teilweise sehr einfachen und widersprüchlichen Ansichten über die Nachhaltigkeit können hier grundlegende Elemente bewertet und an konkreten Beispielen praktisch angewendet werden.

5.1.4.1 Ökoeffizienz-Analyse

Die Ökoeffizienz-Analyse liefert Hinweise zur ökologischen und ökonomischen Einschätzung von Produkten, Prozessen und Dienstleistungen. Das grundlegende Verfahren ist in der ISO 14045 [5.99] festgeschrieben.

Diese Ökoeffizienz-Analyse ist eine vergleichende Methode; d. h. es müssen immer mindestens zwei Alternativen betrachtet werden. Dabei erlaubt sie es, bei Produkten, Verfahren und Dienstleistungen Ökonomie (Nutzen) und Ökologie gemeinsam zu betrachten und die ökoeffizienteste Möglichkeit zur Erfüllung eines definierten Kundennutzens zu identifizieren [5.100]. Auch können die mit dieser Analyse erzeugten Ergebnisse Anspruchsgruppen näher gebracht werden, die keine Experten in der Thematik sind.

Grundsätzlich betrachtet die Ökoeffizienz-Analyse die ökologischen Einflüsse eines Produktsystems bezogen auf einen definierten Kundennutzen im Vergleich zu Alternativlösungen in einem gleichgewichteten Verhältnis [5.101, 5.102]. Neben der Ökobilanz (Kapitel 5.1.1), welche die methodische Basis für die ökologische Analyse darstellt, wird in vergleichbarer Weise eine ökonomische Bilanz oder ein anders gearteter Nutzen erarbeitet, zusammengefasst und in aggregierter Form dargestellt [5.103, 5.104]. Analog zur Ökobilanz gliedert sich die Ökoeffizienzbewertung in vier iterativ verbundene Phasen (Abb. 5.15).

Zunächst muss auch hier zu Beginn das Ziel und der Untersuchungsrahmen festgelegt werden. Ausgangspunkt ist – wie auch bei der Ökobilanz eine konkrete Funktion (z. B. Beleuchtung eines Raumes mit verschiedenen Leuchtmitteltechnologien), die von allen zu untersuchenden und klar zu definierenden Alternativen gleichermaßen erfüllt werden muss, um die Vergleichbarkeit der Systeme zu gewährleisten. Die quantitative Beschreibung der festgelegten Funktion (z. B. Bereitstellung von Licht über einen Nutzungszeitraum) ist die funktionelle Einheit. Sie sollte möglichst gut und ausreichend die Bezugsgröße beschreiben, auf die sich die folgenden Untersuchungen beziehen. Dann werden die Alternativen definiert, die in dem Vergleich betrachtet werden sollen. Grundsätzlich sollen alle relevanten Vergleichsalternativen einbezogen werden, da das Auslassen wesentlicher Alternativen die Aussagekraft des Ergebnisses einschränkt. Für die funktionelle Einheit gelten die gleichen Voraussetzungen wie bei der Ökobilanz, die anschließend parallel mit einer Analyse des Nutzens des Produktsystems angefertigt wird. Dieser kann monetär ausgedrückt werden, aber auch in physikalischen Einheiten oder sogar einem Punktesystem (Qualitätsmerkmale wie bei Beleuchtungssystemen die Lichtmenge, die Lichtfarbe, Grad der Ausleuchtung etc.).

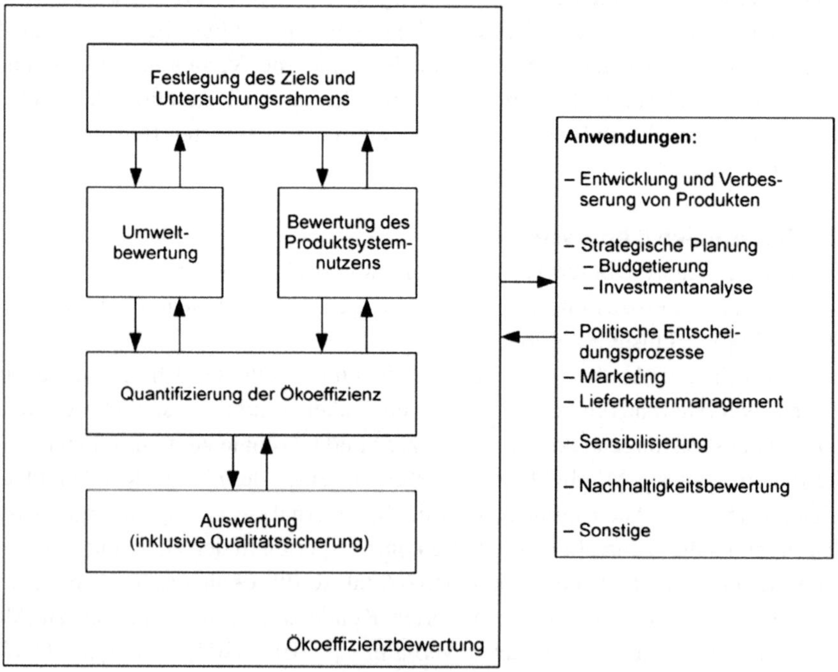

Abb. 5.15 Phasen der Ökoeffizienzbewertung (nach [5.99])

Mit den Ergebnissen aus diesen beiden Analysen erfolgt eine Quantifizierung der Ökoeffizienz, indem die Umweltleistung (d. h. normierte und ggf. gewichtete Ergebnisse der Ökobilanz) zum Produktsystemnutzen ins Verhältnis gesetzt werden.

Abschließend erfolgt die Auswertung. Diese sollte alle signifikanten Parameter sowohl auf Basis der Ergebnisse der Umweltbewertung als auch der Nutzenanalyse identifizieren. Auch eine kritische Reflektion der Vollständigkeit, der Sensitivitäten und Unsicherheiten sowie der Konsistenz muss erfolgen. Mit der Formulierung von Schlussfolgerungen und Empfehlungen endet die Ökoeffizienz-Analyse.

Als Ergebnis dieser Analyse kommt beispielsweise heraus, dass ein Produkt, das die gleichen Umweltauswirkungen wie ein Vergleichsprodukt aufweist, bei geringeren Kosten oder auch Preisen für den Endverbraucher die nachhaltigere Lösung ist. Ein Produkt, das geringere Umweltwirkungen aufweist, kann entsprechend mehr kosten und die gleiche Nachhaltigkeit wie ein Vergleichsprodukt aufweisen. Bei strategischen Bewertungen können verschiedene Kostenbetrachtungen einbezogen werden. Beispielsweise können hier Rohstoffkosten, Investitionen, Abschreibungen, Entsorgungskosten etc. berücksichtigt und bewertet werden.

5.1.4.2 SEEBALANCE

Um alle drei Dimensionen der Nachhaltigkeit betrachten zu können, wurde die Ökoeffizienz-Analyse um soziale Aspekte zur Sozio-Ökoeffizienz-Analyse SEEBALANCE (SocioEcoEfficiency) erweitert (d. h. Berücksichtigung gesellschaftsrelevanter Kriterien wie z. B. Beschäftigung, Ausbildungsniveaus, Gleichbehandlung) (u. a. [5.105]). Ergebnis der SEEBALANCE sind detaillierte Darstellungen von Einzelergebnissen in den jeweiligen Bewertungskategorien und auch eine aggregierte Zusammenfassung über alle drei Dimensionen der Nachhaltigkeit in einem Gesamtergebnis. Dies ermöglicht die intensive Analyse von Einzelaspekten und die Identifikation von Verbesserungspotenzialen, aber auch die Diskussion von übergreifenden Ergebnissen. Die visuelle, aggregierte Umsetzung macht komplexe Nachhaltigkeitsabwägungen anschaulich und ermöglicht so die Unterstützung von Entscheidungsprozessen sowie anschließend eine aussagekräftige Kommunikation. Strategische Aspekte, Entwicklungsaspekte, aber auch Marketingaussagen können mit den Bewertungsinstrumenten wirkungsvoll unterstützt werden.

Methodik. Die anzuwendenden sozialen Kriterien wurden anhand der Sinnhaftigkeit der betrachteten Kriterien, der Durchführbarkeit der Bewertung, dem Vorhandensein entsprechender Datenquellen und der weltweiten Datenverfügbarkeit ausgewählt [5.104]. Der erarbeitete Bewertungsansatz zeigt Abb. 5.16. Er stellt die Grundlage der sozialen Bewertung in der SEEBALANCE dar und umfasst fünf Oberkategorien von Betroffenengruppen bzw. Stakeholdern, die durch einzelne Bewertungsgrößen definiert und quantifiziert werden.

Als Basis für die Ermittlung von Daten werden die Prozesse im betrachteten Produktsystem zu Wirtschaftszweigcodes (NACE-Codes bzw. ISIC-Codes) zugeordnet. Dadurch können statistische Werte für Branchen aus unterschiedlichen Quellen so aufbereitet wer-

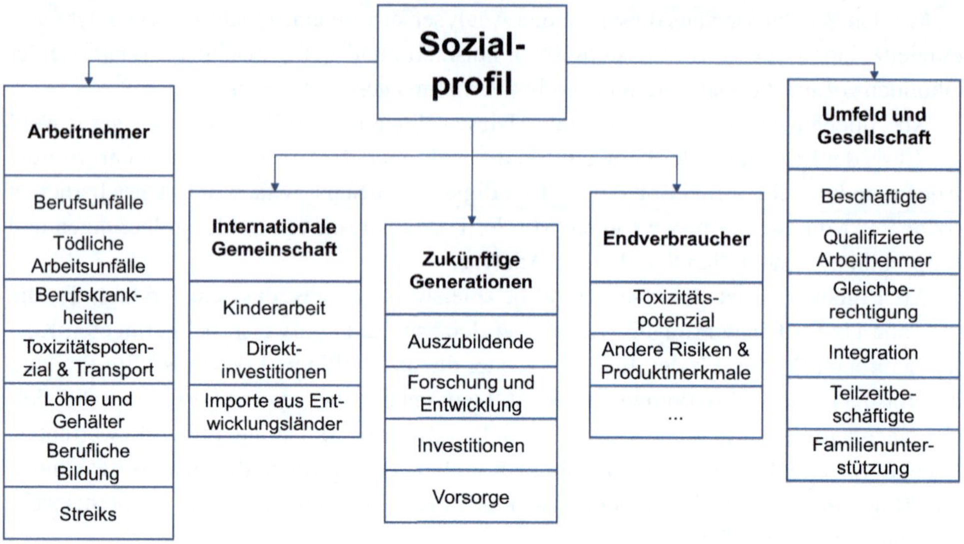

Abb. 5.16 Sozialbewertungskategorien bzw. Stakeholderkategorien in der SEEBALANCE

den, dass soziale Kenngrößen ermittelbar sind. Dabei werden z. B. Mengen an produzierten Gütern mit Statistiken zur Beschäftigung verknüpft, woraus beispielsweise die Kennzahl „Beschäftigung/Tonne Produkt" resultiert. Derartige Verhältnisse können für alle sozialen Kriterien gebildet werden (z. B. Stunden Weiterbildung/Tonne Produkt, Einkommen abhängiger Beschäftigung/Tonne Produkt). Dabei kann es jedoch in einigen Ländern Schwierigkeiten bei der Datenrecherche geben, weil die statistische Erfassung von Basisdaten sektorbezogen oft noch nicht durchgeführt wird.

Entlang des gesamten Lebensweges eines Produktsystems werden innerhalb der Systemgrenzen entsprechende Branchenzuordnungen zu jedem einzelnen Modul erstellt und mit NACE- bzw. ISIC-Codes versehen. Verknüpft mit den entsprechenden Mengen an Produkten, Dienstleistungen, Transporten etc. erhält man die jeweiligen Kennzahlen der gesamten am Produkt/Prozess beteiligten Wirtschaftszweige. Die NACE- und ISIC-Klassifikation sind in vier hierarchische Ebenen gegliedert [5.106] (Beispiele für Unterkategorien gelten für das fett gedruckte Beispiel der darüber liegenden Kategorie):

1. Abschnitte (alphabetischer Code zur Beschreibung und eindeutigen Zuordnung von Wirtschaftszweigen), z. B. **Baugewerbe**, Energieversorgung, Gastgewerbe;
2. Abteilungen (zweistelliger numerischer Code, kurz 2-Steller), z. B. **Hochbau**, Tiefbau;
3. Gruppen (dreistelliger numerischer Code, kurz 3-Steller), z. B. Erschließung von Grundstücken, **Bau von Gebäuden**;
4. Klassen (vierstelliger numerischer Code, kurz 4-Steller), z. B. Bau von Gebäuden ohne Fertigteilbau, Errichtung von Fertigteilbauten.

Als Zwischenstufe zwischen der ersten und zweiten Gliederungsebene existieren stellenweise Unterabschnitte, die mit einem doppelten alphabetischen Code identifiziert sind [5.106]. Je höher die Anzahl der Codestellen, desto spezifischer ist die Dateninformation und desto spezifischer auf eine Wirtschaftsaktivität bezogen sind die statistischen Daten. Gleiches gilt auch für die ISIC-Codes, auf die die SEEBALANCE Methode umgestellt wurde; Vorteil dieses Codesystems gegenüber den NACE-Codes ist die größere internationale Verbreitung.

Idealerweise arbeitet man bei der Bewertung von Produkten und Verfahren in der SEEBALANCE auf der Ebene der „4-Steller" des NACE-Systems, um eine optimale Detailtiefe zu gewährleisten. Oft wird aber auch auf der Ebene der „2-Steller"gearbeitet; dies ist in vielen Fällen ausreichend und die Datenlage ist wesentlich umfangreicher. Hier muss eine gute Einordnung der Zahlen erfolgen, um Ungleichgewichte bei der Bewertung ausgleichen und berücksichtigen zu können. Ungleichgewichte können entstehen, wenn auf der einen Seite statistische Daten einer Gesamtbranche mit denen einer anderen Branche, die weiter spezifiziert ist, verglichen werden. Dies ist aber ein allgemeines Problem bei dem Vergleich sehr detaillierter, spezifischer Informationen mit gröberen Informationen. Zur aussagekräftigen Vergleichbarkeit kann es daher sinnvoll sein, Szenarienrechnungen durchzuführen und ggf. auf Detailtiefe zu verzichten, wenn es zu deutlichen Unterschieden der Aussagen kommt, die allein auf Datenqualitätsunterschiede zurückzuführen sind.

Der über statistische Daten realisierte Ansatz kann weiter verfeinert werden, wenn betriebsspezifische Daten eingesetzt werden. Die Aussagekraft betriebsspezifischer Informationen sollte jedoch immer kritisch daraufhin überprüft werden, ob es sich um statistisch abgesicherte Angaben handelt oder ob nur Angaben zu einem Einzelfall oder eine einzelne Information zur Verfügung stehen. So ist z. B. die Angabe zu Unfällen in einer Anlage für ein einziges Jahr nicht aussagekräftig, da der Durchschnitt über mehrere Jahre deutlich anders sein kann und daher die Kenngröße die tatsächliche Situation über- oder unterschätzen kann.

Indikatoren. Die SEEBALANCE verwendet einen festgelegten Bewertungsansatz, mit dem soziale Einflüsse auf die Bewertung der Nachhaltigkeit dargestellt werden. Dieser Ansatz besitzt Überschneidungen mit dem UNEP/SETAC-Ansatz (Kapitel 5.1.3), ist aber vom Grundsatz her eigenständig. Die Vorgehensweise und Bedeutung der jeweiligen Kriterien wird nachfolgend exemplarisch für die Stakeholder „Arbeitnehmer" vorgestellt [5.107, 5.108].

Die Kategorie „Arbeitnehmer" umfasst die folgenden Indikatoren: Arbeitsunfälle, tödliche Arbeitsunfälle, Berufskrankheiten, Toxizitätspotenzial, Löhne und Gehälter, berufliche Bildung, Streiks. Als einzige Ausnahme existierte der Indikator „Toxizitätspotenzial" bereits in der Ökoeffizienz-Analyse. Weil er die menschliche Gesundheit betrifft, wurde er in den sozialen Bewertungsteil integriert. Im Gegensatz zu den anderen hier vorgestellten Indikatoren beruht die Ermittlung des Toxizitätspotenzials deshalb nicht auf dem Ansatz der Wirtschaftszweiganalyse, sondern auf der Gefahrstoffkennzeichnung der Stoffe des Produktsystems. Da die Methode zur Ermittlung des Toxizitätspotenzials eine getrennte

Bewertung der Produktions-, Nutzungs- und Entsorgungsphase erlaubt, wurde der Indikator aufgeteilt; das Toxizitätspotenzial der Produktions- und Entsorgungsphase wurde der Stakeholder-Kategorie „Arbeitnehmer" zugeordnet, während das Toxizitätspotenzial der Nutzenphase auf den Stakeholder „Verbraucher" entfällt. Das Toxizitätspotenzial bewertet den Einfluss toxischer Stoffe auf Basis ihrer Einstufung als Gefahrstoff in Kombination mit einer vereinfachten Expositionseinschätzung auf den Menschen. Die Exposition reicht daher von vollständig geschlossenen Systemen mit keinem Kontakt zu Menschen/Arbeitern bis hin zu offenen Systemen mit direktem Kontakt zu dem jeweiligen Produkt. Darin unterscheiden sich die Expositionsfaktoren und werden mit den Größen 0,01; 0,1 und 1 bewertet.

Tabelle 5.12 zeigt eine beispielhafte Beschreibung für Indikatoren, die der jeweiligen Datenquellen und die des Vorgehens bei durchgeführten Berechnungen.

Auswertung. Bei der Auswertung werden die einzelnen Kriterien (z. B. Treibhausgasemissionen, Löhne und Gehälter, Gestehungskosten) pro funktionelle Einheit für die untersuchten Alternativen in (Balken-)Diagrammen dargestellt. Um die Umweltbelastungen und die sozialen Auswirkungen übersichtlich darzustellen, werden die normierten Ergebnisse in sozialen bzw. ökologischen Fingerabdrücken (Spinnennetzdiagramm) abgebildet. Dabei wird dem schlechtesten Ergebnis einer Kategorie aller untersuchten Alternativen jeweils der Wert 1 zugeordnet. In einem weiteren Schritt werden die jeweiligen Ergebnisse der drei Nachhaltigkeitsdimensionen (d. h. Gesellschaftlich-Soziales, Ökologie, Nutzen bzw. Ökonomie) aggregiert bzw. gewichtet, sodass für jede Dimension und jede betrachtete Alternative ein Zahlenwert heraus kommt. Dieses lässt sich dann in zweidimensionalen Diagrammen als Sozioeffizienz-Portfolio darstellen. Die Darstellung aller drei Dimensionen der Nachhaltigkeit erfolgt in einem weiteren Spinnennetzdiagramm bzw. aggregiert in einer eindimensionalen Ergebnisdarstellung. Diese zeigt die Reihenfolge der betrachteten Alternativen von höchster zu geringster relativer Nachhaltigkeit. Der früher verwendete SEEcube ist eine weitere Möglichkeit der Darstellung, hat sich aber auf Grund der schweren Lesbarkeit und Möglichkeit zur Interpretation nicht durchgesetzt [5.108].

Tabelle 5.12 Beispielhafte Beschreibung von Indikatoren aus der Kategorie „Arbeitnehmer“

Name	**Berufskrankheiten**
Definition	„Anerkannte Berufskrankheiten sind die, bei denen sich der durch die Berufskrankheiten-Anzeige geäußerte Verdacht auf das Vorliegen einer Berufskrankheit im Feststellungsverfahren bestätigt hat“ [5.109]. Als wichtigste Voraussetzung hierfür „muss zwischen versicherter Tätigkeit und schädigender Einwirkung sowie zwischen dieser Einwirkung und der Erkrankung ein rechtlich wesentlicher ursächlicher Zusammenhang bestehen“ [5.110].
Maßeinheit	(Anerkannte) Berufskrankheiten pro Produktionsmenge
Beispielwert	0,083 anerkannte Berufskrankheiten pro 1000 t für den Wirtschaftszweig „Herstellung von Textilien“
Datenquelle	[5.111]
Name	**Toxizitätspotenzial**
Definition	Das Toxizitätspotenzial [5.112, 5.113] wird anhand eines Bewertungsschemas bilanziert. Dabei werden die Einstufungen und Kennzeichnungen nach den H-Sätzen des Global Harmonized Systems [5.114] zugrunde gelegt. Jedem H-Satz bzw. jeder Kombination von H-Sätzen werden entsprechend ihres Gefährdungspotenzials in Abstimmung mit Toxikologen Rechenwerte von 0 bis 1000 zugeordnet. Verknüpft mit einer vereinfachten Expositionsbewertung erhält man einen Wert, der eine vereinfachte Risikoabschätzung darstellt. Die entlang des betrachteten Lebenswegs berechneten Werte werden über die betrachteten Prozesse und den hier eingesetzten Stoffmengen entlang des Lebensweges aggregiert. So erhält man ein lebenswegbezogenes Toxizitätspotenzial der jeweilig an der Ökoeffizienz-Analyse beteiligten Stoffe.
Maßeinheit	Dimensionslose Bewertungszahl pro Produktionsmenge
Datenquellen	[5.112, 5.113, 5.114]
Umrechnungen	Aus H-Sätzen der Gefahrstoffverordnung bzw. GHS (Globally Harmonized System)
Name	**Löhne und Gehälter**
Definition	„Entgelt für die geleistete Arbeitszeit, Sonderzahlungen und Vergütungen arbeitsfreier Tage“ [5.115] sowie geldwerte Sachleistungen
Maßeinheit	Löhne und Gehälter (einschl. geldwerter Sachleistungen) pro Produktionsmenge
Beispielwert	100 145 € pro 1000 t für den Wirtschaftszweig Herstellung von Holz sowie Holz-, Kork- und Flechtware (ohne die Herstellung von Möbeln)
Datenquellen	[5.116, 5.117, 5.118]

5.2 Beispiele

Nachfolgend werden mehrere Beispiele diskutiert, um daran die Umsetzung der dargestellten Methodik und die potenziell zu erwartenden Ergebnisse zu diskutieren.

5.2.1 Ökobilanzen einer Wärmebereitstellung für Wohngebäude

Jana Weinberg

Die Beheizung von Wohnungen trägt maßgeblich zum Verbrauch fossiler Ressourcen und zur Freisetzung von Treibhausgasen bei. Als mögliche Maßnahmen zur Verringerung dieser negativen Effekte bieten sich die Isolierung von Gebäuden, effiziente(re) Heizungssysteme sowie die Nutzung regenerativer Energien – und hier insbesondere Umgebungswärme, Biomethan oder Holz – an.

Soll der Beitrag zur Minderung von Treibhausgasemissionen durch eine dieser Maßnahmen abgeschätzt werden, sind zwei gegenläufige Effekte zu berücksichtigen. Einerseits kommt die mögliche Einsparung von Treibhausgasen während der Nutzungsdauer zu tragen und andererseits sind die Herstellung von Materialien und Komponenten mit Treibhausgasemissionen verbunden. Berücksichtigt werden muss ebenfalls, dass im Rahmen einer Lebenswegbetrachtung nicht nur die direkten Emissionen der Verbrennung betrachtet werden dürfen, sondern die gesamte Energiebereitstellungskette; in Bezug auf erneuerbare Energien gilt dies vor allem für den Anbau und die Verarbeitung von Biomasse.

Vor diesem Hintergrund werden im Folgenden unterschiedliche Heizungssysteme in Kombination mit Wärmedämmmaßnahmen sowie der Nutzung regenerativer Energien als Heizmaterial ökobilanziell untersucht, um sowohl einen gesamtheitlichen Vergleich durchzuführen als auch die Faktoren zu identifizieren, die den größten Anteil an den potenziellen Umweltauswirkungen haben.

Festlegung des Ziels und des Untersuchungsrahmens. Nachfolgend werden die im Rahmen dieses Ökobilanzschrittes zu realisierenden Schritte diskutiert.

Ziel, Systemgrenzen und funktionelle Einheit. Ziel dieser Analyse ist der Vergleich unterschiedlicher Heizungssysteme für verschiedene Wärmedämmstandards bei der Beheizung von Mehrfamilienhäusern über den gesamten Lebensweg der Wärmeerzeugung. Es soll untersucht werden, welche Vor- oder Nachteile unterschiedliche Alternativen auf der Basis regenerativer Energien gegenüber konventionellen Heizungssystemen mit fossilen Energieträgern aufweisen.

Typische und für die Anwendung regenerativer Energien charakteristische Wirkungskategorien, die hier betrachtet werden sollen, sind der anthropogene Klimaeinfluss, die Versauerung von terrestrischen und aquatischen Ökosystemen sowie der Verbrauch fossiler (erschöpflicher) Ressourcen.

Die Untersuchung wird für die Beheizung von Mehrfamilienhäusern in Deutschland und für das Referenzjahr 2011 durchgeführt. Ausgewertet werden die Freisetzung der Emissionen sowie der Verbrauch fossiler (erschöpflicher) Energieressourcen pro Bewohner dieses Mehrfamilienhauses über einen Betrachtungszeitraum von einem Jahr. Funktionelle Einheit ist damit ein (dieser Wohnfläche zugeordnetes) Personenjahr. Die Ergebnisse werden beispielsweise als kg Emissionen/(Pers. a) ausgewiesen. Somit können neben unterschiedlichen Heizungssystemen mit fossilen Energieträgern und regenerativen Energien auch unterschiedliche Wärmedämmstandards der Gebäude miteinander verglichen werden. Hierbei wird ein älteres Bestandsgebäude mit einem gedämmten Neubau verglichen. Um eine Vergleichbarkeit zu gewährleisten werden für beide Häuser sowohl die gleiche Wohnfläche wie auch die gleiche Anzahl von Bewohnern angenommen. Für Nebenprodukte (z. B. Strom) werden Gutschriften erteilt.

Ein vereinfachtes Schema der untersuchten Systeme sowie die Systemgrenze zeigt Abb. 5.17. Die Systemgrenze beinhaltet den Bau aller Anlagenteile, die zur Wärmebereitstellung erforderlich sind und die sich für die unterschiedlichen Heizungssysteme unterscheiden (d. h. Wärmeerzeuger (z. B. Heizkessel), Wärmespeicher (z. B. Warmwassertank), Wärmequellenanlagen (z. B. Solarkollektoren, Erdsonden), Brennstofflager (z. B. Heizöltank), Anschluss (z. B. Gasanschluss)). Es werden sowohl der Material- und Energieaufwand zur Fertigung der Anlagen wie auch deren gesamte Vorketten inklusive der jeweiligen Transportaufwendungen einbezogen. Anlagenteile, die für alle untersuchten Systeme identisch sind (z. B. Rohrleitungen) werden nicht betrachtet, da sie den relativen Vergleich der einzelnen Varianten untereinander nicht beeinflussen. Ebenso wird der Bau der Häuser inklusive der Bereitstellung der Dämmmaterialien nicht betrachtet, da diese zu unterschiedlichen Zeitpunkten, jedoch nach dem jeweils herrschenden Stand der Technik gebaut werden.

Während des Betriebs wird aus unterschiedlichen Energieträgern Nutzwärme bereitgestellt. Hierbei werden – neben den direkten Emissionen infolge der Verbrennung von Energieträgern – auch die Umwelteffekte der Bereitstellung der Energieträger berücksichtigt (z. B. Förderung und Raffination von Öl, Anbau von Energiepflanzen zur Biomethanerzeugung). Des Weiteren wird der Bedarf an Hilfsenergie (d. h. Strom zum Betrieb der Anlagen) berücksichtigt. Dieser kann sich für die unterschiedlichen Heizungssysteme aufgrund unterschiedlicher Anlagenkomponenten signifikant unterscheiden.

Schlussendlich wird betrachtet, dass die verwendeten Materialien der Anlagen am Ende ihrer Lebenszeit abgebaut und recycelt oder entsorgt werden. Da jedoch der Aufwand sowohl für den Bau der Anlagen als auch für die Entsorgung im Vergleich zum Betrieb verhältnismäßig gering ist, werden Bau und Entsorgung in der Auswertung zusammengefasst.

Untersuchungsobjekt und Referenzsysteme. Der Vergleich der Heizungssysteme wird anhand von zwei unterschiedlichen Modellgebäuden und der damit verbundenen Versorgungsaufgaben durchgeführt, um verschiedene Wärmedämmstandards abzubilden. Referenz ist hierbei ein Haus mit einer relativ hohen Wärmenachfrage, das etwa dem Wärme-

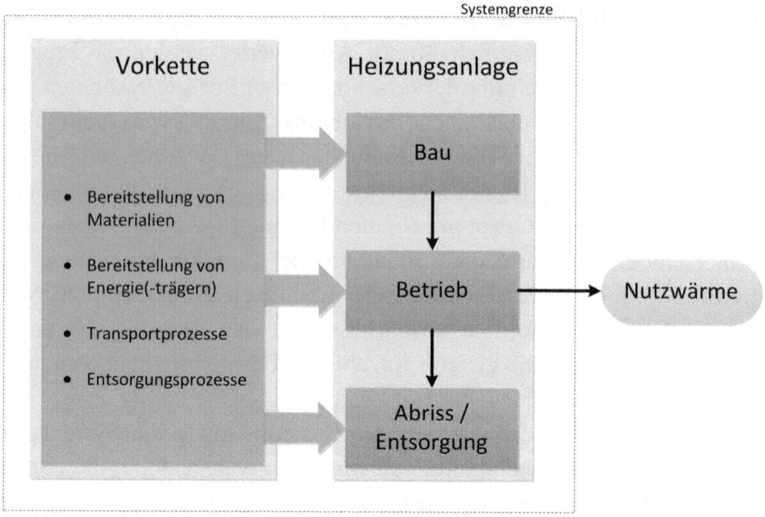

Abb. 5.17 Schema des Lebenswegs der untersuchten Heizungssysteme

dämmstandard aus dem Jahr 1965 entspricht und hier als Altbau bezeichnet wird. Um den Einfluss einer besseren Dämmung betrachten zu können, wird zusätzlich ein gedämmtes Haus nach KfW-70-Wärmedämmstandard untersucht. Die Versorgungsaufgabe umfasst die Raumwärmeerzeugung sowie die Warmwasserbereitstellung.

Die Berechnung der Nutzenergie zur Warmwasserbereitung basiert aus Vergleichbarkeitsgründen auf der spezifischen Warmwassernachfrage nach DIN V 18599 [5.119].

Auf Grundlage der EnEV 2009 [5.120] wird die spezifische Raumwärmenachfrage von Ein- und Mehrfamilienhäusern so festgelegt, dass die Anforderungen der Energieeinsparverordnung [5.120] für die nach EEWärmeG [5.121] zulässigen Heizungssysteme erfüllt werden. Der dabei ermittelte Wert entspricht dem KfW-100-Wärmedämmstandard, auf dessen Basis die spezifische Heizwärmenachfrage des KfW-70-Standards berechnet wird. Aus der definierten Wohnfläche und der spezifischen Heizwärmenachfrage wird der Nutzenergiebedarf der Gebäude ermittelt. Tabelle 5.13 zeigt die Rahmendaten und die Energienachfrage der Modellgebäude.

Gegenstand der Untersuchung sind sowohl fossile als auch (teil-)regenerative Heizungssysteme. Die Auswahl der Systeme orientiert sich an den heute üblicherweise eingesetzten Heizungssystemen. Konkret werden die in Abb. 5.18 dargestellten Heizungssysteme untersucht. Diese unterscheiden sich im Anteil der regenerativen Energien wie auch im Anlagenaufwand. So sind Anlagen, die den Einsatz aus fossilen Energieträgern und regenerativen Energien kombinieren (z. B. Erdwärmepumpe, Solarsysteme) oder neben Wärme weitere Produkte erzeugen (z. B. Blockheizkraftwerke (BHKW's) mit Strom als Nebenprodukt) i. Allg. aufwändiger als Heizungssysteme, die nur einen Energieträger einsetzen (z. B. Brennwertthermen). Die definierten Heizungssysteme werden in der Sachbilanz näher erläutert.

Tabelle 5.13 Rahmenannahmen und Energiebedarf der Modellgebäude

Wärmedämmstandard		KfW-70	Altbau
Wohnfläche	m^2	780	780
Wohneinheiten	WE	12	12
Anzahl der Bewohner		24	24
Raumwärmebedarf	kWh/a	26 208	85 800
Warmwasserwärmebedarf	kWh/a	12 480	12 480
Wärmebedarf Gesamt (Nutzenergie)	kWh/a	38 688	98 280
Normheizlast	kW	22	57
Wärmeübergabe		Fußboden	Radiatoren
Vorlauftemperatur/Rücklauftemperatur	°C	35/27	70/55

Sachbilanz. In der Sachbilanz wird die Datengrundlage der untersuchten Systeme dargestellt. Die Bestimmung der Emissionen und des Primärenergieverbrauchs aus der Bereitstellung von Energieträgern und Materialien erfolgt auf Grundlage einer kommerziell verfügbaren Datenbank [5.122].

Untersuchte Heizungssysteme. Die in Abb. 5.18 dargestellten Technologien werden nachfolgend näher beschrieben. Hierzu werden zunächst die möglichen Konfigurationen vorgestellt und die gewählten Anlagenkomponenten näher erläutert. Die für den Bau der Anlagen erforderlichen Materialien (z. B. Stahl für den Bau des Heizkessels) sind ebenso berücksichtigt wie der Transport der Anlagenkomponenten von der Fabrik zum Haus. Für den Abriss der Anlagenkomponenten am Ende ihrer Lebensdauer wird unterstellt, dass Metalle und Kunststoffe recycelt werden, während andere Materialien entsorgt werden.

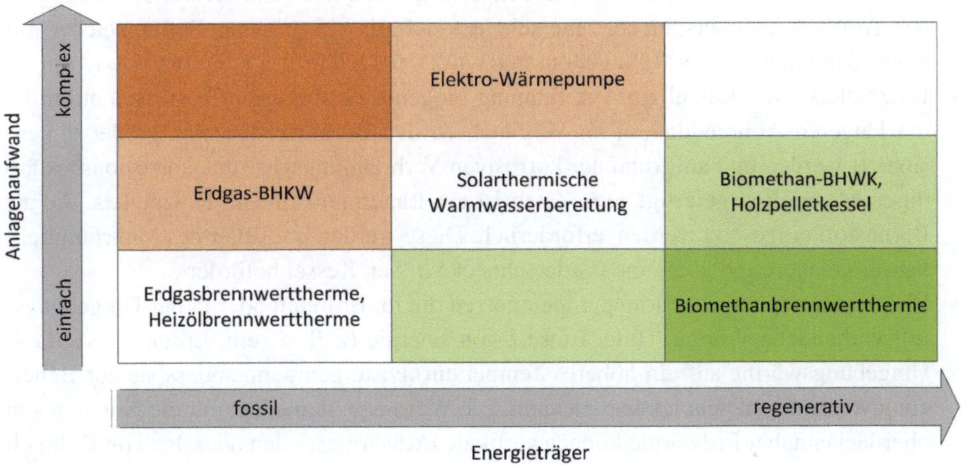

Abb. 5.18 Untersuchte Heizungssysteme

Der Brennstoff- und Hilfsenergiebedarf der einzelnen Heizungssysteme wird anschließend diskutiert und dargestellt.

- Brennwerttherme. Zu den am weitesten verbreiteten Heizungssystemen zählen die Gas- und Öl-Brennwertthermen. In einer Brennwerttherme wird das Abgas stark abgekühlt, sodass das enthaltene Wasser kondensiert, wodurch eine höhere Menge Wärme nutzbar gemacht wird. Das kondensierte Wasser kann jedoch korrosive Stoffe wie Schwefeldioxid aus dem Abgas aufnehmen, weshalb der Einbau korrosionsbeständiger Materialien zu beachten ist. Zu den Anlagenkomponenten der Brennwertsysteme zählen der Brennwertkessel, ein Abgasrohr aus Kunststoff und ein Trinkwarmwasserspeicher mit einem Volumen von 400 l, um Trinkwarmwasser direkt bereitstellen zu können. Als Brennstoff für die Brennwertthermen werden Erdgas, Biomethan und leichtes Heizöl untersucht. Für Erdgas und Biomethan muss zusätzlich die Verlegung eines Gasanschlusses berücksichtigt werden, während das Öl-Brennwertsystem den Bau eines Öltanks einschließt.
- Solarthermische Warmwasserbereitung. Solarthermische Anlagen können zur Trinkwarmwasserbereitung und ggf. zur Heizungsunterstützung eingesetzt werden. Hier wird ausschließlich die Trinkwarmwasserbereitung betrachtet, da dies mit einem geringeren anlagentechnischen Aufwand verbunden ist. Für die solarthermische Warmwasserbereitung werden als Wärmequellenanlage Flachkollektoren eingesetzt, die auf dem Dach der Gebäude montiert werden. In diesen befindet sich ein Gemisch aus Wasser und Glykol, das mit Hilfe einer Kollektorpumpe zirkuliert. Dabei wird 60 % der thermischen Energie des Trinkwarmwassers durch die Solarkollektoren erzeugt. Die restliche Wärme für die Bereitung von Trinkwarmwasser und Heizwärme wird durch eine Brennwerttherme bereitgestellt. Hierfür werden die mit Erdgas und die mit Heizöl betriebene Brennwerttherme untersucht. Sämtliche weitere Anlagenkomponenten (Abgasrohr, Gasanschluss, etc.) entsprechen dem jeweiligen Brennwertsystem. Lediglich der Trinkwarmwasserspeicher unterscheidet sich, da ein größerer Pufferspeicher mit einem Volumen von 1500 l angenommen wird.
- Holzpelletkessel. Kessel zur Verbrennung biogener Festbrennstoffe müssen aufgrund der längeren Abbranddauern im Vergleich zu den Brennwertthermen größer dimensioniert werden und aufgrund der korrosiven Verbrennungsgase aus korrosionsbeständigen Materialien gefertigt sein. Auch ist ein Lagerraum für die Holzpellets, die als Brennstoff eingesetzt werden, erforderlich. Diese werden im Keller des Mehrfamilienhauses gelagert und über eine Förderschnecke in den Kessel befördert.
- Elektrowärmepumpe. Wärmepumpen nutzen die im Erdreich oder in der Umgebungsluft vorhandene Wärme. Unter Einsatz von Energie (z. B. Strom, Erdgas) wird diese Umgebungswärme auf ein höheres Temperaturniveau gebracht, sodass sie zur Beheizung von Häusern genutzt werden kann. Die Wärmequellenanlage für die Nutzung von oberflächennaher Erdwärme können vertikale Erdwärmesonden oder flach im Erdreich verlegte Erdkollektoren sein. Möglich ist auch, der Umgebungsluft Wärme über einen Wärmeübertrager zu entziehen. Im eigentlichen Wärmeerzeuger, der Wärmepumpe,

wird ein Arbeitsmittel meist unter Ausnutzung von Verdampfung und Kondensation im Kreis geführt. Hierbei wird die niederkalorische Wärme, die aus dem Erdreich oder der Umgebungsluft aufgenommen wurde, bei niedrigem Druck zur Verdampfung des Arbeitsmittels genutzt. Bei erhöhtem Druck – und damit bei erhöhtem Temperaturniveau – gibt das verdampfte Arbeitsmittel die Wärme durch Kondensation an das Heizungswasser ab. Hier werden als Wärmequellenanlage vertikal verlegte Erdsonden mit Solekreislauf gewählt, die dem Erdreich die Umgebungswärme entziehen. Die Wärmepumpe (d. h. der Wärmeerzeuger) wird mit Hilfe elektrischer Energie betrieben. Die der Umgebung entnommene Wärme wird in einem Wärmespeicher gespeichert, der als Kombispeicher mit Schichtladeeinheit ausgeführt ist. Das Volumen des Speichers ist abhängig von der Wärmenachfrage, da er sowohl zur Trinkwarmwasser- als auch zur Raumwärmebereitstellung eingesetzt wird.

- Blockheizkraftwerk (BHKW). BHKW's erzeugen durch die Verbrennung eines Brennstoffs in einem Motor elektrische Energie und gleichzeitig wird die dabei entstehende Abwärme genutzt (d. h. Kraft-Wärme-Kopplung). Die BHKW's werden hierbei i. Allg. wärmegeführt gefahren (d. h. der Motor wird bei Wärmebedarf angeschaltet und produziert gleichzeitig Strom, der als Nebenprodukt im Stromnetz eingespeist werden kann). Der Wärmeerzeuger als Hauptkomponente des Systems wird hier als gasbetriebener Otto-Motor angenommen, der einen elektrischen Wirkungsgrad von 29 % aufweist. Die BHKW's werden zusätzlich mit einem Spitzenlastkessel ausgerüstet, der bei einer hohen Wärmenachfrage im Winter die benötigte Wärmeleistung erbringt. Die Anlage kann somit relativ klein dimensioniert werden. Neben dem Abgasrohr und dem Gasanschluss verfügt das System über Kombispeicher mit Schichtladeeinheit. Als Brennstoffe werden Erdgas und Biomethan eingesetzt. Bei der Nutzung von Biomethan wird der Spitzenlastkessel aus ökonomischen Gründen mit fossilem Erdgas betrieben.
- Brennstoff- und Hilfsenergiebedarf. Der Brennstoffbedarf der Systeme ermittelt sich aus den unterschiedlichen Wirkungsgraden der Wärmeerzeugung und aus den Übertragungs- und Speicherverlusten, die bei der Speicherung von Warmwasser auftreten. Die Brennstoff- und Hilfsenergiebedarfe zeigt Tabelle 5.14. Im Vergleich zur Brennwerttherme können durch die solare Trinkwarmwasserunterstützung etwa 26 % des Brennstoffbedarfs eingespart werden. Durch den zusätzlichen Betrieb der Solepumpe ist der Hilfsenergiebedarf jedoch höher. Der Holzpelletkessel hat einen höheren Brennstoffbedarf, da der Wärmeübergang schlechter und die Verluste somit höher sind. Durch den Betrieb der Hilfsaggregate (z. B. Förderschnecke) steigt die Stromnachfrage ebenfalls. Bei der Elektro-Wärmepumpe ist unter Brennstoff die Nachfrage an elektrischer Energie zum Betrieb der Wärmepumpe zu verstehen. Die Hilfsenergie hingegen umfasst u. a. die Stromnachfrage zum Betrieb der Sole- und Heizwasserpumpen. Das BHKW hat insgesamt die höchste Brennstoffnachfrage, jedoch wird als Nebenprodukt ein Stromüberschuss erzeugt, für den eine Gutschrift erteilt wird. Der Hilfsenergiebedarf für den Betrieb einer Fußbodenheizung ist höher als beim Einsatz von Radiatorenheizkörpern, weshalb der Strombedarf des Altbaus i. Allg. niedriger ist, als der des Hauses mit KfW-70-Standard.

Tabelle 5.14 Brennstoff- und Hilfsenergiebedarf der Heizungssysteme [5.123, 5.124]

	KfW-70			Altbau		
	Brenn-stoff-bedarf	Hilfsener-giebedarf	Stromüber-schuss	Brenn-stoff-bedarf	Hilfsener-giebedarf	Stromüber-schuss
	kWh/a	kWh/a	kWh/a	kWh/a	kWh/a	kWh/a
Erdgas-Brennwerttherme	47 107	1170		113 515	819	
Heizöl-Brennwerttherme	47 107	1170		113 515	819	
Erdgas-Brennwerttherme + Solar Warmwasser 60 %	35 023	1396		101 092	1045	
Heizöl-Brennwerttherme + Solar Warmwasser 60 %	35 023	1396		101 092	1045	
Biomethan-Brennwerttherme	47 107	1170		113 515	819	
Holzpelletkessel	62 475	2020		144 509	1669	
Elektro-Wärmepumpe	12 861	1810		41 885	1459	
Erdgas-BHKW	75 433	2340	16 737	174 481	2488	44 724
Biomethan-BHKW	75 433	2340	16 737	174 481	2488	44 724

Bereitstellung der Energieträger. Die Bereitstellung der Energieträger ist ebenfalls mit Energieaufwand und mit Emissionen verbunden. Sie beinhaltet neben der Förderung fossiler Energieträger oder dem Anbau von Energiepflanzen vor allem auch Umwandlungsprozesse (u. a. Raffination, Verbrennung, Vergärung) inklusive des dazu erforderlichen Energiebedarfs sowie Transportprozesse und Verluste (z. B. Leckageverluste von Erdgaspipelines).

- Erdgas. Erdgas, das in Deutschland als Energieträger eingesetzt wird, wird in verschiedenen Ländern Europas onshore und offshore sowie in Russland gefördert [5.125]. Der Transport des Erdgases erfolgt über Pipelines des Hochdrucknetzes. In Verteilerstationen wird der Druck unter Zugabe von Wärme durch die Verbrennung eines Teils des Erdgases reduziert und das Erdgas wird am Hausanschluss dem Niederdrucknetz entnommen. Neben dem Energieaufwand für die Verdichtung und die Wärmezufuhr sind Leckageverluste und die damit verbundenen Emissionen berücksichtigt.
- Heizöl. Leichtes Heizöl wird durch die Raffination von Rohöl gewonnen. Das in Deutschland verwendete Rohöl wird hauptsächlich aus Russland, Großbritannien, Libyen, Nigeria und dem Nahen Osten eingeführt; der in Deutschland produzierte Anteil ist gering [5.125]. Seit dem Jahr 2006 ist in Deutschland schwefelarmes Heizöl mit einem Schwefelanteil von 50 mg/kg steuerlich begünstigt und wird von vielen Kesselbauern für die Nutzung der Anlagen vorgeschrieben. Dieses wird auch hier zum Betrieb der Brennwertthermen angenommen.

- Biomethan. Biomethan wird durch eine anaerobe Fermentation aus Biomasse gewonnen. Für diese Untersuchung werden 90 % nachwachsende Rohstoffe (NaWaRos) und 10 % Gülle angenommen. Als nachwachsende Rohstoffe werden hier Mais (60 %), Getreideganzpflanzen (10 %) und Grassilage (20 %) betrachtet, die speziell zur energetischen Nutzung angebaut und im Durchschnitt 20 km zur Biogasanlage transportiert werden. Für den Gärrest, der als Düngemittel verwendet wird, und für die vermiedenen Emissionen der herkömmlichen Güllelagerung im Vergleich zur Vergärung werden Gutschriften erteilt. In der Darstellung der Ergebnisse sind diese Gutschriften von den Aufwendungen bereits abgezogen [5.126]. Diese Substrate werden in einer modernen Biogasanlage mit einer Leistung von 5 $MW_{el\text{-}eq.}$ vergoren. Die hierzu notwendige elektrische Energie wird dem Stromnetz entnommen, während die thermische Energie zur Beheizung der Fermenter durch die Verbrennung eines Teils des erzeugten Biogases gewonnen wird. Das Rohbiogas wird anhand einer Druckwechselabsorption auf Erdgasqualität aufbereitet, in das Erdgasnetz eingespeist und am Hausanschluss wieder entnommen [5.127]. Bei der Verbrennung des Biomethans werden im Gegensatz zur Verbrennung von fossilem Erdgas die entstehenden CO_2-Emissionen nicht gezählt, da diese biogenen Ursprungs sind und beim Pflanzenwachstum der Atmosphäre entnommen wurden; damit wird hier ein nachhaltiger Anbau auf Flächen unterstellt, die nicht für die Nahrungsmittelproduktion benötigt werden. Dadurch ergibt sich ein CO_2-Kreislauf, der in der Bilanz unberücksichtigt bleiben kann. Lediglich unverbranntes Methan sowie Lachgasemissionen, die sich bei der Verbrennung aus dem Luftstickstoff bilden, werden als Treibhausgasemissionen gezählt.
- Holzpellets. Für die Herstellung von Pellets wird Restholz aus der Sägeindustrie (u. a. Sägespäne, Hobelspäne) verwendet. Diese werden direkt an der Sägemühle, an der sie anfallen, weiterverarbeitet (d. h. keine Transporte). Das Holz wird zunächst konditioniert (d. h. auf eine einheitliche Korngröße gemahlen und der Wassergehalt wird eingestellt). Die Pelletierung findet unter Zugabe von 1 % Presshilfsmittel statt; dafür wird pflanzliche Stärke, in diesem Fall Kartoffelstärke, verwendet. Außer zur Konditionierung, Pelletierung und Kühlung wird elektrische Energie zum Betrieb der Peripherie der Anlage zum Fördern, Sieben u. ä. benötigt [5.128]. Die Pellets werden per LKW über eine durchschnittliche Distanz von 100 km zum Verbraucher transportiert. Wie beim Biomethan wird das bei der Verbrennung entstehende CO_2 bei der Ökobilanz nicht berücksichtigt, da es biogenen Ursprungs ist.
- Elektrische Energie. Elektrische Energie wird sowohl zur Bereitstellung der Bioenergieträger z. B. zum Betrieb der Biogasanlage und Biogasaufbereitung als auch zum Betrieb der Heizaggregate (d. h. Hilfsenergie) in den Mehrfamilienhäusern benötigt. Dieser Strom wird als Strommix mit den fossilen und regenerativen Anteilen der Stromerzeugung des Jahres 2010 bilanziert [5.129]. Die erzeugte elektrische Energie wird in das Stromnetz auf Hochspannungsebene eingespeist und auf Niederspannungsebene entnommen. Die hierbei entstehenden Verluste sind ebenso berücksichtigt wie die Emissionen, die bei der Verbrennung fossiler Energieträger (z. B. Steinkohle im Kraftwerk) wie auch beim Bau von Anlagen (z. B. Kohlekraftwerke, Windkraftanlagen) entstehen.

Wirkungsabschätzung. Im Rahmen dieses Fallbeispiels werden die Treibhausgasemissionen, die Emissionen mit versauernder Wirkung sowie der kumulierte fossile Energieaufwand untersucht. Die entsprechenden Grundlagen sind nachfolgend dargestellt.

Treibhausgasemissionen. Zu den Treibhausgasemissionen zählen neben Kohlenstoffdioxid als wichtigstem Vertreter Methan, Lachgas sowie diverse Flour(-chlor-)kohlenwasserstoffe. Berechnet wird der Indikator anhand von Wichtungsfaktoren (Tabelle 5.15).

Durch die Freisetzung derartiger Treibhausgase in die Atmosphäre wird die Sonnenstrahlung stärker absorbiert; dadurch kann es zur Aufheizung und einem Anstieg der globalen Temperatur kommen.

Emissionen mit versauernder Wirkung. Zu den Emissionen mit versauernder Wirkung zählen Gase wie Schwefeldioxid, Stickstoffoxide und Halogenwasserstoffe. Stoffe mit versauernder Wirkung werden anhand ihres Potenzials, Wasserstoffionen in Gewässern und Böden freizusetzen, bewertet. Daraus ergeben sich die in Tabelle 5.16 dargestellten Wichtungsfaktoren zur Ermittlung des Wirkungsindikators (SO_2-eq.).

Die Freisetzung dieser luftgetragenen Schadstoffe führt beispielsweise zur Bildung sauren Regens, der Bäume und andere Pflanzen schädigt.

Kumulierter fossiler Energieaufwand. Der kumulierte fossile Energieaufwand setzt sich aus dem Verbrauch fossil biogener Rohstoffe wie Erdgas, Rohöl und Kohle sowie dem Verbrauch nuklearer Ressourcen (d. h. fossil mineralischer Rohstoffe) zusammen. Zur Berechnung des fossilen Energieaufwands werden die fossil biogenen Energieträger anhand ihres Brennwerts gewichtet (Tabelle 5.17). Für die Berechnung des Energieaufwands aus nuklearer Energie wird die Stromerzeugung in Kernkraftwerken betrachtet. Dazu wird die aus den Brennstäben erzeugte Wärme anhand des elektrischen Wirkungsgrades der Kraftwerke von 33 % zurückgerechnet. Dies entspricht dem in Tabelle 5.17 dargestellten Energieinhalt von Uran, das der Umwelt in Form von Uranerz entnommen wird.

Auswertung. In der Auswertung werden die Ergebnisse gegenübergestellt, verglichen und im Hinblick auf die Ursachen diskutiert. Wie bereits im Ziel und Untersuchungsrahmen definiert, werden die Emissionen sowie der Energieaufwand pro Jahr und Bewohner dargestellt, um zum einen die unterschiedlichen regenerativen und fossilen Systeme und

Tabelle 5.15 Auswahl von Wichtungsfaktoren der Treibhausgase bezogen auf einen Zeithorizont von hundert Jahren [5.130]

Schadstoff	Symbol	Wichtungsfaktor kg CO_2-eq./kg
Kohlenstoffdioxid	CO_2	1
Methan	CH_4	25
Lachgas	N_2O	298

Tabelle 5.16 Auswahl von Wichtungsfaktoren zur Bildung des Indikators für Versauerung [5.131]

Schadstoff	Symbol	Wichtungsfaktor kg SO_2-eq./kg
Schwefeldioxid	SO_2	1
Stickstoffoxide	NO_x	0,7
Ammoniak	NH_3	1,88
Chlorwasserstoff	HCl	0,88
Fluorwasserstoff	HF	1,6

Energieträger und zum anderen den Einfluss der Dämmung der Häuser betrachten zu können. Hierbei dienen die mit fossilen Energieträgern befeuerten Brennwertthermen als Referenz, mit denen die (teil-) regenerativen Heizungssysteme verglichen werden.

Treibhausgasemissionen. Abbildung 5.19 zeigt die Treibhausgasemissionen für die verschiedenen untersuchten Heizungssysteme jeweils für das gedämmte Haus (KfW-70-Standard) und den schlechter gedämmten Altbau. Für die BHKW-Systeme, in denen eine Gutschrift für elektrische Energie gegeben wird, sind die resultierenden Gesamtemissionen (d. h. die entstehenden Emissionen abzüglich der Gutschrift) zusätzlich ausgewiesen.

Die Klimagasemissionen werden durch den Anlagenbetrieb dominiert. Dies ist vom Grundsatz bei allen Systemen der Fall. Jedoch liegt bei Pelletkessel-Heizungen eine Ausnahme vor; hier werden nur wenig brennstoffbedingte Emissionen in der Betriebsphase freigesetzt, weil das emittierte CO_2 biogenen Ursprungs ist (und daher hier wie auch bei der Verbrennung des Biomethans aus Sicht der Klimagasbilanzierung nicht gezählt wird) und die Bereitstellung von Holzpellets wenig treibhausgasintensiv ist. Damit verbleiben Klimagasemissionen aus der Betriebsphase durch den Verbrauch an Hilfsenergie (Betrieb von Kessel, Förderanlagen u. ä.) und verbrennungsbedingt entstehendes Methan und Lachgas.

Ausschließlich mit fossilen Energieträgern gefeuerte Systeme (d. h. Erdgas- und Heizölbrennwertthermen) setzen generell die höchsten gesamten Klimagasemissionen frei. Diese Systeme sind zwar technisch einfach und emissionsarm zu installieren, benötigen aber große Mengen an fossilen Energieträgern – mit den entsprechenden Treibhausgasfrei-

Tabelle 5.17 Brennwerte/Energieinhalte der Energieträger zur Bestimmung des kumulierten fossilen Energieaufwandes [5.122, 5.132]

Energieträger	Wichtungsfaktor	
Erdgas	28,3	MJ-eq./Nm^3
Rohbraunkohle	9,9	MJ-eq./kg
Rohöl	45,8	MJ-eq./kg
Uran	560 000,0	MJ-eq./kg

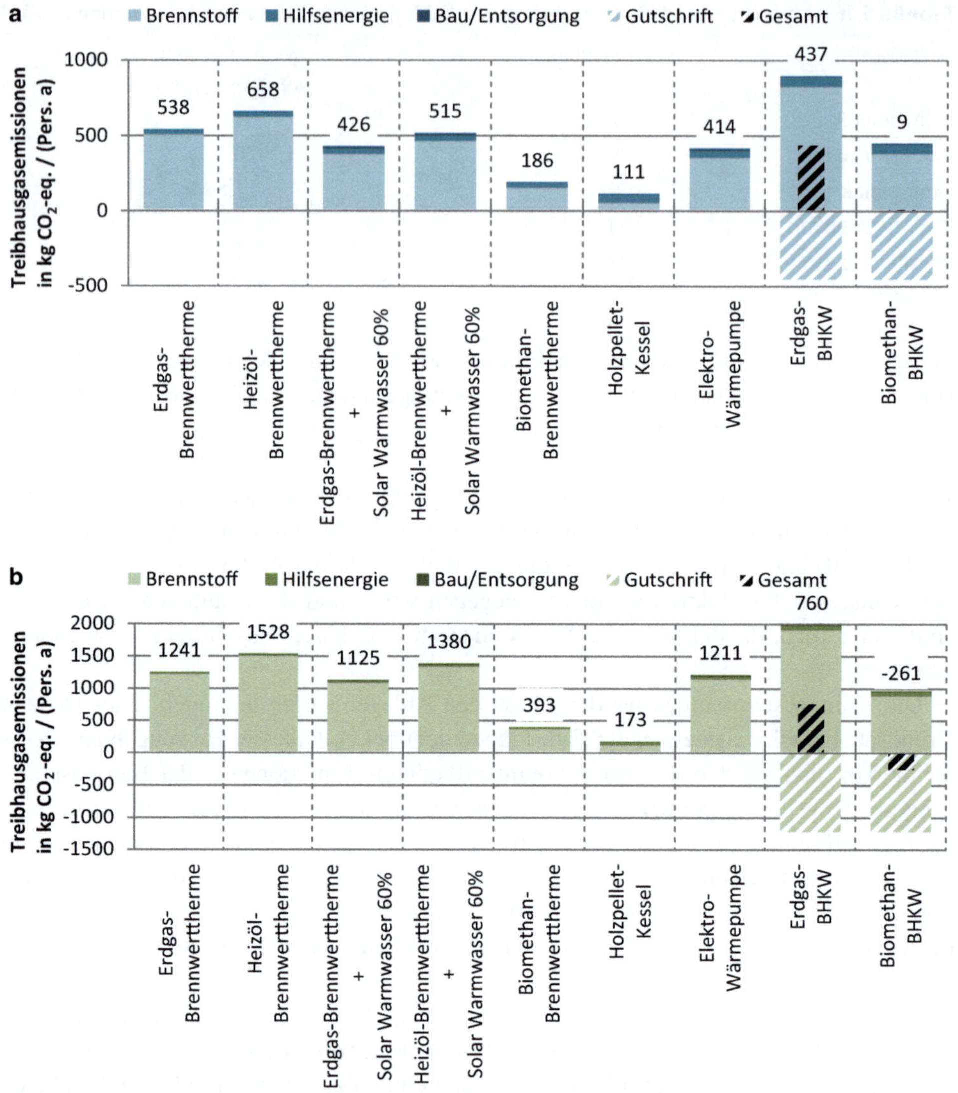

Abb. 5.19 Treibhausgasemissionen der untersuchten Heizungssysteme des Modellgebäudes KfW-70 (**a**) und des Altbaus (**b**)

setzungen – während der Betriebsphase, welche die emissionsarme Anlagenherstellung weit überwiegen. Dabei verursachen die mit Heizöl gefeuerten Systeme aufgrund des höheren Kohlenstoff zu Wasserstoff-Verhältnisses des Brennstoffs mehr Treibhausgasemissionen als mit Erdgas gefeuerte.

Der Dämmstandard der Gebäude hat einen entscheidenden Einfluss auf die Höhe der Emissionen, die pro Jahr und Bewohner ausgestoßen werden. Durch eine verbesserte

Dämmung können die Treibhausgasemissionen bei den ausschließlich mit fossilen Energieträgern und mit Biomethan gefeuerten Brennwertthermen wie auch bei der solaren Trinkwarmwasserbereitung und der Erdwärmepumpe mehr als halbiert werden. Die Einsparungen beim Einsatz von Holzpellets sind geringer, was durch den höheren Anteil an Emissionen, die durch den Einsatz von Hilfsenergie und durch den Bau bzw. die Entsorgung der Anlagen hervorgerufen werden, erklärt werden kann. Jedoch lassen sich auch hier 36 % der Klimagasemissionen im Vergleich zum Altbau reduzieren.

Durch die solare Trinkwarmwasserunterstützung lassen sich beim Altbau etwa 10 % der Klimagasemissionen im Vergleich zur jeweiligen Brennwerttherme einsparen. Die Dämmung des Mehrfamilienhauses hat vor allem einen Einfluss auf die Raumwärmenachfrage, nicht jedoch auf den Trinkwarmwasserbedarf. Da lediglich ein Teil des Trinkwarmwassers durch die Solarsysteme bereitgestellt werden kann, ist die relative Änderung der Treibhausgasemissionen im Vergleich zu den reinen Brennwertsystemen mit einer Reduktion von über 20 % beim gedämmten KfW-70-Haus ungleich höher.

Der Einsatz von Biomethan in der Brennwerttherme mindert die Klimagasemissionen um ca. 65 % im Vergleich zur Verbrennung von Erdgas. Die Emissionen des Betriebs resultieren hierbei hauptsächlich aus der Bereitstellung des Biomethans, während die direkten Verbrennungsemissionen wie Methan und Lachgas vernachlässigbar gering sind.

Verglichen mit anderen Technologien zeigt die Elektro-Wärmepumpe geringere Treibhausgasemissionen als die Brennwertthermen. Die Wärmepumpe hat zwar einen niedrigeren Energiebedarf als die anderen Systeme (Tabelle 5.14), jedoch wird hier elektrische Energie eingesetzt, die mit hohen Treibhausgasemissionen in der Vorkette belastet ist. Dies führt zu verhältnismäßig hohen Gesamtemissionen dieses Heizungssystems.

Durch den Einsatz von gasförmigen Energieträgern im BHKW wird für die elektrische Energie eine Gutschrift erteilt, die vor allem für den Altbau eine deutliche Minderung von Treibhausgasemissionen im Vergleich zur Erdgas-Brennwerttherme sorgt. Die Gutschrift ist für den Altbau wesentlich höher als für das KfW-70-Haus, da die Anlage größer dimensioniert ist und somit mehr Strom erzeugt werden kann. Beim Einsatz von Biomethan werden durch die Substitution von elektrischer Energie aus dem Netz insgesamt mehr Klimagase vermieden als durch die Bereitstellung und Verbrennung von Biomethan freigesetzt werden; daraus resultieren die ausgewiesenen negativen Gesamtemissionen.

Emissionen mit versauernder Wirkung. Ebenso wie die Treibhausgasemissionen werden die Emissionen mit versauernder Wirkung für die zwei Wärmedämmstandards der Mehrfamilienhäuser und für die einzelnen Heizungssysteme dargestellt (Abb. 5.20).

Die Emissionen mit versauernder Wirkung sind für die Brennwerttherme mit Heizölfeuerung etwa doppelt so hoch wie die der Erdgasbrennwerttherme, da die Aufbereitung von Heizöl aufwändiger und bei der Verbrennung mehr Schwefeldioxid und Stickstoffoxid freigesetzt werden. Der Anteil der Emissionen, der durch den Bau der Anlagen und durch den Einsatz der Hilfsenergie entsteht, ist wiederum gering. Ebenfalls ist die Tendenz, dass sich durch die verbesserte Dämmung des Hauses über die Hälfte der Emissionen reduzieren lassen, zu erkennen.

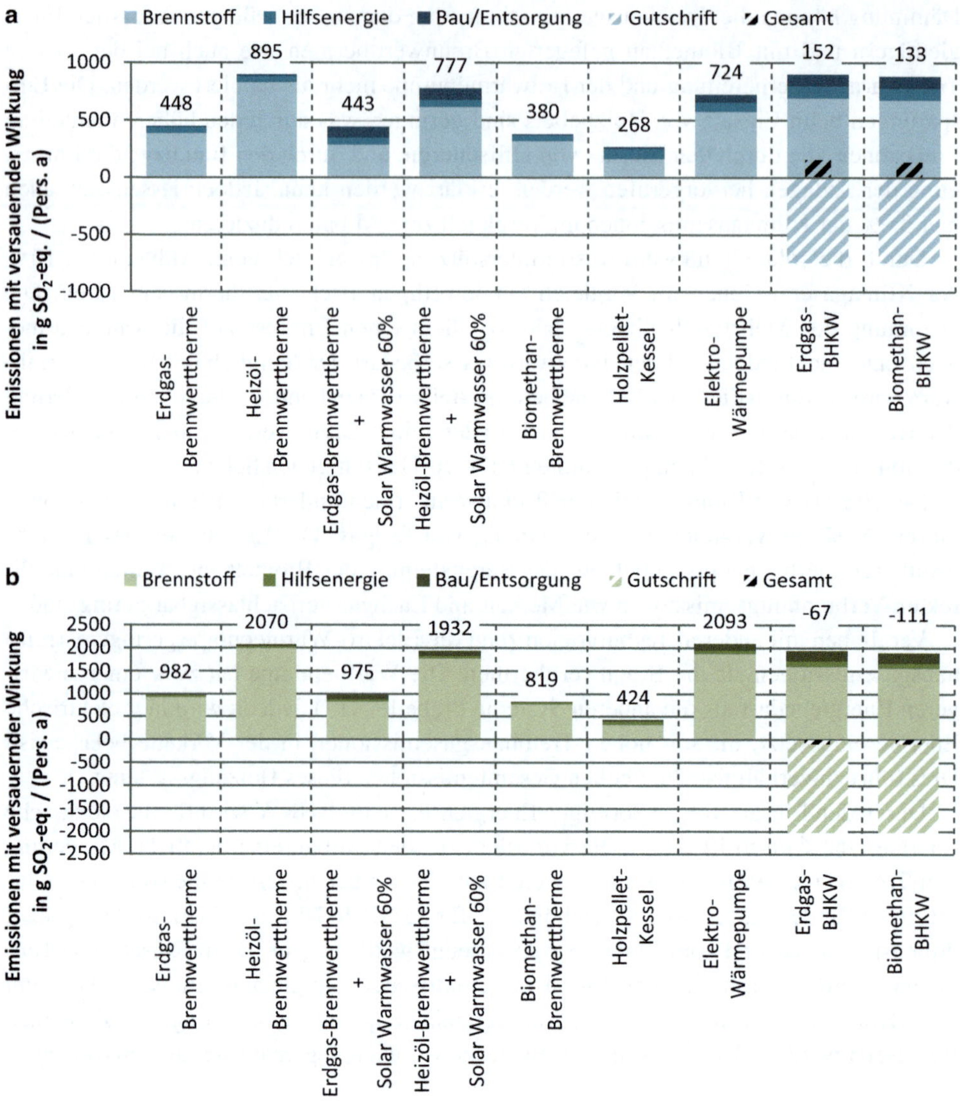

Abb. 5.20 Emissionen mit versauernder Wirkung der untersuchten Heizungssysteme des Modellgebäudes KfW-70 (**a**) und des Altbaus (**b**)

Die höchsten Emissionen mit versauernder Wirkung werden von der Elektro-Wärmepumpe im Altbau freigesetzt, was zum einen an der Bereitstellung elektrischer Energie und zum anderen an dem erhöhten Aufwand für den Bau der Wärmepumpe und den Erdkollektoren liegt. Die insgesamt erzeugten Emissionen mit versauernder Wirkung sind jedoch vergleichbar mit denen der Heizöl-Brennwerttherme. Die geringsten Emissionen von Gasen mit versauernder Wirkung werden durch die Holzpelletsysteme erzeugt, da die Bereitstellung der Pellets wenig aufwändig ist.

Die Bereitstellung des Biomethans ist zwar mit einer Reduktion der Emissionen von Gasen mit versauernder Wirkung im Vergleich zu Erdgassystemen verbunden, die jedoch im Vergleich zur Reduktion der Treibhausgasemissionen verhältnismäßig gering ausfällt. Dies ist damit zu begründen, dass beim Anbau der Energiepflanzen, die als Biogassubstrate verwendet werden, durch die Bereitstellung und Ausbringung von Düngemitteln verhältnismäßig hohe Mengen an Stickstoffoxiden und Ammoniak freigesetzt werden.

Durch die solare Trinkwarmwasserbereitung werden im Betrieb durch die Einsparung von Erdgas oder Heizöl derartige Emissionen eingespart. Der höhere Aufwand beim Bau durch die zusätzliche Installation von Flachkollektoren und der höhere Aufwand an Hilfsenergie (u. a. Betrieb der Kollektorpumpe) hebt dies bei den Erdgassystemen jedoch nahezu wieder auf.

Im Gegensatz zu den Treibhausgasemissionen sind die Emissionseinsparungen versauernder Gase beim Erdgas-BHKW verglichen mit denen der Erdgasbrennwerttherme höher, da durch die Stromerzeugung höhere Gutschriften vergeben werden können. Durch die ähnlichen Emissionen der Erdgas- und Biomethanbereitstellung und -verbrennung liegen die Emissionen mit versauernder Wirkung des Erdgas- und Biomethan-BHKWs in der gleichen Größenordnung. Bei den schlechter gedämmten Altbauten sind die Emissionen der BHKW's im Gegensatz zu den gedämmten Gebäuden im negativen Bereich. Dies liegt an den geringeren Anteilen des Baus und der Hilfsenergie im Vergleich zum Betrieb und der Stromgutschrift.

Kumulierter fossiler Energieaufwand. Der kumulierte fossile Energieaufwand der untersuchten Systeme ist in Abb. 5.21 dargestellt.

Grundsätzlich sind die Tendenzen der Ergebnisse für den fossilen Primärenergieaufwand vergleichbar mit denen der Treibhausgasemissionen (außer bei der Nutzung von Uran), da durch die Verbrennung fossil biogener Energieträger CO_2 freigesetzt wird.

Vergleichbar mit den Treibhausgasemissionen können durch Dämmmaßnahmen bei den meisten Heizungssystemen über die Hälfte der fossilen Primärenergie eingespart werden. Wiederum sind beim Holzpelletsystem geringere Einsparungen zu verzeichnen, da der Hilfsenergiebedarf einen hohen Anteil am gesamten Energieaufwand hat. Die Pelletheizung ist jedoch, wie schon bei den zuvor untersuchten Wirkungskategorien, das System mit der geringsten der untersuchten Umweltwirkungen. Im Vergleich zu den bisher diskutierten Treibhausgasemissionen wie auch den Emissionen mit versauernder Wirkung ist der ohnehin schon geringe Anteil der Baus der Anlagen bei allen Heizungssystemen nahezu vernachlässigbar.

Beim Erdgas-BHKW kann die Stromgutschrift den Primärenergieaufwand vermindern; dies führt bei dem Dämmstandard KfW-70 jedoch nur zu einer relativ geringen Einsparung von ca. 20 % im Vergleich zur Erdgas-Brennwerttherme, während die prozentuale Minderung für den Altbau mit 40 % deutlich höher liegt. Ebenso wie bei den Treibhausgasemissionen nimmt der kumulierte Energieaufwand für das Biomethan-BHKW durch die Stromgutschrift negative Werte an.

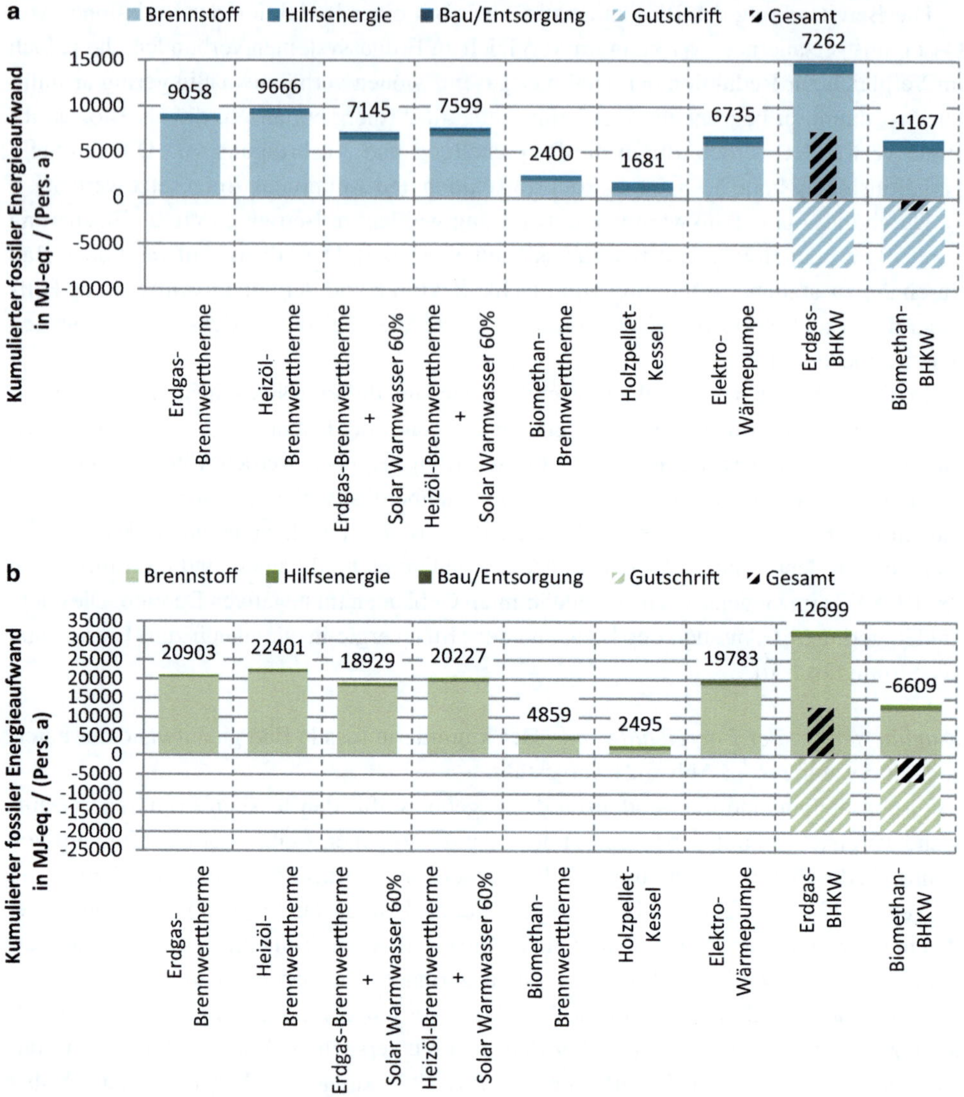

Abb. 5.21 Kumulierter fossiler Energieaufwand der untersuchten Heizungssysteme des Modellgebäudes KfW-70 (**a**) und des Altbaus (**b**)

Zusammenfassung. Die Ergebnisse haben gezeigt, dass der Brennstoffbedarf während des Betriebs eines Heizungssystems i. Allg. die höchsten Emissionen und den höchsten fossilen Primärenergieaufwand erzeugt. Aus diesem Grund lassen sich durch eine gute Dämmung der Häuser hohe Einsparungen sämtlicher untersuchter Umwelteffekte erzielen.

Untersucht wurden zwei Gebäude, die dem jeweiligen Stand der Technik ihres Baujahres entsprechen. Eine nachträgliche Dämmung von älteren Gebäuden ist jedoch ebenfalls denkbar. Hierzu müssten die mit der Herstellung der Dämmmaterialien verbundenen potenziellen Umweltauswirkungen berücksichtigt werden. Es ist jedoch zu erwarten, dass durch die Brennstoffeinsparung die Freisetzung von Emissionen und der fossile Energieverbrauch der nachträglichen Dämmung mehr als kompensiert werden wird [5.133, 5.134].

Ist eine Dämmung z. B. aus ökonomischen oder baulichen Gründen nicht möglich, so ist der Einsatz von Bioenergieträgern wie Biomethan oder Holzpellets die Alternative mit den höchsten Einsparungen an Treibhausgasemissionen und fossiler Primärenergie. Die Emissionen mit versauernder Wirkung befinden sich bei Biomethan im Vergleich zu Erdgas etwa auf gleichem Niveau. Durch Holzpellets lassen sich diese Emissionen mindern, jedoch ist hierfür die Installation eines relativ aufwändigen Heizungssystems erforderlich, während eine Brennwertherme direkt von Erdgas auf Biomethan umgestellt werden könnte.

Die solare Trinkwarmwasserunterstützung spart durch die Reduktion des Brennstoffbedarfs Treibhausgasemissionen, Emissionen mit versauernder Wirkung sowie fossile Energie ein. Die Einsparungen im Vergleich zur Brennwerttherme sind bei gut gedämmten Häusern höher, da die Raumwärmenachfrage hier relativ gering ist und die Wärme, die solar bereitgestellt werden kann, einen höheren Anteil am gesamten Wärmebedarf ausmacht.

BHKW's können durch die Verdrängung konventionell erzeugten Stroms ebenfalls Treibhausgase, Gase mit versauernder Wirkung und fossile Energie einsparen. Durch die Stromgutschrift werden vor allem bei den schlechter gedämmten Gebäuden und unter Einsatz von Biomethan z. T. negative Emissionen erzielt (d. h. es werden mehr Emissionen und fossile Primärenergie eingespart, als durch die Beheizung der Häuser erzeugt und verbraucht werden). Dies trifft jedoch nur solange zu, wie ein hoher Anteil fossiler Stromerzeugung im deutschen Energiemix vorhanden ist, der somit vermieden wird. Dabei muss berücksichtigt werden, dass selbst erneuerbare Energieträger wie Biomethan limitiert sind und deshalb die Verbrauchseinsparung von Brennstoffen grundsätzlich sinnvoll ist, um die vorhandenen Potenziale besser zu nutzen. In Gebäuden, die sich nicht oder nur schwer dämmen lassen, kann jedoch die kombinierte Strom- und Wärmeproduktion sinnvoll sein. Hierbei sind die Einsparungen bei der Verwendung von Biomethan im BHKW prinzipiell höher als bei der Nutzung von Erdgas.

Der Einsatz von Elektro-Wärmepumpen lohnt sich eher bei gut gedämmten Häusern, da die Erdkollektoren kleiner dimensioniert werden können und der Strombedarf der Wärmepumpe geringer ist. Durch die hohen Umweltbelastungen der Vorkette der Stromerzeugung werden trotz eines geringen Energiebedarfs verhältnismäßig hohe Emissionen freigesetzt, was darüber hinaus mit einem verhältnismäßig hohen Aufwand beim Bau der Anlage verbunden ist.

5.2.2 Ökobilanz leichter Holzwerkstoffplatten

Silke Feifel

Eine effiziente Ressourcennutzung ist eine wesentliche Zielsetzung in Politik und Wirtschaft; die Einsparung von Rohstoffen durch eine höhere Effizienz trägt zum Umweltschutz und zu Kosteneinsparungen in der Produktion bei. Viele Unternehmen streben daher gezielt die Entwicklung innovativer ressourceneffizienter Produkte und Technologien an. Allerdings ist dies häufig mit größeren Umstellungen von Herstellungsverfahren und dem Produktdesign verbunden, die zu vielfältigen, möglicherweise gegenläufigen Effekten führen können; beispielsweise kann die Verringerung eines Rohstoffs einhergehen mit einem erhöhten Verbrauch eines anderen Rohstoffs oder mit einem erhöhten Energieverbrauch. Diese Effekte können im entwickelnden Unternehmen selbst auftreten, aber möglicherweise auch in der Vorkette beim Lieferanten, wenn z. B. neue Materialien für ein (Vor-)Produkt eingesetzt werden (müssen). Um alle derartigen Effekte zu erfassen und Varianten einer Produkt- oder Technologieentwicklung zu identifizieren, die nicht nur in Bezug auf einen einzelnen Rohstoff, sondern unter Umweltaspekten insgesamt vorteilhaft sind, bietet sich eine Untersuchung mittels Ökobilanz an.

Die Holzindustrie verfolgt als ein Konzept der Ressourceneffizienz die Entwicklung und Markteinführung sogenannter Leichtbauplatten (auch als leichte Holzwerkstoffplatten bezeichnet). Derartige leichte Holzwerkstoffe gehören zu der Gruppe der holzbasierten Plattenwerkstoffe (z. B. Spanplatte); sie definieren sich über die Rohdichte. Solche Holzwerkstoffe werden in unterschiedlichen Bauformen produziert. Dies umfasst Sandwichkonstruktionen wie z. B. Wabenplatten mit Mittellagen aus recycelten Papierfasern und Dünnspan-Deckschichten oder Platten mit Polyurethan-Schaumplatten als Mittellage und papierbasierten Deckschichten. Daneben werden auch homogene Bauformen gefertigt, die im Vergleich zur Spanplatte weniger verdichtet sind oder durch die Zumischung alternativer leichter Materialien (z. B. expandierter Mais) eine geringe Dichte erreichen (sogenannte Leichtspanplatten oder leichte mitteldichte Faserplatten). Entsprechend den unterschiedlichen Bauformen variieren auch die Produktionsprozesse sowie der Ressourcen- und damit der Rohstoffeinsatz.

Ziel und Untersuchungsrahmen. Vor dem diskutierten Hintergrund ist es das Ziel dieser Analyse, unterschiedliche Typen leichter Holzwerkstoffplatten untereinander sowie mit konventionellen holzbasierten Plattenwerkstoffen zu vergleichen, um der weiterverarbeitenden Industrie – insbesondere der Möbelindustrie – als Entscheidungsunterstützung im Hinblick auf die Auswahl umweltverträglicher Zukaufteile zu dienen. Zusätzlich wird die Prozesskette eines Typs leichter Holzwerkstoffplatten exemplarisch untersucht, um die Quellen der Umweltwirkungen gegliedert nach Bestandteilen bzw. Inputs in die Plattenherstellung zu identifizieren, um daraus effektive Optimierungsansätze für die Hersteller abzuleiten.

Die räumliche Systemgrenze ist die Bundesrepublik Deutschland und der zeitliche Bezug ist das Jahr 2009. Die Untersuchung beginnt mit der Ressourcenentnahme für die unterschiedlichen Inputs als Elementarflüsse und endet mit dem produzierten Untersuchungsobjekt (d. h. der jeweiligen Holzwerkstoffplatte) und der Freisetzung der damit verbundenen Emissionen bzw. allgemein den Outputs.

Die Analyse des hier betrachteten Produktsystems ist eine cradle-to-gate-Betrachtung; d. h. das Produktsystem ist zwischen der Ressourcenentnahme („Wiege") und dem ausgangsseitigen Werkstor eines Herstellers (hier: des Plattenherstellers) angeordnet. Damit werden Transportprozesse berücksichtigt, sofern sie Bestandteil der Vorketten sind. Die Nutzung und die Entsorgung werden nicht bilanziert, da die weitere Verwendung der Platten bzw. deren Einsatzgebiete äußerst vielfältig sind und hier nicht der spezifische Anwendungsfall, sondern das Zwischenprodukt Platte selbst im Mittelpunkt steht.

Die Ergebnisse werden bezogen auf die funktionelle Einheit, die definiert ist als 1 m^2 roher Plattenwerkstoff in 19 mm Dicke, bereitgestellt am ausgangsseitigen Werkstor des Plattenherstellers.

Bilanziert wird inputseitig der Ressourcenbedarf. Dies ist zunächst Holz als derjenige Rohstoff, der im Fokus der Einsparziele der Holzindustrie steht. Darüber hinaus werden jedoch auch alle weiteren Rohstoffe (z. B. Chemikalien, Energieträger), die für die Produktherstellung notwendig sind, erfasst. Daneben werden die notwendige Maschinentechnik und die Energiebedarfe im Herstellungsprozess und aus Vorkettenprozessen bilanziert; Abb. 5.22 zeigt das Beispiel einer Sandwichplatte mit papierbasierter Mittellage. Vorkettenprozesse sind dabei alle Prozesse, die für die Bereitstellung und die Herstellung der eingesetzten Ressourcen und Rohstoffe notwendig sind und üblicherweise nicht im eigentlich betrachteten Unternehmen bzw. Produktionsprozess stattfinden.

Outputseitig werden neben dem eigentlichen Produkt gasförmige, feste und flüssige Emissionen in verschiedene Umweltkompartimente ausgewiesen und bilanziert. Die Ergebnisse werden anschließend mit unterschiedlichen Wirkungsabschätzungsmethoden bewertet, um die Robustheit der Ergebnisse zu überprüfen. Ausgewählt werden dazu aggregierende Wirkungsabschätzungsmethoden, die Umweltwirkungen zu einer oder wenigen Schadenskategorien zusammenfassen, und ein Set unterschiedlicher Wirkungskategorien mit Mid-Point Indikatoren.

Untersucht werden unterschiedliche Bauformen plattenförmiger, leichter Holzwerkstoffe sowie zwei marktübliche Holzwerkstoffe. Tabelle 5.18 zeigt die Untersuchungsobjekte dieser Analyse. Demnach handelt es sich bei den innovativen Technologien ausschließlich um Platten in Sandwich-Bauweise.

Um den Vergleich zu Standardprodukten der Holzwerkstoffindustrie zu ermöglichen, werden zwei konventionelle Platten in den Vergleich mit aufgenommen: Platte G ist eine marktübliche rohe (d. h. nicht oberflächenbearbeitete) Spanplatte (FPY) und Platte H ist eine marktübliche, rohe mitteldichte Faserplatte (MDF). Für diese Plattentypen werden generische Datensätze aus einer Datenbank herangezogen [5.135].

Im Hinblick auf die angestrebte Entscheidungsunterstützung werden an die verwendeten Daten folgende Ansprüche gestellt [5.136].

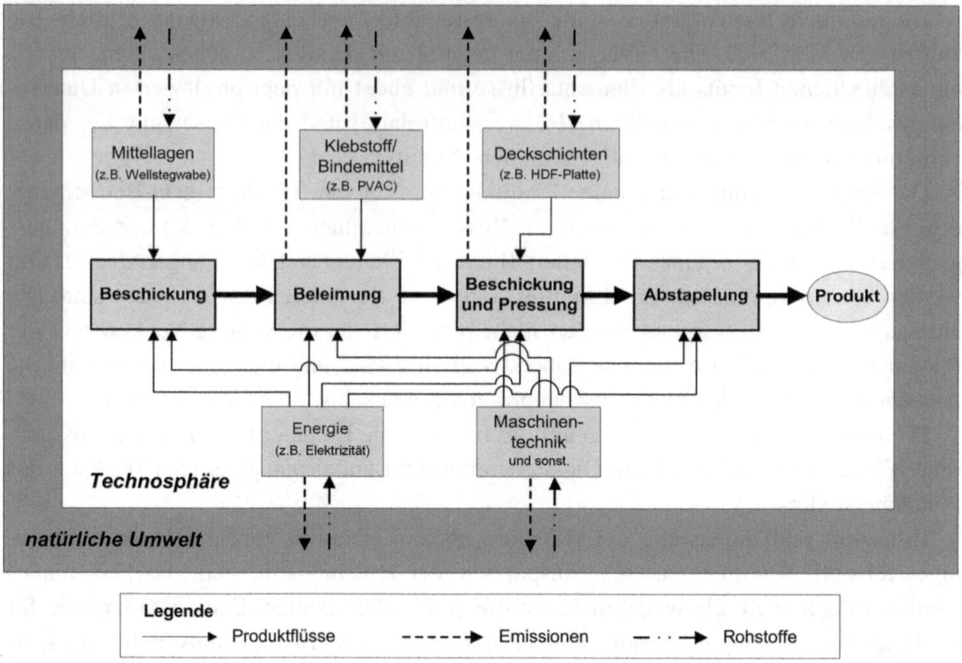

Abb. 5.22 Produktsystem und modellierte Prozesskette „Sandwichplatte mit papierbasierter Mittellage"

Tabelle 5.18 Bauformen leichter Plattenwerkstoffe sowie zwei konventionelle Platten

Plattentyp	Deckschicht	Mittellage: Ausformung und Material	Verklebung Deckschicht – Mittellage
A	Vollholz	Wellsteg-Wabe Papier Recyclingfaser	PVAC
B	Dünnspan	Expansionswabe Papier Recyclingfaser	Polyurethan Schmelzkleber
C	HDF	Wellsteg-Wabe Papier Recyclingfaser	PVAC
D	HPL	Wabe Polypropylen	Polyurethan Schmelzkleber
E	Sperrholz	Vollholz leichte Holzarten	PVAC
F	HPL	Hartschaum Polyurethan	Polyurethan Schmelzkleber
G	Homogene Spanplatte		Harnstoff-Formaldehydharz
H	Homogene Faserplatte		Harnstoff-Formaldehydharz

HDF: High Density Fiberboard, Hochdichte Faserplatte, HPL: High Pressure Laminate, ein Verbundwerkstoff, PVAC: Polyvinylacetat, thermoplastischer Kunststoff

- Datenqualität. Die verwendeten Daten müssen den betrachteten Lebenswegabschnitt in ausreichendem Maß technisch, geographisch und sowie zeitlich repräsentieren.
- Herkunft von Input- und Output-Flüssen. Die verwendeten Daten müssen geeignete Referenzangaben wie beispielsweise die veröffentlichende Organisation oder Angaben zur Art und Weise der Datenerhebung (z. B. Ermittlung der Stoff- und Energieflüsse durch Messung, Berechnung oder Schätzung) mitführen.
- Bezugseinheit, -zeitraum und geografischer Bezugsraum. Die verwendeten Daten müssen durch Angaben wie das Jahr der Datenaufnahme, dem Zeitraum der Erhebung, die geographische Herkunft sowie ihre Bezugseinheit, auf die sich alle anderen, am Prozess beteiligten Stoff- und Energieströme beziehen, ergänzt werden.
- Technische Repräsentativität und technische Qualität. Die verwendeten Daten müssen die Prozess-, Verfahrens- oder Produktionstechniken des betreffenden Lebenswegabschnittes in repräsentativer Weise widerspiegeln.
- Abschneidekriterien für Inputs und Outputs von Prozessen. Aus den verwendeten Daten muss durch genaue Dokumentation der Systemgrenzen ersichtlich werden, wo ein Prozess beginnt (d. h. Einbringen von Rohmaterialien, Stoffumwandlungen und Vorgänge, die Teil des Einheitsprozesses sind) und wo ein Prozess endet (d. h. Ziel der Produkte).

Da keine nutzbringenden Koppelprodukte entstehen, ist eine Allokation in dieser Untersuchung nicht notwendig.

Sachbilanz. Die Sachbilanzen der unterschiedlichen Produktionsprozesse werden auf Grundlage von Firmendaten, ergänzt durch Literatur (u. a. [5.137]) bilanziert. Die Firmendaten wurden vor Ort erhoben (z. B. in der Plattenproduktion eines Unternehmens in Süddeutschland, unterstützt durch Informationen der Produktionsleitung des Standortes und verschiedener Maschinen- und Anlagenhersteller, deren Anlagen dort betrieben werden). Tabelle 5.19 zeigt exemplarisch die Inputs aus dem Bereich Holz.

Für die Bilanzierung von Hintergrundprozessen (z. B. Herstellung von Klebstoffen, Bindemitteln oder Energieträgern) wurden generische Datensätze aus einer Datenbank genutzt [5.135, 5.138]. Diese Datenbank stellt Informationen zur Bereitstellung und Herstellung von Rohstoffen und (Vor-)Produkten auf Sachbilanzebene bereit. Die beschriebenen Ansprüche an die Daten konnten von dieser Datenbank in ausreichendem Maß erfüllt werden, um die Eignung der verwendeten Daten bzw. Datensätze nachzuweisen und Vollständigkeit und Genauigkeit der Ergebnisse sicher zu stellen. Für die unterschiedlichen

Tabelle 5.19 Übersicht des Inputs „Holz" in leichte Platten und in Spanplatte

Stofflicher Input	Wabenplatte	Spanplatte
Industrierestholz	72,8 kg/m^3	254,7 kg/m^3
Industrieholz	0,1 m^3/m^3	0,5 m^3/m^3

Plattenwerkstoffe wurde auf ein konsistentes Vorgehen geachtet (d. h. die Eigenschaften der verwendeten Daten sowie die Elementarflussbreiten sind vergleichbar).

Die Transportprozesse werden auf der Basis vorhandener Untersuchungen abgebildet [5.139]. Demnach hat der Lastkraftwagen (Lkw) einen Anteil von 88 % am gesamten Transportaufwand der Holzindustrie in Deutschland. Dabei werden Lkw mit 16 und 32 t Gesamtgewicht abgebildet und 12 % der massenbezogenen Transportaufwendungen per Bahntransport durchgeführt. Die mittleren Transportentfernungen [5.139] der Mittellagen werden mit 500 km angenommen. Leerfahrten werden nur im Rahmen der Rundholzbereitstellung berücksichtigt, da sich diese durch die Spezialaufbauten der Lkw nicht vermeiden lassen.

Die Ergebnisse werden normiert auf den Plattentyp Spanplatte G (Qualität Möbelspanplatte), die hinsichtlich der Marktverbreitung und der Nutzungsvielfalt als Standardprodukt unter den Holzwerkstoffen angesehen werden kann.

Wirkungsabschätzung. Als aggregierende Wirkungsabschätzungsmethoden werden Eco-Indicator 99 [5.140, 5.141] als Endpoint-Methode und Impact 2002+ [5.142], ausgewertet als Endpoint-Ansatz, mit den Schadenskategorien Klimawandel (nur in Impact 2002+), Ökosystemqualität, Ressourcen und menschliche Gesundheit gewählt. Als Set von Mid-Point Indikatoren werden für die Wirkungsabschätzung die CML-Wirkungsindikatoren zu den Kategorien Klimawandel, Ressourcen und Humantoxizität herangezogen [5.143].

Auswertung. Die Auswertung umfasst sowohl die Darstellung und den Vergleich der Ergebnisse als auch Sensitivitätsbetrachtungen sowie Interpretationen. Die Darstellung erfolgt einerseits im Hinblick auf Unterschiede zwischen den Plattentypen, andererseits aber auch im Hinblick auf Unterschiede zwischen den verwendeten Wirkungskategorien, um die Robustheit der Ergebnisse zu untersuchen. Darüber hinaus wird das Ergebnis der Untersuchung einer Prozesskette ausgewertet, um die Haupteinflüsse der Umweltbelastung zu identifizieren (Dominanzanalyse).

Abbildung 5.23 und 5.24 stellen die Ergebnisse der Endpoint-orientierten Wirkungsabschätzungsmethoden Impact 2002+ und Eco-Indicator 99 dar. Dabei werden die Wirkungskategorien Klimawandel, Ökosystemqualität, Ressourcen und menschliche Gesundheit (Impact 2002+) bzw. Ökosystemqualität, Ressourcen und menschliche Gesundheit (Eco-Indicator 99) betrachtet. Die Ergebnisse der einzelnen Wirkungskategorien werden aufsummiert und normiert auf den Plattentyp G (d. h. die Spanplatte).

Die beiden Darstellungen zeigen übereinstimmend, dass sich zwei Gruppen von Plattentypen mit vergleichbaren potenziellen Umweltwirkungen identifizieren lassen:

- Plattenwerkstoffe mit papierbasierten Mittellagen aus Recyclingfasern (Typen A, B, C) und
- Platten mit Mittellagen auf Kunststoff- bzw. Vollholzbasis (Typen D, E, F).

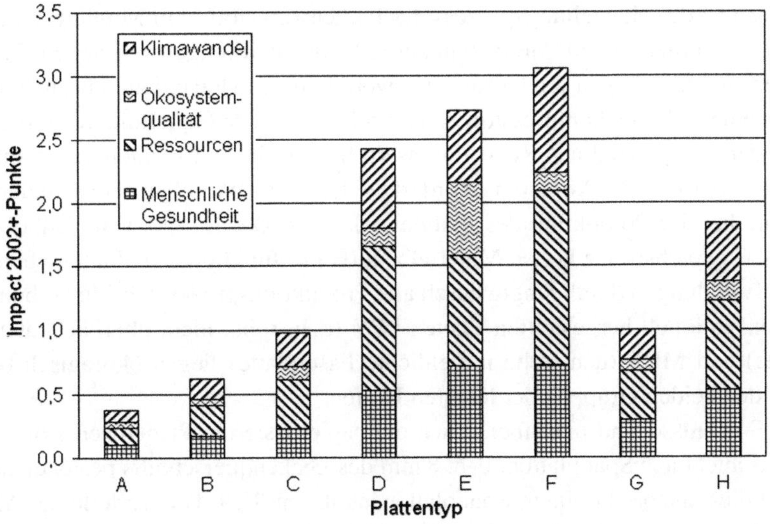

Abb. 5.23 Auf den Plattentyp G normierte Ergebnisse für die verschiedenen Plattentypen mit der Wirkungsabschätzungsmethode Impact 2002+

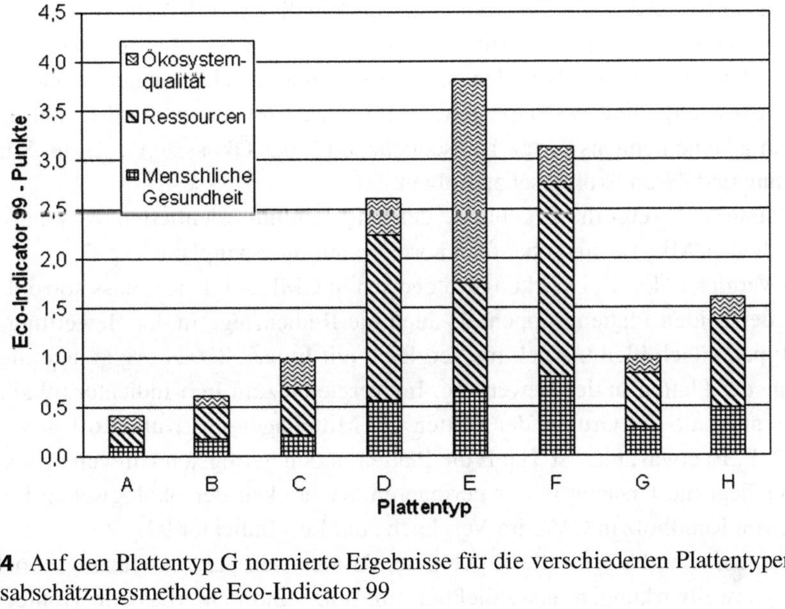

Abb. 5.24 Auf den Plattentyp G normierte Ergebnisse für die verschiedenen Plattentypen mit der Wirkungsabschätzungsmethode Eco-Indicator 99

Demnach ist der Herstellungsprozess der Plattenwerkstoffe mit Mittelagen auf Kunststoff- bzw. Vollholzbasis mit vielfach höheren Umweltwirkungen verbunden. Im Fall der Kunststoffmittellage liegen die Ursachen sowohl in deren Herstellung als auch im Transport, die keine Volumenkompression zulässt wie es bei der Papiermittellage der Fall ist; diese werden weitgehend aus Recyclingfasern hergestellt und können volumenreduziert transportiert werden. Des Weiteren erfordert die Kunststoffmittellage einen anderen Klebstoffeinsatz bei der Produktion des Plattenwerkstoffs. Der Einsatz von Vollholz ist aufgrund des vergleichsweise hohen Materialbedarfs pro funktioneller Einheit ebenfalls mit hohen Aufwendungen durchgängig durch alle Produktionsprozessschritte verbunden. Die beiden konventionell hergestellten Platten FPY (d. h. rohe, nicht oberflächenbearbeitete Spanplatte) und MDF (d. h. rohe mitteldichte Faserplatte) liegen ökologisch betrachtet zwischen den beiden Gruppen der leichten Platten.

Diese Ergebnisse sind plausibel. Auch die papierbasierten Plattenwerkstoffe besitzen eine Deckschicht aus Spanplatten; d. h. 8 mm des Dickenquerschnitts bestehen aus Spanplatte und dies entspricht einem Spanplattenanteil von 8/19. Die Vorteile der Mittellage wirken sich dementsprechend nur auf knapp die Hälfte des Materials aus. Nichtsdestotrotz sind alle Platten mit Papiermittellage (Typen A, B, C) vorteilhafter als beide konventionellen Plattentypen (Typen G, H).

Werden die Ergebnisse der beiden Wirkungsabschätzungsmethoden verglichen, ist das Ergebnis hinsichtlich dieser Gruppierung robust. Allerdings verändern sich die Ergebnisse der Plattentypen im Detail; so kehrt sich die Bewertung der beiden Plattentypen E und F zwischen Impact 2002+ und Eco-Indicator 99 um. Ursache hierfür ist eine unterschiedliche Bewertung der Verwendung von Rundholz in den Bewertungsmethoden. In Eco-Indicator 99 werden der Nutzung von Rundholz wesentlich größere Impacts für das Ökosystem zugeordnet als in den anderen Wirkungsabschätzungsmethoden, was sich in der Ökosystemqualität widerspiegelt. In Impact 2002+ sowie in CML hat die Rundholznutzung keine nennenswerten Konsequenzen für das Ökosystem z. B. im Sinne einer Entwaldung und deren ökologischen Folgen.

Abbildung 5.25 zeigt die Ergebnisse der am Midpoint orientierten Wirkungsabschätzungsmethode CML; sie sind ebenfalls normiert auf die Spanplatte Typ G.

Beim Vergleich der drei Wirkungskategorien in CML zeigt sich, dass sowohl die Einordnung der beiden Plattengruppen als auch die Reihenfolge in der Bewertung der einzelnen Typen gleich bleibt. Auch im Vergleich mit Impact 2002+ ergibt sich die gleiche Rangfolge der Platten in der Bewertung. Im Vergleich zum Eco-Indicator 99 ändert sich lediglich innerhalb der Gruppe der Platten mit Mittellagen aus Kunststoff bzw. Vollholz (Typen D, E, F) etwas; hier ist Typ E die Platte mit den geringsten Umweltauswirkungen. Auch hier liegt die Ursache in der geringeren Wichtigkeit der ökologischen Folgen der Nutzung von Rundholz in CML im Vergleich zum Eco-Indicator 99.

Zusammenfassend zeigen die Ergebnisse, dass es sich bei der Plattengruppe mit geringeren Umweltwirkungen ausschließlich um holz- und papierbasierte Hohlbauweisen handelt; dabei wurde unterstellt, dass das Papier aus Recyclingfasern gefertigt wird. Die Plattengruppe mit hohen Umweltwirkungen wird auch als Hohlbauweise, allerdings aus

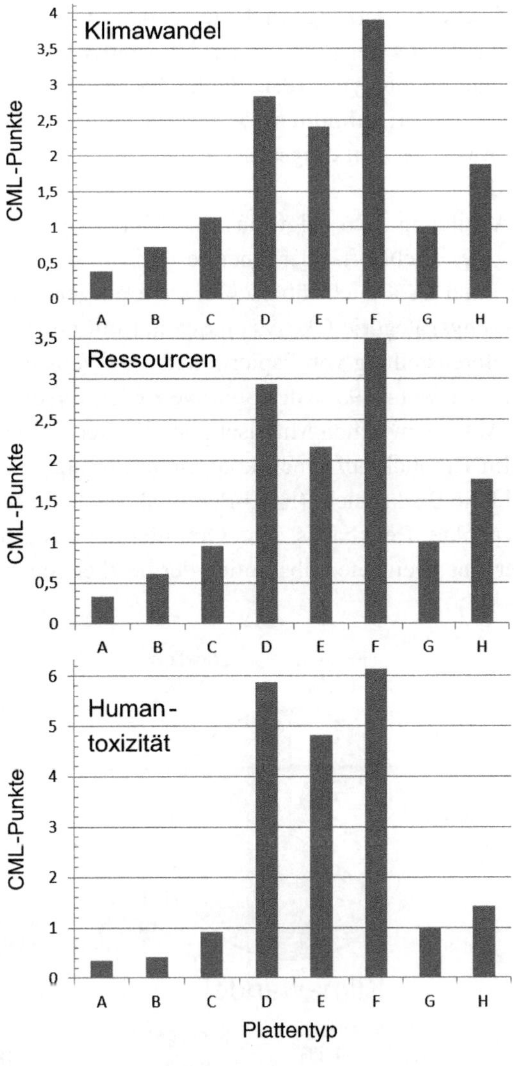

Abb. 5.25 Auf den Plattentyp G normierte Ergebnisse für die verschiedenen Plattentypen mit der Wirkungsabschätzungsmethode CML (*oben:* Wirkungskategorie Klimawandel (20 Jahre), *Mitte:* Wirkungskategorie Ressourcen; *unten:* Wirkungskategorie Humantoxizität (20 Jahre))

Holz und Kunststoffen gefertigt; dabei trägt insbesondere die Kunststoffproduktion zu den Umweltwirkungen bei. Sensitivitätsanalysen, in denen die Materialmengen des Kunststoffs verändert wurden, bestätigen dies. Der Einfluss der Klebstoffe und Bindemittel bei den Hohlbauweisen auf die Umweltwirkungen ist eher gering. Es bestehen hier auch geringe Einflussmöglichkeiten der Hersteller, da die Auswahl durch technische Restriktionen eingegrenzt ist. Die marktüblichen Platten G und H ordnen sich zwischen den anderen beiden Plattengruppen ein. Der wesentliche Grund dafür ist die massive, homogene Konstruktion, deren Herstellung mit einem entsprechend hohen Material- und Energieeinsatz und mit mehr Transportaufwendungen auf der Rohstoffseite verbunden ist. Die hochtechnisierte und äußerst rationelle Fertigung dieser Platten hat demgegenüber keinen wesentlichen Einfluss auf die Ergebnisse.

Zweite Zielsetzung der Untersuchung ist die Identifizierung von Möglichkeiten einer Verminderung der potenziellen Umweltwirkungen. Dazu wird beispielhaft die Prozesskette des Plattentyp C (d. h. die leichte Platte mit dem derzeit größten Marktanteil) detailliert analysiert. Abbildung 5.26 zeigt für dieses Produktsystem einzelne Prozesse, denen auf Basis der Wirkungsabschätzungsmethode Impact 2002+ Umweltlasten zugeordnet werden.

Abbildung 5.26 zeigt, dass die Umweltwirkungen aus den Vorketten der Bereitstellung des Klebstoffs, der Energie und Sonstiges (u. a. Anlagenherstellung) einen Anteil von rund 21 % nicht überschreiten. Den geringsten Beitrag leisten diese Vorketten zur Wirkungskategorie Ökosystemqualität mit nur 5 %. Dagegen entstehen in den Vorketten der Bereitstellung von Papiermittellage (Wellstegwabe) und der Deckschicht HDF-Platte zwischen 79 und 95 % der Beiträge zu den verschiedenen Wirkungskategorien, wobei sich die Anteile zwischen Mittelschicht und Deckschicht stark verschieben.

Im Hinblick auf eine ökologische Produkt- bzw. Prozessoptimierung sind daher sowohl die Deckschicht (HDF-Platte) als auch die Mittelschicht (Papierwabe) effektive Ansatzpunkte. Denkbar ist eine Optimierung des Deckschicht- bzw. Mittelschichtmaterials oder eine geeignete Substitution dergleichen, um so die Umweltwirkungen zu reduzieren.

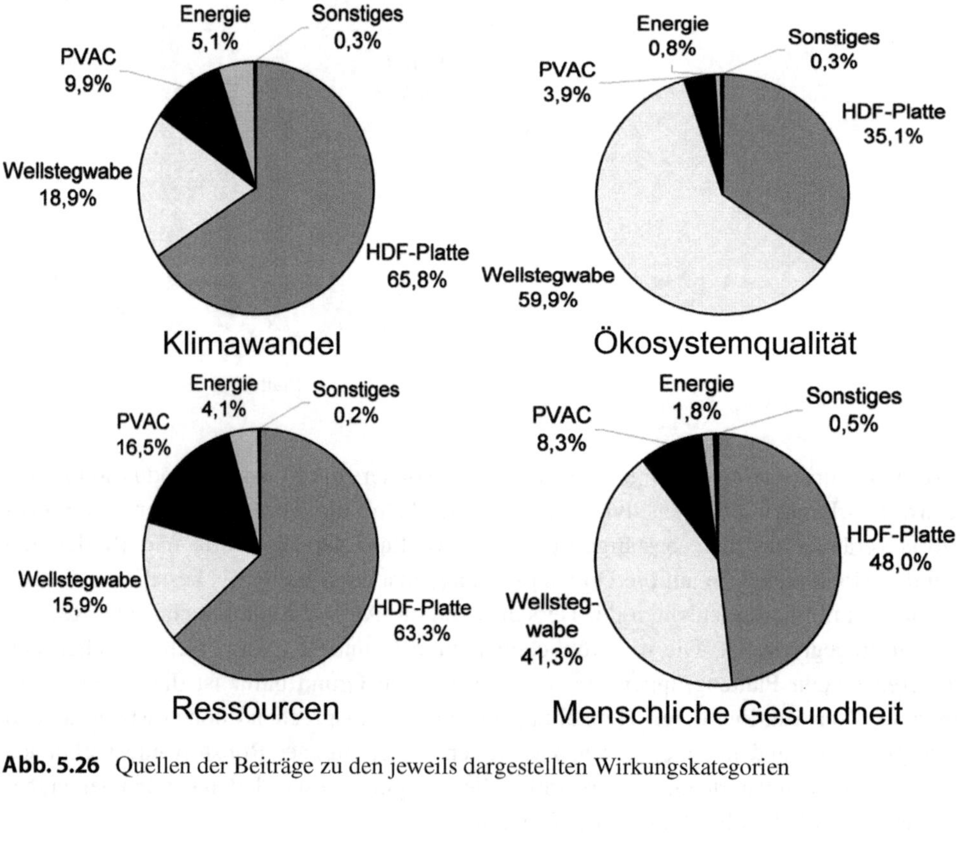

Abb. 5.26 Quellen der Beiträge zu den jeweils dargestellten Wirkungskategorien

Inwieweit sich diese Ansätze aus produktionstechnischer Sicht – bei gleichen Platteneigenschaften und -qualitäten – umsetzen lassen, bleibt an dieser Stelle den Herstellern überlassen.

Aus den Ergebnissen wird deutlich, dass der Plattentyp A die geringsten Umweltwirkungen in der Herstellung aufweist und daher gegenüber den anderen Platten B bis H vorzuziehen ist. Diese Aussage ist jedoch mit einer Einschränkung verbunden, da der Plattentyp A besonders aufgrund der Vollholzdeckschicht nicht für alle Anwendungsfälle in der Möbelfertigung oder im Innenausbau geeignet ist. Werden die Platten in den oben genannten Gruppierungen zusammengefasst (Papier- und Kunststoffmittellage), lassen sich Platten für nahezu alle Anwendungsfälle in jeweils beiden Gruppen finden. Im Hinblick auf die Plattenfertigung kann daher eine Empfehlung für die Gruppe der Plattenwerkstoffe mit papierbasierten Mittellagen aus Recyclingfasern ausgesprochen werden. Diese Aussage wird durch die Ergebnisse aller betrachteten Wirkungskategorien unterstützt und kann daher als robust bezeichnet werden.

Unberücksichtigt bleibt bei dieser Betrachtung allerdings die weitere Verarbeitung der Platten in verschiedenen Einsatzgebieten ebenso wie die Nutzungs- und Entsorgungsphase, die zur vollständigen ökologischen Beurteilung der leichten Holzwerkstoffplatten erforderlich wären. Angesichts der Vielzahl von Produktgruppen und -varianten setzt dies aber notwendigerweise immer eine individuelle Analyse voraus. Im Vorfeld dazu lässt sich allerdings bereits feststellen, dass die hier betrachteten, ökologisch vorteilhaften Platten mit papierbasierter Mittellage bei der weiteren Verarbeitung stets mit zusätzlichen Prozessschritten und zusätzlichen stofflichen Inputs im Vergleich zu konventionellen Spanplatten verbunden sind [5.144]. Die hier dargestellten umweltbezogenen Vorteile dürften daher bei Betrachtung vollständiger Prozessketten geringer ausfallen.

5.2.3 Water Footprint der Palmölproduktion

Kirsten Meyer, Inga Klemmayer, Christina Wulf und Martin Kaltschmitt

Die Erstellung eines Water Footprints, der quantitative als auch qualitative Aspekte umfasst, ist mit den meisten der heute existierenden Methoden nur im Rahmen einer Ökobilanz möglich. Das folgende Beispiel mit einer Bilanzierung und Bewertung der verbrauchenden Wassernutzung zeigt daher nur einen Teil des Water Footprints. Im Kontext einer Ökobilanz nach ISO 14040 [5.1] und 14044 [5.2] wird hier nur der Wasserverbrauch bewertet, jedoch nicht mögliche Qualitätsänderungen berücksichtigt. Diese müssten im Rahmen einer vollständigen Ökobilanz durch andere Wirkungskategorien wie Eutrophierung oder Versauerung abgedeckt werden (Kapitel 5.1.2.2). Alternativ kann auch eine Bilanzierung nach der ISO 14046 durchgeführt werden. Diese Norm war jedoch zum Zeitpunkt der Erstellung dieses Beispiels noch nicht veröffentlicht. Als exemplarisch untersuchtes Produktsystem dient die Herstellung von Palmöl, welches als Rohstoff sowohl für die Nahrungsmittel- und Kosmetikindustrie als auch für die Kraftstoffherstellung verwendet wird.

Ziel und Untersuchungsrahmen. Ziel der Analyse ist ein Vergleich der Palmölproduktion an zwei verschiedenen Standorten in Hinblick auf Wasserbedarf und Wasserverbrauch. Beispielhaft wird dazu für die beiden produktionsstärksten Kontinente in Bezug auf Palmölproduktion (Asien, Südamerika) jeweils das Land mit dem größten Produktionsvolumen (Indonesien, Kolumbien) ausgewählt. Alle Ergebnisse werden auf die funktionelle Einheit von 1 t Palmöl bezogen. Neben Palmöl werden auch Nebenprodukte wie z. B. Fruchtstämme und Fruchtfleisch produziert, welche beispielsweise als Düngemittel oder Brennstoff zur Strom- und Wärmeerzeugung eingesetzt werden können. Im Rahmen dieses Beispiels wird jedoch vereinfachend festgelegt, dass die Nebenprodukte nicht weiter verwendet werden. Folglich werden alle Inputs und Outputs nur auf das Hauptprodukt Palmöl bezogen.

Die Systemgrenze umfasst den Prozess zur Produktion der Fruchtbündel auf der Plantage, deren Transport zu einer Ölmühle und die Palmölproduktion in einer Ölmühle. Abb. 5.27 zeigt diese Prozesse mit ihren entsprechenden direkten Inputs, die in diesem Beispiel als Eingänge in das System berücksichtigt werden. Mit diesen Inputs sind z. T. weitere vorgelagerte Prozesse verbunden (u. a. Herstellung des Düngers, Stromproduktion). Während die Informationen zu den notwendigen Inputmengen für die direkten Inputs aus aktuellen Quellen und relevanter Literatur zusammengestellt wurden, stammen die Daten für die vorgelagerten Prozesse aus einer Datenbank [5.145]. Diese Datenbank [5.145] enthält sowohl Informationen zu dem Wasserbedarf und der Wasserrückgabe von über 4000 Prozessen als auch bereits nach den zurzeit aktuellen Methoden berechneten Wasserindikatoren; diese Daten sind für fast jedes Land unter Berücksichtigung lokaler Einflussfaktoren berechnet worden.

Sachbilanz. Im Rahmen der Sachbilanz werden für alle Prozesse innerhalb der Systemgrenze (Abb. 5.27) ihre jeweiligen Material-, Energie- und Wasserbedarfe recherchiert. Sie sind summarisch in Tabelle 5.20 zusammengefasst.

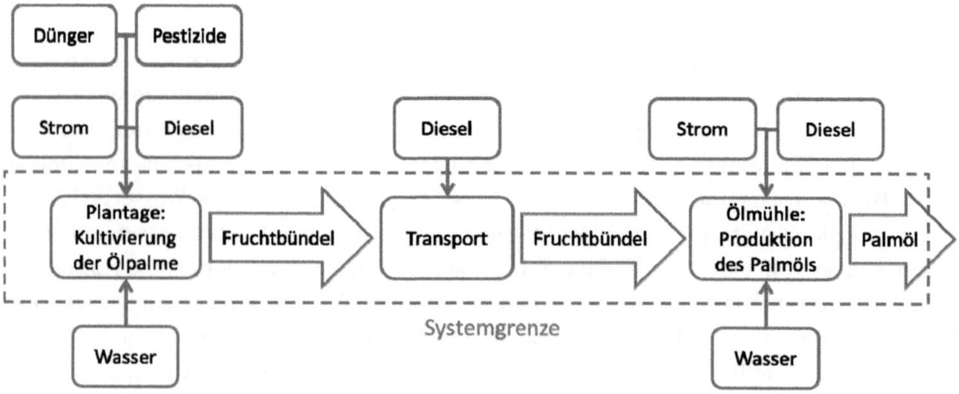

Abb. 5.27 Systemgrenze für das Produktsystem Palmöl mit zugehörigen Prozessen und Inputs

Tabelle 5.20 Inputdaten für Palmölproduktionssystem (FFB = Fruchtbündel (Fresh Fruit Bunch), PS = Pflanzschulphase, ST = Startphase, ET = Etablierte Phase)

			Indonesien			Kolumbien			Quelle
Phase			PS	ST	ET	PS	ST	ET	
	Dauer	a	1	4	20	1	4	20	
FFB		t/(ha a)		5	25		5	25	[5.146, 5.147]
Plantage	N	kg/(ha a)	0,72	30	150	0,72	30	150	PS: [5.148]; ST,ET: [5.146]
	P_2O_5	kg/(ha a)	0,37	24	120	0,37	24	120	PS: [5.148]; ST,ET: [5.146]
	K_2O	kg/(ha a)	0,23	98,4	492	0,23	98,4	492	PS: [5.148]; ST,ET: [5.146]
	Pestizide	kg/(ha a)	$2E^{-4}$	12,5	12,5	$2E^{-4}$	12,5	12,5	PS: [5.148]; ST,ET: [5.146]
	Diesel	l/(ha a)	0,57	51	50,8	0,57	55,4	55,2	PS: [5.148]; ST,ET: [5.147]
	Strom	kWh/(ha a)	0,85			0,85			[5.148]
	Wasser	m^3/(ha a)	23,24	438	361	23,24	871	830	[5.149]
Transport	Diesel	l/(ha a)		2,7	13,4		2,7	13,4	Dieselverbrauch LKW aus [5.150]
Palmöl		t/t FFB		0,21	0,21		0,21	0,21	[5.146]
Ölmühle	Diesel	l/t FFB		0,8	0,8		0,8	0,8	[5.147]
	Strom	kWh/t FFB		16	16		16	16	[5.147]
	Wasser	t/t FFB		0,03	0,03		0,03	0,03	[5.151]

Die Kultivierung der Ölpalme auf der Plantage teilt sich entsprechend des zeitlichen Ablaufs in drei verschiedene Phasen. Während der Pflanzschulphase (PS) werden die Palmsetzlinge für ein Jahr abseits der eigentlichen Plantage großgezogen, um anschließend auf der Plantage angepflanzt zu werden. In der folgenden vierjährigen Startphase (ST) wachsen die Ölpalmen zu ihrer vollen Größe. Während dieser Zeit bringen die Palmen durchschnittlich einen um 20 % reduzierten Ertrag gegenüber dem vollen Ertrag von 25 t/(ha a) Fruchtbündel (Fresh Fruit Bunches = FFB) in der etablierten Phase (ET). Durch die Ernte der Fruchtbündel wird der Anbaufläche, auf der die Ölpalmen wachsen, Mineralstoffe entzogen, welche durch die Ausbringung von Stickstoff-, Phosphat- und Kaliumdünger wieder ausgeglichen werden. Durch den Einsatz von Pestiziden werden die Palmen vor Pilz- und Insektenbefall sowie von einem übermäßigen Wachstum von Unkräutern geschützt. Insgesamt werden 50 l(ha a) Diesel für die Ernte der Fruchtbündel und die Pflanzenpflege in der Pflanzschule und auf der Plantage berücksichtigt. Ein zusätzlicher Dieselbedarf entsteht durch den Einsatz einer Wasserpumpe zur Bewässerung. In Abhängigkeit von Niederschlag, Bodenbeschaffenheit und Temperatur sowie unter Berücksichtigung pflanzenspezifischer Charakteristika wird der Bedarf an künstlicher Bewässerung ortsabhängig berechnet [5.149]. Dabei wird davon ausgegangen, dass das gesamte künstlich bereitgestellte Wasser von den Pflanzen aufgenommen wird.

Die Fruchtbündel werden nach der Ernte mit Lkw über eine durchschnittliche Entfernung von 10 km zur Ölmühle transportiert. Der entsprechende Dieselbedarf ergibt sich aus dem Verbrauch der Lkw in Abhängigkeit der transportierten Masse.

In der Palmölmühle werden die Früchte als erstes durch Dampfbestrahlung aus den Fruchtbündeln gelöst und sterilisiert. Anschließend werden in einem Abscheider Früchte und Fruchtbündel voneinander getrennt und die Früchte zu einer homogenen öligen Schlempe weiter verarbeitet. Durch die Pressung dieser Schlempe in einer Schraubenpresse kann schließlich das Palmöl gewonnen werden, welches anschließend durch verschiedene thermische und mechanische Verfahren von Wasser und Fruchtbestandteilen befreit wird. Aus einer Tonne Fruchtbündel lassen sich nach dem beschriebenen Verfahren ungefähr 21 % Palmöl gewinnen. Dazu werden Strom und Diesel für den Betrieb des Prozesses sowie Frischwasser benötigt; insgesamt gehen 0,9 t Frischwasser je t Palmöl in das System ein, während 0,87 t Frischwasser je t Palmöl das System wieder verlassen [5.151].

Wirkungsabschätzung. Im Anschluss an die Erstellung der Sachbilanz erfolgt die Wirkungsabschätzung. Im Rahmen des hier beschriebenen Beispiels wird die Auswirkung des Wasserbedarfs des betrachteten Palmölproduktionssystems bestimmt. Als Wirkungsindikator wird der bereits in Kapitel 5.1.2.2 eingeführte Water Stress Index von Pfister ($WSI_{Pfister}$) [5.152] verwendet. Abb. 5.28 zeigt die globale Verteilung dieses Water Stress Index.

Das während der Produktion von 1 t Palmöl (funktionelle Einheit) verbrauchte Wasservolumen wird in der Wirkungsabschätzung mit dem lokalen Wasser Stress Index multipliziert (Tabelle 5.21). So ergibt sich als Wirkungsindikatorwert ein Wasseräquivalent pro Tonne Palmöl. Die Wasserverbräuche in den vorgelagerten Prozessen (z. B. bei der

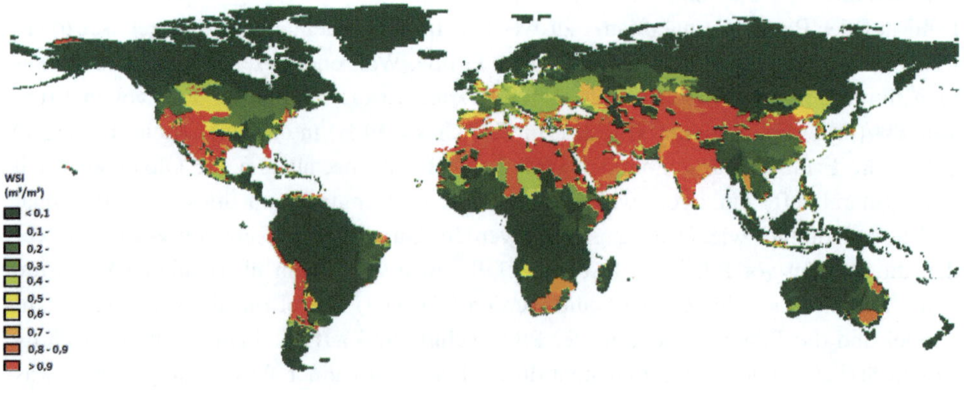

Abb. 5.28 Wasser Stress Index (Daten nach Pfister [5.152])

Tabelle 5.21 Wasser Stress Index und Wasser Stress Indikator für die betrachteten Inputs in das Palmölproduktionssystem (Daten nach [5.145])

			Indonesien		Kolumbien	
			Index $WSI_{Pfister}$ [5.152]	Indikator $WSI_{Pfister}$ [5.145]	Index $WSI_{Pfister}$ [5.152]	Indikator $WSI_{Pfister}$ [5.145]
Anbau	N-Dünger	m^3 H_2O-eq./kg		0,013683		0,002842
	P_2O_5-Dünger	m^3 H_2O-eq./kg		0,018419		0,003846
	K_2O-Dünger	m^3 H_2O-eq./kg		0,001501		0,000312
	Pestizide	m^3 H_2O-eq./kg		0,033632		0,006991
	Diesel	m^3 H_2O-eq./kg		0,000464		0,000099
	Strom	m^3 H_2O-eq./kWh		0,000595		0,000572
	Bewässerung	m^3 H_2O-eq./m^3	0,0111		0,0120	
Transport	Diesel	m^3 H_2O-eq./kg		0,000464		0,000099
Ölmühle	Diesel	m^3 H_2O-eq./kg		0,000464		0,000099
	Strom	m^3 H_2O-eq./kWh		0,000595		0,000572
	Wasser	m^3 H_2O-eq./m^3	0,0111		0,0120	

Düngemittelherstellung) werden durch in entsprechenden Datenbanken dokumentierten Wirkungsindikatorwerten (hier: Wasser Stress Indikatoren) berücksichtigt. Diese Indikatoren stellen ein Wasseräquivalent für die Elementareinheit des jeweiligen Inputs dar. Mit Hilfe der Informationen aus der Sachbilanzphase werden diese Indikatoren auf 1 t Palmöl umgerechnet und zu den direkten, bewerteten Wasserverbräuchen addiert.

Auswertung. Im Folgenden werden die Ergebnisse der Analyse verglichen. Dabei wird sowohl auf den Frischwasserbedarf und -verbrauch der einzelnen Prozesse als Resultat der Sachbilanzphase als auch auf die Ergebnisse der Wirkungsabschätzung eingegangen. Weiterhin werden für eine bessere Übersichtlichkeit die Fruchtbündelproduktion und die Palmölproduktion inklusive des Fruchtbündeltransportes gesondert dargestellt; die Ergebnisse werden jedoch immer auf die funktionelle Einheit des Produktsystems von 1 t Palmöl bezogen.

Abbildung 5.29 zeigt den gesamten Bedarf und den Output an Frischwasser für die Produktion von Fruchtbündeln auf einer Ölpalmplantage. Hierzu zählen sowohl der direkte Wasserinput bzw. -output aufgrund der Bewässerung der Plantage als auch der indirekte Input bzw. Output innerhalb der vorgelagerten Prozessketten. Demnach liegt der Frischwasserbedarf für die Fruchtbündelproduktion in Indonesien mit 656 $m^3/t_{Palmöl}$ unterhalb des Bedarfs in Kolumbien (758 $m^3/t_{Palmöl}$). Der wesentliche Grund dafür ist die in Kolumbien im Vergleich zu Indonesien um mehr als den Faktor 2,2 höhere Bewässerungsmenge. Zwar sind auch die indirekten Wasserbedarfe (z. B. für die Herstellung von Dünger oder Pestiziden) in beiden Ländern leicht verschieden; jedoch liegt dieser Unterschied bei unter 0,2 %. Auch wird der überwiegende Anteil des eingehenden Wassers wieder an die

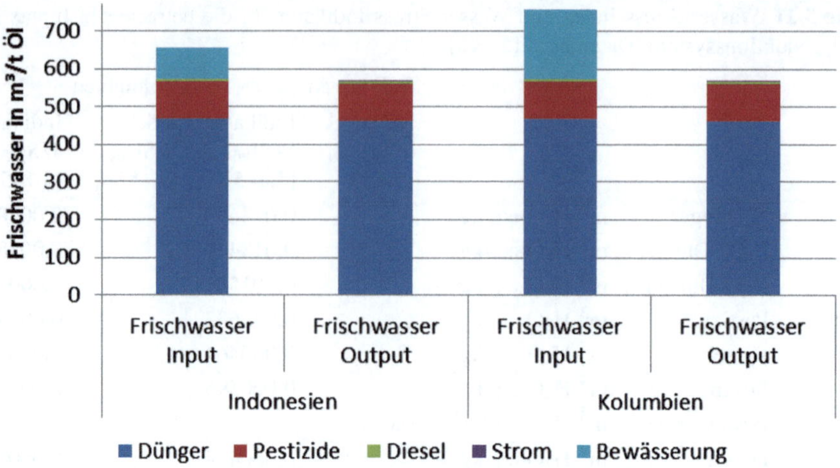

Abb. 5.29 Frischwasserinput und -output für die Produktion von Fruchtbündeln

Umwelt abgegeben. Der Wasserverbrauch (d. h. die Differenz zwischen dem eingehenden und dem ausgehenden Frischwasser) beträgt in Indonesien 88 $m^3/t_{Palmöl}$ und in Kolumbien 190 $m^3/t_{Palmöl}$; dies entspricht fast vollständig der Bewässerungsmenge von 82 bzw. 184 $m^3/t_{Palmöl}$. Bei der Kultivierung der Ölpalmen wird das gesamte durch die Bewässerung zugeführte Wasser von den Pflanzen aufgenommen und ein Großteil davon durch Evapotranspiration wieder an die Umwelt abgegeben. Diese gasförmige Wassermenge wird im Gegensatz zu Prozesswasser, welches als Abwasser (z. B. Kühlwasser in Industrieprozessen) in flüssiger Form wieder direkt einem Wassereinzugsgebiet zugeführt wird, hier als verbrauchte Wassermenge berücksichtigt, die zur weiteren Nutzung im Einzugsgebiet nicht zur Verfügung steht.

Der Wasserverbrauch für den Transport und den Palmölproduktionsprozess ist sogar noch geringer als bei der Fruchtbündelproduktion (Abb. 5.30). Er liegt für Indonesien bei 0,27 $m^3/t_{Palmöl}$ (0,28 % des Frischwasserbedarfs) und für Kolumbien bei 1,19 $m^3/t_{Palmöl}$ (0,22 % des Frischwasserbedarfs); der direkte Wasserverbrauch einer Palmölmühle ist demnach sehr gering. Auffällig ist der große Unterschied im Wasserbedarf zwischen Indonesien und Kolumbien. Dieser ist auf die Stromproduktion in den jeweiligen Ländern zurückzuführen. Während der Strom in Indonesien zu 87 % aus fossilen Energieträgern (d. h. Kohle, Gas, Öl) produziert wird und Wasserkraft nur einen Anteil von ungefähr 7 % an der Stromproduktion hat, liegt dieser in Kolumbien bei fast 72 %. Auch wenn dieses Wasser für die Stromproduktion in den meisten Fällen nicht dem Wasserträger entnommen werden muss, geht es doch in die Wasserbilanz mit ein, da es für den Betrieb der Turbinen genutzt wird. Jedoch werden in Indonesien nur ungefähr 0,3 % und in Kolumbien 0,2 % des Wassers in der Stromproduktion tatsächlich verbraucht und der Rest wieder in die Umwelt entlassen.

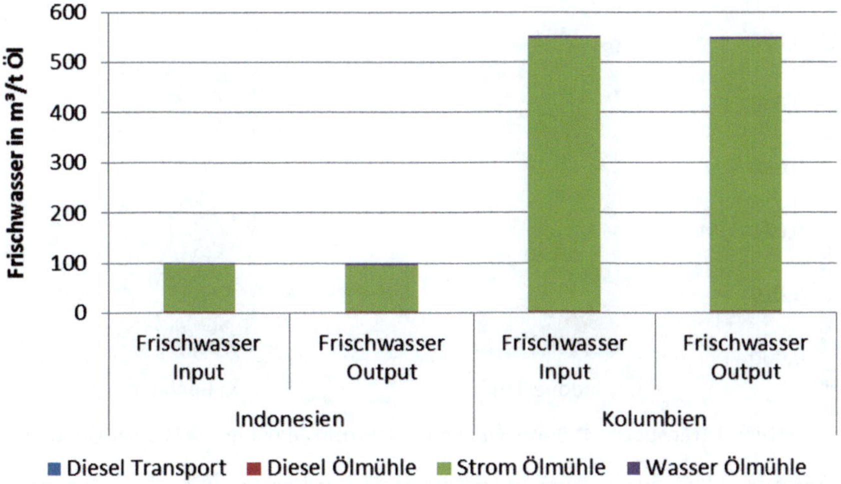

Abb. 5.30 Frischwasserinput und -output für die Produktion von Palmöl aus Fruchtbündeln

Die Ergebnisse der Wirkungsabschätzung für die Produktion der Fruchtbündel zeigt Abb. 5.31. Demnach ist das Wasseräquivalent in Indonesien kleiner als in Kolumbien. Zusätzlich zu einem geringeren direkten Wasserverbrauch durch die Bewässerung (Abb. 5.29 und Tabelle 5.20) ist der Water Stress Index $WSI_{Pfister}$ in Indonesien etwas niedriger als in Kolumbien (Tabelle 5.21). Dieser Umstand gleicht die höheren indirekten Wasseräquivalentwerte aus der Dünger- und Pestizidherstellung (Tabelle 5.21) im Fall von Indonesien aus, während die Bereitstellung von Diesel und Strom in diesem Fall keinen sichtbaren Einfluss haben.

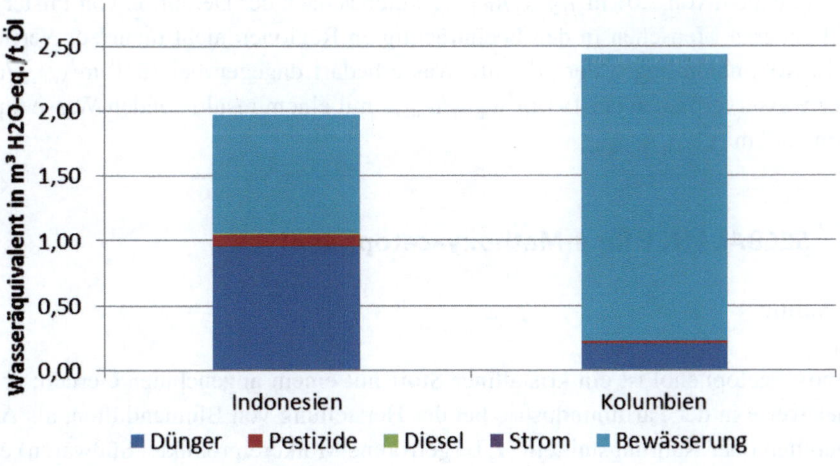

Abb. 5.31 Wirkungsindikatorwert für die Produktion von Fruchtbündeln (Basisdaten nach [5.152])

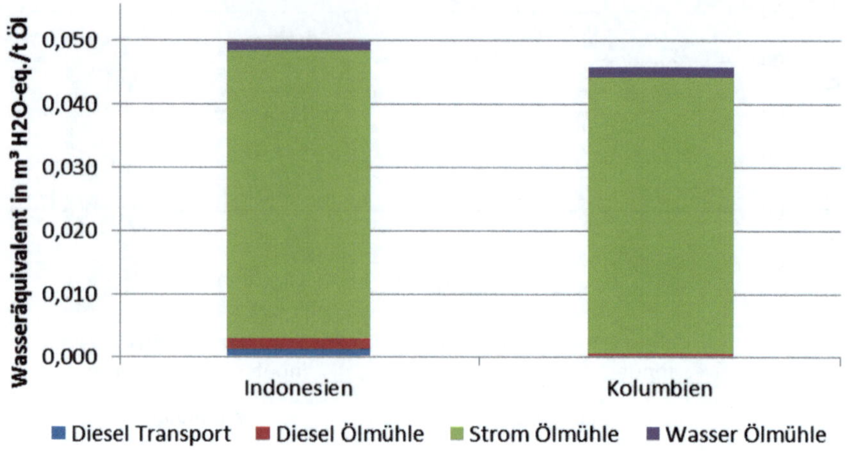

Abb. 5.32 Wirkungsindikatorwert für die Produktion von Palmöl (Basisdaten nach [5.152])

Bei der Ölproduktion (Abb. 5.32) stellt sich die Situation etwas anders dar. Hier liegt das Wasseräquivalent in Indonesien mit 0,0499 $m^3{}_{H2O\text{-}eq.}/t_{Palmöl}$ leicht über dem kolumbianischen Äquivalent mit 0,0459 $m^3{}_{H2O\text{-}eq.}/t_{Palmöl}$. Der Grund dafür ist vor allem der große Einfluss der Stromproduktion in Indonesien. Trotz des im Vergleich zu Kolumbien weitaus geringeren Wasserbedarfs gewinnt dieser durch höhere Wasser Stress Indizes an Einfluss und sorgt damit für eine insgesamt größere Auswirkung.

Insgesamt erweist sich sowohl in Bezug auf den unbewerteten als auch den bewerteten Frischwasserbedarf und -verbrauch eine Produktion von Palmöl in Indonesien gegenüber einer Produktion in Kolumbien als ökologisch günstiger. Insgesamt werden in Indonesien 757 $m^3{}_{Wasser}/t_{Palmöl}$ benötigt und 89 $m^3{}_{Wasser}/t_{Palmöl}$ verbraucht. Dies führt zu einem Wasseräquivalent von 2,01 $m^3{}_{H2O\text{-}eq.}/t_{Palmöl}$, welches nach der Definition von Pfister et al. [5.152] anderen Menschen in den beeinträchtigten Regionen nicht mehr zur Verfügung steht. In Kolumbien liegen der gesamte Wasserbedarf dagegen bei 1310 $m^3{}_{Wasser}/t_{Palmöl}$ und der Wasserverbrauch bei 191 $m^3{}_{Wasser}/t_{Palmöl}$ mit einem resultierenden Wasseräquivalent von 2,47 $m^3{}_{H2O\text{-}eq.}/t_{Palmöl}$.

5.2.4 SEEBALANCE für 4-Methoxyacetophenol

Peter Saling

4-Methoxyacetophenol ist ein kristalliner Stoff mit einem angenehmen Geruch; er wird beispielsweise in der Parfümindustrie bei der Herstellung von Blumendüften, als Aroma in Zigaretten oder Nahrungsmitteln (z. B. gefrorene Molkereiprodukte, Süßwaren) eingesetzt.

Dieser Stoff kann unterschiedlich produziert werden. Deshalb werden unterschiedliche Alternativen definiert, die betrachtet werden sollen. Es werden alle relevanten Vergleichsalternativen aufgeführt, wobei technisch ausgeübte Synthesen einer neuartigen Synthese gegenüber gestellt werden. Die funktionelle Einheit wird festgelegt mit der Produktion von 1000 kg 4-Methoxyacetophenol.

Die neueren Alternativen beruhen auf der Friedel-Crafts Acylierung von Anisol mit Essigsäureanhydrid unter Verwendung eines Katalysators bzw. einer Lewissäure-Funktion und teilweise auch unter Einsatz von Lösungsmitteln. Im Folgenden werden diese Alternativen kurz beschrieben [5.153]. Dabei werden verschiedene Katalysatoren eingesetzt und das Zielmolekül in unterschiedlicher Weise aufgearbeitet und isoliert.

- $AlCl_3$ (Aluminiumtrichlorid) Prozess: traditioneller Prozess (entwickelt zu Beginn des 20. Jahrhunderts); es erfordert den Gebrauch von zwei stöchiometrischen Äquivalenten von $AlCl_3$.
- Zeolithe Prozess: genutzt wird in H-Beta Zeolith ein mineralischer Katalysator; der Prozess wird in Abwesenheit von Lösungsmitteln eingeleitet.
- $Fe(HSO_4)_3$ (Eisenhydrogensulfat) Prozess: beruht auf dem Gebrauch von Eisenhydrogensulfat als Lewissäure und Nitromethan als Lösungsmittel.
- Indiumtriflat Prozess: Indiumtriflat als Katalysator, überkritisches CO_2 und eine ionische Flüssigkeit als Lösungsmittel.

Die Analyse konzentriert sich auf die Herstellungsphase des 4-Methoxyacetophenols. Der Gebrauch und die Entsorgung dieses Stoffes werden nicht betrachtet, da die Auswirkungen auf die Gesellschaft, die Ökologie und die Kosten bei allen Alternativen gleich hoch sind.

Abbildung 5.33 zeigt die bewerteten In- und Outputflüsse sowie die Prozess- und Betriebsmittel. Diese Stoffströme sind identisch für alle Verfahrensalternativen. Im Modul „Katalysatoren“ und „Lösemittel“ gibt es je nach Verfahrensalternative Unterschiede. Hier werden die erwähnten und der Alternativen den Namen gebenden Katalysatorensysteme eingesetzt.

Die Bewertung der sozialen Achse umfasst in dieser Analyse die Stakeholderkategorien „Arbeitnehmer“, „Umfeld und Gesellschaft“ und „Zukünftige Generationen“. Die Stakeholderkategorie „Endverbraucher“ geht nicht in diese Analyse ein, da die sozialen Auswirkungen, genauso wie die ökologische Belastung des Produktes in der Anwendung bei allen alternativen Produktionsverfahren identisch sind. Daneben wird die vorgesehene Stakeholderkategorie „Internationale Gemeinschaft“ nicht mit einbezogen, da die Datengrundlage der entsprechenden Indikatoren zum Zeitpunkt der Erstellung dieser Analyse nicht ausreicht. Abbildung 5.34 zeigt daher nur die betrachteten Indikatoren der drei ermittelbaren Stakeholderkategorien.

Abbildung 5.35 zeigt exemplarisch Investitionen als Indikator für Auswirkungen auf den Stakeholder „Zukünftige Generationen“ vergleichend für die vier untersuchten Varianten der Prozessführung. Der $Fe(HSO_4)_3$ Prozess weist hier den höchsten Wert

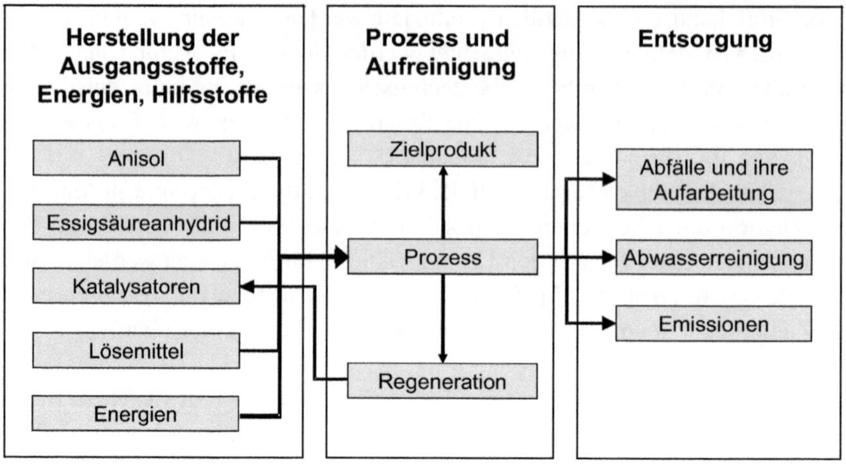

Abb. 5.33 Stoffströme zur Herstellung von 4-Methoxyacetophenol

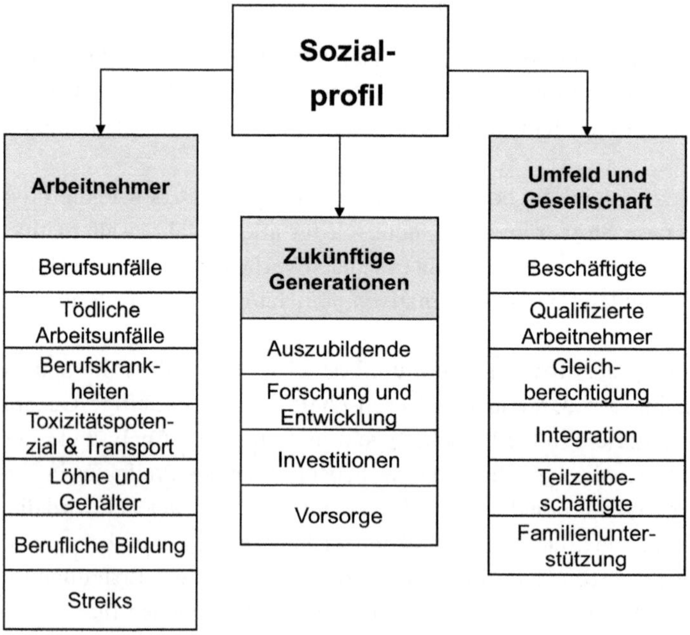

Abb. 5.34 Untersuchte soziale Indikatoren

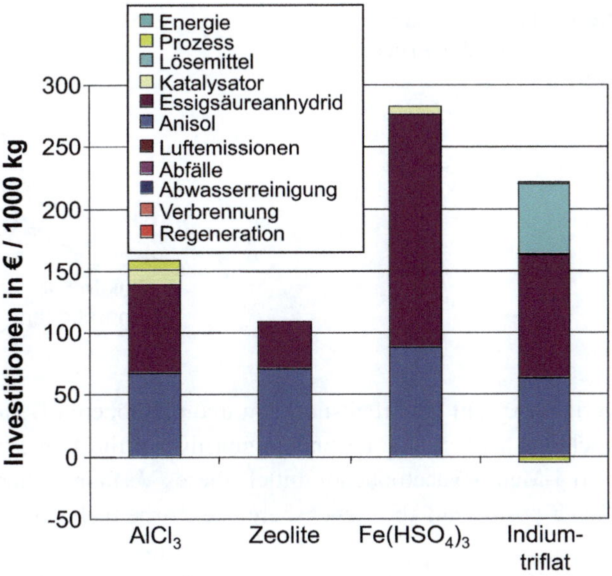

Abb. 5.35 Investitionen als Indikator für den Stakeholder Zukünftige Generationen

auf, der beispielsweise für Großreparaturen oder für sich im Bau befindliche Anlagen aufgewendet wird [5.154]. Die anderen Produktionsverfahren zur Herstellung von 4-Methoxyacetophenon zeigen vergleichsweise niedrigere Investitionen, wobei der Zeolithe Prozess die geringsten Werte aufweist. Diese gehen einher mit dem niedrigen Bedarf an Inputstoffen wie Anisol und Essigsäureanhydrid, die eine positive Korrelation mit den Investitionen aufweisen. Die Investitionen werden hier grundsätzlich positiv bewertet (d. h. je höher je besser). In der ökonomischen Bewertung tragen diese höheren Kosten negativ zum Ergebnis bei und werden entsprechend in der Analyse ausbalanciert. Es findet also immer ein Abwägen in der Entscheidungsfindung statt, um zum nachhaltigsten Ergebnis zu gelangen. Am Ende der Analyse werden alle Faktoren gegeneinander abgewogen und ein Gesamtergebnis abgeleitet. Dieses Ergebnis wird dann in Entscheidungsprozesse eingebracht und kann diese wirkungsvoll unterstützen durch Berücksichtigung einer ganzheitlichen Sichtweise der Nachhaltigkeitsbewertung.

Im Unterschied zur ökologischen Belastung, die immer möglichst gering sein soll, gibt es bei den Sozialindikatoren unterschiedliche Richtungen, in die sich die Indikatoren entwickeln sollen; beispielsweise sollten die Arbeitsunfälle möglichst niedrig und die Schaffung von Arbeitsplätzen möglichst hoch sein. Jedes Sozialkriterium muss unabhängig von allen anderen hinsichtlich ihrer zu optimierenden Zielrichtung bewertet werden.

Das Ergebnis der sozialen Achse ist in dem Fingerprint in Abb. 5.36 zusammengefasst. Die mit 1 bewerteten Alternativen zeigen wiederum die ungünstigste Variante des jeweiligen Bereiches an.

Der $Fe(HSO_4)_3$ Prozess schneidet in zwei von drei Stakeholderkategorien besser ab als die anderen Alternativen. Das relativ niedrige Toxizitätspotenzial, die vergleichsweise

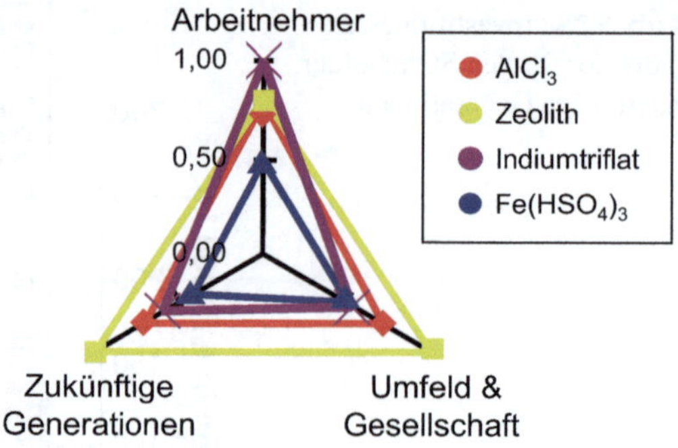

Abb. 5.36 Ergebnisdarstellung (Fingerabdruck) der sozialen Achse

geringe Anzahl an Arbeitsunfällen und die höheren Beiträge zur gesellschaftlichen Entwicklung wirken sich besonders günstig auf die Bewertung dieses Prozesses aus. Wird also 4-Methoxyacetophenol mittels dieses Verfahrens hergestellt, wirkt sich dies im Vergleich positiv auf die Lebensbereiche „Arbeitnehmer“ und „Zukünftige Generationen“ aus.

Ein Zwischenergebnis zur gesamten Bewertung stellt das Sozio-Effizienz-Portfolio dar. Diese Auswertung ist vergleichbar mit der Ökoeffizienz-Bewertung; hier werden aber soziale Faktoren der ökonomischen Bewertung gegenüber gestellt. Im rechten oberen Quadranten befindet sich die Zielregion, in der die sozio-effizientesten Alternativen aufgeführt werden.

In dieser Auswertung ist der $Fe(HSO_4)_3$ Prozess die sozioeffizienteste der hier untersuchten vier Alternativen (Abb. 5.37). Der $AlCl_3$ Prozess ist von mittlerer Sozioeffizienz, wohingegen die beiden anderen Alternativen – also der Zeolith und der Indiumtriflat Prozess – eine vergleichbar niedrige Sozioeffizienz aufweisen. Die Anwendung des Indiumtriflat-Verfahrens hat zwar positivere Auswirkungen auf die Gesellschaft als die des $AlCl_3$-Prozesses; aufgrund der höheren Kosten weist sie aber trotzdem eine niedrigere Sozioeffizienz auf.

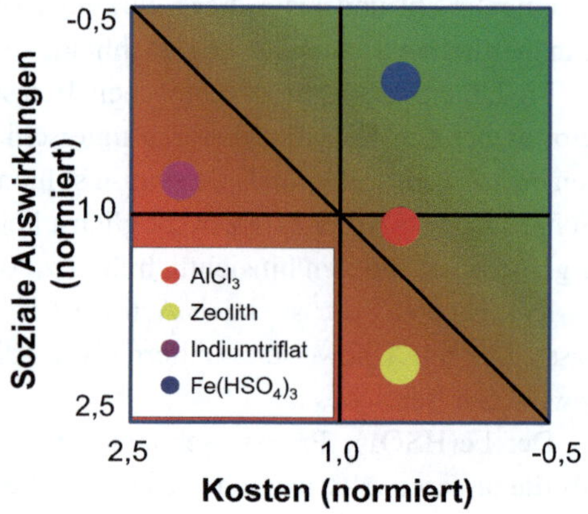

Abb. 5.37 Ergebnisdarstellung im Sozioeffizienz-Portfolio

Sowohl der $AlCl_3$ Prozess als auch der Zeolith Prozess weisen insgesamt eine hohe Sozio-Ökoeffizienz auf (Abb. 5.38). Vor allem die vergleichsweise geringen ökologischen Belastungen innerhalb des Verfahrens sind es, die sich begünstigend auf die Bewertung des Zeolith Prozesses auswirken. Der Indiumtriflat Prozess, der unter Verwendung ionischer Flüssigkeiten stattfindet, hat aktuell aus Sicht der Sozio-Ökoeffizienz die wenigsten Vorteile. Dies liegt an der relativ schlechten Umweltposition – besonders im Bereich der Emissionen – und an den hohen Kosten, die mit diesem Prozess einhergehen.

Hinsichtlich aller drei Nachhaltigkeitssäulen stellt der $Fe(HSO_4)_3$ Prozess die sozio-ökoeffizienteste Alternative dar. Aufgrund der innerhalb dieses Verfahrens eingesetzten großen Energiemengen und im Vergleich zu den anderen drei Alternativen überdurchschnittlichen Rohstoffeinsätze schneidet dieser Prozess aus ökologischer Sicht eher schlecht ab. Positiv auf seine gesamte Bewertung wirkt sich allerdings die Bewertung in der sozialen Dimension aus. Ein ausgesprochen niedriges Toxizitätspotenzial, nur wenige Arbeitsunfälle verbunden mit vergleichsweise guten Beiträgen zur gesellschaftlichen Entwicklung verschafft dem Verfahren diese gute Positionierung. Wie bereits in der Methodenbeschreibung erwähnt, wird der SEEcube zukünftig nicht weiter verwendet, sondern durch ein aggregiertes Gesamtergebnis in eindimensionaler Darstellung ersetzt. Der SEEcube erwies sich als schwer lesbar und interpretierbar.

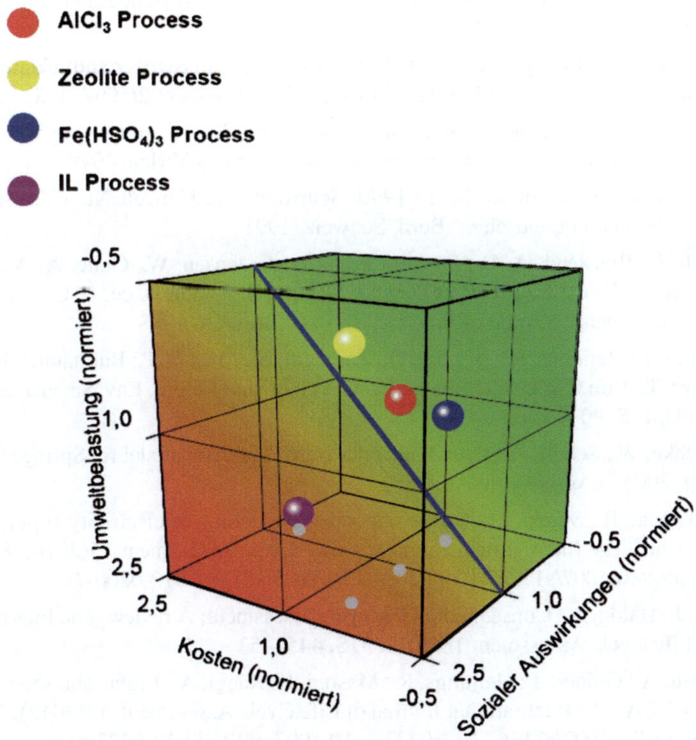

Abb. 5.38 SEE-Cube

Literatur

[5.1] Umweltmanagement – Ökobilanz – Grundsätze und Rahmenbedingungen (ISO 14040: 2006); Deutsche und englische Fassung EN ISO 14040: 2006; erhältlich als berichtigtes Dokument DIN EN ISO 14040:2009-11 unter http://www.beuth.de/de/norm/din-en-iso-14040/122442325

[5.2] Umweltmanagement – Ökobilanz – Anforderungen und Anleitungen (ISO 14044:2006); Deutsche und englische Fassung EN ISO 14044:2006, erhältlich unter http://www.beuth.de/de/norm/din-en-iso-14044/88762013

[5.3] Siegenthaler, C.P.: Ökologische Rationalität durch Ökobilanzierung. Metropolis, Marburg, 2006

[5.4] Klöpffer, W.: The role of SETAC in the development of LCA. The International Journal of Life Cycle Assessment, 11(2006), 1, S. 116–122

[5.5] Baumann, H., Tillmann, A.-M.: The Hitch Hiker's Guide to LCA. An orientation in life cycle assessment methodology and application, Professional Public Service, USA, 2004

[5.6] Hunt, R.; Franklin, W.E.: LCA – How it came about. Personal reflections on the origin and the development of LCA in the USA. The International Journal of Life Cycle Assessment, 1(1996), 1, S. 4–7

[5.7] Oberbacher, B.; Nikodem, H.; Klöpffer, W.: LCA – How it came about. An early systems analysis of packaging for liquids which would be called an LCA today. The International Journal of Life Cycle Assessment, 1(1996), 2, S. 62–65

[5.8] Ökobilanz von Packstoffen. Schriftenreihe Umwelt Nr. 24, Bundesamt für Umweltschutz, Bern, Schweiz, 1984

[5.9] Fink, P.: LCA – How it came about. The roots of LCA in Switzerland: Continous learning by doing. The International Journal of Life Cycle Assessment 2/1997, 3, S. 131–134

[5.10] Müller-Wenk, R.: Die ökologische Buchhaltung. Ein Informations- und Steuerungsinstrument für umweltkonforme Unternehmenspolitik. Campus Verlag, 1978

[5.11] Ökobilanz von Packstoffen. Stand 1990. Schriftenreihe Umwelt Nr. 132, Bundesamt für Umwelt, Wald und Landschaft, Bern, Schweiz, 1991

[5.12] Consoli, F., Boustead, A. D., Fava, I., Franklin, J., Jensen, W., Oude, A. A., Parirish, N., Perriman, R., Postlethwaite, R., Quay, D., Seguin, B., Vigon B. de, J.: Guidelines for Life-Cycle-Assessment: A Code of Practice, SETAC, Brussels, 1993

[5.13] Guinée, J.B.; Heijungs, R.; Huppes, G.; Zamagni, A.; Masoni, P.; Buonamici, R.; Ekvall, T.; Rydberg, T.: Life Cycle Assessment: Past, Present, and Future; Env. Science & Technology 45(2011), 1, S. 90–96

[5.14] Domschke, W., Scholl, A.: Grundlagen der Betriebswirtschaftslehre. Springer, Berlin, Heidelberg, 2005, 3. verbesserte Auflage

[5.15] Frischknecht, R., Stucki, M.: Scope-dependent modelling of electricity supply in life cycle assessments. The International Journal of Life Cycle Assessment 15(2010), 8, S. 806–816 (dx.doi.org/10.1007/s11367-010-0200-7; 10.1007/s11367-010-0200-7)

[5.16] Earles, J., Halog, A.: Consequential life cycle assessment: A review. The International Journal of Life Cycle Assessment 16/2011, 5, S. 445–453

[5.17] Zamagni, A.; Guinée, J.; Heijungs, R.; Masoni, P.; Raggi, A.: Lights and shadows in consequential LCA. The International Journal of Life Cycle Assessment, 17(2012), 7, S. 904–918 (dx.doi.org/10.1007/s11367-012-0423-x, 10.1007/s11367-012-0423-x)

[5.18] Projektgemeinschaft BIfA/IFEU/Flo-Pak: Kunststoffe aus nachwachsenden Rohstoffen: Vergleichende Ökobilanz für Loose-fill-Packmittel aus Stärke bzw. Polystyrol. Endbericht (DBU-Az. 04763), Osnabrück, 2002 (www.bifa.de/download/nawaros.pdf)

[5.19] Heijungs, R.; Suh, S.: The computational Structure of Life Cycle Assessment. Reihe Ecoefficiency in Industry and Science, Vol. 11. Kluwer Academic Publishers, Dordrecht, Niederlande, 2002

[5.20] Klöpffer, W.; Grahl, B.: Ökobilanz (LCA). Ein Leitfaden für Ausbildung und Beruf. WILEY-VCH, Darmstadt, 2009

[5.21] Luo, L.; van der Voet, E.; Huppes, G.; de Haes, U.H.: Allocation issues in LCA methodology: A case study of corn stover-based fuel ethanol. The International Journal of Life Cycle Assessment, 14(2009), 6, S. 529–539 (dx.doi.org/10.1007/s11367-009-0112-6; 10.1007/s11367-009-0112-6)

[5.22] Suh, S.; Weidema, B.; Schmidt, J.H.; Heijungs, R.: Generalized Make and Use Framework for Allocation in Life Cycle Assessment. Journal of Industrial Ecology, 14(2010), 2, S. 335–353 (dx.doi.org/10.1111/j.1530-9290.2010.00235.x, 10.1111/j.1530-9290.2010.00235.x)

[5.23] Schmidt, M.: Die Allokation in der Ökobilanzierung vor dem Hintergrund der Nutzenmaximierung. In: Feifel, S.; Walk, W.; Wursthorn, S.; Schebek, L. (Hrsg.): Ökobilanzierung 2009: Ansätze und Weiterentwicklungen zur Operationalisierung von Nachhaltigkeit. Tagungsband der 5. Ökobilanzwerkstatt. Campus Weihenstephan, Freising, Oktober 2009. KIT Scientific Publishing (978-3-86644-421-8), Karlsruhe, 2009

[5.24] Schmidt, M.: Stoffstromanalysen und Ökobilanzen im Dienste des Umweltschutzes. In: Schmidt, M., Schorb, A. (Hrsg.): Stoffstromanalysen in Ökobilanzen und Öko-Audits; Springer, Berlin, Heidelberg, 1995

[5.25] Larson, E.D.: A review of life-cycle analysis studies on liquid biofuel systems for the transport sector. Energy Sustainable Dev., X, 2. Online available: http://www.princeton.edu/pei/energy/publications/texts/Larson-biofuel-LCAESD-June-2006.pdf, 2006

[5.26] Reinhardt, G.A.; Helms, H.: Kraftstoffe der Zukunft. Wie nachhaltig sind Biokraftstoffe? In: Gleich, A.; Gößling-Reisemann, S. (Hrsg.): Industrial Ecology. Vieweg+Teubner, Wiesbaden, 2008

[5.27] www.ecoinvent.ch

[5.28] lct.jrc.ec.europa.eu/assessment/data

[5.29] www.openlca.org

[5.30] lca.jrc.ec.europa.eu/lcainfohub/toolList.vm

[5.31] Intergovermental Panel on Climate Change (IPCC); Solomon, S.; Qin, D.; Manning, M.; Chen, Z.; Marquis, M.; Averyt, K.B.; Tignor, M.; Miller, H.L. (Hrsg.): Contribution of Working Group I to the 4th Assessment Report of the Intergovernmental Panel on Climate Change; Cambridge University Press, Cambridge, United Kingdom and New York, USA, 2007

[5.32] Jolliet, O.; Margni, M.; Charles, R.; Humbert, S.; Payet, J.; Rebitzer, G.; Rosenbaum, R.: IMPACT 2002+: A New Life Cycle Impact Assessment Methodology; International Journal of Life Cycle Assessment 8(2003), 6, S. 324–330

[5.33] Ahbe, S., Braunschweig, A., Müller-Wenk, R.: Methodik für Ökobilanzen auf Basis der ökologischer Optimierung (Schriftenreihe Umwelt Nr. 133). Bern: Bundesamt für Umwelt, Wald und Landschaft (BUWAL) 1990

[5.34] Frischknecht, R.; Steiner, R.; Jungbluth, N.: Methode der ökologischen Knappheit – Ökofaktoren 2006. Methode für die Wirkungsabschätzung in Ökobilanzen. Umwelt-Wissen Nr. 0906; Bundesamt für Umwelt (BAFU), Bern, Schweiz, 2009

[5.35] European Commission, Joint Research Centre, Institute for Environment and Sustainability: Analysis of Existing Impact Assessment Methodologies for Use in Life Cycle Assessment. Background Document, verfügbar online unter: lct.jrc.ec.europa.eu/pdf-directory/ILCD-Handbook-LCIA-Background-analysis-online-12March2010.pdf

[5.36] Heijungs, R.; Guinée, J.B.; Huppes, G.; Lankreijer, R.M.; de Haes, U.H.A.; Wegener Sleeswijk, A.; Ansems, A.M.M.; Eggels, P.G.; van Diun, R.; de Goede, H.P.: Environmental life cycle assessment of products; Backgrounds & Guide, Leiden 1992

[5.37] Guinée, J.B. (Ed.); Gorrée, M.; Heijungs, R.; Huppes, G.; Kleijn, R.; de Koning, A.; van Oers, L.; Wegener Sleeswijk, A.; Suh, S.; de Haes, H.A.U.; de Bruijn, J.A.; van Duin, R.; Huijbregts, M.A.J.: Handbook on Life Cycle Assessment: Operational Guide to the ISO Standards. Series: Eco-efficiency in industry and science. Kluwer Academic Publishers. Dordrecht, Niederlande, 2002 (Hardbound, ISBN 1-4020-0228-9; Paperback, ISBN 1-4020-0557-1)

[5.38] www.cml.leiden.edu/research/industrialecology/researchprojects/finished/new-dutch-lca-guide.html

[5.39] Goedkoop, A.; Spriensma, B.: Eco-indicator 99 – A damage oriented method for lifecycle impact assessment; Methodology report; verfügbar unter www.pre-sustainability.com/download/misc/EI99_methodology_v3.pdf, 22. Juni 2001 (3rd edition)

[5.40] www.pre-sustainability.com/reports

[5.41] www.sph.umich.edu/riskcenter/jolliet/downloads.htm

[5.42] www.lcia-recipe.net

[5.43] Wackernagel, M.; Rees, W.: Our Ecological Footprint: Reducing Human Impact on the Earth. Gabriola Island, 1996

[5.44] Bayrisches Landesamt für Umwelt (Hrsg.) Der ökologische Fußabdruck; Universität Augsburg, Augsburg, 2008 (www.lfu.bayern.de/umweltwissen/doc/uw_86_oekologischer_fussabdruck.pdf)

[5.45] PAS 2050 (Hrsg.): Specification for the assessment of the life cycle greenhouse gas emissions of goods and services. Business Standards Institute, London, UK, 2011, (www.bsigroup.com/upload/Standards%20&%20Publications/Energy/PAS2050.pdf)

[5.46] World Business Council for Sustainable Development; World Resources Institute (Hrsg.): The Greenhouse Gas Protocol. A Coperate Accounting and Reporting Standard. Verlag, Ort, 2004 (www.ghgprotocol.org/files/ghgp/public/ghg-protocol-revised.pdf)

[5.47] ISO (Hrsg.): ISO/DTS 14067.2 Carbon footprint of products – Requirements and guidelines for quantification and communication; Beuth, Berlin, 2013 (www.iso.org/iso/catalogue_detail?csnumber=59521)

[5.48] Bundesumweltministerium; Umweltbundesamt; Öko-Institut (Hrsg.): Memorandum Product Carbon Footprint. Positionen zur Erfassung und Kommunikation des Product Carbon Footprint für die internationale Standardisierung und Harmonisierung. Bundesministerium für Umwelt, Naturschutz und Reaktorsicherheit, Berlin, 2009

[5.49] United Nations (Hrsg.): Kyoto Protocol To The United Nations Framework Convention On Climate Change. United Nation, New York, USA, 1998 (unfccc.int/resource/docs/convkp/kpeng.pdf)

[5.50] Thomassen, M.A.; Dalgaard, R.; Heijungs, R.; Boer, I. (2008): Attributional and con-sequential LCA of milk production. The International Journal of Life Cycle Assessment 13(2008), 4, S. 339–349

[5.51] www.biokraftstoffverband.de/tl_files/download/Stellungnahmen_und_Studien/13-05-14 %20VDB%20OVID%20Finkbeinerstudie%20deutsch.pdf

[5.52] IPCC (Hrsg.): Land use, land-use change, and forestry. A special report of the Intergovernmental Panel on Climate Change. Intergovernmental Panel on Climate Change, 2000 (www.ipcc.ch/pdf/special-reports/spm/srl-en.pdf)

[5.53] Koehler, A. Water use in LCA: Managing the planet's freshwater resources. International Journal of Life Cycle Assessment 13(2008), 6, S. 451–455 (DOI: 10.1007/s11367-008-0028-6)

[5.54] Intergovernmental Panel on Climate Change (IPCC) (Hrsg.): Climate Change 2007. The Physical Science Basis. Contribution of Working Group I to the 4th Assessment Report of the Intergovernmental Panel on Climate Change. Cambridge University Press, New York, 2007

[5.55] Bayart, J.; Bulle, C.; Deschênes, L. et al.: A framework for assessing off-stream freshwater use in LCA. International Journal of Life Cycle Assessment 15(2010), 5, S. 439–453 (DOI: 10.1007/s11367-010-0172-7)

[5.56] Berger, M.; Finkbeiner, M.: Methodological Challenges in Volumetric and Impact-Oriented Water Footprints. Journal of Industrial Ecology 17(2013), 1, S. 79–89 (DOI: 10.1111/j.1530-9290.2012.00495.x)

[5.57] Swiss Centre for Life Cycle Inventories (Hrsg.): EcoInvent – Sachbilanzen von Energiesystemen. Swiss Centre for Life Cycle, Zürich, Switzerland, 2013 (www.ecoinvent.org)

[5.58] www.gabi-software.com/databases/

[5.59] Kounina, A.; Margni, M.; Bayart, J. et al.: Review of methods addressing freshwater use in life cycle inventory and impact assessment. International Journal of Life Cycle Assessment 18(2013), 3, S. 707–721 (DOI: 10.1007/s11367-012-0519-3)

[5.60] Pfister, S.; Bayer, P.; Koehler, A. et al.: Environmental Impacts of Water Use in Global Crop Production: Hotspots and Trade-Offs with Land Use. Environmental Science and Technology 45(2011), S. 5761–5768 (DOI: 10.1021/es1041755)

[5.61] Pfister, S.; Koehler, A.; Hellweg, S.: Assessing the Environmental Impacts of Freshwater Consumption in LCA. Environmental Science and Technology 43(2009), 11, S. 4098–4104 (DOI: 10.1021/es802423e)

[5.62] Hoekstra, A.Y.: The water footprint assessment manual. Setting the global standard. Earthscan, London, Washington, 2010

[5.63] Brown, A.; Matlock, M. A Review of Water Scarcity Indices and Methodologies. White Paper, Arkansas, USA, 2011

[5.64] Brouwer, F.; Falkenmark, M.: Climate-induced water availability changes in Europe. Environ Monit Assess 13(1989), 1. S. 75–98 (DOI: 10.1007/BF00398737)

[5.65] Pfister, S.; Baumann, J.: Monthly Characterization Factors for water consumption and application to temporally explicit cereals inventory. Proceedings of the 8th International Conference on Life Cycle Assesment in the Agri-Food Sector (LCA Food 2012), Saint Malo, France, 1st till 4th October 2012, Proceedings,S. 52

[5.66] Boulay, A.; Bouchard, C.; Bulle, C. et al. (2011) Categorizing water for LCA inventory. International Journal of Life Cycle Assessment 16(211), 7, S. 639–651 (DOI: 10.1007/s11367-011-0300-z)

[5.67] Boulay, A.; Bulle, C.; Bayart, J. et al.: Regional Characterization of Freshwater Use in LCA: Modeling Direct Impacts on Human Health. Environ. Sci. Technol. 45(2011), 20, S. 8948–8957 (DOI: 10.1021/es1030883)

[5.68] Frischknecht, R.; Steiner, R.; Braunschweig, A. et al.: Swiss Ecological Scarcity Method: The New Version 2006

[5.69] Veolia Water (Hrsg.): The Water Impact Index and the First Carbon-Water Analysis of a Major Metropolitan Water Cycle. A New Tool for Ensuring Sustainability. Voelia Water North America, Chicago, USA, 2010 (www.veoliawaterna.com/north-america-water/ressources/documents/1/10975,Water_Impact_Index-White_Paper.pdf)

[5.70] Verein Deutscher Ingenieure (Hrsg.): VDI-Richtlinie 4600 „Kumulierter Energieaufwand“; Beuth Verlag, Berlin, 2012

[5.71] Verein Deutscher Ingenieure (Hrsg.): VDI-Richtlinie 3780 „Technikbewertung – Begriffe und Grundlagen“; Beuth Verlag, Berlin, 2000

[5.72] Verein Deutscher Ingenieure (Hrsg.): VDI Richtlinie 4661 „Energiekenngrößen – Definition, Begriffe, Methodik“; Beuth Verlag, Berlin, 2003

[5.73] Garofalo (2011): Aquafuels – Lifecycle assessment and environmental assessment

[5.74] Kaltschmitt, M.; Streicher, W.; Wiese, A. (Hrsg.): Erneuerbare Energien – Systemtechnik, Wirtschaftlichkeit, Umweltaspekte; Springer, Berlin, Heidelberg, 2013, 5. Auflage

[5.75] Benoît, C.; Marzin, B. (Hrsg.): Guidelines for Social Life Cycle Assessment of Products, UNEP/SETAC Life Cycle Initiative, Paris, 2009, (www.unep.fr/shared/publications/pdf/DTIx1164xPA-guidelines_sLCA.pdf)

[5.76] Benoît, C.; Norris, G.; Valdivia, S.; Ciroth, A.; Moberg, A.; Bos, U.; Prakash, S.; Ugaya, C.; Beck, T.: The guidelines for social life cycle assessment of products: just in time! The International Journal of Life Cycle Assessment, 15(2010), 2, S. 156–163

[5.77] Ciroth, A.; Franze, J.: Anwendung der UNEP/SETAC 'Guidelines for Social LCA' – Social LCA als Ergänzung zu Ökobilanz und Life Cycle Costing, in: Beckenbach, F.; Urban, A. (Hrsg.): Methoden der Stoffstromanalyse – Konzepte, agentenbasierte Modellierung und Ökobilanz, Metropolis, Marburg, 2011

[5.78] UNEP/SETAC Life Cycle Initiative (Hrsg.): Methodological Sheets of Sub-Categories of Impact for a Social LCA, Version 1.0; UNEP/SETAC Life Cycle Initiative, Paris, 2010 (www.estis.net/sites/lcinit/default.asp?site=lcinit&page_id=A8992620-AA AD-4B81-9BAC-A72AEA281CB9)

[5.79] www.fairtrade-deutschland.de

[5.80] Nelson, V.; Pound, B.: The Last Ten Years: A Comprehensive Review of the Literature on the Impact of Fairtrade; 2009 (www.fairtrade.org.uk/includes/documents/cm_docs/2010/n/2_nri_full_literature_review_final_version.pdf)

[5.81] Köpke , R.; Röhr, W.: Codes of Conduct; Papyrossa Verlagsgesellschaft, Köln, 2003

[5.82] Noll, B.: Wirtschafts- und Unternehmensethik in der Marktwirtschaft; Papyrossa Verlagsges., Stuttgart, 2002

[5.83] www.globalcompact.de

[5.84] Social Accountability International (Hrsg.): SOCIAL ACCOUNTABILITY 8000; Institution, Ort, 2008 (www.sa-intl.org/_data/n_0001/resources/live/2008StdEnglishFinal.pdf)

[5.85] Jonker, J.; Stark, W.; Tewes, S.: Corporate Social Responsibility und nachhaltige Entwicklung; Springer, Heidelberg, 2011

[5.86] Blom, M.; Solmar, C.: How to Socially Assess Biofuels – A Case Study of the UNEP/SETAC Code of Practice for social-economical LCA; Dissertation Lulea University, Schweden, 2009

[5.87] Ciroth, A., Franze, J.: LCA of an Ecolabeled Notebook – Consideration of Social and Environmental Impacts Along the Entire Life Cycle; Green Delta, Berlin, 2011

[5.88] Ugaya, C.; da Costa Corrêa, S.; Brones, F.: S-LCA: Preliminary results of Natura´s cocoa soap bar; LCM 2011, Berlin, 2011

[5.89] Ekener Petersen, E.: Social Life Cycle Assessment – Case study on a laptop computer; S-LCA Workshop, Berlin, 2012

[5.90] Jörgensen, A.; Dreyer, L.C.; Wangel, A.: Addressing the effects of social life cycle assessment, The International Journal of Life Cycle Assessment 17(2012), 6, S. 828–839

[5.91] Grummel, J.: Population vs. sample, in: Kempf-Leonard, K. (Hrsg.): Encyclopedia of social measurement; Elsevier, Amsterdam, 2005, 3. Auflage, S. 135–140

[5.92] Benoît, C.; Norris, G.: Social Hotspot Database; 2010 (socialhotspot.org/)

[5.93] GreenDelta: https://nexus.openlca.org/dataprovider/151

[5.94] Traverso, M.; Lehmann, A.; Finkbeiner, M.; Jörgensen, A.: Trade-off between practicability and accuracy of Social LCA indicators; 20. SETAC EUROPE Annual Meeting, Sevilla, Spanien, 2010

[5.95] Mittelstraß, J.: Enzyklopädie. Philosophie und Wissenschaftstheorie, Stuttgart, 2004

[5.96] Adorno, T.W.: Soziologie und empirische Forschung, in: Tiedemann, R. (Hrsg.): Gesammelte Schriften; Suhrkamp, Darmstadt, 1998, S. 196–216

[5.97] Weber, M.: Die „Objektivität" sozialwissenschaftlicher und sozialpolitischer Erkenntnis, in: Weber, M. (Hrsg.): Gesammelte Aufsätze zur Wissenschaftslehre; Suhrkamp, Tübingen, 1951, S. 151

[5.98] Kastening, W.: Die Werturteilsproblematik in den Wirtschafts- und Sozialwissenschaften – Eine vergleichende Darstellung der bekanntesten wissenschaftstheoretischen Positionen; WiSu – Das Wirtschaftsstudium 7(1978), 2, S. 71–76

[5.99] Deutsches Institut für Normung (Hrsg.): Umweltmanagement – Ökoeffizienzbewertung von Produktsystemen – Prinzipien, Anforderungen und Leitlinien (DIN EN ISO 14045), Beuth Verlag, Berlin, 2012

[5.100] Schaltegger, X.; Sturm, Y.: Ökologieorientierte Entscheidungen in Unternehmen, Haupt Verlag, Bern, Stuttgart, Wien, 1994, 2. Auflage

[5.101] Saling, P. et al: Eco-Efficiency by BASF: The Method; International Journal of LCA 7(2002), 4, S. 203

[5.102] Landsiedel, R.; Saling, P.: Assessment of Toxicological Risks for Life-Cycle Assessment and Eco-Efficiency Analysis; International Journal of LCA 7(2002), 5, S. 268

[5.103] Hunkeler, D.; Rebitzer, G.: Life Cycle Costing in LCM; International Journal of LCA 8(2003), 5, S. 253–256

[5.104] BMBF Abschlussbericht zum Forschungsprojekt „Nachhaltige Aromatenchemie", Förderkennzeichen 03C0342 K, Projektzeitraum, 01.04.2002 bis 31.03.2005

[5.105] Kölsch, D.: Sozioökonomische Bewertung von Chemikalien: Entwicklung und Evaluation einer neuartigen und umfassenden sozioökonomischen Bewertungsmethode, basierend auf der SEEBALANCE-Methode zur Bewertung von Chemikalien unter REACh; Dissertation, KIT Scientific Publishing, Karlsruhe, 2011

[5.106] Eurostat, the statistical office of the European Union, Luxembourg

[5.107] Schmidt, I.; Meurer, M.; Saling, P.; Kicherer, A.; Reuter, W.; Gensch, VC.: SEEbalance – Managing Sustainability of Products and Processes with the Socio-Eco-Efficiency Analysis by BASF; Greener Management International 45(2004), 1, S. 79–94

[5.108] Kölsch, D.; Saling, P.; Kicherer, A.; Grosse-Sommer, A.: How to Measure social Impacts? What is the SEEbalance® about? – Socio-Eco-Efficiency Analysis: The Method; International Journal of Sustainable Development 11(2008), 1, S. 1–23

[5.109] HVBG 2002:32

[5.110] HVBG 2002:26

[5.111] Bundesregierung Deutschland (Hrsg.): Stand von Sicherheit und Gesundheit bei der Arbeit und über das Unfall- und Berufskrankengeschehen in der Bundesrepublik Deutschland; Bundesanstalt für Arbeitsschutz und Arbeitsmedizin (BAuA) im Auftrag des Bundesministeriums für Arbeit und Soziales (BMAS), Berlin, 2001

[5.112] R. Landsiedel, P. Saling, Int. J. LCA 7 (5), 261–268, (2002)

[5.113] Gefahrstoffverordnung, Bundesgesetzblatt 2010, BGBl. I, S. 1643

[5.114] Globally Harmonized System of Classification and Labelling Chemicals, 5th ed., 2013, United Nations, New York, Geneva, ISBN 978-92-1-117067-2

[5.115] Stat. Bundesamt, Löhne und Gehälter 2000, Fachserie 16, Heft 1 (https://www.destatis.de/DE/Startseite.html)

[5.116] Stat. Jahrbuch 2002: 155 (ISBN I 978-3-8246-1007-5)

[5.117] Stat. Bundesamt, Löhne und Gehälter, Fachserie 16, Reihe 1, 2001: 9 (https://www.destatis.de/DE/Startseite.html)

[5.118] Stat. Bundesamt, Fachserie 16, Arbeitskostenerhebung 2000, Heft 1: 117 ff (https://www.destatis.de/DE/Startseite.html)

[5.119] DIN (Hrsg.): Energetische Bewertung von Gebäuden (DIN V 18599); Beuth Verlag, Berlin, 2007

[5.120] Verordnung über energieeinsparenden Wärmeschutz und energiesparende Anlagentechnik bei Gebäuden (Energieeinsparverordnung, EnEV); Bundesanzeiger Verlag Berlin beim Bundesministerium der Justiz und für Verbraucherschutz vom 24.07.2007

[5.121] Gesetz zur Förderung Erneuerbarer Energien im Wärmebereich (EEWärmeG); Bundesanzeiger Verlag Berlin beim Bundesministerium der Justiz und für Verbraucherschutz vom 07.08.2008

[5.122] Ecoinvent Datenbank. Database Ecoinvent Data v2.2. s.l. : Swiss Centre for Life Cycle Inventories, 2010

[5.123] DIN (Hrsg.): DIN 4701-10; Beiblatt 1: Anlagenbeispiele; Beuth-Verlag, Berlin, 2007

[5.124] DIN (Hrsg.): Energetische Bewertung heiz- und raumlufttechnischer Anlagen, Teil 10: Heizung, Trinkwassererwärmung, Lüftung; Beuth-Verlag, Berlin, 2003

[5.125] www.bmwi.de/BMWi/Navigation/Energie/Statistik-und-Prognosen/energiedaten.html

[5.126] Biogasrat e. V. (Hrsg.): Optimierung der marktnahen Förderung von Biogas/Biomethan unter Berücksichtigung der Umwelt- und Klimabilanz, Wirtschaftlichkeit und Verfügbarkeit. Teilbericht B – Potenzialerhebung, THG-Bilanzen und Umweltbilanzen. Biogasrat, Berlin, 2010

[5.127] Deutsche Energie-Agentur (Hrsg.): Biogaspartner – Gemeinsam Einspeisen. Biogaseinspeisung in Deutschland und Europa – Markt, Techniken und Akteure; Deutsche Energie-Agentur, Berlin, 2010

[5.128] Obernberger, I.; Thek, G.: Herstellung und energetische Nutzung von Pellets. Schriftreihe Thermische Biomassenutzung Band 5; Institut für Prozesstechnik, Technische Universität Graz, Graz, 2009

[5.129] www.ag-energiebilanzen.de

[5.130] IPCC (Hrsg.): The Physical Science Basis. Contribution of Working Group I to the Fourth Assessment Report of the Intergovernmental Panel on Climate Change; Cambridge University Press, Cambridge, UK, 2007

[5.131] Guinée, J.B. et al.: Life cycle assessment; An operational guide to the ISO standards; Part 1 and 2; Ministry of Housing, Spatial Planning and Environment (VROM), Den Haag, Niederlande and Centre of Environmental Science (CML), Leiden, Niederlande, 2001

[5.132] VDI (Hrsg.): VDI-Richtlinie 4600 Kumulierter Energieaufwand (KEA); Begriffe, Berechnungsmethoden; Beuth Verlag, Berlin, 2012

[5.133] Schmidt, A.C. et al.: A comparative life cycle assessment of building insulation products made of stone wool, paper wool and flax; International Journal of LCA 9(2004), 1, S. 53–66

[5.134] Busato, F. et al.: Life cycle assessment and life cycle cost of buildings insulation in Italy; International Journal of Low Carbon Technology 3(2008), 1, S. 43–58

[5.135] Swiss Centre for Life Cycle Inventories (Hrsg.): ecoinvent data 2.2; Swiss Centre for Life Cycle Inventories, Dübendorf, Schweiz, 2010; www.ecoinvent.org

[5.136] Institut für Technikfolgenabschätzung und Systemanalyse (Hrsg.): Methodik-Handbuch. Automatisch generierte Dokumentation aus dem Methodik-Wiki des Netzwerks Lebenszyklusdaten; Karlsruher Institut für Technologie (KIT), Institut für Technikfolgenabschätzung und Systemanalyse, Karlsruhe, August 2008

[5.137] Poppensieker, J.; Thömen, H.: Wabenplatten für den Möbelbau; Arbeitsbericht 2005/02; Institut für Holzphysik und mechanische Technologie des Holzes, Thünen-Institut, Hamburg, 2005

[5.138] Frischknecht, R.; Jungbluth, N. (Hrsg.): Overview and Methodology. Final report ecoinvent v2.0 No. 1, Swiss Centre for Life Cycle Inventories, Dübendorf, Schweiz, 2007

[5.139] Wegener, G.; Zimmer, B.; Nebel, B.: Analyse der Transportketten von Holz, Holzwerkstoffen und Restholzsortimenten als Grundlage für produktbezogene Ökobilanzen; Spektrum, München, 2004

[5.140] Goedkoop, M.; Spriensma, R.: The Eco-Indicator 99 – A damage oriented method for Life Cycle Impact Assessment, Methodology Report, Ammersfoort, 3. Auflage, 2001

[5.141] Hischier, R.; Weidema, B. (Hrsg.): Implementation of Life Cycle Impact Assessment Methods; Final report, Swiss Centre for Life Cycle Inventories, Dübendorf, Schweiz, 2009

[5.142] Jolliet. O.; Margni, M.; Charles, R.; Humbert, S.; Payet, J.; Rebitzer, G.; Rosenbaum, R.: Impact 2002+: A New Life Cycle Impact Assessment Methodology; International Journal for Life Cycle Assessment 8(2003), 6, S. 324–330

[5.143] Heijungs, R. et al.: Environmental life cycle assessment of products. Guide (Part 1) and Backgrounds (Part 2). CML, TMO and B&G, Leiden, Niederlande, English Version 1993

[5.144] Feifel, S.; Poganietz, W.R.; Schebek, L.: Der Einsatz von Leichbauplatten zur Senkung der Luftemissionen aus der deutschen Holzindustrie – eine Perspektive? Env Sc Eur, 2013, 25:5

[5.145] Quantis Switzerland/Europe (2013) Quantis Water DataBase. http://www.quantis-intl.com/waterdatabase.php. Accessed 16 Oct 2013

[5.146] Stichnothe, H.; Schuchardt, F.: Life cycle assessment of two palm oil production systems; Biomass & Bioenerg 35(2011), S. 3976–3984 (DOI: 10.1016/j.biombioe.2011.06.001)

[5.147] Choo, Y.M.; Muhamad, H.; Hashim, Z. et al.: Determination of GHG contributions by subsystems in the oil palm supply chain using the LCA approach; International Journal of Life Cycle Assessment 16(2011), S. 669–681 (DOI: 10.1007/s11367-011-0303-9)

[5.148] Halimah, M.; Zulkifli, H.; Subramaniam, V. et al.: Life Cycle Assessment of Oil Palm Seedling Production (Part 1); Journal of Oil Palm Research 22(2010), S. 878–886

[5.149] Munoz, G.: CropWat 8.0. Example (2008)

[5.150] Swiss Centre for Life Cycle Inventories (Hrsg.): EcoInvent, Sachbilanzen von Energiesystemen; Swiss Centre for Life Cycle Inventories, Zürich, Schweiz, 2013 (www.ecoinvent.org)

[5.151] Chungsiriporn, J.; Prasertsan, S.; Bunyakan, C.: Minimization of water consumption and process optimization of palm oil mills. Clean Technologies & Environmental Policy 8(2006), 3. S. 151–158 (DOI: 10.1007/s10098-005-0002-y)

[5.152] Pfister, S.; Koehler, A.; Hellweg, S.: Assessing the Environmental Impacts of Freshwater Consumption in LCA; Environmental Science & Technology 43(2009), S. 4098–4104 (DOI: 10.1021/es802423e)

[5.153] Saling, P.; Meurer, M.; Schmidt, I.; Koelsch, D.; Telliez, A.; Gensch, C.; Kralisch, D.; Kreisel, G.: Erweiterung der Ökoeffizienz-Analyse um die Bewertung von sozialen Nachhaltigkeitskriterien; Karlsruher Schriften, Universität Karlsruhe, 2007

[5.154] STATISTISCHES BUNDESAMT; 2001:7 f. (https://www.destatis.de/DE/Startseite.html)

[5.155] ISO 14046 Environmental Management Water Footprint – Principles, requirements and guidelines. International Organization for Standardization, 2014

Umweltverträglichkeitsprüfung

6

Kerstin Kuchta und Wilfried Kühling

Mit der Umweltverträglichkeitsprüfung (UVP) wird der entscheidende Schritt von der in den 1970/80er Jahren eher üblichen Reparatur von Umweltschäden hin zu einem frühzeitigeren und vorsorglichen Handeln möglich. Die UVP verfolgt als Instrument der Entscheidungsvorbereitung und der Entscheidungsgestaltung das Ziel, die zu erwartenden umweltrelevanten Folgen eines Vorhabens oder einer Planung frühzeitig genug zu erkennen, um sie im Entscheidungsprozess angemessen berücksichtigen zu können [6.1]. Mit dem Gesetz über die Umweltverträglichkeitsprüfung (UVP-Gesetz) wurde 1990 diese vorausblickende, ganzheitliche und handlungsanleitende Abschätzung von Umweltfolgen mit einem systematischen Aufbau von Prüfschritten verankert, wenn es im § 1 UVP-Gesetz (Zweck des Gesetzes) heißt: „Zweck dieses Gesetzes ist es sicherzustellen, dass bei bestimmten öffentlichen und privaten Vorhaben sowie bei bestimmten Plänen und Programmen zur wirksamen Umweltvorsorge nach einheitlichen Grundsätzen

1. die Auswirkungen auf die Umwelt im Rahmen von Umweltprüfungen (Umweltverträglichkeitsprüfung und Strategische Umweltprüfung) frühzeitig und umfassend ermittelt, beschrieben und bewertet werden,

---

Autoren in alphabetischer Reihenfolge mit Beiträgen zum Kapitel; die Autorenzuordnung geht aus den einzelnen Unterkapiteln hervor. Der Verfasser der Einführung ist Prof. Dr.-Ing. Wilfried Kühling.

Prof. Dr.-Ing. Kerstin Kuchta
Technische Universität Hamburg-Harburg (TUHH), Institut für Umwelttechnik und Energiewirtschaft (IUE), Hamburg, Deutschland

Prof. Dr.-Ing. Wilfried Kühling
Martin-Luther-Universität Halle-Wittenberg, Institut für Geowissenschaften und Geographie, Halle, Deutschland

M. Kaltschmitt und L. Schebek (Hrsg.), *Umweltbewertung für Ingenieure*,
DOI 10.1007/978-3-642-36989-6_6

2. die Ergebnisse der durchgeführten Umweltprüfungen
   a) bei allen behördlichen Entscheidungen über die Zulässigkeit von Vorhaben,
   b) bei der Aufstellung oder Änderung von Plänen und Programmen
   so früh wie möglich berücksichtigt werden."

Zu untersuchen sind im Rahmen des Verfahrens zur Durchführung der UVP die unmittelbaren und mittelbaren Auswirkungen eines Vorhabens auf

1. Menschen, einschließlich der menschlichen Gesundheit, Tiere, Pflanzen und die biologische Vielfalt,
2. Boden, Wasser, Luft, Klima und Landschaft,
3. Kulturgüter und sonstige Sachgüter sowie
4. die Wechselwirkung zwischen den vorgenannten Schutzgütern.

Gemäß UVP-Richtlinie 2014/52/EU vom 16. April 2014 kommen zukünftig auch die Schutzgüter Fläche sowie Auswirkungen auf Schutzgüter aufgrund der Anfälligkeit für schwere Unfälle und/oder Katastrophen hinzu. Im Folgenden werden zunächst Entwicklung und Ablauf einer UVP im Überblick dargestellt. Im Anschluss daran wird auf zwei größere Problemkomplexe eingegangen. Einerseits sind dies die bei den Verfahren wirksam werdenden Interessen und unterschiedlichen Auffassungen verschiedener Akteure hinsichtlich Grundlagen und Leitlinien der Handhabung [6.1]. Andererseits zeigt sich in der Praxis ein Defizit sowohl beim Verständnis der erforderlichen Vorsorge als auch bei den konkreten Bewertungsmaßstäben, mit denen der Anspruch einer wirksamen Umweltvorsorge eingelöst werden kann. Hierbei spielen insbesondere die rechtlich unterschiedlich ausgestalteten Zulassungsverfahren eine bedeutende Rolle, in die die UVP eingebunden ist (z. B. die gebundene Entscheidung in Genehmigungsverfahren ohne oder die Planfeststellungsverfahren mit Abwägungsspielraum), worauf ebenfalls eingegangen wird (vgl. auch [6.2]). Im vorliegenden Kapitel werden im Hinblick auf die Themenstellung dieses Buches vorrangig die Fragen der Umweltbewertung innerhalb der UVP behandelt. Eine Übersicht über das gesamte Instrumentarium der Umweltverträglichkeitsprüfung zeigt [6.24].

Die UVP hat ihre Wurzeln in den USA. Dort wurde mit dem National Environmental Policy Act (NEPA) bereits 1969 (also vor der in Deutschland intensiver einsetzenden Diskussion um Umweltschutz und Vorsorge zu Beginn der 1970er Jahre) erreicht, dass das Environmental Impact Statement (EIS) verfahrensbegleitend für alle größeren Maßnahmen von Bundesbehörden ausgearbeitet und bei der Entscheidungsfindung berücksichtigt wird.

Mit dem ersten Referentenentwurf für ein UVP-Gesetz gab es bereits ab 1973 verschiedene Ansätze, dieses Instrument auch in Deutschland zu etablieren [6.3]. Doch erst mit der 1985 vom Rat der EG verabschiedeten „Richtlinie des Rates vom 27. Juni 1985 über die Umweltverträglichkeitsprüfung bei bestimmten öffentlichen und privaten Projekten (EWG/85/337)" wurde die UVP in den EU-Mitgliedsstaaten durch den Erlass eigener

Bestimmungen umgesetzt; dies gilt für die Bundesrepublik Deutschland durch das Gesetz über die Umweltverträglichkeitsprüfung (UVPG) vom 12. Februar 1990 mit Geltung ab 1. August 1990. Die durchaus mühsame Geschichte der UVP lässt sich anhand der folgenden Übersicht erahnen [6.1].

1971 Verankerung des Prinzips der Umweltverträglichkeitsprüfung im Umweltprogramm der Bundesregierung

1972 Kabinettsbeschluss, der dem BMI die Zuständigkeit für die UVP zuspricht

1973 Erarbeitung eines Entwurfs für ein UVP-Gesetz durch das BMI

1975 Kabinettsbeschluss „Grundsätze für die Prüfung der Umweltverträglichkeit öffentlicher Maßnahmen des Bundes"

1976 Grundsätze für die Prüfung der Umweltverträglichkeit öffentlicher Maßnahmen des Saarlandes vom 26.10.1976

1978 Grundsätze der Bayerischen Staatsregierung für die Prüfung der Umweltverträglichkeit öffentlicher Maßnahmen des Freistaats Bayern vom 12.09.1978

1980 Vorlage des 1. Entwurfs für eine EG-Richtlinie zur Umweltverträglichkeitsprüfung

1983 Einstimmiger Beschluss des Deutschen Bundestages vom 25.11.1983 zur Einführung der Umweltverträglichkeitsprüfung und einer „optimalen Umsetzung" der EG-RL

1985 Verabschiedung der Richtlinie des Rates vom 27.06.1985 über die Umweltverträglichkeitsprüfung bei bestimmten öffentlichen und privaten Projekten (WG/85/337)

1987 Stellungnahme des Sachverständigenrats für Umweltfragen zur Umsetzung der EG-Richtlinie in das nationale Recht
Gesetzentwurf des Deutscher Naturschutzrings: Gesetz zur Durchführung der Umweltverträglichkeitsprüfung – Entwurf mit Erläuterungen.

1988 Vorlage eines Referentenentwurfs des BMU zur Umsetzung der EG-Richtlinie zur UVP Stellungnahme des Bundesrats zum Gesetzentwurf für ein UVP-Gesetz

1989 Verabschiedung des UVP-Gesetzes
Gesetz zur Änderung des Raumordnungsgesetzes vom 11.07.1989

1990 Verordnung über die UVP bergbaulicher Vorhaben (UVP-V Bergbau)
In-Kraft-Treten des UVP-Gesetzes am 01.08.1990
Vorschlag zur Änderung der UVP-EG-Richtlinie 85/337 durch die EG-Kommission (Entwurf)
Raumordnungsverordnung (RoV) vom 13.12.1990

1991 UVP-Landesgesetz Baden-Württemberg vom 12.12.1991
Verkehrswegeplanungsbeschleunigungsgesetz vom 16.12.1991

1992 UVP-Landesgesetz Nordrhein-Westfalen 29.04.1992
9. Verordnung zur Durchführung des Bundesimmissionsschutzgesetzes (9. BImSchV) vom 29.05.1992
UVP-Landesgesetz Berlin vom 21.07.1992

1993 Gesetz zur Vereinfachung der Planungsverfahren für Verkehrswege (PlVereinfG)

1994 Verordnung zur atomrechtlichen Verfahrensordnung vom 11.11.1994
Richtlinienvorschlag des Rats zur Änderung der Richtlinie 85/337/EWG über die Umweltverträglichkeitsprüfung bei bestimmten öffentlichen und privaten Projekten von der Kommission der Europäischen Gemeinschaften vom 16.03.1994
Regierungsentwurf zur Allgemeinen Verwaltungsvorschrift zur Ausführung des Gesetzes über die Umweltverträglichkeitsprüfung vom 30.09.1994

1995 Allgemeine Verwaltungsvorschrift zur Ausführung des UVP-Gesetzes (UVPVwV) vom 18.09.1995

1997 Richtlinie 97/11/EG zur Änderung der Richtlinie über die UVP vom 03.03.1997 (UVP-ÄnderungsRL)

2001 Novellierung des deutschen UVP-Gesetzes vom 27.07.2001 zur Umsetzung der UVP-ÄnderungsRL
Richtlinie 2001/42/EG vom 27.06.2001 über die Prüfung der Umweltauswirkungen bestimmter Pläne und Programme (sogenannte „SUP-Richtlinie")

2003 Richtlinie 2003/35/EG vom 26.05.2003 über die Beteiligung der Öffentlichkeit bei der Ausarbeitung bestimmter umweltbezogener Pläne und Programme und zur Änderung der Richtlinien 85/337/EWG und 91/61/EWG des Rates in Bezug auf die Öffentlichkeitsbeteiligung und den Zugang zu Gerichten (sogenannte „Öffentlichkeitsbeteiligungsrichtlinie")

2005 Novellierung des deutschen UVP-Gesetzes vom 25.06.2005 zur Umsetzung der SUP-Richtlinie durch das „Gesetz zur Einführung einer Strategischen Umweltprüfung und der Umsetzung der Richtlinie 2001/42/EG" (sogenannte „SUP-Gesetz")

2006 Einführung der Öffentlichkeitsbeteiligung bei der Aufstellung bestimmter umweltbezogener Pläne sowie die Anpassung von Bestimmungen zur Öffentlichkeitsbeteiligung bei Zulassungsverfahren für Industrieanlagen und Infrastrukturmaßnahmen nach der UVP-Richtlinie und der IVU-Richtlinie durch das „Gesetz über die Öffentlichkeitsbeteiligung in Umweltangelegenheiten nach der EG-Richtlinie 2003/35/EG" (Öffentlichkeitsbeteiligungsgesetz).

Die Anzahl der heute in Deutschland durchgeführten Umweltverträglichkeitsprüfungen für das Jahr 2005 dürfte bei etwa 775 (+/-150) liegen [6.2].

6.1 Ablauf einer UVP

Wilfried Kühling

Das UVP-Gesetz (UVP-Gesetz) gilt für bestimmte öffentliche und private Vorhaben sowie für bestimmte Pläne und Programme, deren Auswirkungen auf die Umwelt im Hinblick auf eine wirksame Umweltvorsorge frühzeitig und umfassend zu ermitteln, zu beschreiben und zu bewerten sind. Die ermittelten Umweltauswirkungen sind bei allen behördlichen

Entscheidungen über die Zulässigkeit von Vorhaben sowie bei der Aufstellung oder Änderung von Plänen und Programmen so früh wie möglich zu berücksichtigen.

Unter dem Oberbegriff „Umweltprüfungen" (UP) werden zwei Instrumente der Umweltfolgenabschätzung auf unterschiedlichen Planungsebenen verstanden:

- die Umweltverträglichkeitsprüfung (UVP) für etwa 275 bestimmte öffentliche und private Vorhaben, deren Kategorien gemäß Anlage 1 UVP-Gesetz dargestellt sind (hinzu kommen noch nach Landesrecht zu regelnde Vorhaben):
  - Wärmeerzeugung, Bergbau und Energie
  - Steine und Erden, Glas, Keramik, Baustoffe
  - Stahl, Eisen und sonstige Metalle einschließlich Verarbeitung
  - Chemische Erzeugnisse, Arzneimittel, Mineralölraffination und Weiterverarbeitung
  - Oberflächenbehandlung von Kunststoffen
  - Holz, Zellstoff
  - Nahrungs-, Genuss- und Futtermittel, landwirtschaftliche Erzeugnisse
  - Verwertung und Beseitigung von Abfällen und sonstigen Stoffen
  - Lagerung von Stoffen und Zubereitungen
  - Sonstige Industrieanlagen
  - Kernenergie
  - Abfalldeponien
  - Wasserwirtschaftliche Vorhaben mit Benutzung oder Ausbau eines Gewässers
  - Verkehrsvorhaben
  - Bergbau
  - Flurbereinigung
  - Forstliche Vorhaben
  - Bauvorhaben
  - Leitungsanlagen und andere Anlagen
- die Strategische Umweltprüfung (SUP) bei der Aufstellung oder Änderung von Plänen und Programmen gemäß Anlage 3 UVP-Gesetz:
  - Verkehrswegeplanungen auf Bundesebene einschließlich Bedarfspläne nach einem Verkehrswegeausbaugesetz des Bundes
  - Ausbaupläne nach Luftverkehrsgesetz
  - Risikomanagementpläne nach Wasserhaushaltsgesetz und die Aktualisierung der vergleichbaren Pläne
  - Maßnahmenprogramme nach Wasserhaushaltsgesetz
  - Raumordnungsplanungen nach Raumordnungsgesetz
  - Raumordnungsplanungen des Bundes nach Raumordnungsgesetz
  - Festlegung der besonderen Eignungsgebiete nach Seeanlagenverordnung
  - Bauleitplanungen nach Baugesetzbuch
  - Maßnahmenprogramme nach Wasserhaushaltsgesetz
  - Der Bundesbedarfsplan nach Energiewirtschaftsgesetz
  - Die Bundesfachplanung nach Netzausbaubeschleunigungsgesetz Übertragungsnetz
  - Lärmaktionspläne nach Bundes-Immissionsschutzgesetz

- Luftreinhaltepläne nach Bundes-Immissionsschutzgesetz
- Abfallwirtschaftskonzepte und deren Fortschreibung nach Kreislaufwirtschafts- und Abfallgesetz
- Abfallwirtschaftspläne nach Kreislaufwirtschafts- und Abfallgesetz

Die Anlage 2 UVP-Gesetz nennt die Vorprüfkriterien für nicht klar definierte UVP-pflichtige Vorhaben und Anlage 4 enthält die Kriterien für die Vorprüfung im Rahmen einer SUP. Die gemäß UVP-Gesetz zu prüfenden Vorhaben bzw. Pläne und Programme unterliegen auch den Bestimmungen der jeweiligen Fachgesetze, in deren spezifische Anforderungen (z. B. Genehmigungspflichten) die Umweltprüfungen einzubetten sind. So regelt beispielsweise der § 1 Abs. 2 der 9. BImSchV: „Ist für die Errichtung und den Betrieb einer Anlage die Durchführung einer Umweltverträglichkeitsprüfung erforderlich (UVP-pflichtige Anlage), so ist die Umweltverträglichkeitsprüfung jeweils unselbstständiger Teil der in Absatz 1 genannten Verfahren. Soweit in den in Absatz 1 genannten Verfahren über die Zulässigkeit des Vorhabens entschieden wird, ist die Umweltverträglichkeitsprüfung nach den Vorschriften dieser Verordnung und den für diese Prüfung in den genannten Verfahren ergangenen allgemeinen Verwaltungsvorschriften durchzuführen.“

Die damit (gemäß § 1 Abs. 1 der 9. BImSchV) angesprochenen technischen Anlagen der 4. Verordnung zum Bundes-Immissionsschutzgesetz (4. BImSchV) korrespondieren mit der Anlage 1 des UVP-Gesetzes. Die jeweils genannten Prüf- bzw. Genehmigungspflichten werden dabei sowohl am Typ der Anlage als auch an ihrer Kapazität festgemacht, für die Schwellenwerte angegeben werden.

Die Umweltprüfungen gemäß UVP-Gesetz folgen eigenen Verfahrensvorgaben, bilden aber lediglich einen Teil der jeweiligen behördlichen Entscheidungen über die Zulässigkeit von Vorhaben bzw. bei der Aufstellung oder Änderung von Plänen und Programmen. Das Ergebnis einer Umweltprüfung sagt also noch nichts aus über die letztendliche Zulässigkeit eines Vorhabens oder Plans. Aus dieser Tatsache ergeben sich die bereits angesprochenen vielfältigen institutionellen Schwierigkeiten (vgl. [6.2]), und auch eine unterschiedliche Handhabung der Bewertung.

Grundsätzlich gilt also, dass die Umweltprüfungen in den Ablauf des jeweiligen zu Grunde liegenden Zulassungs- bzw. Planverfahrens eingebettet sind. Im Sinne der erforderlichen Frühzeitigkeit muss die UVP vorliegen, bevor eine Entscheidung getroffen wird. Sie beginnt also in einem frühen Stadium des zentralen Zulassungs- bzw. Planverfahrens (d. h. Trägerverfahren). Das Ergebnis wird dann im weiteren Verlauf des Trägerverfahrens in die Gesamtentscheidung über die Zulässigkeit eines Vorhabens oder die Aufstellung oder Änderung von Plänen und Programmen einbezogen.

Die wesentlichen Schritte für die Durchführung einer UP umfassen:

- Umwelterheblichkeitsprüfung (Screening, Vorprüfung); d. h. Feststellung der UVP-Pflicht nach Vorprüfung des Einzelfalls, Prüfung an Hand vorliegender Unterlagen und Daten, ob Umweltbelastungen zu erwarten sind.

- Besprechung und Unterrichtung über die vom Vorhabenträger beizubringenden Unterlagen (Scoping), Festlegung des Untersuchungsrahmens, der notwendigen Daten und Informationen sowie der zu untersuchenden Alternativen zur Durchführung des Vorhabens/der Planung.
- Umweltverträglichkeitsuntersuchung/-studie (UVU/UVS, Hauptprüfung); d. h. ausführliche Prüfung unter Erhebung neuer Daten und Durchführung von (Feld-)Untersuchungen. Ermittlung, Beschreibung und fachliche Beurteilung der Untersuchungen in Form eines schriftlichen Gutachtens.

Die eigentliche „Bewertung einer wirksamen Umweltvorsorge" ist im Ablauf des Verfahrens an folgenden Stellen zu verorten:

- Beim Screening, in dem auch über die fachgesetzlichen Anforderungen hinaus gehende mögliche Umweltauswirkungen in Betracht zu ziehen sind.
- Innerhalb der Umweltverträglichkeitsuntersuchung UVU, indem die fachliche Beurteilung des Gutachters als Einschätzung im Hinblick auf die wirksame Umweltvorsorge vorgenommen wird.
- Bei der Behörde / dem Gremium, wo abschließend über die Zulässigkeit / den Plan entschieden wird. Je nach Bindungswirkung der Voraussetzungen über die Zulässigkeit kann die Berücksichtigung der Umweltvorsorge unterschiedlich sein. Hier regelt das UVP-Gesetz in § 12: „Die zuständige Behörde bewertet die Umweltauswirkungen des Vorhabens auf der Grundlage der zusammenfassenden Darstellung nach § 11 und berücksichtigt diese Bewertung bei der Entscheidung über die Zulässigkeit des Vorhabens im Hinblick auf eine wirksame Umweltvorsorge im Sinne der §§ 1, 2 Abs. 1 Satz 2 und 4 nach Maßgabe der geltenden Gesetze."

Selbstverständlich wird aber auch bereits bei der Frage, was überhaupt relevant / zu untersuchen ist (hier werden insbesondere beim Screening und Scoping wichtige Vorgaben gesetzt), implizit darüber entschieden, was überhaupt in eine Bewertung der wirksamen Umweltvorsorge eingehen kann.

6.2 Bewertung einer „wirksamen Umweltvorsorge" nach UVP-Gesetz

Wilfried Kühling

Das UVP-Gesetz benennt die zentralen Prüfschritte zur Ermittlung, Beschreibung und Bewertung der Auswirkungen eines Vorhabens auf die Umwelt. Der Begriff der Umwelt wird im UVP-Gesetz durch den Begriff der oben genannten Schutzgüter konkretisiert.

Grundlage für die Prüfungen der Auswirkungen eines Vorhabens auf die genannten Schutzgüter bildet (neben den Antragsunterlagen) die durch den Antragsteller vorzulegende Untersuchung über die Umweltverträglichkeit (UVU oder UVS). Diese wird meist durch einen vom Antragsteller beauftragten Gutachter angefertigt. Darin wird das Vorhaben einschließlich der technischen Verfahren vorgestellt sowie die vorhandene Umweltsituation für die einzelnen Schutzgüter und die erwarteten Auswirkungen des Vorhabens auf die Schutzgüter ermittelt, beschrieben und bewertet. Ein hieran angelehntes Verfahren der Umweltprüfung (UP) ist für die räumliche Gesamtplanung vorgeschrieben (etwa für Regionalpläne, Bebauungspläne), damit die erheblichen Umweltauswirkungen dieser Pläne ermittelt, beschrieben und bewertet werden und in die Planungsentscheidung einfließen können.

Kristallisationspunkt der fachlichen und rechtlichen Auseinandersetzungen ist fortwährend die Frage, wie der vorhandene Umweltzustand hinsichtlich seiner Qualität zu beurteilen ist und inwieweit sich dieser Zustand durch die Auswirkungen eines geplanten Vorhabens verändert. Abbildung 6.1 zeigt, dass hierbei der jeweils anzulegende Bewertungsmaßstab die entscheidende Rolle spielt. Denn wenn der anzulegende Bewertungsmaßstab zur Umweltqualität noch Spielraum zum „Auffüllen" belässt, ist ein Zuwachs von Belastungen als weniger kritisch einzuschätzen gegenüber einem Zustand, der eine Belastungsgrenze bereits erreicht oder überschreitet. Nicht selten ändern sich die Erkenntnisse über Risiken oder Schwellenwerte von Umweltauswirkungen, so dass im Zeitverlauf möglicherweise auch eine Verschärfung der Anforderungen berücksichtigt werden muss.

Die anerkannt herausragende Bedeutung der Umweltverträglichkeitsuntersuchung UVU im Ablauf der UVP steht in einem umgekehrten Verhältnis zu den tatsächlichen Ergebnissen in der Praxis. So wird in der ersten grundsätzlichen Evaluation des UVP-Gesetzes [6.2] festgestellt, dass die Qualität der „Bewertung" insgesamt relativ niedrig ausfällt, der Bewertungsvorgang meist nicht erkennbar anhand vorhabenspezifischer Bewertungskriterien erfolgt und eine nachvollziehbare Darstellung der angewendeten Be-

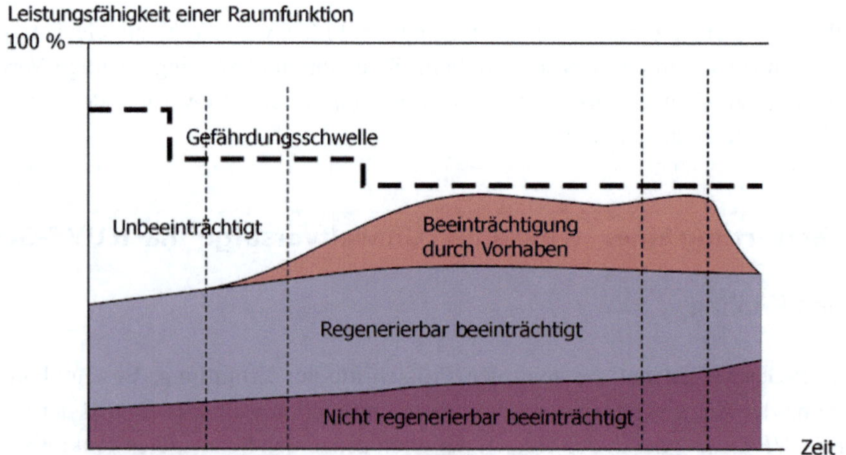

Abb. 6.1 Die Bedeutung des Bewertungsmaßstabs für die Umweltqualität im Rahmen der UVP

wertungskriterien in den meisten Fällen fehlt. Viele der Behördenmitarbeiter fühlen sich zudem insbesondere bei großen bzw. komplexen UVP-Verfahren überfordert – und insbesondere bei der „Zusammenfassenden Darstellung“ und in der „Bewertung“ – und geben an, nicht ausreichend mit Ressourcen versorgt zu sein. Neben Problemen in rechtlich-instrumenteller Hinsicht, bei zuständigen Institutionen und Rollenträgern oder bei den verwendeten Methoden werden auch die folgenden erheblichen Probleme in der UVP-Praxis gesehen [6.1]: bei den angebotenen Ausbildungen, den standardmäßig genutzten Arbeitsinstrumenten und in der bundesweit insgesamt relativ geringe Kompetenz der UVP-Akteure. Er erklärt dies damit, dass Entscheidungsträger und Gutachter eher konventionell als zukunftsgerichtet ausgerichtet sind und die UVP eher als Kontrollinstrument denn als verantwortliche Entscheidungen unterstützendes Instrument einsetzen.

6.2.1 Prüfmaßstäbe und rechtlicher Rahmen

Die Bewertung der Umweltauswirkungen im Rahmen der UVP regelt § 12 UVP-Gesetz. Das immerwährende Problem an der durchaus treffenden Formulierung in diesem Paragraphen liegt insbesondere an der bisher selten geklärten Schnittstelle zwischen der fachlichen Beurteilung bzw. Abschätzung von Wirkungen auf der einen und der politischen bzw. genehmigungsrechtlichen Entscheidung über diese fachlichen Aussagen auf der anderen Seite. Diese für die Praxis schwer zu definierende und handhabbar zu machende Schnittstelle ist bereits als grundsätzliches Problem seit Beginn der Umweltdiskussion in den 1970er Jahren bekannt und bisher nicht verbindlich geklärt. Dieses generelle „Bewertungsdilemma“ wird in Kapitel 3 in den Grundzügen erläutert und auch die generelle Lösung wird dort skizziert. In den nachfolgenden Kapiteln ist zum einen bei dem an die Entscheidung anzulegenden Bewertungsmaßstab für Umweltverträglichkeitsprüfungen zu unterscheiden, den sogenannten gebundenen und den nicht gebunden Entscheidungen. Zum anderen geht es auch um die Unterscheidung zwischen dem Schutzumfang der Gefahrenabwehr und der Umweltvorsorge.

Gebundene Entscheidungen (oder auch behördliche Kontrollerlaubnisse) sind (z. B. beim BImSchG) dadurch gekennzeichnet, dass der Antragsteller ein Recht auf Nutzung eines Umweltschutzguts hat und die Behörde lediglich aufgrund der rechtlichen Bestimmungen deren Einhaltung kontrolliert. Die nicht gebundenen Entscheidungen über eine Zulassung (Ermessensentscheidungen beispielsweise nach Abfall- oder Wasserrecht, vor allem auch bei der räumlichen Planung) unterliegen dagegen einem mehr oder weniger großen Abwägungsspielraum. Die gebundene Entscheidung in Genehmigungsverfahren erschweren also die Berücksichtigung einer wirksamen Umweltvorsorge im Vergleich zu deren leichterer Berücksichtigung in Abwägungsprozessen bzw. bei Ermessensentscheidungen.

Der Prüfauftrag des UVP-Gesetzes stellt klar, dass sich die Bewertung auf „Umwelt“auswirkungen beschränkt. Damit ist es nicht Aufgabe der fachlichen Bewertung, schon unter Abwägung mit gegenläufigen Belangen festzustellen, ob ein angenommenes Umweltrisiko „sozial“ zumutbar ist oder aber vermieden oder wenigstens reduziert werden muss [6.4]. Oder anders ausgedrückt: Die Schutzwürdigkeits- und Gefährdungsprofile, die der Bewertung zugrunde liegen, müssen auf einem Wege gefunden werden, der eine Interessenabstimmung mit nicht-ökologischen Belangen ausschließt [6.5]. Damit wird klar, dass die fachliche Bewertung von einer gesellschaftlich-politischen Bewertung (Güterabwägung) zu unterscheiden ist. Damit können die meisten der heute gebräuchlichen, gesetzlichen Standards nicht für die Bewertung einer wirksamen Umweltvorsorge herangezogen werden (vgl. Kapitel 3).

Mit der wirksamen Umweltvorsorge entsteht ein Anspruch der UVP auf der Formulierung eines neuen Umweltqualitätsziels, welches der weitgehenden Vorsorge (außerhalb des bislang üblichen Gefahrenschutzes) verpflichtet ist. Auch muss es ausschließlich in Form einer auf die Umweltauswirkungen bezogenen Ausprägung quantifiziert werden.

6.2.2 Unterschied zwischen Bewertung und Entscheidung

Die Bewertung durch die Behörde stellt den letzten Schritt der UVP dar und dient der Entscheidungsvorbereitung im Zulassungsverfahren. Hier ist im Sinne der genannten zwei Phasen von Werturteilen auf die notwendige Unterscheidung zwischen der Bewertung der Auswirkungen eines Vorhabens einerseits (im eigentlichen Sinne noch zur UVP gehörig) und der Entscheidung über die Zulässigkeit (als Bestandteil des Trägerverfahrens) andererseits einzugehen. Dazu führt § 12 UVP-Gesetz aus:

- „Die zuständige Behörde bewertet die Umweltauswirkungen des Vorhabens auf der Grundlage der zusammenfassenden Darstellung nach § 11 und
- berücksichtigt diese Bewertung bei der Entscheidung über die Zulässigkeit des Vorhabens im Hinblick auf eine wirksame Umweltvorsorge im Sinne der §§ 1, 2 Abs. 1 Satz 2 und 4 nach Maßgabe der geltenden Gesetze.“

Diese Unterscheidung ist nicht neu und gängige Praxis bei Abwägungsvorgängen in der räumlichen Planung. Berücksichtigung ist also der Schritt, der nach der UVP stattfindet und der Entscheidungsfindung dient. Die Berücksichtigungsfähigkeit des Bewertungsergebnisses ist dann nach den unterschiedlichen Strukturen der jeweiligen gesetzlichen Zulassungstatbestände näher zu differenzieren [6.6]. Diese Berücksichtigung erfordert einen umweltintern gebildeten, fachlich begründeten Vorsorgestandard.

6.3 Prüfungsgefüge bei gebundenen Entscheidungen

Wilfried Kühling

Die gesetzliche UVP umfasst eine Fülle von Vorhaben bzw. Plänen und Programmen. Die hier speziell interessierenden Modalitäten der Bewertung der Umweltauswirkungen sind von den spezifischen Trägerverfahren (verwaltungsbehördliche Verfahren, die gemäß § 2 Abs. 3 UVP-Gesetz der Entscheidung über die Zulässigkeit von Vorhaben dienen) abhängig und daher unterschiedlich ausgeprägt. Im Kern ist das Verhältnis zwischen dem Planungsrecht und dem umweltbezogenen Fachrecht zu klären. So besteht zwischen den rechtlichen Instrumenten ein deutlicher Unterschied hinsichtlich der Durchsetzbarkeit einer wirksamen Umweltvorsorge bzw. eines hohen Schutzniveaus der Umweltqualität.

Einerseits gibt es die so genannte „gebundene Entscheidung", bei der der Antragsteller eines Vorhabens in der Regel einen Anspruch auf Zulassung hat, wenn definierte gesetzliche Anforderungen erfüllt werden. Dies trifft insbesondere für die immissionsschutzrechtlichen Genehmigungsverfahren zu, wo gemäß § 6 Abs. 1 BImSchG die Genehmigung erteilen ist, wenn die konkret benannten Pflichten erfüllt sind. Man spricht auch von so genannten Kontrollerlaubnissen. Wegen des eingeschränkten behördlichen Ermessensspielraums können hier vorsorgeorientierte, aber nicht gesetzlich verbindliche Umweltqualitätsziele weniger gut durchgesetzt werden.

Dagegen kommt den Verfahren nach Planungs- und Planfeststellungsrecht ein umfassenderes Abwägungs- oder Versagungsermessen zu. Meist wird den verfahrensleitenden Behörden aufgrund komplexer Aufgabenstellungen auch gesamträumlicher Planungsprozesse ein größerer Spielraum eingeräumt und es können Schutznormen einer weitergehenden Umweltqualität zur Beurteilung bei einer Abwägung der Umweltbelange durchgesetzt werden.

Am Beispiel der genehmigungspflichtigen Anlagen nach BImSchG soll die Problematik und die Lösung verdeutlicht werden. Grundlage bildet hier die 9. BImSchV, da das Verfahren bei der Erteilung einer Genehmigung etc. nach dieser Verordnung durchzuführen ist (§ 1 Abs. 1 9.BImSchV). Soweit eine Umweltverträglichkeitsprüfung für genehmigungsbedürftige Anlagen durchzuführen ist, sind die Bestimmungen des UVP-Gesetzes in den Wortlaut dieser Verordnung integriert, allerdings mit kaum wahrnehmbaren, aber erheblichen Einschränkungen (siehe kursive Hervorhebungen):

- Gemäß § 1 Abs. 2 der 9. BImSchV ist die Umweltverträglichkeitsprüfung *nach den Vorschriften dieser Verordnung* und den *für diese Prüfung* in den genannten Verfahren ergangenen allgemeinen Verwaltungsvorschriften durchzuführen.
- Nach § 20 Abs. 1a der 9. BImSchV erarbeitet die Genehmigungsbehörde auf der Grundlage der *nach den §§ 4 bis 4e beizufügenden Unterlagen* eine zusammenfassende Darstellung der zu erwartenden Auswirkungen des Vorhabens auf die Schutzgüter.

Behörden und Anwälte ziehen daraus z. T. den Schluss, dass die 9. BImSchV eine „UVP-verdrängende“ Vorschrift sei und als Genehmigungsvoraussetzung lediglich die näher konkretisierende Verwaltungsvorschrift TA Luft mit ihren Bestimmungen anzuwenden bzw. einzuhalten sei. Dies gilt jedoch nur insoweit, wie die 9. BImSchV bzw. TA Luft dem inhaltlichen Standard des UVP-Gesetzes entspricht.

Dabei wird jedoch § 4 UVP-Gesetz übersehen, der das Verhältnis zwischen dem UVP-Gesetz und anderweitigen Normen in ausdrücklicher Weise regelt [6.7]. Denn das UVP-Gesetz verdrängt auch Gesetze und Rechtsverordnungen, die einen bestimmten Sachverhalt detaillierter regeln (also spezielle Normen enthalten), aber inhaltlich seinen Anforderungen nicht genügen. Begründet wird dies damit, dass das UVP-Gesetz gerade die Aufgabe habe, einen Mindeststandard der Umweltverträglichkeitsprüfung festzulegen, der auch im Verhältnis zu später verabschiedeten Bestimmungen maßgeblich sein soll. Explizit bleibt danach § 20 Abs. 1b der 9. BImSchV hinter § 12 UVP-Gesetz zurück, wenn es dort heißt, die Genehmigungsbehörde bewertet auf der Grundlage der zusammenfassenden Darstellung und nach den für ihre Entscheidung maßgeblichen Rechts- und Verwaltungsvorschriften die Auswirkungen des Vorhabens auf die Schutzgüter. Es fehlt nämlich hier die Formulierung „im Hinblick auf eine wirksame Umweltvorsorge“ in der erstgenannten Norm. Damit kommt das UVP-Gesetz subsidiär zum Zuge.

Kernpunkt ist also die notwendige Unterscheidung zwischen „Schutz“ und „wirksame Umweltvorsorge“. Zunächst dürfte an der grundsätzlichen Unterscheidung zwischen Schutz- und Vorsorgeprinzip kein Zweifel bestehen. Der „Schutz vor schädlichen Umwelteinwirkungen“ (immissionsschutzrechtlicher Schutzgrundsatzes nach BImSchG) ist daher strikt zu unterscheiden von der „wirksamen Umweltvorsorge“ nach UVP-Gesetz. Um Umweltauswirkungen im Hinblick auf eine wirksame Umweltvorsorge ermitteln, beschreiben und bewerten zu können, sind dann solche Ermittlungen durchzuführen und Bewertungen vorzunehmen, die über die fälschlicherweise als „maßgeblich“ bezeichnete Vorschriften der 9. BImSchV hinausgehen, die diese wirksame Umweltvorsorge nicht kennt.

Die nach UVP-Recht anzulegende Sichtweise über Umweltauswirkungen (also: Immissionen) bedingt zusätzlich eine Unterscheidung des Vorsorgebegriffs, nämlich in schutzobjektbezogene Vorsorge (Gefahrenvorsorge) und schutzobjektunabhängige (gefahrenunabhängige) Vorsorge [6.8]. Nur letztere kommt beispielsweise in § 5 Abs. 1 Nr. 2 BImSchG bei der Emissionsbegrenzung zum Ausdruck. Da die schutzobjektbezogene Vorsorge (also eine explizit auf die Auswirkungen auf die Schutzgüter bezogene Ermittlung, Beschreibung und Bewertung) nicht konkretisiert wird in der 9. BImSchV/TA Luft, kann die Umweltprüfung nach UVP-Gesetz also in der Regel nicht allein auf Maßstäbe der TA Luft zurückgreifen. Beispiele für deren Nichtanwendung bei der UVP sind die lediglich oft emissionsbezogene Betrachtung (wie die Einhaltung von Bagatellmassenströmen) als Voraussetzungen einer Genehmigung oder das Fehlen wichtiger Erhebungen oder Bewertungsmaßstäbe (z. B. die weiter unten besprochene Ermittlung und Anwendung von Critical Loads).

Letztendlich muss also eine explizite Bewertung der wirksamen Umweltvorsorge gemäß § 12 UVP-Gesetz erfolgen, was auch eine darauf abgestellte Ermittlung und Beschreibung in den Unterlagen bedeutet. Eine alleinige Anwendung der TA Luft in Verbindung mit der 9. BImSchV verbietet sich bei der UVP auch aus Gründen der Rechtssicherheit. Das in Kapitel 6.5 angefügte Beispiel verdeutlicht, dass die Ermittlung, Beschreibung und Bewertung in der heutigen Praxis oft ausschließlich auf die Immissionswerte der TA Luft abstellt. Eine wirksame Umweltvorsorge als zentrale Anforderung der UVP ist damit weder fachlich noch rechtlich vollumfänglich möglich. Damit ist das auf dieser Basis erarbeitete Bewertungsergebnis im Sinne des UVP-Gesetzes möglicherweise so nicht zutreffend.

Im Ergebnis wird es regelmäßig so sein, dass aufgrund einer gebundenen Entscheidung eine Genehmigung schwerlich versagt werden kann. Allerdings kann das Ergebnis einer Bewertung im Hinblick auf die wirksame Umweltvorsorge bedeuten, dass die zuständige Behörde erhöhte Anforderungen zum Beispiel an einen fortschrittlichen Stand der Technik (Filteranlage) stellt, technische Verfahrensalternativen oder ähnliches im Rahmen des Genehmigungsbescheids bestimmt. Der Umfang möglicher Auflagen hängt also maßgeblich davon ab, wie das Ergebnis einer Umweltprüfung aussieht und wie dieses Ergebnis bei der Entscheidung „berücksichtigt" wird. Eine ermittelte Gesamtbelastung nahe der noch zulässigen Grenze wird dann auch anders einzuschätzen sein als eine vergleichsweise noch gute Umweltqualität.

Da nicht alle Verfahrensvarianten und deren Prüfungsmodalitäten angesprochen werden können, soll nachfolgend die häufig vorkommende und im Sinne einer wirksamen Umweltvorsorge schwierige Umweltbewertung bei gebundenen Entscheidungen im Rahmen der genehmigungspflichtigen Anlagen nach BImSchG behandelt werden. Diese gilt für die UVP-pflichtigen Vorhaben [6.9].

Der generelle Aufbau einer UVP – dem auch das Gefüge des UVP-Gesetzes entspricht – zeigt Abb. 6.2. Die einzelnen Abschnitte stellen sowohl die wesentlichen arbeitstechnischen Stationen als auch den inhaltlich-materiellen Kern der UVP im Überblick dar. Darüber hinaus verdeutlicht die Darstellung nochmals die Trennlinie zwischen der Bewertung der Umweltauswirkungen innerhalb der UVP und der Entscheidung über die Zulässigkeit, wie sie in § 12 UVP-Gesetz angelegt ist.

Die einzelnen Abschnitte der UVP – Prüfungsgegenstand, Untersuchungsgegenstand, Bewertungsgegenstand, Entscheidungsvorbereitung und abschließende Entscheidung im Trägerverfahren – werden im Folgenden erläutert, wobei der Fokus auf den jeweils enthaltenen Problemen der Umweltbewertung liegt.

6.3.1 Der Prüfungsgegenstand

Die Definition des Prüfungsgegenstandes beeinflusst insbesondere die Festlegung der zu untersuchenden Schutzgüter. Dieser Abschnitt der UVP ist bedeutsam, da zunächst zu klären ist, ob es bei den Anforderungen an eine UVP für genehmigungsbedürftige Anla-

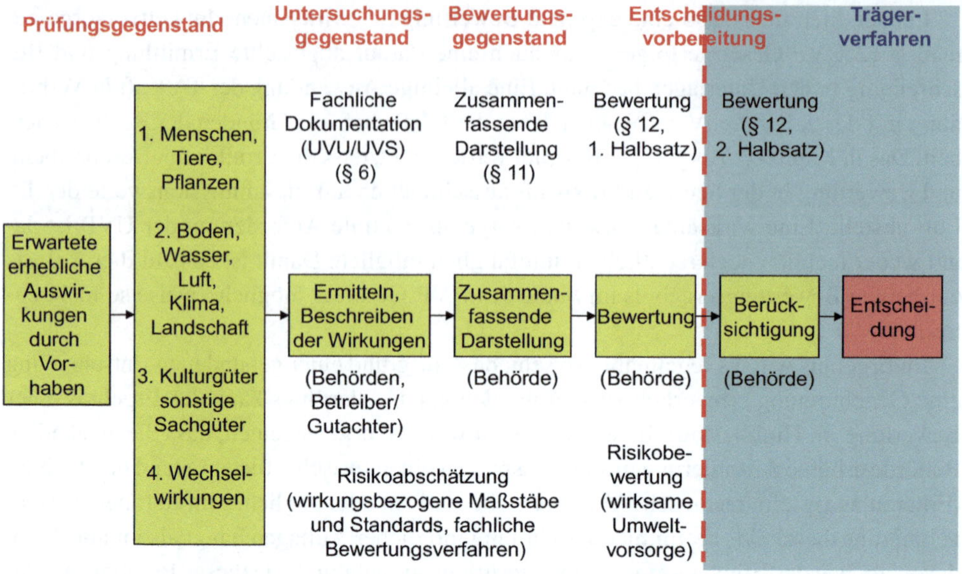

Abb. 6.2 Gesetzlich-methodischer Aufbau der Umweltverträglichkeitsprüfung (vereinfachte Darstellung des Prüfungsgefüges)

gen Lücken oder Unterschiede in den Rechtsgrundlagen gibt. Dieses soll ein konkretes Beispiel veranschaulichen.

Seit den 1990er Jahren wird von Umweltverbänden moniert, dass in der von den Genehmigungsbehörden heranzuziehenden Rechtsgrundlage „Technische Anleitung zur Reinhaltung der Luft – TA Luft“ Grenzwerte zum Schutz der Böden und Vegetation vor Versauerung und Eutrophierung fehlen. Mit den Critical Loads und Critical Level liegen seit langem wissenschaftlich begründete und kleinräumig abrufbare Informationen über den Zustand und die Belastbarkeit der Böden vor. Zwar werden heute in § 20 Abs. 1a und 1b in Verbindung mit § 1a der das Verfahren lenkenden 9. BImSchV die zu untersuchenden und in die Entscheidung einzubeziehenden Schutzgüter des UVP-Gesetzes als Prüfungsgegenstand genannt. Aber die erforderlichen Unterlagen zur Prüfung der Umweltauswirkungen werden gemäß §§ 1 Abs. 2 und 4e der 9. BImSchV auf die „ergangenen allgemeinen Verwaltungsvorschriften“ (TA Luft) reduziert, soweit diese für die Entscheidung über die Zulassung des Vorhabens erforderlich sind. Damit beschränkt sich die Praxis lediglich auf die im Genehmigungsverfahren nach BImSchG geltenden Grenzwerte der TA Luft, welche die Critical Loads nicht kennt. Liegen Aussagen zu Critical Loads im Rahmen einer erstellten UVU vor, werden diese Erkenntnisse bei der Entscheidung übergangen, da angenommen wird, dass eine Genehmigungsvoraussetzung bei der gebundenen Entscheidung dadurch nicht berührt wird. Dabei wird übersehen, dass die Formulierung auch die für die Entscheidung erforderlichen Unterlagen anspricht, die als Angaben zur Prüfung der Umweltverträglichkeit benannt werden. Wenn gemäß

§ 12 UVP-Gesetz im Hinblick auf die wirksame Umweltvorsorge bewertet werden muss, fehlen entscheidungserhebliche Informationen. Es geht also um eine rechtssichere Bewertung der Auswirkungen auf die Schutzgüter und nicht um die Frage, ob bestimmte Ermittlungsverfahren oder Bewertungsmaßstäbe in den Vorschriften genannt sind oder nicht.

So auch in einem Fall, der zu einem Klageverfahren führte. Das Oberverwaltungsgericht Münster gab Ende des Jahres 2011 der Klage eines Landesverbands des Bund für Umwelt und Naturschutz Deutschland (BUND) gegen ein Steinkohlenkraftwerk statt (Az.: 8 D 58/08.AK) und hob den immissionsschutzrechtlichen Vorbescheid und die erste Teilgenehmigung auf, nachdem bereits 2 Mrd. € verbaut waren. Das Urteil erfolgte wegen gravierender umweltrechtlicher Verstöße, weil ein FFH-Schutzgebiet im Einwirkungsbereich bereits jetzt erheblich über die naturschutzfachlich begründete Belastungsgrenze der Critical Loads hinaus vorbelastet war. Zusätzliche Schadstoffeinträge dürfen danach nur dann zugelassen werden, wenn diese Zusatzbelastung eine Bagatellschwelle in Höhe von 3 % der Grenzbelastung (Critical Load) nicht überschreitet.

Bereits beim Prüfungsgegenstand zeigt sich hier die Bedeutung der Bestimmungen des UVP-Gesetzes, wenn eine unzulässige Einengung vorgenommen wird. Vor allem aber auch, wenn – wie oben dargestellt – die sogenannte Subsidiarität des § 4 UVP-Gesetz die fachgesetzlichen Zulässigkeiten beim BImSchG verdrängt. Der § 4 UVP-Gesetz regelt nämlich das Verhältnis zwischen dem UVP-Gesetz und anderen Vorschriften des Bundes- oder Landesrechts über die UVP, indem es dort heißt: „Dieses Gesetz findet Anwendung, soweit Rechtsvorschriften des Bundes oder der Länder die Prüfung der Umweltverträglichkeit nicht näher bestimmen oder in ihren Anforderungen diesem Gesetz nicht entsprechen. Rechtsvorschriften mit weitergehenden Anforderungen bleiben unberührt."

Danach ist das UVP-Gesetz maßgeblich, soweit Bestimmungen ihm – im Detaillierungsgrad oder im Anforderungsniveau – nicht entsprechen (Subsidiaritätsklausel). Gesetze und Rechtsverordnungen, die einen bestimmten Sachverhalt detaillierter regeln (also auch spezielle Normen enthalten), aber inhaltlich den Anforderungen des UVP-Gesetzes nicht genügen, werden durch das UVP-Gesetz verdrängt [6.7]. Dies bestätigt letztlich auch das EuGH-Urteil in der Rechtssache C-301/95, wenn es der Auffassung der Bundesregierung folgt, dass das UVP-Gesetz vorgeht, wenn die Anforderungen in anderen Rechtsvorschriften hinter den Anforderungen des UVP-Gesetzes zurückbleiben. Damit muss also die Begrenzung in § 1 Abs. 2 der 9. BImSchV, wonach die UVP nach den für diese Prüfung in den Verfahren ergangenen allgemeinen Verwaltungsvorschriften (TA Luft) durchzuführen ist, übergangen werden.

Bereits zu Beginn des Verfahrens muss sich die zuständige Behörde der Tragweite von Einschätzungen zu Vorprüfungen oder bei der Unterrichtung über den Untersuchungsrahmen bis hin zur Bewertung und Berücksichtigung im Sinne einer wirksamen Umweltvorsorge bewusst sein. Dies gilt auch für den Betreiber und den Gutachter. Sehr differenziert ist im Einzelfall zu prüfen,

- welche Schutzgüter konkret und detailliert betroffen sein können,
- welche Auswirkungen auf diese Schutzgüter infrage kommen können (hierunter sind zu verstehen direkte, indirekte, sekundäre, kumulative, kurz-, mittel- und langfristige, ständige und vorübergehende, positive und negative Auswirkungen [6.10], auch die Wechselwirkungen zählen dazu),
- welche Anforderungen an die Bewertung im Sinne einer wirksamen Umweltvorsorge zu stellen sind, weil davon letztlich auch der weitere Untersuchungsumfang und die Untersuchungstiefe abhängen.

6.3.2 Der Untersuchungsgegenstand

Ermittlung und Beschreibung der Umweltauswirkungen auf die Schutzgüter machen den Untersuchungsgegenstand der UVP aus. Wesentlicher Bestandteil der Ermittlungen sind die vom Antragsteller vorzulegenden Unterlagen, über die ihn die zuständige Behörde gemäß § 5 UVP-Gesetz unterrichtet. Die Unterlagen müssen für die notwendigen Prüfungen und Bewertungen umfassend genug sein(d. h. sie müssen geeignet sein). Denn auch für die Unterlagen gilt, dass nur diejenigen Tatbestände angemessen in der Entscheidung berücksichtigt werden können, die als bewertungspflichtig im Sinne umweltbezogener Zulassungsvoraussetzungen erkannt und ausreichend ermittelt und beschrieben sind.

Was an Unterlagen gemäß § 6 Abs. 2 UVP-Gesetz vorzulegen ist, bemisst sich zunächst gemäß Satz 1 dieser Vorschrift „nach den Rechtsvorschriften, die für die Entscheidung über die Zulässigkeit des Vorhabens maßgebend (sind).“ In vielen Umweltverträglichkeitsuntersuchungen wird deutlich, dass diese lediglich auf die entscheidungs- bzw. genehmigungsrelevanten Prüfpflichten nach TA Luft abstellen und eher selten eine umfassende Sicht auf die dem Zweck und dem Vorrang der UVP dienenden Unterlagen richten. Nicht zuletzt das angeführte Beispiel der beklagten Kraftwerksgenehmigung zeigt die letztlich unhaltbare Formulierung der das Trägerverfahren leitenden 9. BImSchV, wenn es dort in § 1 Abs. 2 heißt: „… ist die Umweltverträglichkeitsprüfung nach den Vorschriften dieser Verordnung und den für diese Prüfung in den genannten Verfahren ergangenen allgemeinen Verwaltungsvorschriften durchzuführen.“

- Nach Abschnitt 1 der TA Luft unterbleibt die Ermittlung von Immissionskenngrößen nach Nummer 4.6, soweit eine Prüfung im Einzelfall ergibt, dass der damit verbundene Aufwand unverhältnismäßig wäre. Aufwand ist aber mit wirtschaftlichen Kriterien verbunden, was die Erfüllung von Anforderungen an eine umweltinterne Bewertung bzw. eine Bewertung im Hinblick auf eine wirksame Umweltvorsorge fraglich erscheinen lässt.
- Nitratdeposition findet in einem so hohen Maße statt, dass großräumig erhebliche Wirkungen (z. B. Verschiebung der Artenzusammensetzung durch Eutrophierung) anzunehmen sind. Führt ein Vorhaben zu einer zusätzlichen Deposition, ist dies von den Umweltauswirkungen her möglicherweise als erheblich im Sinne von „nicht mehr zu

vernachlässigen" einzustufen. De facto finden solche Untersuchungen selten statt, da sie nicht im Rahmen der Genehmigungsunterlagen gemäß TA Luft vorgesehen sind.

- Die Nr. 4.1 TA Luft legt fest, dass bei Schadstoffen, für die dort Immissions(grenz)werte genannt sind, die Bestimmung von Immissionsbelastungswerten (Immissionskenngrößen) entfallen kann, wenn verschiedene Bagatellregeln eingehalten werden. Sie geht dann davon aus, dass „schädliche Umwelteinwirkungen" durch die Anlage nicht hervorgerufen werden können. Da diese Beurteilung nicht der Bewertung einer wirksamen Umweltvorsorge gemäß UVP-Gesetz entspricht, kann sich eine deutliche Verzerrung bei der Bewertung der Umweltwirkungen ergeben. Dies kann sich auch dadurch ergeben, dass Irrelevanzwerte nicht die Einwirkungszeit berücksichtigen, was zu erheblichen Akkumulationen bei verschiedenen Schutzgütern führen kann.
- Gemäß Nr. 4.5.1 TA Luft ist der Schutz vor Gesundheitsgefahren, erheblichen Nachteilen und erheblichen Belästigungen durch Schwermetalle als Bestandteil des Staubniederschlags auch dann sichergestellt, wenn die genannten Immissionswerte durch die Gesamtbelastung nicht überschritten werden. Das Einhalten dieser Werte kann jedoch bei verschiedenen Nahrungs- und Futterpflanzen bzw. im Boden zu erheblichen Anreicherungen führen [6.9, 6.11].

Die Immissionswerte der TA Luft und auch weitere Regeln sind damit weder für eine ausreichende Differenzierung nach der Schutzwürdigkeit der Schutzgüter noch für eine Berücksichtigung indirekter bzw. kumulativer Wirkungen geeignet. Damit tut sich ein Widerspruch auf zwischen den Prüferfordernissen nach TA Luft und den Anforderungen nach der gesetzlichen UVP. Ein alleiniges „Abarbeiten" bisheriger Prüfungsschritte gemäß TA Luft einschließlich eines Abgleichs mit deren Immissionswerten wird für die Durchführung der UVP also nicht reichen. Da zudem die Anzahl der Immissionswerte gemäß TA Luft sehr begrenzt ist, stellt sich als wichtige Aufgabe, die als wesentlich zu bezeichnenden Luftschadstoffkomponenten samt ihren indirekten und kumulativen Wirkungen konkret zu bestimmen.

Ein solchermaßen unvollständiger Untersuchungsgegenstand bei einer gebundenen Entscheidung gemäß §§ 1 Abs. 2 und 4e der 9. BImSchV in Verbindung mit der TA Luft kann dem Anspruch der gesetzlichen UVP zur Ermittlung der Umweltauswirkungen meist nicht gerecht werden. Das Ausmaß der bestehenden Belastung und die durch zusätzliche Belastung entstehenden Wirkungen bedürfen daher der näheren Präzisierung, um insbesondere die empfindlicheren Schutzgüter (eine Vielzahl von Pflanzen und Tieren sowie Menschen), die bereits bei Einhaltung der in der TA Luft festgelegten Immissionswerte geschädigt werden, hinsichtlich der Umweltauswirkungen ausreichend beurteilen zu können. Hier muss auch noch einmal die Bedeutung des § 4 UVP-Gesetz hervorgehoben werden, der bei Lücken im UVP-Spezialrecht das UVP-Gesetz zum Vorrang erhebt.

6.3.3 Zusammenfassende Darstellung als Bewertungsgegenstand

§ 11 UVP-Gesetz fordert von der zuständigen Behörde eine zusammenfassende Darstellung, indem es heißt: „Die zuständige Behörde erarbeitet auf der Grundlage der Unterlagen nach § 6, der behördlichen Stellungnahmen nach den §§ 7 und 8 sowie der Äußerungen der betroffenen Öffentlichkeit nach den §§ 9 und 9a eine zusammenfassende Darstellung der Umweltauswirkungen des Vorhabens sowie der Maßnahmen, mit denen erhebliche nachteilige Umweltauswirkungen vermieden, vermindert oder ausgeglichen werden, einschließlich der Ersatzmaßnahmen bei nicht ausgleichbaren, aber vorrangigen Eingriffen in Natur und Landschaft. Die Ergebnisse eigener Ermittlungen sind einzubeziehen. (...)"

Diese zusammenfassende Darstellung der Umweltauswirkungen bezieht sich auf die verschiedenen Schutzgüter im Sinne der § 1 bzw. § 2 UVP-Gesetz. Das bedeutet, dass explizit eine umfassende Ermittlung der Auswirkungen auf diese Schutzgüter stattgefunden haben muss und damit eine Rückwirkung auf den Prüfungs- und Untersuchungsgegenstand erfolgt.

§ 11 UVP-Gesetz bildet die Grundlage der Bewertung (man spricht auch vom „Bewertungsgegenstand"). Es müssen daher alle wesentlichen, für die Bewertung erforderlichen Aussagen enthalten sein, ohne dass eine spezialgesetzliche Verkürzung (wie oben anhand der 9. BImSchV dargestellt) erfolgt. Von besonderer Bedeutung sind dabei

- die Beschreibung der Umwelt und ihrer Bestandteile,
- die wesentlichen der zu erwartenden erheblichen Auswirkungen auf die Umweltgüter einschließlich der Wechselwirkungen und
- Maßnahmen zur Vermeidung, Verminderung oder zum Ausgleich erheblicher Umweltbeeinträchtigungen.

Bei der Erstellung der zusammenfassenden Darstellung ist zu beachten, dass eine wertneutrale Fassung der Aussagen über die erwarteten Auswirkungen gefunden wird. Die Begründung zur 9. BImSchV und zum UVP-Gesetz spricht von einer Risikoabschätzung bei § 20 Abs. 1a der 9. BImSchV bzw. § 11 UVP-Gesetz im Unterschied zur Risikobewertung gemäß § 20 Abs. 1b Satz 1 der 9. BImSchV bzw. § 12 UVP-Gesetz; d. h., dass die Darstellung und Einschätzung der Auswirkungen nicht im Hinblick auf die Zulässigkeit der Auswirkungen erfolgen darf. Des Weiteren ist zu beachten, dass die Aussagen der zusammenfassenden Darstellung eine Bewertung unter ökologischen – d. h. allein auf die Schutzgüter bezogenen – Kriterien zulassen müssen.

Bereits in der zusammenfassenden Darstellung scheiden damit für die Aussagen zur Risikoabschätzung meist diejenigen Umweltstandards aus, die in Form einer abschließenden Güterabwägung festgelegt worden sind, also einer Interessenabstimmung beispielsweise auch mit wirtschaftlichen Erwägungen unterlegen haben.

6.3.4 Entscheidungsvorbereitung

Die Bewertung als letzter Schritt der UVP ist ein Teil der Entscheidungsvorbereitung im Zulassungsverfahren, die in die Bewertung der Auswirkungen eines Vorhabens auf die Umwelt einerseits und der Entscheidung über die Zulässigkeit andererseits unterschieden wird. Diese Unterscheidung ist nicht neu und seit langer Zeit gängige Praxis bei der Strukturierung von Abwägungsvorgängen. Die Trennung zwischen der bewertenden Phase auf der einen und der Entscheidungsphase auf der anderen Seite erlangt allerdings bei der UVP eine besondere Bedeutung: der Bewertungsvorgang hat sich allein auf die Umweltauswirkungen zu beschränken (so genannte fachliche Bewertung) und Elemente aus dem Nicht-Umweltbereich (z. B. wirtschaftliche Tatbestände) müssen ihm fernbleiben, während diese bei der Entscheidung dann eingehen können.

Für eine gerichtsfeste Entscheidung kommt es dann noch darauf an, dass die in § 12 UVP-Gesetz geforderte Berücksichtigung der oft gegenläufigen Elemente nachvollziehbar ist, wie es beispielsweise aus dem planerischen Abwägungsgebot gemäß § 1 Abs. 7 BauGB bekannt ist: die Belange sind gegeneinander und untereinander gerecht abzuwägen.

Bewertungsmaßstäbe für Umweltauswirkungen. Die in § 12 UVP-Gesetz genannte „Maßgabe der geltenden Gesetze" bezieht sich auf die Auslegung und die Anwendung der umweltbezogenen Tatbestandsmerkmale der einschlägigen Fachgesetze (gesetzliche Umweltanforderungen); es meint damit also auch das UVP-Gesetz. Ausdrücklich wird dazu in Nummer 0.6.1.1 der UVP-Verwaltungsvorschrift festgestellt, dass nicht umweltbezogene Anforderungen der Fachgesetze bei der Bewertung der Umweltauswirkungen außer Betracht bleiben. Dies trifft z. B. dann nicht zu, wenn ein Immissionsgrenzwert zur Bewertung herangezogen wird, der unter Abwägung umweltbezogener Belange mit anderen Belangen wie „wirtschaftliche Vertretbarkeit" etc. vom Deutschen Bundestag beschlossen wurde.

Beispielsweise sind die in § 2 der 16. BImSchV verordneten Immissionsgrenzwerte nach Anhörung der beteiligten Kreise in einer Güterabwägung entstanden, die auch nichtumweltbezogene Belange einbezieht. Ausweislich der Begründung zur 16. BImSchV lässt sich konkret nachweisen, dass der Verordnungsgeber explizit auf seinen Spielraum bei der politischen Bewertung des Verhältnisses von zumutbarem Verkehrslärm und finanzieller Machbarkeit zur Festlegung der Grenzwerte hinweist (unter Hinweis auf das BVerwG 4 ER 500.86), indem er feststellt: „Die in der Verordnung vorgesehenen IGW sind das Ergebnis der – unter Berücksichtigung des für das Wohl der Allgemeinheit notwendigen Verkehrswegenetzes – vorgenommenen Bewertung des Verhältnisses von zumutbaren Verkehrsgeräuschen und finanzieller Belastung der öffentlichen Haushalte." Dies gilt mehr oder weniger für alle Immissionsgrenzwerte, die einer Mehrheitsentscheidung unterliegen.

Da nur rechtliche Maßstäbe für die Bewertung eine Rolle spielen sollen [6.12], wird von gesetzesgebundener Bewertung gesprochen. Dieses Verständnis von Bewertung trägt aber der Trennung zwischen Bewertung und Berücksichtigung nur ausreichend Rechnung, wenn die rechtlichen Maßstäbe umweltinterne Maßstäbe sind, die keine Abwägung mit anderen Belangen enthalten [6.12]. Der hier bezüglich der Immissionen anzuwendende Maßstab des § 5 Abs. 1 Nr. 1 Alt. 1 BImSchG, der Genehmigungsvoraussetzung ist, beinhaltet indessen Umweltbezogenes und Nicht-Umweltbezogenes. Schädliche Umwelteinwirkungen werden nämlich gemäß § 3 BImSchG als Immissionen definiert, die nach Art, Ausmaß oder Dauer geeignet sind, Gefahren, erhebliche Nachteile oder erhebliche Belästigungen herbeizuführen, wobei bis auf Gesundheitsgefahren für Menschen auch die sonstigen Gefahren erheblich sein müssen. Unter Erheblichkeit wird aber überwiegend Zumutbarkeit verstanden, was Raum für gegenläufige Belange eröffnet [6.13]. Wenn eine rechtskonforme Bewertung der Umweltauswirkungen nach § 12 UVP-Gesetz stattfinden soll, müssen die Bewertungsmaßstäbe also allein auf die Umweltauswirkungen bezogen sein. Damit wird auch deutlich, dass damit nicht der Begriff der erheblichen Umweltauswirkungen gemäß UVP-Gesetz verwechselt oder gleichgesetzt werden darf. Dies ist leider in vielen UVU/UVS festzustellen.

Bewertungsmaßstab „Wirksame Umweltvorsorge". Auch die 9. BImSchV sieht die voneinander abgesetzte Prüfung umweltbezogener und nicht-umweltbezogener Belange vor. Daher müssen Maßstäbe zur Beurteilung der Umweltauswirkungen vorhanden sein, die nicht schon unter gegenläufigen Belangen abgewogen, sondern „rein ökologisch" gebildet wurden [6.13]. Maßstäbe zur Bewertung sind gemäß § 12 UVP-Gesetz und dem (gemäß § 4 UVP-Gesetz) folgend auch die geltenden Gesetze bzw. Rechtsvorschriften im Hinblick auf eine wirksame Umweltvorsorge. Der UVP-rechtliche Vorsorgebegriff ist dabei eine gesetzliche Auslegungsregel für die jeweiligen Fachgesetze [6.7, 6.14].

An der grundsätzlichen Unterscheidung zwischen Schutz- und Vorsorgeprinzip dürften zunächst keine Zweifel bestehen. Die nach UVP-Recht anzulegende Sichtweise über Umweltauswirkungen betrifft nun insbesondere die Immissionen, die gemäß BImSchG nicht vorrangig der Vorsorge gewidmet sind. Da es bei Vorsorge stets darum geht, theoretisch mögliche bzw. vermutete und nicht, wie bei der Gefahrenabwehr, hinreichend wahrscheinliche Umweltschäden zu vermeiden, wird nur eine immissionsseitige Vorsorge der Zielsetzung des UVP-Gesetzes nach frühzeitiger und umfassender Umweltverträglichkeitsprüfung gerecht. Das BImSchG ist allerdings grundsätzlich offen auch für eine immissionsseitig vorsorgeorientierte Auslegung. In § 5 Abs. 1 Nr. 2 BImSchG (Vorsorgegrundsatz) ist die Vorsorge schon vorhanden; sie ist nur „insbesondere" der Emissionsbegrenzung zugeordnet, kann sich also auch auf die Immissionen beziehen [6.15].

Es bestehen also keine Bedenken, zur UVP-rechtlichen Bewertung im Hinblick auf eine wirksame Umweltvorsorge den Maßstab der immissionsseitigen Vorsorge anzulegen. Die Konstruktion einer verkürzten Umweltvorsorge in Nr. 0.6.2.1 UVP-Verwaltungsvorschrift, Gefahren abzuwehren (Immissions-Betrachtung) und dem Entstehen schädlicher Umweltauswirkungen vorzubeugen (Emissions-Betrachtung), muss dagegen als höchst fragwürdig abgelehnt werden, da hier die immissionsbezogene Vorsorge völlig fehlt.

Betrachtet man beispielhaft die Immissionswerte der TA Luft sowohl aus fachlich-inhaltlichen, als auch aus rechtlichen Gründen, sind diese Bewertungsmaßstäbe für Luftqualität solange nicht als zureichender Bewertungsmaßstab für die UVP zu charakterisieren, solange diese Werte nicht den Gehalt einer wirksamen Umweltvorsorge abbilden. Bei den Standards der TA Luft lässt sich der nicht ausreichende Schutz von Risikogruppen bei einigen Substanzen nachweisen oder z. T. auch nur statistisch berechnen [6.11]. Damit ist sogar fraglich, ob die Immissionswerte auch aus der Sicht des Grundgesetzes so angesetzt sind, dass die im Einwirkungsbereich lebende Bevölkerung unter Berücksichtigung besonders empfindlicher Bevölkerungsgruppen (z. B. Kinder, alte und kranke Menschen) auch bei langfristiger Einwirkung trotz Einhaltung der Grenzwerte in ihrer körperlichen Integrität nicht beeinträchtigt wird. Zumal bei Gefahren für die menschliche Gesundheit die Unterschreitung jedweden Immissionswertes durch die grundrechtliche Schutzpflicht geboten ist. Es bleibt ebenso fraglich, ob diese Werte dem Zweck des BImSchG und dem Risikoverständnis des § 5 Abs. 1 Nr. 1 BImSchG entsprechen, wenn der Schutz der menschlichen Gesundheit nur für durchschnittlich robuste Individuen erreicht wird.

Die TA Luft-Werte sind darüber hinaus auch deshalb keine vertretbare Konkretisierung des gesetzlichen Schutzauftrags, da sie die spezifische Gefährlichkeit der Schadstoffeinwirkungen bei Reizgasen und Schwebstoffen nicht ausreichend abbilden. Sie eliminieren die konkrete Gefährlichkeit von Spitzenkonzentrationen für die Beurteilung, obwohl nach den Erkenntnissen der Wirkungsforschung oft die konkreten Spitzenbelastungen gefährlich sind.

Allgemein sind weitere Einschränkungen bei der Anwendung dieses Grenzwertsystems außerhalb der Genehmigungsverfahren zu beachten. Bei der Festlegung der Immissionswerte sind bislang kaum synergistische Effekte (außer bei Schwefeldioxid und Schwebstaub), Anhäufungen der Schadstoffe im Organismus und Anhäufungen der Schadstoffe in der Nahrungskette zugrunde gelegt worden. Insbesondere die Kombinationswirkungen von Schadstoffen, aber auch die Mehrfachbelastungen durch das Zusammenwirken verschiedener Belastungsarten führen bereits aktuell zu Aktivitäten auf der EU-Ebene und lassen das bisherige Grenzwertkonzept insgesamt als unhaltbar erscheinen [6.16]. Außerdem können die als Kenngrößen angegebenen Immissionskonzentrationen wegen der exakt festgelegten Mess- und Beurteilungsvorschriften (bei flächenbezogenen Messungen) erheblich von der tatsächlichen, häufig nicht homogen im Raum verteilten Belastung innerhalb einer 1 km^2-Beurteilungsfläche abweichen. Eine zutreffende Beurteilung der Immissionsverhältnisse wird damit nicht immer ermöglicht. Zudem enthalten die Immissionswerte der TA Luft oft keinen ausreichenden Sicherheitsfaktor, der unvermeidliche Kenntnislücken kompensieren könnte.

Auch die Werte zum Schutz vor erheblichen Nachteilen und Belästigungen gewährleisten keinen vollständigen Schutz.

- Die Nachteils- oder Belästigungswerte der TA Luft lassen den dem Schädlichkeitsbegriff des § 3 Abs. 1 BImSchG innewohnenden Abwägungsspielraum ausdrücklich zu und dürfen unter bestimmten Voraussetzungen überschritten werden. Die Beschrän-

kung auf die Zusatzbelastungswerte des Anhangs A der TA Luft drückt beispielsweise aus, dass die Vorbelastung eines Raumes, also eine bereits eingetretene Benachteiligung bzw. Schädigung, letztlich keine limitierende Rolle spielt.
- Eine Vielzahl von Pflanzen- und Tierarten wird aufgrund ihrer Empfindlichkeit bereits weit unterhalb der Nachteils- oder Belästigungswerte gestört oder geschädigt (z. B. bei Fluorwasserstoff); bei Schwermetallen im Staubniederschlag lässt sich eine ausreichende Qualität der Nahrungs- und Futtermittel häufig nicht sicherstellen.

Die behördenverbindlichen Immissionswerte der TA Luft sind daher mangels eines allein umwelt-internen und vorsorgeorientierten Gehalts für eine Bewertung im Rahmen der UVP nicht ohne weiteres verwendbar.

6.3.5 Bewertung im Genehmigungsverfahren nach BImSchG (Trägerverfahren)

Der Zweck der gesetzlichen UVP, eine wirksame Umweltvorsorge zu gewährleisten, kann nur dann erfüllt werden, wenn das im Prüfverfahren gewonnene Ergebnis umfassend bei der Entscheidungsfindung der Behörde berücksichtigt wird [6.12].

Hier bieten sich trotz der gebundenen Entscheidung, die den Rechtsanspruch des Antragstellers (im Rahmen der gegebenen Bedingungen) bedienen muss, durchaus vielfältige Möglichkeiten an. So lassen sich u. a. Anlagen mit alternativen Verfahren betreiben, andere Einsatzstoffe / Werkstoffe verwenden, verschiedene Abscheidetechnologien (z. B. Filteranlagen) einsetzen, Betriebszeiten verändern oder auch die Ableitungsbedingungen (Emissionen) modifizieren. Hierzu sind Auflagen gemäß BImSchG möglich. Möglicherweise haben andere, der Umweltvorsorge dienende Betriebsweisen auch finanzielle Auswirkungen auf den Betreiber einer Anlage. Hier kommt der auch über die einzelbetriebliche Betrachtung hinausgehenden gesamtwirtschaftlichen Sicht eine Bedeutung zu. Häufig ist damit auch eine politische Dimension angesprochen, die zu entsprechenden Diskussionen führt und den Entscheidungsträger auch in dieser Hinsicht fordert. Gerade bei großen Anlagen ist die Letztentscheidung ohnehin oft auch in der politischen Dimension angesiedelt. So führen letztlich gute Argumente zur wirksamen Vorsorge bei den Umweltschutzgütern gemäß UVP-Gesetz zu entsprechenden Änderungen gegenüber einem ursprünglich möglicherweise weniger strengen Anspruch bei der Antragstellung.

Die Praxis zeigt, dass in einer Vielzahl von Genehmigungsverfahren der nach TA Luft gültige Stand der Technik zur Begrenzung der Emissionen – auch durch fortschrittliche Filtertechnologien – weit unterschritten werden kann (und Anlagen trotzdem wirtschaftlich betrieben werden können).

Auch wenn heute vorhandene Zulassungstatbestände (z. B. bei gebundenen Entscheidungen) beachtet werden müssen, wird doch deutlich, dass aus Sicht der wirksamen Umweltvorsorge im Umweltrecht insgesamt ein generelles Abwägungsprinzip oder Versagungsermessen bei Entscheidungen sinnvoll ist.

6.3.6 Notwendigkeit UVP-konformer Bewertungsstandards

Zusammenfassend lassen sich hinsichtlich einer rechtskonformen Bewertung der Umweltauswirkungen drei Schlussfolgerungen ziehen, die auf die Entwicklung und Anwendung eines speziellen Wertesystems im Rahmen von UVP hinauslaufen.

- Die Bewertungsmaßstäbe müssen allein auf die Umweltauswirkung bezogen sein (umweltinterne Umweltstandards).
- Die wirksame Umweltvorsorge muss mit entsprechenden Bewertungsmaßstäben abgebildet werden, die nicht allein dem Gefahrenschutz folgen. Für die UVP ist damit ein eigenes Wertesystem erforderlich, welches immissionsorientierte Vorsorgestandards formuliert.
- Auswirkungen auf die Umwelt im Hinblick auf eine wirksame Umweltvorsorge lassen sich in der Regel nur dann adäquat bewerten, wenn die Gesamteinwirkung als Immissionen/Depositionen mit einem entsprechenden Bewertungsmaßstab verglichen werden kann. Eine Bewertung lediglich anhand von Zusatzbelastungen oder Bagatellgrenzen wird den Anforderungen in der Regel nicht gerecht.

Wenn im Anlagengenehmigungsverfahren eine umfassende Auseinandersetzung mit sämtlichen Umweltauswirkungen – auch unter Vorsorgegesichtspunkten – möglich sein muss, erfordert dies ein neues Beurteilungssystem. Eine adäquate Bewertung im Rahmen der UVP und die Berücksichtigung in der Entscheidung erfordern zur Operationalisierung der gesetzlichen Umweltanforderungen ein System von Umweltstandards, welches wirkungsbezogene und vorsorgeorientierte Qualitätsmaßstäbe (Vorsorgestandards) neben wirkungsbezogenen Maßstäben mit Schutzcharakter benennt (Schutzstandards). Solche Vorsorgestandards für die luftseitigen Immissionen, Depositionen und Anreicherungen in der Nahrungs- und Futtermittelkette liegen vor [6.9, 6.11]. Die gemäß dem UVP-Gesetz auf die Schutzgüter bezogenen Beurteilungsmaßstäbe für die Umweltqualität im Sinne einer wirksamen Umweltvorsorge sind dann bei der Ermittlung, Beschreibung und Bewertung zu verwenden und bei der Entscheidung zu beachten.

6.4 Umweltbewertung in der räumlichen Planung

Wilfried Kühling

6.4.1 Räumliche Gesamtplanung

Mit dem Gesetz zur Anpassung des Baugesetzbuches an EU-Richtlinien (Europarechtsanpassungsgesetz Bau – EAG Bau) vom 24. Juni 2004 wird eine generelle Umweltprüfung (UP) als regelmäßiger Bestandteil der gesamträumlichen Planung eingeführt:

- Für alle Bauleitplanverfahren sind die Belange des Umweltschutzes grundsätzlich einer förmlichen Umweltprüfung zu unterziehen (§§ 2 Abs. 4 Satz 1 und 2a BauGB). Hierzu ist ein Umweltbericht zu erstellen. Einzelheiten zur Aufstellung des Umweltberichtes enthält die Anlage zu § 2 Abs. 4 und § 2a.
- Da der Bund im Raumordnungsrecht nur über eine rahmenrechtliche Kompetenz verfügt, ist eine Umsetzung der Plan-UP-Richtlinie nur in begrenztem Umfang erfolgt. Weitere Regelungsmöglichkeiten sind den Ländern überlassen worden.

Damit wird die wirksame Umweltvorsorge im Rahmen der Umweltprüfungen in der räumlichen Gesamtplanung wirksam. Gleichwohl ergibt sich für diese Planungen auch ohne UVP-rechtliche Vorgaben ein entsprechender Vorsorgegehalt. Vorsorge findet nämlich als Optimierungsgebot in allen Umweltplanungen ihren Niederschlag. Allgemein lässt sich sagen, dass Planung an sich schon vorsorgeorientiert ist [6.17].

Mit der Rio-Deklaration wird bereits weltweit vereinbart, dass die Staaten zum Schutz der Umwelt im Rahmen ihrer Möglichkeiten weitgehend den Vorsorgegrundsatz anwenden [6.18]. Die weitreichenden Anforderungen an Vorsorge finden sich darüber hinaus in den einschlägigen Rechtsgrundlagen, die bei der Planung anzuwenden sind.

Raumordnungsrecht. Dem Ziel- und Handlungsbereich der Vorsorge ausdrücklich verpflichtet ist das Raumordnungsgesetz (ROG), insbesondere mit der Anforderung zur Vorsorge (§ 1 Abs. 1 Nr. 2 ROG) und der Leitvorstellung einer nachhaltigen Raumentwicklung, welche die sozialen und wirtschaftlichen Ansprüche an den Raum mit seinen ökologischen Funktionen in Einklang bringen soll (§ 1 Abs. 2 ROG). Diese, mit der so genannten „harten" Nachhaltigkeit definierte Leitvorstellung erfordert eine Sichtweise, die deutlich von den ökologischen Grenzen ausgehend die sozialen und wirtschaftlichen Aspekte steuert. Eine Raumordnung und deren Konkretisierung in Raumordnungsplänen ist daher Zielen und Standards zur Umweltqualität verpflichtet, die dem Vorsorgeprinzip dienen und das „hohe Schutzniveau der Umwelt insgesamt" verwirklichen.

Baurecht. Der gleiche Anspruch an Vorsorge findet sich auch im Allgemeinen Städtebaurecht. Durch die generellen Planungsziele „Sicherung einer menschenwürdigen Umwelt" und „Entwicklung der natürlichen Lebensgrundlagen" in § 1 Abs. 5 Satz 1 BauGB besitzen die Umweltschutzbelange einen hohen Stellenwert. Eine Konkretisierung dieser Ziele anhand des Leitsatzes „Allgemeine Anforderungen an gesunde Wohn- und Arbeitsverhältnisse" (§ 1 Abs. 6 Nr. 1) lässt erkennen, dass verschiedene allgemeine Anforderungen an den Umweltschutz in der Planung bestehen, deren planerische Konsequenzen in der Verfolgung der Ziele

- Gefahrenabwehr,
- Gefahrenvorbeugung und
- Gestaltung einer lebenswerten Umwelt

bestehen. Damit gehen gerade die Aufgaben der Bauleitplanung weiter als Gefahrenabwehr und Gefahrenvorbeugung und verpflichten zu früh ansetzender Vorsorge. Dies bestätigt die Rechtsprechung. Die Gemeinden sind im Rahmen ihrer Bauleitplanung nicht auf die Abwehr von bereits eingetretenen schädlichen Umwelteinwirkungen, beispielsweise im Sinne § 3 BImSchG, beschränkt, sondern darüber hinaus ermächtigt, entsprechend dem Vorsorgeprinzip des BImSchG schon vorbeugenden Umweltschutz zu betreiben (Urteil des BVerwG 4 C 52.87 vom 14. April 1989). Eine entsprechende Quantifizierung der Vorsorge durch Standards ist Voraussetzung zur Erfüllung der planerischen Leitziele zur Sicherung und Entwicklung der Umweltqualität. Gerade die Bauleitplanung benötigt Umweltvorsorgestandards zur Konkretisierung ihrer Planungsleitziele.

Verhältnis Planungsrecht – Umwelt-Fachrecht. Bei einer grundsätzlichen Betrachtung des Verhältnisses zwischen fachrechtlichen Erfordernissen auf der einen Seite und der gesamtplanerischen Aufgabenstellung auf der anderen Seite wird abschließend Folgendes deutlich [6.19].

- Nur gesamtplanerische, auf umfassende Interessenabwägung ausgerichtete Instrumente der Raumplanung (insbesondere: Bauleitplanung, Raumordnung und Landesplanung, Landschaftsplanung) können Festsetzungen treffen, die über die Grundpostulate des gefahrenabwehrenden Umweltschutzes hinausgehen und bestimmte Gebiete einem vorsorgeorientierten Umweltschutz zuführen. Daraus ergibt sich, dass mit planerischen Instrumenten zunächst der Rahmen der zulässigen Raumnutzung (und damit der zugestandenen Umweltqualität) abgesteckt werden muss.
- Standortfragen und Anlagengenehmigungen müssen sich in den – möglicherweise engeren – Rahmen der raumplanerischen Darstellungen und Ausweisungen einfügen.

Daraus folgt, dass planerische Instrumente besonders geeignete Ansatzpunkte zur Operationalisierung der Vorsorge darstellen. Einer umfassenden Bewertung der Umwelt (Zustand und Entwicklung/Prognose) als Ausgangsbasis zur frühzeitigen Steuerung im Sinne einer nachhaltigen Entwicklung kommt daher eine herausragende Bedeutung zu.

6.4.2 Räumliche Umwelt-Fachplanung

Vorsorge ist aber nicht nur in der Gesamtplanung, sondern auch in der Fachplanung normiert. Sämtliche Pläne naturschutzrechtlicher Art, also Landschaftsprogramme, Landschaftsrahmenpläne und Landschaftspläne sowie die Festsetzung von Landschaftsschutz- und Naturschutzgebieten, sind letztlich auch den Anforderungen des Schutzes der Lebensgrundlagen des Menschen auch in Verantwortung für die künftigen Generationen verpflichtet (Aufnahme des Wortlauts Art. 20 a Grundgesetz in § 1 BNatSchG).

Durch die Aufnahme planfeststellungsbedürftiger Vorhaben in der Anlage 1 UVP-Gesetz werden Umweltverträglichkeitsprüfungen wirksam. Das bedeutet z. B. für die Planung der Bundesfernstraßen, dass deren erwartete Umweltbelastungen vorsorgegemäß bewertet werden müssen.

6.4.3 Abwägung

All diese Planungen sind materiell-rechtlich von der Abwägung geprägt. Diese setzt zunächst voraus, dass umfassend ermittelt wird [6.14]. Nach der Abwägungsfehlerlehre dürfen ferner keine Fehleinschätzungen unterlaufen; d. h. die vorsorgeorientierten Optimierungsgebote müssen in ihrem spezifischen Gewicht erkannt werden [6.14]. Das ist aber nichts anderes als das, was das UVP-Recht als „rein umweltbezogene Bewertung" kennt. Erst danach (bei der abschließenden Entscheidung im Trägerverfahren) kann mit gegenläufigen Belangen abgewogen werden. Damit wird eine verlässliche und konkrete Bewertung der Umweltvorsorge im Rahmen der Abwägung erforderlich.

6.5 Beispiel für eine UVU

Kerstin Kuchta

Nachfolgend wird ein Beispiel für eine UVU diskutiert. Dazu wird unterstellt, dass eine Gesellschaft am Standort A den Neubau einer thermischen Verwertungsanlage plant. Diese Anlage ist der Nr. 8.1.1.1 des Anhangs der 4. BImSchV zuzuordnen und ist somit genehmigungsbedürftig nach § 10 des Bundes-Immissionsschutzgesetzes. Des Weiteren fällt die Anlage unter Nr. 8.1.1.1 Spalte 1 der Anlage 1 des Gesetzes über die Umweltverträglichkeitsprüfung (UVPG) und bedarf daher einer Umweltverträglichkeitsprüfung (UVP). Die vom Antragsteller für die UVP beizubringenden entscheidungserheblichen Unterlagen werden in Form einer gutachterlichen Umweltverträglichkeitsuntersuchung (UVU) vorgelegt. Die Ergebnisse dieser UVU dienen der Genehmigungsbehörde als Grundlage für die eigentliche UVP (zu den Literaturquellen siehe [6.20] und [6.21]).

Die Rechtsgrundlage für diese Umweltverträglichkeitsuntersuchung ist die 9. Verordnung zur Durchführung des Bundes-Immissionsschutzgesetzes (9. BImSchV) in Verbindung mit dem Gesetz über die Umweltverträglichkeitsprüfung (UVPG) und der Verwaltungsvorschrift zur Ausführung des Gesetzes über die UVP (UVPVwV). Dementsprechend sind die wesentlichen Inhalte einer Umweltverträglichkeitsprüfung die Ermittlung, Beschreibung und Bewertung der unmittelbaren und mittelbaren Auswirkungen eines Vorhabens auf

- Menschen, Tiere und Pflanzen,
- Boden, Wasser, Luft, Klima und Landschaft,
- Kulturgüter und sonstige Sachgüter sowie
- die Wechselwirkung zwischen den vorgenannten Schutzgütern.

Die gemäß § 6 UVPG voraussichtlich beizubringenden Unterlagen müssen zumindest folgende Angaben enthalten:

- Beschreibung des Vorhabens mit Angaben zu Standort, Art und Umfang sowie Bedarf an Grund und Boden,
- Beschreibung der Maßnahmen, mit denen erhebliche nachteilige Umweltauswirkungen des Vorhabens vermieden, vermindert oder, soweit möglich, ausgeglichen werden, sowie der Ersatzmaßnahmen bei nicht ausgleichbaren, aber vorrangigen Eingriffen in Natur und Landschaft,
- Beschreibung der zu erwartenden erheblichen nachteiligen Umweltauswirkungen des Vorhabens unter Berücksichtigung des allgemeinen Kenntnisstandes und der allgemein anerkannten Prüfungsmethoden,
- Beschreibung der Umwelt und ihrer Bestandteile im Einwirkungsbereich des Vorhabens unter Berücksichtigung des allgemeinen Kenntnisstandes und der allgemein anerkannten Prüfungsmethoden sowie Angaben zur Bevölkerung in diesem Bereich, soweit die Beschreibung und die Angaben zur Feststellung und Bewertung erheblicher nachteiliger Umweltauswirkungen des Vorhabens erforderlich sind und ihre Beibringung für den Träger des Vorhabens zumutbar ist,
- Übersicht über die wichtigsten, vom Träger des Vorhabens geprüften anderweitigen Lösungsmöglichkeiten und Angabe der wesentlichen Auswahlgründe im Hinblick auf die Umweltauswirkungen des Vorhabens.

Eine allgemein verständliche, nicht-technische Zusammenfassung dieser Angaben ist beizufügen, um Dritten die Beurteilung zu ermöglichen, ob und in welchem Umfang sie von den Umweltauswirkungen des Vorhabens betroffen werden können.

Die Unterlagen müssen auch die folgenden Angaben enthalten, soweit sie für die Umweltverträglichkeitsprüfung nach der Art des Vorhabens erforderlich sind:

- Beschreibung der wichtigsten Merkmale der verwendeten technischen Verfahren,
- Beschreibung von Art und Umfang der zu erwartenden Emissionen, der Abfälle, des Anfalls von Abwasser, der Nutzung und Gestaltung von Wasser, Boden, Natur und Landschaft sowie Angaben zu sonstigen Folgen des Vorhabens, die zu erheblichen nachteiligen Umweltauswirkungen führen können,
- Hinweise auf Schwierigkeiten, die bei der Zusammenstellung der Angaben aufgetreten sind, zum Beispiel technische Lücken oder fehlende Kenntnisse

Gemäß § 2a der 9. BImSchV soll die zuständige Behörde, sobald sie von dem Vorhaben unterrichtet wird, zusammen mit dem Träger des Vorhabens Gegenstand, Umfang und Methoden der Umweltverträglichkeitsprüfung sowie sonstige für die Durchführung der UVP erhebliche Fragen auf der Grundlage geeigneter, vom Träger des Vorhabens vorgelegter Unterlagen erörtern.

Die Festlegung des Untersuchungsgebietes für die Schutzgüter Luft und Mensch erfolgt entsprechend der Vorgaben der TA Luft. Gemäß Nr. 4.6.2.5 der TA Luft ist das Beurteilungsgebiet die Fläche, die sich vollständig innerhalb eines Kreises um den Emissionsschwerpunkt mit einem Radius befindet, der dem 50-fachen der tatsächlichen Schornsteinhöhe entspricht und in der die Zusatzbelastung im Aufpunkt mehr als 3,0 von Hundert des Langzeitkonzentrationswertes beträgt (Radius mindestens 1 km).

6.5.1 Anlagendaten

Art der beantragten Genehmigung. Genehmigung nach Anhang Nr. 8.1 a) Spalte 1 der 4. BImSchV in Verbindung mit der 17. BImSchV unter Anwendung von § 19, Abs. 1 der 17. BImSchV.

Standort. Der Standort der Anlage liegt im Bundesland Y. Das Flurstück hat die Nummer XXX/YY.

Anlagendaten. Die zu bauenden Feuerungsanlage hat einem Durchsatz von 2 × 300 kg/h. Der Anlagentyp ist eine Wirbelschichtverbrennung. Die Abgasreinigung wird quasi trocken realisiert.

Brennstoffe. In der Anlage werden Abfälle mit einem Heizwert von 15 bis 45 MJ/kg verwertet. Darüber hinaus wird als Stützbrennstoff Erdgas eingesetzt

6.5.2 Standort-, Anlagen- und Verfahrensbeschreibungen

Standortbegründung. Der Neubau der thermischen Aufbereitungsanlage für Abfälle mit einer Durchsatzleistung von 2 × 300 kg/h ist in dem Industriegebiet A geplant. Der konkret vorgesehene Anlagenstandort befindet sich im nördlichen Bereich dieses Industriegebietes östlich der BAB XY direkt an einer Kiesgrube an der A-Straße 20. Das Industriegebiet kann wie folgt charakterisiert werden:

- Gebietscharakter GI gem. § 9 BauNVO ohne Beschränkungen
- Grundflächenzahl GRZ 0,6
- Baumassenzahl BMZ 6,5
- Großzügige Baugrenzen parallel zur straßenseitigen Grundstücksgrenze

Der Standort in einem Industriegebiet wird bereits industriell zur Behandlung von Abfällen genutzt. Der Standort zeichnet sich ferner durch eine gute Verkehrsanbindung aus, wodurch Umwelteinwirkungen durch Verkehr minimiert werden.

Anlagenbeschreibung. Es soll ein als Verbrennungsofen konzipiertes Zweikammersystem zum Einsatz kommen. Dadurch ist eine eindeutige Zuordnung zwischen Einsatzstoff und Ascheprodukt gewährleistet. Das Ofensystem ist mit je zwei vollautomatischen Beschickungsöffnungen ausgerüstet, über die das Behandlungsgut aufgegeben wird und nach Verschließen des Ofenraumes mit Unterstützung des Hauptbrenners verbrannt wird.

Das im Feuerraum entstehende Abgas gelangt in die Nachbrennkammer. In Abhängigkeit des Verbrennungsablaufes (d. h. den sich einstellenden Nachverbrennungstemperaturen und CO-Ausbrandkonzentrationen) wird die Verbrennung nach Bedarf durch die Stützfeuerung unterstützt.

Das aus dem Ofen austretende Abgas wird zunächst in einem Wärmeübertragerturm abgekühlt. Die dabei frei werdende Wärmemenge wird über Wärmeübertragerbündel einem geschlossenen Wärmekreislauf zugeführt und von dort über einen Rückkühler an die Umgebung abgegeben. Um die Durchmischung der Additive mit dem Abgas und damit die Effektivität der Schadstoffabscheidung zu steigern, kommt ein Zyklonreaktor zur Anwendung.

Schließlich durchströmt das mit den Additiven durchmischte Abgas einen Gewebefilter. Dort werden die festen Inhaltsstoffe, Stäube und die mit Schadstoffen beladenen Additive abgeschieden und einer Verwertung unter Tage zugeführt.

6.5.3 Beurteilung der Emissionssituation

Gemäß § 5 BImSchG ist eine Anlage so zu betreiben, dass eine Vorsorge gegen schädliche Umwelteinwirkungen getroffen wird. Inwieweit diese Vorsorge bei der hier zu betrachtenden Anlagen verwirklich wird, ist durch die Betrachtung der zu erwartenden maximalen Emissionskonzentration (Stand der Technik der Emissionsminderung) und durch eine Überprüfung der Abgasableitbedingungen zu erbringen.

Emissionsbegrenzende Anforderung. In der 17. BImSchV sind Emissionsbegrenzungen aufgeführt, die den Stand der Technik repräsentieren und sogenannte Vorsorgewerte darstellen. Diese Werte unterliegen einer ständigen Dynamisierung, die z. B. durch Empfehlungen des Länderausschusses für Immissionsschutz (LAI) konkretisiert werden

Emissionsrelevante Kenndaten. Hier folgt die Zusammenstellung der emissionsrelevanten Kennzahlen der Anlage.

Zusammenfassung und Beurteilung der Emissionen. Die TA Luft geht davon aus, dass eine Immissionsprognose grundsätzlich erfolgen muss.

6.5.4 Immissionsvorbelastungsmessungen im Untersuchungsraum

Zusätzliche Informationen bezüglich der Vorbelastungen im Untersuchungsraum können den Immissionsvorbelastungsmessungen entnommen werden, welcher die Gutachterin im Untersuchungsraum durchgeführt hat. Über die Forderungen der Genehmigungsbehörde hinaus wurden auf Wunsch benachbarten Kommunen noch fünf weitere Messstandorte in das Untersuchungsprogramm aufgenommen.

Messergebnisse. Nachfolgend werden die Messergebnisse dargestellt.

Umgebungsluftmessung. Die Luftqualität wurde am Messpunkt über den Zeitraum von einem Jahr fortlaufend gemessen. Tabelle 6.1 zeigt die Messergebnisse für den Messzeitraum.

Metalle im Schwebstaub PM10. Die Ermittlung der Metalle erfolgte aus Monatsmischproben der Schwebstaub PM10-Proben. Tabelle 6.2 erhält die Mittelwerte über den Messzeitraum für den Standort.

Tabelle 6.1 Messergebnisse der Umgebungsluftmessungen

		Mittelwert	Anteil vom Beurteilungswert	Beurteilungswert	Quelle
Stickstoffdioxid NO_2	$\mu g/m^2$	23,0	58%	40,0	TA Luft
Schwebstaub PM10	$\mu g/m^2$	17,0	43%	40,0	TA Luft
Staubniederschlag STN	$mg/(m^2d)$	35,00	10%	350,0	TA Luft

Tabelle 6.2 Messergebnisse für den Messzeitraum bezogen auf die Umgebungsbedingungen

		Mittelwert	Anteil vom Beurteilungswert	Beurteilungswert	Quelle
Arsen (As)	ng/m^3	0,80	13%	6,0	EU-Grenzwert, LAI
Cadmium (Cd)	ng/m^3	0,18	4%	5,0	EU-Grenzwert, LAI
Cobalt (Co)	ng/m^3	0,10	1%	20,0	HLUG
Chrom (Cr)	ng/m^3	1,80	11%	17,0	LAI
Kupfer (Cu)	ng/m^3	7,00	1%	1000,0	1/100 MAK
Mangan (Mn)	ng/m^3	5,60	4%	150,0	WHO
Nickel (Ni)	ng/m^3	1,00	5%	20,0	EU-Grenzwert, LAI
Blei (Pb)	ng/m^3	5,70	1%	500,0	EU-Grenzwert, LAI
Antimon (Sb)	ng/m^3	1,50	0%	5000,0	1/100 MAK
Thalium (Ti)	ng/m^3	0,10	2%	5,0	VDI 2267 5–20 ng/m^3
Zinn (Sn)	ng/m^3	1,70	0%	2000,0	1/100 MAK
Vanadium (V)	ng/m^3	0,60	3%	20,0	LAI

Depositionsmessungen Metalle im Staubniederschlag. Der Staubniederschlag wurde jeweils über 30 ± 2 Tage als Monatsprobe gesammelt und auf Schadstoffe im Staubniederschlag untersucht. Tabelle 6.3 zeigt die Messergebnisse für den vorliegenden Messzeitraum.

Bewertung. Für die Bewertung sind die Messergebnisse den Beurteilungswerten gegenübergestellt (Tabellen 6.1, 6.2 und 6.3). Nicht für alle Messkomponenten liegen Beurteilungswerte mit gesetzlichem Charakter vor. Ergänzend sind deshalb Beurteilungswerte weiterer Quellen herangezogen worden.

Umgebungsluftmessung. Abbildung 6.3 zeigt die gas- und staubförmigen Schadstoffe bezogen auf den Beurteilungswert. Diese Graphik stellt den jeweiligen Beurteilungswert dar, der zum Schutz der menschlichen Gesundheit in der TA Luft festgelegt wurde. Der rote Anteil zeigt den gemessen Wert am Standort und wie weit der Beurteilungswert ausgeschöpft wird. Die Immissionswerte der TA Luft werden damit sicher eingehalten. Die Immissionswerte für Stickstoffoxid und Schwebstaub PM10 kommen erwartungsgemäß den Immissionswerten am nächsten. Die Jahreskenndaten liegen bei maximal 58 % des Jahresimmissionswertes.

Staubinhaltsstoffe im Schwebstaub PM10. Die Ergebnisse für die Messkomponenten Staubinhaltsstoffe, Metalle im Schwebstaub mit Immissionswert der TA Luft bzw. EU-Grenzwerte, LAI, 1/100 MAK und HLUG zeigt Abb. 6.4. Auch hier bleiben die ermittelten Schadstoffkonzentrationen weit unter den jeweiligen Beurteilungswerten.

Tabelle 6.3 Staubniederschlag (STN), Metalle

		Mittelwert	Anteil vom Beurteilungswert	Beurteilungswert	Quelle
Arsen (As)	$\mu g/(m^2d)$	0,50	13%	4,0	TA Luft
Cadmium (Cd)	$\mu g/(m^2d)$	0,10	5%	2,0	TA Luft
Cobalt (Co)	$\mu g/(m^2d)$	0,20	4%	5,0	HLUG
Chrom (Cr)	$\mu g/(m^2d)$	1,20	1%	82,0	BBodSchV
Kupfer (Cu)	$\mu g/(m^2d)$	5,80	6%	99,0	BBodSchV
Mangan (Mn)	$\mu g/(m^2d)$	15,10			
Nickel (Ni)	$\mu g/(m^2d)$	1,10	7%	15,0	TA Luft
Blei (Pb)	$\mu g/(m^2d)$	7,90	8%	100,0	TA Luft
Antimon (Sb)	$\mu g/(m^2d)$	0,30	3%	10,0	HLUG
Zinn (Sn)	$\mu g/(m^2d)$	1,20			
Thalium (Ti)	$\mu g/(m^2d)$	0,20	10%	2,0	TA Luft
Vanadium (V)	$\mu g/(m^2d)$	1,10	1%	100,0	HLUG
Quecksilber (Hg)	$\mu g/(m^2d)$	0,31	31%	1,0	TA Luft

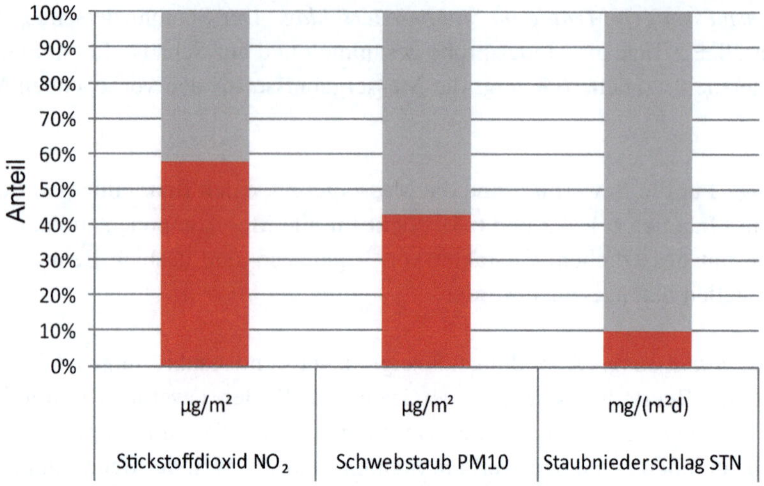

Abb. 6.3 Gas- und staubförmige Schadstoffe bezogen auf den Beurteilungswert

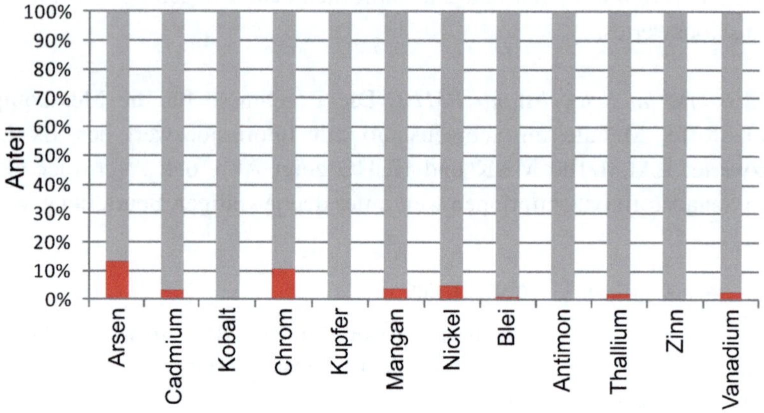

Abb. 6.4 Staubinhaltsstoffe im Schwebstaub PM10

Depositionsmessungen. Die Ergebnisse für die Depositionen von Metallen mit Immissionswert in der TA Luft, BBodSchV und HLUG zeigt Abb. 6.5. Danach liegen die Jahresmittelwerte für Staubniederschlag insgesamt weit unter dem Immissionswert der TA Luft. Die Immissionswerte der TA Luft für die Deposition von Schadstoffen sowie die Maßnahmewerte der BBodenSchV werden von allen Messkomponenten deutlich unterschritten. Für die Deposition von Quecksilber wird die höchste Depositionsrate gemessen; sie erreicht 31 % des TA Luft-Wertes.

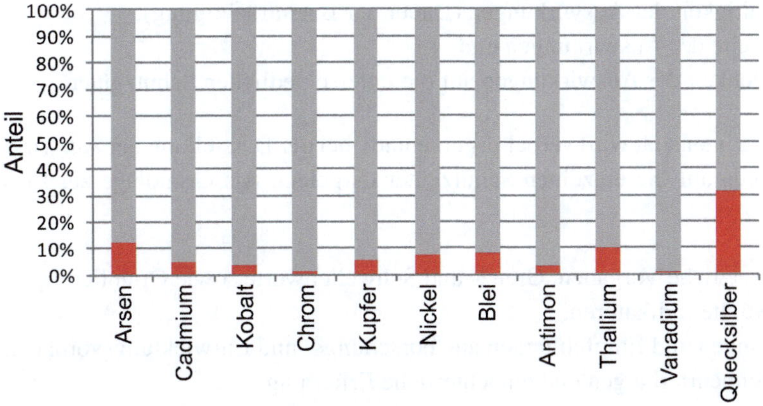

Abb. 6.5 Staubinhaltsstoffe im Staubniederschlag

6.5.5 Ermittlung und Beschreibung der Umweltauswirkungen

Inhalt und Methodik. Die Wirkungen der geplanten Anlage sind nach ihrer Art, Intensität, räumlichen Ausbreitung und Dauer des Auftretens bzw. des Einwirkens für die einzelnen Schutzgüter gemäß dem UVPG zu beurteilen. Sie können sich sowohl belastend als auch entlastend auswirken. Grundlagen zur Ermittlung der projektbedingten Auswirkungen sind die technischen Planungen.

Die vom Vorhaben ausgelösten Auswirkungen werden durch sogenannte Wirkfaktoren, die durch den Bau, die Anlage oder durch den Betrieb entstehen können, verursacht. Wirkfaktoren sind somit Einflussgrößen, die das Vorhaben auf den Zustand der Umwelt und deren Entwicklung haben kann. Einzelne Wirkfaktoren stehen in enger Verbindung zueinander; ggf. kann es erforderlich sein, diese bei der Analyse der Auswirkungen auf die Schutzgüter gemeinsam zu betrachten.

Bei der Ermittlung der projektbedingten Auswirkungen auf die einzelnen Schutzgüter wird grundsätzlich unterschieden zwischen

- Funktionsverlust (Totalverlust der Funktion) und
- Funktionsbeeinträchtigung durch spezifische projektbedingte Wirkfaktoren.

Die Beurteilung des Funktionsverlustes eines Schutzgutes wird in der Regel entsprechend der Funktionsfähigkeit bzw. der Empfindlichkeit des jeweiligen Schutzgutes vorgenommen. Die Wirkintensität entspricht in diesen Fällen 100 %. Für die Beurteilung der Funktionsbeeinträchtigung werden zwei Beurteilungsschritte vorgenommen.

Ermittlung der Wirkintensität der Wirkfaktoren. Für die relevanten Wirkfaktoren erfolgt eine Einschätzung der Wirkintensität unter Berücksichtigung der folgenden Kriterien:

- Nachhaltigkeit der Auswirkungen (Dauer der Beeinträchtigung),
- Reichweite der Auswirkungen und
- Erheblichkeit der Auswirkungen auf die unterschiedlichen Schutzgüter.

Die Wirkintensität wird verbal-argumentativ bei der Darstellung der Auswirkungen der Wirkfaktoren auf die einzelnen Schutzgüter dargelegt. Als Grundlage zur Einschätzung dienen

- fachgesetzliche Vorgaben, Grenz- und Schwellenwerte sowie Orientierungswerte,
- ausgewählte Indikatoren,
- Erfahrungen und Empfehlungen aus Forschungs- und Entwicklungsvorhaben sowie
- Expertenbeurteilungen und gutachterliche Erfahrung.

Die Auswirkungsprognose wird für die einzelnen Schutzgüter und ihre relevanten Wirkfaktoren tabellarisch dargestellt. Unter Berücksichtigung der dargestellten Kriterien wird eine vierstufige Bewertung der Auswirkungen vorgenommen. Diese zeigt Tabelle 6.4.

Ermittlung der projektbedingten Wirkfaktoren. Nachfolgend wird dargestellt, wie sich die projektbezogenen Wirkfaktoren ermitteln.

Baubedingte Wirkfaktoren. Baubedingte Wirkfaktoren werden durch den Bau der Anlage ausgelöst und treten zeitlich begrenzt auf. Sie lassen sich im Einzelnen durch folgende Angaben hinsichtlich der Größenordnungen charakterisieren.

- Flächeninanspruchnahme
  Die Bauabwicklung wird auf dem vorhandenen Werkgelände stattfinden.
  Betroffen sind keine Schutzgüter wie Tiere und Pflanzen, Boden und Wasser.
- Schadstoff- und Staubemissionen
  Schadstoffeinträge im Bereich der Baustelle sowie dessen Umgebung sind durch die Verbrennungsrückstände der Baumaschinen und des Baustellenverkehrs, durch Staubentwicklungen sowie durch Tropfverluste von Schmier- und Treibstoffen und Störfälle mit umweltgefährdenden Stoffen potenziell möglich. Es wird vorausgesetzt, dass

Tabelle 6.4 Bewertungsmatrix für die relevante Wirkung des geplanten Vorhabens

Stufe	Auswirkungsintensität	Erläuterung der Auswirkungen
1	Geringe bis nachrangige Auswirkungen	keine bzw. kaum feststellbare Beeinträchtigungen der jeweiligen Schutzgüter
2	mittlere Auswirkungen	mäßige Beeinträchtigung von Schutzgütern
3	hohe Auswirkungen	große Beeinträchtigung von Schutzgütern absehbar
4	sehr hohe Auswirkungen	sehr große Beeinträchtigung von Schutzgütern, verbunden mit existenziellen Gefährdungen

Schad- und Staubentwicklungen während der Bauzeit nach dem Stand der Technik vermieden bzw. auf ein Minimum beschränkt werden.
Von diesem Wirkfaktor könnten potenziell die Schutzgüter Tiere und Pflanzen, Boden und Wasser betroffen sein.

- Lärmemissionen
  Erhöhte Lärmemissionen sind durch den Baumaschinenbetrieb und Baustellenverkehr zu erwarten. Es wird davon ausgegangen, dass gemäß BImSchG und der Allgemeinen Verwaltungsvorschrift Baustellenbau zum Schutz gegen Baulärm Schallemissionen nach dem Stand der Technik vermieden bzw. auf ein Mindestmaß beschränkt werden. Derzeit ist über die zum Einsatz kommenden Baumaschinen, Bautätigkeit etc. noch wenig bekannt.
  Von diesem Wirkfaktor könnten potenziell die Schutzgüter Mensch und Tiere betroffen sein.
- Unfälle
  Während der Baudurchführung kann es potenziell zu umweltgefährdenden Unfällen kommen.
  Dieser Wirkfaktor wird nicht berücksichtigt, da davon auszugehen ist, dass durch Schutzmaßnahmen das Risiko minimiert wird.

Anlagebedingte Wirkfaktoren. Anlagebedingte Wirkfaktoren sind im Gegensatz zu den baubedingten von Dauer. Es handelt sich hierbei um statische Eingriffsgrößen, die kaum variabel sind und von den Entwurfsmerkmalen der geplanten Anlage bestimmt werden. Dies sind z. B.

- Flächeninanspruchnahme/Flächenversiegelung,
- visuelle Veränderung.

Betriebsbedingte Wirkfaktoren. Betriebsbedingte Wirkfaktoren entstehen rein aus dem Betrieb der Anlage. Sie sind ebenso wie die anlagebedingten Wirkungen von Dauer. Das Ausmaß der betriebsbedingten Wirkfaktoren richtet sich maßgeblich nach der Größe sowie der technischen Bauweise der Anlage.

- Schadstoffemissionen
  Mit dem Betrieb der Anlage entstehen Schadstoffemissionen, die in den Lufthaushalt abgegeben werden. Als Beurteilungsgrundlagen werden die TA Luft, die Orientierungswerte des LAI sowie die GIRL hergezogen. Die wesentliche Quelle für die Entstehung von Schadstoffen durch den Ofenbetrieb ist im Kapitel 6.3 aufgeführt. Mikrobielle Emissionen in relevanter Größenordnung können aufgrund des Brennstoffmaterials ausgeschlossen werden.
  Emissionen des anlagenbedingten Verkehrs (Anlieferung Brennstoffe, An- und Abtransport von Betriebs- und Reststoffen, Personal etc.) sind aufgrund geringster Veränderungen und geringer Massenströme zu vernachlässigen.

- Lärmemissionen
  Lärmemissionen durch den Anlagenbetrieb sind zum einen im Bereich der Straße sowie des Werksgeländes, aufgrund des zusätzlichen Verkehrs, zu erwarten. Im Verhältnis zu den Vorbelastungen sind die Wirkungen durch die Zunahme des Verkehrs als gering zu bewerten. Zum anderen sind durch den Betrieb der Anlage selbst potenzielle Schallquellen vorhanden. Dazu gehören im geringen Umfang der Entlade- und Anlieferungsbereich (durch das Einfahren und Entladen von Lkw) sowie der Kamin (durch die Ableitung der Abgase).
  Dieser Wirkfaktor ist hinsichtlich der Auswirkungen auf die Schutzgüter Mensch und Schutzgut Tiere als gering einzustufen.
- Lichtemissionen
  Der Betriebsablauf erfordert unabhängig vom Betrieb die Beleuchtung des Werkgeländes.
  Hier entstehen keinen neuen Lichtimmissionen.
- Unfälle
  Es sind verschiedene Störungen des bestimmungsgemäßen Betriebs der Anlage denkbar. Im Ergebnis ist festzustellen, dass bei den nicht auszuschließenden Ereignissen wie Brand in der Brennstoffaufgabe oder Ausfall der Abgasreinigung keine ernsthaften Gefahren zu erwarten sind. Andere denkbare Störungen sind vor dem Hintergrund der Vorkehrungen zur Verhinderung von Störungen als vergleichsweise unwahrscheinlich, als zeitlich sehr begrenzt oder bezüglich der Freisetzungsraten von Schadstoffen von geringer Relevanz einzustufen und daher in ihrer potenziellen Auswirkung tendenziell als wenig bedeutsam anzusehen. Das Unfallrisiko ist insgesamt nach dem heutigen Stand der Technik durch die technischen Schutzvorkehrungen eingegrenzt.
  Bei der weiteren Betrachtung wird dieser Wirkfaktor daher nicht berücksichtigt.

Zusammenfassung der Konfliktanalyse. In der vorliegenden Konfliktanalyse werden die unterschiedlichen Wirkfaktoren des Vorhabens im Hinblick auf ihr jeweiliges Auswirkungs- und Gefährdungspotenzial beschrieben. Nun ist zu prüfen, ob diese Wirkfaktoren auf ggf. erhöhte Empfindlichkeiten der einzelnen Schutzgüter treffen. Hierzu werden zunächst die Umwelt und deren Bestandteile (Schutzgüter) im Ist-Zustand detailliert dargestellt und die jeweilige Empfindlichkeit ermittelt. Anschließend werden die Auswirkungen des Vorhabens – ggf. anhand der Ergebnisse – ermittelt und bewertet. Hierbei wird zwischen der Bauphase, der Anlage als solcher sowie dem eigentlichen Anlagenbetrieb differenziert. Neben den Schutzgütern Luft, Klima, Tiere und Pflanzen, Boden, Wasser, Landschaft, Kultur und sonstige Sachgüter steht der Mensch, insbesondere die menschliche Gesundheit als höchstes Rechtsgut, abschließend im Mittelpunkt der Bewertung. Die Darstellung und Diskussion der Wechselwirkungen rundet schließlich die Umweltverträglichkeitsuntersuchung ab.

6.5.6 Schutzgut Tiere, Pflanzen, Biotope und biologische Vielfalt

Im Vordergrund dieser Betrachtung stehen wild lebende Pflanzen und Tiere einschließlich ihrer Lebensstätten (Biotope). Die besondere Stellung der Pflanzen und Tiere im Ökosystem ergibt sich durch ihren entscheidenden Beitrag zur Aufrechterhaltung der natürlichen Stoff- und Energiekreisläufe. Darüber hinaus besteht eine besondere Bedeutung der Pflanzen und Tiere durch ihre Erholungs- und Erlebniswirkung auf den betrachtenden Menschen und ihre Regulationsfähigkeit. Wild lebende Pflanzen und Tiere einschließlich ihrer Lebensstätten sind aus diesen Gründen nach §§ 1 und 2 BNatSchG in ihrer natürlich und historisch gewachsenen Artenvielfalt nachhaltig zu sichern und zu schützen.

Nachfolgend werden die entsprechenden Beurteilungsgrundlagen kurz dargestellt.

- Gesetz über Naturschutz und Landschaftspflege (Bundesnaturschutzgesetz – BNatSchG) § 1 Nr. 3 Schutz, Pflege und Entwicklung der Pflanzen- und Tierwelt § 2 Abs. 1 Nr. 9; Erhaltung der Leistungsfähigkeit des Naturhaushaltes und Unterlassung von Beeinträchtigungen §§ 22 bis 38 Schutz, Pflege und Entwicklung bestimmter Teile von Natur und Landschaft §§ 39 bis 42 Schutz und Pflege wild lebender Tier- und Pflanzenarten.
- Verordnung zum Schutz wild lebender Tier- und Pflanzenarten (Bundesartenschutzverordnung – BArtSchV) besonderer Schutz bzw. strenger Schutz der gekennzeichneten Tier- und Pflanzenarten.
- Richtlinie 92/43/EWG – Fauna-Flora-Habitat-Richtlinie (FFH) der EU Die Arten der Fauna-Flora-Habitat-Richtlinie („FFH-Arten") sind in § 10 Abs. 2 Nr. 7 Bundesnaturschutzgesetz (BNatSchG) als „Arten von gemeinschaftlichem Interesse" definiert. Es handelt sich um Tier- und Pflanzenarten, die in den Anhängen II, IV oder V der Richtlinie 92/43/EWG (Fauna-Flora-Habitat-Richtlinie) aufgeführt sind.
- Richtlinie 79/409/EWG (Vogelschutz-Richtlinie) Die „europäischen Vogelarten" sind in § 10 Abs. 2 Nr. 9 Bundesnaturschutzgesetz (BNatSchG) definiert als „in Europa natürlich vorkommende Vogelarten". Nach Artikel 1 der Vogelschutz-Richtlinie handelt es sich hierbei um alle wildlebenden Vogelarten, die in Europa heimisch sind. Alle europäischen Vogelarten erlangen pauschal den Schutzstatus einer „besonders geschützten Art" (vgl. § 10 Abs. 2 Nr. 10 BNatSchG). Darüber hinaus werden einige dieser Arten zugleich als „streng geschützte Arten" ausgewiesen (vgl. § 10 Abs. 2 Nr. 11 BNatSchG). Hierbei handelt es sich um alle Vogelarten, die in Anhang A der Verordnung (EG) Nr. 338/97 (EU Artenschutzverordnung) oder Anlage 1, Spalte 3 der Bundesartenschutzverordnung aufgeführt sind.
- Gesetz über den Schutz der Natur, die Pflege der Landschaft und die Erholung in der freien Natur (Bayrisches Naturschutzgesetz – (BayNatSchG)).
- Gesetz zum Schutz vor schädlichen Umwelteinwirkungen durch Luftverunreinigungen, Geräusche, Erschütterungen und ähnliche Vorgänge (Bundes-Immissionsschutzgesetz – BImSchG) § 1 Schutz und Pflege der Tiere vor schädlichen Umwelteinflüssen.
- Rote Listen.
- TA Luft, insb. Nr. 4.4.1 und 4.4.2.

Ausgehend davon erfolgt nun die Zustandsanalyse für einzelne Kompartimente.

Potenzielle natürliche Vegetation in der Gemarkung. Auf höher gelegenen, trockeneren Böden bilden Eichen-Birkenwälder und Buchenwälder die potenzielle natürliche Vegetation. Auf nährstoffarmen Sandböden ist der Eichen-Birkenwald (Betulo-Quercetum) verbreitet, der in seiner feuchten Ausbildung (Betulo-Quercetum alnetosum) zu den Auen- und Bruchwäldern überleitet. Lokal auf nährstoffreicheren Böden mit einem höheren Lehmanteil wird der Eichen-Birkenwald vom Buchen-Eichenwald (Fago-Quercetum) abgelöst. Die Buche gewinnt auf anspruchsvollen Böden immer stärker die Dominanz bis sie schließlich aufgrund ihrer hohen Konkurrenzkraft als Schattholzart reine Buchenwälder (Fagion sylvaticae) ausbildet. Je nach den lokal vorherrschenden ökologischen Standorteigenschaften lassen sich verschiedene Waldtypen mit eigenständigem Habitus ausdifferenzieren.

Auffallend sind die zahlreichen Binnendünen im Untersuchungsraum. Solange der Sand durch vorherrschende Winde in Bewegung gehalten wird, sind offene, vegetationslose Flächen anzutreffen. Erst mit der Ansiedlung von Pionierarten der Trockenrasen (Sandmagerrasen) können die bewegten Sandflächen festgelegt werden. Eine ungestörte Weiterentwicklung kann bis zum Birken-Eichenwald (Betulo-Quercetum) bzw. an steilen, warmtrockenen Standorten zu thermophilen Eichenmischwäldern erfolgen. Im Vorland des Hahnenkamms sind reine Labkraut-Eichen-Hainbuchenwälder und Buchenwälder die potenzielle natürliche Vegetation.

Ein Großteil der Wälder wurde gerodet, um landwirtschaftliche Nutzflächen zu gewinnen. Auf den Böden feuchter Standorte wird vorrangig Grünlandwirtschaft betrieben, während die trockeneren, nährstoffreichen Böden für den Ackerbau genutzt werden. Die wenig ergiebigen Flugsandfelder und Binnendünen sind überwiegend mit Kiefernwäldern aufgeforstet. Die natürlichen Laubwälder wurden forstwirtschaftlich in Kiefern- und Fichtenmonokulturen umgewandelt. Erst in jüngster Zeit werden zunehmend Mischwälder angebaut. An den Hanglagen des Hahnenkamms sind Obstbaumwiesen und Weinkulturen angelegt.

Biotop- und Nutzungsstrukturen. Im Anschluss an das Untersuchungsgebiet ist eine Vielzahl von Biotoptypen vorhanden, von denen einige selten und hochgradig schützenswert sind. Zum Großteil sind diese in Naturschutz-, Landschaftsschutz- oder FFH-Gebieten unter gesetzlichen Schutz gestellt. Insgesamt wurden folgende wesentliche Biotoptypen erfasst:

- Stillgewässer,
- Uferstaudenflur,
- Bruchwald,
- Streuobstwiesen,
- Hecken, Feldgehölze,
- Wald (Laub-, Misch- und Nadelwald),

- Acker, Grünland (Wiese, Weide), Weinbau,
- Sandmagerrasen, Halbtrockenrasen,
- Zwergstrauchheiden.

Das enge Nebeneinander verschiedener Biotoptypen schafft unterschiedliche Lebensbedingungen für zahlreiche Pflanzen- und Tierarten. Unter ihnen sind nach Anhang II und IV FFH-RL [6.22] und nach § 1 BArtSchV (2005) [6.23] besonders geschützte Arten, die entsprechend ihrer Seltenheit und Gefährdung Eingang in die Roten Listen gefunden haben.

In der Umgebung sind abwechslungsreiche Lebensräume für Pflanzen und Tiere vorhanden. Von besonderer Bedeutung sind Baum- und Strauchgruppen aus Schwarzerlen, Eschen und Weidenarten entlang der Bach- und Flussläufe.

Für die Avifauna von Bedeutung sind insbesondere Hecken und Gehölze als Gliederungselemente landwirtschaftlicher Nutzflächen. Als Gehölze kommen u. a. Schlehe, ein- und zweigriffeliger Weißdorn, Holunder, Kratzbeere, Brombeere, Besenginster, Hundsrose, Weinrose und Felsenbirne vor. Seltene und stark gefährdete Biotope sind die Binnendünen und Flugsandfelder mit speziell angepassten Tierarten und Trockenvegetation. Im Naturschutzgebiet sind standortcharakteristische Artengruppen vorhanden. Hervorzuheben sind schließlich noch die wertvollen Streuobstwiesen.

Schutzgebiete. Die Landschaft im Ballungsraum ist einem hohen Siedlungsdruck, dem weiteren Ausbau der Infrastruktur sowie in Teilen der intensiven landwirtschaftlichen Nutzung ausgesetzt. Schutz- und erhaltungswürdige Naturräume sind die Waldgebiete.

Natura 2000 Gebiete. Unter Natura 2000 ist das europäische Schutzgebietssystem zu verstehen, welches sich aus FFH-Gebieten nach Fauna-Flora-Habitat-Richtlinie (FFH-RL) (auch als „Special Areas of Conservation" (SAC) bezeichnet) und den Europäischen Vogelschutzgebieten nach Vogelschutz-Richtlinie (auch als „Special Protection Areas" (SPA) bezeichnet) zusammensetzt. Mit der Ausweisung des Natura 2000-Netzes wird das Ziel verfolgt, Schutz, Erhalt und Entwicklung der in den Anhängen der Richtlinien aufgeführten Arten und Lebensraumtypen in den genannten Gebieten zu gewährleisten.

Biologische Vielfalt. Unter biologischer Vielfalt ist nach dem Übereinkommen über die biologische Vielfalt (engl. Convention on Biological Diversity – CBD) die Variabilität der lebenden Organismen und der ökologischen Komplexe, zu denen sie gehören, zu verstehen. Die biologische Vielfalt umfasst damit die Vielfalt innerhalb der Arten und zwischen den Arten und die Vielfalt der Ökosysteme bzw. Lebensräume sowie die Variabilität unter lebenden Organismen jeglicher Herkunft und die ökologischen Komplexe, zu denen sie gehören. Die Konvention befasst sich sowohl mit wild lebenden als auch mit domestizierten Arten und deren innerartlichen Variabilität.

Im Norden des Untersuchungsraums sind von Nord nach Süd zusammenhängende Waldgebiete vorhanden. Die Schadstoffbelastungen von Industrieanlagen und Verkehrswegen sind zu berücksichtigen. Der extreme Rückgang der Schwefeldioxid-Konzentrationen in der Luft seit den 1980er Jahren zeigt den Erfolg der bundesweit durchgeführten emissionsmindernden Maßnahmen. Auf Grund der geringen Verweilzeit von Stickstoffmonoxid in der Atmosphäre und der großen Entfernung zu den Quellgebieten sind die Waldstandorte deutlich geringer durch Stickstoffoxide belastet. Die Jahresmittelwerte an den Waldmessstationen sind seit Beginn der Messungen kontinuierlich rückläufig und liegen seit 2000 zwischen 9 und 13 $\mu g/m^3$.

Bewertung der Bedeutung und Empfindlichkeit. Die Schutzwürdigkeit des Schutzgutes Tiere, Pflanzen, Biotope und biologische Vielfalt ist durch die Naturnähe der Biotope und das Vorkommen gefährdeter Arten gegeben.

Im Hinblick auf Eutrophierung sind den potenziell betroffenen Lebensräumen eine hohe (Sandmager- und Halbtrockenrasen) bis mittlere (Wälder, Feuchtbiotope) bzw. geringe (Ruderalflur, Hecken) Empfindlichkeit zuzuordnen.

Gegenüber dem Belastungsfaktor Versauerung ist bei Wäldern von einer hohen, bei Trocken- und Halbtrockenrasen sowie Hecken und Gebüschen eher von einer geringen Empfindlichkeit auszugehen.

Als schutzwürdig sind sämtliche Biotope, die nach § 30 BNatSchG besonders geschützt sind, einzustufen. Beispielsweise sind offene Sandflächen, Sandmagerrasen, Halbtrockenrasen und Zwergstrauchheiden als Lebensraum für spezifische Pflanzen und Tiere trockener Standorte schutzwürdig.

Auswirkungsprognose. Auf der Grundlage der beschriebenen Projekt-Wirkungen ergeben sich für das Schutzgut Tiere, Pflanzen, Biotope und biologische Vielfalt eine potenzielle Betroffenheit durch:

- Flächeninanspruchnahme,
- die Immissionen von Luftschadstoffen,
- die Immissionen von Schall und
- die Immissionen von Licht.

Flächeninanspruchnahme. Das Vorhaben soll auf dem bereits genutzten Gelände umgesetzt werden. Dabei werden keine neuen Flächen in Anspruch genommen.

Immissionen durch Luftschadstoffe. Einzelpflanzen und Pflanzengesellschaften können durch Immissionen von Luftschadstoffen direkt oder durch wässrige Lösungsprodukte (z. B. saure Niederschläge) geschädigt werden. Direkte Wirkungen werden insbesondere durch gasförmige anorganische Verbrennungsprodukte wie z. B. SO_2, NO_x (als NO_2) und F (für HF und F-Verbindungen) hervorgerufen. Als Bewertungsgrundlage dienen die in der TA Luft im Abschn. 4.5 zum Schutz der Vegetation und von Ökosystemen genannten Immissionswerte für diese Luftschadstoffe. Bei einer Unterschreitung der in der TA Luft in Kapitel 4 genannten Bagatellgrenzen oder bei einer geringen Vorbelastung „kann davon ausgegangen werden, dass schädliche Umwelteinwirkungen durch die Anlage nicht hervorgerufen werden können." Erhebliche Nachteile für Ökosysteme und die Vegetation sind entsprechend bei der Realisierung der Anlage nicht zu erwarten.

Luftschadstoffe wirken nicht nur direkt über die Luft, sondern schädigen nach ihrer Ablagerung (Deposition) auch Ökosysteme. Sie werden gasförmig, als Partikel oder in Niederschlag und Luftfeuchtigkeit gelöst eingetragen.

Immissionen von Schall. Schallimmissionen können für Lebensräume lärmempfindlicher Tierarten, dazu zählen insbesondere Vögel, zu einer Abnahme der Eignung des Lebensraums führen. Es kann ausgeschlossen werden, dass es in den entfernter liegenden Schutzgebieten zu Einschränkungen der Lebensraumfunktion durch die Geräuschimmissionen des Vorhabens kommt, da es keine relevante Erhöhung der Geräuschimmissionen gibt.

Immissionen von Licht. Durch den geplanten Betrieb wird keine Aufhellung in der Umgebung hervorgerufen

6.5.7 Schwierigkeiten bei der Zusammenstellung der Angaben

Die Berechnungsgrundlage für die Emissionen der geplanten Anlage basieren auf den Messungen einer vergleichbaren Anlagen. Eine erneute faunistische Bestandsaufnahme wurde nicht durchgeführt, so dass die Einschätzung der Bedeutung der Fläche für die Tierwelt auf Basis bestehender Untersuchungen abgeleitet wurde. Gleichzeitig liegen umfangreiche umweltbezogene und für das Vorhaben relevante Informationen aus Untersuchungen (Grünordnungsplan, Biotoptypenkartierung) und aus Themenkarten vor, die es erlauben, eine Einschätzung der zu erwartenden Umweltfolgen vorzunehmen.

6.5.8 Zusammenfassende Bewertung des Vorhabens

Die Gesellschaft plant am Standort A den Neubau einer thermischen Verwertungsanlage. Die Anlage ist der Nr. 8.1.1.1 des Anhangs der 4. BImSchV zuzuordnen und ist somit genehmigungsbedürftig nach Bundes-Immissionsschutzgesetz. Des Weiteren fällt die Anlage unter Nr. 8.1.1.1 Spalte 1 der Anlage 1 des Gesetzes über die Umweltverträglichkeitsprüfung (UVPG) und bedarf daher einer Umweltverträglichkeitsprüfung (UVP).

Vor diesem Hintergrund wurden im Rahmen einer gutachterlichen Umweltverträglichkeitsuntersuchung (UVU), die hier als Beispiel diskutiert wurde, die zu erwartenden Auswirkungen auf die Umwelt mit ihren Schutzgütern Mensch, Tiere und Pflanzen, Boden, Wasser und Luft, Klima und Landschaft untersucht. Der Mensch gilt dabei als oberstes Schutzgut.

Für die Schutzgüter Pflanzen, Tiere, Boden, Wasser, Landschaftsbild, Mensch/Erholung sowie Kultur- und sonstige Sachgüter wurde das Untersuchungsgebiet auf den potenziellen Einwirkungsbereich im Umfeld des Standortes beschränkt.

Tabelle 6.5 Untersuchte Wirkfaktoren

Wirkfaktor	Flächeninanspruchnahme	Wassereinleitung	Wasserentnahme
Beeinträchtigung	Entfällt	Entfällt	Entfällt
Wirkfaktor	Lichtemissionen	Lärmemissionen	Schadstoff- und Staubemissionen
Beeinträchtigung	Entfällt	Gering	Gering

Als Grundlage für die UVU wurden neben dem Genehmigungsantrag die gültigen Gesetze, Verordnungen und Richtlinien sowie vorhandene Kartenwerke und Pläne herangezogen. Daraus resultieren die in Tabelle 6.5 dargestellten Wirkfaktoren.

Die wesentlichen Ergebnisse der UVU können wie folgt zusammengefasst werden:

- Schutzgut Luft. Im Rahmen einer Immissionsprognose wurde die Zusatzbelastung durch Luftschadstoffe ermittelt. Die ermittelten maximalen Zusatzbelastungen liegen bei allen Stoffen unter den Grenzwerten der TA Luft. Insgesamt ist somit der Einfluss der geplanten Anlage auf die Immissionssituation innerhalb des Untersuchungsgebietes sehr gering und kann als unerheblich bezeichnet werden.
- Schutzgüter Tiere und Pflanzen. Die sonstigen Wirkfaktoren führen lediglich zu geringen Auswirkungen auf die Schutzgüter Tiere und Pflanzen.
- Schutzgut Boden. Das Vorhaben führt zu keinen bzw. nur geringen Auswirkungen auf das Schutzgut Boden am Standort selbst. Dies ist in erster Linie auf die vorhandenen, anthropogenen Bodenveränderungen des ausgewählten Standortes (Halle im Industriegebiet) zurückzuführen. Im weiteren Umfeld sind in Bezug auf mögliche Schadstoffdepositionen keine bzw. lediglich geringe Auswirkungen auf das Schutzgut Boden zu erwarten.
- Schutzgut Landschaft. Das Landschaftsbild wird durch die Anlage nicht nachteilig betroffen sein. Auswirkungen auf dieses Schutzgut sind daher insgesamt nicht zu erwarten.
- Schutzgut Mensch. Die vorhabensbedingten Auswirkungen auf die menschliche Gesundheit als wesentliche Voraussetzung für die Wohnfunktion wie auch auf die Erholungsfunktion sind als gering zu betrachten.

Literatur

[6.1] Bechmann, A.; Steitz, M.: Anmerkungen zur Entwicklung und Zukunft der Umweltverträglichkeitsprüfung in Deutschland. UVP-Report 21(2007), 4, S. 234–241

[6.2] Führ, M. et al.: Evaluation des UVP-Gesetzes des Bundes. Auswirkungen des UVP-Gesetzes auf den Vollzug des Umweltrechts und die Durchführung von Zulassungsverfahren für Industrieanlagen und Infrastrukturmaßnahmen. Vorhaben des Umweltbundesamts Nr. 205 16 104, UBA, Berlin, 2008

[6.3] www.uvp-wissenspool.orientierungsnetzwerk.de/04_Geschichte/04_C.htm

[6.4] Rehbinder, E.: Stellungnahme zur UVP-Anhörung am 24.4.89. Deutscher Bundestag, 11. Wahlperiode, Ausschuss für Umwelt, Naturschutz und Reaktorsicherheit. Protokoll Nr. 49 (Anhang), Bonn, 1989

[6.5] Hoppe, W.: Die Umweltverträglichkeitsprüfung im Planfeststellungs- und Anlagengenehmigungsverfahren – Zur Anwendung der Art. 3 und 8 EG-Richtlinie im deutschen Recht, Arbeitskreis A, Gesellschaft für Umweltrecht e. V., Manuskript, Berlin, 1987

[6.6] Peters, H.-J.: Die UVP-Richtlinie der EG und die Umsetzung in das deutsche Recht. Gesamthafter Ansatz und Bewertung der Umweltauswirkungen; Nomos, Baden-Baden, 1994

[6.7] Bunge, T.: Gesetz über die Umweltverträglichkeitsprüfung (UVPG), Kommentar zu § 4, in: Storm, P.-C.; Bunge, T. (Hrsg.): Handbuch der Umweltverträglichkeitsprüfung (HdUVP), Erich Schmidt, Berlin, 1996, Loseblatt-Ausgabe, 21. Lfg., S. 1–9

[6.8] Kloepfer, M.: Umweltrecht, Verlag, München, 1989

[6.9] Kühling, W.; Peters, H.-J.: Luftverunreinigungen, in: Storm, P.-C.; Bunge, T. (Hrsg.): Handbuch der Umweltverträglichkeitsprüfung (HdUVP), Erich Schmidt, Berlin, 1995, Loseblatt-Ausgabe, 16. Lfg., S. 1–103

[6.10] Richtlinie des Rates vom 27. Juni 1985 über die Umweltverträglichkeitsprüfung bei bestimmten öffentlichen und provaten Projekten (85/337/EWG), ABI. EG Nr. L 175/40 v. 5.7.1985

[6.11] Kühling, W.; Peters, H.-J.: Die Bewertung der Luftqualität bei der Umweltverträglichkeitsprüfung, Bewertungsmaßstäbe und Standards zur Konkretisierung einer wirksamen Umweltvorsorge, UVP-Spezial 10; Dortmunder Vertrieb für Bau- und Planungsliteratur, Dortmund, 1994

[6.12] Erbguth, W.; Schink, A.: Gesetz über die Umweltverträglichkeitsprüfung, Kommentar; C. H. Beck, München, 1992

[6.13] Jarass, H.D.: Bundes-Immissionsschutzgesetz; C. H. Beck, München, 1993, 2. Aufl.

[6.14] Peters, H.-J.; Schenk, K.; Schlabach, E.: Umweltverwaltungsrecht; C. F. Müller, Heidelberg, 1990

[6.15] Koch, H.-J.; Scheuing, D.: Gemeinschaftskommentar zum Bundes-Immissionsschutzgesetz; Werner, Düsseldorf, 1994

[6.16] Kühling, W.: Mehrfachbelastungen durch verschiedenartige Umwelteinwirkungen. in: Bolte, G. et al. (Hrsg.): Umweltgerechtigkeit. Chancengleichheit bei Umwelt und Gesundheit: Konzepte, Datenlage und Handlungsperspektiven. Hans Huber, Bern, 2012, S. 135–150

[6.17] Hoppe, W.: Staatsaufgabe Umweltschutz; Veröffentlichungen der Vereinigung der Deutschen Staatsrechtslehrer, Berlin, 1980, Heft 38, S. 211–317

[6.18] Bundesministerium für Umwelt, Naturschutz und Reaktorsicherheit (Hrsg.): Konferenz der Vereinten Nationen für Umwelt und Entwicklung im Juni 1992 in Rio de Janeiro – Dokumente – Agenda 21; Bundesministerium für Umwelt, Naturschutz und Reaktorsicherheit, Bonn, 1993

[6.19] Kühling, W.: Lufthygienische Standards zur Vorsorge vor schädlichen Immissionen, in: Kommission RdL im VDI und DIN (Hrsg.): Lufthygiene und Klima, VDI, Düsseldorf, 1993, S. 16–57

[6.20] BUNDESFORSCHUNGSANSTALT FÜR NATURSCHUTZ UND LANDSCHAFTSÖKOLOGIE (1991): Landschaftsbild – Eingriff – Ausgleich. Handhabung der naturschutzrechtlichen Eingriffsregelung für den Bereich Landschaftsbild. Bonn-Bad Godesberg.

[6.21] LAI (2004): Bewertung von Schadstoffen, für die keine Immissionswerte festgelegt sind, Bericht des Länderausschusses für Immissionsschutz, September 2004

[6.22] Richtlinie 92/43/EWG des Rates vom 21. Mai 1992 zur Erhaltung der natürlichen Lebensräume sowie der wildlebenden Tiere und Pflanzen (ABl. L 206 vom 22.7.1992, S. 7) Anhang II Tier- und Pflanzenarten von gemeinschaftlichem Interesse, für deren Erhaltung besondere Schutzgebiete ausgewiesen werden müssen

[6.23] Bundesartenschutzverordnung vom 16. Februar 2005 (BGBl. I S. 258, 896), die zuletzt durch Artikel 10 des Gesetzes vom 21. Januar 2013 (BGBl. I S. 95) geändert worden ist

[6.24] UVP-Gesellschaft e.V. (2006): Umweltverträglichkeitsprüfung – Informationen für die interessierte Öffentlichkeit. Die Prüfung der Umweltauswirkungen bestimmter öffentlicher und privater Vorhaben. Mit Kurzinfos zur Strategischen Umweltprüfung, Umweltprüfung in der Bauleitplanung u. v. m., Hamm.

Umweltmanagementsysteme

7

Anette von Ahsen, Udo Bradersen, André Loske und Susanne Marczian

Den Ausgangspunkt des Umweltmanagements in der derzeit geregelten Form bildet die „umweltschutzbezogene Lage" eines Unternehmens. Diese umfasst die „ökologische Lage" sowie die positiven und negativen Interdependenzen zwischen der ökologischen und der wirtschaftlichen Lage eines Unternehmens [7.1]. Die ökologische Lage ist determiniert durch die von den Unternehmensaktivitäten ausgehenden Umweltwirkungen; d. h. die Auswirkungen auf Atmosphäre, Boden, Wasser, Pflanzen, Tiere und Menschen vor allem in Form stofflicher oder energetischer Input- und Outputströme sowie u. a. von Bodenversiegelungen und Veränderungen des Landschaftsbildes.

In Abhängigkeit davon, inwieweit strategisch relevante Stakeholder (Anspruchsgruppen) ökologische Risiken erkennen und wie sie diese beurteilen, kann aus den Umweltwirkungen ein finanzielles Risiko für das Unternehmen entstehen. So können sich infolge von Boykottaufrufen durch Umweltschutzorganisationen die Umsätze verringern oder es entstehen zusätzliche Kosten [7.2]. Im Extremfall kann es sogar zur Gefährdung des Fortbestandes des Unternehmens kommen; dies ist beispielsweise bei behördlich angeordneten Verpflichtungen zur Stilllegung von Anlagen oder zur Sanierung kontaminierter Grundstücke der Fall. Gleichzeitig können möglicherweise Chancen entstehen (z. B. erhöhte

Prof. Dr. Anette von Ahsen
Technische Universität Darmstadt (TUDa), Fachgebiet Rechnungswesen, Controlling und Wirtschaftsprüfung, Darmstadt, Deutschland

Dipl.-Biol. Udo Bradersen
Flughafen Hamburg GmbH, Hamburg, Deutschland

Dipl.-Wirtsch.-Inform. André Loske
Technische Universität Darmstadt (TUDa), Fachgebiet Wirtschaftsinformatik, Darmstadt, Deutschland

Dipl.-Biol. Susanne Marczian
Ford-Werke GmbH, Köln, Deutschland

M. Kaltschmitt und L. Schebek (Hrsg.), *Umweltbewertung für Ingenieure*,
DOI 10.1007/978-3-642-36989-6_7

Wettbewerbsfähigkeit aufgrund von Differenzierungsvorteilen oder Kostensenkungspotenzialen).

Vor diesem Hintergrund werden in Unternehmen die Umweltziele bestimmt, die sich auf die Verbesserung der ökologischen Lage und/oder die Interdependenzen zwischen dem betrieblichen Umweltschutz und der wirtschaftlichen Lage beziehen können. Um diese Ziele zu erreichen, sind entsprechende Strategien erforderlich.

Im Zusammenhang mit den Diskussionen um den Klimawandel ist ein aktuell für viele Unternehmen zentrales strategisches Handlungsfeld des Umweltmanagements das sogenannte Carbon-Controlling. Hierunter ist die „Erfassung und Bewertung der Treibhausgase zu Steuerungs- und Entscheidungszwecken" zu verstehen [7.3]. Dabei können unternehmens-, standort- und produktbezogene Ansätze unterschieden werden. Bei Letzteren wird der sogenannte „Product Carbon Footprint" ermittelt. Hierbei handelt es sich um die Summe der Kohlenstoffdioxid(CO_2)-Emissionen, die, direkt und indirekt, im gesamten Lebenszyklus eines Produkts (z. B. auch während der Entwicklungsphasen und bei der Herstellung von einzelnen Modulen) entsteht. Um den „Product Carbon Footprint" zu ermitteln und zu optimieren, ist es daher erforderlich, auch die Treibhausgasemissionen sämtlicher Zulieferer zu erfassen und diese in die Verbesserungsprojekte einzubeziehen (vgl. [7.3, 7.4]).

An diesem Beispiel wird deutlich, dass sich das Umweltmanagement nicht auf die Unternehmensgrenzen beschränken kann. In der Automobilbranche haben z. B. auch die Anforderungen an eine erhöhte Recyclingquote und die umweltfreundliche Entsorgung von Altautos, die zunächst in der „Freiwilligen Selbstverpflichtung zur umweltgerechten Altautoverwertung im Rahmen des Kreislaufwirtschaftsgesetzes" und schließlich im Altfahrzeuggesetz formuliert wurden, umweltbezogene Kooperationen in der Supply Chain verstärkt.

Insgesamt kann Umweltmanagement damit definiert werden als der Bereich der Unternehmensführung bzw. Führung in Supply Chains, der darauf ausgerichtet ist, in Abstimmung mit den finanziellen Zielen Umweltziele zu formulieren und – bezogen auf alle Führungs- und Leistungsprozesse – in Entscheidungen umzusetzen.

Ausgehend davon werden nachfolgend die Grundlagen von Umweltmanagementsystemen dargestellt und aufbauend darauf typische Anwendungsbeispiele diskutiert.

7.1 Grundlagen

Ziel der folgenden Ausführungen ist eine Darstellung der grundlegenden Zusammenhänge von Umweltmanagementsystemen. Dazu wird zunächst auf die historische Entwicklung eingegangen. Anschließend werden entsprechende Normen und Richtlinien, die in den vergangenen Jahren entwickelt und implementiert wurden, diskutiert. Im Anschluss daran wird auf das strategische Umweltmanagement eingegangen und die entsprechenden Planungs- und Kontrollinstrumente erläutert, bevor das Umweltreporting dargestellt wird. Abschließend wird das mehrdimensionale Management präsentiert.

7.1.1 Historische Entwicklung

Die historische Entwicklung des Umweltmanagements ist vielfältig und weist auch international sehr unterschiedliche Phasen auf. Im Folgenden wird die Entstehung des Umweltmanagements in Deutschland nach dem Zweiten Weltkrieg skizziert (vgl. [7.1]).

Angesichts des Ziels „Wiederaufbau“ nach dem Zweiten Weltkrieg spielten Umweltschutzaspekte in Unternehmen zunächst eine untergeordnete Rolle. Als Reaktion auf die offensichtliche Verschmutzung von Luft und auch Gewässern wurden jedoch z. B. seit den 1950er Jahren Abwasser zunehmend nicht mehr am Ufer, sondern in der Flussmitte eingeleitet und 1957 die VDI-Kommission „Reinhaltung der Luft“ gegründet. In den 1960er Jahren kam es durch verschiedene Vorfälle zu einer größeren Aufmerksamkeit gegenüber Umweltthemen; ein Beispiel ist ein Kuhsterben in unmittelbarer Nähe zu einer Müllverbrennungsanlage in den Niederlanden. Widerstand bildete sich aber auch z. B. gegen den Fluglärm in Frankfurt am Main; hier wurde 1965 eine entsprechende Bürgerinitiative gegründet (u. a. [7.1]).

Diese Tendenz verstärkte sich in den 1970er Jahren vor dem Hintergrund einerseits des Wirtschaftswachstums und andererseits der beiden Ölpreiskrisen. In Deutschland wurde 1971 ein erstes Umweltprogramm der Bundesregierung verabschiedet. National und international traten zunehmend Umweltgesetze in Kraft. Die Konferenzen „Human Environment“ in Stockholm und die Veröffentlichung der Studie „Limits of Growth“ durch den 1968 gegründeten Club of Rome, beides im Jahr 1972, sowie die Gründung des Umweltbundesamtes 1974 stellten ebenfalls wichtige Ereignisse mit gravierenden Auswirkungen auf die Wahrnehmung der Umweltproblematik in den Medien und in der Öffentlichkeit sowie durch weitere Anspruchsgruppen (Stakeholder) dar.

In der Folge veränderten sich die Rahmenbedingungen für unternehmerisches Handeln. Immer mehr Unternehmen begannen, sich stärker mit Umweltfragen auseinanderzusetzen. Zunächst standen dabei technische Aspekte im Vordergrund. Als Reaktion auf entsprechende rechtliche Vorschriften wurden etwa sogenannte additive Umweltschutztechniken („End of the pipe Umweltschutz“, z. B. Abgasfilter, Kläranlage, Müllverbrennungsanlage, Deponie) eingeführt. Da dies mit hohen Kosten für die Unternehmen verbunden war, galt Umweltschutz in erster Linie als Kostentreiber.

Zunehmend wurden jedoch auch Ansätze entwickelt, mit denen es möglich wurde, Umweltaspekte bereits in der Produktion zu berücksichtigen („integrierter Umweltschutz“); erste Umweltbeauftragte wurden in Unternehmen eingesetzt. Ein weiterer wichtiger Schritt war es, dass Ende der 1960er Jahre in den USA eine „Resource and Environmental Profile Analysis“ (REPA) für mehrere alternative Getränkeverpackungen realisiert worden war. In der Folge wurden verschiedene Ansätze für Ökobilanzen und Produktlinienanalysen entwickelt, die als eine zentrale Basis für eine umweltorientierte Optimierung von Produkten und Unternehmen betrachtet werden konnten (vgl. [7.1, 7.2]).

Seit den 1980er Jahren war das Umweltmanagement durch sehr intensive Diskussionen und teilweise auch Verbote bestimmter umweltschädlicher Einsatzstoffe – und als strategischer Antwort einiger Unternehmen hierauf durch das Angebot umweltfreundlicherer Produkte – bestimmt. Zusätzlich kam die zunehmende Etablierung umfassenderer Umweltmanagementsysteme hinzu. Diese Aspekte werden im Folgenden kurz beleuchtet.

- Entwicklungen bezogen auf den Einsatz umweltgefährdender Materialien. Die Diskussionen um den Einsatz bestimmter umweltgefährdender Materialien begannen teilweise bereits in den 1960er Jahren. In vielen Fällen dauerte es jedoch Jahrzehnte, bis der wissenschaftliche Kenntnisstand sowie die politischen und rechtlichen Entwicklungen so weit fortgeschritten waren, dass diese Einsatzstoffe tatsächlich ersetzt wurden. Im Rahmen dieser Entwicklungen wurde zunehmend Umweltschutz (auch) als Chance begriffen (z. B. im Sinne eines Differenzierungspotenzials). Abbildung 7.1 skizziert exemplarisch die Entwicklung für Phosphate in Waschmitteln, für die schließlich eine entsprechende Verbotsregelung im Gesetz über die Umweltverträglichkeit von Wasch- und Reinigungsmitteln (Wasch- und Reinigungsmittelgesetz – WRMG) festgelegt wurde (vgl. [7.3, 7.4]).
  Die Weiterentwicklungen des Gesetzes – zuletzt 2013 – enthalten z. B. Vorgaben, nach denen die in Wasch- und Reinigungsmitteln enthaltenen umweltbelastenden waschaktiven Tenside vollständig biologisch abbaubar sein müssen; hinzu kommen Pflichten bezüglich einer besseren Deklaration der Inhaltsstoffe dieser Mittel. Die Mitte der 1980er Jahre in den Markt eingeführten phosphatfreien Produkte (z. B. durch Henkel, durch Lever) führten zu deutlichen Wettbewerbsvorteilen für diese Unternehmen. Damit konnte eine umweltorientierte Differenzierungsstrategie den Unternehmenserfolg steigern. Ein ebenfalls sehr frühes Beispiel hierfür ist die Marke „Frosch", die 1986 als umweltfreundliche Reinigungsmittel für den Haushalt erstmals zu kaufen war.

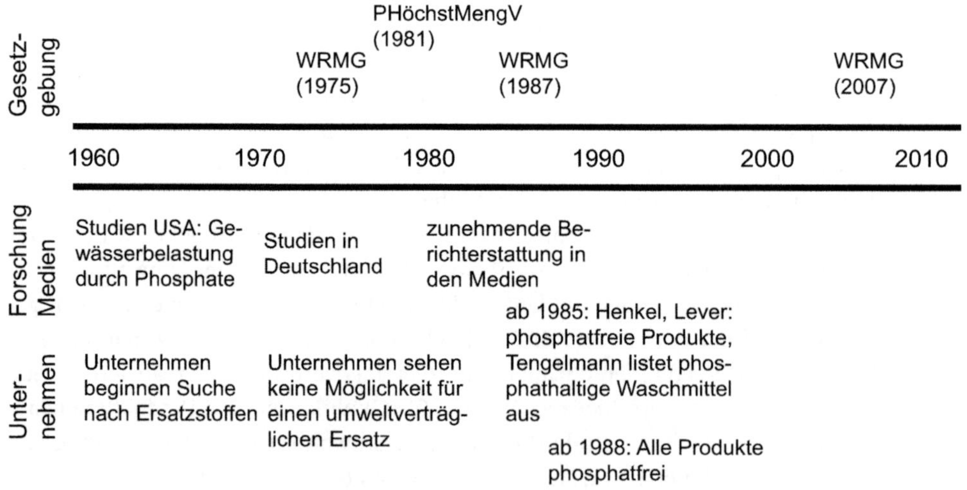

Abb. 7.1 Entwicklung der Diskussion phosphatfreier Waschmittel (WRMG – Wasch- und Reinigungsmittelgesetz; PHöchstMengV – Phosphat-Höchstmengen-Verordnung)

Ähnliche Entwicklungen lassen sich im Hinblick auf verschiedenste Einsatzstoffe nachzeichnen:

- Bereits seit Beginn des 20. Jahrhunderts wurde die Asbestfaser als gesundheitsgefährdend und seit 1970 offiziell als krebserregend bewertet. 1979 wurde mit dem „Spritzasbest“ das erste Produkt verboten; seit 1990 ist die Herstellung und Verwendung von Asbest in der Schweiz und Österreich sowie seit 1993 in Deutschland generell verboten. Seit 2005 gilt zudem ein EU-weites Verbot.
- Im Hinblick auf zahlreiche Chemikalien, die zum Abbau der Ozonschicht beitragen, wie etwa das FCKW (d. h. Flour-Chlor-Kohlenwasserstoffe), wurden seit den 1970er Jahren die schädlichen Auswirkungen erforscht; seit Mitte der 1980er Jahre versuchten Unternehmen zunehmend z. B. für Kühlschränke FCKW-Substitute zu finden und die FCKW-Menge zu reduzieren bzw. zu recyceln. Auslöser dieser Entwicklung, die letztlich zum Verbot und zu Verwendungsbeschränkungen führte, waren insbesondere zahlreiche Veröffentlichungen in Publikumsmedien und durch Greenpeace (vgl. [7.3]). Seit 1994 wird in Deutschland kein FCKW mehr eingesetzt.

Die Liste der Beispiele lässt sich weiterführen; aktuell sind etwa der Feinstaub und CO_2-Emissionen prominente Themen, die in der Unternehmenspraxis wie in der wissenschaftlichen Literatur intensiv diskutiert werden (z. B. [7.5]). In all diesen Fällen gerieten (und geraten) Unternehmen durch Stakeholdergruppen unter Druck und versuch(t)en einerseits, die Entwicklung etwa durch Lobbyarbeit zu beeinflussen, und andererseits umweltfreundliche Alternativen zu konzipieren.

Eine zunehmende Relevanz kam daher sogenannten Frühwarnsystemen zu, mit denen aktuelle Entwicklungen, die für den zukünftigen Erfolg eines Unternehmens relevant sein oder werden können, möglichst frühzeitig erkannt werden. Die Ergebnisse solcher Analysen können dann in die strategische Unternehmensplanung einfließen.

Diese Entwicklungen wurden erst in den 1980er Jahre zunehmend in der wissenschaftlichen Literatur untersucht: „Betriebswirtschaftliche Veröffentlichungen mit umweltbezogenen Schwerpunkten sind bis Mitte der 1980er Jahre eine Ausnahmeerscheinung“ [7.6]. Seitdem finden sich jedoch zunehmend Analysen umweltbezogener Aspekte der Unternehmensführung – mit entsprechenden Rückwirkungen auf die Unternehmenspraxis. Beispielsweise können die folgenden Strategien, die Stakeholdergruppen einsetzen, um ihre Ziele gegenüber Unternehmen durchzusetzen, unterschieden werden [7.7]: Mobilisierung der öffentlichen Meinung, politischer Druck sowie Marktkräfte, Gesellschafteraktivismus und direkte Verhandlungen mit dem Unternehmen. Aus der Perspektive von Unternehmen entstand hierdurch zunehmend ein Bedarf an Strategien, um der immer komplexer und vielfältiger werdenden Umweltproblematik begegnen zu können. Von zentraler Bedeutung war dabei die Implementierung umfassender Umweltmanagementsysteme.

- Entwicklungen bezogen auf Umweltmanagementsysteme. Ihren Ausgangspunkt hatten Umweltmanagementsysteme in den USA: Nach dem Eintreten umweltrelevanter Störfälle und vor dem Hintergrund verschärfter umweltbezogener Gesetze führten Unternehmen hier Ende der 1970er Jahre umweltbezogene Betriebsprüfungen (Audits) ein. Ziel war es dabei häufig in erster Linie, sich vor Haftungsansprüchen zu schützen, die gerade in den USA sehr hoch werden konnten (und können). Seit den 1980er Jahren übernahmen auch Unternehmen in Europa diese Praxis (vgl. [7.6, 7.8]). Hier wurden die Audits allerdings nicht mehr in erster Linie als Compliance Audits durchgeführt (d. h. Prüfung auf die Einhaltung der relevanten Umweltvorschriften). Vielmehr setzte sich eine Ausrichtung auch als System- und Performance-Audit durch: Vor dem Hintergrund der skizzierten Entwicklungen war erkannt worden, dass es erforderlich ist, die umweltrelevanten Geschäftsprozesse ex ante umfassend zu planen und zu steuern und damit die Prinzipien des allgemeinen Managements von Geschäftsprozessen auf den Bereich des Umweltmanagements zu übertragen.

Nachdem in einigen Unternehmen zunächst individuell Konzepte für Umweltmanagementsysteme entwickelt wurden, führten entsprechende Anregungen der Internationalen Handelskammer und des British Standard Institute (BSI) dazu, dass 1993 eine europäische Verordnung zum Umweltmanagement (d. h. EG-Öko-Audit-Verordnung; EMAS-VO) und 1996 die internationale Norm DIN EN ISO 14001 verabschiedet wurden. Diese Entwicklungen wurden auch durch das ebenfalls 1993 verabschiedete fünfte Umweltaktionsprogramm der Europäischen Gemeinschaft und die 1994 erfolgende Verankerung des Umweltschutzes als Staatsziel in Deutschland (Artikel 20a GG) beeinflusst. Neben gesetzlichen Umweltregelungen gewann in der Folge die Schaffung marktwirtschaftlicher Anreize für ein umweltfreundliches Handeln in Unternehmen an Bedeutung; auch die Teilnahme von Unternehmen an EMAS wurde gefördert.

Mit den Standards für die Implementierung von Umweltmanagementsystemen sollte es Unternehmen erleichtert werden, ein unternehmensweites Konzept des Umweltmanagements einzurichten und ggf. auch zertifizieren zu lassen. Dabei wurde von Beginn an auf Analogien zum und auch Interdependenzen mit dem Qualitätsmanagement gesetzt. Ähnlich wie später das Umwelt- war auch das Qualitätsmanagement zunächst eher technisch und auf die Lösung einzelner spezieller Probleme und die Kontrolle der Qualität am Ende des Produktionsprozesses orientiert gewesen. Qualitätsmanagement wurde als technische Aufgabe ausschließlich des Bereichs „Qualitätssicherung", später, nachdem Kontrollen teilweise auch in die Fertigungsprozesse integriert wurden, des Bereichs Produktion angesehen. Obwohl bereits 1956 das „Total Quality Control"-Konzept [7.9] veröffentlicht und in Japan seit den 1960er Jahren ein wesentlich umfassenderes Verständnis von Qualität und Qualitätsmanagement entwickelt wurde, setzten sich gerade in Deutschland erst in den 1990er Jahren solche Ansätze durch (vgl. [7.10]). Seit 1987 gab es dann mit der DIN EN ISO 9001 [7.11] eine Norm für Qualitätsmanagementsysteme, durch deren Anwendung eine kontinuierliche Verbesserung des Qualitätsmanagements und insbesondere eine hohe Kundenzufriedenheit als Voraussetzung für den finanziellen Unternehmenserfolg erreicht werden sollen.

Der Grundgedanke solcher Standards war also nicht neu, als 1996 die erste Fassung der DIN EN ISO 14001 veröffentlicht wurde, die zahlreiche analoge Anforderungen zu denen an Qualitätsmanagementsysteme gemäß ISO 9001 aufwies und auch eine tabellarische Gegenüberstellung der jeweiligen Anforderungen beinhaltete (vgl. Tabelle 7.4).

Die umfangreichen Parallelen zwischen Qualitäts- und Umweltmanagementsystemen führten dazu, dass sie in vielen Unternehmen zumindest partiell integriert wurden und werden.

Diese Entwicklungen sind noch nicht abgeschlossen. Dies hängt auch damit zusammen, dass in Unternehmen zunehmend das Umwelt- zum Nachhaltigkeitsmanagement weiterentwickelt wird. Ein zentraler Ausgangspunkt hierfür war die 1983 von den Vereinten Nationen eingesetzte Weltkommission für Umwelt und Entwicklung: Unter dem Vorsitz der ehemaligen norwegischen Ministerpräsidentin Gro Harlem Brundtland sollte die Kommission langfristige Perspektiven für eine umweltfreundliche Entwicklungspolitik aufzeigen. Das Abschlussdokument „Unsere gemeinsame Zukunft" aus dem Jahr 1987 wurde unter der Bezeichnung „Brundtland-Bericht" bekannt und beinhaltete auch die heute weit verbreitete Definition einer nachhaltigen Entwicklung: „development which meets the needs of the present generation without compromising the ability of future generations to meet their own needs" [7.12]. Neben der ökonomischen Nachhaltigkeit werden dabei die ökologische, aber auch die soziale Nachhaltigkeit unternehmerischen Handelns fokussiert. In der Folge wurden u. a. Normen für Arbeitssicherheits- und Gesundheitsschutz-Managementsysteme und für die Umsetzung von „Social Responsibility" entwickelt.

Beeinflusst wurde diese Entwicklung auch dadurch, dass 1997 die „Global Reporting Initiative" (GRI) durch die „Coalition for Environmentally Responsible Economics" (CERES) und unterstützt durch das „United Nations Environment Programme" (UNEP) gegründet und 2002 in eine unabhängige Stiftung umgewandelt wurde. Ihr Ziel war von Beginn an die Beeinflussung von Unternehmen in Richtung verantwortlichen Handelns durch die Berichterstattung über ihr Nachhaltigkeitsmanagement. Die erste Leitlinie für ein derartiges Nachhaltigkeitsreporting wurde 2000 veröffentlicht; seitdem erfolgten unter Einbeziehung von Stakeholdern mehrere Novellierungen, die vorerst letzte wurde 2013 umgesetzt.

7.1.2 Normen und Verordnungen

Die Normen und Verordnungen zur Einrichtung und Gestaltung von Umweltmanagementsystemen haben auch das Ziel, Umweltschutz insgesamt als Aufgabe des Unternehmensmanagements zu betrachten und damit auf ein insgesamt höheres Niveau im Vergleich zu vorher zu heben. Außerdem sollten diese Normen eine Anleitung liefern, nach der betrieblicher Umweltschutz systematischer, umfassender und grundsätzlich nach den jeweils höchstmöglichen technischen Standards umgesetzt werden kann. Umweltmanagementsysteme, die beispielsweise an ISO 14001 bzw. EMAS-VO ausgerichtet werden, sollen die Effektivität des betrieblichen Umweltschutzes auch langfristig erhöhen. Außerdem soll die Anwendung der jeweils gleichen Vorschriften dazu dienen, die Umweltleistung, aber auch die Größenordnung der jeweiligen Umweltauswirkungen von unterschiedlichen Unternehmen besser miteinander vergleichen zu können. Bei einer Zertifizierung eines Umweltmanagementsystems geht es letztlich darum, einem Unternehmen zu bescheinigen, dass es dem Umweltschutz einen hohen Stellenwert einräumt, Umweltrecht umfassend und automatisch berücksichtigt und ernsthaft an einer positiven Umweltbilanz arbeitet. In die gleiche Richtung wirkt die Veröffentlichung validierter Umwelterklärungen (bei Teilnahme an EMAS) bzw. (freiwillig) geprüfter Umweltberichte.

DIN EN ISO 14001. Für das Umweltmanagement in der Unternehmenspraxis spielen Normen eine wichtige Rolle. In manchen Branchen (z. B. Automobilindustrie) stellen einige Hersteller ihren Zulieferern gegenüber explizit die Anforderung, ein (zertifiziertes) Umweltmanagementsystem einzurichten und machen dies teilweise sogar zur Bedingung für eine Auftragsvergabe (vgl. [7.17]).

Abbildung 7.2 zeigt die in der DIN EN ISO 14001 [7.18] festgelegten Anforderungen an Umweltmanagementsysteme im Überblick. Für das Umweltmanagement sind als weitere internationale Normen vor allem die für Umweltkennzeichnungen und -deklarationen (ISO 14020 bis ISO 14025), Messverfahren (ISO 14031 bis 14032) und Ökobilanzen (ISO 14040 ff.) von Bedeutung.

Die Implementierung und Zertifizierung von Umweltmanagementsystemen erfolgt in fünf Phasen (Abb. 7.2), die im Folgenden kurz skizziert werden.

- Umweltpolitik. Ausgangspunkt ist die Festlegung auf eine Umweltpolitik. Hierbei handelt es sich um die Leitsätze, die den Rahmen für das umweltbezogene Handeln festlegen; sie müssen veröffentlicht werden. Generell müssen sich Unternehmen in ihrer Umweltpolitik zur Einhaltung der umweltrechtlichen Vorschriften und zur kontinuierlichen Verbesserung ihres Umweltmanagementsystems verpflichten. Hiervon abgesehen gibt es keine konkreten Vorgaben über die Inhalte der Umweltpolitik. Die betriebliche Umweltpolitik soll zwar regelmäßig auf ihre Angemessenheit bzw. Bedarfe zur Weiterentwicklung überprüft werden, ist aber grundsätzlich langfristig angelegt und bleibt in der Unternehmenspraxis im Regelfall langfristig unverändert. Die strategische Bedeutung, die Umweltmanagementsystemen mit der Verpflichtung auf eine solche

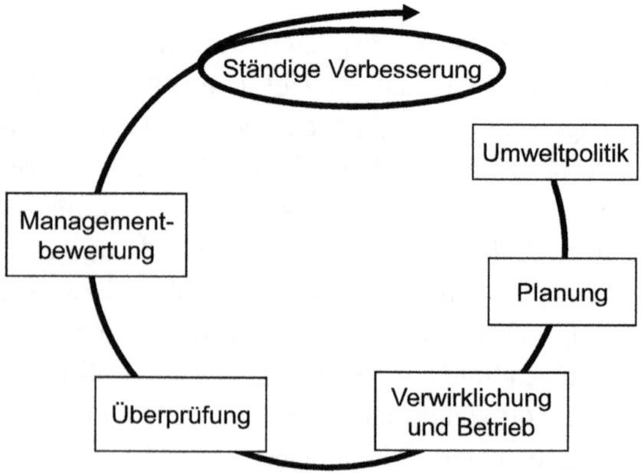

Abb. 7.2 Anforderungen an Umweltmanagementsysteme gemäß ISO 14001

Umweltpolitik zugeordnet wird, trägt der großen Umweltrelevanz weiter Bereiche unternehmerischen Handelns Rechnung.

- Planung. Die zweite Phase „Planung" umfasst zunächst die Festlegung und Anwendung von Instrumenten zur Erfassung relevanter Informationen. Dabei können zwei Aspekte unterschieden werden:
  - Umweltbezogene Anforderungen der Stakeholder. Ein zentraler Stakeholder ist natürlich der Gesetzgeber – entsprechend sind die umweltrechtlichen Vorschriften und ihre Implikationen für das Umweltmanagement zu analysieren. Daneben spielen jedoch auch weitere Anspruchsgruppen und ihre Anforderungen eine wichtige Rolle (z. B. Druck durch Kunden, Investoren und die Öffentlichkeit). Beispielsweise zählen die letztgenannten Aspekte zu den meistgenannten Motiven für die Einführung eines Carbon-Controlling [7.19].
  - Bedeutende Umweltaspekte. Hierzu muss zunächst entschieden werden, welche Umweltaspekte als „bedeutend" eingeschätzt werden und wie diese Aspekte abzugrenzen sind. Beispielsweise verfolgen viele Unternehmen eine Strategie der Verminderung ihrer Klimawirkung und beurteilen Treibhausgase als besonders bedeutsame Umweltaspekte. Dazu muss aber festgelegt werden, welche Treibhausgase konkret berücksichtigt werden sollen (d. h. Festlegung des Emissionsumfangs) [7.20]. Es liegt nahe, neben dem Kohlenstoffdioxid auch die weiteren in Anlage A des Kyoto-Protokolls aufgeführten Treibhausgase zu erfassen (d. h. Methan, Distickstoffoxid, teilhalogenierte Fluorkohlenwasserstoffe, perfluorierte Kohlenwasserstoffe, Schwefelhexafluorid [7.21]). Um die Übersichtlichkeit zu erhöhen und Listen mit Emissionsmengen für einzelne Treibhausgase zu vermeiden, werden sie im Normalfall in CO_2-Äquivalente umgerechnet [7.22]. Die Berechnung des Treibhausgasniveaus erfolgt dann in mehreren Schritten [7.23]. Zunächst werden die Emissionsquellen der Treibhausgase ermittelt, wobei zwischen stationären Verbrennungsprozessen (Verbrennung in stationären Anlagen), mobilen Verbrennungsprozessen (Verbrennung in Transportmitteln), Prozessemissionen und flüchtigen Emissionen (z. B. durch Leckagen) unterschieden werden kann. Nächster Schritt ist die Auswahl des Berechnungsansatzes: Hier kommen insbesondere die Verwendung von Emissionsfaktoren, aber auch die Ermittlung von Massebilanzen oder – seltener – direkte Messungen zum Einsatz. In den weiteren Phasen werden Tätigkeitsdaten gesammelt, Emissionsfaktoren gewählt und die Treibhausgasemissionen auf dieser Basis ermittelt und zusammengefasst. Dieses Beispiel der Treibhausgasemissionen zeigt die Komplexität der Erfassung von Umweltwirkungen, die zahlreiche unternehmensindividuelle Entscheidungen erforderlich macht. In analoger Weise ist festzulegen, wie andere als bedeutsam eingeschätzte Umweltaspekte (z. B. weitere Emissionen, aber auch etwa Lärm und Abfälle) zu erfassen sind.

  Auf Basis dieser Analysen sind konkrete Umweltziele und -programme festzulegen, die auch die Verantwortlichkeiten, Mittel und den Zeitrahmen für das Erreichen der Ziele umfassen.

- Verwirklichung und Betrieb. In der dritten Phase „Verwirklichung und Betrieb" der Implementierung von Managementsystemen werden die umweltbezogenen Organisationsstrukturen und Verantwortlichkeiten bestimmt. Zudem sind Konzepte für die Schulung der Mitarbeiter sowie die interne und externe Kommunikation zu entwickeln. Auch müssen alle zur Umsetzung der Umweltpolitik und zum Erreichen der Umweltziele erforderlichen Abläufe geplant werden. Eine große Bedeutung kommt dabei der Festlegung von Verfahrens- und Arbeitsanweisungen zu. Hierbei handelt es sich um schriftlich dokumentierte Vorgaben darüber, wie sämtliche umweltbezogenen Prozesse umzusetzen sind. An die Dokumentation des Umweltmanagementsystems in Handbüchern und solchen Verfahrens-/Arbeitsanweisungen und an die Lenkung der umweltbezogenen Dokumente werden sehr detaillierte Anforderungen gestellt.
- Überprüfung. Mit den unterschiedlichen Ansätzen zur „Überprüfung" soll ermittelt werden, in welchem Ausmaß die Ziele auch tatsächlich erreicht werden. Hierfür sind umfassende prozessbegleitende Messungen erforderlich, mit denen möglichst frühzeitig Abweichungen von Sollwerten erkannt werden, um entsprechend gegensteuern zu können. Zusätzlich sind regelmäßige interne und externe Audits verpflichtende Bestandteile zertifizierfähiger Managementsysteme [7.24]. Ein Audit wird systematisch und unabhängig von den laufenden Prozessen durchgeführt und dokumentiert; es dient der Erlangung von Auditnachweisen (z. B. Aufzeichnungen, Messdokumente, Tatsachenfeststellungen), die ausgewertet werden. Im Ergebnis wird festgestellt, inwieweit Auditkriterien (Politiken, Verfahren oder Anforderungen, die als Referenzen dienen) erfüllt werden [7.25]. Bei einer Auditierung von Umweltmanagementsystemen gemäß ISO 14001 wird etwa geprüft, ob das Umweltmanagementsystem den Anforderungen der Norm entspricht, ob die umweltrelevanten Prozesse mit den Vorgaben übereinstimmen und die umweltrechtlichen Vorschriften eingehalten werden. Zudem wird die Erreichung der Ziele im Umweltprogramm kontrolliert. Der Ablauf und die Ergebnisse des Audits werden dokumentiert und ggf. vorliegende Handlungsbedarfe festgelegt.
- Managementbewertung. Der Zyklus endet mit einer Managementbewertung des gesamten Umweltmanagementsystems durch die oberste Leitung der Organisation. Damit soll gewährleistet werden, dass das Umweltmanagementsystem zweckentsprechend, angemessen und wirksam ist. Diese Bewertung ist dann zugleich der Ausgangspunkt für das erneute Durchlaufen des gesamten Zyklus.

EMAS-VO. Neben der Zertifizierung gemäß ISO 14001 können Unternehmen in Europa an der EG-Öko-Audit-Verordnung (EMAS-VO) [7.26] teilnehmen. Hierzu sind zunächst Umweltmanagementsysteme entsprechend der Anforderungen der ISO 14001 zu implementieren; darüber hinaus beinhaltet die EMAS-VO aber noch weitergehende Anforderungen. Beispielsweise wird verlangt, dass die Organisation ihre Umweltleistung – nicht, wie in ISO 14001 formuliert, das Umweltmanagementsystem – kontinuierlich verbessert. Dabei sind auch indirekte Umweltaspekte zu berücksichtigen (z. B. die Umweltwirkungen, die bei Zulieferern entstehen). Sie können zwar nicht in gleichem Maße gesteuert werden wie die Umweltwirkungen im eigenen Unternehmen, doch soll – soweit möglich – hierauf Einfluss genommen werden [7.26].

In der Praxis hängt es dann immer von den vorliegenden Marktmachtkonstellationen, aber auch vom Entwicklungsstand des Umweltmanagements bei den Zulieferern ab, inwieweit dies gelingen kann. Beispielsweise antworteten in einer Studie, in der 44 Unternehmen bei insgesamt 1402 Zulieferern nach deren Treibhausgasemissionen fragten, 51 % der Zulieferer. Im Ergebnis waren lediglich etwa 20 % der Unternehmen in der Lage, über die Treibhausgase in ihrer Zulieferkette hinreichend umfassende Informationen zu erlangen, um einen produktbezogenen Carbon-Footprint zu erfassen (vgl. [7.27, 7.28]).

Weiterhin wird in der EMAS-VO explizit darauf hingewiesen, dass die Mitarbeiter des Unternehmens in den Prozess der kontinuierlichen Verbesserung einzubeziehen sind (z. B. durch Einrichtung eines betrieblichen Vorschlagswesens oder projektbezogene Gruppenarbeit).

Hinsichtlich der externen Kommunikation geht EMAS am deutlichsten über die Anforderungen der ISO 14001 hinaus, da nicht nur die Umweltpolitik der Öffentlichkeit zugänglich gemacht werden soll, sondern eine „Umwelterklärung" zu publizieren ist, die folgende Inhalte umfassen muss [7.26]:

- Beschreibung der Organisation und Zusammenfassung ihrer Tätigkeiten, Produkte, Dienstleistungen sowie ggf. der Beziehung zur Muttergesellschaft;
- Umweltpolitik und eine kurze Beschreibung des Umweltmanagementsystems;
- alle wesentlichen direkten und indirekten Umweltaspekte, die zu erheblichen Umweltauswirkungen der Organisation führen, und eine Erklärung der Art dieser Auswirkungen;
- Beschreibung der Umweltzielsetzungen und -einzelziele im Zusammenhang mit den wesentlichen Umweltaspekten und -auswirkungen;
- Zusammenfassung verfügbarer Daten über die Umweltleistung und Umweltwirkungen, die Daten sollen einen Vergleich auf Jahresbasis ermöglichen.

Der letzte Aspekt ist besonders wichtig; er soll gewährleisten, dass sowohl zeitliche Vergleiche ermöglicht werden als auch Vergleiche z. B. zwischen Standorten und Unternehmen. Die Umwelterklärung muss Angaben zu festgelegten „Kernindikatoren" enthalten, sofern entsprechende wesentliche direkte Umweltaspekte vorliegen [7.26]. Diese Kernindikatoren betreffen die Umweltleistung in den Bereichen Energieeffizienz (jährlicher Gesamtenergieverbrauch mit Anteil der erneuerbaren Energien), Materialeffizienz (jährlicher Massenstrom der verschiedenen Einsatzmaterialien), Wasser (jährlicher Wasserverbrauch), Abfall (jährliches Abfallaufkommen und Aufkommen gefährlicher Abfälle), biologische Vielfalt (Flächenverbrauch) sowie Emissionen (jährliche Gesamtemissionen von Treibhausgasen und anderen Emissionen). Umweltbezogenen Kennzahlen, und hier insbesondere operativen Umweltleistungskennzahlen, wird somit eine zentrale Bedeutung zugeordnet.

Vergleich. Insgesamt wird die ISO 14001 in der Unternehmenspraxis zunehmend dem Umweltmanagement zugrunde gelegt; dagegen verliert die EMAS-VO an Bedeutung. Dies hängt damit zusammen, dass die EMAS-VO für weltweit agierende Unternehmen weniger attraktiv ist, weil sie etwa in Asien keinen hohen Bekanntheitsgrad aufweist. Hinzu kommt das Erfordernis der Aufstellung und Veröffentlichung einer Umwelterklärung. Dies wird von vielen Unternehmen als problematisch bewertet, da in der Öffentlichkeit häufig kein großes Interesse an den kostspielig erstellten Umwelterklärungen besteht. Lange Zeit wurde auch darüber diskutiert, Unternehmen, die an EMAS teilnehmen, größere Erleichterungen von Seiten der Behörden (z. B. im Zusammenhang mit der Genehmigung von Anlagen) zu gewähren als Unternehmen mit Umweltmanagementsystemen gemäß ISO 14001. Tatsächlich wird in vielen Bundesländern (z. B. Nordrhein-Westfalen) jedoch kaum ein Unterschied zwischen den Systemen gemacht (z. B. [7.29]).

7.1.3 Strategisches Umweltmanagement

Das strategische Umweltmanagement fokussiert die langfristige umweltbezogene Gestaltung des Unternehmens. Um zielführende Strategien entwickeln zu können, müssen sowohl die unternehmensspezifischen Stärken und Schwächen als auch absehbare Entwicklungstendenzen in der Unternehmensumwelt berücksichtigt werden. Für solche Analysen wird der Begriff SWOT-Analyse verwendet: Es geht um die Strenghts (Stärken), Weaknesses (Schwächen), Opportunities (Chancen) und Threats (Risiken) eines Unternehmens [7.30].

Die Veränderungen in der Unternehmensumwelt können die ökologische Situation betreffen (z. B. nach einer Katastrophe wie im März 2011 im Atomkraftwerk in Fukushima/Japan) oder veränderte Rechtslagen (z. B. Inkrafttreten neuer umweltrechtlicher Vorschriften). Beispielsweise wurde der im Kyoto-Protokoll vorgesehene Emissionshandel durch das European Union Emission Trading System umgesetzt [7.21]; die Teilnahme ist für Unternehmen aus besonders energieintensiven Branchen (z. B. Energieumformung und -umwandlung, Eisenmetallerzeugung und -verarbeitung, mineralverarbeitende Industrie sowie z. B. Zellstoff- und Papierindustrie) verpflichtend. Ab dem 1. Januar 2012 wurde der Emissionshandel auf Luftfahrzeuge, die in der EU starten und landen, ausgeweitet (und teilweise wieder ausgesetzt); ein Jahr später folgten weitere Branchen. Die frühzeitige Analyse der Entwicklung solcher rechtlicher Vorschriften ermöglicht Unternehmen Versuche der Einflussnahme auf die Gesetzgebung und das rechtzeitige Reagieren (z. B. durch die Einrichtung eines Carbon-Controlling).

Ein Instrument, um solche Entwicklungen möglichst frühzeitig zu erkennen, besteht z. B. darin, systematisch die Medienberichterstattung im Hinblick auf das Aufkommen und die Entwicklung relevanter Diskussionen (etwa über die Umweltschädlichkeit bestimmter Einsatzstoffe oder von Emissionen) zu analysieren. Auf diese Weise können auch neue Ergebnisse der ökologischen Ursachen- und Wirkungsforschung und/oder veränderte Werthaltungen in der Öffentlichkeit erkannt werden. Zahlreiche veröffentlichte

Studien dienen häufig ebenso als Informationsquelle. So wird z. B. jährlich durch das Bundesumweltministerium (BMU) eine Studie zum „Umweltbewusstsein in Deutschland" als Ergebnis einer repräsentativen Bevölkerungsumfrage herausgegeben. Hier finden Unternehmen zahlreiche Informationen u. a. darüber, welche umweltbezogenen Themen von der Bevölkerung in Deutschland als besonders wichtig eingeschätzt werden. Hinzu kommt die Möglichkeit, eigene empirische Studien durchzuführen oder in Auftrag zu geben, um z. B. Erkenntnisse über die Marktchancen umweltfreundlicher Produkte und die entsprechenden Zahlungsbereitschaften potenzieller Kunden, aber auch über die Risiken eines weniger umweltfreundlichen Verhaltens vor dem Hintergrund möglicher Reaktionen der Anspruchsgruppen zu erhalten.

Aus den möglichst umfassenden Einschätzungen der finanziellen sowie ökologischen Chancen und Risiken können Handlungsstrategien abgeleitet werden (Abb. 7.3).

Finanzielle Risiken resultieren beispielsweise aus nicht eingehaltenen rechtlichen Bestimmungen (z. B. umweltbezogene Grenzwerte). Ein typisches Marktrisiko besteht darin, dass Kunden als Protest ausbleiben – ggf. auch als Folge von Aktivitäten anderer Stakeholdergruppen (z. B. Boykottaufrufe gegen Benzin von BP nach der Deepwater-Horizon-Katastrophe im April 2010). Entsprechende finanzielle Risikostrategien umfassen z. B. die Verringerung von Umweltwirkungen mit dem Ziel, Kosten (etwa Strafzahlungen) zu reduzieren. Eine weitere Strategie kann in der Überwälzung von Umweltrisiken bestehen (z. B. durch den Abschluss einer Umwelthaftpflicht- oder Umweltschadenversicherung). Schließlich sind die verbleibenden Umweltrisiken mit ihren finanziellen Konsequenzen einzuschätzen (z. B. in Form von Abwasserabgaben oder als potenzielle Entschädigungszahlungen).

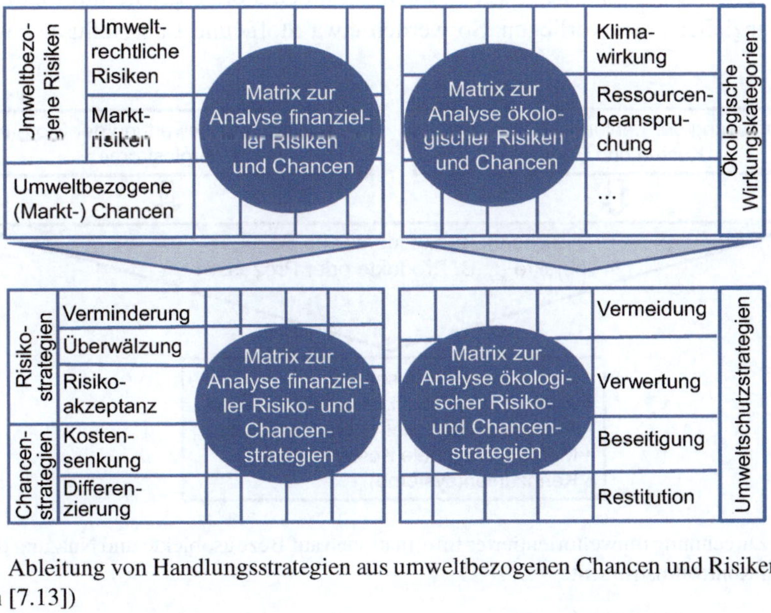

Abb. 7.3 Ableitung von Handlungsstrategien aus umweltbezogenen Chancen und Risiken (modifiziert nach [7.13])

Durch die Entwicklung nachhaltiger Produkte können aber auch Marktchancen entstehen. Die finanziellen Chancenstrategien zielen einerseits auf die Realisierung von Kostensenkungspotenzialen (z. B. durch die Reduzierung des Ressourceneinsatzes oder des Abfallaufkommens). Andererseits können Differenzierungsvorteile entstehen. Die Möglichkeit hierzu besteht beispielsweise dann, wenn mit umweltfreundlichen Produkten, die z. B. besser recycelbar sind oder einen günstigeren Carbon-Footprint aufweisen, höhere Umsätze erzielt und Marktanteile gewonnen werden können [7.31].

Ökologische Risiken und Chancen entstehen in Form von Veränderungen in den verschiedenen Wirkungskategorien, etwa in Klimawirkungen. Ökologische Risiko- und Chancenstrategien beziehen sich entsprechend auf Ansätze zur Vermeidung (z. B. produktions- oder produktintegrierte Umweltschutzstrategien), Verwertung (z. B. Recyclingstrategien), Beseitigung (z. B. additive Umweltschutzstrategien) und/oder Restitution (z. B. Sanierungsstrategien) von Umweltwirkungen. Mit der Umsetzung solcher Strategien sind im Regelfall Investitionen verbunden (z. B. für additive oder integrierte Umweltschutzmaßnahmen).

7.1.4 Planungs- und Kontrollinstrumente

Die Umsetzung der Strategien und die hierfür erforderlichen Entscheidungen erfordern den Einsatz geeigneter Planungs- und Kontrollinstrumente, mit denen entsprechende Informationen generiert und auf die jeweiligen Bezugsobjekte zugerechnet werden (Abb. 7.4).

Ein Problem der Umsetzung mehrdimensionaler, zugleich umwelt- und betriebswirtschaftlich orientierter Entscheidungen besteht darin, dass ökologische Informationen selten in finanzieller Form vorliegen. So werden etwa Stoff- und Energieflüsse sowie auch

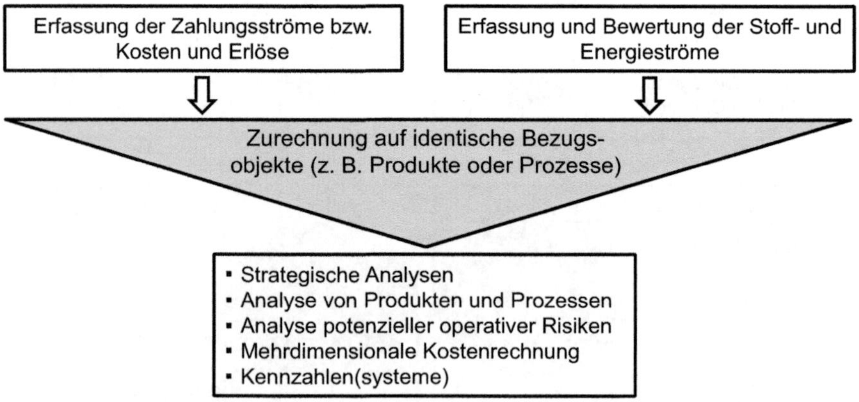

Abb. 7.4 Zurechnung umweltorientierter Informationen auf Bezugsobjekte und Nutzung durch Planungs- und Kontrollinstrumente

ihre potenziellen Wirkungen in der Regel in Mengeneinheiten bzw. als Punktwerte abgebildet.

Das Treffen von Entscheidungen bei mehrdimensionaler Zielsetzung ist immer dann unproblematisch, wenn es eine dominante Lösung gibt. Häufig resultieren jedoch aus der ökonomischen und ökologischen Perspektive widersprüchliche Handlungsempfehlungen, wie folgende Beispiele zeigen.

- Der aus ökologischer Perspektive zweckmäßige Einsatz umweltfreundlicher Verfahren oder Materialien kann im Widerspruch stehen zur Erfüllung von Kundenanforderungen. So kann die lösemittelfreie Lackierung von Knöpfen und Accessoires aufgrund einer ungenügenden Wasch- und Reinigungsmittelbeständigkeit zu Kundenunzufriedenheit führen.
- Ein aus ökonomischer Perspektive vorzuziehender Produktionsprozess, der etwa mit geringeren Kosten verbunden ist, kann zugleich mit gravierenderen Umweltwirkungen verbunden sein.
- Eine Verbesserung des Umweltschutzes durch Unternehmen kann von Kunden in Abhängigkeit von ihrem Zufriedenheitsniveau mit anderen Qualitätsmerkmalen sehr unterschiedlich beurteilt werden.

Um in solchen Situationen Entscheidungen treffen zu können, werden drei Lösungsansätze unterschieden [7.31]:

- Zielunterdrückung. Der Entscheidungsträger kann bestimmte Ziele ignorieren. In diese Kategorie ist auch ein Vorgehen einzuordnen, bei dem anhand einer Rangordnung der Ziele vorgegangen wird. Die Alternativen werden im Hinblick zunächst nur auf das wichtigste Ziel bewertet; sind zwei Alternativen hier gleich vorteilhaft, „greift" das nächste Zielkriterium.
- Festlegung eines bestimmten Zielniveaus. Ein Ziel wird als zu maximierend (bzw. minimierend) festgelegt, während für die weiteren Ziele lediglich zu erreichende Zielniveaus bestimmt werden.
- Zielkompromiss. Mittels Verfahren des Multiple Criteria Decision Making (MCDM) (z. B. Nutzwertanalyse, Scoringmodelle) können Zielkompromisse hergestellt werden. Voraussetzung ist ggf. eine konsensfähige Gewichtung der Zieldimensionen.

Diese Ansätze eröffnen den Entscheidungsträgern teilweise große Spielräume. Neben der Analyse der Sachinterdependenzen muss daher die Überlegung treten, ob bei den verschiedenen Entscheidungsträgern divergierende Zielsysteme und Informationsasymmetrien vorliegen.

Nachfolgend wird ein Überblick über umweltorientierte Planungs- und Kontrollinstrumente gegeben. Auf die bereits angesprochenen strategischen Analysen wird dabei nicht mehr eingegangen.

Produkte und Prozesse. Eine umfassende umweltorientierte Bewertung von Produkten und Prozessen kann mittels Ökobilanzen erreicht werden. Darüber hinaus können parallel zu der ökologischen Analyse die ökonomischen und/oder sozialen Aspekte eines Bezugsobjektes untersucht werden. Tabelle 7.1 zeigt hierfür ein Beispiel. Diese Tabelle umfasst dabei als Umweltwirkungen ausschließlich die Treibhausgasemissionen (THG), ausgedrückt als CO_2-Äquivalente. Hier werden die drei Perspektiven der Hersteller, Kunden und End-of-Life-Akteure unterschieden. Dabei wird deutlich, dass die Vorteilhaftigkeit durchaus unterschiedlich beurteilt werden kann.

Werden Bezugsobjekte im Hinblick auf ökonomische und ökologische Aspekte bewertet, können z. B. in Auswahlentscheidungen für Produktkonzepte sämtliche Informationen einfließen. Allerdings muss bei Vorliegen widersprüchlicher Entscheidungsempfehlungen eine Gewichtung der Dimensionen erfolgen oder eine gänzlich neue Alternative gefunden werden.

Operative Risiken. Für das Erreichen umweltbezogener Ziele ist es in der Unternehmenspraxis häufig von großer Bedeutung, operative Risiken durch potenzielle Störfälle oder Fehler möglichst frühzeitig zu erkennen und zu vermeiden. Ein diesbezügliches Instrument ist die Fehlermöglichkeits- und -einflussanalyse (FMEA).

Ziel der herkömmlichen Fehlermöglichkeits- und -einflussanalyse (FMEA), die weit verbreitet im Qualitätsmanagement von Unternehmen eingesetzt wird, ist die Bereitstel-

Tabelle 7.1 Pkw-Vergleich: Lebenszykluskosten und CO_2-Bilanz (nach [7.32]; vgl. auch [7.33])

	Kosten in €		Emissionen in t CO_2	
	Pkw 1	Pkw 2	Pkw 1	Pkw 2
Herstellersicht/Produktionsphase				
Rohstoffe	5500	3100	8	9,6
Transporte	1000	900	1,5	1,8
Produktion	9500	8000	2	3,5
Summe	16 000	12 000	11,5	14,9
Kundensicht/Betrieb				
Anschaffung	20 000	15 000	0	0
Betrieb	11 716	15 790	30	44,3
Verkauf	−7921	−5545	0	0
Summe	23 795	25 245	30	44,3
End-of-Life Akteur				
Ankauf	3000	3000	0	0
Demontage	250	250	0	0
Wiederverwertung	−2500	−2000	0	0
Beseitigung	350	500	0,4	0,43
Summe	1100	1750	0,4	0,43

lung von Informationen über potenzielle Fehler an Produkten oder Prozessen sowie über ihre Ursachen und Folgen aus der Perspektive der Kunden [7.34]. Für jeden potenziellen Fehler wird gemäß Gleichung (7.1) eine Risikoprioritätszahl *RPZ* ermittelt.

$$RPZ = S_A S_E S_B \tag{7.1}$$

S_A ist der Score für die Auftretenswahrscheinlichkeit von Fehlern, S_E der Score für die Entdeckungswahrscheinlichkeit von aufgetretenen Fehlern, bevor der Kunde das Produkt erhält, und S_B der Score für die Bedeutung der Fehlerfolgen aus Sicht der Kunden.

Auf einer Skala von 1 bis 10 erfolgt eine Einschätzung der drei Kriterien: Die 1 steht für ein äußerst unwahrscheinliches Auftreten des Fehlers, für eine sehr hohe Entdeckungswahrscheinlichkeit von aufgetretenen Fehlern, bevor der Kunde das Produkt erhält, und eine geringe Bedeutung der Fehlerfolgen aus Sicht des Kunden. Die 10 steht entsprechend für ein sicheres Auftreten, eine geringe Entdeckungswahrscheinlichkeit und eine sehr große Bedeutung der Fehlerfolgen aus Sicht der Kunden. Als Ergebnis liegen somit Bewertungen der Fehlerursachen in Form von Risikoprioritätszahlen zwischen eins und 1000 vor. Je höher die Risikoprioritätszahl, desto dringlicher ist der Optimierungsbedarf. Tabelle 7.2 zeigt eine in der Automobilindustrie entwickelte und hier weit verbreitet angewandte Zuordnung von 1 bis 10 Punkten zu potenziellen Fehlerfolgen (vgl. [7.34]). Analoge Tabellen werden zur Zuordnung von Punkten zu den Wahrscheinlichkeiten genutzt.

Eine aus dem ökonomischen Blickwinkel zielführende Erweiterung der Fehlermöglichkeits- und -einflussanalyse (FMEA) besteht darin, nicht nur die Konsequenzen der Fehler,

Tabelle 7.2 Konvertierungstabelle zur Zuordnung von Punkten für die Bedeutung potenziellen Fehlerfolgen aus der Kundenperspektive (S_B)

Score für die Bedeutung der Fehlerfolgen aus Sicht der Kunden (S_B)	Potenzielle Fehlerfolgen
sehr hoch 9–10	Sicherheitsrisiko, Nichterfüllung gesetzlicher Vorschriften, Liegenbleiber, existenzbedrohendes Firmenrisiko
hoch 7–8	Funktionsfähigkeit des Fahrzeugs stark eingeschränkt, sofortiger Werkstattaufenthalt zwingend erforderlich, Funktionseinschränkung wichtiger Teilsysteme
mäßig 4–6	Funktionsfähigkeit des Fahrzeugs eingeschränkt, sofortiger Werkstattaufenthalt nicht zwingend erforderlich, Funktionseinschränkung von wichtigen Bedien- und Komfortsystemen
gering 2–3	Geringe Funktionsbeeinträchtigung des Fahrzeugs, Beseitigung beim nächsten planmäßigen Werkstattaufenthalt, Funktionseinschränkung von Bedien- und Komfortsystemen
sehr gering 1	Sehr geringe Funktionsbeeinträchtigung, nur vom Fachpersonal erkennbar

die erst beim Kunden entdeckt werden, zu berücksichtigen, sondern auch die Kosten, die durch unternehmensintern entdeckte Fehler entstehen [7.35].

Aus der Perspektive des Umweltmanagements greift die einseitige Untersuchung ökonomischer Fehlerrisiken jedoch zu kurz. Daher werden seit einigen Jahren umweltbezogene Modifikationen des Instrumentes diskutiert und z. T. auch erprobt [7.36, 7.37]. Bei solchen Umwelt-FMEAs werden potenzielle Fehler nicht im Hinblick auf ihre ökonomischen, sondern bezüglich ihrer ökologischen Folgen bewertet. Hierzu ist es erforderlich, entsprechende Konvertierungstabellen zu entwickeln, die eine Zuordnung von 1 bis 10 Punkten zu den verschiedenen Fehlerfolgen ermöglichen. Die Festlegung auf eine solche Konvertierungstabelle ist allerdings problematisch, weil sie eine Bewertung von Umweltwirkungen auf kardinalem Messniveau erfordert. Entsprechend sollten diese Kriterien begründet und dokumentiert – und damit auch kritisierbar gemacht – werden. Tabelle 7.3 zeigt eine solche Konvertierungstabelle exemplarisch aus einem umweltbezogenen Projekt in der Automobilindustrie [7.17]. Die Formulierung einer so relativ allgemein formulierten Konvertierungstabelle vermeidet einerseits die Festlegung auf Punktwerte für konkrete Umweltwirkungen, eröffnet aber andererseits natürlich auch sehr weite subjektive Bewertungsspielräume.

Vor dem Hintergrund, dass immer auch die Interdependenzen zwischen den Dimensionen berücksichtigt werden müssen, sind Ansätze einer mehrdimensionalen, also zugleich qualitäts- und umweltorientierten Fehlermöglichkeits- und -einflussanalyse (FMEA) [7.17] zielführende Weiterentwicklungen. In diesem Fall ergibt sich die mehrdimensionale Risikoprioritätszahl RPZ_M nach Gleichung (7.2). Dabei wird anstelle der Punktwerte für die Wahrscheinlichkeiten mit subjektiven Wahrscheinlichkeiten gerechnet.

Tabelle 7.3 Konvertierungstabelle zur Zuordnung von Punkten für die Bedeutung potenziellen Fehlerfolgen aus der Umweltperspektive in einem Projekt in der Automobilindustrie

Bedeutung	Potenzielle Fehlerfolgen
9–10	Sehr große Umweltrelevanz, sehr starkes Gefährdungspotenzial, nicht mehr tolerierbar, sehr starkes Störfallrisiko, Nichterfüllung gesetzlicher Vorgaben, sehr große Mengen
7–8	Große Umweltrelevanz, starkes Gefährdungspotenzial, gehobenes Störfallrisiko, starke gesetzliche Vorgaben, große Mengen
4–6	Mittlere Umweltrelevanz, mittleres Gefährdungspotenzial, mittleres Störfallrisiko, einfache gesetzliche Vorgaben, mittlere Mengen
1–2–3	Geringe Umweltrelevanz, geringes Gefährdungspotenzial, tolerierbar, kaum Störfallrisiko, keine gesetzlichen Vorgaben, geringe Mengen

$$S_{me}=x\cdot S_B+(1-x)\cdot S_u \qquad S_{mi}=x\cdot S_{IB}+(1-x)\cdot S_u$$

$$RPT_M=P(O)\cdot\{P(\bar{D}|O)\cdot S_{me}+P(D|O)\cdot S_{mi}\}+P(\bar{O})\cdot P(D|O)\cdot S_{mc} \qquad (7.2)$$

$$S_{mc}=x\cdot S_{IB}+(1-x)\cdot S_u$$

S_{me} ist der Score für die mehrdimensionalen Folgen eines beim Kunden aufgetretenen Fehlers, S_{mi} der Score für die mehrdimensionalen Folgen eines unternehmensintern entdeckten Fehlers und S_{mc} der Score für die mehrdimensionalen Folgen falsch positiver Prüfergebnisse. $P(O)$ beschreibt die Auftretenswahrscheinlichkeit eines Fehlers, $P(D|O)$ die Wahrscheinlichkeit der Entdeckung aufgetretener Fehler, $P(D|\bar{O})$ die Wahrscheinlichkeit der Entdeckung nicht aufgetretener Fehler (falsch positive Prüfergebnisse) und $P(\bar{D}|O)$ die Wahrscheinlichkeit der Nicht-Entdeckung aufgetretener Fehler, bevor das Produkt zum Kunden gelangt.

Die herkömmliche Fehlermöglichkeits- und -einflussanalyse (FMEA) wird in einigen Branchen (z. B. Automobilindustrie) fast flächendeckend genutzt, zumal die Hersteller hier auch ihre Zulieferer im Regelfall zur Anwendung dieses Instruments verpflichten. Gerade deshalb könnte eine Weiterentwicklung und verbreitete Anwendung der (auch) umweltorientiert modifizierten FMEA einen wichtigen Beitrag zu einer mehrdimensionalen Verbesserung von Produkten und Prozessen leisten.

Umweltorientierte Kostenrechnung. Im Rahmen des Umweltmanagements stellt sich immer wieder die Frage, mit welchen Kosten Umweltschutzmaßnahmen – oder auch ihre Unterlassung – verbunden sind. Abbildung 7.5 zeigt deshalb eine Systematisierung internalisierter umweltbezogener Kosten. Internalisiert sind Kosten immer dann, wenn sie durch das Unternehmen zu tragen sind. Ansonsten stellen sie externe Umweltkosten dar, die von der Gesellschaft getragen werden (müssen).

Das Ziel einer umweltbezogenen Kostenrechnung ist es, für verschiedene Entscheidungssituationen die erforderlichen Informationen bereitzustellen. Dabei können umweltbezogene Kosteninformationen insbesondere in den folgenden Zusammenhängen relevant sein.

- Entscheidungen über Strategien der Risikoüberwälzung (z. B. durch den Abschluss einer Umwelthaftpflichtversicherung),
- Identifikation von ökologischen Schwachstellen und Kostensenkungspotenzialen,
- Abweichungsanalysen,
- Unterstützung bei Entscheidungen bezüglich der Substitution von Einsatzmaterialien oder der Optimierung von Produktkonzeptionen,
- Unterstützung bei Entscheidungen bezüglich Verfahrensvergleichen (z. B. additive versus integrierte Umweltschutzmaßnahmen),
- zielsystemorientierte Verhaltenssteuerung.

Internalisierte Umweltkosten		
Ressourcenkosten	**„Duldungskosten“**	**Kosten für Umweltschutz**
Kosten für die Entnahme von natürlichen Ressourcen aus der Umwelt (einschließlich Personalkosten; z. B. für Umweltschutz- und Umweltmanagementsystembeauftragte)	Kosten für die Hinnahme / Duldung von Umweltwirkungen (z. B. Abwasser- oder Abfallabgaben, Gebühren, Kosten für CO_2-Emissionszertifikate, Strafen bei Übertretung von Grenzwerten)	Kosten für Maßnahmen zur Verminderung von Umweltwirkungen: ▪ Vermeidungs-/Verminderungskosten ▪ Verwertungskosten ▪ Beseitigungskosten

Abb. 7.5 Systematisierung internalisierter umweltbezogener Kosten (modifiziert nach [7.38])

Umweltorientierte Kennzahlen(systeme). Kennzahlen sind zentrale Instrumente zur Gewinnung und Auswertung umweltorientierter Informationen. Die Planung, Steuerung und Kontrolle sämtlicher Themenfelder des Umweltmanagements kann durch ihren Einsatz unterstützt werden. Ihre Interpretation ist allerdings häufig nur dann sinnvoll möglich, wenn sie in Kennzahlenvergleiche bzw. ein umweltbezogenes Benchmarking sowie in Kennzahlensysteme eingebettet sind.

Mittlerweile gibt es eine kaum noch zu überschauende Vielfalt von Ausgestaltungsempfehlungen. Hier kommt der in DIN EN ISO 14031 vorgeschlagenen Systematisierung von Kennzahlen eine große Bedeutung zu (Abb. 7.6).

- Umweltleistungskennzahlen sind durch das Unternehmen beeinflussbar. Sie können unterschieden werden in operative Umweltleistungskennzahlen (z. B. Kennzahlen über Ressourcenverbräuche, Emissionsmengen) und Managementleistungskennzahlen (d. h. Kennzahlen, die z. B. den Umsetzungsgrad geplanter Verbesserungsmaßnahmen im Umweltschutz ausdrücken). Abbildung 7.7 zeigt Beispiele.
  Im Rahmen des Umweltmanagements muss jeweils unternehmensindividuell festgelegt werden, für welche Entscheidungen welche Kennzahlen zielführend genutzt werden.

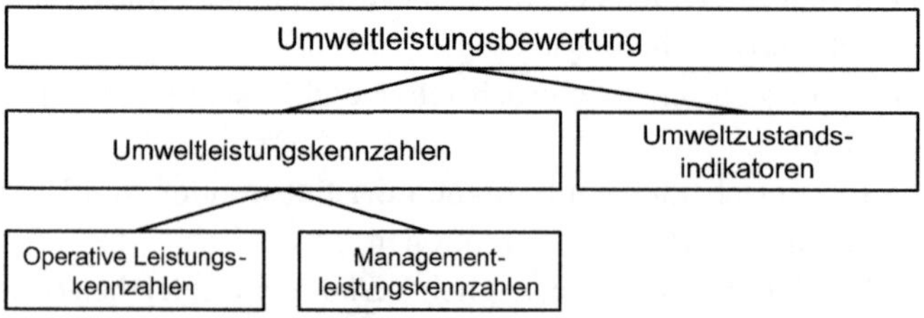

Abb. 7.6 Systematisierung umweltbezogener Kennzahlen (modifiziert nach [7.39])

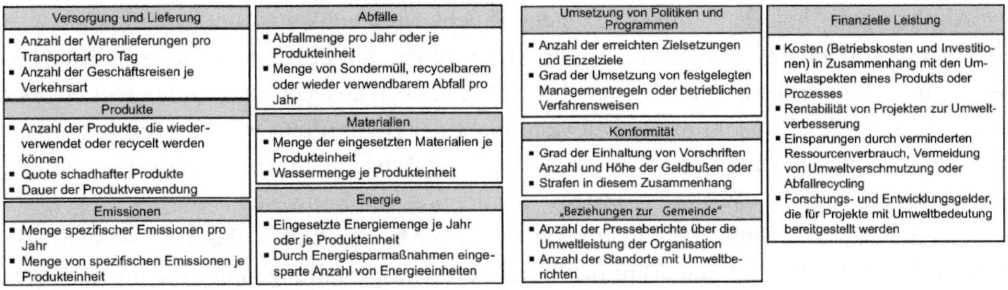

Abb. 7.7 Systematik operativer Leistungskennzahlen (linke Bildhälfte) und von Managementkennzahlen (rechte Bildhälfte) (modifiziert nach [7.39])

Die operativen Leistungskennzahlen stellen im Normalfall wertvolle Entscheidungshilfen dar, sofern sie als Relativkennzahlen gebildet werden. So können die CO_2-Emissionen verschiedener Produkte oder Standorte oder auch eines Standortes bzw. Produkts zu verschiedenen Zeitpunkten verglichen werden, um Optimierungsbedarfe zu erkennen. Dagegen ist im Hinblick auf einige der in der DIN EN ISO 14031 vorgeschlagenen Managementleistungskennzahlen der Anwendungszweck nicht direkt ersichtlich. Dies gilt etwa für die Kennzahl „Anzahl der Presseberichte über die Umweltleistung der Organisation", solange nicht zwischen positiven und negativen Berichten differenziert wird. Auch die Kennzahl „Anzahl der erreichten Zielsetzungen und Einzelziele" ist letztlich nur zu interpretieren, wenn die Anzahl der Ziele insgesamt – und auch ihre jeweilige Relevanz – bekannt sind. Entsprechend unterscheiden manche Unternehmen ihre Ziele mittels einer ABC-Analyse und ermitteln dann jeweils den Anteil der erreichten Ziele.

- Umweltzustandsindikatoren informieren über die Umweltbelastung in einem bestimmten geografischen Gebiet und sind meist durch einzelne Unternehmen nicht beeinflussbar (Ausnahmen sind Störfälle, mit denen ggf. vorübergehend etwa Gewässer oder die Luft extrem belastet werden). Sie stellen aber wichtige Informationen im Hinblick auf die Frage dar, welche Umweltschutzmaßnahmen aus einer übergeordneten Perspektive besonders dringlich sind.

Für das Umweltmanagement spielen gerade aber auch solche Kennzahlen eine Rolle, welche die Interdependenzen zwischen der wirtschaftlichen und der umweltbezogenen Lage abbilden und damit z. B. auch helfen, mehrdimensionale Bewertungen zu einem Entscheidungswert zusammenzuführen. Ein Beispiel hierfür ist der „Return on Environment" *ROE* als Kennzahl zur Einschätzung der Vorteilhaftigkeit von Produktkonzeptionen [7.40]. Der *ROE* wird als Quotient nach Gleichung (7.3) ermittelt.

$$ROE = \frac{\left(\frac{LCC}{\text{Preis}}\right)}{\text{Skalierte Umweltwirkungen}} \tag{7.3}$$

Ähnlich wie bei der umweltbezogenen Fehlermöglichkeits- und -einflussanalyse (FMEA) – und auch für zahlreiche weitere Kennzahlen, mit denen nicht nur z. B. Mengen bestimmter Emissionen, sondern auch ihre Schädlichkeit ausgedrückt werden sollen – besteht ein zentrales Problem in der Notwendigkeit der Beurteilung von Umweltwirkungen auf kardinalem Skalenniveau. Eine Steuerung von Entscheidungen mittels Kennzahlen erfordert zudem die – häufig schwierige – Festlegung von Sollwerten.

Eine umfassende Einbeziehung umweltbezogener Kennzahlen in das Management von Unternehmen kann durch (auch) umweltorientierte Ausgestaltungen der Balanced Scorecard erfolgen [7.41].

Ziele des Einsatzes von derartigen Kennzahlen sind z. B.

- Beurteilung der Umweltverträglichkeit von Produkten oder Prozessen,
- umweltbezogene Abweichungsanalysen, Identifikation von ökologischen Schwachstellen und Kostensenkungspotenzialen,
- Unterstützung bei Entscheidungen bezüglich der Substitution von Einsatzmaterialien oder der Optimierung von Produktkonzeptionen,
- Unterstützung bei Entscheidungen bezüglich Verfahrensvergleichen, z. B. additive versus integrierte Umweltschutzmaßnahmen,
- zielsystemorientierte Verhaltenssteuerung,
- internes Benchmarking von operativen Prozessen und ggf. verschiedenen Standorten,
- Kommunikation umweltbezogener Informationen an unternehmensinterne und -externe Stakeholder im Rahmen des Umweltreporting.

7.1.5 Umweltreporting

Ein zielgerichtetes Umweltmanagement kann nur dann umgesetzt werden, wenn vielfältige Informationen in problem- und empfängerorientiert aufgebauten Berichtssystemen bereitgestellt werden. Dies fordert etwa auch die ISO 14001 im Zusammenhang mit der Implementierung und Umsetzung von Umweltmanagementsystemen. Zunächst ist dabei ein internes Reporting aufzubauen, das sich daran orientiert, welche Entscheidungsträger im Unternehmen in welchen Abständen Informationen über welche Sachverhalte auf welchem Aggregationsniveau benötigen. Beispielsweise braucht die Geschäftsführung umfassende Informationen, um im Rahmen der Zertifizierung von Managementsystemen die Managementbewertung vornehmen zu können. Ein anderes Beispiel sind Umweltschutzbeauftragte, die bei Vorliegen bestimmter Sachverhalte (z. B. genehmigungsbedürftiger Anlagen) im Unternehmen eingesetzt werden müssen; sie benötigen besonders umfassende und teilweise sehr detaillierte umweltbezogene Informationen (etwa über Emissionen, angefallene Abfallmengen, aber auch das Auftreten von Problemen z. B. im Zusammenhang mit Störfällen) und sind gleichzeitig zur Berichterstattung gegenüber der Unternehmensleitung verpflichtet.

Auf dieser Datenbasis ist dann auch der Auf- und Ausbau von Informationsbeziehungen zu externen Anspruchsgruppen möglich. Die Umwelt-Publizität bezeichnet dabei, unabhängig davon, ob sie gesetzlich vorgeschrieben ist oder freiwillig erfolgt, die Bereitstellung allgemein verfügbarer Informationen an die Öffentlichkeit (hierzu zählen z. B. Umwelterklärungen gemäß EMAS-VO). Daneben kann zwischen dem Umweltreporting an spezifische Adressaten aufgrund gesetzlicher Informationssonderrechte sowie an spezifische Benutzer aufgrund faktischer Machtpositionen unterschieden werden (Abb. 7.8).

Das Umweltreporting ist dabei immer mit bestimmten Zielen des jeweiligen Unternehmens verbunden. So kann das Unternehmen einerseits durch die Bereitstellung einer Umwelterklärung oder eines Umweltberichtes versuchen, das Vertrauen von Stakeholdern zu erhöhen und dadurch indirekt ihr Verhalten gegenüber dem Unternehmen zu beeinflussen. Andererseits können Entscheidungsträgern unmittelbar relevante Informationen zur Unterstützung von Planungs- und Kontrollentscheidungen zur Verfügung gestellt werden. Dies verdeutlicht das folgende Beispiel. Im Rahmen des Abschlusses eines Umwelthaftplicht-Versicherungsvertrages bestehen Informationsasymmetrien zwischen dem Versicherungsnehmer (Unternehmen) und dem Versicherungsgeber etwa in Bezug auf den Umgang mit Gefahrstoffen. So hat der Versicherungsnehmer im Normalfall einen Informationsvorsprung über die Ausgestaltung und die Einhaltung entsprechender Arbeitsanweisungen. Für den Versicherungsgeber entstehen hierdurch mehrwertige Erwartungen über das abzudeckende Risiko; dies wird er bei der Festlegung der Höhe der Haftpflichtprämie berücksichtigen. Durch die Bereitstellung entsprechender Informationen kann der Versicherungsnehmer die auf Seiten des Versicherungsgebers bestehende Unsicherheit reduzieren und damit verbunden die zu zahlende Versicherungsprämie senken. In ähnlicher

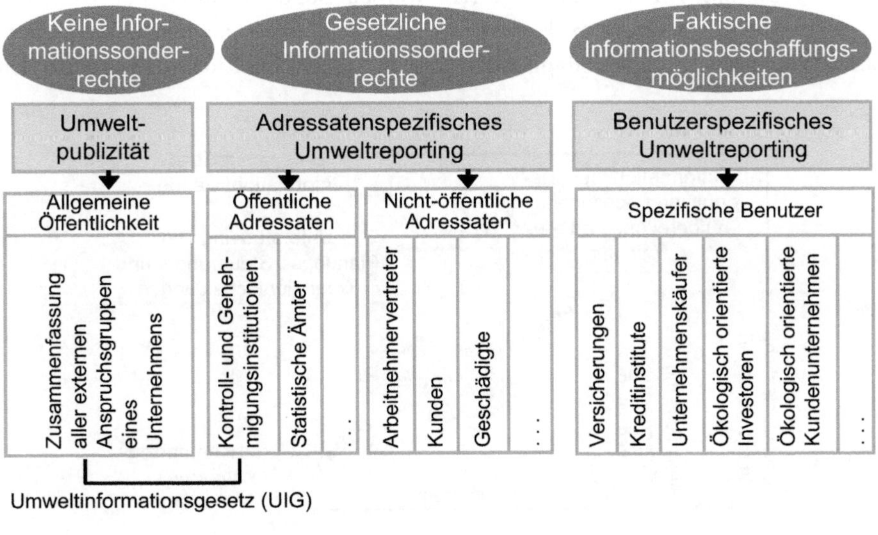

Abb. 7.8 Systematisierung des Umweltreporting (modifiziert nach [7.13])

Weise können sich durch die externe Informationsgewährung gegenüber Kreditinstituten günstigere Kapitalbeschaffungsmöglichkeiten realisieren lassen.

Letztlich soll dem Umweltreporting ein positiver Informationswert zukommen (Abb. 7.9; [7.42]). Dieser ergibt sich aus der Abwägung zwischen dem Informationsnutzen (d. h. einem höheren Erreichungsgrad der Unternehmensziele) und den Informationskosten für die Informationsbedarfsermittlung, -beschaffung, -aufbereitung und -übermittlung.

Ein Informationsnutzen kann nur dann erzielt werden, wenn das Reporting vertrauenswürdig ist. Dies kann z. B. durch die Prüfung eines Umweltberichtes durch einen unabhängigen Prüfer erreicht werden. Die Höhe des Informationsnutzens hängt aber auch von der Aussagefähigkeit ab – und damit der Interpretierbarkeit und Vergleichbarkeit der bereitgestellten Informationen. Hier spielen Kennzahlenvergleiche eine zentrale Rolle. Sie ermöglichen den Vergleich z. B. der Emissionen pro hergestellter Einheit im Zeitablauf, aber auch zwischen verschiedenen Standorten oder Unternehmen (Kapitel 7.1.3).

Schließlich muss das Informationsangebot an den Informationsbedürfnissen der internen und/oder externen Stakeholder ausgerichtet sein. Dies bedeutet z. B. auch, dass ggf. die Inhalte von einem ausschließlichen Umwelt- auf ein Nachhaltigkeitsreporting auszuweiten sind, indem auch über die ökonomische und soziale Unternehmensleistung und die jeweiligen Interdependenzen informiert wird [7.43]. Für ein solches Reporting werden dabei häufig die Leitlinien der „Global Reporting Initiative" (GRI) herangezogen, in denen u. a. entsprechende Kennzahlen vorgeschlagen werden, mit Hilfe derer ein umfassendes Bild über die nachhaltigkeitsbezogene Lage von Unternehmen erstellt werden kann [7.44].

Eine zunehmende Rolle spielen neben gedruckten Berichten verschiedene Ausprägungen des Reporting im Internet. Hier können Informationen nicht nur in nahezu unbegrenztem Umfang zur Verfügung gestellt werden, sondern mittels der vorhandenen technischen Möglichkeiten (z. B. Hyperlinks, Suchfunktionen, Sitemaps, Navigationsalternativen) kann auch ihre Zugänglichkeit und Verständlichkeit deutlich erhöht werden

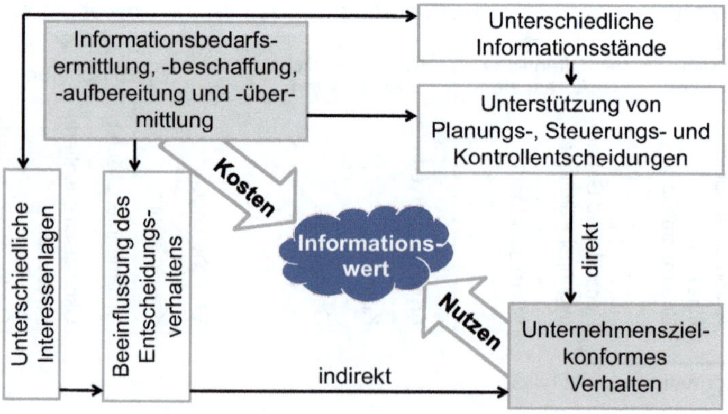

Abb. 7.9 Informationswert des Umweltreporting (nach [7.13])

[7.43]. Schließlich besteht durch das Internet auch die Möglichkeit, die einseitige Zurverfügungstellung von Informationen in einen umfassenden Dialog mit den Stakeholdern zu überführen.

7.1.6 Mehrdimensionales Management

Ein großer Teil der Entscheidungen im Umweltmanagement kann nicht losgelöst vom Qualitätsmanagement eines Unternehmens getroffen werden. Hinzu kommt, dass in vielen Unternehmen neben finanziellen und kundenorientierten Zielen, nicht nur umweltbezogenen, sondern auch sozialen Aspekten eine zunehmende Bedeutung zugeordnet wird. Übergeordnetes Konzept ist das Nachhaltigkeits- bzw. Sustainability-Management, das gleichzeitig folgende Herausforderungen bewältigen muss [7.45]:

- Verringerung der Umweltwirkungen des Unternehmens,
- Minimierung der sozial unerwünschten Wirkungen des Unternehmens,
- Erfüllung ökonomischer Anforderungen an das Umwelt- und Sozialmanagement (z. B. im Sinne der Frage, wie die umwelt- und sozialbezogenen Ziele kostenorientiert und unternehmenswertsteigernd umgesetzt werden können; gemeint sind z. B. die angesprochenen Interdependenzbeziehungen zwischen der ökologischen und ökonomischen Lage eines Unternehmens),
- Integration der ökologischen und sozialen Aspekte in das ökonomische Management.

Durch die Implementierung sowohl von Qualitäts- und Umwelt- als auch zunehmend von Arbeitssicherheits-Managementsystemen versuchen Unternehmen, die drei Dimensionen der Nachhaltigkeit nicht nur in Form einzelner Projekte, sondern als systematische Ansätze zu realisieren. Ähnlich wie für Umweltmanagementsysteme dargestellt, kommt auch für Qualitäts- sowie auf soziale Ziele ausgerichtete Managementsysteme entsprechenden Normen in der Unternehmenspraxis eine große Bedeutung zu.

- Die Norm für Qualitätsmanagementsysteme DIN EN ISO 9001 [7.11] fokussiert die Erfüllung der Ansprüche insbesondere von Kunden sowie auch weiterer Stakeholder durch ein prozessorientiertes Qualitätsmanagement. Zentrale Elemente von Qualitätsmanagementsystemen gemäß ISO 9001 sind die
  - Festlegung einer Qualitätspolitik,
  - Analyse von Kundenanforderungen,
  - Bestimmung von Qualitätszielen und Kontrollprozessen für jedes Ziel sowie von Vorgehensweisen bei Zielabweichungen,
  - Bestimmung der qualitätsbezogenen Organisationsstruktur,
  - Vorgehensweisen zur Sicherstellung, dass Zulieferer die an sie gestellten Qualitätsanforderungen verstehen und in der Lage sind, sie zu erfüllen,

  - Dokumentation des Qualitätsmanagementsystems in einem Handbuch sowie Verfahrens- und Arbeitsanweisungen,
  - Auditierung des Qualitätsmanagementsystems.

  In verschiedenen Branchen (z. B. der Automobilindustrie) spielen spezifische Erweiterungen der Norm (in Deutschland insbesondere die ISO/TS 16949 bzw. VDA 6.1 [7.46, 7.47]) eine wichtige Rolle. Hier sind vor allem der Einsatz von Qualitätsmanagementinstrumenten und die Reportingpflichten gegenüber dem Kundenunternehmen umfassend geregelt.
- Die DIN EN 50001 für Energiemanagementsysteme [7.48] zielt darauf ab, dass Unternehmen im Sinne eines Carbon-Controlling sowohl Kosten als auch Treibhausgasemissionen reduzieren. Die Anforderungen sind dabei analog zu denen an Umweltmanagementsysteme formuliert.
- Für Arbeitssicherheits- und Gesundheitsschutz-Managementsysteme existiert zwar (noch) keine weltweit gültige ISO-Norm. Aber die britische Norm OHSAS 18001 [7.49] findet weltweit zunehmend Verbreitung und eine ISO-Norm ist in Vorbereitung.
- In dem durch die ISO veröffentlichten Leitfaden „Guidance on social responsibility“ (ISO 26000, [7.50]) werden sechs Kernthemen gesellschaftlicher Verantwortung fokussiert: Menschenrechte, Arbeitspraktiken, Umwelt, faire Betriebs- und Geschäftspraktiken, Konsumentenanliegen sowie Einbindung und Entwicklung der Gemeinschaft. Eine Zertifizierung gemäß ISO 26000 ist allerdings nicht möglich.

Das Qualitätsmanagement fokussiert vor allem das Erreichen hoher Kundenzufriedenheit und ist insofern ökonomisch orientiert. Dagegen stellen Umwelt- und Energiemanagementsysteme (auch) auf die ökologische und Arbeitssicherheits- und Gesundheitsmanagementsysteme sowie die Berücksichtigung der Leitlinien „Social Responsibility“ in erster Linie auf die soziale Dimension der Nachhaltigkeit ab.

Zwischen den Managementsystemen bestehen zahlreiche Interdependenzen, die erkannt und berücksichtigt werden müssen, um die nachhaltigkeitsbezogenen Unternehmensziele zu erreichen. Hierzu können integrierte Managementsysteme einen zielführenden Lösungsansatz darstellen. Unter Integration des Qualitäts-, Umwelt- und Sozialmanagementsystems wird dabei verstanden, dass diese interdependenten Systeme, die auf das Erreichen verschiedener Ziele des Unternehmens ausgerichtet sind, so miteinander verknüpft werden, dass Entscheidungen unter Berücksichtigung der unterschiedlichen Zieldimensionen, und zwar entsprechend deren Gewichtung im unternehmerischen Zielsystem, getroffen werden.

Integrierte Managementsysteme können auf Basis jedes standardisierten Managementsystems konzipiert werden, zumal im Laufe der regelmäßigen Weiterentwicklung der Normen ihre Strukturen in der Vergangenheit immer stärker aneinander angeglichen wurden; beispielsweise ist die Norm OHSAS 18001 aus diesem Grund explizit analog zu den Standards für Qualitäts- und Umweltmanagementsysteme formuliert worden. Die Normen enthalten in den Anhängen zudem Matrizen, in denen die Elemente der jeweiligen Norm den Elementen anderer Normen gegenübergestellt werden. Auf Basis einer solchen Gegenüberstellung (Tabelle 7.4) kann jeweils eine Einordnung sämtlicher Elemente in eine der Strukturen vorgenommen werden.

Deutlich wird, dass die Normen in vielen Bereichen analoge Anforderungen an die jeweiligen Managementsysteme stellen. Da zudem die unterschiedlichen Managementsysteme alle auf dem Plan-Do-Check-Act-Kreislauf aufbauen, ist eine Integration gut möglich. Abbildung 7.10 zeigt die Struktur eines integrierten Managementsystems auf Basis der Elemente eines Umweltmanagementsystems gemäß ISO 14001.

Daneben können integrierte Managementsysteme auch unabhängig von der Struktur einer der Normen aufgebaut und z. B. an den Geschäftsprozessen eines Unternehmens orientiert werden. Häufig sehr schwierig und auch mit Konflikten zwischen den Vertretern der verschiedenen Bereiche verbunden ist die Integration der Verfahrens- und Arbeitsanweisungen. Erst hierdurch kann es jedoch gelingen, die ggf. vorliegenden widersprüchli-

Tabelle 7.4 Gegenüberstellung der Norm-Anforderungen an Qualitäts-, Umwelt- und Arbeitssicherheits-/Gesundheitsmanagementsystems (nach [7.18, 7.11, 7.48, 7.49])

Nr.	ISO 9001:2008	Nr.	ISO 14001: 2009	Nr.	DIN EN 50001:2011	Nr.	OHSAS 18001: 2007
5.1 5.3 8.5.1	Selbstverpflichtung der Leitung Qualitätspolitik Ständige Verbesserung	4.2	Umweltpolitik	3.2	Energiepolitik	4.2	Arbeits- und Gesundheitsschutzpolitik
5.4	Planung (nur Titel)	4.3	Planung (nur Titel)	3.3	Planung (nur Titel)	4.3	Planung (nur Titel)
5.2 7.2.1 7.2.2	Kundenorientierung Ermittlung der Anforderungen in Bezug auf das Produkt Bewertung der Anforderungen in Bezug auf das Produkt	4.3.1	Umweltaspekte	3.3.1	Ermittlung und Überprüfung von Energieaspekten	4.3.1	Gefährdungserkennung, Risikobewertung und Festlegung Schutzmaßnahmen
5.2 7.2.1	Kundenorientierung Ermittlung der Anforderungen in Bezug auf das Produkt	4.3.2	Rechtliche Verpflichtungen und andere Anforderungen	3.3.2	Rechtliche Verpflichtungen und andere Anforderungen	4.3.2	Gesetzliche und andere Forderungen
5.4.1 5.4.2 8.5.1	Qualitätsziele Planung des Qualitätsmanagementsystems Ständige Verbesserung	4.3.3	Zielsetzungen, Einzelziele und Programm(e)	3.3.3	Strategische und operative Einzelziele und Programm(e)	4.3.3	Zielsetzung und Programm(e)

Abb. 7.10 Integriertes Managementsystem auf Basis der ISO 14001 [7.51]

chen Anforderungen, die etwa aus umwelt-/energiebezogener Perspektive einerseits und qualitäts- oder arbeitssicherheitsbezogener Perspektive andererseits an ein Produkt oder einen Prozess gestellt werden, umfassend zu erkennen und für alle Beteiligten transparent zu machen. Insofern kommt neben der Integration der Ziele gerade auch der Integration der Verfahrensanweisungen eine zentrale Bedeutung für das mehrdimensionale Management zu.

Als wichtigster Vorteil integrierter Managementsysteme wird häufig genannt, dass der Dokumentationsaufwand reduziert werden kann [7.52]. Die verschiedenen Normen stellen umfangreiche Anforderungen an die Dokumentation der Managementsysteme in Handbüchern, Verfahrens- und Arbeitsanweisungen. Bei separater Dokumentation entstehen hier zahlreiche Redundanzen, die durch eine Integration vermieden werden. Durch die Zusammenfassung von internen Audits, Schulungen, Reviews usw. können zudem Personalressourcen eingespart und die entsprechenden Kosten gesenkt werden. Ähnlich wie bei internen Audits sind auch Einsparungen durch integrierte externe Audits möglich. Zudem wird durch die Integration eine bessere Koordination der qualitäts- und umweltbezogenen sowie der sozialen Prozesse ermöglicht und damit eine kontinuierliche Verbesserung im Hinblick auf das gesamte Zielsystem unterstützt.

Allerdings sind mit der Integration auch Probleme verbunden (z. B. [7.53, 7.54]). Da die verschiedenen Managementsysteme auf die Erfüllung ggf. widersprüchlicher Anforderungen unterschiedlicher Stakeholder ausgerichtet sind, kann eine Zusammenführung mit einer größeren Komplexität verbunden sein, wodurch die Abstimmungsprobleme steigen. Zudem entstehen hohe Kosten. Im Zuge des Integrationsprojektes müssen nicht nur die gesamten Dokumente umformuliert werden, sondern es sind bei Veränderung der relevanten Normen bzw. Standards aufwändige Anpassungen erforderlich. Weiter wird betont, dass nur bei einem vollständigen Commitment des Managements ein Integrationsprojekt erfolgreich sein kann. Hinzu kommt, dass integrierte Managementsysteme mit einer vermehrten Bürokratie verbunden sein können. Schließlich wird das Fehlen einer ISO-Norm für integrierte Managementsysteme als Hinderungsgrund eingeschätzt. Inzwischen existieren allerdings nicht nur in einigen Ländern (z. B. Australien, Dänemark, Spanien) solche Standards, sondern es wurde auch das Handbuch „The integrated use of management system standards" der ISO [7.55] veröffentlicht.

Die Integration von Managementsystemen muss nicht alle Systemelemente und alle Prozesse betreffen. Vielmehr werden in der Unternehmenspraxis häufig Integrationsschwerpunkte gesetzt, die auch mit den skizzierten Vor- und Nachteilen zusammenhängen; beispielsweise gaben in einer empirischen Studie unter 432 Unternehmen in Spanien, die mindestens zertifizierte Qualitäts- und Umweltmanagementsysteme, teilweise auch Arbeitssicherheitsmanagementsysteme aufweisen, 362 der Unternehmen an, ihre Managementsysteme zumindest teilweise integriert zu haben [7.56]. Abbildung 7.11 zeigt, dass die politischen Leitsätze und die Handbücher am häufigsten integriert sind [7.56].

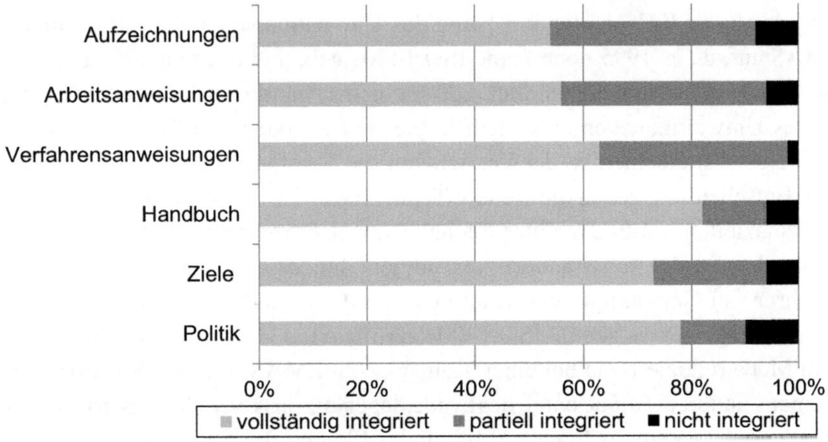

Abb. 7.11 Schwerpunkte der Integration von Managementsystemen

7.2 Fallstudien

Nachfolgend werden mehrere Beispiele dargestellt und diskutiert, anhand derer das konkret bei ausgewählten Unternehmen realisierte Umweltmanagement demonstriert werden kann.

7.2.1 Umweltmanagement bei Ford

Die Ford Motor Company stellt weltweit Motoren, Getriebe, weitere Fahrzeugteile bis hin zu ganzen Fahrzeugen her. Hierzu sind über 280 000 Mitarbeiter in etwa 46 Ländern an ca. 90 Standorten tätig.

Bereits 1996 wurde das Umweltmanagementsystem des Standortes Halewood zertifiziert; in den nächsten Jahren folgten zunächst die Werke in Köln, Valencia, Genk, Dagenham und Bordeaux. Inzwischen weisen sämtliche Produktionsstandorte sowie Ersatzteil- und Produktentwicklungszentren gemäß ISO 14001 zertifizierte Umweltmanagementsysteme auf. Auch der Kölner Standort baute das Umweltmanagementsystem zunächst gemäß EMAS auf, da es 1995 noch keine ISO 14001 gab, und führte beide Zertifizierungssysteme über 13 Jahre hinweg parallel. 2008 stieg der Standort Köln aus dem System aus, obwohl das Umweltmanagementsystem in gleicher Struktur und Systematik fortgeführt wird – einziger Unterschied ist der Verzicht auf die Veröffentlichung einer Umwelterklärung. Die Entscheidung gegen die weitere Teilnahme an EMAS liegt darin begründet, dass keine substanziellen Vorteile in einer solchen Doppelzertifizierung mehr gesehen werden; in dem für den Produktionsstandort zuständigen Bundesland Nordrhein-Westfalen sind die Gebühren bei Genehmigungsverfahren sowie die Fremdüberwachung durch die Behörde bei Vorliegen eines gemäß ISO 14001 zertifizierten Umweltmanagementsystems in gleichem Maße reduziert wie bei einer Teilnahme an EMAS. Für den Standort Saarlouis, der in einem anderen Bundesland liegt, gilt dagegen, dass verstärkt Betriebe gefördert werden, die an EMAS teilnehmen. Abbildung 7.12 zeigt die grundsätzliche Struktur des Umweltmanagementsystems bei Ford.

Ein globaler Business-Plan steuert sämtliche Unternehmensprozesse, indem für alle Bereiche (d. h. von den Finanzen über die Produktion bis zum Umweltschutz) Zielsetzungen vorgegeben werden, deren Erreichen dann über entsprechende Business Plan Reviews nachverfolgt wird. Die Umweltpolitik ist als ein „Policy Letter" (neben weiteren Policy Letters z. B. für Rechtsangelegenheiten oder Arbeitssicherheit) fester Bestandteil der Unternehmenspolitik und lautet: „Die einzelnen Ziele und Maßnahmen im Umweltschutz sind:

- den Umweltschutz ständig zu verbessern, um die negativen Umwelteinwirkungen so gering wie möglich zu halten; dies geschieht in Übereinstimmung mit den Unternehmenszielen sowie mit den Belangen der Mitarbeiter und der Öffentlichkeit;
- gesetzliche Umweltschutzbestimmungen zu erfüllen oder zu übertreffen;

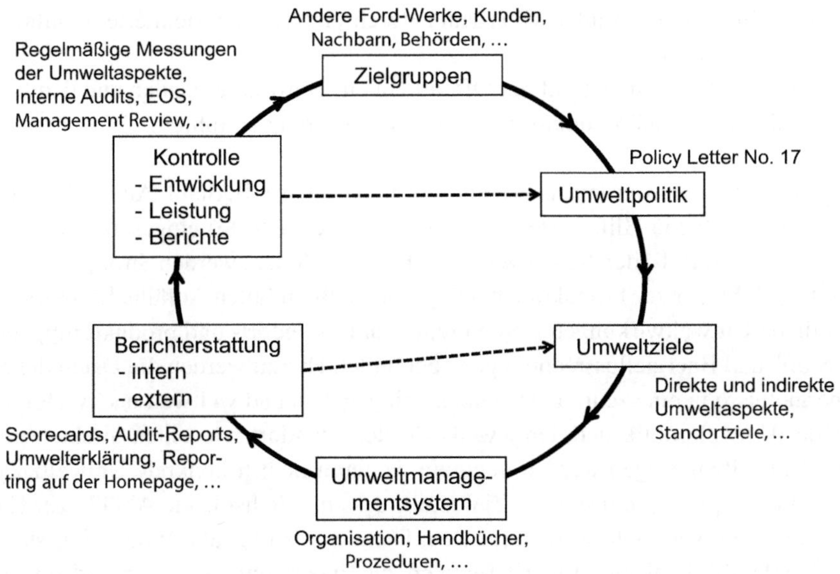

Abb. 7.12 Umweltmanagementsystem bei Ford

- das Störfall-Management kontinuierlich zu verbessern, um bei Betriebsstörungen unmittelbar und effektiv handeln zu können; dies schließt die kooperative Zusammenarbeit mit den zuständigen Behörden ein;
- Programme zur Reduzierung und ggf. Vermeidung von Lärm, Luftschadstoffen, Abwasser und Abfall sowie zur Schonung von Ressourcen (u. a. Energie, Wasser) zu entwickeln und fortzuschreiben; der Einsatz umweltverträglicher Substanzen wird forciert;
- Reststoffe zu reduzieren sowie diese vermehrt wiederzuverwenden und erneut zu nutzen;
- die Umwelteinwirkungen von Produktionsprozessen zu analysieren, eine umweltorientierte Produktentwicklung und Fertigungsplanung zu realisieren sowie alle sonstigen Aktivitäten der Ford-Werke GmbH in Hinblick auf Umweltverträglichkeit zu optimieren;
- Umwelt-Management-Systeme zur Kontrolle und Verbesserung des Umweltschutzes zu optimieren; dazu werden Verantwortlichkeiten und Zielsetzungen festgelegt, um so die Umsetzung dieser Leitlinien sicherzustellen;
- alle Firmen, die auf dem Ford-Gelände tätig werden, mit den Anforderungen aus diesen Leitlinien vertraut zu machen und deren Einhaltung zu überwachen; für die Zulieferer von Ford gelten vergleichbare Umweltschutz-Anforderungen;
- die natürliche Umwelt auf dem Gelände der Ford-Werke GmbH und dessen Umgebung zu schützen und zu pflegen;

- das Umweltbewusstsein aller Mitarbeiter durch zielgruppenorientierte Schulung und Information zu fördern;
- einen konstruktiven Dialog mit der Öffentlichkeit, Umweltverbänden und den Kunden über produktions- und produktbezogenen Umweltschutz zu führen."

In den Ford-Werken werden als Produktionsmaterialien z. B. Stahl, Aluminium, Kunststoffe und Lacke sowie Hilfsstoffe (u. a. Öle, Fette, Kraftstoffe) eingesetzt. Hinzu kommen Anbauteile (z. B. Räder, Scheinwerfer, Scheiben). Zudem werden Strom, Fernwärme, Druckluft und Wasser zur Produktion benötigt. Schließlich fallen Abfälle, Emissionen etc. an. Sämtliche Umweltwirkungen werden regelmäßig standort- und produktgruppenbezogen in Stoff- und Energieflussrechnungen abgebildet. Hierzu werden die Daten der Stoff- und Energieflüsse in eine zentrale Datenbank eingegeben und weltweit nachverfolgt.

Aus der Umweltpolitik und den jeweils für den Standort relevanten direkten und indirekten Umweltwirkungen werden in einem weiteren Schritt konkrete Umweltziele abgeleitet. Ein Beispiel für ein solches Ziel ist es, dass möglichst keine Abfälle zur Entsorgung in Deponien verbracht werden müssen. Dazu werden für alle Produktionsstandorte entsprechende Möglichkeiten für Alternativen zur Entsorgung analysiert und soweit wie möglich umgesetzt. Entsprechend umfasst das aktuelle Umweltprogramm am Standort Saarlouis zu dem Ziel „Vermeiden und Vermindern von Abfällen" die konkreten Maßnahmen:

- Reduzierung des Verpackungsabfallaufkommens von jährlich 2 % pro produziertem Fahrzeug (Basisjahr 2007) durch vermehrten Einsatz von Mehrwegverpackungen;
- europaweit erfolgt eine Bewertung der Top 3 relevantesten Abfallarten für die einzelnen Fertigungswerke; am Saarlouiser Standort werden hierzu Minimierungsprogramme der relevantesten Abfälle aufgestellt.

Weitere zentrale Umweltziele betreffen z. B. die Reduktion des Energie- und Wasserverbrauches sowie die Reduzierung von Luftschadstoffen.

Durch das Umweltmanagementsystem sind Prozesse, Verantwortlichkeiten und Abläufe geregelt und dokumentiert. Im Zuge des Globalisierungsprozesses werden die Organisationsstrukturen weltweit vereinheitlicht; dies gilt auch für das Umweltmanagementsystem. Die Dokumentation erfolgt in einem Handbuch, in dem auch die Schnittstellen hinsichtlich übergreifender Zuständigkeiten beschrieben sind.

Für jeden Unternehmensbereich ist ein Umwelt-Koordinator zuständig. In Abhängigkeit von der Größe des jeweiligen Bereiches gibt es darüber hinaus unterschiedlich viele Ansprechpartner. Zu ihren Aufgaben gehört z. B. die bereichsbezogene Koordination von gesetzlichen Umweltschutzanforderungen auf den Gebieten Reinigung, Wartung, Instandhaltung und Instandsetzung. Zudem sind sie Ansprechpartner bei Umweltaudits und sie ermitteln Daten zur Erstellung der Umwelterklärung (in Saarlouis) und der gesetzlich und behördlich geforderten Umweltberichte (z. B. Abfallbilanzen, Emissionserklärungen). Ein Umweltschutzbeauftragter nimmt auch die gesetzlich geforderten Beauftragtenfunktionen zum Immissionsschutz, Gewässerschutz und Abfallmanagement wahr. Schließlich ist für die Bewertung übergreifender Fragestellungen des jeweiligen Standortsystems ein Umweltmanagementbeauftragter verantwortlich.

Ein zielführendes Umweltmanagement erfordert immer auch eine entsprechende interne und externe Berichterstattung und Kontrolle. Für die interne Berichterstattung spielt bei Ford das „Scorecardsystem" eine zentrale Rolle. In einer globalen Datenbank werden für jedes Werk umweltrelevante Daten auf Monatsbasis eingegeben, mit den jeweiligen Zielen verglichen und in einem kaskaditiven Scorecardsystem von der Meisterebene über die Werksebene bis zum globalen CEO berichtet. Die Bewertung erfolgt anhand der definierten Zielwerte und wird entsprechend in Grün-Gelb-Rot berichtet. Jeder Stufe sind definierte Handlungsvorgaben und Eskalationsprozeduren zugeordnet. Die Datenverfolgung betrifft dabei die Medien: Abfall, Wasser, Abwasser, Energie, Betriebsmittel, Einhaltung umweltrechtlicher Anforderungen und ISO 14001 Leistungsindikatoren.

In einer derartigen Datenbank werden die Daten ebenfalls als Kosten/Unit je Monat eingegeben. Kostenvergleiche werden für Projekte, technische Spezifikationen mit unterschiedlichen Umweltwirkungen, CO_2-Footprint Strategien etc. vorgenommen.

Auf der internen Berichterstattung basierend besteht ein umfangreiches externes Reporting. Tabelle 7.5 zeigt exemplarisch eine Zusammenfassung der Input- und Outputströme des Werkes Saarlouis, die auch in der Umwelterklärung des Standortes aus dem Jahr 2008 veröffentlicht ist [7.57].

Die Umwelterklärung ist auf der Homepage des Unternehmens veröffentlicht [7.58]. Derartige Veröffentlichungen stellen den Schwerpunkt der Umweltpublizität durch Ford dar. Daneben besteht natürlich ein – der Öffentlichkeit nicht zugängliches – umfassendes Reporting einerseits an Behörden und Genehmigungsinstanzen im Rahmen der gesetzlich vorgeschriebenen Berichterstattung (u. a. Emissionserklärungen, Abfallbilanzen) und andererseits an Versicherungen, Kunden und weitere Marktpartner.

Auch die Kontrollprozesse sind bei der Ford Motor Company mehrschichtig aufgebaut. Zentral ist dabei die permanente Überwachung, ob die täglichen Umweltziele umgesetzt werden. Von besonderer Bedeutung hierfür ist zunächst das „Environmental Operating System" (EOS), das aus drei Elementen besteht.

- In der „Anforderungsmatrix" sind sämtliche umweltbezogenen Anforderungen der unterschiedlichen Stakeholder hinterlegt. Für alle Anforderungen ist festgelegt, wann wer was zu tun hat. Die Matrizen setzen sich aus drei Hauptgruppen zusammen:
  - Auf dem „globalen Level"sind z. B. die Anforderungen der Norm ISO 14001 hinterlegt.
  - Der „Landeslevel" umfasst die jeweils landesspezifischen rechtlichen Anforderungen.
  - Schließlich beinhaltet der „regionale Level" lokale Gesetzgebungen, Genehmigungen etc.
- Das „Maintenance System" umfasst insbesondere Aktionspläne, indem es Verantwortlichkeiten zuteilt und die Verifizierung von Aufgaben ermöglicht.

Tabelle 7.5 Input- und Outputströme am Ford-Standort Saarlouis 2004 bis 2007

	2004	2005	2006	2007	[b]
Input					
Stahl	222 437 t	221 857 t	225 342 t	218 925 t	↓
Kunststoffe	4600 t	4952 t	5345 t	4952 t	↑
Lackiermaterial	9062 t	11 063 t	9036 t	10 136 t	↑
Techn. Öle und Fette	152 t	152 t	125 t	198 t	↑
Chemikalien zur Abwasseraufbereitung	659 t	772 t	195 t	180 t	↓
Technische Gase	75 641 m^3	54 759 m^3	48 630 m^3	46 220 m^3	↓
Heizöl	11 522 MWh	9117 MWh	8884 MWh	6584 MWh	↓
Strom	201 299 MWh	189 893 MWh	190 360 MWh	186 391 MWh	↓
Fernwärme	239 697 MWh	220 348 MWh	217 633 MWh	208 285 MWh	↓
Kokereigas	121 350 MWh	117 452 MWh	121 419 MWh	108 152 MWh	↓
Industriewasser (Brunnen)	539 042 m^3	543 382 m^3	538 308 m^3	518 199 m^3	↓
Stadtwasser	63 687 m^3	51 239 m^3	56 393 m^3	48 212 m^3	↓
Output					
Produzierte Fahrzeuge	370 924 Stk.	422 769 Stk.	405 004 Stk.	392 413 Stk.	↑
Metallhaltige Abfälle	118 787 t	142 112 t	135 849 t	128 164 t	↓
Sonstige Abfälle	10 136 t	10 366 t	10 892 t	10 826 t	↓
CO_2[a]	25 406 t	19 333 t	18 211 t	16 826 t	↓
NO_x (als NO_2)	118 t	88,9 t	84,8 t	78 t	↓
Organische Lösemittel	745 t	1074 t	1119 t	1302 t	↑
Abwasser	395 983 m^3	419 964 m^3	410 350 m^3	304 127 m^3	↓

[a]Angaben über CO_2 aus den thermischen Nachverbrennungsanlagen (TNV) der Lackiererei; die Anlagen fallen nicht unter das Treibhaus-Emissionshandelsgesetz (TEHG). [b] Quantitativer Bezug der Input- und Outputströme von 2007 zu 2004.

- Große Bedeutung kommt einem „elektronischen Workflow System" („Project/Action Tracking") zu. Hierbei handelt es sich um ein elektronisches Tool zur Nachverfolgung im Falle von Abweichungen; neben der Erfassung und Festlegung von Abstellmaßnahmen werden Verantwortlichkeiten zugeordnet und diese per Email-Notifizierung kommuniziert.

Neben der kontinuierlichen Kontrolle und Berichterstattung erfolgt eine systematische und prozessunabhängige Kontrolle über das interne und externe Auditsystem, das an den Anforderungen der ISO 14001 sowie der EMAS-VO ausgerichtet ist. In Umweltaudits prüfen entsprechend ausgebildete Mitarbeiter systematisch, inwieweit die jeweils vorgeschriebenen Verfahren eingehalten werden. Darüber hinaus werden das Erreichen der Umweltziele und die Umsetzung der Umweltprogramme kontrolliert.

Ein besonders wichtiger Aspekt ist dabei auch die Überwachung der Einhaltung des geltenden Rechts. Beispielsweise werden die Lösemittelemissionen regelmäßig erfasst, damit der gesetzliche Höchstwert von 35 g/m^2 Rohkarosseriefläche nicht überschritten wird. Solche Messungen und ihre Resultate sind dann wiederum Gegenstand von Audits. Hier wird geprüft, ob die Messungen den Vorgaben entsprechend erfolgen und ob die jeweiligen Grenzwerte sicher eingehalten werden. Im Ergebnis liegen sehr umfangreiche und vielschichtige Informationen vor, auf deren Basis ggf. Korrekturmaßnahmen erarbeitet und verfolgt werden. Innerhalb eines „Management Reviews" bewerten die Werkleiter das Umweltmanagementsystem vierteljährlich.

7.2.2 Umweltmanagement beim Hamburger Flughafen

Die Flughafen Hamburg GmbH (FHG), die seit 1998 über ein nach ISO 14001 zertifiziertes und seit 1999 nach EMAS validiertes Umweltmanagementsystem verfügt, ist als Flughafenbetreiber ein sehr komplexes Unternehmen, das ein breites Spektrum an Umweltauswirkungen zu beachten hat und im öffentlichen Fokus steht. Ursache dafür sind mehrere Aspekte.

- Der von den am Standort operierenden Flugzeugen erzeugte Fluglärm ist auch im weiteren Umfeld des Flughafens deutlich wahrnehmbar.
- Die Hamburger Flughafen ist Betreiber einer Vielzahl von Gebäuden und umweltrelevanten Anlagen (u. a. ein eigenes Kraftwerk, das zur Energieversorgung einer kleineren Stadt ausreichen könnte).
- Zur Sicherstellung aller für den Flugbetrieb und die Flugzeugabfertigung notwendigen Abläufe betreibt die Flughafen Hamburg GmbH über ihre Tochterfirmen eine Reihe von Werkstatt- und Instandhaltungsbetrieben, die spezifische Umweltaspekte aufweisen.
- Bei den Diskussionen um die Emission von Treibhausgasen wird in der Öffentlichkeit und in den Medien gerade auch die Rolle der internationalen Luftfahrt immer wieder fokussiert.

Insofern ist der betriebliche Umweltschutz am Standort durch recht komplexe Faktoren gekennzeichnet. Zwar wird meist mit Flughäfen vor allem das Thema Fluglärm in Verbindung gebracht. Tatsächlich jedoch müssen am Flughafen Hamburg vielfältige Umweltauswirkungen (u. a. Luftqualität und Klimaschutz, Energiebewirtschaftung, Gewässerschutz, Bodenschutz, Naturschutz, Abfallwirtschaft) berücksichtigt werden – und zwar weitgehend gleichwertig.

Die Einrichtung und anschließende Zertifizierung eines Umweltmanagementsystems geschah vor diesem Hintergrund aus für die Flughafen Hamburg GmbH (FHG) folgenden wichtigen Beweggründen.

- Erhöhung der Transparenz in Bezug auf Umweltleistungen und Reduktionsmaßnahmen der FHG sowohl gegenüber der Öffentlichkeit als auch gegenüber den unternehmensinternen Bereichen.
- Verbesserung der Organisation des betrieblichen Umweltschutzes durch Beteiligung aller relevanten Abteilungen und Tochterfirmen im Rahmen einer erhöhten Systematisierung.
- Erhöhung der Bedeutung des betrieblichen Umweltschutzes im Unternehmen insbesondere durch die von der Geschäftsführung in Kraft gesetzten Umweltleitsätze (Umweltpolitik).
- Erhöhung der Rechtssicherheit im Hinblick auf anzuwendendes Umweltrecht, indem sichergestellt wird, dass geltendes Umweltrecht und dessen jeweiliger Geltungsbereich bekannt ist und die Erfüllung von rechtlichen Forderungen gewährleistet ist.
- Steigerung der Glaubwürdigkeit gegenüber der Öffentlichkeit durch die Darstellung und öffentliche Diskussion aller relevanten Umweltauswirkungen.

Der letztgenannte Punkt kann weitgehend über eine erfolgreiche Zertifizierung bzw. die Veröffentlichung einer Umwelterklärung erreicht werden. Im Hinblick auf die übrigen Aspekte stellt sich die Frage, ob diese zwingend nur mit einem System nach ISO 14001 oder EMAS erreicht werden können, oder ob dies auch unabhängig von solchen Standards möglich gewesen wäre. Oder anders ausgedrückt: Wie hilfreich und wirkungsvoll sind EMAS und ISO 14001 wirklich? Wird (werden) durch ihre Anwendung

- die gewünschte hohe Bedeutung des Umweltschutzes im Unternehmen erreicht?
- eine Systematisierung des Umweltschutzes verbessert?
- Rechtssicherheit bewirkt?
- Umweltauswirkungen wirkungsvoll und dauerhaft reduziert?

Diese Fragen aus Sicht eines zertifizierten Unternehmens wie der Flughafen Hamburg GmbH zu beantworten, bedeutet zunächst, sich aus Unternehmenssicht mit den einzelnen Elementen von EMAS und ISO 14001 auseinanderzusetzen. Hierbei ist es auch wichtig zu untersuchen, welche konkreten Anforderungen sie im Hinblick auf die Erfassung und Beurteilung von Umweltauswirkungen und die Ableitung von Reduktionsmaßnahmen stellen. Außerdem sollte betrachtet werden, welche konkreten Schritte und Elemente beide Vorschriften verlangen, um ein Umweltmanagementsystem am Standort einzuführen.

Beide Systeme weisen aus Sicht der Flughafen Hamburg GmbH im Wesentlichen die gleiche Struktur auf. Mit den Elementen

- Politik im Sinne von Unternehmensleitlinien,
- Planung,
- Einrichtung und Umsetzung,
- Kontrolle und Korrektur sowie
- Bewertung

verfügen sie über die klassischen Aspekte, die grundsätzlich beim Management berücksichtigt werden müssen – unabhängig von dem Element, das gemanagt werden soll.

Die Erfahrungen der Flughafen Hamburg GmbH der vergangenen Jahre zeigen, dass die Elemente „Politik“, „Korrektur“ und „Bewertung“ für ein funktionierendes Managementsystem von zentraler Bedeutung sind. Insofern wird in der täglichen Praxis (z. B. in der Diskussion mit einzelnen Betriebsbereichen zur Einführung neuer Techniken) häufig gerade dann auf sie zurückgegriffen, wenn etwa Investitionsentscheidungen getroffen werden müssen, die aus Umweltsicht sinnvoll sind, betriebswirtschaftlich jedoch eher nachteilig und kostenintensiv erscheinen. Dieses sind im Umweltmanagement jedoch Vorgehensweisen, die in Ansätzen nur die „ultima ratio“ darstellen. Die Notwendigkeit, darauf zurückgreifen zu müssen, kann erheblich reduziert werden, indem die übrigen Elemente des Umweltmanagements in den Vordergrund treten, also die Elemente „Planung“ sowie „Einrichtung und Umsetzung“. So verlangen beide Systemvorschriften die Einführung eines Systems zur externen und internen Kommunikation zum Umweltschutz.

In 12 Jahren Umweltmanagement am Flughafen Hamburg war gerade diese unternehmensinterne Kommunikation überaus wichtig. Vereinfachend könnte in vielen Fällen gesagt werden, dass Umweltmanagement darin besteht, mit den Menschen vor Ort zu reden – und zwar kontinuierlich. Dabei geht es nicht unbedingt darum, fortwährend auf die gesetzliche Notwendigkeit von Maßnahmen hinzuweisen oder auf die Umweltpolitik des Unternehmens zu zeigen; dieses führt in den meisten Fällen lediglich dazu, dass nur das absolut Notwendige umgesetzt wird und dies hat nicht viel mit Innovationen im Umweltschutz zu tun. Vielfach bedeutet Kommunikation im Umweltmanagement fortwährende Überzeugungsarbeit – auf allen Ebenen des Flughafenbetriebs.

Dieses kann natürlich ohne eine fundierte fachliche Basis und ohne eine konkrete Zielvorgabe nicht überzeugend gelingen. Auch deshalb sind in der täglichen Praxis des Umweltmanagements die von EMAS und ISO 14001 geforderten Elemente zur

- Einrichtung eines Systems zur Schulung aller relevanten Mitarbeiter und
- Einrichtung eines Systems zur regelmäßigen Erfassung und Auswertung aller relevanten Umweltauswirkungen

sehr wichtig. Schulungen, auch im Sinne von Mitarbeiterinformationen, dienen der Bewusstseinsbildung. Vor allem aber soll mit ihnen eine breite Wissensbasis zu Umweltproblemen und jeweils aktuellen technischen Trends geschaffen werden. Erst dadurch wird Innovationen die Möglichkeit gegeben, im Unternehmen wahrgenommen und umgesetzt zu werden.

Zentraler Punkt eines Umweltmanagementsystems ist für die Flughafen Hamburg GmbH (FHG) jedoch das einzurichtende System zur Ermittlung, Auswertung und Bewertung von Umweltauswirkungen. Die hier erarbeiteten Informationen dienen als Basis für den internen Dialog, als Nachweis zur Wirksamkeit von Umweltmaßnahmen des Umweltprogramms und als Beweis der Glaubwürdigkeit des Flughafens gegenüber der Öffentlichkeit.

Da beide Systeme nicht gesetzlich gefordert sind und für jedes Unternehmen (unabhängig von der Branche) gelten müssen, sind sie in ihren Anforderungen zwangsläufig recht allgemein gefasst. Allerdings ist gerade diese sehr allgemeine Formulierung der Vorschriften und der darin enthaltenen Anforderungen auch nachteilig zu sehen. So bieten die Vorschriften nur eine geringe Hilfestellung bei der Aufrechterhaltung eines Umweltmanagementsystems, bei der Erfassung von Umweltauswirkungen etc. Vor allem aber sind die Vorschriften durch ihren teilweise vagen Charakter auch sehr unterschiedlich auslegbar. Dieses kann, gerade wenn ein Umweltmanagementsystem vor allem mit dem Ziel der formalen Korrektheit eingerichtet wird, die Effektivität von EMAS und ISO 14001 deutlich mindern. Denn um ein möglichst wirkungsvolles Umweltmanagementsystem zu erreichen, müssen überall dort, wo die Standards nur sehr vage Vorgaben liefern, unternehmenseigene Vorschriften erarbeitet werden. Dieses betrifft auch die Erhebung von Daten zu relevanten Umweltauswirkungen, also den Teil des Umweltmanagementsystems, mit dem die eigene Umweltleistung des Unternehmens bewertet wird. Im Hinblick darauf sollte für den Flughafen Hamburg ein internes System zur Erfassung und Bewertung von Umweltauswirkungen folgende Aspekte enthalten:

- Lückenlose Messung umweltrelevanter Daten wie
  - Fluglärm,
  - Energieverbrauch in Gebäuden,
  - Trinkwasserverbrauch,
  - Abwasseraufkommen und Art der Verunreinigung,
  - Treibstoffverbrauch der Fahrzeugflotten,
  - Abfallmengen und Abfallarten,
  - Emission von Luftschadstoffen und klimawirksamen Gasen;
- Installation von geeigneten Zähler- und Messsystemen sowie (z. B. im Fall von Schadstoffemissionen in die Luft) von Berechnungssystemen einschließlich ihrer regelmäßigen Wartung, Kalibrierung und Erneuerung;
- Erstellung von Vorgaben an einzelne Abteilungen zur Führung von Unterlagen zu Treibstoffverbräuchen;
- Erstellung von Vorgaben an die Buchhaltung zur Bereitstellung von Unterlagen zu Jahresverbrauchsmengen an Treibstoffen als Korrektiv zu den Einzelinventaren;
- Erstellung und Pflege von Unterlagen zu Art und Kapazität von umweltrelevanten Anlagen und anderem Inventar (Fahrzeuge etc.);
- regelmäßiger Vergleich von aktuellen Umweltdaten mit den entsprechenden Daten vorangegangener Jahre;
- regelmäßiger Abgleich mit Anforderungen aus der geltenden Umweltrechtsprechung sowie anderen Anforderungen (z. B. regionalen Luftreinhalteplänen, regionalen Klimaschutzprogrammen);
- Vergleich mit den Zahlen anderer Unternehmen (wobei dieses nur sehr eingeschränkt möglich ist);
- dauerhafte Kontrolle zur Richtigkeit der erhobenen Zahlen;
- Erstellung von Prognosen.

Die EMAS-VO ist in dieser Hinsicht in vielen Punkten konkreter als ISO 14001 und schreibt die entsprechenden Elemente vor (während bei ISO häufig von Empfehlungen gesprochen wird). Insofern ist EMAS – bei im oben genannten Sinne „richtiger" Anwendung und Umsetzung – das geeignetere Instrument zur Beurteilung und Messung des betrieblichen Umweltschutzes unter den bei der Flughafen Hamburg GmbH gegebenen Bedingungen, da es insgesamt engere Vorgaben macht. Dies gilt gerade nach der letzten Novellierung und dem Inkrafttreten von EMAS III. Die hier enthaltene Verpflichtung, im Hinblick auf die Umweltauswirkungen zumindest die im Anhang der Verordnung angegebenen Kennzahlen zu veröffentlichen, erhöht die Notwendigkeit, ein stimmiges Verfahren anzuwenden, nach dem diese Umweltauswirkungen intern erfasst und gewichtet werden. Gleichzeitig liefert EMAS damit aber auch objektivere Kriterien zur Bewertung von Umweltauswirkungen.

7.2.3 Umweltmanagement bei der BMW Group

Die Aktivitäten der BMW Group umfassen die Entwicklung, Produktion und Vermarktung von Automobilen und Motorrädern sowie Finanzdienstleistungen für Privat- und Geschäftskunden. Mit den Marken BMW, MINI und Rolls-Royce Motor Cars wird eine reine Premiummarkenstrategie verfolgt. Sämtliche Prozesse in mehr als 150 Ländern weltweit werden durch die Unternehmenszentrale in München gesteuert. Im Geschäftsjahr 2010 lieferte BMW 1,46 Millionen Automobile aus und erzielte einen Umsatz in Höhe von 60,5 Mrd. € [7.59].

Sämtliche Standorte der BMW Group haben nach ISO 9001, z. T. auch nach ISO/TS 16949 zertifizierte Qualitätsmanagementsysteme; zudem wird im Konzern regelmäßig eine Selbstbewertung anhand des europäischen EFQM-Modells [7.60] durchgeführt. In den Jahren 2005 und 2006 gewann jeweils eine Unternehmenseinheit den European Excellence Award. Die Umweltmanagementsysteme sind an allen Standorten gemäß ISO 14001 zertifiziert; die deutschen und österreichischen Standorte nehmen darüber hinaus an EMAS teil. Die Umweltziele sind bei allen relevanten Entscheidungen zu berücksichtigen.

In der BMW Group wird eine Integration des Qualitäts- und Umweltmanagements als grundsätzlich zielführend eingeschätzt [7.61]. Bereits 2001/02 gab es bei BMW erste Ansätze einer Integration des Qualitäts- und Umweltmanagements, die inzwischen deutlich ausgeweitet wurden. In mehreren Programmen und Projekten wurden interdependente Bereiche und Möglichkeiten der Integration analysiert. Im Ergebnis sind inzwischen die Qualitäts-, Umwelt- und die Arbeitsschutzmanagementsysteme integriert. Aus Sicht von BMW ist diese Entwicklung weitgehend abgeschlossen; für die Zukunft werden nur noch kleinere Veränderungen und Verbesserungen des Systems erwartet.

Die Integration der Managementsysteme erfolgte zunächst auf Ebene der Handbücher und Verfahrensanweisungen. Die Dokumentation der Managementsysteme sowie sämtliche Anforderungen sind in einem „Managementhandbuch für Qualität, Umweltschutz und Arbeitssicherheit“ vollständig integriert. Die Verfahrens- und Prozessanweisungen sind im Unternehmen einheitlich ausgestaltet und werden gemeinsam angewendet. Auch die internen Audits finden bei BMW vollständig integriert statt; d. h. ein interdisziplinär zusammengesetztes Team evaluiert gemeinsam das mehrdimensionale Managementsystem.

Trotz der ansonsten weitgehenden Integration bestehen die Qualitäts- und Umweltabteilungen getrennt voneinander. Auch für die Zukunft ist keine Zusammenführung geplant, da die Zusammenarbeit zwischen den Bereichen als sehr gut eingeschätzt wird. Zudem werden Fragestellungen der strategischen Ausrichtung des Qualitäts- und Umweltmanagements einheitlich auf Vorstandsebene festgelegt. Zur Erfüllung interdependenter qualitäts- und umweltbezogener Aufgabenstellungen bestehen zahlreiche sekundärorganisatorische Einheiten. Treten Konflikte zwischen den Zielen des Qualitäts- und Umweltmanagements auf, werden sie zwischen den Verantwortlichen aufgelöst oder in der Unternehmenshierarchie nach oben eskaliert.

In der Produktentwicklung werden die qualitäts- und umweltorientierten Planungs- und Kontrollinstrumente kombiniert angewandt. Dies drückt sich insbesondere darin aus, dass Konzeptveränderungen, die aus Ergebnissen etwa der Fehlermöglichkeits- und -einflussanalyse (FMEA) resultieren, in der Regel bezüglich ihrer umweltbezogenen Auswirkungen überprüft werden, bevor über ihre Umsetzung entschieden wird. Hierzu werden auch Stoff- und Energieflussrechnungen genutzt. Während 2001/02 noch geplant war, möglicherweise zukünftig auch Ansätze einer mehrdimensionalen Fehlermöglichkeits- und -einflussanalyse (FMEA) zu nutzen, zumindest jedoch solche Ansätze als zielführend eingeschätzt wurden, wird ein solcher Bedarf inzwischen nicht mehr gesehen.

Ausdrückliches Ziel von BMW ist es, qualitäts- und umweltbezogene Aspekte über die gesamte Wertschöpfungskette zu betrachten. Die Aufgaben des Beschaffungsbereichs umfassen die mehrdimensionale Lieferantenauswahl und -qualifizierung, den klassischen Einkauf sowie die Absicherung der Anlieferqualität und Logistik. Seit dem Jahr 2001 werden die Zulieferer durch den zentralen Einkauf von BMW integriert bewertet. Es besteht eine Checkliste für die Audits, die sowohl finanzielle und qualitätsbezogene als auch umweltorientierte Kriterien umfasst; auch die Nichterfüllung umweltbezogener Anforderungen ist ein mögliches Ausschlusskriterium für Zulieferer. Eine integrierte Verfahrensanweisung regelt das gesamte Beurteilungsprocedere und die organisatorischen Zuständigkeiten einschließlich der Zusammensetzung der integrierten Auditteams.

In der vorliegenden Form liegen die Vorteile einer Integration aus Sicht von BMW hauptsächlich in Effizienz- und Effektivitätssteigerungen. Besonders der Informationsfluss wurde erheblich verbessert, Redundanzen vermieden und eine große Zahl von Schnittstellenproblemen beseitigt.

Literatur

[7.1] Engelfried, J.: Nachhaltiges Umweltmanagement. München, 2011, 2. Auflage.

[7.2] Herrmann, C.: Ganzheitliches Life Cycle Management. Nachhaltigkeit und Lebenszyklusorientierung in Unternehmen. Berlin, Heidelberg, 2010.

[7.3] Steger, U.; Winter, M.: Strategische Früherkennung zur Antizipation ökologisch motivierter Marktveränderungen; Die Betriebswirtschaft 56(1996), S. 607–629.

[7.4] o. V. (2007): Neues Wasch- und Reinigungsmittelgesetz in Kraft getreten. In: Umwelt, Nr. 6/2007, S. 368 ff.

[7.5] Babl, C.; Schiereck, D.; Flotow, P. von: Clean technologies in German economic literature: A bibliometric analysis; Review of Managerial Science, 8(2014), S. 63–88.

[7.6] Günther, E.: Ökologieorientiertes Management. Um-(weltorientiert) Denken in der BWL. Stuttgart, 2008.

[7.7] Dyllick, T.: Management der Umweltbeziehungen: öffentliche Auseinandersetzungen als Herausforderungen. Wiesbaden, 1989.

[7.8] Baumast, A.: Die Entstehungsgeschichte des Umwelt-Audit. In: Doktoranden-Netzwerk Öko-Audit e. V. (Hrsg.): Umweltmanagementsysteme zwischen Anspruch und Wirklichkeit. Eine interdisziplinäre Auseinandersetzung mit der EG-Öko-Audit-Verordnung und der DIN EN ISO 14001. Berlin, Heidelberg 1998, S. 33–56.

[7.9] Feigenbaum, A. V.: Total Quality Control; Harvard Business Review, 11-12/1956, S. 93–101.

[7.10] Ahsen, A. von: Total Quality Management. Komponenten und organisatorische Umsetzung einer unternehmensweiten Qualitätskonzeption. Frankfurt, 1996.

[7.11] DIN EN ISO 9001: Deutsches Institut für Normung e. V.: Qualitätsmanagementsysteme – Anforderungen. Berlin 2008, eine Neufassung der Norm wird voraussichtlich 2015 verabschiedet.

[7.12] World Commission on Environment and Development: Our Common Future. Oxford, 1987.

[7.13] Lange, C.; Ahsen, A. v.; Daldrup, H.: Umweltschutz-Reporting. Umwelterklärungen und -berichte als Module eines Reportingsystems, München, Wien, 2001.

[7.14] Wagner, G. R.: Umweltmanagement. in: Bitz, M.; Dellmann, K.; Domsch, M.; Wagner, F. W. (Hrsg.): Vahlens Kompendium der Betriebswirtschaftslehre, Band 2, 4. Auflage, München 1999, S. 339–391.

[7.15] Günther, E.; Stechenmesser, K.: Carbon Controlling; Zeitschrift für Controlling und Management 54(2009), 1, S. 62–64.

[7.16] ISO 14067 (2013): Carbon-Footprint for Products.

[7.17] Ahsen, A. von: Integriertes Qualitäts- und Umweltmanagement. Mehrdimensionale Modellierung und Anwendung in der deutschen Automobilindustrie, Wiesbaden, 2006.

[7.18] DIN EN ISO 14001: Deutsches Institut für Normung e. V.: Umweltmanagementsysteme – Anforderungen mit Anleitung zur Anwendung. Berlin 2008, eine Neufassung der Norm wird voraussichtlich 2015 verabschiedet.

[7.19] Schultz, K.; Williamson, P.: Gaining Competitive Advantage in a Carbon Constrained World: Strategies for European Business; European Management Journal 23(2005), S. 383–391.

[7.20] Eitelwein, O.; Goretzki, L.: Carbon Controlling und Accounting erfolgreich implementieren – Status Quo und Ausblick; Zeitschrift für Controlling und Management 54(2010), S. 23–31.

[7.21] United Nations (Hrsg.): Protokoll von Kyoto zum Rahmenübereinkommen der Vereinten Nationen über Klimaänderungen. Kyoto 1994. Verfügbar: http://unfccc.int/resource/docs/convkp/kpger.pdf (Zugriff am 24.01.2011).

[7.22] Ramanan, R.: Corporate Carbon Risk Management – A Strategic Framework; EM Magazine, Oktober 2010, S. 20–23.

[7.23] World Business Council for Sustainable Development; World Resources Institute: The Greenhouse Gas Protocol. A Corporate Accounting and Reporting Standard. Revised Edition. Genf, 2004.

[7.24] Wellge, S.: Evaluation von betrieblichen Umweltmanagementsystemen, Darmstadt, 2009.

[7.25] ISO 19001:2013: Guidelines for auditing management systems. Berlin 2013.

[7.26] EMAS-VO: Verordnung (EG) Nr. 1221/2009 des europäischen Parlaments und des Rates vom 25. November 2009 über die freiwillige Teilnahme von Organisationen an einem Gemeinschaftssystem für Umweltmanagement und Umweltbetriebsprüfung und zur Aufhebung der Verordnung (EG) Nr. 761/2001, sowie der Beschlüsse der Kommission 2001/681/EG und 2006/193/EG, in: ABlEG Nr. L 342 vom 22.12.2009.

[7.27] Busch, T. (2011): Which Emissions Do We Need to account for Corporate Carbon Performance? Response to Murray and Colleagues; Journal of Industrial Ecology 15(2011), 1, S. 160–163.

[7.28] Murray, J., Wiedmann, T.; Dey, C.: Comment on "Corporate Carbon Performance Indicators Revisited"; Journal of Industrial Ecology, Air & Waste Management Association (2010), S. 20–23.

[7.29] Ahsen, A. von; Lange, C.; Pianowski, M.: Corporate environmental reporting: survey and empirical evidence; International Journal of Environment and Sustainable Development 3(2004), 1, S. 5–17.

[7.30] Weber, J.; Schäffer, U.: Einführung in das Controlling, Stuttgart, 2013, 13. Auflage.

[7.31] Wall, F. (2008): Controlling zwischen Entscheidungs- und Verhaltenssteuerungsfunktion. Konzeptionelle Gemeinsamkeiten und Unterschiede innerhalb des Fachs; DBW 68(2008), S. 463–482.

[7.32] Günther, E.; Manthey, C.: Environmental Life Cycle Costing; WISU, Heft 7/2009, S. 936 ff.

[7.33] Herrmann, C.: Ganzheitliches Life Cycle Management. Nachhaltigkeit und Lebenszyklusorientierung in Unternehmen, Berlin, Heidelberg, 2010.

[7.34] Deutsche Gesellschaft für Qualität (DGQ): FMEA – Fehlermöglichkeits- und Einflussanalyse, DGQ-Band 13-11, Frankfurt am Main, 2012, 5. Auflage.

[7.35] Ahsen, A. von: Cost-oriented failure mode and effects analysis; International Journal of Quality & Reliability Management 25(2008), S. 466–476.

[7.36] Ford Werke AG (2001): Ford-Umweltschutz, Köln.

[7.37] Pfeifer, T.; Greshake, T.: Präventum. Strategien zur lebenszyklusweiten umweltgerechten Produkt- und Prozessbetrachtung; UmweltWirtschaftsForum 12(2004), 1, S. 71–75.

[7.38] Lange, C.; Martensen, O.: Environmental Management Accounting: Von der Umweltkostenrechnung zu einem integrierenden Kostenmanagement. Beiträge zur Umweltwirtschaft und zum Controlling Nr. 30, LSt. BWL, insb. Umweltwirtschaft und Controlling, Universität Duisburg-Essen, 2004.

[7.39] DIN EN ISO 14031: Umweltmanagement – Umweltleistungsbewertung – Leitlinien, Berlin 2013.

[7.40] Hunkeler, D.; Biswas, G.: Return on Environment. An objective Indicator to Validate Life Cycle Assessments? International Journal of Life Cycle Assessment 5(2000), S. 358–362.

[7.41] Mahammadzadeh, M.: Nachhaltigkeitsorientierte Balanced Scorecard. In: Baumast, A.; Pape, J. (Hrsg.): Betriebliches Nachhaltigkeitsmanagement, Stuttgart, 2013.

[7.42] Haberer, A.: Umweltbezogene Informationsasymmetrien und transparenzschaffende Institutionen, Marburg, 1996.

[7.43] Herzig, C.; Pianowski, M.: Betriebliche Nachhaltigkeitsberichterstattung. In: Baumast, A.; Pape, J. (Hrsg.): Betriebliches Nachhaltigkeitsmanagement, Stuttgart, 2013.

[7.44] Global Reporting Initiative: Sustainability Reporting Guidelines. Amsterdam, 2011.

[7.45] Schaltegger, S.; Herzig, C.; Kleiber, O.; Klinke, T.; Müller, J.: Nachhaltigkeitsmanagement in Unternehmen. Von der Idee zur Praxis: Managementansätze zur Umsetzung von Corporate Social Responsibility und Corporate Sustainability. Hrsg. vom Bundesministerium für Umwelt-, Naturschutz und Reaktorsicherheit (BMU), econsense – Forum Nachhaltige Entwicklung der Deutschen Wirtschaft e. V. und Centre for Sustainability Management (CSM), Berlin 2007.

[7.46] ISO/TS 16949: Deutsches Institut für Normung e. V. (2009): Qualitätsmanagementsysteme. Besondere Anforderungen bei Anwendung von ISO 9001:2008 für die Serien- und Ersatzteil-Produktion in der Automobilindustrie. Berlin 2009.

[7.47] VDA 6.1: Verband der Automobilindustrie e. V. (2010): Qualitätsmanagement in der Automobilindustrie. Band 6 Teil 1: QM-Systemaudit. Grundlage DIN EN ISO 9001 und DIN EN ISO 9004-1. 5. Aufl., Frankfurt 2010.

[7.48] DIN EN ISO 50001: Energiemanagementsysteme – Anforderungen mit Anleitung zur Anwendung. Berlin 2011.

[7.49] OHSAS 18001: Arbeits- und Gesundheitsschutz – Managementsysteme – Anforderungen. Berlin 2007.

[7.50] ISO DIS 26000: Guidance on Social Responsibility. Genf 2011.

[7.51] Ahsen, A. von; Funck, D.: Integrated Management Systems – Opportunities and Risks for Corporate Environmental Protection; Corporate Environmental Strategy 8(2001), S. 165–176.

[7.52] Zeng, S.; Xie, X. M.; Tam, C. M.; Shen, L. Y.: An empirical examination of benefits from implementing integrated management systems (IMS); Total Quality Management 22(2011), S. 173–186.

[7.53] Zutshi, A.; Sohal, A.: Integrated management systems: the experiences of three Australian organisations; Journal of Manufacturing Technology Management 16(2005), S. 211–232.

[7.54] Jørgensen, T. H.: Towards more sustainable management systems: through life cycle management and integration; Journal of Cleaner Production 16(2008), S. 1071–1080.

[7.55] International Organization for Standardization: The integrated use of management system standards. Genf, 2008.

[7.56] Bernardo, M.; Casadesús, M.; Karapetrovic, S.; Heras, I.: How integrated are environmental, quality and other standardized management systems? An empirical study; Journal of Cleaner Production 17(2009), S. 742–750.

[7.57] Ford-Werke GmbH, Werk Saarlouis: Umwelterklärung 2008, Saarlouis, 2009.

[7.58] www.ford.de/UeberFord/Umwelt

[7.59] BMW Group: Geschäftsbericht 2010, München, 2011.

[7.60] Zink, K. J.: TQM als integratives Managementkonzept: Das EFQM Excellence Modell und seine Umsetzung: Das EFQM Excellence Modell und seine Umsetzung. München, Wien, 2004, 2. Auflage.

[7.61] Ahsen, A. von (2014): The Integration of Quality, Environmental & Health and Safety Management by Car Manufacturers – a Long-Term Empirical Study, in: Business Strategy and the Environment, 23. Jg., Nr. 6, S. 361–432.

Technikfolgenabschätzung

8

Michael Decker und Jens Schippl

Auch für die Technikfolgenabschätzung (TA) als ein wissenschaftlicher Bewertungsansatz stellen Umweltwirkungen und deren Bewertung in der Regel einen sehr wichtigen Aspekt dar. Umweltwirkungen werden dabei aber explizit innerhalb eines breiteren Kontextes gesellschaftlicher Aspekte betrachtet. Umwelt und Ökologie sind bei der Technikfolgenabschätzung also immer nur einer von mehreren untersuchten Wirkungsbereichen. In der Regel trägt die Technikfolgenabschätzung so dazu bei, Vor- und Nachteile von Technologien im Rahmen einer möglichst umfassenden Analyse gegeneinander abzuwägen.

Die Technikfolgenabschätzung adressiert die Wissenschaft selbst. Sie richtet sich aber vornehmlich auch an außerwissenschaftliche Adressaten aus Gesellschaft bzw. Politik. Dies gilt auch deshalb, weil die Politik als gesellschaftlicher Akteur mit technischen Innovationen gesellschaftliche Probleme lösen will und hierbei Unterstützung benötigt. Beispielsweise ist die Energieversorgung eines Landes im Hinblick auf die Verringerung von Treibhausgasen ein solches Problem, für die eine Lösungsstrategie die Einführung neuer Technologien zur Strom- und Wärmebereitstellung oder den Verkehrssektor (z. B. Elektromobilität) sein kann. Der Rahmen, in dem die Folgen dieser Innovationen beurteilt werden sollen, geht dabei über die rein technische Betrachtung hinaus und schließt explizit ökonomische, ökologische, rechtliche, soziale und ethische Aspekte mit ein.

Kennzeichnend für Fragestellungen, wie sie üblicherweise im Rahmen einer Technikfolgenabschätzung untersucht werden, ist ein relativ großes Maß an Unsicherheit des vorhandenen Wissens. Technikfolgenabschätzungen beziehen sich i. Allg. auf Folgen der Implementierung oder der Anwendung von neuen, oft weitgehend unbekannten, Technologien; diese Folgen liegen in der Zukunft und sind damit nicht direkt empirisch und/oder analytisch greifbar.

Prof. Dr. Michael Decker · Dipl.-Geograph Jens Schippl
Karlsruher Institut für Technologie (KIT), Institut für Technikfolgenabschätzung und Systemanalyse (ITAS), Karlsruhe, Deutschland

M. Kaltschmitt und L. Schebek (Hrsg.), *Umweltbewertung für Ingenieure*,
DOI 10.1007/978-3-642-36989-6_8

Diese breit angelegte Perspektive auf ganz unterschiedliche Wirkungsfelder macht eine Vorgehensweise erforderlich, die Wissen und Methoden von unterschiedlichen Disziplinen nutzt. Gerade die Auswahl und Kombination geeigneter Methoden und Verfahren ist eine der zentralen Herausforderungen für die Technikfolgenabschätzung in der Praxis. Die Technikfolgenabschätzung ist also keine fest definierte, klar umrissene Methode wie beispielsweise die Ökobilanz, sondern wendet unterschiedliche Methoden an, um dem jeweiligen Problemkontext gerecht zu werden [8.1, 8.2, 8.3, 8.4].

8.1 Methodik

Der deutsche Ausdruck „Technikfolgenabschätzung“ wurde insbesondere deswegen gewählt, weil er das Akronym „TA“ identisch mit dem englischen Ausdruck „Technology Assessment“ hatte [8.2]. Diese deutsche Übersetzung wurde häufig kritisiert mit dem Hinweis, dass „Abschätzung“ wenig „wissenschaftlich“ klinge. Deshalb mangelte es nicht an Vorschlägen, andere Worte wie z. B. Technikfolgenbeurteilung [8.5], Technikbewertung [8.6] oder Innovations- und Technikanalyse [8.7] zu verwenden, da in derartigen Begriffen besser zu Ausdruck käme, was das englische „Technology Assessment“ originär meine [8.8]. Ein Vorteil des deutschen Ausdrucks „Technikfolgenabschätzung“ ist jedoch, dass er benennt, was im Fokus der Unternehmung stehen soll, nämlich die *Folgen* von Technik.

Dieser Aspekt spielte auch eine zentrale Rolle, als TA in den 1970er Jahren erstmals in Form des „Office for Technology Assessment (OTA)“ am US-Congress institutionalisiert wurde. Auf Seite 1 des entsprechenden Gesetzes heißt es: „Therefore, it is essential that, to the fullest extent possible, the consequences of technological applications be anticipated, understood, and considered in determination of public policy on existing and emerging national problems.“ [8.9].

Dem Beispiel der Gründung des „Office for Technology Assessment (OTA)“ folgten mehrere europäische Länder und gründeten – in unterschiedlichen institutionellen Formen – parlamentarische TA-Einrichtungen [8.10], die sich zwischenzeitlich zu einem Netzwerk der Europäischen Parlamentarischen TA-Einrichtungen (EPTA-Netzwerk) zusammengeschlossen haben [8.11]. Die parlamentarische, unmittelbar politikberatende Technikfolgenabschätzung war geboren. Sie wurde in den folgenden Jahren um verschiedene institutionelle Varianten ergänzt (u. a. universitäre Einrichtungen, außeruniversitäre Forschungseinrichtungen, freie Beratungseinrichtungen).

Annähernd zeitgleich mit dem Beginn setzte auch Kritik an der Technikfolgenabschätzung ein. Diese wurde in konstruktiver Weise auch verbunden mit verbesserten Konzepten bzw. mit spezifischen Ansätzen, die unterschiedliche Schwerpunkte im Anforderungsprofil der Technikfolgenabschätzung bedienten. Exemplarisch genannt seien hier die „constructive TA“, welche den Entwicklungsprozess der Technik begleiten und die „partizipative TA“, die auf das Einbeziehen von Interessenvertretern, Bürgern und/oder Laien fokussiert (u. a. [8.1, 8.2]).

Gemein ist diesen unterschiedlichen Ansätzen der Technikfolgenabschätzung, dass die Beurteilung der *Folgen* technischen Handelns und Entscheidens im Fokus steht. Dabei wird der Folgenbegriff in der TechnikFOLGENabschätzung zunächst neutral verwendet. Was – ganz allgemein – als „positive“ oder „negative“ Folge wahrgenommen wird, kann von Akteur zu Akteur sehr unterschiedlich sein. Das wird an folgenden Unterscheidungen deutlich, in denen die Akteursperspektive auf technisches Handeln und Entscheiden hervorgehoben ist (nach [8.12]; vgl. auch [8.1, 8.13]):

- Intendierte versus nicht intendierte Folgen. Diese Unterscheidung bezieht sich auf die Intention technischen Handelns. Als Sprecher lassen sich Ingenieure, die eine neue Technik entwickeln, oder die Anwender bzw. Nutzer einer Technik nennen. Diese können explizieren, welche Zwecke sie mit ihrer technischen Handlung verfolgen. Lassen sich diese Zwecke realisieren, dann stellen sich die intendierten Folgen der Technik ein. Ergebnisse anderer Art sind nicht intendierte Folgen.
- Erwünschte versus nicht erwünschte Folgen. Die Unterscheidungsabsicht besteht in der „Erwünschtheit“ der Folgen, welche wiederum relativ zu einem normativen Kriteriensatz expliziert wird. Die „Betroffenen“ einer technischen Handlung beziehen sich auf diese Unterscheidung und verbinden diese beispielsweise mit Hinweisen auf Nutzen und Schaden oder Chancen und Risiken, aus deren Abwägung dann eine „(Un-) Erwünschtheit“ resultiert. Eine Umgehungsstraße ist z. B. für die vom Neubau betroffenen Anwohner weniger wünschenswert. Die sie nutzenden Pendler stufen dagegen den „Gewinn“ der täglichen Zeitersparnis als wünschenswert ein. Ebenso kann die Maßnahme für die Anwohner an der alten Durchgangsstraße als Entlastung (d. h. „Erwünschtheit“) bewertet werden.
- Vorhersehbare versus unvorhersehbare Folgen. Diese Unterscheidung zielt auf das Ausmaß der Erkennbarkeit der Folgen ex ante ab und damit auf eine zentrale Bedingung der Möglichkeit, Technikfolgen wissenschaftlich prospektiv zu erfassen. Sie ist aus Beobachterperspektive für die Festlegung des Beobachtungsbereichs relevant und wird manchmal auch entlang der Unterscheidung „erwartbar versus unerwartbar“ ausgeführt. Aus der Sicht der Technikfolgenabschätzung ist diese Unterscheidung eine methodische Herausforderung. Denn es ist durchaus vorstellbar, dass sich ex post herausstellt, dass es ex ante Hinweise auf Folgen gab – diese also vorhersehbar waren – aber faktisch nicht gesehen wurden.
- Haupt- versus Nebenfolgen. Hier entscheidet die Bedeutung bzw. Relevanz der Folgen in einem bestimmten Bereich für bestimmte Personen oder Gruppen über die Zuschreibung. Entscheidungsträger beziehen sich auf diese Unterscheidung und orientieren ihre Entscheidung dann an der von ihnen als Hauptfolge angesehenen Folge einer technischen Handlung. Sie unterstellen dabei gleichzeitig die Nebenfolgen als akzeptabel. Von anderen kann dies völlig anders eingeschätzt werden. Die Bewertung nach Haupt- oder Nebenfolge ist daher an die Teilnehmerperspektive gebunden.

In der gesellschaftlichen Diskussion zu derartigen Folgen werden diese Begriffspaare nicht immer eindeutig, teils sogar synonym und teils in unklaren Abgrenzungen voneinander verwendet. Die hier über die unterschiedlichen Sprecherrollen eingeführten Unterscheidungsabsichten sind damit nicht trennscharf und auch nicht eindeutig aufeinander abbildbar. Aus der Perspektive eines Ingenieurs sind die intendierten Folgen sicherlich erwünscht, wobei im Sinne eines kleinsten Übels dieses „erwünscht" auch ein „am wenigsten unerwünscht" sein kann. Aber schon im Bereich der Betroffenen ist nicht gesagt, dass alle dieselben Folgen als erwünscht bzw. nicht erwünscht ansehen. Dies kann man sich an einer neuen Brücke über einen Fluss verdeutlichen. Einige werden eine derartige Maßnahme begrüßen. Andere werden es demgegenüber wenig attraktiv finden, dass nun Menschen von der anderen Flussseite einfacher zu ihnen gelangen können. Also sind Folgenunterscheidungen selbst und verschiedene Beobachterstandpunkte zu unterscheiden. So ist auch die Unterscheidung zwischen Haupt- und Nebenfolgen keine ontologische Einteilung, sondern das Resultat einer Zuschreibung. Folgen, die für Handelnde oder Entscheidungsträger Hauptfolgen sind, können für andere Nebenfolgen sein und umgekehrt. In diesen Unterscheidungen sind daher stets die jeweiligen Unterscheidungsabsichten und die sozialen Zusammenhänge zu beachten, unter denen sie erfolgen. Diese explizit zu machen ist eine zentrale Aufgabe der Technikfolgenabschätzung.

Umweltfolgen bilden eine *inhaltliche* Folgenkategorie, die quasi quer zu den oben genannten Kategorien läuft. Wie beispielsweise die Folgen für die Gesundheit von Mensch und Tier, für einen Wirtschaftsstandort, für Minderheiten einer Bevölkerung, für eine aktuell bestehende politische Gesamtkonstellation etc. erhalten sie in gesellschaftlichen Debatten Gewicht und werden in Entscheidungen entsprechend berücksichtigt. Sie bilden als medizinische, ökologische, ökonomische, kulturelle, politische etc. Aspekte Teilbereiche der Diskussion ab. Da Technikfolgenabschätzung den Anspruch vertritt, die Gesamtheit aller Technikfolgen in Zusammenhang zu bringen, verlangt sie eine möglichst umfassende Beschreibung und die Berücksichtigung aller relevanten Aspekte. Deren Mannigfaltigkeit stellt eine besondere methodische Herausforderung für die Technikfolgenforschung dar, da für die Beurteilung dieser Folgen sowie für die entsprechende vergleichende Bewertung erst Kriterien der Vergleichbarkeit entwickelt werden müssen.

8.1.1 TA als „gelingende Praxis"

Seit Beginn der 1970er Jahre wurde eine Vielzahl von TA-Projekten zu den unterschiedlichsten Themen durchgeführt. Allein das „Office for Technology Assessment (OTA)" hat in der Zeit seines Bestehens ca. 750 TA-Projekte bearbeitet [8.14]. Die Anzahl der an europäischen TA-Einrichtungen durchgeführten Projekte ist ein Vielfaches davon. Man darf damit von einer „gelingenden Praxis" der Technikfolgenabschätzung reden, die gerade in der parlamentarischen Beratung fest verankert ist. Gelegentlich wird der Nutzen der Technikfolgenabschätzung auch explizit zu Protokoll gegeben [8.15].

Was aber zeichnet derartige TA-Projekte aus? Was ist an ihnen das Gemeinsame, Verbindende? Es fällt auf, dass dieser „gelingenden Praxis“ keine übergeordnete Theorie der Technikfolgenabschätzung gegenüberzustehen scheint. Ein Theoriedefizit wurde bereits konstatiert und thematisiert [8.16]. Gleichzeitig wurden aber auch konstitutive Elemente der Technikfolgenabschätzung identifiziert (z. B. Folgenorientierung, Wissenschaftlichkeit, Beratungsbezug), die in eine TA-Theoriebildung einfließen könnten [8.17].

Deshalb wird hier ein Weg skizziert, der die beschriebene „gelingende Praxis“, welche sich faktisch durch einzelne TA-Projekte manifestiert, an den Anfang stellt. Demnach wird die „TA-Wirkung“ durch ihre Projekte respektive Projektergebnisse erzielt. Man solle also als TA-Einrichtung, um eine gewünschte Wirkung erzielen zu können, entsprechend zielgerichtet möglichst „gute“ TA-Projekte machen, die sich durch eine transparente Durchführung und methodisch legitimierte Ergebnisse auszeichnen. Dementsprechend wurde folgende Definition für Technikfolgenabschätzung entwickelt, welche die methodische Umsetzung der Technikfolgenabschätzung in den Mittelpunkt stellt [8.4]: „Technology Assessment is a scientific, interactive and communicative process which aims to contribute to the formation of public and political opinion on societal aspects of science and technology.“

In dieser Definition wird darauf hingewiesen, dass Technikfolgenabschätzung zur öffentlichen und politischen Meinungsbildung beiträgt, aber die damit verbundenen Entscheidungen nicht selbst trifft. Technikfolgenabschätzung generiert Wissen, das einen Beitrag zur Lösung gesellschaftlicher und politischer Probleme in Zusammenhang mit Technik leistet. Sie ist aber weder in der Lage noch legitimiert, diese Probleme selbst zu lösen. Für das hier vorgeschlagene projektbezogene Vorgehen relevanter ist aber, dass explizit auf Technikfolgenabschätzung als ein Prozess abgehoben wird, der wissenschaftliche, interaktive und kommunikative Elemente enthält.

Ein weiteres konstituierendes Element der Technikfolgenabschätzung ist über den Folgenbegriff eingebunden: der Zukunftsbezug. Es geht um die Folgen wissenschaftlich-technischer Entwicklungen in der Zukunft und damit ist ein prinzipielles Problem des „Wissenkönnens“ gekennzeichnet. Offensichtlich können mit konkreten Entscheidungen über Technik unterschiedliche Zukünfte konstruiert werden. Je nachdem, wie beispielsweise die Frage „Transrapid: ja oder nein?“ beantwortet wird, resultiert für einen bestimmten Landstrich möglicherweise eine Zukunft mit und eine Zukunft ohne eine Transrapidtrasse. Es geht also nicht um die eine Zukunft, sondern um verschiedene, oft kontroverse Zukünfte („Deutschland mit oder ohne Kernenergie“). Aus der Sicht der Gegenwart können also unterschiedliche Zukünfte konstruiert werden (oft in Form von Szenarien). Dies versetzt die jeweiligen Akteure bzw. die Zielgruppe der entsprechenden Technikfolgenabschätzung in die Lage, über Geltungsansprüche für diese Szenarien diskutieren zu können. Dies wird auch als „Immanenz der Gegenwart“ bezeichnet. Damit wird unterstrichen, dass es immer die gegenwärtigen Argumente über Zukunftsannahmen sind, die verhandelt werden: „Prospektives Folgenwissen ist jedoch epistemologisch problematisch, unvollständig und unsicher sowie teils normativ geprägt und häufig umstritten. Angesichts kontroverser Zukunftserwartungen gehört zu den Aufgaben der Technikfolgenabschätzung die Bereitstellung und Ausschöpfung von Möglichkeiten einer ‚rationalen‘ Beurteilung der argumentativen ‚Geltung‘ dieser Zukünfte, um gesellschaftliche Orientierung zu ermöglichen. Diese Geltung kann nur in der ‚Immanenz der Gegenwart‘ beurteilt werden.“ [8.17].

8.1.2 Der TA-Prozess

In ähnlich verallgemeinernder Weise wie bei der Definition der Technikfolgenabschätzung (TA) wurde eine Struktur für das Design eines TA-Projektes entworfen, das als ein generelles „Ablaufschema“ verstanden werden kann. Es nimmt konzeptionell Bezug auf Überlegungen zu problemorientierten Wissenschaften wie der „mode 2“-Wissensproduktion [8.18, 8.19, 8.20] und der „postnormal science“ ([8.21, 8.22]; [8.23]; für eine vergleichende Analyse in Bezug auf TA siehe [8.24]) bzw. der transdisziplinären und interdisziplinären Forschung (z. B. [8.25, 8.26]; zur Technikfolgenabschätzung als problemorientierte Forschung siehe [8.1, 8.27]). Dieser ist durch den konsequenten Beginn bei der detaillierten Beschreibung der konkreten Situation (d. h. des gesellschaftlichen, politischen, technischen Kontexts und damit der Problemstellung) gegeben. Den Rahmen in Abb. 8.1 bildet eine TA-Einrichtung, die in einer bestimmten gesellschaftlichen Situation zu einem bestimmten Thema ein TA-Projekt beginnen möchte (zu der diesem Schritt vorausgehenden Frage, wann welches TA-Thema aufgegriffen werden könnte, vgl. [8.28]).

Diese in Abb. 8.1 dargestellte Struktur beginnt im Sinne eines problemorientierten Vorgehens in der konkreten Situation, in der das Projekt stattfinden soll. Auf der Basis einer

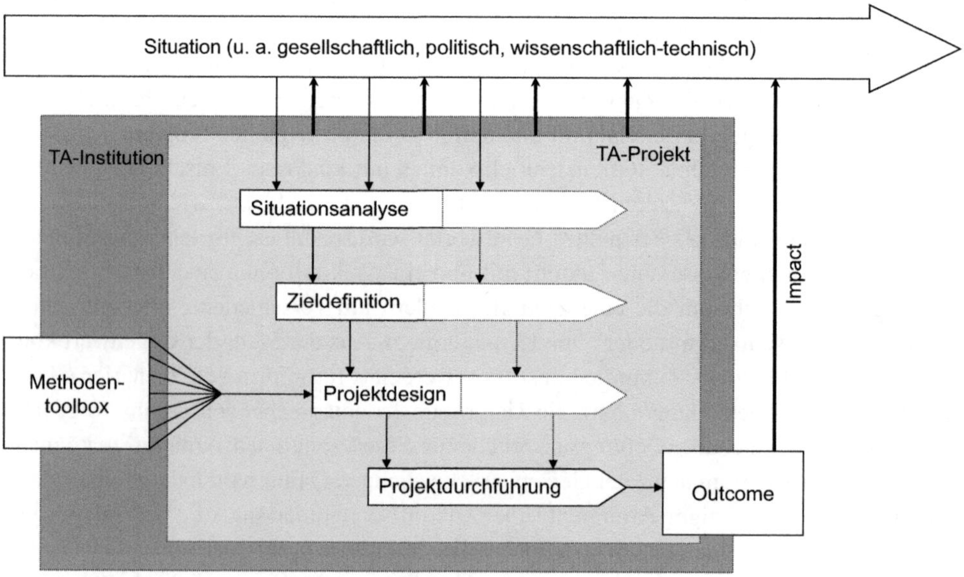

Abb. 8.1 Struktur zur Durchführung eines TA-Projekts

Situationsanalyse werden die Ziele definiert, die man mit dem TA-Projekt erreichen will. Daraus resultiert ein Bezugspunkt für die Auswahl der Methoden, die man aus einer Art Methodentoolbox auswählen kann. Sie müssen adäquat für die konkrete Situation und die definierten Ziele sein; d. h. die Methoden werden dadurch ausgewählt, dass sie in der gegebenen Situation die größte Chance zum Erreichen der Projektziele mit sich bringen. Darüber hinaus sind auch eher allgemeine Qualitätskriterien (z. B. „scientific reliabilty", „extended peer review processes", „transparency of the interactive process" [8.4]) zu beachten, die für die Technikfolgenabschätzung relevant sind. In Anlehnung an die genannte Definition werden sowohl die Methoden in der Methodentoolbox als auch die Qualitätskriterien in wissenschaftliche, interaktive und kommunikative Methoden/Qualitätskriterien eingeteilt. Ferner sollte es das Projektdesign vorsehen, den Kontakt zur gesellschaftlichen und politischen Diskussion zu halten, um ggf. Maßnahmen zur Neuorientierung einleiten zu können. Diese Tatsache ist in Abb. 8.1 sowohl durch die Pfeile dargestellt, die während der Projektlaufzeit ständig die aktuelle Situation berücksichtigen, und auch dadurch, dass das „ideale" Projektdesign sich zumeist nicht eins zu eins in der „realen" Projektdurchführung umsetzen lässt ([8.4]; hier sind die einzelnen Aspekte dieser Struktur detailliert beschrieben und mit Beispielen verdeutlicht).

Im Folgenden wird nur auf die „Situationsanalyse" näher eingegangen, da sie zentral für jedes TA-Projekt ist. Die Situationsanalyse steht immer am Beginn eines konkreten Projekts. Im Sinne einer Kartierung der aktuellen Debatte werden dabei die relevanten Akteure in einer gesellschaftlichen und politischen Debatte sowie deren Argumente identifiziert. Die Medien spielen dabei eine hervorgehobene Rolle, die mit Hilfe einer Medienanalyse untersucht werden kann. Damit zusammenhängend können auch Rückschlüsse auf die öffentliche Resonanz bezüglich einer konkreten Technikdebatte gezogen werden. Die Situationsanalyse sollte dabei folgende Dimensionen berücksichtigen.

- „Issue"-Dimension. Typischerweise lässt sich eine konkrete wissenschaftlich-technische Entwicklung identifizieren, die mit Hilfe eines TA-Prozesses beurteilt werden soll. Die Situationsanalyse hängt von dieser wissenschaftlich technischen Entwicklung ab. Es ist ein Unterschied, ob man eine dezentral entwickelte Technik (z. B. das Internet und die damit verbundenen Nutzungsmöglichkeiten) untersucht, oder ob man eine so genannte „Großtechnik" (z. B. eine Raumstation, ein Fusionsreaktor) beurteilt. Die Situation ändert sich hier mit dem Grad der Möglichkeit, den Entwicklungsprozess gestalten zu können. Das ist auch der Fall, wenn man statt einer konkreten wissenschaftlich-technischen Entwicklung eine bestimmte Domäne mit einem TA-Prozess untersucht, innerhalb derer dann verschiedene technische Entwicklungen beurteilt werden. „e-Commerce", „e-Health" und „zukünftige Energiesysteme" oder auch Umwelttechnologien sind Beispiele für solche Domänen, die ebenfalls mit unterschiedlichen Problemlagen verbunden sind.
- Politische Dimension. Die Problemlage hängt auch von der konkreten politischen Situation ab, in der sich eine technische Entwicklung vollzieht. Das wird besonders dann deutlich, wenn die politische Debatte um eine technische Entwicklung bereits begon-

nen hat. Dann kann eine Strukturierung der Debatte zur Vorbereitung der politischen Entscheidung als Beratungsbedarf konstatiert werden. Die politische Problemdimension kann sich aber auch dadurch auszeichnen, dass eine technische Entwicklung überhaupt erst einmal in die Wahrnehmung der Politik gerückt werden muss. Anders sieht die Problemlage nach einer politischen Entscheidung aus. Das Problem besteht dann in der Erarbeitung von Erfolg versprechenden Umsetzungsoptionen. Wieder anders ist das Problem im Falle einer politischen Blockadesituation geartet, wenn es darum geht, die verhärteten Fronten zwischen den gesellschaftlichen Verhandlungspartnern aufzuweichen.

- Gesellschaftliche Dimension. Eine ähnliche Bandbreite lässt sich für die gesellschaftliche Perspektive auf die technische Entwicklung oder Domäne feststellen. Zunächst stellt sich die Frage, wie die Technik in der Öffentlichkeit wahrgenommen wird. Wurde die Technik überhaupt schon wahrgenommen? Findet man sie in der Berichterstattung der Massenmedien? Wenn die Technik bereits wahrgenommen wurde, wie lässt sich diese Wahrnehmung einschätzen? Ist sie verbunden mit Faszination oder mit Ablehnung und Misstrauen? Werden eher die Chancen oder eher die Risiken einer Technik wahrgenommen? Wenn es bereits eine breite gesellschaftliche Diskussion gibt, dann stellt sich die Frage nach den leitenden Akteuren in dieser Diskussion. Welche gesellschaftlichen Werte sind im Spiel? Techniken, die tief verankerte Werte berühren, beispielsweise in Zusammenhang mit dem Anfang oder auch dem Ende menschlichen Lebens, sind mit anderen Problemlagen verbunden als Techniken, die sich im Bereich neuer Materialien mit der Verbesserung bisher nicht veränderbarer Materialeigenschaften beschäftigen. Verbunden mit der Fragestellung nach den Werten ist auch die Frage nach der Möglichkeit von und ggf. dem Umgang mit gesellschaftlichen Konfliktsituationen.
- Innovationsgrad Dimension. Auch der Grad der Entwicklung der zu beurteilenden Technik hat unterschiedlichen Beratungsbedarf zur Folge. Entlang einer Innovationskette frühe F&E-Phase, industrielle F&E-Phase, am Markt eingeführte Technik, weit verbreitete Technik und gesellschaftlich verwurzelte Technologien lassen sich jeweils andere Problembereiche identifizieren ebenso wie andere Interessenvertreter und betroffene gesellschaftliche Gruppen. Die Wahrnehmung in der Öffentlichkeit nimmt typischerweise mit dem Fortschreiten der Innovationskette zu und auch die Möglichkeiten der Gestaltung der Technik verändern sich drastisch.
- Verfügbarkeit des Wissens. Wissensproduktion und Wissensmanagement ist eine zentrale Aufgabe der Technikfolgenabschätzung. Eine besondere Herausforderung stellt dabei die Tatsache dar, dass Technikfolgenabschätzung auch antizipativ Wissen über gegenwärtige Zukünfte generieren muss. Eine gesellschaftliche und politische Situation zeichnet sich daher durch das Vorhandensein von Wissen – verbunden mit der Beurteilung der Qualität dieses Wissens – und auch durch bereits identifizierte Wissenslücken („gewusstes Nichtwissen“) aus.

Auf der Basis der Situationsanalyse werden die Ziele festgelegt und begründet, die man mit einem TA-Projekt erreichen möchte. Beides, die Situations-/Problembeschreibung und die Zieldefinition, bilden die Grundlage für die Auswahl der eingesetzten TA-Methoden, die man zu einem TA-Projektdesign kombiniert. Der Methodenwerkzeugkasten ist in wissenschaftliche (u. a. Expertendiskurs, Ökobilanz, Experteninterviews), interaktive (u. a. Fokusgruppen, Wertbaumverfahren, Bürgerjury, Consensus-Konferenzen) und kommunikative (u. a. Newsletter, Science Theatre, Pressemitteilungen) Werkzeuge gegliedert. Auf eine vereinfachte Formel gebracht geht es darum, die TA-Methodenkombination zusammenzustellen, mit der man in einem konkreten gesellschaftlichen Kontext die angestrebten Ziele erreichen kann.

Diese Struktur als allgemeine Beschreibung eines TA-Prozesses sollte dabei nicht als ein „Entscheidungsbaum" interpretiert werden, der bei korrektem schrittweisem Vorgehen „automatisch" das optimale TA-Projektdesign liefert. Vielmehr fordert die Struktur die TA-Praktiker auf, durch entsprechende Begründungen zu rechtfertigen, warum sie gerade jetzt ein bestimmtes Projektdesign verfolgen möchten. Dies wird nachfolgend an zwei Beispielen erläutert.

- Beispiel 1. Im Jahr 1998 begann die Europäische Akademie zur Erforschung von Folgen wissenschaftlich-technischer Entwicklungen Bad Neuenahr-Ahrweiler ein Projekt mit dem Titel „Robotik – Optionen der Ersetzbarkeit des Menschen". Zu diesem Zeitpunkt konnte die Robotikforschung wie folgt charakterisiert werden: Roboter waren im Bereich der industriellen Fertigung bereits etabliert. In der Robotikforschung deutete sich eine Trendwende zu flexibleren Robotersystemen an, die in Bezug auf Umrüstzeiten und -aufwand besser sein sollten. Robotersysteme sollten autonomer werden, so dass sie eigenständig Aufgaben übernehmen können. Auch sollten sie lernen können, um vor Ort flexibel an neue Anforderungen angepasst werden zu können. Bezogen auf die diskutierten Dimensionen handelt es sich also um ein sogenanntes Technology Push-Thema (im Technology Push wird eine technische Lösung entwickelt und diese wird dem Markt/der Gesellschaft zum Gebrauch angeboten; das Gegenteil ist der Demand Pull, der die gesellschaftliche Nachfrage nach Technik kennzeichnet, die dann seitens der Technikentwicklung realisiert werden soll); d. h. es gibt neue technische Entwicklungen, die auf ihre Folgen hin untersucht werden können/sollen. Das Thema war damals nicht auf der politischen Agenda vertreten und die gesellschaftliche Wahrnehmung von Robotersystemen war durch Science Fiction-Literatur und Filme geprägt. Deshalb wurde allgemein eine roboterfreundliche Grundhaltung in der Gesellschaft angenommen, auch wenn Roboter in kriegerischen Zusammenhängen kontrovers diskutiert wurden. Seitens des Innovationsgrads waren autonome, lernfähige Robotersysteme noch in der fortgeschrittenen Grundlagenforschung und es existierten nur erste Prototypen in Forschungseinrichtungen. In Bezug auf bereits vorhandenes Wissen gab es damals noch keine TA-Studie zu autonomen Robotersystemen. Vorhanden waren erste Arbeiten zu künstlich intelligenten Systemen sowie ältere Abschätzungen zu den Folgen für den Arbeitsmarkt bei der Einführung von Industrierobotern. Vor dem Hin-

tergrund dieser Situationsanalyse wurde das Ziel verfolgt, zunächst eine möglichst umfassende Analyse des Status Quo der Robotikforschung zu erarbeiten und dann auf der Basis derselben eine erste Abschätzung der technischen, wirtschaftlichen, rechtlichen, ethischen Folgen dieser neuen Technik zu erstellen und schließlich Handlungsempfehlungen für die Gesetzgebung, die Forschungsförderung und die Technikentwickler zu formulieren. Als dafür geeignetes Projektdesign wurde eine expertenorientierte Vorgehensweise gewählt. Eine interdisziplinär besetzte Expertengruppe formulierte die disziplinären Grundlagen, die interdisziplinäre Wissensbasis und die daraus resultierenden Handlungsempfehlungen. Sie wurde zum Zwecke der thematischen Verbreiterung und Qualitätskontrolle durch zwei größere Expertenworkshops ergänzt. Die Ergebnisse wurden u. a. in Form eines in gemeinsamer Autorenschaft verfassten Berichts sowie der umfassenden Bereitstellung zusätzlicher Publikationen kommuniziert.
- Beispiel 2. Anders stellte sich die Situation 2008 dar, als das Projekt „Wimi-Care" zum Thema „Förderung des Wissenstransfers für eine aktive Mitgestaltung des Pflegesektors durch Mikrosystemtechnik" durchgeführt wurde. Die aus dem demographischen Wandel in Deutschland abgeleitete zukünftig steigende Nachfrage nach Dienstleistungen in Pflegeeinrichtungen trifft auf eine abnehmende Zahl von Interessierten an Pflegeberufen. Aus technischer Sicht waren 2008 Robotersysteme im Servicebereich entwickelt, die außerhalb von Fabrikhallen (d. h. in Pflegeheimen) unter technischer Aufsicht erste Dienste vollbringen konnten. In der gesellschaftlichen Wahrnehmung wurde das Thema kontrovers diskutiert; einerseits wurde die Altenpflege als ein Bereich gekennzeichnet, in dem gerade möglichst wenig Technik zum Einsatz kommen solle und andererseits wurde durch Technik ein möglicher Autarkiegewinn gesehen. Der Innovationsgrad wurde als fortgeschrittener Prototyp-Status angesehen. Die TA-Einrichtung entscheid sich für ein Projektdesign, in dem mehr als 10 methodische Arbeitsschritte aufeinander folgten [8.29]. Verkürzt handelte es sich um die Bedarfsanalyse in den Pflegeeinrichtungen durch empirische Forschung. Daraufhin wurden die technische Umsetzbarkeit geprüft und mittels Stakeholder- und Experteninterviews sowie begleitender Beobachtung in Pflegeeinrichtungen erste Anwendungsszenarien entworfen. Danach wurden robotische Pilotanwendungen in Pflegeeinrichtungen eingesetzt („usability-tests") und aus diesen Erkenntnissen dann Vorschläge für eine nutzerorientierte Technikentwicklung formuliert.

Diese beiden Beispiele machen deutlich, wie ausgehend von der je aktuellen Situation TA-Projekte entwickelt werden können. Dabei gibt es nicht das eine, „beste" Projektdesign, sondern immer mehrere, die in unterschiedlicher Art und Weise der Gesamtsituation, die auch budgetäre und zeitliche Grenzen berücksichtigen muss, gerecht werden. Entscheidend ist dann die transparente Begründung, warum man ein bestimmtes Projektdesign als situationsadäquat ansieht.

8.1.3 Ausblick

In Bezug auf Umweltbewertungen i. Allg. kann die Technikfolgenabschätzung (TA) dann zum Einsatz kommen, wenn umfassende Analysen als Basis einer politischen bzw. gesellschaftlichen Entscheidung erstellt werden sollen. Dann müssen verschiedene Optionen vergleichbar dargestellt und ihre Folgen (d. h. auch die Umweltfolgen) zueinander in Relation gesetzt werden. Beispielsweise ist es in Deutschland meist akzeptabel, dass nennenswerte Mengen von Arzneimitteln ins Abwasser gelangen, weil das eine schwer vermeidbare Nebenfolge medizinischer Therapien ist. Eine gesellschaftlich akzeptable Entscheidung muss eben nicht nur aus ökologischer, sondern auch aus ökonomischer, ethischer, rechtlicher, sozialer etc. Sicht beurteilt werden.

Diese problemorientierte und damit notwendigerweise interdisziplinäre Herangehensweise macht die Kombination ganz unterschiedlicher Methoden erforderlich, um die Wissensbestände, und manchmal auch „Nichtwissensbestände", erheben und beurteilen zu können. Der Zukunftsbezug stellt dabei eine besondere methodische Herausforderung dar.

Quer zu den Methoden einer interdisziplinären Forschung, die neben der (disziplinären) Wissenserhebung immer auch auf die Integration dieses Wissens abzielt, liegt die Kombination von quantitativen und qualitativen Analysen. Quantitative Analysen erlauben einen detaillierten Vergleich unterschiedlicher technischer Lösungsansätze zu einem Problemfeld. Die Darstellbarkeit der Ergebnisse in echten, „harten" Zahlen bringt eine hohe argumentative Kraft mit sich. Daher sind quantitative Analysen, wenn die entsprechenden Datensätze vorhanden sind, besonders wertvoll. Da die quantitativen Analysen jedoch originär aus einer wissenschaftlichen Disziplin stammen, der Ökologie, der Ökonomie, den empirischen Sozialwissenschaften etc., ist die Aussagekraft dieser vergleichenden Analysen im interdisziplinären Diskussionszusammenhang möglicherweise eingeschränkt. Die für den Vergleich gewählten Systemgrenzen, die angenommenen ceteris paribus Bedingungen etc. können aus der Perspektive anderer Disziplinen kritisch hinterfragt werden. Die Reichweite der Geltung der quantitativen Ergebnisse bedarf einer diskursiven Bestätigung über die Disziplingrenzen hinweg. Diese diskursive Bestätigung hat qualitativen Charakter, wie auch die Methoden der Wissensgenerierung, die sich einer quantitativen Betrachtung entziehen. Daher ist die Kombination von quantitativen (wo möglich) und qualitativen Ansätzen (wo zusätzlich nötig) typisch für die Technikfolgenabschätzung.

Technikfolgenabschätzung kombiniert also verschiedene Methoden, um heterogene Wissensbestände problemorientiert und adressatengerecht aufzubereiten. Eine klar strukturierte, transparente und nachvollziehbare Vorgehensweise ist dabei unverzichtbar. Die vorgestellte Struktur erhebt den Anspruch, hierfür eine einfach anwendbare und vielfach bewährte Grundstruktur zur Verfügung zu stellen.

8.2 Fallbeispiele

Die beiden nachfolgend diskutierten Fallbeispiele greifen die Unterscheidung zwischen Technology Push und Demand Pull in der Technikfolgenabschätzung auf. In dem Technology Push-Projekt „MyCopter" (Kapitel 8.2.1) sollen die Folgen eines individuellen Luftverkehrs („fliegende Autos") erforscht werden [8.30]. In diesem Sinne handelt es sich um eine Technikfolgenabschätzung im klassischen Sinne: eine neue, zukünftige Technik soll möglichst umfassend auf ihre nicht-technischen Folgen hin analysiert werden. Die Ergebnisse dieser „entwicklungsbegleitenden Technikfolgenabschätzung" werden einerseits direkt an die Technikentwickler im MyCopter-Projekt zurückgespiegelt und andererseits in die entsprechenden gesellschaftlichen Debatten der politischen Entscheidungsfindung eingespeist. Das zweite Fallbeispiel (Kapitel 8.2.2) basiert auf der Demand Pull-Perspektive. Hier wird davon ausgegangen, dass eine moderne Gesellschaft ein Interesse daran hat insbesondere solche Technologien einzusetzen, die umweltschonend und damit nachhaltig sind. Vereinfacht ausgedrückt besteht dann die Herausforderung darin, diejenigen Entwicklungspfade dieser nachhaltigen Technologien zu identifizieren, die eine möglichst große positive Umweltwirkung mit sich bringen.

8.2.1 MyCopter-Projekt

Individuell nutzbare Fluggeräte (Personal Aerial Vehicles (PAV); „Fliegende Autos"; d. h. im Wesentlichen so etwas wie Mini-Flugzeuge/Helikopter) sind technisch bereits realisiert und auch am Markt erhältlich [8.31]. Das TA-Projekt MyCopter stellte daher nicht die Entwicklung eines (weiteren) Prototyps in das Zentrum der Forschung, sondern fragte allgemein nach „enabling technologies", die man benötigt, um eine größere Anzahl dieser Flugobjekte einzusetzen. Konkret wurde der Einsatz derartiger individuell nutzbarer Fluggeräte zur Entlastung des Pendlerverkehrs in Ballungsgebieten als Projektkontext gewählt. Die Technology Push-Perspektive wurde somit um eine Demand Pull-Perspektive ergänzt, denn die Vermeidung von Pendlerstaus ist von gesellschaftlichem Interesse, weil damit sowohl ökologische als auch volkswirtschaftliche Kosten verbunden sind.

Vor diesem Hintergrund stellt sich die Situationsanalyse wie folgt dar [8.30].

- Issue Dimension. Die konkrete wissenschaftlich-technische Entwicklung sind PAV's zur Reduzierung der Pendlerstaus in städtischen Ballungsgebieten. Es handelt sich somit nicht um eine Großtechnologie, sondern um eine große Anzahl einzelner Artefakte, die in systemische Zusammenhänge eingebunden werden sollen. Kann man zunächst davon ausgehen, dass ein einzelnes PAV weder größere Umweltschäden noch aufwändige systemische Effekte mit sich bringen wird, sind, ganz analog wie bei den normalen Autos, Skalierungseffekte entscheidend. Erst die große Anzahl der Autos erzeugt die damit verbundenen gesellschaftlichen und umweltbezogenen Probleme. Diese Perspektive auf PAV's bringt auch die Anforderungen an die damit verbundenen

„enabling technologies“ mit sich. Es geht nicht um die Technik, ein fliegendes Auto zu bauen, sondern um Technik, die es ermöglicht, dass eine große Anzahl fliegender Autos morgens und abends sicher und möglichst umweltschonend über Ballungsgebieten nutzbar sind.

- Politische Dimension. PAV's sind momentan nicht in der politischen Diskussion. Mit Blick auf die heute üblichen Kategorien der Kleinstfluggeräte, die sich am Freizeitbereich orientieren – exemplarisch können hier Ultraleicht-Fluggeräte oder „Light sport aircraft“ genannt werden – lässt sich jedoch ein entsprechender Anpassungsbedarf vermuten. Da hierbei durchaus auch mit einem politischen Widerstand gerechnet werden kann, könnte eine politische Debatte zum Thema nötig werden. Dabei ist es nicht unwahrscheinlich, dass die politische Debatte über die Umweltaspekte bezüglich der PAV initiiert wird, denn letztlich geht jede Form eines höher technisierten Verkehrssystems, das von einer größeren Anzahl Menschen genutzt werden kann, mit Umweltbeeinträchtigungen einher (u. a. Emission von Lärm und Schadstoffen, Versiegelung, Zerschneidungseffekte, Beeinträchtigung des Landschaftsbildes). Diese sind Gegenstand vieler Debatten in den politischen Arenen und darüber hinaus, in denen der Nutzen einer Maßnahme zur Ausweitung des Verkehrssystems mit den Nachteilen abgewogen wird. Es lässt sich beobachten, dass hier die Präferenzen und damit auch die Bewertungen stark auseinander gehen können. Ähnliche Diskussionen sind damit auch im Hinblick auf die Einführung eines PAV-Systems zu erwarten. Die Politik hat vielfach Ansätze verfolgt, um die Umweltwirkungen des Verkehrs möglichst zu reduzieren (z. B. Abgasregelungen für Kraftfahrzeuge). Auch für PAV's ist vor diesem Hintergrund möglicherweise ein ähnliches Regelsystem zu entwickeln.
- Gesellschaftliche Dimension. Auch eine größere gesellschaftliche Debatte findet aktuell nicht statt. Printmedien haben am MyCopter-Projekt ein für ein Forschungsprojekt ungewöhnlich großes Interesse bekundet; dabei war die Berichterstattung sehr augenzwinkernd, so als wolle man nicht glauben, dass diese Fragestellung ernsthaft erforscht wird. Seitens der Problemorientierung sind Pendlerstaus ein nach wie vor aktuelles Problem, mit dem erhebliche gesellschaftliche Kosten verbunden sind. Dennoch sind spontane Reaktionen auf PAV's eher von möglichen gesellschaftlichen Nachteilen geprägt (u. a. Lärm, Umweltverschmutzung). Auf die generelle Relevanz der Umweltwirkungen von Verkehrssystemen wird bereits bei der Behandlung der politischen Dimension hingewiesen. Im Hinblick auf die gesellschaftliche Dimension soll hier betont werden, dass die Bewertung von Umweltfolgen immer auch mit der gesellschaftlichen Wertschätzung von Umwelt und Natur zusammen hängt. Generell haben Umweltfragen in Deutschland ein sehr hohes Ansehen, sodass gerade hier mit der gesellschaftlichen Thematisierung von Umweltaspekten zu rechnen ist. Mit anderen Worten: Es besteht ein gesellschaftliches Interesse, dass sich ein TA-Projekt wie MyCopter ganz besonders auch Umweltaspekten widmet.
- Innovationsdimension. Mit dem Fokus auf die „enabling technologies“ für PAV's liegt der Innovationsaspekt im Zentrum der Fragestellung. Zentral sind dafür sowohl die konkrete Ausgestaltung des „MyCopter PAV's“ als auch die darin zu berücksichti-

genden technischen Komponenten, die noch zu spezifizieren sind. Interessant sind bei diesen Designaspekten, dass jeweils sich widersprechende Kriterien herangezogen werden müssen. Das Gesamtgewicht des PAV als höchst relevante Größe in Bezug auf Umweltaspekte (u. a. Energieverbrauch, Emissionen von Lärm und Schadstoffen) steht einer möglichst sicheren, und daher redundant ausgelegten, technischen Ausstattung konträr gegenüber. Gleiches gilt für Reichweite und Anzahl der Passagiere. Die technischen Komponenten beispielsweise im Bereich des autonomen Fliegens sind in den jeweiligen wissenschaftlich-technischen Disziplinen bereits relativ weit entwickelt. Die bestmögliche Kombination in einem PAV bedarf jedoch entsprechender Ergänzungen, wobei Europa im Bereich der thematisch verwandten selbstfahrenden Systeme durchaus führend ist. Betrachtet man darüber hinaus, dass PAV's als „fliegende Autos" ebenfalls ein Segment ansprechen, in dem Europa führend ist, kann man sich von PAV's auch neue Impulse für den als mancherorts bereits gesättigt angenommenen Kfz-Markt und damit für die Stärkung der Wettbewerbsfähigkeit der deutschen bzw. europäischen Industrie erhoffen. Umweltaspekte sind auch hier in enger Verbindung mit der gesellschaftlichen Akzeptanz ein wichtiger Aspekt. Dabei haben es Innovationen leichter, die mit den vorherrschenden Werten und Normen kompatibel sind. Ein wichtiges Leitbild für die Gestaltung von Verkehrssystemen ist das Paradigma des „nachhaltigen Verkehrs" [8.32, 8.33]. Die Umweltperformance eines Verkehrssystems ist ohne Zweifel ein zentrales Kriterium für die Bewertung seiner Nachhaltigkeit.

- Verfügbarkeit des Wissens. PAV gelten als Zukunftstechnik. Es gibt auch keine direkte „Vorläufertechnik", anhand derer sich eine reflexive Beurteilung dieser Systeme orientieren könnte. Die Möglichkeiten einer empirischen Beforschung der PAV's ist somit nur eingeschränkt möglich. Auch die Beurteilung des Nutzens in Bezug auf die Staureduzierung ist methodisch anspruchsvoll. Typischerweise basieren Abschätzungen auf Vergleichen zwischen vorhandenen Verkehrsmitteln. Es wird dann beispielsweise vermutet, dass eine bestimmte Anzahl von Personen vom Auto auf öffentliche Verkehrsmittel umsteigt. Die Wirkungen einer zukünftig eingebrachten neuen Technologie auf die Verteilung der vorhandenen Verkehrsmittel sind schwer zu beurteilen. Es kann zu Umverteilungs- und Rebound-Prozessen kommen, die einem ursprünglich angestrebten Ziel (weniger Autos im Pendlerverkehr) zuwider laufen können. Das bereits vorhandene Wissen ist gering und durch noch hohe Unsicherheit gekennzeichnet. Dies ist eine Gesamtkonstellation, die entsprechende methodische Herausforderungen für die Wissensgenerierung mit sich bringt. Dennoch ist es nicht sinnvoll, mit einer Technikfolgenabschätzung noch zu warten, bis sich klarer abzeichnet, wie ein PAV ausgestaltet sein könnte. Eine Technikfolgenabschätzung zu solch einem frühen Stadium, bei dem noch viele Entwicklungsmöglichkeiten offen stehen, ermöglicht es, auf die Ausgestaltung der Technologien einzuwirken, bevor „vollendete" Tatsachen geschaffen sind.

Zieldefinition. Die Situationsanalyse bestätigt die Relevanz einer Technikfolgenabschätzung zu PAV. Oberstes Ziel solch eines TA-Projekts ist dabei eine umfassende Analyse und

Bewertung der Vor- und Nachteile eines PAV-Systems unter verschiedenen Blickwinkeln. Die Situationsanalyse macht aber auch deutlich, dass zunächst verschiedene Zwischenziele zu erreichen sind, um eine Technikfolgenabschätzung überhaupt möglich zu machen. Dazu gehören die folgenden Aspekte.

1. Beschreibung eines Referenz-PAV. Die heute existierenden „fliegenden Autos" sind noch in Prototyp- bzw. sehr kleinen Margen-Stadien. Dabei ist aber die technische Herausforderung, ein Auto „in die Luft" zu bekommen, gering und bereits gelöst. Anders stellt sich die Situation dar, wenn man ein Fahrzeug benötigt, das als Pendlerfahrzeug genutzt werden kann. Aus dieser Anwendung resultieren Anforderungen an die Technik, die zunächst spezifiziert werden müssen. Das kann z. B. den Grad an Automatisierung des Flugvorgangs, die Kommunikation zwischen den PAV's oder auch die benötigte Mindestreichweite ohne Zwischenstopp betreffen. Diese Spezifikationen sind dann der gemeinsame Nenner, für den die entsprechenden „ermöglichenden" Technologien entwickelt werden sollen.
2. Infrastruktur der PAV's. Untrennbar verbunden mit dieser Fragestellung ist die Frage nach der Infrastruktur, in der sich diese PAV's bewegen. Geht man zunächst davon aus, dass sie im regulierten Flugraum der Passagier- und Frachtflugzeuge keinen Aktionsspielraum bekommen können, dann bleibt der tiefer liegende wenig regulierte Luftraum, der allerdings auch für die im Pendlerverkehr üblichen Distanzen ausreichend sein sollte. Es stellen sich Fragen nach den Plätzen für Start und Landung, nach Versicherungen, nach den Wetter-Konditionen, etc.
3. Potenzielle Nutzer-Analyse. Die Frage, wer als Nutzer dieser PAV's in Frage kommt, ist teilweise durch die Problemstellung beantwortet: Teilnehmerinnen und Teilnehmer des Pendlerverkehrs in Ballungsräumen (d. h. normale „Arbeitnehmer", ggf. in Anbetracht der Anschaffungskosten eines PAV „besserverdienende" Arbeitnehmer). Bezüglich der Ausbildung, die zum Führen eines PAV's ermächtigen, sind ebenfalls Fragen offen. Prinzipiell sind heute auch für Leichtflugzeuge so etwas wie „Pilotenscheine" nötig. Richtige Flugzeuge und Helikopter benötigen eine teure Fluglizenz, die auch durch regelmäßige Trainingsflüge erhalten werden muss. Vorstellbar wäre auch eine vereinfachte Fluglizenz, die zum Führen von speziell technisch ausgerüsteten PAV's ermächtigt. Dann müssten diese jedoch durch entsprechende Flugunterstützungssysteme, die ggf. auch autonom Aufgaben des „Fahrers" übernehmen können, ausgestattet sein. Ggf. kann sogar ein vollautonomer Betrieb sinnvoll sein, der wiederum – ganz analog zu selbstfahrenden Autos – Akzeptanzprobleme der Fahrer/Passagiere mit sich bringen kann.

Projektdesign. Entsprechend der Ergebnisse aus der Situationsanalyse und der Zieldefinition erscheint es sinnvoll, zunächst ein Referenz-PAV zu definieren, anhand dessen sich dann die weitere Entwicklung der„enabling technologies" für dieses PAV orientieren kann.

Für die Spezifikation des Referenz-PAV können verschiedene Bezugspunkte herangezogen werden. Dabei lassen sich aus den Ergebnissen der Verkehrsforschung erste Anhaltspunkte gewinnen (z. B. die mittlere Personenzahl pro Kfz, mittlere zu überwindende Distanz). Hier ist, ggf. auch spezifisch für einen konkreten Ballungsraum, entsprechende Recherchearbeit zu leisten. Ebenfalls relevant für die Ausgestaltung eines Referenz-PAV ist die anzunehmende Dichte des Flugverkehrs für PAV. Diese lässt sich abschätzen über eine quantitative Analyse des Verkehrsaufkommens und die daraus abgeleitete Zahl von Fahrzeugen, die aus dem bodengebundenen System „entfernt" werden müsste, um dort einen akzeptablen Verkehrsfluss zu erreichen.

Schließlich sind die Technikentwickler hinzuzuziehen, um Anhaltspunkte über technische Restriktionen gewinnen zu können. Hier sind auch entsprechende Fragestellungen der umweltbewussten Technikgestaltung zu berücksichtigen (z. B. Schadstoffemissionen, Lärmbelastung). Potenzielle Nutzer können in die Untersuchung einbezogen werden, um etwas über mögliche Nutzerpräferenzen zu erfahren und eine Rückmeldung zu den nötigen Ausbildungsniveaus zu erfahren.

Das aus diesen Forschungsfragen resultierende Projektdesign stellt eine Kombination aus quantitativen Analysen (z. B. zum Verkehrsaufkommen und zur Pendlerstatistik) und qualitativen, explorativ ausgerichteten Diskursmodulen dar. In solchen Modulen können die Expertinnen und Experten gemeinsam zu den Spezifikationen eines Referenz-PAV befragt werden, bzw. können diese Spezifikationen, wenn bereits erste Ergebnisse der quantitativen Analysen vorliegen, gemeinsam entwickelt werden.

Nicht untypisch für ein TA-Projekt sind die iterative Vorgehensweise und die damit verbundene, ineinander verflochtene Struktur der Projektmodule. Man benötigt erste Anhaltspunkte aus der qualitativen Analyse, um das Referenz-PAV zu beschreiben. Aus diesen ersten Spezifikationen ergeben sich dann neue Anhaltspunkte für die quantitative Analyse (z. B. der Wetterdaten), deren Ergebnisse dann wieder Veränderungen an den Spezifikationen des Referenz-PAV nötig machen können, wenn dieses beispielsweise auch bei Dunkelheit fliegen können muss. Im Projektdesign wird dieser Tatsache insofern Rechnung getragen, als die einzelnen Projektmodule jeweils als mehrstufige Prozesse angesetzt sind. Nach einer ersten Vorstufe wird zunächst ein erstes Referenz-PAV definiert. Dieses dient als Bezugspunkt für die „erste Runde" der Technikentwicklung und der Reflexionsforschung gleichermaßen. Nach dieser ersten Runde werden die bisher gewonnen Erkenntnisse für eine Nachjustierung der Spezifikationen des Referenz-PAV verwendet, wenn sich dieses als begründet erweist.

Für die Befragung der Technikentwickler wird die Methode der Experten-Gruppeninterviews angewendet. Diese Methode bietet sowohl die Möglichkeit leitfadengestützt eine Reihe von Fragen, die sich aus der Literaturrecherche ergaben, zu beantworten. Gleichzeitig ermöglicht sie die Diskussion zwischen den Teilnehmern, was auf weitere relevante Fragestellungen hinweisen kann.

Erkenntnisse über potenzielle Nutzer können über eine Fokusgruppe gewonnen werden. Die Gruppe sollte möglichst unvoreingenommen sein, um in einer ersten Diskussionsrunde spontane Reaktionen zum Thema „fliegende Autos" dokumentieren zu können.

Offene Fragen regen die Diskussion unter den Teilnehmern an. Die Diskussion wird bei diesem Vorgehen durch die Moderation nur unterstützt und wenig gelenkt. Hier lassen sich auch Anforderungen seitens der Nutzer an ein PAV erheben, die dann wieder in die Spezifikation des Referenz-PAV einfließen können.

Als Ergebnis gewinnt man dann eine dichte Beschreibung eines MyCopter PAV's, welches im Pendlerverkehr eingesetzt werden könnte. Aus technischer Sicht ist damit die Spezifikation verbunden, die ein solches PAV benötigt und eine erste Einschätzung, wie sich die Technikentwicklung relativ zu diesem „Benchmark" aktuell verortet: was ist heute schon realisiert, was muss noch technisch umgesetzt werden. Ergänzt wird diese Beschreibung um erste Erkenntnisse bezüglich der Infrastruktur, in der solche PAVs fliegen könnten, sowie eine erste Abschätzung der damit verbundenen Umweltbelastungen und der Verfügbarkeit innerhalb eines Jahres.

Projektdurchführung und erste Ergebnisse. Nachfolgend werden erste Ergebnisse geschildert, die jedoch bereits die Umsetzung des geschilderten reflexiven Projektdesigns anschaulich machen. Die erste Beschreibung eines Referenz-PAV kann dabei nach Tabelle 8.1 erfolgen.

Die in Tabelle 8.1 dargestellten Eigenschaften werden in einem Experten-Workshop erarbeitet, in dem die technischen Eigenschaften mit ersten Erkenntnissen aus Untersuchungen zum Pendlerverkehr abgeglichen werden. Das ist bereits bei den „physical specifications" offensichtlich. Typischerweise sind Fahrzeuge im Pendlerverkehr mit nur einer Person besetzt. Damit ist die Anzahl der Sitze 1 + 1 (d. h., dass entweder eine zweite Person oder etwas Gepäck mitgenommen werden kann) adäquat für den Pendlerverkehr. Ähnliches gilt für die Größe des Fahrzeugs, welches eben in eine normale Garage passen sollte. Der elektrische Antrieb wird aus Umweltaspekten und mit Blick auf eine höhere gesellschaftliche Akzeptanz gewählt, obwohl er für die technische Umsetzung durchaus eine Herausforderung darstellt. Das Startgewicht wird einer Schwelle in der Flugregulierung seitens der Europäischen Agentur für Flugsicherheit (EASA) angepasst, nach der zweisitzige Fluggeräte unter einem Maximalgewicht von 450 kg nicht durch die EASA reguliert sind, sondern in den Zuständigkeitsbereich der einzelnen Staaten fallen. Auch diese Eigenschaft ist eine echte Herausforderung für die Technikentwickler.

Auch weitere Eigenschaften stellten Kompromisse zwischen technischen Notwendigkeiten und Nutzerüblichkeiten auf dem Weg zur Arbeit dar. Die Möglichkeit des vertikalen Startens spiegelt einen solchen Kompromiss wieder. Überträgt man die Gewohnheit, vor der Haustür in das Auto einsteigen zu können und vor der Tür am Dienstgebäude wieder auszusteigen, so wird die Möglichkeit des vertikalen Startens und Landens ohne „Landebahn" zu einem wichtigen Element. Die Möglichkeit, sich mit dem PAV auf dem Boden fahrend fortzubewegen, wird dagegen weniger relevant eingestuft. Hierfür wird nur eine „Rollbarkeit" (z. B. in die Garage hinein oder auf einen Parkplatz) als Eigenschaft eingeführt. Die weiteren Eigenschaften zielen auf die Sicherheit des PAV's ab und sind gekennzeichnet durch die Tatsache, dass man auch bei schlechtem Wetter seinen Arbeitsplatz erreichen können muss (z. B. im Gegensatz zu einem Freizeitflug in einem Leichtflug-

Tabelle 8.1 Eigenschaften eines Referenz-PAV

Design	
Zahl der Sitzplätze	1 + 1 (Fahrer und Beifahrer oder Gepäck)
Dimensionierung des PAV	„garagengerecht": Größe wie größerer Pkw
Antriebstechnologie	vorzugsweise elektrisch
Maximales Startgewicht eines PAV	450 kg
Performance	
Beweglichkeit am Boden	Ja, aber nur über kurze Strecken; PAV sind nicht für den Straßenverkehr ausgelegt
Fähigkeit, selbständig zum Nutzer zu kommen	implementiert im Modus „full automation"
Senkrechtes Starten und Landen (VTOL)	erforderlich
Fähigkeit zum Flug in Instrumental Meteorological Conditions (IMC)	ja, erforderlich
Fähigkeit zum Flug in Dunkelheit	ja, erforderlich
Fähigkeit zum Flug in wolkiger Umgebung	fliegen bei schlechten Sichtverhältnissen, aber eher nicht in Wolken selbst
Durchschnittliche Flughöhe	< 500 m über Grund
Reichweite	100 km
Fluggeschwindigkeit	150-200 km/h
Höchstgeschwindigkeit	noch offen
Steigflugrate bei maximalem Startgewicht	noch offen
Grad der Automatisierung	verschiedene Grade (einschließlich „full automation")
Fähigkeit zur automatischen Kollisionsvermeidung	ja, erfoderlich
Fähigkeit zum automatischen Starten/Landen	ja, erforderlich
Weitere Anforderungen	
Wetterabhängige Verfügbarkeit im Jahresverlauf	90 %

zeug, den man letztendlich nur bei sicheren Wetterkonditionen antritt). Die Möglichkeit bei Dunkelheit und auf Instrumentenbasis fliegen zu können spiegeln das wieder, ebenso wie die automatische Kollisionsvermeidung bzw. Start- und Landevorrichtung. Die Reichweite orientiert sich ebenfalls an den mittleren Distanzen des Pendlerverkehrs. 100 km bedeutet in diesem Zusammenhang, dass man ohne „Nachladen" hin und zurück fliegen kann. Die Fluggeschwindigkeit orientiert sich daran, dass man mit einem PAV mindestens genauso schnell wie mit einem PKW (ggf. auch etwas schneller) das Ziel erreicht. Auch das ist aus der Perspektive der Nutzerakzeptanz ein wichtiger Punkt.

In Bezug auf die Verfügbarkeit des MyCopter-PAV's im Jahreszyklus wurde „an 90 % der Tage" angesetzt, um der Tatsache Rechnung zu tragen, dass das Privat-Kfz an den meisten, jedoch auch nicht an allen Tagen genutzt werden kann. Schnee und Eisglätte führen beispielsweise zu „Ausfalltagen". 90 % entsprechen hierbei nicht etwa einer hohen Hürde; eine erste Umfrage zur „acceptable flight cancellation ratio" wegen Verkehrs- oder Wettereinflüssen ergab 98 %. Eine erste Wetteranalyse anhand der Daten im Jahr 2010 ergab für ein ausgewähltes Segment im Bereich von Frankfurt am Main, dass man die 90 %-Marke der Nutzbarkeit nur dann erreichen kann, wenn man davon ausgeht, dass man nur dann nicht fliegt, wenn die Wolkenuntergrenze unter 500 Fuß ist und die Sichtweite am Boden kleiner als 1500 m. Das entspricht der GAFOR(General Aviation Forecast)-Kategorie „x", die schwierigste Sichtbedingungen voraussagt. Betrachtet man nur die Tageszeit zwischen 17:00 und 19:00 Uhr, dann erreicht man eine Nutzbarkeit von 88 % in der Kategorie „Wolkengrenze bis 1000 Fuß". Eine erste Abschätzung der Erreichbarkeit des „Benchmarks" Nutzbarkeit im Jahresverlauf bringt das Ergebnis, dass das angestrebte „Benchmark" nur schwer zu erreichen sein wird, denn das Fliegen ist schon bei den genannten Wetterbedingungen durchaus problematisch.

Das reflexive Projektdesign sieht nun vor, dass die Ergebnisse aus der ersten Forschungsphase (sowohl der technischen Entwickler als auch der Technikfolgenabschätzung) in die Gestaltung des Referenz-PAV wieder rückgebunden werden (z. B. Spezifikationen werden geändert oder zusätzliche Spezifikationen werden eingeführt). Für unser Beispiel „Wetter" könnte das entweder bedeuten, dass man die Nutzbarkeit im Jahresverlauf verringert (das hätte Konsequenzen für die Akzeptanz eines MyCopters als „Pendlerfahrzeug") oder dass zusätzliche technische Spezifikationen bezüglich der Ausrüstung für „schwierige Wetterlagen" entwickelt werden (mit der Folge, dass diese typischerweise nicht „gewichtsneutral" erreicht werden können). Dieser reflexive Aushandlungsprozess führt letztendlich zu einer MyCopter-Spezifikation, die den Referenzpunkt für die zu entwickelnden Technologien bildet und abschließend eine Aussage erlaubt, wie der aktuelle Entwicklungsstand von diesen Spezifikationen abweicht.

Mit dieser Spezifizierung eines PAV und der entsprechenden Nutzerszenarien (Pendlerverkehr über 30 bis 50 km in relativ niedriger Höhe) lassen sich nun auch die Umweltauswirkungen besser abschätzen. Ganz allgemein werden diese entlang des Lebenszyklus analysiert, der die Herstellung, die Nutzungsphase, sowie die Entsorgung oder das Recycling am Ende der Nutzung umfasst. Geht man für eine erste Abschätzung davon aus, dass Herstellung und Entsorgung/Recycling ähnlich wie bei einem (Elektro-)Auto zu beurteilen sind, dann rückt die Nutzungsphase ins Zentrum, da hier bei einem PAV durch Nutzungsmuster wie Start, Landung, Flugphase, Parkmöglichkeiten etc. neue Aspekte ins Spiel kommen. Es gilt sich zunächst einen Überblick zu verschaffen, welche Umweltwirkungen überhaupt zu erwarten sind. Einen ersten Anhaltspunkt geben dabei die im Verkehrsbereich üblicherweise angewendeten Parameter der Umweltbewertung. Dazu gehören der Energieverbrauch, Emission von Schadstoffen und Lärm, Auswirkungen auf die Artenvielfalt und die Biodiversität (u. a. Zerschneidungseffekte, Vogelflug), Versiegelung von Flächen, Auswirkungen auf das Landschaftsbild, Materialverbrauch für die Herstellung des Fluggeräts und Toxizität (am Ende der Lebensphase).

Umweltrelevante Aspekte, die oft im Zusammenhang mit neuen Verkehrssystemen diskutiert und deren Relevanz für ein PAV-System zu prüfen sind, sind vorrangig die Energiebilanz und die Emissionen von Lärm. Diese werden in einer ersten Analyse in diesem Projekt besonders berücksichtigt, wobei die Energiebilanz bezogen auf den Fahrzeugtyp relativ einfach berechnet werden kann – auch wenn noch nicht abschließend festgelegt ist, wie sich wesentliche Parameter wie z. B. das Maximalgewicht entwickeln. Als Maßstab wird dabei herangezogen, wie der Transport der gleichen „Menge an Pendlern" mit einem anderen Verkehrssystem, insbesondere mit dem motorisierten Individualverkehr, auf die Umwelt wirkt.

Bei einigen Wirkungsbereichen sind durchaus auch positive Wirkungen denkbar. So könnte eine Entlastung der Straßen einen weiteren Ausbau des Straßennetzes reduzieren bzw. verhindern und damit einer weiteren Versiegelung und Zerschneidung der Landschaft entgegen wirken. Für solche Bewertungen ist eine quantitative Abschätzung der verkehrlichen Auswirkungen unumgänglich. Dies soll exemplarisch für zwei größere Agglomerationen durchgeführt werden, darunter den Großraum Frankfurt. Auf dieser Basis lassen sich dann verschiedene Nutzungsintensitäten annehmen und entsprechende Auswirkungen auf die Umwelt abschätzen.

Zu anderen Umweltwirkungen werden Experten-(Gruppen)Interviews durchgeführt, weil eine verlässliche Wissensbasis zu diesen Themen noch nicht existiert. Dabei kann nicht jede mögliche Wirkung im Detail untersucht werden. Die Auswirkungen eines PAV-Pendlerverkehrs beispielsweise auf die Vögel umfassend abzuschätzen, würde eine eigene Untersuchung erforderlich machen. Die Methoden müssen sich damit auch am im Projektkontext Machbaren orientieren. Eine grobe Abschätzung gestützt auf Studien, die im Zusammenhang mit der existierenden Luftfahrt erstellt wurden, muss zunächst ausreichen. Das flexible Projektdesign in Kombination mit einer entsprechend langen Laufzeit erlaubt aber auch auf weitere Punkte näher einzugehen, die sich im Laufe der Untersuchungen als besonders wichtig erweisen. Sollte sich also herausstellen, dass von der Klärung der Frage des Vogelschutzes die Umsetzbarkeit des PAV-Konzepts abhängt, besteht die Möglichkeit, diesen Aspekt gründlicher zu untersuchen. Das Beispiel macht wiederum die iterative und explorative Vorgehensweise deutlich. So erfolgt die endgültige Auswahl der Methoden erst aufgrund der sich im Projekt ergebenden Erkenntnisse. Zudem wird das PAV-Design immer wieder an die Zwischenergebnisse angepasst, womit möglicherweise auch die Analyse und Bewertung der Umweltwirkungen angepasst werden müssen. In einer späteren Projektphase sollen dann Implementierung des bis dorthin spezifizierten Referenz-PAV in verschiedenen Szenarien simuliert werden, um eine erste Betrachtung der Vor- und Nachteile unter verschiedenen Rahmenbedingungen zu ermöglichen.

8.2.2 Roadmap Umwelttechnologien 2020

Hier wird anhand eines Fallbeispiels aus dem Bereich der Umweltfolgenforschung ein TA-Projekt vorgestellt, bei dem sowohl der prospektive Bezug mit seinen Herausforderungen veranschaulicht und gleichzeitig die Integration interdisziplinärer Wissensbestände gezeigt wird. Dieses Beispiel verdeutlicht auch, dass – je nach Fragestellung – eine problemorientierte Methodenwahl für Bewertungsverfahren im Umweltbereich unumgänglich wird. Dies kann einige der schon vorgestellten Methoden wie z. B. Ökobilanzierung durchaus einschließen. Es macht in der Regel aber darüber hinaus gehende methodische Ansätze erforderlich, die typischerweise diskursiven Charakter haben und individuelle Einschätzungen (Befragungen) oder den strukturierten Austausch von Argumenten (z. B. Expertenworkshops) ermöglichen. Dies wird im Folgenden vorgestellt.

Das Ziel des Projektes „Roadmap Umwelttechnologien 2020" (UWT) ist es, noch nicht am Markt befindliche Technologien hinsichtlich ihres Umweltnutzens zu bewerten [8.34]. Mit Bezug auf die genannten Folgenkategorien liegt das Hauptinteresse zum einen auf der Abschätzung intendierter Folgen (d. h. positiver Folgen von Technikentwicklung bzw. -einsatz auf die Umwelt). Gleichzeitig werden nicht-intendierte und möglicherweise unerwünschte Folgen ermittelt. Dadurch sollen Umwelttechnologien identifiziert werden, die sich für die Innovations- und Forschungsförderung – und damit die Stärkung der Wettbewerbsfähigkeit des Wirtschaftsstandortes Deutschland – besonders eignen. Es geht also um eine forschungspolitische Fragestellung und im weiteren Sinne um den gesellschaftlichen Nutzen, der sich aus der Verbindung ökologischer und ökonomischer Vorteile ergeben soll. Die Ergebnisse der TA sollen auf die Ausgestaltung von Technologien wirken.

Situationsanalyse. Klimawandel, Ressourcenknappheit, Verschmutzung von Flüssen und Ozeanen sowie Luftverschmutzung sind nur einige Stichworte, die auf das Ausmaß heutiger Umweltbelastungen hinweisen. Viele der Umweltprobleme können dabei unmittelbar als Technikfolgen betrachtet werden (z. B. der Ausstoß an CO_2-Emissionen im Energiesektor, die Wasserverschmutzung durch Rückstände von Medikamenten im Abwasser). Auch Umweltwirkungen (z. B. Überdüngung der Ozeane durch die moderne Landwirtschaft, das Verdrängen empfindlicher Tier- und Pflanzenarten durch den Bau von Straßen) gehen letztlich von technischen Entwicklungen aus.

Nun sind Technologien nicht nur eine Ursache von Umweltproblemen, sondern vielfach auch ein Ansatz zu deren Lösung [8.35, 8.36]. Auch wenn es eine ganze Reihe nichttechnischer Ansätze gibt, um Umweltprobleme zu reduzieren (z. B. der Verzicht auf das Autofahren, der effizientere Umgang mit Energie), ist doch weitgehend anerkannt, dass sich die heutigen Umweltprobleme nicht ohne Entwicklung und Einsatz technischer Innovationen lösen lassen. Der Begriff Innovation wird hier weit gefasst; er umschließt die Entstehung einer Invention (d. h. der Entwicklung einer Idee) wie auch die Diffusion einer Neuerung in Markt und Gesellschaft. Dabei geht es nicht immer um neue Entwicklungen. In vielen Fällen sind Technologien, die eine Umweltentlastung mit sich bringen, bereits vorhanden, kommen aber – oft wegen anderer Prioritätensetzung bzw. aus wirtschaftlichen oder anderen Gründen – nicht zum Einsatz [8.37]. Beispielsweise war das 3-Liter-Auto „Lupo" Ende der 1990er Jahre hinsichtlich der Verkaufszahlen ein Misserfolg, während sich große und schwere Fahrzeuge trotz Klimawandels, schwindender Ölreserven und verstopfter Innenstädte äußerst gut verkaufen. In vielen Entwicklungsländern wird der ökologisch sinnvolle Einsatz von Filter- und Reinigungstechnologien aus Kostengründen vermieden; ökologisch abbaubare Produkte setzen sich am Markt nicht so gut durch, dass sie eine breite Umweltwirkung entfalten könnten. Die Entwicklung von Technik ist also erforderlich, aber nicht ausreichend; die Technik muss sich auch am Markt durchsetzen bzw. zur Anwendung oder Wirkung kommen, um zur Lösung von Umweltproblemen beizutragen.

Einige wesentliche Aspekte der Situationsanalyse werden über den oben skizzierten Problemaufriss bereits geleistet. Die Strukturierung der Zusammenhänge entlang der in Kapitel 8.1 genannten fünf Dimensionen der Situationsanalyse soll für einen besseren Überblick sorgen und sowohl die Zieldefinition als auch das Projektdesign unterstützen.

- Issue Dimension. Im Zentrum der Untersuchung stehen Technologien, die zur Vermeidung oder Lösung von Umweltproblemen beitragen können. Das ist die konkrete wissenschaftlich-technische Entwicklung, die mit Hilfe eines TA-Prozesses beurteilt werden soll. Dabei gibt es sehr unterschiedliche Möglichkeiten, Umwelttechnologien zu definieren und auch zu strukturieren. Da viele technische Ansätze in irgendeiner Form zu den vielschichtigen Zielfeldern eines integrierten Umweltschutzes beitragen können, ist es nicht immer einfach, eine Umwelttechnik von einer „normalen" Innovation zu unterscheiden. Schon die Eingrenzung von Umwelttechnologien kann also eine Herausforderung darstellen. Hier wird deshalb die folgende, absichtlich breit angelegte Definition von Umwelttechnologien zu Grunde gelegt: „Untersuchungsgegenstand sind Technologien, Güter und Dienstleistungen, die der Vermeidung, Verminderung und Beseitigung von Umweltbeeinträchtigungen sowie der Wiederherstellung bereits geschädigter Umweltfunktionen dienen und somit einen Beitrag zu einem nachhaltigen Umgang mit den natürlichen Ressourcen leisten" [8.34]. Dabei wird die Fähigkeit eines Mediums (z. B. der Atmosphäre) Schadstoffe aufzunehmen (z. B. CO_2) ebenfalls als Ressource aufgefasst. Diese Definition ist insofern für eine Technikfolgenabschätzung geeignet, weil sie bereits benennt, was betrachtet werden soll und welche Gliederung von Umweltbeeinträchtigungen man verwenden möchte. In der Literatur lassen sich sehr unterschiedliche Perspektiven zu Umwelttechnologien finden und ebenso unterschiedliche Ansätze diese zu gliedern. Hier wird die folgende Definition gewählt [8.38]: „Environmental Technologies (ET) contain four different categories: measuring, cleaning, cleaner, and clean technologies differing in their ecological effectiveness. Environmental Technologies reduce pollution at least in one environmental medium, only accepting the transformation of emissions into another form or into another medium as a short term measure in order to cope with harmful pollutants. Thus, Environmental Technologies implement the continuous improvement of processes, products and services by the conservation of raw materials and energy and by the reduction of toxic substances, waste and emissions within the production cycle." [8.39]. Es handelt sich also um einen äußerst heterogenen Untersuchungsgegenstand, der einen breiten Strauß unterschiedlicher Technologien umfasst. Umweltprobleme sind allerdings nicht weniger vielfältig als die Technologien und Ansätze zu ihrer Lösung. Das gilt auch in geographischer Hinsicht: Einige Umweltprobleme (z. B. Verschmutzung von Luft und Wasser) konzentrieren sich in Schwellen- und Entwicklungsländern. Oft lassen sich die in den westlichen Industrieländern etablierten Technologien und Konzepte aber nicht ohne weiteres auf Entwicklungsländer übertragen, sondern müssen an die Verhältnisse vor Ort angepasst werden. Viele Umweltprobleme (z. B. der Klimawandel, die Schädigung der Ozeane) sind von globaler Dimension und müssen zwar global angegangen werden, verlangen aber oft ebenfalls eine lokale Anpassung von Problemlösungsstrategien. Die Frage ist also, wie man den Bedarf „welche Umweltprobleme bedürfen in Zukunft einer (technischen) Lösung“ mit dem Angebot „welche Technologien stehen in Zukunft zur Lösung dieser Probleme bereit“ in Deckung bringt.

- Politische Dimension. Hier geht es zunächst um eine Verantwortung der Politik für den Schutz der Umwelt und den Erhalt der natürlichen Lebensgrundlagen für die folgenden Generationen. Industrienationen mit einem relativ hohen Ressourcenverbrauch pro Kopf kommt dabei sicherlich eine besondere Verantwortung zu. Dass dieses Ziel nicht isoliert, sondern nur unter Integration wirtschaftlicher und sozialer Aspekte gelöst werden kann, bringt das Konzept nachhaltiger Entwicklung zum Ausdruck. Forschungspolitik will die Entwicklung und den Einsatz von Umwelttechnologien aber auch deshalb fördern, weil damit die Wettbewerbsfähigkeit der deutschen Wirtschaft gestärkt werden kann. Umwelttechnologien werden als wichtiger globaler Wachstumsmarkt angesehen, in dem gerade Deutschland als gut aufgestellt gilt [8.40, 8.41]. Gleichzeitig gehört Umwelttechnik zu den innovativsten Branchen; z. T. wird von einem „Megatrend Umweltinnovationen“ [8.42] gesprochen und die aktive Umweltpolitik in Deutschland und Europa als mit verantwortlich für den Boom an umweltbezogenen Erfindungen angesehen. Politische Regulierungen werden vielfach als wichtige Voraussetzung für die Entwicklung und den Einsatz von Umwelttechnologien gesehen, da sie beispielsweise Anreize für Investitionen schaffen oder die Erfüllung bestimmter Emissionsstandards vorschreiben [8.43, 8.44].
- Gesellschaftliche Dimension. Der Schutz der Umwelt wie auch die Stärkung der Wettbewerbsfähigkeit der deutschen Wirtschaft sollte im gesellschaftlichen Interesse liegen. Gleichzeitig sind Umweltfragen oft Gegenstand gesellschaftlicher Kontroversen (z. B. Verschmutzung von Grundwasser, Feinstaub im Verkehr, Abluftfilter in Tunneln). Während man ganz allgemein davon ausgehen kann, dass gesellschaftlich eine nachhaltige Entwicklung erwünscht ist, resultiert aus dieser Erkenntnis aber nur wenig Ableitbares für die Vermarktbarkeit von umweltfreundlichen Produkten. Umweltfreundlichkeit scheint hier nur bedingt ein dominantes Kaufkriterium zu sein. Die gesellschaftliche Erwünschtheit schlägt oft nicht auf die individuelle Kaufentscheidung durch.
- Innovationsdimension. Innovationen im Umweltbereich gehören sehr unterschiedlichen Entwicklungsstufen an. Damit Technologien wirken können, muss sowohl Grundlagenforschung (z. B. im Nanobereich) wie auch die Unterstützung des Transfers „fertiger“ Technologien in die Praxis berücksichtigt werden. Charakteristisch für den Bereich Umwelttechnik ist zudem die starke wechselseitige Beeinflussung zwischen Um-

weltregulierungen und Innovationen (vgl. politische Dimension im Zusammenhang mit dem „Megatrend Umweltinnovation").

- Verfügbarkeit des Wissens. Der Zukunftsbezug stellt eine entscheidende methodische Herausforderung in Bezug auf das vorhandene Wissen dar. Es geht darum, Entwicklungen auf der Nachfrageseite (Umweltprobleme) und auf der Angebotsseite (Technologien) einzuschätzen, die selbst in der Zukunft liegen, also heute nicht direkt erkennbar oder gar messbar sind. Das Projekt muss so zwei unterschiedliche Perspektiven auf die Zukunft methodisch anlegen und integrieren. Die damit verbundene Wissensgenerierung ist somit explizit prospektiv und interdisziplinär ausgerichtet und hat durch diesen Zukunftsbezug „Foresight-Charakter" (der Begriff „Foresight" bezeichnet Prozesse der Technologievorschau, bei denen zukünftige Entwicklungen gesellschaftlicher bzw. ökonomischer Rahmenbedingungen explizit mit in den Blick genommen werden [8.45, 8.46]). In Bezug auf einzelne Umwelttechnologien sind die Wissensbestände sehr unterschiedlich; sie korrelieren nicht selten mit dem Innovationsgrad. Für bereits im Markt befindliche Technologien sind oftmals sogar quantitative Analysen entlang des Produktlebenszyklus durchgeführt worden. Für noch nicht im Markt befindliche technologische Lösungen ist ähnliches Wissen nicht verfügbar. Darüber hinaus hängt der Wissensbestand von anderen Faktoren ab (z. B. von der Rolle der Technologie in einem systemischen Zusammenhang); zudem ist es wichtig, ob es sich um eine völlig neue Technologie handelt (d. h. radikale Innovation) oder eher um die Weiterentwicklung eines vorhandenen Ansatzes (d. h. inkrementelle Innovation).

Zieldefinition. Zu der moralischen Verpflichtung als exportorientierte Industrienation auch zur Lösung globaler Umweltprobleme beizutragen, kommen weitere Ziele. Deutschland gilt in vielen Bereichen der Umwelttechnik als weit entwickelt oder gar als Marktführer. Um diese Führungsposition zu halten oder sogar noch auszubauen, kommen Forschung und Entwicklung eine entscheidende Rolle zu. Setzt man begrenzte Ressourcen in der Forschungsförderung voraus, müssen Prioritäten in der Förderpolitik getroffen werden, denn eine effiziente und effektive Ausrichtung der öffentlichen Forschungsförderung ist entscheidend. Um letztere sinnvoll gestalten zu können, benötigt man zum einen Wissen über die zukünftig zu erwartenden Umweltprobleme und zum anderen muss erkannt werden, welche Technologien zur Lösung dieser zukünftigen Probleme bereit stehen könnten. Dabei sind auch die Anforderungen von Schwellen- und Entwicklungsländern zu berücksichtigen, um dort neue Märkte erschließen zu können.

Vor diesem Hintergrund zielt das TA-Projekt „Roadmap Umwelttechnologien 2020" darauf ab, mittel- bis langfristige Entwicklungspfade für relevante Umwelttechnologien zu erforschen, um strategische Optionen für die Forschungsförderung des BMBF (Bundesministerium für Bildung und Forschung) und für die Unterstützung des Transfers in die Umsetzung zu erarbeiten. Oberstes Kriterium für die „Relevanz" einer Technologie ist dabei, dass sie auch tatsächlich positive (Netto-)Folgen für die Umwelt mit sich bringt (d. h. ein hohes Potenzial zur Lösung von Umweltproblemen aufweist). Ein weiteres Kriterium sind mögliche Beiträge zur Stärkung der Innovativität und Wettbewerbsfähigkeit der deutschen Wirtschaft. Letzteres kann aber nur ein den Umweltaspekten höchstens gleichrangiges Ziel sein, denn Innovationsimpulse lassen sich auch durch Technologien erreichen, die sich nicht explizit durch positive Umweltfolgen auszeichnen. Vor diesem Hintergrund ging es darum zu untersuchen, welche Bereiche sich vordringlich für eine Forschungsförderung anbieten und wo diese Förderung ansetzten müsste.

Projektdesign und Methodenauswahl. Um Orientierungen für die Prioritätensetzung in der Forschungsförderung zu geben, kommt es zum einen darauf an, ein Bild des zukünftigen Bedarfs an Umwelttechnologien zu bekommen. Auf der anderen Seite ist es wichtig, kritische Phasen zukünftiger Innovationen zu identifizieren, Möglichkeiten von Durchbrüchen in der Umwelttechnik auf der Basis neuen Wissens oder von „enabling technologies" zu eruieren und kritische Pfade und Hemmnisse der Umsetzung in die Praxis frühzeitig zu erkennen [8.47]. Gleichzeitig muss die Methode den Vergleich zwischen ganz unterschiedlichen Technologien erlauben, um eine Prioritätensetzung in der Forschungsförderung zu ermöglichen.

Für eine solche integrierte Betrachtung verschiedener zukünftiger Entwicklungspfade bieten sich Szenariotechniken oder Roadmappings an. Im letzten Jahrzehnt wurden verstärkt Szenarien eingesetzt, um der Erkenntnis Rechnung zu tragen, dass die Zukunft nicht vorausgesagt werden kann. Vielmehr sind verschiedene Zukünfte denkbar, Planungen und Handlungen können auf verschiedene Rahmenbedingungen treffen [8.43]. In der Regel werden in Szenarien unterschiedliche Wissensbestände integriert und auf unterschiedliche „Zukünfte" hin ausgerichtet [8.48]. Es geht darum, Möglichkeitsräume auszuleuchten. Teilweise ähnlich wird beim Roadmapping vorgegangen. Allerdings geht es hier um die Erreichung eines bestimmten Ziels [8.49, 8.50]. In der Regel handelt es sich bei einer Roadmap um ein Konzept oder einen Plan, der konkrete Zwischenziele bzw. Milestones formuliert und mit Handlungsschritten und konkreten technischen Lösungen verbindet, um diese Ziele zu erreichen. Daran orientiert sich die Vorgehensweise in dem hier vorgestellten TA-Projekt „Roadmap Umwelttechnologien 2020".

Angesichts der Breite des Themenfelds Umwelttechnologien und der Komplexität der Fragestellung ist es für die Umsetzbarkeit des Roadmapping von entscheidender Bedeutung, einen adäquaten Detaillierungsgrad zu wählen. Das folgende Beispiel soll den Aspekt des Detaillierungsgrads der Analyse verdeutlichen. Eine Untersuchung zu technischen Lösungen für spezifische Umweltprobleme (z. B. aus dem Bereich alternative Antriebstechnologien) hätte sich sehr spezifisch mit den Vor- und Nachteilen der diskutierten Lösungswege (z. B. Erdgas, Biomasse, Wasserstoff, Speicherung in Batterien) auseinanderzusetzen. Dabei wird üblicherweise mit so genannten Well-to-Wheel Berechnungen gearbeitet [8.51], um den Energieverbrauch und den CO_2-Ausstoß vom „Bohrloch bis zum Rad" für die unterschiedlichen Technologiepfade zu berechnen. Diese Methode wäre für die Prioritätensetzung im Bereich Umwelttechnologien zu detailliert. Es geht hier stattdessen um eine vergleichende Bewertung von sehr unterschiedlichen Gegenstandsbereichen. Eine Ökologisierung der Landwirtschaft kann beispielsweise einer Überdüngung der Ozeane entgegen wirken und damit in einem ganz anderen Gegenstandsbereich Umwelteffekte erzielen. Um eine solche möglichst breite Beurteilung der Folgen von Umwelttechnologien zu ermöglichen, müssen heterogene Informationsbestände mit vertretbarem Aufwand erschlossen und vergleichbar gemacht werden. Um nun unterschiedliche Technologiebereiche (z. B. Technologien aus dem Feld Abwasserreinigung, Möglichkeiten zur Reduktion des CO_2-Ausstoßes in der Stahlproduktion) im Hinblick auf Parameter wie Umweltfolgen, Marktpotenziale und Förderbedarf zu vergleichen, wird hier auf Einschätzungen von Experten aus Wirtschaft, Wissenschaft und Politik zurück gegriffen. Verschiedene Methoden wie schriftliche Befragungen, Interviews und Workshops werden eingesetzt, um diese Einschätzungen einzuholen und diskursiv zu erhärten. Die gewählte Vorgehensweise setzt also stark auf die Aggregation und Validierung von Expertenwissen.

Das Ziel der Roadmaps ist hier nicht die Erzeugung kompletter Zukunftsentwürfe für Umwelttechnologien in Form von „Straßenkarten“, angeordnet auf der Zeitskala und versehen mit Wegweisern und Kreuzungspunkten. Die „Roadmap Umwelttechnologien“ beruht auf einer strukturierten Reihe von Aussagen in bestimmten Handlungsfeldern über zukünftige umwelttechnologisch relevante Entwicklungen mit ihren Unsicherheiten. Sie zielt zunächst weder auf „die“ umfassende Roadmap für Umwelttechnologien generell, noch auf detaillierte Roadmaps zu Einzeltechnologien, sondern auf eine „mittlere Detaillierungsebene“, eben angepasst an die Anforderungen von Forschungsförderung und Unterstützung des Transfers in die Umsetzung. Als konkretes Ergebnis des Projektes wurden Prioritätsfelder für die Forschungsförderung definiert und beschrieben. Diese weisen auf zukünftige Marktpotenziale hin, zeigen Entwicklungspotenziale von Technologien auf und deuten auf Hemmnisse im Innovationsprozess hin. Die Inhalte dieser Prioritätsfelder bilden die zentrale Orientierungsleistung für die weitere Förder- und Umsetzungspolitik, wie sie sich aus den Analysen im Rahmen dieses Projekts auf der Basis des gegenwärtigen Wissensstandes und seiner kritischen Bewertung ableiten lassen. Der Zeithorizont 2020 (bzw. etwas darüber hinaus) wird gewählt, weil es sich um einen überschaubaren Zeitraum handelt, für den sich noch einigermaßen belastbare Aussagen erwarten lassen. Seitens der Umsetzung stellt es ein Zeitraum dar, in dem Fördermaßnahmen gut ihre Wirkung entfalten können.

Dabei werden hier vielfach qualitative Methoden eingesetzt. In den Bereichen, in denen eine ausreichende Datenlage vorhanden ist, können mit Hilfe von quantitativen Methoden (z. B. Ökobilanzierung) Aussagen begründet werden. Bei quantitativen Methoden ist ein grundsätzliches Verständnis wesentlicher Effekte und Wirkungsketten erforderlich, um die erforderliche Reduktion von Sachverhalten auf ausgewählte Parameter und Zusammenhänge zu ermöglichen. Diese Methoden erlauben dann eine detaillierte Analyse von Einzelaspekten und eine Reproduzierbarkeit der Ergebnisse; sie entsprechen damit eher naturwissenschaftlichen Kriterien der Forschung, sind aber auf eine ausreichende Datenlage angewiesen [8.52]. Ist dies nicht der Fall – wie eben bei der Bewertung vieler zukünftiger Umwelttechnologien – kann der vorhandene Wissensbestand durch qualitative Methoden erhoben werden. Sie zeichnen sich durch einen niedrigeren Grad der Standardisierung aus und haben explorativen Charakter; d. h. sie fokussieren auf das Testen von

Thesen und die Begründungszusammenhänge, die zum Stützen bzw. Verwerfen der Thesen angeführt werden. Es ist dann oft erwünscht, dass sehr unterschiedliche Kriterien in die Bewertung einfließen und somit durch die diskursive Breite der Untersuchung die Plausibilität der Ergebnisse gestützt wird. Insofern handelt sich bei der Zielsetzung dieses TA-Projekts um ein typisches Anwendungsfeld für qualitative Verfahren, die aber – wo das möglich ist – mit quantitativen Elementen kombiniert werden. So werden die relevanten Wissensbestände zu den Umwelttechnologien zusammen getragen, die sich vielfach auf Quantifizierungen stützen. Die Umsetzung eines qualitativen Ansatzes zeichnet sich dadurch aus, dass die Wissensbestände und die Begründungszusammenhänge immer wieder aus unterschiedlichen Perspektiven geprüft werden. Die im Folgenden dargestellten Phasen des Projektdesigns stellen den anfangs erhobenen Status Quo immer wieder in Frage, wobei breitere Erhebungen ohne Präsenz der Beteiligten („Fragebögen") mit Präsenzveranstaltungen („Workshops"), bei denen aktiv Argumente ausgetauscht werden können, kombiniert werden.

Projektdurchführung. Das Projekt gliedert sich in 3 Phasen, die aufeinander aufbauen, aber durch unterschiedliche Vorgehensweisen charakterisiert sind.

Phase I. In der ersten Phase wird die Aufgabenstellung eingegrenzt und der Stand des Wissens in den relevanten Bereichen zusammen getragen. Zur Strukturierung wird eine Gliederung nach Umwelthandlungsfeldern gewählt. Durch diese Orientierung an Problemfeldern aus dem Umweltbereich kann der angestrebten Problemorientierung des Projektes gut entsprochen werden. Die folgenden Handlungsfelder werden einbezogen: Klimaschutz, Luftreinhaltung, Wassermanagement, Bodenschutz, Erhöhung der Rohstoffproduktivität, Abfallwirtschaft und Erhalt der Biodiversität/Naturschutz. Für diese Auswahl spielte auch eine Rolle, dass das Projekt unter den verfügbaren finanziellen und zeitlichen Ressourcen bearbeitbar bleibt. Technologien, die direkt der Energiewandlung und Energiebereitstellung dienen, sind explizit nicht Gegenstand der Untersuchung, da sie bereits im Mittelpunkt zahlreicher anderer Untersuchungen stehen. Die Erfassung des „State-of-the-Art" in diesen Handlungsfeldern stützt sich auf eine umfassende Literaturrecherche. Die wichtigen wissenschaftlichen Fakten und gesetzlichen Rahmenbedingungen werden benannt und zukünftige Entwicklungen abgeschätzt. Der großen geographischen Variabilität kann man dabei nur bedingt gerecht werden, indem auf die besondere Problematik in Schwellen- und Entwicklungsländern hingewiesen wird. Für die Angebotsseite werden sogenannte Technologiekompasse erstellt. Die dargestellten Technologien werden im Hinblick auf ihren Umweltnutzen und ihre Entwicklungsmöglichkeiten diskutiert. Dabei lassen sich aus der Literatur durchaus unterschiedliche Einschätzungen entnehmen. Bei Technologien, deren Potenziale besonders schwer greifbar zu machen sind, werden zusätzlich Experteninterviews durchgeführt, um eine stabilere Wissensbasis zu erlangen. Zudem wird die Zusammenstellung der Technologien externen Experten zur Validierung vorgelegt. Ergebnis dieser Phase ist ein State-of-the-Art Bericht, der sozusagen eine Vorauswahl an Umwelttechnologien darstellt, die entsprechend der Projektziele von Interesse sind.

Phase II. Die zweite Phase dient der empirischen Validierung des „State-of-the-Art" mit Blick auf die Projektziele. Im Rahmen einer umfassenden Befragung werden Experten aus den unterschiedlichen Handlungsfeldern mittels eines Fragebogens nach ihrer Einschätzung gefragt. Der entscheidende Schritt ist die Gestaltung des Fragebogens. Dazu werden vom Projektteam auf der Basis des State-of-the-Art Berichts Hypothesen zur weiteren Entwicklung und zu kritischen Aspekten in den einzelnen Handlungsfeldern erarbeitet. Dabei erfolgt eine Fokussierung auf besonders interessant erscheinende Technologien bzw. Technologiebereiche. Für die Befragung werden die in Phase I identifizierten 7 Handlungsfelder zu 4 Themenkomplexen zusammengefasst: Teil A: Wassermanagement, Teil B: Klimaschutz/Luftreinhaltung, Teil C: Bodenschutz und Erhalt der Biodiversität/Naturschutz, Teil D: Erhöhung der Rohstoffproduktivität/Abfallwirtschaft. Für jeden dieser Themenkomplexe werden 20 funktionale Beschreibungen von Technologien, Verfahren oder Konzepten angefertigt, denen aus Sicht des Projektteams – gerechtfertigt auf Basis des State-of-the-Art Berichts – zentrale Bedeutung zur Bewältigung von Umweltproblemen im jeweiligen Handlungsfeld zukommen. Zu jedem Technologiebereich werden die gleichen sechs Unterfragen gestellt, die sich auf die Bedeutung der betreffenden Technologie zur Lösung der Umweltprobleme, den Forschungs- und Förderbedarf, das Marktpotenzial, die Position Deutschlands im internationalen Vergleich sowie mögliche Hemmnisse für den erfolgreichen Einsatz der Technologie beziehen. So wird man den unterschiedlichen Zielstellungen gerecht und kann gleichzeitig eine Vergleichbarkeit herstellen. Neben den 4 inhaltlichen Themenkomplexen gibt es einen allgemeinen Teil, der 3 übergreifende Fragen enthält. Diese betreffen den Problemdruck im Umweltbereich global und in Deutschland sowie den Bedarf an öffentlicher Förderung der Umwelttechnik in Deutschland. Der allgemeine Teil soll von allen befragten Experten ausgefüllt werden, was im Wesentlichen auch geschehen ist, während sich das Ausfüllen der inhaltlichen Fragen auch auf Bereiche beschränken kann und ggf. Bereichsbögen auch innerhalb der angeschriebenen Organisation weitergegeben werden können. Der Fragebogen ist an ca. 1750 Experten aus Wissenschaft, Wirtschaft, Politik und Verwaltung verschickt worden, von denen ca. 440 geantwortet haben. Das stellt eine sehr gute Rücklaufquote dar.

Phase III. Ziel der dritten Phase ist es schließlich, die Ergebnisse in der Diskussion mit Experten zu validieren und anzureichern. Dazu wird zu jedem der vier Themenkomplexe ein Workshop durchgeführt, bei dem die wesentlichen Ergebnisse der Befragung kurz vorgestellt und dann von den Teilnehmern diskutiert und eingeschätzt werden. Von besonderem Interesse sind die Ergebnisse, für welche die schriftliche Befragung ein eher heterogenes Bild ergibt. Zudem dienen die Workshops als Forum für langfristig orientierte, eher visionäre Reflektionen über den Zeithorizont 2020 hinaus. Die Workshopteilnehmer sind zum großen Teil Experten, die selbst an der Befragung teilgenommen hatten. Die Diskussionen in den Workshops werden dokumentiert und die Einschätzungen der Experten gehen in die Erstellung des Endberichts ein. Diese Workshops bilden somit den letzten Schritt der Validierung und Bewertung.

Ausgewählte Ergebnisse. Die im Rahmen dieses TA-Projekts durchgeführte schriftliche Befragung besteht aus einem kürzeren allgemeinen Teil, der einige Fragen zu allen sieben Umwelthandlungsfeldern umfasst, und aus einem speziellen Teil, der detaillierte Fragen zu einzelnen Technologien aus den Umwelthandlungsfeldern enthält. Im Folgenden werden ausgewählte Ergebnisse der Untersuchung aus dem allgemeinen und dem speziellen Teil dargestellt, wobei für den letzteren der Themenkomplex „Klimaschutz/Luftreinhaltung" exemplarisch herangezogen wird.

Problemdruck in den Umwelthandlungsfeldern. Die Fragen im allgemeinen Teil der schriftlichen Befragung beziehen sich auf eine Einschätzung des Problemdrucks und des Bedarfs an öffentlicher Forschung in den untersuchten Umwelthandlungsfeldern. Abbildung 8.2 zeigt die Antworten auf die Frage nach dem Problemdruck. Die Experten sehen den Problemdruck auf globaler Ebene für die nächsten 10 bis 20 Jahre vor allem in den Handlungsfeldern Klima, Rohstoffe und Wasser als hoch an. Auf nationaler Ebene werden die Probleme in allen Handlungsfeldern, aber insbesondere im Bereich Wasser und Luft als deutlich geringer eingeschätzt.

Technologiebereiche im Cluster „Klimaschutz/Luftreinhaltung". Hier werden einige Ergebnisse des Themenkomplexes Klimaschutz/Luftreinhaltung beleuchtet. Abbildung 8.3 bezieht sich auf die im Fragebogen für jeden einzelnen Technologiebereich gestellte Frage „Wie würden Sie die zukünftige Bedeutung dieser Technologien für die Lösung von Klimaschutzproblemen/Luftqualitätsproblemen einschätzen?". In der Darstellung werden die Antwortkategorien „äußerst wichtig" und „wichtig" zusammengefasst und in Prozent

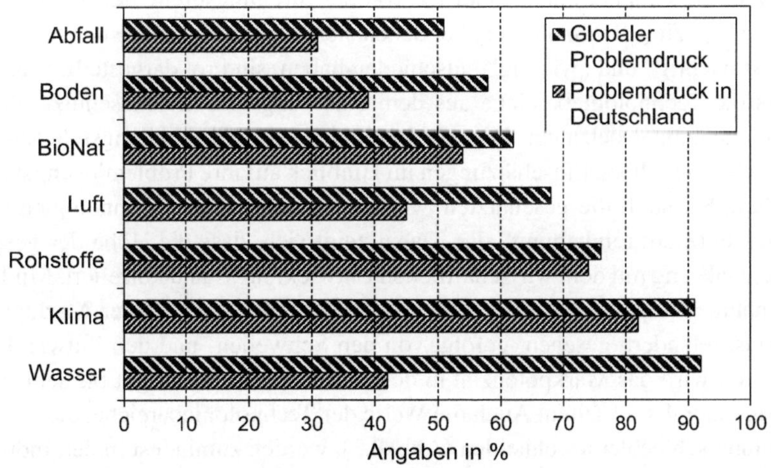

Abb. 8.2 Einschätzung des Problemdrucks global/in Deutschland in den nächsten 10 bis 20 Jahren in den jeweiligen Umwelthandlungsfeldern (die beiden höchsten von 5 Wertbereichen sind aggregiert [8.34])

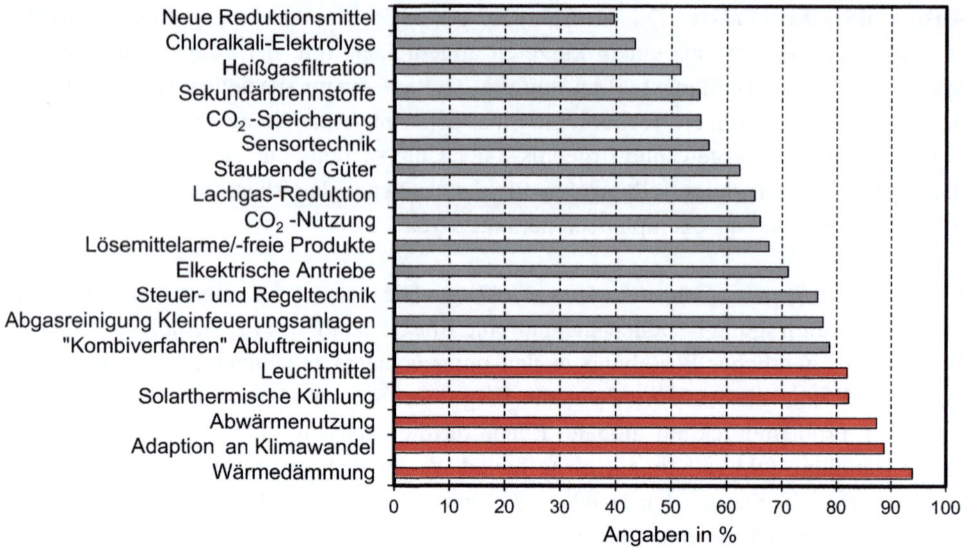

Abb. 8.3 Ranking der Technologien im Cluster „Klimaschutz/Luftreinhaltung" nach „Bedeutung" (die beiden höchsten von 5 Wertbereichen sind aggregiert [8.34])

dargestellt. Beachtet werden muss, dass die Vergleichbarkeit der Technologiebereiche schon durch die unterschiedlichen Aggregationsebenen (teilweise sehr spezielle Einzeltechnologien, teilweise ganze Technologiefelder) und durch die stark unterschiedliche Anzahl antwortender Personen mit variierendem fachlichen Hintergrund eingeschränkt ist. Dennoch gibt die Graphik einen Eindruck von der Streuungsbreite der geschätzten Problemlösungskapazität. Technologien, bei denen sich jeweils über 80 % der Antwortenden für „äußerst wichtig" und „wichtig" entschieden haben, sind rot dargestellt. Das Ranking zeigt, dass die Technologiebereiche aus dem Handlungsfeld „Klimaschutz" die oberen Bereiche einnehmen. Doch auch einige Technologien aus dem Handlungsfeld Luftreinhaltung zeigen hier sehr hohe Einschätzungen im Hinblick auf ihre Problemlösungskapazität.

Abbildung 8.4 stellt die geschätzten Marktpotenziale für die Technologien im Cluster „Klimaschutz/Luftreinhaltung" dar. Dabei zeigt sich, dass die Höhe der geschätzten Marktpotenziale eng mit dem wirtschaftlichen Entwicklungsstand korreliert. Mit lediglich einer Ausnahme (Anpassung an den Klimawandel) werden die höchsten Marktpotenziale in den Industrieländern gesehen, gefolgt von den Schwellen- und den Entwicklungsländern. Generell wird das Markpotenzial in den Industrieländern als gut bis sehr gut angesetzt; Werte unter 4 sind selten. Auch die Werte der Technologiebereiche, die im Ranking der Bedeutung schlechter abschneiden (Abb. 8.3), werden zumindest in den Industrieländern recht hoch eingeschätzt.

Die Methode „schriftliche Befragung" wird nun mit je einem Expertenworkshop pro Cluster kombiniert. Diese Diskussionen in den Expertenworkshops dienen der kritischen Reflektion und inhaltlichen Anreicherung der Ergebnisse. In allen vier Expertenwork-

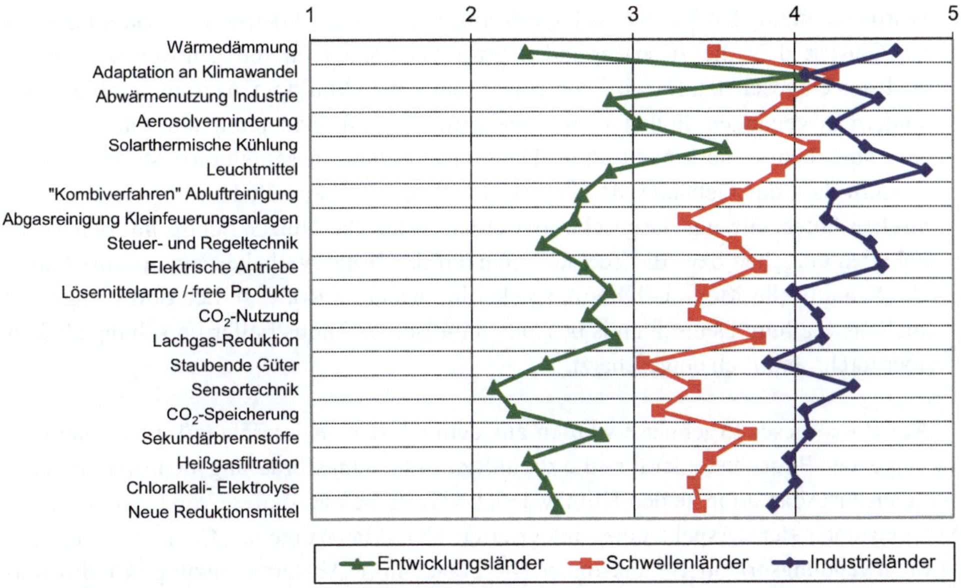

Abb. 8.4 Geschätzte Marktpotenziale für das Cluster „Klimaschutz/Luftreinhaltung" für verschiedene Länderkategorien [8.34]

shops stehen auch die Ergebnisse der allgemeinen Fragen zur Diskussion; diese werden aber weitgehend als plausibel eingeschätzt. Allerdings schätzen Experten aus dem Bereich Luftreinhaltung den Problemdruck in Deutschland für dieses Handlungsfeld deutlich höher ein. So wird argumentiert, dass der Bereich Luftreinhaltung gerade im Vergleich zum heute allseits diskutierten Thema Klimawandel in seiner Bedeutung auch für Deutschland erheblich unterschätzt sei. Als Grund wird vermutet, dass andere Probleme (z. B. Klimawandel) das mediale und politische Interesse auf sich ziehen. Probleme der Luftreinhaltung stellen, so einige Workshop-Teilnehmer, nachweislich eine unmittelbare Bedrohung für die Gesundheit auch in den Industrienationen dar, im Gegensatz zu der bisher – zumindest in Deutschland – oft eher abstrakten Bedrohung durch den Klimawandel.

Grundsätzlich werden in der Workshopdiskussion zum Cluster „Klimaschutz/Luftreinhaltung" viele der Ergebnisse der speziellen Fragen zu diesem Cluster bestätigt. Einige werden allerdings auch kritisch hinterfragt, wie z. B.:

- Technologien zur Speicherung von CO_2 werden sowohl in der Befragung als auch in den Workshops sehr unterschiedlich bewertet; dies entspricht der im State-of-the-Art Report dokumentierten kontroversen Diskussion in der Literatur. Insgesamt wird der Technologiebereich im Hinblick auf die Umweltfolgen oft kritisch eingeschätzt. Besonders im Workshop wird eine CCS-Anwendung nur in Deutschland oder auch den westlichen Ländern als nicht ausreichend im Kampf gegen den Klimawandel angesehen. Die Marktpotenziale in Schwellen- und Entwicklungsländern werden aber sehr skeptisch gesehen.

- Wärmedämmung hat bei der Problemlösungskapazität die höchste Position im gesamten Cluster; d. h. die zu erwartenden positiven Folgen für die Umwelt werden am höchsten eingeschätzt. Es wird von einem sehr hohen Marktpotenzial in den Industrieländern ausgegangen. In den Workshops wird die große Bedeutung klar unterstrichen, aber auch betont, dass nicht allein Dämmmaterialien im Mittelpunkt stehen sollten, sondern dass das Gebäude als Ganzes zu betrachten wäre. Zudem können die technischen Potenziale nur ausgeschöpft werden, wenn die Nutzer richtig mit den Technologien umgehen bzw. die Technologien auf das Nutzerverhalten hin optimiert sind. Die Schnittstelle Mensch-Technik spiele eine wichtige Rolle. In der Befragung wird auch die Stellung Deutschlands besonders im Bereich industrieller Forschung als klar überdurchschnittlich eingeschätzt.

Auf Basis dieser Ergebnisse werden aus dem Cluster „Klimaschutz/Luftreinhaltung“ die folgenden Prioritätsfelder für eine zukünftige Forschungsförderung identifiziert: Technologien zur Adaptation an den Klimawandel, vergleichende Analyse von CCS und CO_2-Nutzung unter dem Aspekt eines integrierten CO_2-Management, „Cleaner Buildings“ (d. h. anwendungsorientierte und integrierte Forschung), Abwärmenutzung in industriellen Prozessen, Erhöhung der Effizienz elektrischer Antriebe in industriellen Prozessen sowie Vermeidung/Verminderung klima- und luftschadstoffrelevanter Aerosolemissionen.

In vergleichbarer Form werden in den anderen Umwelthandlungsfeldern Prioritätsfelder gebildet [8.34]. Diese Prioritätsfelder sind das zentrale Ergebnis des Projekts Roadmap Umwelttechnologien 2020.

Literatur

[8.1] Bröchler, S., Simonis, G., Sundermann, K. (Hrsg.): Handbuch Technikfolgenabschätzung. Edition sigma, Berlin, 1999

[8.2] Grunwald, A.: Technikfolgenabschätzung – Eine Einführung. Edition Sigma, Berlin, 2002

[8.3] Decker, M. (Hrsg.): Interdisciplinarity in Technology Assessment. Implementation and its Chances and Limits. Springer, Berlin, 2001

[8.4] Bütschi, D.; Carius, R.; Decker, M.; Gram, S.; Grunwald, A.; Machleidt, P.; Steyaert, S.; van Est, R.: The Practice of TA; Science, Interaction, and Communication. In: Decker, M. und Ladikas, M. (Hrsg.): Bridges between Science, Society and Policy. Technology Assessment – Methods and Impact. Springer, Berlin, 2004, S. 13–55

[8.5] Gethmann, C.F.: Rationale Technikfolgenbeurteilung. In: Grunwald, A. (Hrsg.): Rationale Technikfolgenbeurteilung. Konzeption und methodische Grundlagen. Springer, Berlin, 1999, S. 1–11

[8.6] Ropohl, G.: Ethik und Technikbewertung. Suhrkamp, Frankfurt, 1996

[8.7] Brüntink, C.: Zum Konzept der Innovations- und Technikanalyse des BMBF; TA-Datenbank-Nachrichten 10(2001), 2, S. 6–9

[8.8] Petermann 1999

[8.9] US Congress: The Technology Assessment Act of 1972 Public Law 92-484 92d Congress H. R. 10243 October 13, 1972

[8.10] Schmittel, W.: Institutionalisierung von TA in international vergleichender Perspektive. In: Bechmann, G., Petermann, T. (Hrsg.): Interdisziplinäre Technikforschung. Genese, Folgen, Diskurs. Campus, Frankfurt, 1994, S. 321–345

[8.11] www.eptanetwork.org

[8.12] Decker, M.: Technikfolgen. In.: Grunwald, A. (Hrsg.): Handbuch Technikethik. Metzlerverlag, Stuttgart, 2013

[8.13] Gloede, F.: Unfolgsame Folgen. Begründungen und Implikationen. Technikfolgenabschätzung – Theorie und Praxis 15(2007), 1, S. 45–54

[8.14] Büllingen, F.: Office of Technology Assessment. In: Bröchler, S., Simonis, G., Sundermann, K. (Hrsg.): Handbuch Technikfolgenabschätzung. Edition sigma, Berlin, 1999, S. 411–416

[8.15] Ausschuss für Bildung, Forschung und Technikfolgenabschätzung (Hrsg.): Technikfolgenabschätzung beim Deutschen Bundestag – Eine Bilanz. Deutscher Bundestag Drucksache 17/3010, 2010

[8.16] Technikfolgenabschätzung. Theorie und Praxis 16(2007), 1 mit Beiträgen von G. Bechmann, M. Decker, F. Gloede, A. Grunwald, B. Krings

[8.17] Grunwald, A.: Auf dem Weg zu einer Theorie der Technikfolgenabschätzung: der Einstieg. Einführung in den Schwerpunkt. Technikfolgenabschätzung – Theorie und Praxis 16(2007), 1, S. 4–17

[8.18] Gibbons, M.; Limoges, C.; Nowotny, H.; Schwartzman, S.; Scott, P.; Trow, M.: The new production of knowledge: Dynamics of Science and Research in Contemporary Societies. SAGE, London, 1994

[8.19] Nowotny, H.; Scott, P.; Gibbons, M.: Re-Thinking Science. Knowledge and the Public in an Age of Uncertainty. Polity, Cambridge, 2001

[8.20] Nowotny, H.; Scott, P.; Gibbons, M.: „Mode 2" Revisited: The new Production of Knowledge. Minerva 41(2003), S. 179–194

[8.21] Funtowicz, S., Ravetz J.R. 1993

[8.22] Funtowicz, S., Ravetz J.R. 2001

[8.23] Ravetz, Funtowicz 1999

[8.24] Decker, M.: Angewandte interdisziplinäre Forschung in der Technikfolgenabschätzung. Bad Neuenahr-Ahrweiler: Europäische Akademie, Graue Reihe, Nr. 41

[8.25] Mittelstraß, J.: Interdisziplinarität oder Transdisziplinarität? In: Ders, A. (Hrsg.): Die Häuser des Wissens. Suhrkamp, Frankfurt, 1998, S. 29–48

[8.26] Pohl, C.; Hirsch-Hadorn, G.: Gestaltungsprinzipien für transdisziplinäre Forschung. Oekom, München, 2006

[8.27] Bechmann, G.; Friederich, G.: Problemorientierte Forschung: Zwischen Politik und Wissenschaft. In: Bechmann, G. (Hrsg.): Praxisfelder der Technikfolgenforschung. Konzepte, Methoden, Optionen. Campus, Frankfurt, 1996

[8.28] Decker, M.; Fleischer, T.: When should there be which kind of technology assessment? A plea for a strictly problem oriented approach from the very outset. Poesis und Praxis 7(2010), S. 117–133

[8.29] www.wimi-care.de/verlauf2011

[8.30] www.mycopter.eu

[8.31] www.terrafugia.com/aircraft2012

[8.32] Banister, D.: The sustainable mobility paradigm. Transport Policy 15(2008), S. 73–80

[8.33] Schippl, J.; Puhe, M.: Technology Options in Urban Transport: Changing paradigms and promising innovation pathways – Final Report. European Parliament/Science and Technology Options Assessment (STOA) 2011 (IP/A/STOA/FWC/2008-096/LOT2/C1/SC3) (ETAG – European Technology Assessment Group (STOA-ETAG)), Brüssel, Belgien, 2012

[8.34] Schippl, J. et al.: Roadmap Umwelttechnologien 2020. Endbericht. Forschungszentrum Karlsruhe, Institut für Technikfolgenabschätzung und Systemanalyse, Karlsruhe, 2009

[8.35] Bundesministerium für Bildung und Forschung (Hrsg.): Die Hightech-Strategie für Deutschland. Bundesministerium für Bildung und Forschung, Bonn, 2006

[8.36] Bundesministerium für Umwelt, Naturschutz und Reaktorsicherheit (Hrsg.): GreenTech made in Germany. Umwelttechnologieatlas für Deutschland. Bundesministerium für Umwelt, Naturschutz und Reaktorsicherheit, Berlin, 2007

[8.37] Sachverständigenrat für Umweltfragen (Hrsg.): Umweltgutachten 2008 – Umweltschutz im Zeichen des Klimawandels. Erich Schmidt Verlag, Berlin, 2008

[8.38] Kuehr, R.: Environmental Technologies – From Misleading Interpretations to an Operational Categorisation & Definition. Journal of Cleaner Production 15(2007), S. 1316–1320

[8.39] Decker, M.: Eine Definition von Nanotechnologie: Erster Schritt für ein interdisziplinäres Nanotechnology Assessment. In: Nordmann, A.; Schummer, J.; Schwarz, A. (Hrsg.): Nanotechnologien im Kontext. Philosophische, ethische und gesellschaftliche Perspektiven. Akademische Verlagsgesellschaft, Berlin, 2006, S. 33–48

[8.40] Bundesministerium für Umwelt, Naturschutz und Reaktorsicherheit (Hrsg.): GreenTech – Made in Germany 2.0. Umwelttechnologieatlas für Deutschland. Bundesministerium für Umwelt, Naturschutz und Reaktorsicherheit, Berlin, 2009

[8.41] Niedersächsisches Institut für Wirtschaftsforschung; Zentrum für Europäische Wirtschaftsforschung; Fraunhofer-Institut für System- und Innovationsforschung (Hrsg.): Zur technologischen Leistungsfähigkeit der deutschen Umweltschutzwirtschaft im internationalen Vergleich. Studien zum deutschen Innovationssystem Nr. 20-2007. Bundesministerium für Bildung und Forschung, Berlin, 2007

[8.42] Jänicke, M.: Megatrend Umweltinnovation. Zur ökologischen Modernisierung von Wirtschaft und Staat. München, 2008

[8.43] Schwartz, P.: The Art of the Long View. Planning for the Future in an Uncertain World. Currency Doubleday, New York, 1991

[8.44] Porter, M.; van der Linde, C.: Green and Competitive. Ending the Stalemate. Harvard Business Review, September–October 1995, S. 120–134

[8.45] Cuhls, K.: From Forecasting to Foresight Processes – New Participative Foresight Activities in Germany. Journal of Forecasting 22(2003), S. 93–111

[8.46] Rader, M.; Porter, A.L.: Fitting Future-Oriented Technology Analyses Methods to Study Types. In: Cagnin et al. (Hrsg.): Future-Oriented Technology Analyses. Strategic Intelligence for an Innovative Economy. Berlin, S. 25–40

[8.47] Schippl, J.; Jörissen, J.: Foresight für die Umwelttechnik von morgen. Einführung in den Schwerpunkt. Technikfolgenabschätzung – Theorie und Praxis 19(2010), 1, S. 4–12

[8.48] Grunwald, A.: Technikfolgenabschätzung – Eine Einführung. edition sigma, Berlin, 2010

[8.49] Kostoff, R.N.; Schaller, R.R.: Science and Technology Roadmaps. IEEE Transactions on Engineering Management, 48(2001), 2, S. 132–143

[8.50] Fleischer, T., Decker, M., Fiedler, U.: Assessing emerging technologies – Methodical challenges and the case of nanotechnologies. Technological Forecasting & Social Change 52(2005), S. 1112–1121

[8.51] JRC (Hrsg.): Well-to-Wheels analysis of future automotive fuels and powertrains in the European context WELL-to-WHEELS Report Version 2b. European Commission, Directorate General, Joint Research Centre (JRC) in cooperation with EUCAR and CONCAWE, Brüssel, Belgien, Mai 2006

[8.52] Schippl, J.; Fleischer, T.: A problem-oriented categorisation of foresight tools for transport planning. Foresight, 14(2012), 4, S. 282–293

Systematisierung der Methodenvielfalt 9

Liselotte Schebek und Martin Kaltschmitt

Den unter dem Begriff Umweltbewertungsmethoden zusammengefassten Ansätzen ist ihr Untersuchungsinteresse an der Interaktion der menschlichen Gesellschaft mit der natürlichen Umwelt gemeinsam. Innerhalb dieses übergeordneten Untersuchungsinteresses haben die einzelnen Methoden, wie sie in den vorangehenden Kapiteln beschrieben werden, jede für sich einen eigenen Schwerpunkt der Analyse, unterschiedliche Systemgrenzen sowie verschiedene methodische Freiheiten für den Bearbeiter; dies gilt beispielsweise hinsichtlich der Festlegung des zeitlichen und räumlichen Betrachtungszeitraums oder der zu erarbeitenden Ergebnisse. Auch kommen unterschiedliche Bewertungskriterien zum Tragen, die z. T. verschiedene Bereiche der natürlichen Umwelt betreffen; bei einigen Methoden können aber – das geht dann jedoch über die „klassischen" Umweltbewertungsmethoden hinaus – auch ökonomische und soziokulturelle Aspekte berücksichtigt werden. Nichtsdestotrotz beinhalten alle diskutierten Methoden z. T. vergleichbare methodische Ansätze, haben teilweise ähnliche Herausforderungen zu lösen und folgen ansatzweise ähnlichen übergeordneten methodischen Überlegungen.

Umweltbewertungsmethoden werden heute für eine Vielzahl von z. T. sehr verschiedenartigen Fragestellungen in sehr unterschiedlichen Anwendungskontexten eingesetzt. Auf Grund des dafür notwendigen Fachwissens und der benötigten Expertise werden für die Durchführung entsprechender Untersuchungen häufig Experten – wissenschaftliche Organisationen oder Beratungsbüros – beauftragt. Die Auftraggeber kommen dabei aus ganz unterschiedlichen Bereichen: Unternehmen, Regierungsorganisationen, Verwaltung, Verbände, NGOs (Non-Governmental Organisations/Nichtregierungsorganisationen).

Prof. Dr. Liselotte Schebek
Technische Universität Darmstadt (TUDa), Fachgebiet Stoffstrommanagement und Ressourcenwirtschaft, Institut IWAR, Darmstadt, Deutschland

Prof. Dr.-Ing. Martin Kaltschmitt
Technische Universität Hamburg-Harburg (TUHH), Institut für Umwelttechnik und Energiewirtschaft (IUE), Hamburg, Deutschland

M. Kaltschmitt und L. Schebek (Hrsg.), *Umweltbewertung für Ingenieure*,
DOI 10.1007/978-3-642-36989-6_9

Entsprechend groß ist auch die Bandbreite der Intentionen, mit denen Auftraggeber eine Untersuchung im Bereich der Umweltbewertung verbinden: Verantwortungsgefühl gegenüber zukünftigen Generationen, Ausrichtung einer politischen Strategie im Spannungsfeld der Leitbilder Wachstum und Nachhaltigkeit, Entscheidung über finanzielle Forderungen von Projekten, Potenziale zur Energieeinsparung, Identifikation neuer Geschäftsfelder, Meinungsbildung im Sinne einer Umsatzsteigerung, Entwicklung von Serviceleistungen, Sichtung von Erfordernissen für Forschung und Entwicklung, Gesundheit (Mensch, Tier, Pflanzen), Erforschung von notwendigen Verbesserungsmöglichkeiten, Verifizierung einer vorgefassten Meinung/Vorstellung, Erfüllung der gesetzlichen Vorgaben, Verbesserung des Ansehens/der Akzeptanz bei einer kritischen Fachöffentlichkeit usw. Im Einzelnen können diese z. T. sehr unterschiedlichen Intentionen Hinweise für die Wahl der Umweltbewertungsmethode geben; sie legen aber die Methode nicht unbedingt zwingend fest.

Die Beziehung zwischen dem jeweiligen Anwendungskontext und der anzuwendenden Methode kann unterschiedlich eng ausgeprägt sein. Es gibt Umweltbewertungsinstrumente, die in einem erheblichen Ausmaß reguliert sind (d. h. sie sind durch Gesetze, Verordnungen und/oder Richtlinien (bzw. den dortigen Verweis auf Normen) im Detail sehr weitgehend (rechtssicher) festgelegt), da mit dem Ergebnis beispielsweise regulatorische Maßnahmen (u. a. Subventionen, Strafzahlungen) verbunden sind. Der Nutzer muss sich hier strikt an diese administrativen Vorgaben halten und hat keine Möglichkeit, von dem festgelegten methodischen Vorgehen bzw. der definierten Methodik abzuweichen; beispielsweise beschreibt die REACH-Verordnung akribisch das Vorgehen zur Ermittlung der sogenannten PNEC-Werte (Kapitel 4) und das Gesetz zur Umweltverträglichkeitsprüfung (UVPG) regelt detailliert die Durchführung einer Umweltverträglichkeitsprüfung (UVP) (Kapitel 6).

In anderen Anwendungskontexten (wenn das Ziel beispielsweise eine ausschließlich wissenschaftliche Analyse ist) lassen vorhandene und verfügbare Instrumente zur Umweltbewertung dem Nutzer demgegenüber deutlich mehr methodische und inhaltliche Freiheiten – auch im Hinblick auf eine Weiterentwicklung der Methoden bzw. bei der Kombination unterschiedlicher Ansätze. Hier kann der Anwender die Vorgehensweise entsprechend der fallspezifischen Vorgaben definieren, modifizieren bzw. anzupassen und auch weiter- bzw. neu entwickeln; beispielsweise sind bei der Technikfolgenabschätzung (Kapitel 8) keine zwingend einzusetzenden Methoden und Verfahren vorgegeben und damit hat der Anwender die Freiheit, die jeweilige Aufgabenstellung mit nahezu beliebigen Methoden bzw. Methodenkombinationen anzugeben.

Auch kann sich das Untersuchungsziel, das zu Beginn der Untersuchung festgelegt werden muss, durch den mit der Durchführung der Umweltbewertungsmethode fortschreitenden Erkenntnisgewinn verändern. Einige Umweltbewertungsinstrumente antizipieren dies, indem das Vorgehen grundsätzlich als iterativer Prozess konzipiert ist und so auch in der Praxis umgesetzt wird, so dass aus der Erkenntnis der einzelnen Phasen heraus eine Korrektur der Aufgabenstellung möglich oder aber deutlich wird; ggf. kann sich darüber hinaus zeigen, dass eine weitere Bewertungsmethode ergänzend oder als folgender Arbeitsschritt herangezogen werden muss.

Die Anwendung dieser Umweltbewertungsmethoden – auch für sehr praxisnahe Fragestellungen – muss wissenschaftlichen Vorgehensweisen zur Qualitätssicherung folgen und damit auch deren Überprüfung durch Außenstehende zulassen. Dies erfordert u. a. Maßnahmen der Dokumentation des Vorgehens und der Validierung von Ergebnissen sowie ggf. auch die Berücksichtigung von Maßnahmen zur Kommunikation der gewonnenen Erkenntnisse. Deshalb sind insbesondere die folgenden Aspekte zu beachten.

- Expertise der Anwender. Die Anwender der jeweiligen Umweltbewertungsmethode können sehr unterschiedliche Personengruppen sein. Während betriebliche Umweltmanagementsysteme üblicherweise von den Umweltbeauftragten der jeweiligen Unternehmen angewendet werden, sind es bei der Technikfolgenabschätzung meist Forscher und bei der Umweltverträglichkeitsprüfung oft Mitarbeiter entsprechend spezialisierter Ingenieurbüros. Unabhängig davon müssen die jeweiligen Bearbeiter ein fundiertes Know-how zur angewandten Methode besitzen, damit belastbare Ergebnisse erarbeitet werden. Dies gilt insbesondere auch deshalb, weil einige Umweltbewertungsinstrumente rechnergestützt verfügbar sind und es daher einem potenziellen Nutzer leicht gemacht wird, komplexe Modelle ohne vertiefte Kenntnisse der methodischen Zusammenhänge (auch falsch) anzuwenden.
- Systemgrenze. Unabhängig davon, wie die Systemgrenzen der jeweiligen Methode (u. a. betrieblich-, regional- oder lebenszyklusorientiert) festgelegt sind, müssen sie klar beschrieben, zweifelsfrei definiert und damit für die Erarbeitung belastbarer Ergebnisse eindeutig abgegrenzt werden. Dies ist nicht notwendigerweise trivial, wenn beispielsweise bei einem iterativen Vorgehen die Systemgrenzen nochmals zu überprüfen sind. Typischerweise sind z. B. bei einer Lebenswegbetrachtung die Betrachtungsgrenzen am Anfang oft nicht eindeutig definiert, da über das System noch zu wenig bekannt ist, und werden erst im Laufe der Untersuchung, u. a. durch Konkretisierung von Fragestellung und Analysetiefe, in dem notwendigen Detaillierungsgrad festgelegt.
- Datenbasis/Datenqualität. Umweltbewertungsmethoden benötigen zwingend Daten als Input. Damit bestimmen die verwendete Datenbasis und deren Qualität das Ergebnis jeder Umweltbewertung. Je nach Verfügbarkeit von Informationen und Art der Erhebung sind Daten ganz unterschiedlich einzuschätzen (z. B. Informationen in den definierten Grenzen eines Betriebes (d. h. hohe Datengenauigkeit) oder Daten aus der (veralteten) Literatur).
- Dokumentation. Eine detaillierte schriftliche Dokumentation des methodischen Vorgehens, der verwendeten Annahmen und Daten ist die Voraussetzung dafür, die Ableitung der Ergebnisse von Umweltbewertungsmethoden nachvollziehen zu können. Dies benötigt aber entsprechende Expertise, die bei Laien oder der allgemeinen Öffentlichkeit üblicherweise nur eingeschränkt oder nicht vorhanden ist. Auch unterliegen Daten oder Informationen, die in einer Studie verwendet werden, z. T. Vorschriften der Geheimhaltung und Datenschutzüberlegungen, die eine umfassende Offenlegung verhindern. Um dieses Problem der eingeschränkten Nachvollziehbarkeit zu entschärfen, können Review- oder Auditierungsprozeduren durch externe – d. h. vom Bearbeiter

und Auftraggeber einer Studie unabhängige – Experten eingesetzt werden; beispielsweise sieht die Methodik der Ökobilanz für bestimmte Fragestellungen zwingend einen sogenannten „Critical Review“ vor, bei dem die erstellte Ökobilanz unter Einsicht in die vollständige Dokumentation und Datengrundlagen von in der zu untersuchenden Fragestellung kompetent ausgewiesenen Dritten kritisch durchgearbeitet und auf Plausibilität überprüft wird. Das Ergebnis dieses Reviews wird veröffentlich. Entsprechende Vorgehensweisen finden sich beispielsweise auch bei der Überprüfung und Zertifizierung von Umwelt- oder Nachhaltigkeitsberichten von Unternehmen.

Einzelne Umweltbewertungsmethoden können in der Praxis auch in unterschiedlichen Anwendungskontexten mit verschiedenartiger Ausprägung angewendet werden. Dies gilt insbesondere für die Ökobilanz bzw. die der Lebenszyklusanalyse zugrunde liegende Methodik. Sie ist zwar durch die entsprechenden ISO-Normen international sehr weitgehend definiert. Im Unterschied zu gesetzlich geregelten Umweltbewertungsmethoden ist die Anwendung von Normen aber freiwillig und derartige Normen geben i. Allg. nur einen mehr oder weniger groben Rahmen vor. Der Bearbeiter hat daher grundsätzlich erhebliche Freiheiten im Rahmen der genormten Vorgaben. Wesentlich ist dabei aber, dass er klar dokumentiert, was er tut oder auch was er nicht tut. Dementsprechend wird die Ökobilanz beispielsweise im Bereich der Forschung sehr verbreitet als Analyseinstrument eingesetzt; hier wurden und werden auch erhebliche methodische Erweiterungen und Ergänzungen realisiert, die deutlich über die in den ISO-Normen festgelegten methodischen Ansätze hinaus gehen. Im Unterschied dazu wird die Methodik der Lebenszyklusanalyse aber auch im regulatorischen Kontext eingesetzt. Hier müssen, um zu vergleichbaren – und damit rechtssicheren – Ergebnissen zu kommen, die Freiheiten für den Bearbeiter stark eingeschränkt werden.

Ein Beispiel hierfür ist die Biokraftstoff-Nachhaltigkeitsverordnung (Biokraft-NachV [9.1]). Biokraftstoffe müssen eine Minderung der Treibhausgasemissionen von mindestens 35 % nachweisen, die auf Basis eines Lebenszyklusansatzes errechnet wird. Dazu gibt die Biokraftstoff-Nachhaltigkeitsverordnung in Anlage 1 die detaillierte Rechenmethode für das Treibhausgas-Minderungspotenzial vor, die sich stark an der Vorgehensweise der Ökobilanz orientiert, aber die dort gegebenen Freiheiten so weit einschränkt, dass vergleichbare Ergebnisse erwartet werden können; in Anlage 2 finden sich Standardwerte, die für bestimmte Verwendungen einzusetzen sind.

Aus den genannten Gründen erscheint aus der Anwenderperspektive – und insbesondere aus der Sicht des unerfahrenen Anwenders – die Vielfalt von Methoden und ihnen innewohnenden Möglichkeiten bzw. Freiheiten häufig verwirrend, wenn es gilt, für eine Fragestellung, einen Problemfall oder einen Untersuchungsauftrag mit einer bestimmten Fragestellung eine geeignete Umweltbewertungsmethode auszuwählen. Deshalb werden nachfolgend die Erkenntnisse aus den vorangegangenen Kapiteln kurz zusammengefasst und eine Hilfestellung für die Methodenauswahl gegeben. Dazu wird die folgende Unterscheidung gemacht.

1. Gruppierung der Methoden. Einteilung der Methoden anhand von Eigenschaften, die den jeweiligen methodischen Ansätzen immanent sind; sie kommen daher in allen Anwendungskontexten zum Tragen und prägen das erwartbare Ergebnis.
2. Strukturierung nach Anwendungskontexten. Hier werden die Methoden nach Kennzeichen gruppiert, die maßgebend für die Wahl einer geeigneten Methode und für prozedurale Modifikationen einer Methode sind.

Die Wahl einer Methode bedeutet vor diesem Hintergrund, aus der Kenntnis des Anwendungskontextes eine dafür geeignete Methode auszuwählen. In diesem Sinne gibt es keine per se „guten“ oder „schlechten“ Methoden, sondern nur geeignete oder aber weniger oder gar nicht geeignete Kombinationen aus Methode und Anwendungskontext. Im Gegensatz dazu lässt sich aber beurteilen, ob die Arbeitstechnik der Anwendung von Methoden gut oder schlecht ist. Das vorliegende Kapitel enthält daher auch einen Abschnitt zu Maßnahmen der Qualitätssicherung.

9.1 Gruppierung nach Eigenschaften

Unterschiedliche Umweltbewertungsmethoden lassen sich anhand folgender Eigenschaften, die den jeweiligen methodischen Ansätzen immanent sind, gruppieren.

- Untersuchungsobjekt. Welcher Teil der natürlichen Umwelt, welcher Gegenstand, welcher Aspekt der Interaktion mit der menschlichen Gesellschaft wird konkret untersucht?
- Systemrahmen. Was beinhaltet der definierte Untersuchungsrahmen? Nach welchen Kriterien wird er definiert und was wird aus-/eingegrenzt?
- Untersuchungs- und Bewertungsprinzip. Welche methodischen Ansätze werden zur Untersuchung und zur Bewertung herangezogen?
- Datenbasis. Welche Daten werden zur Beantwortung der definierten Fragestellung herangezogen? Wie belastbar sind diese und welchen Einfluss hat das auf das Ergebnis?
- Kombination mit einer ökonomischen und/oder sozialen Bewertung. Lässt sich das jeweilige ökologische Bewertungsinstrument mit ökonomischen und/oder sozialen Bewertungskriterien kombinieren?
- Methodenanwender. Welche Gruppen wenden welche Methoden an?

Nachfolgend werden die einzelnen Umweltbewertungsinstrumente anhand dieser Kriterien analysiert und gruppiert.

Untersuchungsobjekt. Die Vielzahl der Objekte, die mit den diskutierten Umweltbewertungsmethoden untersucht werden können, lassen sich sehr unterschiedlich strukturieren; beispielsweise ist eine Unterscheidung in Gegenstände, in Abläufe, in Dienstleistungen oder in Orte, an denen sich die Untersuchungsobjekte finden, möglich. Letztlich sind aber die möglicherweise zu analysierenden Untersuchungsobjekte so vielfältig und verschiedenartig, dass de facto alle praktisch vorkommenden Fragestellungen untersucht werden können.

Werden die einzelnen Umweltbewertungsmethoden in Bezug auf die Untersuchungsobjekte miteinander verglichen, wird deutlich, dass es Methoden gibt, die bezüglich der Festlegung der Untersuchungsobjekte sehr flexibel sind (z. B. Ökobilanz). Andere sind demgegenüber deutlich eingeschränkter (z. B. Umweltverträglichkeitsprüfung). Damit bestimmt bzw. beeinflusst letztlich das Untersuchungsobjekt auch die einzusetzende Umweltbewertungsmethode.

Systemrahmen. Das gleiche Objekt kann unter Anwendung eines jeweils unterschiedlichen Systemrahmens untersucht werden. In diesem Zusammenhang wird unter einem „Systemrahmen" beispielsweise der Lebenszyklus eines Objektes verstanden, der – unabhängig von Orten und Zeitpunkten – alle Prozesse von der Wiege bis zur Bahre umfasst. Der Systemrahmen kann auch einen realen Standort beschreiben, an dem für einen bestimmten Zeitpunkt ausgewählte Umweltwirkungen erfasst werden sollen. Weiters kann sich der Systemrahmen an organisatorischen oder strukturellen Merkmalen, beispielsweise an der rechtlichen Definition eines Unternehmens oder Staates oder an strukturellen Kriterien zur Abgrenzung unterschiedlicher gesellschaftlicher Bereiche, orientieren.

Da unterschiedliche Umweltbewertungsmethoden methodenimmanent durch einen unterschiedlichen Systemrahmen gekennzeichnet sind, bestimmt der festgelegte Systemrahmen z. T. über die Wahl der Methode bzw. umgekehrt die Methodenwahl teilweise über den Systemrahmen.

Untersuchungs- und Bewertungsprinzip. Da letztlich jede Methode das Ergebnis (mit-)bestimmt, lassen sich die unterschiedlichen Umweltbewertungsmethoden auch nach der der Datenverarbeitung/Datenaggregierung/Datenbewertung zugrunde liegenden methodischen Vorgehensweise strukturieren. So ist beispielsweise eine Unterteilung in lebenswegbasierte und standortbasierte Methoden möglich. Eine alternative Unterscheidung ist denkbar in Bewertungsansätze nach tatsächlichen oder potenziellen Wirkungen oder einfach nur nach Mengen. Auch kann unterschieden werden ob die Methoden mit einem Gesamtergebnis oder einer Vielzahl von Teilergebnissen enden.

Da ein Ergebnis bzw. die daraus zu ziehenden Schlussfolgerungen und Empfehlungen immer auch methodenabhängig sind und einzelne Umweltbewertungsmethoden z. T. dem Nutzer eine gewisse Freiheit der Wahl geben, muss das jeweilige Untersuchungs- und/oder Bewertungsprinzip klar definiert werden. Nur so sind belast- und bewertbare Ergebnisse erzielbar, die dann letztlich auch auf breite Akzeptanz stoßen können.

Datenbasis. Das Ergebnis jeder Umweltbewertung kann letztlich zwingend nur so gut sein wie die Qualität der verwendeten Inputdaten. Diese können u. a. vor Ort erhoben, aus einem ohnehin vorhandenen betrieblichen Datenpool extrahiert, aus der Literatur zusammengestellt, aus öffentlich zugänglichen Datenbanken entnommen, mithilfe unterschiedlichster Modelle generiert oder durch Expertengespräche ermittelt werden; ggf. sind auch Kombinationen möglich. Entsprechend dieser erheblichen Bandbreite können auch die jeweiligen Umweltbewertungsinstrumente unterschieden werden.

Auch kann die Belastbarkeit dieser Basisdaten zwischen einzelnen Umweltbewertungsinstrumenten schwanken. Umweltmanagementsysteme beispielsweise bauen auf Informationen auf, die innerhalb der klar definierten Grenzen des jeweiligen Betriebes erhoben werden bzw. ohnehin mit einer hohen Genauigkeit verfügbar sind, da mit ihnen Geldflüsse verbunden sind, die im jeweiligen Unternehmen üblicherweise akribisch erfasst werden (müssen). Demgegenüber benötigen andere Instrumente Daten und Informationen, die nur aus der Literatur, aus Datenbanken, durch spezielle Modelle und/oder von Dritten verfügbar gemacht werden können. Dies gilt beispielsweise für die Ökobilanz, da hier i. Allg. Daten im Verlauf des gesamten Lebensweges benötigt werden, die ein Bearbeiter üblicherweise nicht bzw. kaum selbst erheben und nur eingeschränkt verifizieren kann; dies gilt insbesondere aufgrund einer derzeit global sehr eng verflochtenen Weltwirtschaft, in deren Konsequenz oft bestimmte Anlagenkomponenten aus anderen Kontinenten eingeführt werden, ohne dass wirklich nachvollzogen werden kann, unter welchen konkreten Bedingungen diese Waren letztlich wo genau wie produziert wurden. Damit können unterschiedliche Umweltbewertungsinstrumente durch eine verschiedenartige Datenqualität gekennzeichnet sein.

Deshalb sollte bei der Umsetzung des jeweiligen Umweltbewertungsinstruments eine Aussage darüber gemacht werden, welche Daten aus welchen Quellen verwendet werden und wie die jeweilige Datenqualität einzuschätzen ist. In diesem Zusammenhang kann es unter bestimmten Bedingungen sinnvoll sein, durch die Modifikation der Systemgrenzen und/oder des Ziels der Untersuchung die Datenbasis und/oder die Datenverlässlichkeit zu verbessern. Auch kann es zielführend sein zu untersuchen, ob sich die mit dem jeweiligen Umweltbewertungsinstrument erarbeiteten Ergebnisse durch die unsicheren Daten grundlegend ändern können (d. h. Durchführung einer Sensitivitätsanalyse).

Kombination mit einer ökonomischen und sozialen Bewertung. Eine Umweltbewertung ist oft nur ein Teil einer umfassenderen (Nachhaltigkeits-)Bewertung, die i. Allg. zusätzlich ökonomische, soziale und ggf. weitere Aspekte beinhaltet. Deshalb gibt es Umweltbewertungsinstrumente, die einfach um eine ökonomische und ggf. soziale Bewertung erweitert werden können; die Weiterentwicklung der Ökobilanz zur Ökoeffizienzanalyse (d. h. zusätzliche Berücksichtigung ökonomischer Größen) und weiter zur Seebalance (d. h. weitere Berücksichtigung sozialer Kenngrößen) ist dafür ein typisches Beispiel. Wieder andere Instrumente haben diese Option methodenbedingt nicht.

Methodenanwender. Unterschiedliche Umweltbewertungsmethoden werden i. Allg. von sehr unterschiedlichen Anwendern eingesetzt. Während beispielsweise betriebliche Umweltmanagementsysteme üblicherweise von den Umweltbeauftragten der jeweiligen Unternehmen angewendet werden, sind es bei der Technikfolgenabschätzung meist Forscher und bei der Umweltverträglichkeitsprüfung oft Mitarbeiter entsprechend spezialisierter Ingenieurbüros. Folglich werden üblicherweise bestimmte Umweltbewertungsinstrumente von deutlich unterschiedlichen Gruppen eingesetzt, die über ein entsprechendes spezifisches Know-how verfügen, damit realistische und belastbare Ergebnisse erarbeitet werden. In der Konsequenz bedingt dies aber dann eine entsprechende Einarbeitung in die jeweiligen Methoden.

9.2 Gruppierung nach Anwendungskontexten

Eine Gruppierung kann auch im Hinblick auf die Anwendung bzw. den Entscheidungskontext, in dem eine Umweltbewertungsmethode eingesetzt wird, erfolgen. Nachfolgend werden verfahrensrechtliche Kontexte, kontinuierliche Verbesserungsprozesse und explorative Analysen unterschieden und kurz diskutiert.

Verfahrensrechtliche Kontexte. Bei dieser Gruppe von Umweltbewertungsinstrumenten geht es darum, eine rechtssichere Entscheidung, mit der bestimmte gesetzlich definierte Konsequenzen verbunden sind, zu treffen. Dies ist u. a. dann der Fall, wenn z. B. eine energietechnische Anlage genehmigt werden soll und dazu durch Anwendung einer Umweltbewertungsmethode rechtlich überprüfbar ein bestimmter Sachverhalt festgestellt werden muss. Typische Beispiele für diese Gruppe sind die Zulassung von Chemikalien für die Vermarktung und die Umweltverträglichkeitsprüfung als Bestandteil von Genehmigungsverfahren für Anlagen nach dem Bundesimmissionsschutzgesetz. Dieser verfahrens- bzw. ordnungsrechtliche Anwendungskontext zeichnet sich dadurch aus, dass man sich auf „eindeutige" Aussagen zurückzieht. Dafür werden beispielsweise Eingangsdaten eines Modells als Konsensfindung zwischen Interessengruppen ermittelt, oder man wählt nicht Mittelwerte, sondern solche mit Sicherheitsabständen, um Konflikte zu vermeiden. Dieser Typ von Entscheidung wird meist getroffen durch den Gesetzgeber oder im Rahmen des Ermessens bei behördlichen Entscheidungen (d. h. in Praxis meist unter Einbeziehung von Akteuren bzw. interessierten Kreisen). Letztlich ist es aber immer eine Entscheidung des Staates, die im jeweiligen Rechtskontext einer Prüfung durch Gerichte standhalten muss.

Kontinuierliche Verbesserungsprozesse. Diese Gruppe von Umweltbewertungsmethoden ist geprägt durch ein wie auch immer motiviertes „freiwilliges" Interesse eines Anwenders (z. B. eines Industrieunternehmens, einer staatlichen oder nicht-staatlichen Organisation, einer gesellschaftlichen Gruppe), Umweltbelastungen im eigenen Handlungsbereich zu kennen, zu quantifizieren, zu monitoren und potenziell zu verringern. Dazu werden häufig unterschiedliche Varianten auf einer vergleichbaren Basis miteinander verglichen (z. B. das eigene mit fremden Produkten, ein neues Konstruktionsschema mit dem alten, ein innovativer Herstellungsprozess mit dem bereits realisierten Verfahren, die Umweltsituation im letzten Jahr mit der im laufenden Jahr) und unter unterschiedlichen Kriterien bewertet.

Im Normalfall ist es hier das Ziel, eine möglichst realistische Einschätzung von Umweltmehr- und -minderbelastungen bzw. aus Anwendersicht Umweltvor- und -nachteilen zu bekommen und damit eine Bewertung im Sinne von „besser“ oder „schlechter“ durchzuführen. Dadurch können entsprechende (Veränderungs-)Maßnahmen identifiziert werden, die eine reale Minderung der jeweiligen Umweltbelastung erhalten. Beispiele hierfür sind die Anwendung von Ökobilanzen in der Produktentwicklung oder der Aufbau von Umweltmanagementsystemen; letztere fordern ausdrücklich einen solchen kontinuierlichen Verbesserungsprozess als laufende Weiterentwicklung unabhängig von gesetzlichen Vorgaben; zwingende Voraussetzung dafür ist dann ein Monitoring der jeweiligen Umweltsituation. Sowohl die zu untersuchenden bzw. zu bewertenden Umweltkriterien als auch die Anforderungen an Detailtiefe und „Realitätsnähe“ werden üblicherweise vom Anwender selbst vorgegeben. Eine juristische Prüfung/staatliche Überwachung des Ergebnisses/der Schlussfolgerungen und Empfehlungen findet im Normalfall nicht statt. Auch eine externe Überprüfung von Ergebnissen ist freiwillig bzw. nur für bestimmte Anwendungsfälle – insbesondere im Marketing – notwendig. Dabei muss aber beachtet werden, dass eine derartige externe Überprüfung (d. h. Zertifizierung) durchaus moralischen Druck ausüben kann (und dies zum überwiegenden Teil auch tut), bestimmte Mindeststandards einzuhalten.

Explorative Analysen. Bei dieser Gruppe geht es zunächst darum, ein Verständnis für Sachverhalte zu entwickeln und erste Grundlagen für eine Bewertung zu schaffen. Typischerweise ist dies eine Anwendung im Forschungskontext; ein typischer Anwendungsfall ist beispielsweise die Technikfolgenabschätzung neuer Technologien. Aber auch der Staat gibt solche Analysen beispielsweise im Rahmen der wissenschaftlichen Politikberatung in Auftrag; ein Beispiel hierfür ist die Frage, ob durch die Nachfrage nach Biokraftstoffen zusätzliches Ackerland benötigt wird und damit Landnutzungsänderungen hervorgerufen werden, die zur Vernichtung von Ökosystemen und zur Freisetzung von Treibhausgaben führen können.

Bei dieser Art von Analysen wird i. Allg. unmittelbar keine Entscheidung getroffen; manchmal wird auch nur der Bedarf nach vertiefenden Analysen deutlich bzw. die Wissensdefizite und damit der Forschungsbedarf herausgearbeitet. Derartige Informationen gehen aber ein in einen langfristigen strategischen Entscheidungskontext, der im industriellen Bereich beispielsweise die Entscheidung für eine neue Produktgruppe sein kann oder im Bereich der Politikberatung die Erarbeitung bestimmter Regelungsinstrumente vorbereitet.

9.3 Fazit

Damit wird deutlich, dass die einfache Frage „Welche Methode ist die Beste?“ in die Irre führt. Umweltbewertungsmethoden sind vielmehr zu verstehen als Instrumente, die passend zur Problemstellung ausgewählt werden müssen. Dies ist anschaulich zu beschreiben mit dem Bild eines Werkzeugkastens, aus dem jeweils das passende Werkzeug auszuwählen ist, wobei zur Lösung eines praktischen Problems ggf. unterschiedliche Werkzeuge kombiniert werden müssen.

Dieses Verständnis ist wichtig nicht nur, wenn man selbst als Bearbeiter eine Methode anwendet. Auch wenn man als Entscheider oder allgemein interessierte Person Ergebnisse von Umweltmethoden zur Kenntnis nimmt, muss ein Grundverständnis der aller Methoden oder „Werkzeugen" der Umweltbewertung immanenten Problematik vorhanden sein. Jede konkrete Fragestellung in Kombination mit einer Methode der Umweltbewertung betrachtet notwendigerweise nur einen Ausschnitt aus der vielschichtigen Interaktion zwischen Natur und Gesellschaft. Nur so wird es möglich, die Komplexität der realen Welt so weit zu reduzieren, dass eine praktische Beantwortung der Fragestellung möglich wird und die wesentlichen Zusammenhänge des betrachteten Systems erkannt werden können.

Mit der grundsätzlichen Festlegung von Fragestellung und Untersuchungsrahmen wird entsprechend bereits eine wichtige Vorentscheidung über das überhaupt erreichbare Ergebnis getroffen; d. h. die Untersuchung wird eingegrenzt auf bestimmte Bereiche der Umwelt und/oder der menschlichen Einwirkungen, es werden nur einzelne bzw. eine begrenzte Liste von Bewertungsmaßstäben ausgewählt und damit im Umkehrschluss jeweils diejenigen Aspekte ausgeblendet, die in diesem Ausschnitt nicht beinhaltet sind. Dies gilt schon für die chemisch-physikalische Analyse zur Datengewinnung; beispielsweise ist jedes Messverfahren der chemischen Analyse darauf ausgelegt, eine bestimmte Substanz bzw. Substanzgruppe zu messen, für alle anderen ist es „blind" (d. h. ein Messverfahren für Schwermetalle liefert keine Aussage zu Dioxinen oder umgekehrt). Prinzipiell ist es zwar denkbar, „alle" Substanzen mit jeweils geeigneten Methoden zu analysieren; angesichts des dadurch entstehenden immensen Zeit- und Kostenaufwandes ist dies in der Praxis jedoch meist weder möglich noch sinnvoll.

In Analogie dazu sind auch Umweltbewertungsmethoden für Sachverhalte außerhalb des Untersuchungsrahmens „blind". Erstellt man beispielsweise einen „Carbon Footprint", erfasst man damit nur Beiträge zum anthropogenen Treibhauseffekt und andere Umweltauswirkungen, die ggf. von erheblicher lokal/regionaler Bedeutung sein können, werden nicht betrachtet. Die Ökobilanz erfasst alle relevanten Umweltauswirkungen eines Produktes, ist aber nicht darauf ausgelegt, volkswirtschaftliche Effekte aus der gleichzeitigen Nachfrage nach verschiedenen Produkten abzubilden. Ökonomische oder soziale Ansätze erfassen die wirtschaftlichen und gesellschaftlichen Auswirkungen von Umweltveränderungen, jedoch keine Effekte innerhalb ökologischer Systeme. Die Anwendung unterschiedlicher Umweltbewertungsmethoden auf den gleichen Gegenstand – beispielsweise Biokraftstoffe – liefert daher unterschiedlicher Erkenntnisse und unterschiedliche Bewertungsergebnisse.

Was folgt daraus für Anwender und Nutzer von Umweltbewertungsmethoden? Zunächst die Notwendigkeit, sich der spezifischen Beschränkungen jeder Methode bewusst zu sein, in Abhängigkeit von Fragestellung und Untersuchungsrahmen die jeweils geeignete Methode auszuwählen und dies transparent zu dokumentieren und zu begründen. Darüber hinaus aber vor allem ein kritischer Umgang mit den Ergebnissen einer Untersuchung; diese müssen immer gewürdigt werden vor dem Hintergrund der Begrenzungen, die sich durch die Wahl eines „Ausschnitts“ der realen Welt ergeben, und hieraus Folgerungen gezogen werden für den Kontext, in dem sie zu einer gesellschaftlichen Entscheidungsfindung beitragen können. Mit diesem Verständnis sind Umweltbewertungsmethoden heute ein unverzichtbarer Baustein sowohl zur Erkenntnis von Ursachen und Folgen von Umweltproblemen als auch zur Bewertung von gesellschaftlichen Handlungsoptionen.

Literatur

[9.1] „Biokraftstoff-Nachhaltigkeitsverordnung vom 30. September 2009 (BGBl. I S. 3182), die zuletzt durch Artikel 2 der Verordnung vom 26. November 2012 (BGBl. I S. 2363) geändert worden ist“; zugänglich unter: http://www.gesetze-im-internet.de/bundesrecht/biokraftnachv/gesamt.pdf , zuletzt abgerufen am 23.08.2013

Sachverzeichnis

M. Kaltschmitt und L. Schebek (Hrsg.), *Umweltbewertung für Ingenieure*,
DOI 10.1007/978-3-642-36989-6

F

T

V

Printed by Printforce, the Netherlands